Energy Science and Technology

에너지의 과학과 기술

강석호 · 이태진 공저

홍릉과학출판사

서문

이 책은 1992년 출판된 "에너지와 산업사회", 1998년의 "21세기 에너지와 산업사회"를 개작하여 새로 쓴 책이다. 10년이면 강산도 변한다는데, 우리의 세상은 참으로 많이 변했다. 더욱이 우리의 삶을 지탱해주는 에너지의 사정도 많이 달라졌다. 국내외의 에너지 상황이 변하였고, 에너지의 과학기술도 많이 발달하였다. 태양광 발전과 풍력 발전 등 신 재생 에너지 관련 기술이 급속히 발달하였고, 하이브리드 자동차가 보급되기 시작하였으며, 원자력발전에 대한 찬반 논의가 활발하게 되었다. 게다가 지구 온난화 문제는 더욱 심각하다고 하는데, 화석에너지 자원은 고갈되어가고 있으므로, 이 두 가지 문제를 동시에 해결하는 문제도 시급하다. 또한 정보기술을 대표하는 스마트폰이 등장한 이후, 스마트 그리드 기술도 에너지 분야의 화두가 되고 있다.

이러한 변화에 맞추어 새로운 에너지 책을 출판할 필요성을 느끼고 있을 때에 홍릉과학출판사가 출판을 쾌히 승낙해주시고, 오랜 동료인 이태진 교수가 공동집필에 참여하기로 결심해주셔서 에너지 책의 제3판에 해당하는 "에너지의 과학과 기술"을 집필하게 되었다.

이 책은 대학에서 교양교과서의 역할과 동시에 자연 과학을 전공하는 대학생들의 기초과학 과목으로서도 적합하도록 기획되었고, 동시에 에너지 산업분야에 종사할 전문가를 교육하는 목적에도 적합하도록 서술되었다. 그러나 일반 사회인들이 일상생활 중 에너지에 관한 궁금한 문제를 쉽게 찾아볼 수 있는 교양서적으로서도 좋은 읽을거리가 되게끔 서술하도록 노력하였다. 이 책의 제2장에서는 열역학과 연소화학의 초보적 이론이 포함되어 있으나, 읽기에 어려우면 뛰어넘고 1, 3장을 먼저 읽어도 무방하다고 생각한다. 또한 이 책은 에너지와 관련된 과학기술의 역사를 간략하게 소개하고 있을 뿐만 아니라 에너지와 관련된 과학적 이론도 당연히 포함하였다. 동시에 에너지의 사회경제적 문제를 포함한 시대변천 상황을 반영하기 위하여 많은 통계자료도 정리하여 수록하였다.

책은 저자의 노력에 따라서 생명이 연장될 수도 있고, 사라질 수도 있다. 좋은 책으로 오랫동안 남아서 사랑을 받고 널리 읽히는 과학서적이 되기를 바라는 마음으로 정성을 다하여 집필하였다. 세 차례의 집필과정에서 많은 동료교수들과 도서관 직원들, 대학원의 옛 제자들인 장기혁, 김진홍, 김재헌, 김용술 군, 장원철 박사 등 수많은 학부 수강생들의 도움을 받았다. 그리고 최근에는 영남대학교 태양전지소재공정 고급인력양성사업단의 지원도 받았음을 밝히면서 모든 분들에게 깊은 감사를 드린다. 아울러 꼼꼼한 교정을 봐주신 편집부를 비롯한 홍릉과학출판사 김기용 이사님과 우명찬 사장님에게도 감사를 드린다. 이 책을 완성하는데 최신의 중요한 정보들은 미국의 대중과학잡지 "*Scientific American*"과 지식 백과사전인 "*Wikipedia*"의 자료, 그리고 "*에너지통계연보*"에 크게 의존하였음을 밝혀둔다.

저자가 에너지에 관한 책을 처음으로 집필할 때는 두 가지 계기가 있었다. 첫째는, 제1차 석유위기가 막 지난 1975년에 하와이대학에 단기연수를 갈 기회가 있었다. 그때 한국에서는 모든 사람들이 한국 경제가 어떻게 될지를 걱정하고 있었는데, 대조적으로 미국에서는 경제를 지탱해주는 에너지 문제가 핵심 걱정거리로 대두되고 있었다. 문제를 보는 시각의 차이를 발견한 필자는 에너지문제가 지구 전체의 문제임을 다시 한 번 인식하게 되었고, 에너지 관련 자료를 수집하기 시작하였다. 그 당시 하와이대학교 도서관에는 세계 각국의 에너지 관련 자료와 단행본 및 잡지들이 정말로 많이 소장되어 있던 사실에 크게 놀랐고, 많은 자료들을 수집할 수 있었다. 그런데 에너지 책을 써야겠다고 결심한 둘째 계기는 그곳에서 H. C. Hottel의 "New Energy Technology(MIT Press, 1971)"를 탐독하면서, 그렇게 좋은 책을 한 번 써 봤으면 좋겠다고 생각하기 시작하였기 때문이다. 그럼에도 불구하고 책을 곧 바로 집필하지 못했었는데, 1989년 영남대학교에서 자유 전공 교양과목으로 에너지과목이 선정되고, 필자가 강의를 개설, 담당함으로써 드디어 교재로 사용될 책을 집필하기 시작하였다.

필자들은 에너지 문제가 자원, 경제, 기술, 정치, 사회 문제 등과 서로 얽힌 복합적 문제이고, 이러한 문제를 해결하기 위해서는 학제간 협동이 절대로 필요하다는 점을 강조하였다. 따라서 이 책에서는 근래에 발전된 과학기술의 내용도 추가하고, 에너지의 생산과 소비와 관련된 사회경제적 통계자료도 추가하였으며, 사회과학적 의견도 더 많이 반영함으로써, 현재의 상황을 정확하게 설명할 뿐만 아니라 우리의 손자, 손녀들이 편히 살아갈 미래 세상의 에너지문제를 걱정하고 해결하는 지혜를 쌓아가도록 권고하였다. 특히 개정판에 포함되어 있던 옛 자료를 새로운 자료로 대치하였으며, 읽기에 편한 문장으로 개선하는 노력도 게을리 하지 않았다. 그러나 오래 전에 쓴 원고를 읽으면서 느낀 문장의 치졸함에 대한 자괴감이 무척 큰데도 불구하고, 이 책에서도 여전히 많은 결점을 없애지 못한 부족한 재능을 솔직히 고백해 두어야겠다. 다만 독자 여러분들의 엄격한 지적을 기쁜 마음으로 받고 싶을 뿐이다.

우리 주변의 모든 분들에게 다시 한 번 감사한다.

2014년 4월

저자 대표 강석호

차례

CHAPTER 01 서론

CHAPTER 02 에너지 형태의 변환과 효율

CHAPTER 03 에너지 자원과 수요공급

CHAPTER 04 석탄에너지

CHAPTER 05 석유와 천연가스

CHAPTER 06 화석에너지와 환경영향

CHAPTER 07

원자력 에너지

CHAPTER 08 대체에너지와 재생에너지

CHAPTER 09 전력의 생산과 소비

CHAPTER 12 에너지와 사회

CHAPTER 01

서론

For your energetic life!

1.1 인간생활과 에너지

에너지는 인간의 생명을 연장시키는 활력소이다. 음식과 물과 공기가 인체 내에서 생화학 반응을 일으켜 필요한 에너지를 발생시킴으로써 인간의 생명은 유지된다. 비단 인간뿐만 아니라 동물도 식물도 그 생명을 활력소라고 부르는 에너지로 지탱한다. 또한 인간 생활 공동체의 기본단위인 가정에서도 각종 형태의 에너지가 필요하고, 더 넓게는 인간 사회의 모든 구조도 에너지의 소비로 인하여 지탱되고 발전된다. 따라서 인간사회는 적절한 형태의 에너지를 공급받아야 하고 소비해야 한다. 활력이 넘치는 인생을 살기 위해서 에너지는 필수적이다.

우주에서 에너지가 창조되고 소멸되는 것도 우리가 이해하기 어렵지만, 인간생활의 지속이라는 문제와 분리하여 생각할 수 없다. 태양빛이 하루라도 차단된다면 어떤 일이 생길 것인가를 상상하기란 어렵지 않기 때문이다.

에너지의 별명으로 “불”(火, fire)을 들 수가 있다. 실제로 불은 에너지의 한 가지 형태인데, 그 “불”과 더불어 시작된 인류의 역사는 오래되었다. 인류의 역사 이전에 빅뱅 이론(big-bang theory)으로 우주가 창조될 때의 대폭발도 어머어마하게 큰 에너지에 의해 일어난 것으로 물리학자들은 믿고 있다. 그 에너지를 우리는 “인류 발상 이전의 불”이라고 부른다. 최초의 인류는 자연적으로 일어나는 번갯불을 보았고, 마찰에 의해 불이 생김을 발견하였으며 인위적인 마찰로 인류는 유용한 불을 발명하기도 하였다. 이 인위적

마찰에 의한 불을 우리는 인류 최초의 불이라고 부른다. 이 불을 잘 보관하기 위해 불씨를 보존하고 필요한 열을 나무의 연소로부터 얻어서 오랫동안 사용하면서 음식의 조리, 어둠을 밝히는 조명용으로 그리고 간단한 금속도구의 생산에 사용해왔다.

그 다음의 불은 어떤 형태인가? 제2의 불은 전기불, 즉 전기에너지로 바뀐 불 또는 전등에서 발산되는 人工光이다. 그런데 20세기 후반에 들어와서 인류는 극소수의 천재적 과학자의 수고를 통해 제3의 불을 발견하였는데 바로 원자력에너지를 발명해 냈다. 인류에게 불을 제공할 제4의 불은 어떤 형태일까?

제4의 불은 왜 필요한가? 필요없다면 제3의 불은 충분한 에너지를 인간에게 제공할 것인가? 제3의 불은 인류의 멸망을 가져올지도 모른다는 우려가 있는데, 그러면 그것을 무슨 에너지로 대체할 수 있을까?

이러한 질문에 해답을 제공하는 사람은 비단 자연과학자만이 아니다. 사회과학 또는 인문과학을 전공하는 사람도, 예술을 하는 사람도, 또한 대학에서 전공과목을 공부하지 아니한 사람들도 에너지 문제에 대한 해답을 찾는데 지혜를 모아야 할 필요가 있다. 에너지 문제는 통합적 노력에 의해서 인류가 공동으로 해결해야 할 문제이다.

1.2 에너지의 개념

1.2.1 서론

에너지(energy)라는 말의 어원(語源)은 "일"을 의미하는 희랍어의 "에르곤($\varepsilon\rho\gamma$on)"에서 유래하는 "에네르게이아($\varepsilon n\varepsilon\rho\gamma\varepsilon i\alpha$)"이다. 이 말은 "일을 하는 능력"이라는 뜻인데, 19세기에 들어와서 자연과학이 발달하기 시작하면서 사용되었다. 그후 에너지라는 용어는 에네르기(energie)라는 표기로 T. Young(英, 1773-1829)에 의하여 처음 사용되었고, W. J. M. Rankine(英, 1820-1872)에 의하여 보편적으로 사용되기 시작하였다.

에너지에는 여러 가지 형태가 있는데, 각종 에너지를 그 형태별로 간단히 설명해 보자. 사실은 에너지가 어떤 구체적 형상을 가지고 있지 않으므로 눈으로 볼 수 없는 것도 있다. 그러나 에너지는 여러 가지 종류로 분류될 수 있고 각 종류는 형태라는 용어를 사용하여 구분할 수 있다.

1.2.2 에너지의 5가지 형태

에너지의 형태는 크게 5가지로 구분된다. 즉, 열에너지, 일에너지, 화학에너지, 전기에너지 및 광에너지 등이다. 이들 관계는 그림 1-1로 간단하게 표시될 수 있으며, 이들 에너지의 형태 변환 경로를 화살표로 표시하였다.

열은 에너지의 한 형태이다. 어떤 물체(기체, 액체, 고체)의 온도가 높으면 그 물체가 가지고 있는 열량은 많다. 이 열량을 그 물체의 내부에너지(internal energy)라고 부른다. 그런데, 모든 물체를 구성하는 물질은 분자로 구성되어 있다. 열에너지는 이 분자들의 역학적 에너지(운동에너지와 위치에너지)에 해당한다. 따라서 어떤 물질의 온도가 높다는 것은 그 물질을 구성하는 분자의 역학적 운동이 왕성하고, 그 분자들의 평균 운동에너지가 크다는 것을 의미한다. 물체에 열을 가하면 분자의 열운동이 증가하여 물체의 온도가 올라간다. 열에너지의 일부분이 분자들 사이의 거리를 멀게 하는 일을 하므로 분자간의 운동에너지가 증가하여 고체나 액체의 부피가 팽창한다. 이 현상은 기체의 경우에 더욱 뚜렷하다.

물질(고체, 액체 그리고 기체)이 가지고 있는 열에너지가 많으면 온도가 올라가고, 반대로 온도가 내려가면 열에너지가 적다는 뜻이다. 온도의 차이에도 불구하고, 물질의 형태는 변하지 않고, 단지 열에너지(내부에너지)가 증가할 때, 물질이 가지고 있는 열량을 현열(顯熱, sensible heat)이라고 한다. 현열은 물질의 바깥에서 측정되는 온도 차이에 의해서 그 양을 측정할 수 있다.

현열과 대치되는 열에너지의 개념으로 잠열(潛熱, latent heat)이 있다. 0℃에서 물이 얼음이 되거나 얼음이 물로 바뀔 때, 온도는 0℃로 일정하면서 열이 방출되거나 열이

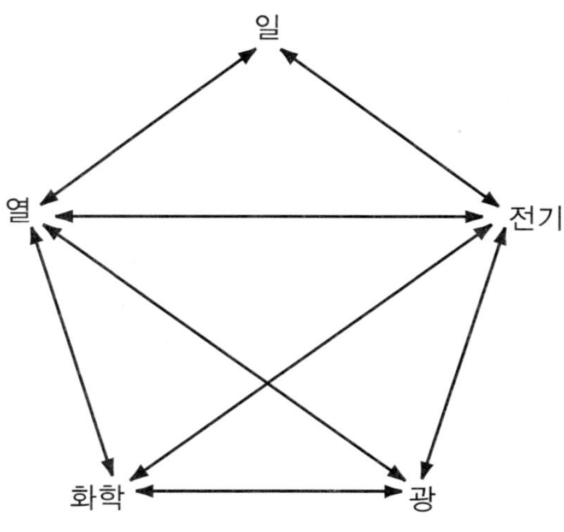

그림 1-1 에너지의 종류와 형태

흡수된다. 이것을 용융잠열 또는 융해잠열이라고 부른다. 마찬가지로 100℃의 물이 수증기로 바뀔 때도 증발잠열이 필요하다.

물질의 온도가 굉장히 높아서 약 500℃ 이상이 되면, 고체나 액체나 기체나 모두 빛을 발산한다. 이 빛의 발산은 물질이 가지고 있는 에너지를 광에너지로 발산하는 현상이다. 이 현상을 광에너지의 복사라 부르고, 복사되는 광에너지를 복사(輻射, radiation)에너지라고 부른다. 이 복사에너지는 나무, 석탄, 석유 등과 같이 화학에너지를 함유한 물질이 탈(燃燒)때도 발생하며, 전기에너지가 조명에너지로 바뀔 때도 발생한다. 그러나 일에너지에서는 광에너지를 얻기가 쉽지 않다(물체의 마찰에 의해 열과 빛이 동시에 발생할 수는 있다).

화학에너지는 에너지가 화학적 결합에너지로 물질 속에 저장되어 있는 상태이다. 나무, 석탄, 석유, 천연가스를 구성하는 연료물질(주로, 탄소, 수소 기타 원소들)을 공기 중에서 산소와 반응시켜 연소를 일으키면 많은 열을 얻을 수 있으므로, 이들 연료 속에는 화학에너지가 들어 있다. 모든 물질은 원자의 화학적 결합에 의한 분자로 구성되어 있으므로 그 결합에너지는 물질을 구성하는 분자들의 화학반응에 의하여 다른 화학물질(CO_2 H_2O 등)로 변화되면서 화학에너지가 열에너지와 광에너지로 변환된다. 또한 원자력에너지라고 불리는 핵에너지는 원자를 구성하는 전자, 중성자, 양자의 화학적 결합에너지가 원자의 분열반응 또는 융합반응에 의하여 방출된 에너지이며, 이것도 화학에너지이다. 건전지나 축전지 속에 들어 있는 화학물질들이 반응하여 전기에너지로 변화하는 현상은 화학에너지가 전기에너지로 바뀌는 좋은 예이다.

일에너지는 물체의 기계적 움직임에 관련되는 기계적 에너지이다. 일에너지는 위치에너지와 운동에너지로 크게 구분된다. 어떤 물체가 높은 곳에 정지되어 있으면 낮은 곳에 정지되어 있을 때보다 위치에너지를 더 많이 가지고 있으며, 정지된 물체가 높은 곳에서 낮은 곳으로 낙하하는 경우에, 물체가 가지고 있던 위치에너지는 운동에너지로 바뀌면서 물체의 위치에너지는 감소한다.

위치에너지와 운동에너지의 관계는 그림 1-2와 같이 설명할 수 있다.

위치에너지와 운동에너지는 모두 지구 중력의 가속도 g에 의하여 지배를 받는다. 질량이 m인 물체의 위치에너지는 물체 m이 기준점(지표면) $z=0$로부터 $\triangle z$만큼 높은 곳(1지점)에 있을 때 $mg\triangle z=$potential energy이고, 이것이 2지점까지 운동해서 옮겨지면, $mg\triangle z=0$가 된다. 이때 물체 m이 가지고 있는 운동에너지는 $\frac{1}{2}mv^2=$kinetic energy이다(단, 이 그림에서는 원주운동을 표시하였으나 중력방향의 수직운동이 일어났다고 가정한다). 운동에너지는 직선운동일 때와 곡선운동(또는 원주운동, 즉 자전거

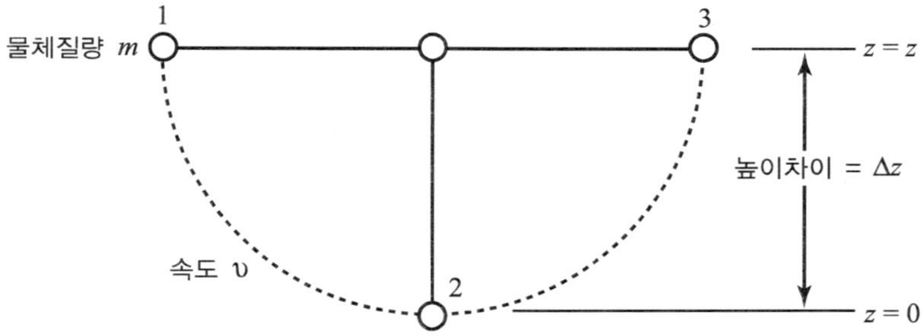

그림 1-2 물체의 위치에너지와 운동에너지

바퀴의 회전운동)일 때로 구별할 수 있으나, 기본 개념의 설명에서는 구별하지 않는 것이 편리하다.

전기에너지는 일에너지가 발전기(generator)에서 변환된 형태이고, 전기에너지는 전동기(motor)에 의하여 일에너지로 변환될 수도 있고, 전기기구에 의하여 열에너지 또는 복사(조명)에너지로 바뀔 수가 있으며, 전기에너지로 물을 전기분해하여 수소와 산소를 얻어서 저장하였다가 (화학에너지로 바뀐 상태) 다시 수소와 산소를 (수소 연료전지를 이용하여) 반응시키면 전기를 얻을 수가 있다. 납축전지도 전기에너지를 화학에너지로 바꾸어 저장하였다가 다시 전기에너지로 변환시키는 장치이다. 태양전지는 광에너지를 전기에너지로 바꾸는 장치이다. 그러나 태양전지는 에너지의 저장기능을 하지 않는다. 개발 초기에 태양전지에서 발생된 전기를 저장하는 전지와 함께 설치하였기 때문에 얻어진 이름이다.

5가지 에너지의 형태와 변환에 대해서는 제2장에서 더 자세하게 설명하겠다.

1.2.3 수요공급의 경제활동에서 사용되는 에너지 명칭

에너지의 기본 형태에 대해서는 앞에서 설명하였다. 에너지를 실제 생활에서 사용할 때 또는 에너지의 통계자료로 사용할 때는 1차에너지, 2차에너지, 손실에너지, 유효에너지 등의 용어가 사용된다.

1) 천연에너지는 자연상태에서 석탄, 석유 등의 물질의 형태로, 바람, 강물, 파도 같은 운동력, 태양광이나 자연 방사능 물질로부터 전달되는 방사능에너지나 열 등의 형태로 존재하는 가공되지 않은 상태의 모든 에너지이다. 이러한 에너지는 극히 일부만이 사용될 수 있다.
2) 이러한 천연에너지가 인간에 의해서 취득되거나 생물체에 의해서 흡수된 상태(예

: 식물에 의해서 흡수된 태양에너지, 또는 채굴된 화석에너지 등)를 1차에너지라고 부른다.

3) 1차에너지를 인간이 소비하기에 적합한 형태로 변환시킨 에너지(전력, 원자력, 휘발유, 중유 등의 석유제품)를 2차에너지라고 하는데, 이 변환과정에서는 에너지의 손실이 생긴다.
4) 2차에너지를 소비지역에 수송하는 도중에 발생하는 손실량을 뺀 나머지를 소비지 도착에너지라 부르고, 만일 소비지 도착에너지가 저장되는 경우라면 재고량 변동을 감안한 에너지를 최종에너지량으로 규정할 수 있다.
5) 이러한 최종에너지는 사용목적에 따라서 전동기를 회전시키거나, 보일러에서 수증기를 발생시키거나, 취사를 하는데 사용되는데, 이때 상당한 에너지량이 기계마찰열, 굴뚝의 연소가스에 실려 나가는 열로 손실된다. 최종에너지에서 에너지 사용기기의 손실량을 제외한 에너지를 사용에너지 또는 유효에너지라고 부른다.
6) 따라서 앞에 설명한 여러 단계의 에너지 변환과정에서 손실되는 총에너지 손실량을 미사용에너지 또는 총손실에너지라고 부른다. 이러한 미사용에너지를 조금이라도

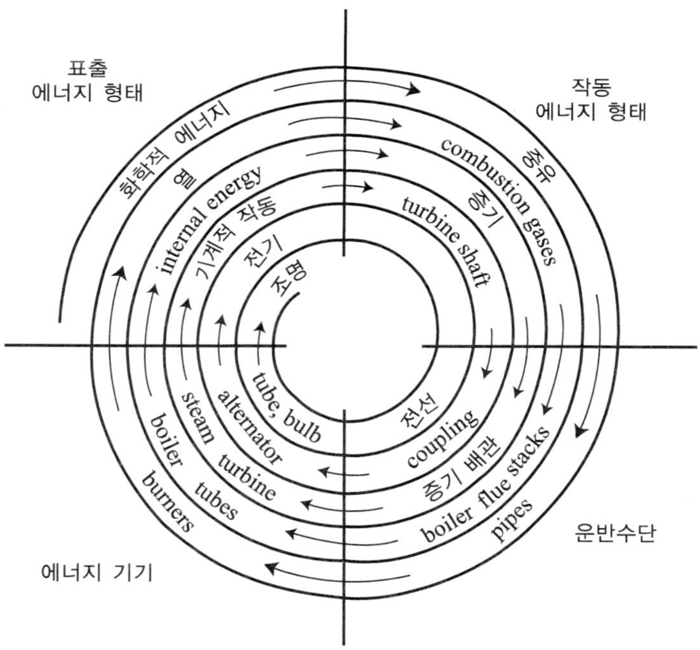

그림 1-3 조명용 유효에너지가 전환과정을 거치는 변환경로와 효율

더 사용할 수 있도록 하기 위해 각종 열 회수장치가 사용되는데 이런 장치를 사용하더라도 궁극적으로는 회수가능 에너지와 회수불가능 에너지가 있게 되고, 에너지 흐름의 각 단계에서 생기는 이 회수불가능 에너지를 미사용에너지라고 규정한다.

그림 1-3은 조명용 에너지가 최초의 1차에너지로부터 최종 유효에너지로 변환되는 과정을 설명한 예이다. 이 그림이 나타내는 원의 면적은 1차에너지가 최종 유효에너지까지 변환하는 과정에서 소비, 손실된 결과에 비례하여 원의 면적이 감소됨을 설명한다.

1.3 에너지의 단위

1.3.1 에너지의 정의

에너지의 정의는 물리학에서 처음 출발하였다. 어떤 물체의 질량이 m이고 그 물체가 어떤 운동(직선 운동이 가장 이해하기 쉽다)을 하면, 운동가속도가 생기고 그 물체가 얼마간의 거리를 이동하게 된다.

고전물리학 : 일＝에너지＝(힘)×거리＝$F \cdot \chi$

＝(질량×가속도)×거리＝$m \cdot \alpha \cdot \chi$

현대물리학 : 에너지＝(질량 감손)×(빛의 속도)^2

$$\Delta E = \Delta m \cdot c^2$$

질량 m g의 물체가 가속도 $\alpha = 1\ \text{cm/s}^2$을 받아서 1 cm만큼 이동하였다면, 이때 행해진 일에너지를 1 erg라고 정의하였다(이것은 이렇게 정하자는 약속이다). 그런데 1 erg값이 일상생활에서 사용하기에는 아주 작은 양이므로 편의를 위해 10^7 erg를 1 Joule(J라는 기호를 쓴다)이라고 추가로 정의하였다.

한편, 온도계를 사용하여 열에너지량을 측정할 때는 calorie라는 열에너지 단위를 유럽대륙(프랑스, 독일)에서 사용해 왔는데, 1 g의 순수한 물을 섭씨 13.5℃에서 14.5℃까지 1℃ 올리는데 필요한 열량을 1 calorie라고 정의하였다. 그래서 일에너지와 열에너지가 모두 같은 에너지이므로 두 값을 환산하는 "주울의 실험(Joule's experiment)"을 해 본 결과, 1 calorie＝4.18 Joule(1 cal ≒ 4.2 J)임을 알게 되어서 열에너지와 일에너지의 단위 환산이 가능해졌다.

그런데 영국의 일부지방에서는 도량형의 단위로서 pound(lb＝453.2 g) 및 화씨온도

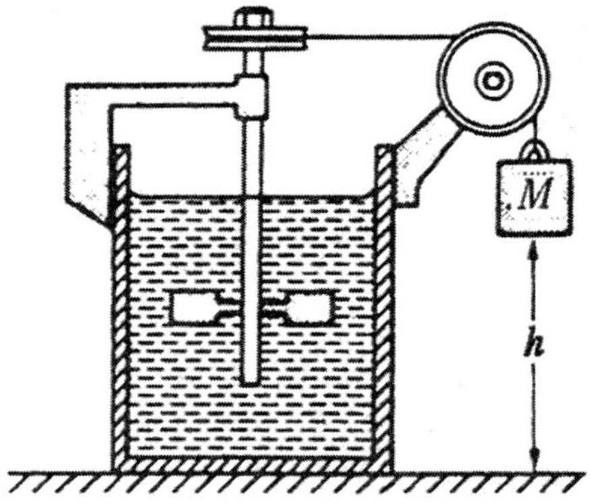

그림 1-4 추의 위치에너지 변화량이 물의 온도를 상승시키는 일↔열에너지의 변환을 설명하는 "주울의 실험"

(°F ; Fahrenheit)를 상용하였으므로 다른 열에너지 단위, 즉 Btu 단위를 사용하고 있었다. 1 Btu라는 열에너지량은 1 lb의 물을 1°F 올리는데 필요한 열량이라 정의하고, 영어를 사용하는 영국과 미국에서 오늘날까지 사용하고 있다. 1 Btu(British thermal unit) = 252 cal이다.

근래에 와서 자연과학이 점차 발달하고, 세계 각국의 경제교류가 활발해짐에 따라서 이러한 에너지 단위를 국제도량형 제도인 국제규격단위(SI 단위 : Systeme International d'unite)로 통일할 필요성이 생겼으므로, 에너지의 국제단위가 제정되었다. 국제도량형 제도에서 사용되는 기본단위는 질량을 kg, 길이를 m, 힘을 N(Newton)으로 사용하고 있으므로 이 제도에 맞는 에너지 단위는 N·m로 정하고, 1 N·m = 1 J로 사용하고 있다.

1.3.2 에너지의 기본단위와 응용단위

위에 설명한 에너지 단위는 너무 작은 양이기 때문에 에너지 자원(석탄, 석유 등)의 무역거래나 국가적 경제통계 등에서 사용하기에는 불편한 점이 있으므로 에너지 통계에서는 더 큰 에너지 단위를 사용하고 있다. 여러 가지 에너지 단위가 사용되고 있지만 그 중에서 가장 많이 사용되고 있는 단위는 TOE(ton of oil-equivalent)이다. TOE는 모든 에너지 자원의 물량을 1 ton의 석유를 이론적으로 태웠을 때 얻을 수 있는 열량과 맞먹는 질량으로 표시한 것이다. 예를 들면 국산무연탄 1 ton의 발열량은 $5,400 \times 10^3$ kcal/ton이고, 사우디아라비아산 석유 원유 1 ton의 발열량이 $10,000 \times 10^3$ kcal/ton이라면, 국산무연탄 1 ton의 발열량은 5,400/10,000 = 0.54 TOE이다. 즉, 국산무연탄의 1 ton 발열량은 사우디아라비아 석유 원유의 0.54 ton에 해당하는 발열량을 가지고 있다는 의미이다. 다른 뜻으로 표시하면 석유원유 1 ton의 발열량은 10,000/5,400=1.85 ton의 한국산 무연탄과 맞먹는 열량을 가지고 있다는 뜻이다.

석유의 발열량을 기준으로 하는 대신에, 즉 TOE를 사용하는 대신에 석탄의 수입, 수출, 사용량 등의 물량을 한 지역이나 국가의 통계치로 나타내기 위해서는 mtce 단위(million tons of coal-equivalent)를 사용하는 경우도 있다. 이 단위는 석탄 1백만 ton의 발열량을 다른 연료(석유, 천연가스)의 열량과 비교하는 단위이다.

가끔, 미국의 에너지 관련 자료나 문헌에서는 에너지 단위를 "Quads"로 나타내고 있다. Quad는 quadrillion Btu(10^{15} Btu)를 의미한다.

원자력 에너지 또는 핵에너지 분야에서는 독특한 에너지 단위를 사용하는데 전자볼트(electron-Volt=eV) 또는 메가 전자볼트(Mega eletron-volt=Mev=10^6 eV)가 사용된다. 1 전자볼트는 진공 중에서 전자 1개가 1 Volt의 전위차를 통하여 이동할 때의 운동에너지량이다. 1 eV=1.6022×10^{-19} J이며, 이 값이 매우 작기 때문에 1 MeV=1.6022×10^{-13} J을 보통 사용한다. 이러한 단위는 핵분열 반응이나 핵융합 반응에서 원자 한 개가 분열 또는 융합 때에 발생하는 에너지량을 표시하는데 쓰인다.

핵분열 반응이나 핵융합반응에서 발생하는 에너지량은 현대물리학에서 아인슈타인(Einstein)의 법칙 $\Delta E=(\Delta m)c^2$으로 표시한다. 우라늄과 같은 핵분열 물질이 핵분열 반응에 의하여 Δm만큼의 질량결손(또는 질량 감소)이 생긴다면, 이 Δm에 해당하는 에너지가 Δmc^2만큼 발생한다. 이때 c는 빛의 속도 3×10^{10} cm/s이다. $\Delta m=1$ g이면 $\triangle E=9\times10^{20}\ erg=9\times10^{13}\ J=5,625\times10^{26}$ MeV의 에너지가 발생하므로 막대한 양의 핵에너지를 얻게 되는데, 핵분열 반응에서나 핵융합 반응에서 모두 공통적으로 사용된다.

1.3.3 동력의 단위

많은 사람들이 에너지량과 동력량을 흔히 혼돈하여 잘못 이해하고 있다. 동력(horse power)은 원래 말 1마리가 1시간 동안에 일할 수 있는 에너지량이라고 알려져 있다. 즉, 동력 단위는 에너지량을 시간으로 나눈 값이다. 그러므로 동력은 "에너지의 전달 속도" 또는 "단위 시간에 작용하는 에너지" 또는 "에너지 장치의 능력 또는 용량"을 의미한다. 동력의 기본 단위는 Watt(W : 대문자임)인데 1 Watt는 1초 동안에 1 J의 일을 한다는 뜻이다. 우리가 전력요금을 납부할 때 사용하는 kWh 단위는 kW(1천 W)에 시간을 곱한 값, 즉 에너지 사용량이다. 일반적으로 동력(kW 또는 Hp)값이 크면 단위시간당 에너지 소비가 많다는 뜻이다. 그러나 kWh값이 클 때는 낮은 동력으로 긴 시간 에너지를 소비했는지 또는 짧은 시간에 큰 동력을 사용했는지 알 수 없고, 다만 주어진 시간에 사용된 총에너지량을 나타낸다.

위에 설명한 바와 같이 단위환산은 에너지의 취급분야에 따라서 그 나름대로 편리한 단위를 사용하고 있으므로 에너지 문제를 취급하는 모든 사람들은 이들 단위에 대해 충분히 잘 이해해야 한다. 더 자세한 에너지량 환산에 대해서는 표 1-7부터 표 1-10까지를 참조하기 바란다.

1.4 에너지량의 측정

1.4.1 에너지량의 이론적 계산

여러 가지 형태의 에너지는 그 양을 이론적으로 계산할 수 있다. 예를 들면, 어떤 물체가 가지고 있는 위치에너지는 질량(m)×지표면으로부터의 높이차이(Δz)로, 그 운동에너지는 질량(m)×운동속도의 제곱(v^2)으로, 유체가 가지는 에너지는 압력($P=\frac{힘}{면적}$)×부피변화(ΔV)로, 일에너지는 힘(F)×거리의 변화(Δx)로 계산할 수가 있다. 또 전기에너지는 전류량(i)×전압(전위차(V))으로, 복사열에너지는 복사법칙(절대온도의 4승에 비례)으로 계산할 수 있으며, 열량은 질량(m)×열용량(비열 C)×온도차(ΔT)로 계산할 수 있다. 모든 에너지 계산에서 공통으로 필요한 값은 "차이"로 표시되는 물리량들이다. 이러한 물리적 양의 차이값을 측정하기 위해서는 시계, 거리측정용 자, 저울, 온도계, 속도계, 압력계, 전류계, 전압계 등의 측정장치가 필요하다.

위치에너지를 측정하기 위해서는 거리를 재는 자가 있어야 하고, 운동에너지에는 속도 측정장치가 있어야 하며, 유체의 정적에너지에는 압력측정기, 즉 압력계가, 일에너지 측정에는 힘 측정기나 속도 및 거리측정이 필요하다. 전기에서는 전류계와 전압계가, 복사에너지에는 온도계와 복사율 측정기가 필요하고, 열량측정에는 온도계가 필요하다.

1.4.2 발열량의 측정

그러나 화학적 에너지가 포함되어 있는 석탄, 석유, 천연가스 등의 고체, 액체, 기체 연료가 가지고 있는 열량(화학에너지량)은 연료가 산소와 반응하여 연소반응이 일어날 때 연소반응열을 측정함으로써 가능하다. 이 연소열을 연료의 발열량이라고 부른데, 어떤 연료가 산소와 반응하여 완전연소가 일어나는 경우에 발열량을 결정할 수가 있다.

숯이 연소하는 경우 :

$$C_{(고)} + O_{2(기)} \rightarrow CO_{2(기)}, \qquad -\Delta H = 발열량$$

휘발유의 주성분이 연소하면 :

$$C_8H_{18(액)} + 12\frac{1}{2}O_{2(기)} \rightarrow 8CO_{2(기)} + 9H_2O_{(기,\ 액)}, \qquad -\Delta H = 발열량$$

프로판 가스의 경우 :

$$C_3H_{8(기)} + 5O_2 \rightarrow 3CO_{2(기)} + 4H_2O_{(기,\ 액)}, \qquad -\Delta H = 발열량$$

연료 중에는 탄소와 수소 성분이외에 유황 S 또는 유기질소 N 등의 미량성분도 들어 있으므로 이들 미량성분이 연소해서 발생하는 소량의 열량도 전체 발열량에 합산되어 측정된다. 이러한 발열량의 측정에 적합하게 만들어진 것으로 열량계가 있다.

열량계로는 대개 두 가지 종류가 사용된다. 한 가지는 봄베 열량계(bomb calorimeter)이고 다른 하나는 흐름 열량계(flow calorimeter, 한국공업규격 KS-M 2083)이다. 이들 열량계에서는 연료가 연소하여 발생되는 열이 주위에 있는 일정량의 물에 전달된다. 열을 받아서 더워진 물의 온도를 온도계로 측정하여 물의 질량(m) × 열용량 C × 온도차(ΔT) = 발열량(ΔH)으로 열량을 계산한다. 이때 물에 전달된 열의 일부가 외부로 다시 전달되는 일이 없도록 단열시킨다. 단열을 위해서는 물이 들어있는 그릇과 외부장치 사이에 공기벽을 형성시켜 전도나 대류나 복사열 등의 열전달 손실이 최소가 되도록 열량계가 고안되어 있다. 근래에는 시차열분석기(示差熱分析器, DTA; Differential Thermal Analyser)를 이용하여 고체의 열량을 측정하는 매우 편리한 열량측정법도 있다.

각종 연료의 발열량*은 대개의 경우 각종 서적의 참고자료에 발열량 $-\Delta H$로 표시되어 있다. ΔH는 "엔탈피(enthalpy) 차이"라는 뜻인데, 열량계의 외부 물통에 전달된 열이 열량계 바깥으로 방출되지 않았으나 일단 연소반응계에서는 바깥으로 나온 에너지이기 때문에 반응계는 에너지를 잃는 셈이므로(우리는 그 열을 얻어낸 셈이지만) - 부호를 달게 된다.

또 문헌에 있는 자료의 발열량을 인용할 때 연소반응의 생성물이 H_2O(기체)인가 또는 H_2O(액체)인가에 따라서 $-\Delta H$값에는 차이가 있다. $H_2O(g)$와 $H_2O_{(l)}$는 연소생성물이 수증기 상태인가 물 상태인가를 뜻하고 일정한 양의 물의 증발열(540 cal/g 물)을 가감해야 하므로 주의가 필요하다.

일반적으로 봄베 열량계에서 측정된 열량은 $H_2O_{(l)}$인 경우의 값이 된다. 그 이유는 봄

* 각종 연료의 발열량 측정용 한국공업규격: 섬유제품; KS M2057, 석탄; KS E3707, 천연가스; KS E3602

베주위에 물이 채워져 있고 물의 온도는 그다지 높지 않기 때문에 봄베 속에 생성된 H_2O는 물방울의 액체 상태로 봄베 내벽에 대부분 남아 있기 때문이다. 반대로 흐름 열량계에서는 생성된 H_2O가 수증기 상태로 열량계 바깥 굴뚝으로 배출된다. 이때는 연소열의 일부에 해당하는 증발열이 수증기에 실려서 바깥으로 방출되고 실제로 물의 온도 증가에는 기여하지 않기 때문이다. 따라서 가정이나 공장 굴뚝에서 방출되는 연기 속에는 수증기가 함께 배출되므로 우리가 실제로 사용할 수 있는 열은 발열량에서 수증기 증발열

표 1-1 대표적인 각종 석탄의 총발열량

Class	J/kg	Btu/lb
Meta-anthracite	26,680	11,480
Anthracite	33,110	14,250
Low-volatile bituminous	35,370	15,220
High-volatile bituminous	27,790	11,960
Subbituminous	23,330	10,040
Lignite	17,290	7,440

표 1-2 도시쓰레기를 구성하는 성분물질의 총발열량(kJ/kg)

Refuse Component	As Delivered	Dry Basis	Refuse Component	As Delivered	Dry Basis
Lawn grass	4,780	19,320	Average	-	20,050
Meat scraps, cooked	32,260	32,260	Mail	14,150	14,820
Newspaper	18,530	19,710	Carboard	16,370	17,260
Shrub cuttings	6,290	20,300	Ripe tree leaves	18,550	20,610
Vegetable food waste	4,170	19,220	Magazines	12,210	12,730

자료 : Himmelblau, "化工量論"

표 1-3 여러 가지 음식의 총발열량(HHV)

Food	Portion	kilo-* calories	Food	Portion	kilo-* calories
Beer	12 oz	165	Orange juice	1/2 glass	56
Chicken, broiled	1/2	308	Soft drink	1 can	73
Coffee	1 cup	0	Toast	2 pieces	120
Martini	1 oz	168	Trout	1 lb	224

* kilo-calory는 Cal로 표시하고, 음식칼로리(diet calory)라고 한다. SOURCE : R. Eshleman and M. Winston, The American Heart Association Cookbook, David McKay, New York, 1975.

을 뺀 값이다. 이 열량을 우리는 그 연료의 순발열량(net calorific value) 또는 저발열량(Lower Heating Value; LHV)이라 부르고, 봄베 열량계에서 측정된 발열량을 총발열량(gross calorific value) 또는 고발열량(Higher Heating Value; HHV)라고 부른다.

우리가 여러 가지 자료에서 찾아볼 수 있는 연료 발열량은 순발열량과 총발열량 중 어느 것인가를 확실히 구별할 수 있어야 한다. 연료뿐만 아니라 도시쓰레기의 발열량이나 각종 음식물의 칼로리라고 부르는 열량도 이러한 열량계에서 측정된 값이다. 음식물의 칼로리는 체내에 흡수된 뒤에 최종적으로는 CO_2, H_2O, 기타 찌꺼기(체내 배설물)로 분해되고 그 발열량만이 인체의 활력에 기여하게 된다.

1.4.3 물질의 성분분석치를 이용한 발열량 추산

물질의 발열량은 열량계를 이용하지 않더라도 간접적으로 계산할 수도 있는데, 실제로는 더 편리한 방법이며 유용한 방법이다. 즉, 각종 연료의 성분조성을 화학적으로 분석함으로써 간접적으로 발열량을 추산할 수가 있다. 이 분석치에 의한 발열량 추산법은 다소 덜 정확할 가능성도 있지만 분석의 정확성을 기한다면, 연료의 등급결정, 구입, 판매 등의 경제활동에서 아주 유익한 자료로 사용될 수 있는 이점이 있다.

연료의 성분조성 분석에는 대개 두 가지 방법이 쓰인다. 연료의 공업분석치(proximate analysis)는 연료 속에 들어 있는 성분을 수분, 휘발성분, 고정탄소 및 재(또는 금속 포함) 등 4개 항목으로 분석하여 각각 무게 %로 표시하는 간단한 방법이다(어떤 책에는 "근사분석치"라는 용어를 쓰기도 하는데 잘못된 표현이다). 연료의 원소분석치(ultimate analysis)는 연료의 성분조성을 수분(H_2O), 탄소, 수소, 산소, 질소, 유황 및 재(금속성분 포함) 등 7개 항목(무게 %)으로 표시하는 방법이다. 위의 두 분석방법은 KS-E

표 1-4 석유 원유의 원소분석치

Type	비중	무게 %				
		C	H	N	O	S
Pennsylvania	0.862	85.5	14.2			
Humbolt, Kansas	0.921	35.6	12.4			0.37
Beaumont, Texas	0.91	85.7	11.0	2.61		0.70
Mexico	0.97	83.0	11.0	1.7		
Baku, USSR	0.897	86.5	12.0		1.5	

자료 : Data from W. L. Nelson, Pertoleum Refinery Engineering, 4th ed., McGraw-Hill, New York, 1958.
(*비중은 온도 15℃ 부근의 값임)

표 1-5 복합성분인 도시쓰레기의 공업분석치와 원소분석치

공업분석치	(Proximate Analysis)	(무게 %)
Moisture(수분)		20.00
Volatile matter(휘발분)		52.70
Fixed catbon(고정 탄소)		7.30
Ash and metal(재와 금속)		20.00
		100.00

원소분석치	(Ultimate Analysis)	(무게 %)
Moisture(수분)		20.00
Carbon(탄소)		29.83
Hydrogen(수소)		3.99
Oxygen(산소)		25.69
Nitrogen(질소)		0.37
Sulfur(유황)		0.12
Ash and metal(회분과 금속)		20.00
		100.00

3705, KS-E 3712 등으로 규정되어 있거나, 또는 회사별로 또는 산업분야별로 그 시험방법을 공통으로 약속한 규정이 있으며 규정에 따라서 분석실험을 시행해야 한다.

표 1-4와 1-5는 석유원유와 도시쓰레기의 공업분석치와 원소분석치의 일예이다. 이 표의 원소분석치를 기준으로 하고 탄소의 연소열, 수소, 유황, 질소 등의 연소반응열 $(-\Delta H)$을 문헌자료에서 찾으면 주어진 쓰레기나 원유의 발열량을 계산할 수가 있다.

1.5 에너지 단위의 환산과 활용

1.5.1 단위의 환산

앞 절에서 에너지 단위의 정의와 에너지량의 측정방법 등에 대하여 설명하였다. 이러한 설명은 에너지를 취급하거나 에너지 관련문제에 관한 신문, 잡지 등의 문헌자료를 접하게 될 때 상당한 혼란을 일으킬 수 있다. 이러한 혼란은 소량에너지를 다루는 경우, 대량에너지를 다루는 경우를 별도로 접하게 됨으로써 발생할 수 있다.

표 1-6은 국제에너지협의회(World Energy Council)가 규정한 에너지 환산표에서 요약한 에너지 환산계수 자료이다. 그림 1-5에서는 에너지 단위에 대한 일상적인 이해를 돕기에 편리하도록 여러 가지의 에너지량을 한 가지 에너지단위, Btu(=252 cal)로 표시하여 비교하였다. 표 1-7에서 표 1-10까지는 환산에 필요한 기본 자료들로서 활용될 수 있다.

표 1-6 국제에너지협의회(WEC)의 에너지 환산계수

기준단위	EEC TOE/NCV	OECD TOE/NCV	UN TOE/tonne	프랑스(1982 이후) TOE/NCV[4]
유연탄	1.0	0.7	1.0	0.619
코오크스	1.0	-	0.9	0.667
갈 탄(lignite)	1.0	-	0.3~0.67	0.405
갈탄괴	0.685	0.48	0.67	0.762
원유	1.43	1.007	1.47	1.0
휘발유	1.43	1.073	1.61	1.048
LPG	1.311)	1.140	1.48	1.095
연료유	1.43	0.969~1.045	1.50	0.952
천연가스	131[1]	91.7[1]	1.332(1.000m^3)	0.077[2]
합성가스	131 혹은 143[1]	91.7 혹은 100[1]	0.6(100m^2)	
전력(1,000 kWh)[3]	0.312	0.086	0.125	0.222
신탄(폐기물)	143[1]	-		

주 : 1) Tera Calorie(Tcal)/GCV 기준
2) 1 MWh/NCV 기준
3) EEC : 전력생산 에너지 투입 기준(발전소 효율 : 회원국 평균치)
OECD 및 UN : 전력소비 효율기준
프랑스 : 전력생산 에너지 투입 기준(발전소 효율 : 39%)
4) NCV(Net Calorific Value), GCV(Gross Calorific Value)
GCV는 연료의 연소시 발생되는 총열량
NCV는 GCV에서 수증기 증발시 소요되는 잠재열을 제외한 순발열량
보통 연료 중 수소(H)의 함량이 높을수록 NCV와 GCV의 차이가 커진다.
자료 : 최기련, "에너지 경제학", 비봉출판사, 1987

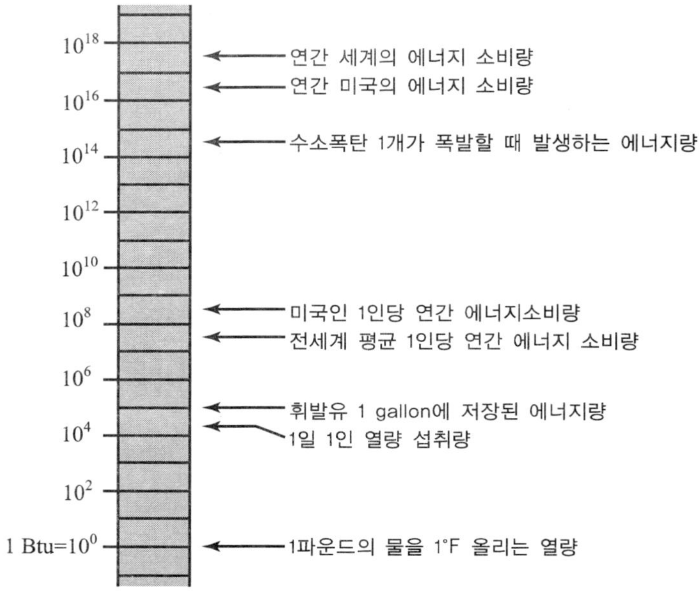

그림 1-5 일상생활의 에너지량(Btu)

표 1-7 국제단위계에 쓰이는 단위 배수의 기호와 값

Factor	Prefix	Symbol	Factor	Prefix	Symbol
10^{18}	exa	E	10^{-1}	deci	d
10^{15}	penta	P	10^{-2}	centi	c
10^{12}	tera	T	10^{-3}	milli	m
10^{9}	giga	G	10^{-6}	micro	μ
10^{6}	mega	M	10^{-9}	nano	n
10^{3}	kilo	k	10^{-12}	pico	p
10^{2}	hecto	h	10^{-15}	femto	f
10^{1}	deka	da	10^{-18}	atto	a

표 1-8 에너지 환산표

Units	g mass (energy equiv)	J	int J	cal	cal_{IT}	Btu_{IT}	kW hr	hp hr	ft-lb (wt)	cu ft-lb (wt)in.$^{-2}$	1.-atm
1g mass (energy equiv)	=1	8.987552 $\times 10^{13}$	8.986069 $\times 10^{13}$	2.148076 $\times 10^{13}$	2.146640 $\times 10^{13}$	8.518555 $\times 10^{10}$	2.496542 $\times 10^{7}$	3.347918 $\times 10^{7}$	6.628878 $\times 10^{13}$	4.603388 $\times 10^{11}$	8.870024 $\times 10^{11}$
1J	=1.112650 $\times 10^{-14}$	1	0.999835	0.2390057	0.2388459	9.478172 $\times 10^{-4}$	2.777777.. $\times 10^{-7}$	3.725062	0.7375622	5.121960 $\times 10^{-3}$	9.869233 $\times 10^{-3}$
1int J	=1.112834 $\times 10^{-14}$	1.000165	1	0.2390452	0.2388853	9.479735 $\times 10^{-4}$	2.778236 $\times 10^{-7}$	3.725676 $\times 10^{-7}$	0.7376839	5.122805 $\times 10^{-3}$	9.870862 $\times 10^{-3}$
1cal	=4.655328 $\times 10^{-14}$	4.184*	4.183310	1	0.9993312	3.965667 $\times 10^{-3}$	1.1622222 $\times 10^{-6}$	1.558562 $\times 10^{-6}$	3.085960	2.143028 $\times 10^{-2}$	0.04129287
1cal_{IT}	=4.658443 $\times 10^{-14}$	4.1868*	4.186109	1.000669	1	3.968321 $\times 10^{-3}$	1.163000 $\times 10^{-6}$	1.559609 $\times 10^{-6}$	3.088025	2.144462 $\times 10^{-2}$	0.04132050
1Btu_{IT}	=1.173908 $\times 10^{-11}$	1055.056	1054.882	252.1644	251.9958*	1	2.930711 $\times 10^{-4}$	3.930148 $\times 10^{-4}$	778.1693	5.403953	10.41259
1kw hr	=4.005540 $\times 10^{-8}$	3600000.*	3599406	860420.7	859845.2	3412.142	1	1.341022	2655224.	18439.06	35529.24
1hp hr	=2.986931 $\times 10^{-8}$	2684519.	2684077.	641615.6	641186.5	2544.33	0.7456998	1	198000*	13750.	26494.15
1ft-lb (wt)	=1.508551 $\times 10^{-14}$	1.355818	1.355594	0.3240483	0.3238315	1.285067 $\times 10^{-3}$	1.766161 $\times 10^{-7}$	5.050505 $\times 10^{-7}$	1	6.944444.. $\times 10^{-3}$	0.01338088
1cu ft-lb (wt) in.$^{-2}$	=2.172313 $\times 10^{-12}$	195.2378	195.2056	46.66295	46.63174	0.1850497	5.423272 $\times 10^{-5}$	7.272727 $\times 10^{-5}$	144*	1	1.926847
1l.-atm	=1.127393 $\times 10^{-12}$	101.3250	101.3083	24.21726	24.20106	0.09603757	2.814583 $\times 10^{-5}$	3.774419 $\times 10^{-5}$	74.73349	0.5189825	1

* The electrical units are those in terms of which certification of standard cells standard resistances and so forth

표 1-9 에너지원별 열량환산표

(단위 : kg)

석탄	갈탄	원유	중유	천연가스	전력(kWh)
1	1.5217	0.7000	0.7143	0.9091	2.5000
0.6571	1	0.4600	0.4694	0.5974	1.6425
1.4286	2.1739	1	1.0204	1.2987	3.5714
1.4000	2.1304	0.9800	1	1.2727	3.5000
1.1000	1.6739	0.7700	0.7857	1	2.7500
0.4000	0.6087	0.2800	0.2857	0.3636	1

표 1-10 에너지의 형태와 특성

(1990. 3. 5. 동력자원부 고시)

구 분		환산기준		석유환산	
		단위	발열량	단위	발열량
석유류	원유	kcal/kg	10,000	kg/kg	1.00
	휘발유	kcal/l	8,300	kg/l	0.83
	납사	〃	8,000	〃	0.80
	등유	〃	8,700	〃	0.87
	경유	〃	9,200	〃	0.92
	방카A유	〃	9,400	〃	0.94
	방카B유	〃	9,700	〃	0.97
	방카C유	〃	9,900	〃	0.99
	제트A-1	〃	8,700	〃	0.87
	JP-4	〃	8,500	〃	0.85
가스류	프로판가스	kcal/kg	12,000	kg/kg	1.20
	부탄가스	〃	11,800	〃	1.18
	도시가스	kcal/Nm^3	7,000	kg/Nm^3	0.70
		〃	11,000	〃	1.10
		〃	15,000	〃	1.50
	천연가스	〃	10,500	〃	1.05
		kcal/kg	(13,000)	kg/kg	(1.30)
석탄유	무연탄	kcal/kg	4,500	kg/kg	0.45
	유연탄	〃	6,600	〃	0.66
	코크스	〃	6,500	〃	0.65
기타	전기	kcal/kWh	2,500	kg/kWh	0.25
	신탄	kcal/kg	4,500	kg/kg	0.45

주 : 1. 석유환산기준은 원유(1 kg=10,000 kcal로 환산)임.
2. 도시가스는 공급회사별로 발열량의 차이가 있음.
3. 본 기준은 에너지이용합리화법 제8조 및 제10조의 규정에 의한 에너지사용 계획의 신고 및 에너지관리대상자 지정을 위한 기준임.

1.5.2 에너지 단위 환산의 예

에너지 단위의 환산이 경제적 관점에서도 중요한 사실을 예를 들어 설명하겠다(연료의 발열량은 부록 표-2를 참조하라).

20℃, 1기압에서 천연가스 1 ft^3(=0.0283 m^3)의 발열량은 1,000 Btu이고, 천연가스 1,000 ft^3의 가격은 미국에서 $3이라고 하자. 10^6 Btu의 열량을 구입하는 비용은 다음과 같이 계산할 수 있다.

$$\left(\frac{\$3}{1000\,\text{ft}^3}\right)\times\left(\frac{1\,\text{ft}^3}{1000\,\text{Btu}}\right) = \$3/10^6\,\text{Btu}\,(\text{천연가스})$$

또 석탄에 대해서 계산하면 석탄 1 ton(=2000 pound : lb)당 가격은 $50, 석탄 1 lb의 발열량은 13,000 Btu(표 1-10과 표 1-8의 자료로 계산)인 경우에,

$$\left(\frac{\$50}{\text{ton}}\right)\left(\frac{1\,\text{ton}}{2{,}000\,\text{lb}}\right)\left(\frac{1\,\text{lb}}{1.3\times10^4\,\text{Btu}}\right)\left(\frac{10^6\,\text{Btu}}{10^6\,\text{Btu}}\right) = \$1.92/10^6\,\text{Btu}\,(\text{석탄})$$

마찬가지로, 석유 원유 1 barrel의 산유지 가격은 $18이고, 원유 1 barrel당 발열량은 5.8×10^6 Btu라면

$$\left(\frac{\$18}{\text{barrel}}\right)\left(\frac{1\,\text{barrel}}{5.8\times10^6\,\text{Btu}}\right)\left(\frac{10^6\,\text{Btu}}{10^6\,\text{Btu}}\right) = \$3.10/10^6\,\text{Btu}\,(\text{석유원유})$$

위의 3가지 연료에 대한 열량기준 가격을 비교해 보면, 미국에서는 동일한 에너지량을 구입하는 조건에서 석탄이 가장 싸고, 다음에 천연가스로, 석유가 가장 비싼 연료임을 알 수 있다. 위의 계산은 석유 원유 1 bbl의 가격이 $18 시절의 것이므로, 2013년 현재 원유가격 $98로 다시 계산해 볼 수 있다.

각종 연료의 발열량기준 가격을 계산하는 것은 간단한 곱셈, 나눗셈으로 가능한데, 다만, 계산하고자 하는 연료의 종류와 시장가격에 관한 정확한 정보를 얻는 것이 중요하다. 이와 같이 계산된 연료가격은 에너지에 관련된 미시경제와 거시경제의 정책에 반영될 수도 있으며, 기업체의 에너지 구입 및 사용 정책, 각 가정에서 필요한 연료를 선택하는 기준이 될 수 있다. 그러나 열량기준 가격이외에 사용의 편의성, 안전성 그리고 연소장치의 가격, 내구년한 등에 관한 종합적 고려 후에 사용할 연료의 종류를 선택해야 함은 물론이다.

1.6 에너지의 수요와 공급 시스템

1.6.1 에너지 시스템

먼저 시스템(계)이라는 용어를 설명하겠다. 시스템이라는 용어는 자연과학과 사회과학에서 많이 쓰이는 용어이다. 다루고자하는 어떤 문제를 "관심을 두는 부분(system)"과 그 "주위(surrounding 또는 외계)" 부분으로 갈라놓는다. 이때 계와 외계를 갈라놓는 경계를 설정하게 되는데, 이 경계를 넘나드는 물질의 입력, 출력은 물질의 양이 될 수도 있고, 에너지량이 될 수도 있으며, 정보과학 분야에서는 신호가 될 수도 있다.

에너지와 관련된 과학적, 기술적, 경제적, 정책적 여러 가지 문제를 다루기 위해서는 에너지 자체의 생산, 에너지 형태의 변환기술, 에너지의 저장, 수송 및 소비경제에 이르는 에너지의 주기(energy cycle)에 대한 물리적 의미를 잘 이해해야 한다. 이 에너지 주기는 에너지의 종류, 양, 또는 그 원료(에너지 자원)의 종류와 변환기술에 따라서 다양성과 이질성이 넓고 크므로, 이러한 범위를 체계적으로 살펴보기 위해서는 에너지 시스템이라는 개념을 설정할 필요가 있다.

에너지 시스템은 어느 국가, 어느 사회, 어느 가정 또는 어떤 에너지 장치를 지칭할 수 있다. 따라서 관심의 대상이 되는 국가나 사회의 에너지 수입, 수출 또는 수요와 공급량을 논의할 때 경계를 설정하고 이 경계를 넘나드는 에너지량의 통계치를 작성하게 된다. 또 1가구당 에너지의 공급과 소비를 다룰 때도 시스템을 설정할 수 있으며, 에너지 장치(예 : 자동차)의 에너지 공급량(휘발유)과 소비량(주행에 소비된 일에너지, 배기가스로 발산된 폐가스 에너지, 엔진 부분에서 대기중에 손실된 열에너지 등)에 관한 에너지 활용상황을 분석하거나 에너지 효율이 높은 자동차의 설계에까지, 시스템의 설정은 "생각의 편의"를 제공하게 된다.

에너지 시스템이란, 천연상태로 부존되어 있는 에너지 자원을 필요한 형태의 각종 에너지로 변환시키고, 필요한 에너지 소요량을 충족시킬 수 있는 기술적, 경제적, 사회적 변환과정을 통틀어서 의미한다. 이와 같은 에너지 시스템에는 여러 가지 종류가 있을 수 있는데, 예를 들면 에너지의 최종 소요형태별 분야를 에너지 시스템으로 잡을 수도 있고, 에너지원의 다양성과 관련된 에너지산업 및 에너지 이용산업의 이질성을 고려한 에너지의 변환과정과 소비 형태에 맞는 기능에 따라서 에너지 시스템을 분류할 수도 있다. 그러나 실제는 에너지가 생산되어 최종소비에 이르기까지 각 단계에서 적용되는 기술적 시스템과 그것에 소요되는 자본투자의 경제적 시스템 및 에너지 상품의 가격 시스템으로 에너지 시스템이 분류될 수가 있다.

1.6.2 에너지 시스템의 구성

에너지 문제를 경제학적으로 접근해 보려는 시도로서 그림 1-6에 나타낸 바와 같이 에너지를 세 개의 에너지 시스템으로 분류하여 생각할 수 있다. 즉, 에너지 시스템을 물리적-경제적 체계(physico-economic system), 기술적-경제적 체계(techno-economic system) 및 가격 체계(energy price system)로 분류할 수도 있다. 물론 이 세 개의 시스템은 상호독립적일 수 없으며, 다만 에너지 문제를 분석하는 기법의 한 가지로서 분류될 수가 있다. 이러한 시스템개념을 문제해결의 기법으로 이용하면 자연과학적 문제이거나 사회과학적 문제이거나간에 효율적이고 합리적으로 해결할 수 있다.

이 책의 대부분에서는 물리적-경제적 시스템과 기술적-경제적 시스템을 장별로 나누어 서술하고, 제12장에서는 가격시스템을 포함한 에너지의 경제학적 시스템과 정책적 시스템을 설명하겠다.

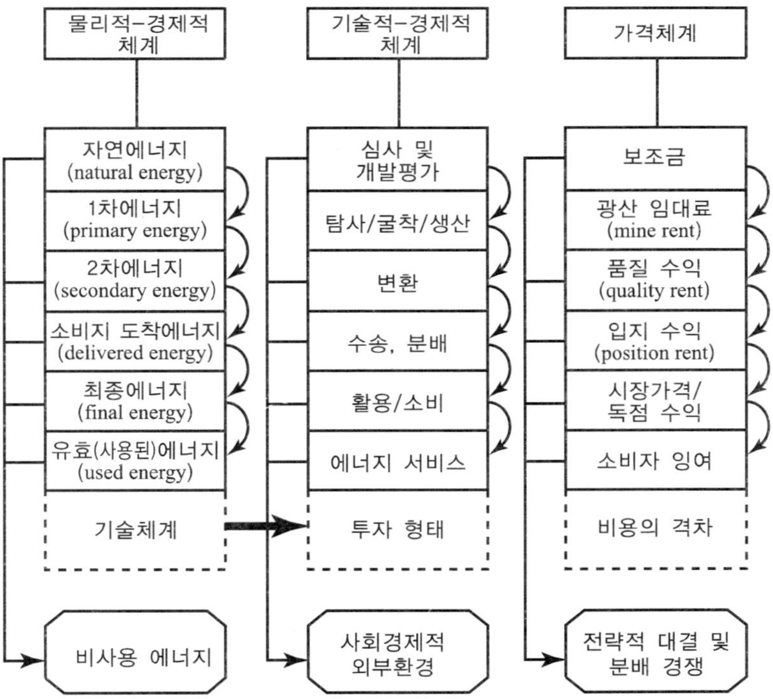

그림 1-6 에너지 시스템의 구성

자료 : 최기련, "에너지경제학", 비봉출판사, 1987

참고문헌

〈에너지 통계자료〉

통상산업부·에너지경제연구원, "에너지 통계연보", 15, 통상산업부, 1996

에너지 경제연구원(편), "에너지총조사보고서", 통상산업부, 1996

에너지 관리공단, "에너지 통계", 2009

에너지 관리연구소, "에너지 관리총람", 1984

〈에너지 일반 서적 : 국내판〉

R. 스토보, D. 예긴, ; 趙東成 譯, "에너지, 오늘과 來日", 서울 : 三星美術文化財團, 1981.

The Enyclopaedia Britannica, staff 편저 ; 안정효 역, "도대체 에너지란 무엇일가?" 서울 : 한국 브리태니커회사, 1982.

한국에너지공학회, "에너지공학", 서울 : 1992

姜昌淳 等, "現代産業社會와 에너지", 서울 : 서울大學校出版部, 1992.

김영식, "우라늄 235를 잡아라", 한국원자력 문화재단, 1997

〈에너지에 관한 일반서적 : 외국판〉

Ashton, T.S., "The Industrial Revolution", Oxford Univ. Press, London, 1969.

Gordon J. Aubrecht II, "Energy", 2nd ed, Englewood Cliffs, N.J. : Prentice Hall, 1994.

Berry, R. Stephen, "Energy & Thermodynamics for Nonscientists", World Scientific Publishing Company, 1990.

Attilio Bisio, Sharon Boots, editors, "Encyclopedia of energy technology and the environment", New York : John Wiley and Sons, 1995.

Prepared by the editors of Encylopaedia Britannica, "Energy : the fuel of life", New York : Bantam Books, 1979.

"Energy Statistics : Definitions, Unit of Measure & Conversion Factors", United Nations, 1987.

Lapedes, D. N., "McGraw-Hill Encyclopedia of Energy", McGraw-Hill, 1971.

Hall, "Dictionary of Energy", Dekker, Marcel, 1983.

Hottel, H. C., J. B. Howard, "New Energy Technology, Some Facts and Assessment", MIT Press, 1971.

J, Rifkin, T. Howard, "Entropy; A New World View", Bantam, Toronto, 1980. (한글 번역판 있음)

Singer, S. F., "Energy", W. H. Freeman & Co., 1979.

CHAPTER 02

에너지 형태의 변환과 효율

Although energy assumes many forms, the total quantity of energy is constant, and when energy disappears in one form it appears simultaneously in other forms.

2.1 에너지에 관한 열역학의 기본원리

2.1.1 에너지 보존의 법칙 : 열역학 제1법칙

2.1.1.1 에너지의 보존법칙

여러 가지의 형태로 존재하는 에너지는 한 가지 형태에서 다른 형태로 바뀔 수 있다. 에너지의 형태가 바뀌더라도 총 에너지량은 항상 일정하다. 자연계에서 일어나는 어떤 형태의 에너지 변환에서도 총 에너지량은 일정하다는 사실이다. 이것을 우리는 에너지 보존의 법칙 또는 에너지 불변의 법칙이라고 부른다. 그리고 에너지에 관하여 이론적으로 연구하는 학문인 열역학(thermodynamics)에서는 이 법칙을 열역학 제1법칙이라고 한다.

이 열역학 제1법칙은 우리가 관심의 대상으로 설정하는 시스템과 이 계의 경계면(boundary : 구체적인 경계일 수도 있고, 추상적인 경계일 수도 있다) 바깥에 있는 외계(外界, surrounding)사이에서 에너지가 넘나들 때(전달 될 때)도 성립하고, 다른 작은 예로는 엔진이 달린 자동차의 속(계)과 자동차 바깥 부분(외계)에 대해서도 성립한다.

위의 두 가지 경우를 그림 2-1로 설명할 수 있다. 그림 2-1(a)에서 태양의 우주 외계로부터 지구계에 들어오는 에너지량을 Q_1이라 하고, 지구계에서 우주로 방사되는 에너지량을 Q_2라고 하자.

지구계 내에서의 인간활동과 생태계의 변화(생물의 생장, 소멸, 대기권의 온도상승에

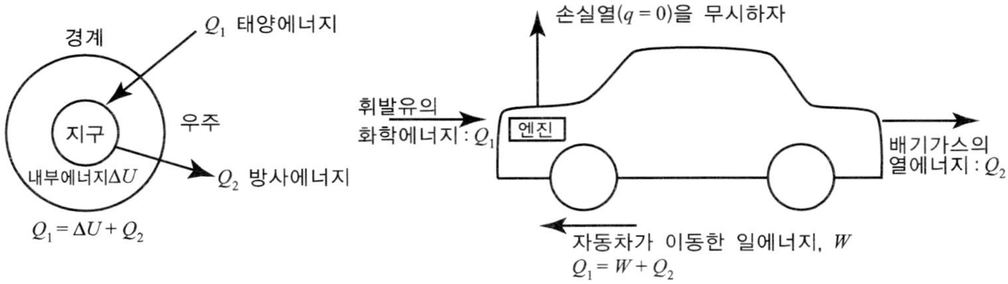

(a) 태양계 내의 지구 (b) 자동차의 에너지

그림 2-1 에너지 시스템의 예

의한 가열 또는 반대의 냉각현상)에 의하여 지구계의 내부에너지는 ΔU만큼 변할 것이다. 이러한 상황에서 지구계에 관련되는 총에너지의 수입과 지출을 식으로 나타내면 다음과 같다.

$$Q_1 = \Delta U + Q_2$$

마찬가지로, 자동차를 한 개의 에너지 시스템으로 가정하면, 자동차용 연료인 휘발유의 화학에너지량 Q_1이 엔진 속에서 연소하여 차바퀴를 굴리는 일에너지 W를 행하고 배기관을 통하여 폐가스가 열에너지 Q_2를 동반하여 배출된다. 단, 자동차 엔진부분의 열손실량 등을 무시하면, 이때도 총에너지 수지식을 다음과 같이 쓸 수 있다.

$$Q_1 = W + Q_2$$

일반적인 경우로서 에너지 전환장치를 엔진(engine)이라고 하는데, 이 엔진을 열역학적 계로 생각하면, 엔진 속으로 고온의 열(휘발유의 연소열) Q_1이 엔진(계)을 작동시켜서 W의 일에너지를 생산하고 남는 에너지 Q_2가 저온상태에서 계 밖으로 배출한다. 이 경우에도 위의 식은 성립한다.

이와 같이 설정된 어떤 계에 대하여 에너지는 보존되며, 다른 말로 표현하면, 에너지량은 불변이다. 이러한 에너지 보존에 관한 식을 에너지 수지식(energy balance equation)이라고 부른다.

2.1.1.2 내부에너지와 엔탈피

에너지 수지식은 엔진 계뿐만 아니라 다른 자연현상에서도 성립한다. 그림 2-2에서처럼 냄비 속에 들어 있는 물을 데우는 경우에도 적용된다. 냄비 속에 들어있는 물을 시스템으로 가상하고, 냄비라는 그릇을 경계면으로 삼아서 그 바깥을 외계라고 가정하자. 외

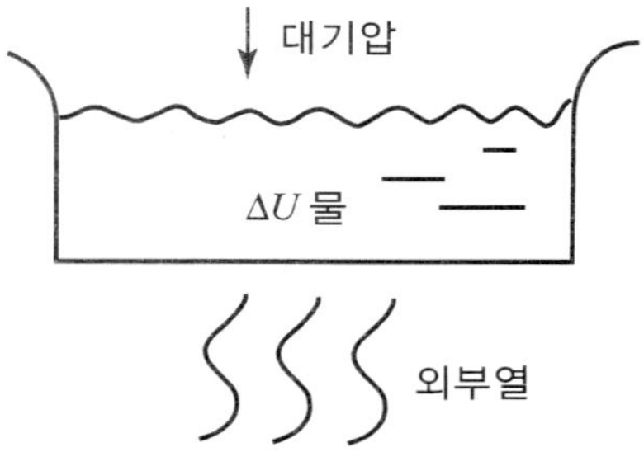

그림 2-2 에너지 시스템의 외부열과 내부에너지

계에서 열량 Q가 계(물)에 전달되면 물의 온도가 올라간다. 즉, 물의 내부에너지 U가 변하여(Δ) 증가한다. 이때, 대기압력이 물의 표면을 밀어 내리고 있으므로 이것을 압력에 의한 일 W라고 한다면, 물이라는 계의 에너지변화량(내부에너지 변화량 : ΔU)과 외계의 에너지 작용량(일에너지 W와 열에너지 Q)의 총합은 0이 되어야 한다. 이를 에너지 수지식으로 쓰면 아래와 같다.

(계의 에너지 변화)+(외계의 에너지 변화)=0

$$\Delta U \pm Q \pm W = 0$$

Q와 W에 ±부호가 함께 붙어있는데 Q가 계에 대하여 가열용이냐(+), 냉각용이냐(–)에 의해서 선택되고, W는 계에 가해지느냐(–), 계에서 생산되어 외계로 작용하느냐(+)에 의하여 선택된다. 이러한 (+, –)부호의 사용은 과학자들의 약속이므로 기호 붙임의 약속을 지키는 것이 혼돈을 감소시키게 된다.

압력에 의한 일에너지를 설명하기 위하여 고무풍선의 예를 하나 들겠다. 풍선 속에 들어있는 공기계의 에너지 변화는 바로 내부에너지의 변화 ΔU이다. 이 내부에너지의 변화로 인하여 공기는 바깥 대기쪽으로 팽창하는 기계적 일에너지가 있다. 이 일에너지는 (압력×부피)의 변화, 즉 $\Delta(PV)$이다. 이때 공기계의 에너지 변화량은 $\Delta U + \Delta(PV)$가 되는데, 이 에너지값을 엔탈피 변화 ΔH라 부르고 다음과 같이 쓴다.

$$\Delta U + \Delta(PV) = \Delta H$$

이 ΔH는 계의 엔탈피(enthalpy) 변화량이고 연료의 발열량, 증발잠열량 등을 나타내는 수단으로 사용된다. 내부에너지 변화 ΔU와 엔탈피 변화 ΔH의 기호법도 "약속"되어 있다. 계의 ΔU나 ΔH가 계 밖으로 나가면(–), 반대로 외계에서 계에 대하여 작용하면(가해지면), (+)라고 약속한다.

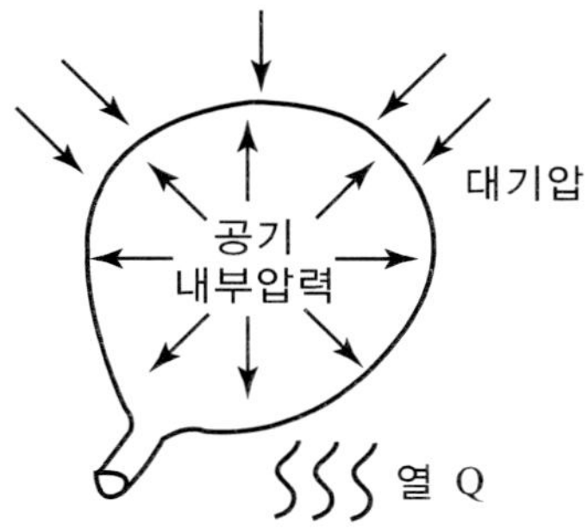

그림 2-3 고무풍선의 에너지 시스템

다음 몇 가지 예는 ΔH의 개념을 파악하는데 도움이 된다.

1) 100℃의 물이 가열되어 100℃의 수증기가 되는데 가해진 열=증발열= ΔH_v =+ 538 cal/g
2) 100℃의 수증기가 식어서(열을 잃어서) 100℃의 물이 될 때 냉각열=증발열= ΔH_v = −538 cal/g
3) 0℃의 물이 0℃의 얼음이 될 때 버려지는(계에서 제거되는) 열=용융잠열= ΔH_m = −80 cal/g
4) 15℃의 물이 36℃의 물로 가열될 때, 온도 차이에 의한 물의 부피 변화를 무시하면 (m =물의 질량, C_v, C_p =물의 정용, 정압 비열),
   가열에 쓰인 현열량= $\Delta U = mC_v\Delta T$
   온도차이(ΔT)에 의한 물의 부피 변화를 포함시키면,
   가열에 쓰인 현열량= $\Delta H = \Delta U + \Delta(PV) = mC_p\Delta T$
5) 질량 m인 물체가 기준면(지표면)에서 높이 Δz만큼 올려져 있을 때,
   위치에너지(potential energy)= $PE = gm\Delta z$
6) 질량 m인 물체가 v의 속도로 움직이고 있을 때,
   운동에너지(kinetic energy)= $KE = \frac{1}{2}mv^2$
7) 12 g(1 g−mol)의 탄소가 산소와 결합하여 완전 연소할 때 밖으로 나오는 발열량 = ΔH = −97 kcal/g−mol$_{탄소}$ = −8.08 kcal/g$_{탄소}$
8) 염화칼슘이 6수화 염화칼슘으로 바뀔 때 발열량= ΔH = −23.3 kcal/g−mol $CaCl_2$
   $CaCl_2 + 6H_2O \rightarrow CaCl_2 \cdot 6H_2O$

(이 예는 화학적 열저장 방법으로 쓰인다. 이 반응을 이용하여 휴대용 보온장치를 만들 수 있다)

2.1.2 에너지 효율의 법칙 : 열역학 제2법칙

2.1.2.1 가역 열기관

에너지 자원의 잠재에너지를 열 → 기계적 에너지로 전환하는 장치를 일반적으로 열기관(heat engine)이라 부른다. 비행기용 제트 엔진, 자동차 엔진, 보일러에서 나오는 수증기로 터빈을 돌리는 수증기 터빈, MHD 터빈 등은 모두 열에너지를 기계적 에너지로 변환시키는 열기관의 실체들이다.

열기관은 높은 온도에서 열에너지(heat)를 받아서 그 일부를 일에너지(work)로 전환시키고 나머지의 열에너지(waste heat)를 낮은 온도에서 외부로 방출한다. 이때 에너지 보존의 열역학 제1법칙이 성립한다는 사실은 앞절에서 설명하였다.

열기관의 열효율은 열기관에 공급된 열에너지에 대한 일에너지로 변환된 양의 비로 표시하는데, 여러 가지 열기관들이 최대(잠재적)효율을 발휘할 수 있도록 하려는 연구가 오래 전부터 수행되어 왔었다.

실제 열기관이 일을 생산해내는 성능은 이론치에 못 미치기 때문에 열기관의 성능을 "이상화(idealization)"한 가역 열기관(reversible heat engine)의 개념을 이용하여 실제 열기관의 효율을 설명한다. 가역기관 또는 가역공정은 시간개념을 무시해야 가능하다(또 등산으로 비유하면 "좁은 발자국 옮김"으로 최소의 에너지로 최대의 일 효율을 얻는 것과 비유된다).

가역 열기관의 개념은 다음과 같다. 높은 온도 T_1에 에너지 탱크 또는 열원(熱源, heat source)이 있고, 낮은 온도 T_2에 다른 에너지 탱크(또는 열소(熱沼), heat sink)가 있다고 생각하자. 이들 에너지 탱크사이에 회전하는 축이 달려서 일 에너지를 생산할 수 있는 가역 열기관이 설치되어 서로 접하고 양쪽 탱크와 열을 받고 줄 수 있다고 생각한다.

가역 열기관이 고온의 열원에서 열을 받아서 일을 생산해내어 회전축을 통하여 밖으로 내보내고, 나머지 열을 낮은 온도의 열소에 폐기시킨다. 이러한 개념은 수증기를 이용하여 터빈을 돌려서 전력을 생산하는 발전소의 시설이나 자동차엔진의 피스톤 열기관을 이상적인 개념으로 바꾼 것이다. 그림 2-4에는 고온의 열원에서 Q_1의 열량이 가역 열기관에 전달되는데, 그중 일부의 열량 Q_2를 저온의 열소로 버리고 그 차이에 해당하는 $Q_1 - Q_2$의 열량이 일에너지로 나간다. 이와 같이 열원, 열소, 가역 열기관으로 구성된 하나의 체계를 열역학적 계(thermodynamic system)라고 부른다.

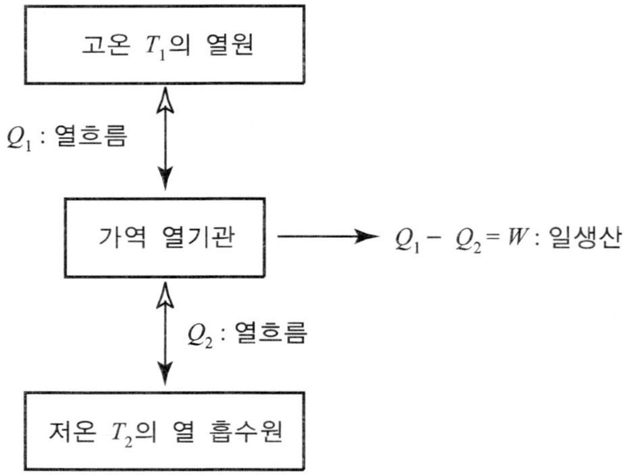

그림 2-4 이상적인 가역 열기관의 일생산

가역 열기관의 효율은 이들 열원과 열소의 절대온도(T)에 의하여 결정되는데 수학적으로는 다음과 같이 표현된다.

$$\text{이론적 열역학 효율 } \eta = \frac{T_1 - T_2}{T_1} = \frac{Q_1 - Q_2}{Q_1} = \frac{W}{Q_1} = 1 - \frac{Q_2}{Q_1} (< 1)$$

동시에 열역학적 효율은 공급열량 Q_1에 대한 일로 변환된 열량 $Q_1 - Q_2$의 비로 표현될 수도 있고 그 값은 $\eta < 1$이다. 실제로 제작된 어떤 열기관도 이 이론적인 열역학적 최대 효율을 달성할 수가 없다.

2.1.2.2 에너지 전환 효율

앞(2.1.2.1)절에서 설명한 바와 같이 에너지의 전환 효율은 가역 열기관에서 공급된 열

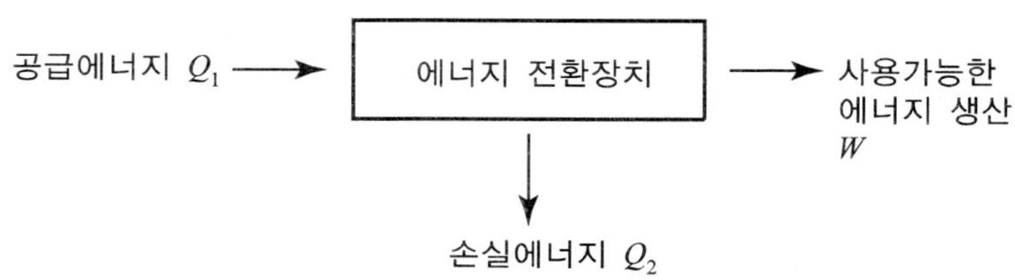

$$\text{전환 효율}(\eta) = \frac{\text{사용 가능한 에너지 생산량}}{\text{공급에너지}} = \frac{W}{Q_1} = \frac{Q_1 - Q_2}{Q_1}$$

그림 2-5 에너지 효율

표 2-1 에너지 전환 효율의 정의

$$\text{연료의 연소효율} = \frac{\text{실제로 연소에 의하여 발생된 열량}}{\text{연료가 완전연소할 때 발생하는 열량}}$$

$$\text{스팀터빈의 효율} = \frac{\text{터빈에서 생산된 일량}}{\text{보일러에 공급된 열량}}$$

$$\text{화력발전소의 발전기효율} = \frac{\text{발전된 전기에너지량}}{\text{발전기에 공급된 터빈의 일량}}$$

$$\text{조명등 효율} = \frac{\text{조명에만 사용된 에너지량}}{\text{전등에 공급된 전기에너지량}}$$

$$\text{태양전지의 효율} = \frac{\text{발생한 전기에너지량}}{\text{태양전지에 도달한 복사에너지량}}$$

$$\text{자동차엔진의 효율} = \frac{\text{자동차의 이동에 사용된 일량}}{\text{자동차에 공급된 연료의 발열량}}$$

$$\text{건전지 효율} = \frac{\text{건전지의 목적에만 사용된 총전기에너지량}}{\text{건전지 속에 들어있는 잠재적 화학에너지 총량}}$$

에너지가 일에너지로 전환된 효율로 정의된다. 그러나 에너지의 5가지 형태를 변화 시킬 수 있는 모든 장치는 모두 에너지 전환장치라는 일반적인 정의를 넓게 추가해서 설명할 수 있다. 표 2-1은 각종 형태의 에너지가 변환될 때 전환 효율을 구체적으로 정의한 것이다.

표 2-2는 실제로 사용되고 있는 각종 에너지 전환장치의 변환효율을 나타낸 것이다. 이 표에 나타내져 있는 효율(%)은 표 2-1에 있는 정의에 의하여 측정 또는 결정된 값이다. 이들 효율은 과학기술의 발전에 따라서 시기적으로 점차 개선되고 있으며, 대략적인 값이므로 참고자료로 사용될 수가 있다.

수증기 터빈을 예로 들면, 보일러에서 나오는 수증기의 온도 T_1이 540℃=813 K이고, 터빈을 통과한 수증기가 응축기에서 물로 냉각되는 온도 T_2, 50℃=323 K이면 이 수증기 터빈의 최대효율은 $\eta=(813-323)/813=0.60$, 즉 60%가 된다. 그러나 현재까지 개발되어 있는 가장 성능이 우수한 수증기터빈의 열효율은 40% 정도인데, 연구개발의 진보에 따라서는 그 효율이 더 커질 수도 있다.

표 2-2 각종 에너지 전환장치의 변환 효율

장치	변화형태	효율
대형 발전기	기계적 일 → 전기	~98%
건전지	화학에너지 → 전기	~90%
대형 보일러	연료의 화학에너지 → 열	~87%
스팀 터빈	열 → 일	~46%
화력 발전소	화학에너지 → 열 → 일 → 전기	~40%
디젤 엔진	연료의 발열량 → 일	~37%
휘발유 엔진	연료의 발열량 → 일	~26%
연료전지	수소의 화학에너지 → 전기	~60%
태양전지	태양 복사에너지 → 전기	~10%
고강도 전등(Na)	전기 → 빛에너지	~32%
형광등	전기 → 빛에너지	~20%
백열등	전기 → 빛에너지	~4%

2.1.2.3 열역학 제2법칙 : 엔트로피 법칙

에너지 전환 효율은 항상 1보다 작다. 즉, 100%가 되는 일이 없다. 이러한 법칙을 열역학 제2법칙이라고 하는데, 이 법칙을 이해하는 데는 상당한 상상력을 필요로 하기 때문에 이 법칙을 잘 이해시키기 위해 여러 가지의 서술식 문장이 동원되고 있다. 몇 가지 예를 들면 다음과 같은 문장들이 열역학 제2법칙 또는 효율의 법칙을 설명하는데 쓰인다.

예 1 열을 일로 100% 바꿀 수 있는 에너지전환장치는 없다!

예 2 낮은 온도의 열을 높은 온도쪽으로 이동시킬 수 있는 방법(과정)은 없다(이때 냉장고의 원리와 상치되지 않는가 하는 우려를 하게 되는데, 다음 절에서 냉장의 원리는 결코 제2법칙을 위반하지 않는 장치임을 설명하겠다).

예 3 (자동차 엔진이나 터빈과 같은) 주기적 공정을 거쳐서 열을 전부 일로 전환할 수는 없다.

예 4 자연의 모든 변화는 엔트로피(entropy) 증가, $\Delta S > 0$쪽으로 진행된다.

예 4 의 문장은 열역학 제2법칙을 엔트로피 증가의 법칙이라고 부르는 동기가 된다. 우선 간단하게 엔트로피의 정의를 내리고 엔트로피의 간단한 계산을 통하여 우주의 변화나 자연의 변화현상이 엔트로피 증가쪽으로 진행됨을 설명하겠다.

만일, 여러분 중에서 한 사람의 개인 침실이나 서재나 집안의 어느 부분의 물건들이 뒤죽박죽으로 흩어져 있어서 잘 정돈되지 않고 있다면, “내방은 엉망진창이다”라고 표현할 수 있을 것이다. 이것을 엔트로피 법칙으로 비유한다면 "내방은 엔트로피가 높은 상태이다"라고 표현할 수도 있다. 엔트로피라는 용어는 열역학이라는 순수학문에서 기원한 말이지만, 가정생활의 용어로도 쓰일 수가 있겠고, 사회 각 계층의 혼돈상태를 표현하는데도 쓰일 수가 있다.

Jeremy Rifkin이라는 미국의 학자는 "Entropy"라는 책을 쓰고(한국어로 번역 출판되어 있다) 최근에는 제목을 "Entropy : Into the Greenhouse World(엔트로피 : 온실화된 세계에 적용하면)"라고 고쳐서 제2판을 출간하였다. 이 책에서 저자는 자연과학뿐만 아니라 경제, 사회, 환경 문제들까지도 엔트로피의 개념을 사용하면 이해하기가 쉽다고 주장한다. 실제로 엔트로피의 개념은 질서정연한 상태와 그 반대인 혼돈상태의 측정수단으로 쓰인다. 어떤 지정된 계 내에서 정돈상태가 좋을수록 엔트로피는 낮고, 반대로 무질서가 심할수록 엔트로피는 높다. 즉 무질서가 심해질수록 엔트로피는 증가한다.

2.1.2.4 엔트로피 변화의 계산

그림 2-6은 미닫이문으로 갈려져 있는 두 방의 온도차이가 있다고 가정하는 그림이다. A방은 온도가 높고(T_A)(이때 공기분자들의 운동은 활발하다), B방의 온도는 낮다(T_B)라고 생각하자. A와 B방 사이의 칸막이를 살짝 제거한다면, 이 "살짝"이라는 표현은 칸막이를 제거하는데 에너지가 전혀 필요치 않을 정도라는 뜻이고, 열역학적으로 말하면, 가역적(reversible) 과정의 변화라고 표현한다. 두 방은 C라는 큰 방이 될 것이고, A와 B방에 있던 저온의 공기분자와 고온의 공기분자들은 서로 무질서하게 섞이게 된다. 이때 A분자들이 가지고 있던 열에너지는 B분자들에게 이동하여 C방의 온도는 A방의 온도 T_A보다 낮아져서 T_C가 되고 B방의 온도 T_B보다는 높아지게 된다. 이때 A와 B방의 정돈된 상태가 C방이라는 무질서한 상태로 변한다. 결국 A, B방의 칸막이를 제거함으로써 A, B방의 전체 엔트로피는 증가한다.

이제, A와 B방의 온도와 C방의 온도를 이용하여 각 방의 열에너지량의 변화를 계산해 보자.

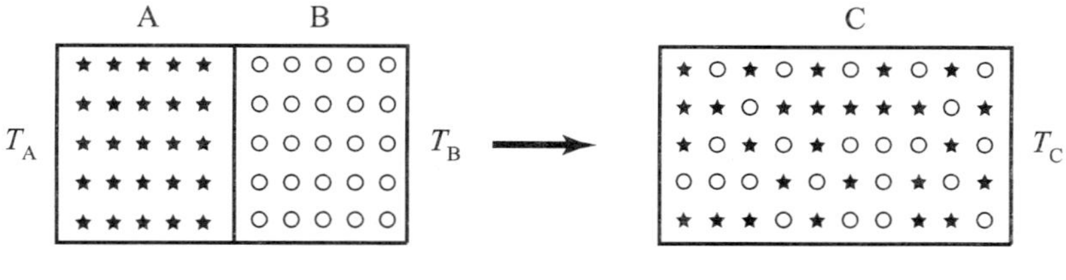

그림 2-6 엔트로피 변화의 개념

A방 : 잃은 열량 Q_A =(공기량)(비열)$(T_A - T_C) > 0$

B방 : 얻은 열량 Q_B =(공기량)(비열)$(T_C - T_B) > 0$

엔트로피의 변화량은 가역과정(미닫이를 "살짝"제거하는 과정)에서만 계산할 수 있는데, 엔트로피 변화 $\Delta S = (Q/T)_{가역과정}$으로 계산한다. 이때 T는 열역학적 절대온도로서 섭씨온도에 273을 더한 값이다. 이 정의에 의하여 A, B방 공기가 섞여서(혼돈상태가 증가해서) C방의 상태로 변화된 전체과정에 대한 ΔS_{Total}을 계산할 수 있다.

$$\text{A방의 엔트로피 변화 ; } \Delta S_A = \frac{Q_A}{T_A} = \frac{mc(T_A - T_C)}{T_A} = mc\left(1 - \frac{T_C}{T_A}\right)$$

$$\text{B방의 엔트로피 변화 ; } \Delta S_B = \frac{Q_B}{T_B} = \frac{mc(T_C - T_B)}{T_B} = mc\left(-1 + \frac{T_C}{T_B}\right)$$

전체변화(즉, A, B가 C로 통합된 변화)에 대한 총 엔트로피 변화 ΔS_{Total}은 다음과 같다.

$$\Delta S_{Total} = \Delta S_A + \Delta S_B = mc\left(\frac{T_C}{T_B} - \frac{T_C}{T_A}\right) > 0$$

$T_A > T_B$였으므로, 위의 계산식 ( ) 내의 값은 (+)값이다. 즉 이 변화에서 엔트로피는 증가하였다. 이러한 계산에서 더 구체적으로 T_A와 T_B를 313 K와 288K 등 임의 수치온도를 삽입하더라도 쉽게 엔트로피의 증가를 확인할 수가 있다.

에너지 변환과정에서 ΔS_{Total}의 증가(+)를 막을 수 없다. 다만 이 엔트로피의 증가를 감소시키는 노력이 바로 에너지의 효율적인 이용 또는 에너지 절약활동이다.

각 가정에서 겨울에 열이 밖으로 달아나지 못하게 하는 노력, 여름에 더운 열기가 집안으로 적게 들어오도록 하는 노력은 바로 "자연"과 싸우는 인간의 도전이라고 할 수 있다. 에너지 사용량의 증가로 지구의 대기온도가 증가하는 "온실효과"도 바로 지구 계의 엔트로피 증가 현상이다.

2.1.3 냉동의 원리

2.1.3.1 열펌프의 원리

2.1.2.2절에서 열역학 제2법칙의 한 가지 표현으로 "낮은 온도의 열을 높은 온도쪽으로 이동시킬 수 있는 방법(과정)은 없다"는 법칙을 설명하였다. 그렇다면 냉장고나 냉동기에서는 열에너지를 바깥의 고온(실온)쪽으로 퍼내는 현상이 열역학 제2법칙을 위반하

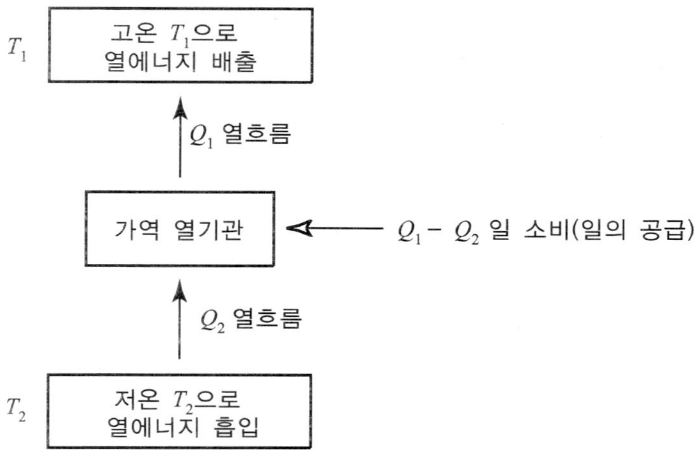

그림 2-7 가역 열기관의 열펌프 작용

지 않는 이유를 설명하겠다.

동력을 생산하는 열기관의 개념과 반대로, 열기관에 연결된 회전축을 반대방향으로 돌려 외부에서 열기관에 일을 가해주면, 열기관은 낮은 온도의 열소에서 열을 빼앗아서 높은 온도의 열원에 열을 거꾸로 펌핑해 올려 보내게 된다. 이러한 열기관을 열펌프(heat pump)라고 하는데 이러한 가역 열펌프의 실용 예는 냉장고와 냉방기이다. 그림 2-7에는 일에너지 $W = (Q_1 - Q_2)$에 의해서 Q_2의 에너지를 냉장고 내부의 음식물(또는 방안에 있는 열)로부터 옮겨서 냉장고 바깥(뒤편의 방열코일)의 더운 곳으로 열을 퍼 올린다. 이 그림과 앞 그림을 비교하면, 모든 에너지가 거꾸로 흘러가는 표시(그림 2-4의 ↑ 화살표)가 있는 것 외에는 똑같은 원리이다. 즉 열기관과 열펌프는 가역성의 의미로 해석하면 동일한 열역학적 원리에 의하여 작동한다.

2.1.3.2 냉장고의 구조와 작동

우선 냉장고의 얼개를 설명하겠다(그림 2-8). 냉장고의 구조는 냉장고의 외부와 내부를 경계짓는 벽이 있고, 이 벽은 가능한 한 열의 전달을 적게 하는 재료(예 : 스티로폼 판재)로 만들어진다.

냉장고의 내부에는 증발관(evaporator)이 판상의 관 형태로 설치되어 있고, 증발관과 냉장고 바깥의 응축관(condenser)은 한쪽으로 냉매 압축기(compressor-motor)에 연결되어 있고 다른 쪽에는 팽창 밸브로 서로 연결되어 있다.

일반적으로 가스(프레온가스)는 압축을 당하면 부피가 작아지고 내부에너지가 증가하

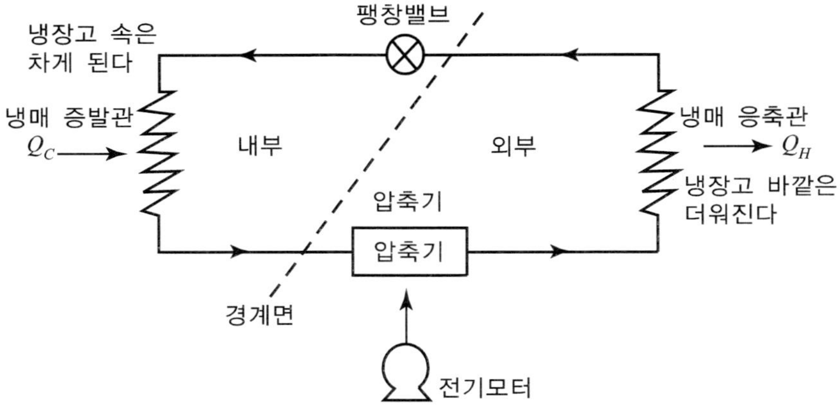

그림 2-8 냉장고의 원리

여 고온이 된다. 이 고온의 가스로부터 열을 제거하면(냉장고 밖에서 냉각하면) 이 가스는 액체상태가 되는데, 이 액체는 고압상태이므로 팽창밸브를 갑자기 통과하면 다시 압력이 낮아지면서 온도가 급격하게 낮아지고 동시에 기체상태로 변한다(이 현상을 Joule-Thomson 효과라고 한다). 이 팽창밸브가 냉장고의 내부에 설치되어 있으므로 다음 단계, 즉 증발관이 설치되어 있는 냉장고 속의 열에너지가 냉매쪽으로 전달된다. 따라서 냉장고 내에서는 냉매를 매개체로 하여 열이 높은 온도쪽에서 낮은 온도쪽으로 이동한다.

한편, 냉장고 바깥부분에서는 냉장고 속에서 70℃ 정도로 뜨거워진 냉매의 열에너지가 응축기 벽을 통하여 온도(30℃)의 대기권으로 방출되고, 냉장고 내부에서는 음식물의 온도(-10℃ 이상 고온)보다 낮은 증발관 내벽을 통과하는 냉매(내부온도가 -18℃)가 음식물의 열을 뺏게 된다(열전달이 일어난다).

결론적으로 말하면, 냉장고는 냉매라는 매개물질을 이용함으로써 열역학 제2법칙에 위배되지 않고 낮은 온도의 음식물에서 열을 제거하여 바깥의 고온쪽에 방열한다.

2.1.3.3 열펌프의 성능계수

열기관에서는 공급열량에 대한 생산 일량의 비율을 열효율 $\eta = W/Q_1$ 으로 정의하였다. 그러나 열펌프에서는 펌프(냉장고)를 운전하는데 소비된 전기에너지 W에 대하여 냉장고 바깥으로 방출된 열에너지량 Q_1 의 비율로 효율을 정의하고, 그 명칭도 성능계수라고 구별하여 부른다.

모든 열펌프의 성능은 성능계수(coefficient of performance : COP)로 평가되는데, COP는 펌프를 운전하는데 필요한 일량(배출된 열량)에 대한 고온측에 전달된 열량(필요한 가열열량)의 비로 표시된다. 즉, 가역 열기관이 열펌프로 사용된다면 COP는 가역 열기관 효율의 역수이다.

$$\mathrm{COP} = \frac{\text{냉장고에서 방열된 열량}}{\text{냉각에 필요한 일량}} = \frac{Q_1}{W} = \frac{Q_1}{Q_1 - Q_2} = \frac{T_1}{T_1 - T_2}$$

이 COP의 정의는 열펌프를 이용하여 고온측의 열원에 이동시킬 수 있는 최대의 이론적 열량을 추정할 수 있게 한다. 예를 들어서 열펌프를 이용하여 집안을 어느 정도 난방할 수 있는가를 계산해 보자. 바깥 기온 T_2가 −7℃(266 K)이고 실내온도 T_1이 21℃(294 K)이면 성능계수 COP=294/(294−266)=10.5가 된다. 그 의미는 10.5 단위의 열을 방안에 끌어들이기 위해서 열펌프에 1.0 단위의 일(전력)을 공급하면 된다. 그 결과로는 9.5 단위의 열이 실외에서 실내로 공급될 수가 있다는 이론적 계산이 나온다. 그러나 실제로는 기계적 결함, 열전달 손실 등 여러 가지 이유 때문에 공급전력(일)의 약 3배 정도에 해당하는 열을 실내에 공급할 수 있는 경우가 보통이다.

열펌프의 원리는 냉장고, 냉동고, 농, 수, 축산물 저장용 저온창고에도 쓰이고, 여름철 건물의 냉방은 물론이고, 설비투자를 약간만 더 투입하면, 겨울철 건물난방에도 쓸 수 있다. 또한 공업적으로는 공기의 냉각 → 액화를 통하여 산소와 질소를 분리하거나 양조장의 발효기에서 생성되는 CO_2 가스를 드라이아이스로 만드는데도 사용되고 있다.

2.2 연소 (燃燒, Combustion)

2.2.1 연료 (燃料, Fuel)

연료는 산소 또는 산소를 포함하는 물질과 작용하는 가연성 물질(combustibles) 중에서 1) 연소시 경제적 목적으로 이용이 가능한 열이나 빛을 발생하며, 2) 공업적 의미에서 풍부하게 산출되어 쉽게 구입할 수 있으며, 3) 동시에 그 채굴비나 가공비용이 저렴하고 적당한 시장가격을 유지할 수 있는 물질이라고 정의한다.

이러한 연료는 모두 화학에너지 형태의 에너지가 이 연료 물질 속에 포함되어 있으므로 산소와의 반응에 의해 열과 빛을 내고 소위 연소가스라는 배기가스를 방출한다.

연료에는 고체연료(나무, 석탄, 숯, 코크스 등), 액체연료(석유, 동식물의 기름, 알코올 등), 기체연료(석탄가스, 천연가스, LPG, 도시가스 기타) 등이 있다.

그러나 핵연료라고 하는 우라늄 등은 위와 같은 정의에서 벗어난다. 즉 핵물질은 빛이나 열을 간접적으로 얻는 원료라는 뜻으로 핵연료라고 편의상 부를 수 있을 뿐이고 산소와의 반응에 의한 연소는 일어나지 않는다(핵분열 반응이나 핵융합반응에 의해 열과 빛을 얻는다).

연료가 산소와 반응하여 연소가 되려면 연료의 온도가 연소에 적합한 온도 이상으로 가열되어야 한다. 즉, 나무나 석탄이나 알코올은 적당히 높은 온도에 도달해야만 연소화학 반응이 일어난다. 이때 연료가 가열되는 에너지를 화학반응에서는 연소에 필요한 "활성화 에너지(activation energy)라고 한다. 활성화 에너지를 가질 만큼 충분한 온도를 연료의 착화온도(ignition temperature)라고 하며, 연료의 자연발화온도라고 한다.

착화점은 연료의 종류에 따라 다르고, 같은 연료라도 그 상태(분말, 덩어리)에 따라 주위의 조건(산소와의 접촉 농도) 등에 따라서 달라진다. 표 2-3에 나타낸 착화온도의 수치는 절대적인 고정불변의 수치는 아니지만, 연료별로 어느 것이 착화하기 쉬운가를 판단할 수 있는 근거가 되는 자료이다.

표 2-3 공기 중에서 각종 연료의 착화점

물질명		착화점 ℃	물질명		착화점 ℃
고체 연료	목재	225	기체 연료	수소	580-590
	토탄	295		일산화탄소	644-656
	유연탄	326		메탄	650-750
	무연탄	530	액체 연료	석유원유	380
	목탄	360		에틸알코올	520-557
	코크스	700		n-옥탄	450-480

또 연료의 인화점(flashing point)이라는 것은 특히 액체연료 및 기체연료에 적용되는 용어이다. 액체연료가 가열되면서 그 일부가 증발, 기화되어 이 기화된 증기가 다른 불꽃에 접근되었을 때 섬광을 발하면서 연소가 일어나는 최저온도를 인화 온도라고 한다. 인화점이 그 연료의 착화점보다 높은 경우는 없다. 휘발유 같은 것은 0℃ 이하, 메탄올은 약 16℃, 등유는 30℃ 이상, 중유는 60~120℃의 넓은 범위에 걸쳐있고(중유의 성분이 다양하기 때문이다) 내연기관의 윤활유(자동차의 엔진오일)의 인화점은 200℃ 부근이다. 인화점이 낮은 연료일수록 화재의 위험성이 증가함은 물론이다.

2.2.2 연소 메커니즘(燃燒機構 : combustion mechanism)

연료가 연소할 때 연소과정은 매우 복잡하여 간단히 이해하기는 쉽지 않다. 기체, 액체, 고체 연료 등의 종류에 따라서 다음과 같은 연소현상이 나타난다.

1) 표면(surface)연소 메커니즘 : 고체 연료(숯, 나무, 유연탄, 무연탄 등) 중에서 숯이나 무연탄 등은 착화점 이상의 상태에 있는 연료의 표면에 산소(O_2)가 접근하여 표면의 탄소(C)와 반응하면 탄산가스(CO_2)가 발생한다. 공급되는 산소의 접근이 쉽고 발생된 탄산가스가 연료의 표면에서 빨리 제거되어야 연소반응이 계속될 수 있다. 따라서 고체연료의 연소에서는 통풍(공기의 공급)이 적당해야 한다. 숯이나 무연탄에는 소량의 재성분이 원래 있었으므로, 연소반응 후에는 이들 재성분도 통풍에 의해 제거되어야 한다(연탄과 같은 고형물체에서는 산소가 연탄 덩어리 내부로 확산되어 들어가고 CO_2는 확산 배출되어야 하므로 연소속도가 느리다).

   연소가 진행되고 재성분이 연료의 표면에서 제거되면 연료의 크기(연소될 표면적)는 점점 줄어든다. 이러한 연소현상을 표면연소 메커니즘이라고 부른다. 표면연소에서는 연소불꽃(고온의 연소가스)의 길이가 짧기 때문에 주전자나 불고기판이 불꽃에 가깝게 1~10 cm에 놓여야 한다.

2) 분해(decomposing)연소 : 나무나 유연탄과 같은 고체연료 속에는 수분, 유기물질(주로 C와 H 그리고 소량의 N성분 화합물)이 들어 있다.

   이와 같은 연료는 착화점 이상에 도달하는 과정에서 나무나 유연탄의 조직구조가 고온에 의하여 분해(또는 증발)된 후 유기물질은 기체상태로 산소와 반응하고 고체조직에서는 표면 연소가 일어난다. 따라서 이러한 연료들은 먼저 분해연소 메커니즘에 의하여 연소가 시작된 후(또는 거의 동시에) 표면연소가 일어난다. 분해연소에서는 분해되어 생기는 유기물질인 증기의 이동거리가 길기 때문에 불꽃길이가 더 길다.

3) 증발(evaporation)연소 : 분해연소에서 함께 일어나는 유기물의 증발현상과 마찬가지로 액체연료(석유류의 기름, 알코올류)는 먼저 액체가 가열되어(가열되지 않고, 대기중에서도 증발하고 있다) 증발된 후 산소와 접촉하여 연소가 일어난다. 즉, 액체상태에서는 연소가 일어나지 않는다(그러나 휘발유의 인화점은 0℃ 이하이므로, 즉, 0℃ 이하에서도 증발되고 있으므로 쉽게 연소가 일어난다. 따라서 액체연료는 취급에 특히 주의해야 한다). 이러한 연소를 증발연소라고 한다. 휘발유나 중유, 석유 버너는 단위시간당 증발량을 많게 하기 위해 분무액적(sprayed liquid drop)을 발생시킨다. 액체연료의 분무는 액체연료의 단위질량당 표면적을 증가시켜서 연료 증발량을 증가시키고 결과적으로 단위시간에 많은 양의 연료를 연소시킬 수가 있다.

4) 확산(diffusion)연소 : 공기 중의 산소가 고체연료의 표면까지 접근하는 과정에서,

또는 기체연료나 액체연료의 증기에 산소가 접근하여 혼합이 일어나야만 연소가 쉽게 진행될 수 있다.

이와 같이 공기 중의 산소가 연료에 접근하는 현상은 산소농도의 높고 낮음에 영향을 받기 때문에 농도가 높은쪽에서 낮은쪽으로 산소(공기)가 이동하는 현상을 "확산"이라고 부른다. 연소가 일어나고 있는 부분에서는 산소가 희박해지기 때문에 자연적으로 또는 통풍에 의하여 인위적으로 산소의 확산이 일어나고 연소가 진행된다. 기체연료의 연소에서는 연소 전에 일부 공기(1차공기)를 연료에 혼합하고, 연소가 진행되는 불꽃부근에서 주위의 공기(2차공기)가 확산에 의하여 공급된다.

5) 불꽃(flame)과 매연(smoke) : 연소반응 생성물 가스(CO_2, CO, H_2O 기타)가 고온상태에 있기 때문에 사람들의 눈에는 붉은빛, 노란빛, 파란빛 등으로 보인다.

가정에서 사용하는 가스레인지나 연탄화덕의 연소불꽃은 위의 세 가지 색깔이 섞여있음을 관찰할 수 있다. 불꽃이 파란빛을 낼 때는 완전연소가 일어나고 있음을 의미한다. 붉은빛이나 검붉은 빛이 보일 때는 일반적으로 탄소성분의 알맹이가 불완전연소된 상태로 화염속에 섞여 있기 때문이다. 노란빛 화염은 불꽃온도가 매우 높을 때(예 : 1,500℃)에 발생한다. 따라서 불꽃의 색깔은 연소반응이 완전하게 진행되는가 또는 불완전연소가 일어나고 있는가를 판단하는데 도움이 된다.

불꽃을 내는 고온 가스 중에 산소가 많이 들어 있으면 산화불꽃이라 부르고 산화염 속에서는 모든 물질이 산화되기 쉽다. 반대로 불꽃(고온가스)에 산소가 부족할 때는 CO 등의 가스가 들어 있게 되므로 환원성 불꽃이 된다. 금속용융로, 도자기용 요로 등에는 환원성 불꽃이 필요한 경우가 많다. 또 중유나 유연탄이 연소할 때는 연료가 분해되어 연소하므로 분해에서 생긴 탄소가 작열하기 때문에 소위 번쩍이는 불꽃(輝焰)을 내고, 수소나 CO 등은 연소할 때 불꽃에 빛이 없는 무휘염이 된다. 연료가 완전연소될 때는 매연이 발생하지 않으나, 유연탄이나 석유 등이 불완전연소할 때는 매연이 발생한다. 매연은 고체입자 유기물질의 액체방울 등으로 구성되어 있다. 그러나 숯, 코크스, 무연탄 등은 불완전연소를 할지라도 CO같은 무색의 가스가 발생하므로 매연은 적게 발생한다.

2.2.3 연소반응의 예

2.2.3.1 화학반응 이론에 맞는 완전연소

현재 인류가 사용하는 연료의 성분은 탄소와 수소의 화합물인데, 이 두 성분이 여러 가지 형태로 결합되어 있으므로, 연료가 공기 중에서 연소할 때 다음과 같은 반응이 일어난다.

순수한 탄소가 연소할 때 $C + O_2 \rightarrow CO_2$, $\Delta H = -97.0\ \text{kcal/g-mol}_{탄소}$

수소가 연소할 때 $H_2 + \frac{1}{2}O_2 \rightarrow H_2O$, $\triangle H = -57.6\ \text{kcal/g-mol}$의 H_2

숯이 100% 탄소로 되어 있다면, 다음과 같은 이론적 계산이 가능하다.

	탄소 + 산소	→	탄산가스
	$C + O_2$	→	CO_2
이론적 몰수 :	1몰 + 1몰	→	1몰
이론적 무게 :	12 g/몰 + 32 g/몰	→	44 g/몰(질량불변의 법칙)

즉, 12 g의 숯이 연소할 때, 32 g의 산소가 필요하고, 44 g의 탄산가스가 발생한다. 공기의 성분조성은 부피기준으로 N_2 : 79%, O_2 : 21%(무게기준으로는 N_2 : 76% O_2 : 24%)이므로,

이론적으로 필요한 공기량 : $32\text{ g } O_2 \times \dfrac{100\%\ 공기}{24\%\ O_2} = 133\text{ g 공기}$

$\quad$ 또는 $1몰\ O_2 \times \dfrac{100\%\ 몰\ 공기}{21\%\ 몰\ O_2} = 4.76몰\ 공기$

연소가스의 생성량(무게) : $CO_2 : 44\text{ g}$, $O_2 = 0\text{ g}$,

$$N_2 = 133\text{ g 공기} \times \frac{76\%\ N_2}{100\%\ 공기} = 102.3\text{ g 질소, 합계 } 146.3\text{ g}$$

연소가스의 무게조성(%) : $CO_2 : \dfrac{44}{146.3} \times 100 = 30.1\%$,

$$N_2 = 나머지 = 69.9\% = \frac{102.3}{146.3} \times 100$$

연소가스의 몰수 : $CO_2 = 1몰$, $O_2 = 0몰$,

$$N_2 = 4.76몰\ 공기 \times \frac{79\%\ N_2}{100\%\ 공기} 3.76몰,\ 합계\ 4.76몰$$

연소가스의 몰 조성(%) : $CO_2 : \dfrac{1}{4.76} \times 100 = 21\%$,

$$N_2 = \frac{3.76}{4.76} \times 100 = 79\%$$

2.2.3.2 연료속에 재성분이 있는 경우의 계산

다음에는 불순물(재성분)이 포함되어 있는 숯을 이론적으로 완전연소시키는 경우를 예로 들자.

만일 어떤 숯이 무게기준으로 98%의 C와 2%의 재성분으로 구성되어 있다고 가정하고 100g의 숯을 완전연소시킨다면, 다음과 같이 계산할 수 있다.

	C	+	$O_2(+N_2)$	→	$CO_2(+N_2)$
	$98\,g \times \dfrac{1\text{몰 탄소}}{12\,g\text{ 탄소}}$				
이론적 몰 수 :	8.17몰		8.17몰		8.17몰
이론적 무게(g) :	98 g		$8.17\text{몰} \times \dfrac{32\,g}{1\text{몰}} = 261.4\,g$		$8.17\text{몰} \times \dfrac{44\,g}{1\text{몰}} = 359.4\,g$

이론적 공기 필요량(g) : $8.17\text{몰 } O_2 \times \dfrac{100\%\text{ 몰 공기}}{21\text{몰 }\%\ O_2} = 38.9\text{몰 공기}$

또는 $261.4\,g\ O_2 \times \dfrac{100\%\text{ 공기}}{23.3\%\ O_2} = 1121.9\,g\text{ 공기}$

연소가스 생성량(g) : $CO_2 = 359.4\,g$,

$N_2 = 1121.9 \times \dfrac{76.7\%\ N_2}{100\%\text{ 공기}} = 860.5\,g\ N_2$, 합계 1219.9 g

연소가스 조성(질량 기준 %) : $CO_2 = \dfrac{359.4}{1219.9} \times 100 = 29.5\%$,

나머지 $= N_2 = \dfrac{860.5}{1219.9} \times 100 = 70.5\%$

연소가스의 몰수 : $CO_2 = 8.17$몰,

$N_2 = 8.17\text{몰 } O_2 \times \dfrac{79\%\text{ 몰 } N_2}{21\%\text{ 몰 } O_2} = 30.7\text{몰}$, 합계 38.9몰

연소가스의 몰(부피)조성(%) : $CO_2 = \dfrac{8.17}{38.9} \times 100 = 21.1\%$, $N_2 = 78.9\%$

입력				출력	
숯	100g	→	화덕	→ 탄산가스	359.4g
공기 산소	261.4g			→ 질소	860.5g
공기 질소	860.5g	→		→ 재	2g
합계	1221.9g	⟶		합계	1221.9g

2.2.3.3 불완전연소의 계산예

다음으로 불완전연소에 의한 연소계산을 해보자.

숯 100 g(재성분 2 g 포함) 중에서 90%만 완전연소하고 10%는 미연소탄소로 재와 함께 배출된다고 가정하자(계산을 간편하게 하기 위해 불완전연소에 의한 CO의 발생을 무시하자). 공급해야 할 이론 공기량은 98 g(8.17 g몰)의 숯을 완전히 태우는데 필요한 공기량이다.

	C	+	$O_2(+N_2)$	→	CO_2	+	$C(+N_2)+O_2$
이론적 몰수 :	8.17몰		8.17몰		8.17몰		0몰
실제 연소 몰수 :	8.17×0.9=7.353몰		7.353몰		8.17×0.9=7.353몰		0.817몰
실제 연소 무게 :	88.2 g		(8.17×0.1=0.817몰 미반응 8.17×0.9=7.353몰 반응)		323.5 g		0.817×12 g/몰=9.8 g
	(탄소)		(산소)		(CO_2)		(탄소)

입력				출력	
숯	100g	→	화덕	→ CO_2=7.353몰×44/몰=	323.5 g
공기 산소	261.4g			→ N_2=8.17몰 O_2 × $\frac{79\%\ 몰\ N_2}{21\%\ 몰\ O_2}$ ×28 g/몰=	860.5 g
공기 질소	860.5g	→		→ O_2=0.817×32 g/몰=	26.1 g
합계	1221.9g			→ 재+미연소탄소=2+(0.817×12 g/몰)=	11.8 g
				합계	1221.9 g

연소가스의 조성(무게기준)은 : $CO_2 = \frac{323.5}{1210.1} \times 100 = 26.7\%$,

$$N_2 = \frac{860.5}{1210.1} \times 100 = 71.1\%,$$

$$O_2 = \frac{26.1}{1210.1} \times 100 = 2.2\%$$

마찬가지로 연소가스의 몰(부피)조성은 : $CO_2 == \frac{7.353몰}{38.9몰} \times 100 = 18.9\%$,

$$N_2 = \frac{30.73}{38.9몰} \times 100 = 79.0\%,$$

$$O_2 = \frac{0.817}{38.9} \times 100 = 2.1\%$$

이 경우에 연소발열량도 완전연소의 경우에 비교하여 10% 적게 얻어진다.

불완전연소는 왜 일어나는가를 생각해 보자. 그 원인들은 다음과 같은 것이라고 요약할 수 있다.

1) 연료에 수분 함유량이 많다. 연료의 수분함량은 연소장치 내에서 연소가 되기 전 또는 연소 중에 수증기로 변한다. 이 수증기가 가진 열량(=증발열)은 연료의 연소열에서 충당되기 때문에 연료의 발열량을 감소시키는 효과가 있고, 수분과 함께 있던 연료는 충분한 예비가열이 안되기 때문에 불완전연소가 된다.
2) 연료 중에 불순물이 너무 많은 것도 불완전연소의 원인이 된다. 석탄 등에 불순물(재성분)이 많으면 불순물이 가열되는 동안에 석탄의 탄소성분이 열을 적게 받아서 온도가 낮아지므로 연소가 불완전하게 된다.
3) 연료의 온도가 착화점에 도달하지 못하고 있는 경우
4) 연소장치의 구조가 나쁘기 때문에 공기의 통풍 불량이 생기거나, 고체연료 알맹이들이 통풍을 방해하는 경우에 산소와 연료의 접촉을 나쁘게 한다.
5) 이론적으로 완전연소에 필요한 공기량이 공급되지 못하는 경우
6) 이론적 공기량이 공급되더라도 앞에 열거한 1), 2), 3), 4)의 원인으로 불완전연소가 일어난다.

연료의 불완전연소를 없애려면 1)~6)의 원인들을 제거해야 한다. 그러나 이러한 조치만으로는 완전연소를 달성하기가 어렵다. 그 이유는 연료와 공기 중 산소와의 접촉이 나쁘기 때문이다. 따라서 모든 연소장치에서는 주어진 연료를 완전연소시키는데 필요한 이론적 산소량(이론적 공기량)보다 더 많은 양의 산소(공기)를 실제로 과잉 공급해야 한다.

2.2.4 과잉공기량

연료의 완전연소에는 연소화학 방정식에 맞는 이론적인 산소량 또는 공기량이 공급되면 가장 경제적이고 바람직하나 실제 연소에서는 연료와 공기가 완전히 혼합(또는 접촉)

하지 않으므로 항상 과잉의 공기를 사용해야 한다. 숯의 연소반응을 예로 들겠다.

과잉공기량을 이론공기량의 50% 더 많이 공급하는 경우

공급 반응물	배출생성물(생성물과 미반응물)
연소방정식 : $C + O_2$	CO_2
이론적 몰수 : 1몰 + 1몰	1몰
이론적 무게 : 12 g + 32 g	44 g
실제 반응량 : 12 g + 48 g	44 g + 16 g의 O_2(과잉량)
이론적 공기량 : 1 몰 + $\frac{100}{21}$ 몰 공기	1몰 + $\frac{79}{21}$ 몰의 N_2
실제 공기량 : 1몰 + $\frac{100}{21}$ ×1.5몰 공기	1몰 + $\frac{79}{21}$ ×1.5몰의 N_2 + $\frac{21}{21}$ ×0.5몰의 O_2

이와 같은 반응의 예에서 다음과 같은 과잉공기량 표시법이 쓰일 수 있는데, 표기법에 따라서 그 정의값이 다르기 때문에 이 용어를 사용할 때는 주의가 필요하다.

1) 공기과잉률 $= \dfrac{\text{실제 공급한 공기량}}{\text{이론 공기량 또는 이론 산소량}}$ (배수로 표시된다, >1)

2) 과잉공기율 $= \dfrac{\text{과잉으로 공급된 공기량}=(\text{이론공기량을 제외한 값})}{\text{이론 공기량}} \times 100(\%)$

3) 공연비 = fuel air ratio(= air fuel ratio)* $= \dfrac{(\text{연료량/산소량})_{\text{실제}}}{(\text{연료량/산소량})_{\text{이론}}} = \Phi$

과잉공기량이 많아지면 반응에 참여하는 가스량이 많아지므로 일정한 발열량으로 데워지는 기체의 온도는 더 높아질 수 없다. 즉, 연소온도가 낮아지고, 연소가스는 굴뚝을 나갈 때 열을 싣고 나가므로 열량 손실이 초래된다. 따라서 완전연소만을 위하여 공기를 너무 과잉으로 사용하면 오히려 연소온도도 낮고 열손실도 많아서 공기를 적게 사용하여 불완전연소를 시킬 때보다도 덜 경제적일 수도 있다. 과잉공기량을 어느 수준에 유지하면서 연소반응을 유지하는 노력은 대부분의 경우에 경험에 의존하게 된다.

* 공기연료비를 공기량/연료량의 무게 비율로 표시하여 쓰는 경우도 있다.

특히, 고체 연료의 연소에서는 과잉공기율의 결정이 경험에 크게 의존하고 있으나, 기체연료와 액체연료의 연소장치에서는 연료의 완전연소를 도우는 동시에 연소온도(불꽃온도)를 낮추지 않으면서 적절한 과잉공기율이 유지되도록 연소장치의 설계기술이 개발되고 있다.

공기과잉률은 연료의 종류와 연소방법에 따라서 다르지만 고체연료의 경우 1.2~2.0의 범위에 있고, 가스용 버너의 경우 1.1~1.3, 오일버너의 경우 1.2~1.4 정도의 범위에 있다.

연료의 연소온도는 연소 후 생성된 반응생성물 가스의 온도에 해당한다. 이론적으로 도달할 수 있는 최고 연소온도(또는 단열이론 불꽃온도)는 연료에 따라서 일정한 값이 되지만, 실제로는 연소장치와 연소방법에 따라서 달라진다.

연소온도, 즉 연소생성물인 기체의 온도는 연료의 반응생성열을 연소생성물의 양과 그 생성물의 열용량(비열)의 곱으로 나누어서 추정할 수 있다.

$$\text{즉, 연소온도 } T = \frac{\text{연료의 발열량}}{\text{합계(각 연소생성물량 } n_i \times \text{각 연소생성물의 비열 } C_{pi})} = \frac{Q}{\Sigma(n_i c_{pi})}$$

n_i는 i성분 생성물의 몰수, C_{pi}는 i성분의 몰열용량이다.

어떤 연료에 대한 과잉공기율이 정해진 상태에서 연소온도를 추정하기 위해서는 연료의 발열량을 실험으로 측정하거나 연료의 성분 조성자료로부터 추산하고, 그 연료의 발열량을 연소생성물의 총량(몰수)으로 나누고 다시 연소가스 혼합물의 평균비열로 나누면 연소온도, 즉 연소가스 온도를 추정할 수가 있다.

과잉공기를 넣지 않고, 이론적 공기량만을 공급하여 완전연소를 시킨다면, 이때 연소온도, 연소가스의 온도는 이론적으로 최고치에 도달할 것이다. 이 최고 온도를 "이론 불꽃온도"라고 한다. 연소온도, 즉 불꽃온도를 가능한 한 높게 유지하면, 에너지 전환장치(열 엔진)의 효율을 최대로 할 수 있다(열효율 $\eta = 1 - Q_2/Q_1 = 1 - T_2/T_1$에서 T_1을 크게 하면 열효율이 커진다).

표 2-4에는 고온의 연소온도를 얻는 연소장치의 예와 그 연소장치를 연속적으로 운전하는 상태에서 실제로 도달할 수 있는 최고 온도를 예시하였다.

2.2.5 연소와 대기오염물질의 발생

연료 중에 연소할 수 있는 C와 H 이외에 소위 불순물로 수분(H_2O), 질소분(N_2 또는 N≡), 황분(S 또는 S=), 무기물 등이 포함되어 있는데, 이 불순물의 많고 적음에 따라서

표 2-4 고온을 획득하는 수단

수단	연속작업시 절대온도	참고사항
분젠 버너(Bunsen burner)	1400	
산소 토치(Blow torch)	1900	
발전용 핵반응(Controlled nuclear reaction)	3000	원자로의 재질에 영향을 받는다.
산소 아세칠렌 토치(Oxy-acetylene flame)	3380	가장 저렴하게 고온을 얻을 수 있다.
알루미늄 분말과 순수산소의 연소(Combustion of aluminum powder in pure oxygen)	3800-4400	이론적인 최고 온도는 산소 압력에 영향을 받는다.
태양열 로(Solar furnace)	4000	최대 추정 온도
아질화탄소의 연소(Combustion of carbon subnitride)	5000-6000	최대 추정 온도
유도 전기로(Electrical induction furnace)	to 5000	전기로의 재료에 영향을 받는다.

자료 : Ind. End. Chem. 55(1) 18(1968).

연료 가치의 차이가 생긴다. 수분의 함량이 많은 연료는 연소할 때 물상태의 수분이 수증기 수분으로 증발하여 연소가스와 함께 달아나므로 연소에서 생긴 열량이 물의 증발열로 빼앗기게 되며, 결국 연료의 발열량은 낮아지게 된다는 사실은 앞절에서도 설명하였다. 따라서 질좋은 연료란 수분함량이 적어야 한다.

연료 중 질소분은 N_2 상태보다는 질소화합물(N≡상태)로 많이 들어있기 때문에 연소시 다음 반응과 같이 질소산화물 등이 발생하여 대기중에 배출되면

연료 중의 질소화합물 : $N\equiv + O_2 \rightarrow NO_2$ 또는 NOx

공기 중의 질소와 산소의 반응 : $N_2 + O_2 \rightarrow 2NO$

이들 질소산화물은 대기오염물질로서 대기환경을 오염시키게 된다. 질소산화물 NO와 NO_2는 대단히 불안정하여 상온에서 NO, NO_2 등으로 변하기 때문에 이 두 가지 질소산화물을 종합적으로 NO_X라고 부른다. 실제 NO_X 농도 측정은 약간 더 안정한 NO_2의 농도로 측정하거나 수용액 중에서 NO_3^{-1} 이온 상태로 분석된다.

또 연료의 유황성분은 자체가 연소하여 연료의 발열량을 높여주는 효과가 있으나 연소 후에는 SO_2 또는 SO_3 가스로 배출된다. 이들도 일반적인 표기법으로는 SO_X라고 부른데, SO_X의 원인물질은 대략 3가지이다. 즉, 석탄이나 석유 속에 함유되어 있는 유리 유황이나 유기 유황 화합물 또는 석탄의 재성분에 해당하는 금속 황산염의 존재에서 유래

한다.

즉, 다음과 같은 원인물질들의 연소반응에 의하여 SO_x를 생성하게 된다.

연료 중의 유리 유황 : $S + O_2 \rightarrow SO_2$

또는 연료 중의 유기 유황화합물 : $S + 3/2\ O_2 \rightarrow SO_3$

연료 중의 무기 황산염 : $M_2SO_4 \rightarrow M_2O + SO_3$ (M은 여러 가지 금속원소)

등의 반응을 일으켜 유황산화물 가스 SO_x를 발생시킨다. 이 가스는 부식성이 강하므로 연소장치의 부식 등을 일으키고, 인체에도 해로우며, 대기중에 배출되어 각종 황산염(= SO_4) 화합물을 만들어 미세한 분진을 형성하거나 SO_2 자체가 비, 구름, 안개의 물방울에 녹아서 H_2SO_3 또는 H_2SO_4 등이 되어 산성비(acid rain)를 유발한다. 따라서 연료 중에 유황분의 함량이 많으면 연료로서의 가치는 그만큼 저하된다.

연료 속에 들어있는 기타의 무기물질은 흙, 모래, 돌 등이라고 쉽게 생각할 수 있는데 이것들도 연료의 연소를 방해하거나, 연료의 무게만 많게 하며, 분진발생의 주원인이 되므로 연료의 가치를 저하시킨다. 따라서 이러한 불순물의 함량이 적은 연료를 자원으로서 채취하거나 채취 후 이들 불순물을 분리정제 가공하는 산업공정이 필요하게 되고 이 산업공정을 거치는 과정에 투입되는 비용만큼 연료의 가격은 상승하게 된다.

특히 석탄과 같은 고체연료에서는 연소시에 많은 양의 분진이 배기가스와 함께 대기중에 배출된다. 액체연료나 기체연료의 분진발생량은 매우 적은데, 기체연료에서는 특히 적은 양의 분진이 배출된다.

연료의 불완전연소에서 반드시 발생하는 일산화탄소 CO는 극히 작은 양이라도 건강에 큰 영향을 미치게 된다.

$$C + 1/2O_2 \rightarrow CO$$

CO 가스의 발생은 연료의 비효율적 연소에 그 원인이 있으므로 그 발생을 최소화 해야 한다. CO가 발생하면 연료의 연소발열량도 감소하므로 비경제적인 것은 물론이다.

2.3 에너지 전환장치

1장에서 설명한 바와 같이 에너지의 5가지 형태, 즉 열, 일, 광(복사)에너지, 전기에너지, 화학에너지는 모두 다른 형태로의 전환이 가능하다.

이 절에서는 각각의 에너지 전환장치의 기본원리를 설명한다. 화학에너지를 함유하고 있는 화석연료의 연소장치를 먼저 설명하고, 화학에너지를 전기에너지로 바꾸는 전환장치(태양전지, 배터리, 연료전지 등)는 8, 9, 10장에서 각각 별도로 설명하겠다.

연소장치 이외의 에너지 전환장치로서는 수력발전용 수차, 보일러와 수증기 터빈, 외연기관(보일러)과 가스터빈, 내연기관, 제트 엔진, 로켓 엔진, MHD 발전 등에 대해 설명하겠다. 원자력 발전에 대해서는 7장에서 설명하겠다.

2.3.1 연소장치

나무, 숯, 석탄, 석유, 가스 등의 에너지는 먼저 연소장치에서 연소되어 고온의 열(연소가스 불꽃)을 발생하고 이 열로 음식의 조리, 난방, 동력전환용 수증기를 발생시킨다. 연소장치는 연료의 종류(고체, 액체, 기체)와 연소 메커니즘에 의하여 설계와 제작이 달라진다.

2.3.1.1 고체연료의 연소장치

고체연료는 석탄, 코크스, 숯 등인데 이 절에서는 주로 석탄의 연소에 관한 기초이론만을 설명하겠다. 코크스 및 숯의 연소는 석탄 연소보다 간단한 이론으로 설명될 수 있다. 석탄은 고정탄소를 포함하여 여러 가지 혼합물로 구성되어 있으므로 이러한 혼합 유기물 성분이 건류되는 과정을 제외하면, 다음 8개 반응식으로 설명할 수 있다.

가) 고정탄소의 완전연소 : $C + O_2 \rightarrow CO_2 + 94.36$ kcal/mol(발열반응)

나) 고정탄소의 불완전연소 : $C + 1/2\ O_2 \rightarrow CO + 26.49$(발열반응)

다) 탄소와 CO_2의 반응 : $C + CO_2 \rightarrow CO - 41.41$(흡열반응)

라) 탄소와 수분(수증기)의 반응 : $C + H_2O(g) \rightarrow CO + H_2 - 31.34$(흡열반응)

마) 탄소와 수분(수증기)의 반응 : $C+2H_2O(g) \rightarrow CO_2 + 2H_2 - 21.27$(흡열반응)

바) CO와 O_2의 반응 : $CO + 1/2\ O_2 \rightarrow CO_2 + 67.90$(발열반응)

사) 수소와 산소의 반응 : $H_2 + 1/2\ O_2 \rightarrow H_2O(g) + 57.83$(발열반응)

아) 수소와 CO_2와 반응 : $H_2 + CO_2 \rightarrow H_2O(g) + CO - 10.07$(흡열반응)

앞 8개의 반응은 이론적 화학반응에 의한 것이다. 이들 반응은 모두 연소장치 내에서 동시에 일어난다고 생각해도 좋다. 그러나 실제로 석탄의 연소는 다음과 같은 4개의 과정을 거치면서 진행된다.

a) 석탄 중 휘발분(H_2와 CH 화합물)이 건류되어서 코크스(순수 탄소)가 남는 건류과정

b) 코크스는 연소장치에 들어오는 공기(1차공기) 중 산소와 반응하여 CO_2를 생성하는

산화반응

c) 코크스와 CO_2, H_2O가 반응해서 CO, H_2를 생성하는 환원반응

d) 휘발분, CO 및 H_2가 1차공기와 반응해서 CO_2 및 H_2O를 생성하는 연소장치 내의 기상반응

이 중에서 b)와 c)는 코크스 표면에 기체가 접촉하는 표면연소반응으로서 연료표면에 형성되는 기체상태의 경계막 두께의 지배를 받는 물질이동 속도(확산속도)에 따라서도 영향을 받는다. 특히 연소 때 재로 이루어진 얇은 층이 생기면 산소와 탄산가스의 물질 이동속도는 아주 낮아져서 연소가 진행되지 않는다. 한편 a)는 석탄이 연소장치에 투입되는 초기단계의 과정이고, d)는 연소공간 내에서 복잡하게 일어나는 반응이다.

고체연료는 연료가 0.3~1 mm, 3~5 mm 또는 3~5 cm 정도 크기의 고체입자 상태로 분쇄 또는 파쇄된 미분탄, 분탄, 괴탄이 사용되고 표면연소, 분해연소 및 확산연소 등 3개 메커니즘에 의하여 연소가 일어난다. 고체연료의 연소장치를 간단히 설명하면 그림 2-9와 같다.

괴탄은 연소격자(받침대) 위에 공급되고 공기가 격자 밑에서 위쪽으로 공급되면서 연소가 일어난다. 연료 중 탄소성분과 수소성분은 불꽃이라고 하는 고온연소가스가 되어 연소부위를 이탈하게 되고, 식으면서 굴뚝을 통하여 배기된다. 이때 연료 중 회분(재성분) 중에서 작은 입자는 배기가스와 함께 날아가고, 큰 입자의 재는 격자의 구멍을 통과하여 아래로 떨어진다.

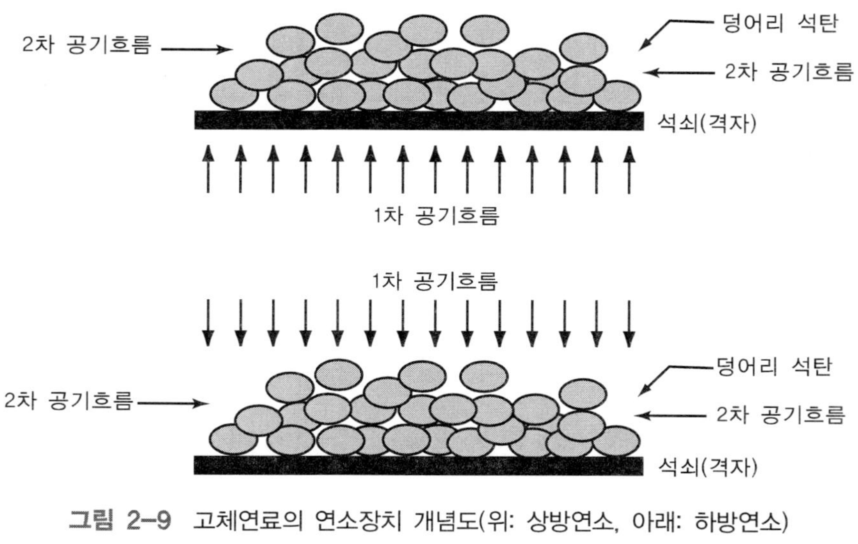

그림 2-9 고체연료의 연소장치 개념도(위: 상방연소, 아래: 하방연소)

격자 밑에서 공급되는 공기의 주된 흐름을 1차공기라 하고, 이것은 고체표면의 연소에 직접 참여한다. 이때 연료의 주위에서는 공기가 확산혼합으로 공급되는데, 이 공기를 2차공기라고 부른다. 2차공기는 주로 불꽃부근에서 가스상태의 연소반응에 참여한다. 2차공기량이 너무 많으면 불꽃온도가 내려가기 때문에 전체적인 연소온도를 감소시키는 원인이 될 수 있다.

2.3.1.2 석탄연소장치

석탄을 연소시키는 방법은 크게 두 가지 형식이 있다. 한 가지는 화격자(석쇠, grate) 위에 덩어리석탄(괴탄)을 공급하여 연소시키는 stoker 연소방식과 미분쇄된 분말석탄(미분탄)을 공기와 함께 섞어서 연소장치에 도입하는 연소방법이다. 구공탄과 같은 연료의 연소는 위의 두 분류에서 비교하면 stoker식이라고 할 수 있으나, 연료가 연속 공급되는 장치가 아니라는 점에서 구별된다.

연탄의 연소는 석탄을 특별히 성형하되 공기의 유통이 원활하도록 성형체(연탄)에 구멍을 뚫고(19개 구멍이므로 19공탄이라고 한다. 그것이 약칭되어 구공탄이라고 불려진다), 이미 예열상태에 있는 연탄 화덕에 넣어서 연소시킨다. 성형된 연탄의 크기는 연소가 지속되는 시간(8~12시간)을 결정하게 되는데, 너무 큰 연탄은 운반 등의 취급문제에 어려움이 있으므로 제한을 받게 되고, 연탄을 작게 만들어서 수송 등에 편리하게 하면 연소시간이 짧아서 사용시 불편하게 될 것이다. 현재 우리나라에서 주로 쓰이고 있는 연탄의 경우는 연탄 자체의 발열량을 높여서 현재보다 더 높은 연소온도를 달성할 수 있는 기술적인 방안을 연구하는 일과 연탄의 수송, 저장을 경제적 허용여건 범위내에서 기계화하는 문제 등이 해결되어야 한다.

스토커(火格子) 연소방법은 석탄을 스토커에 공급하는 방법에 따라서 1) hand-firing grate, 2) over-feed-firing grate, 3) chain-firing grate 및 4) under-firing grate 등 4종의 연소장치로 대별된다. 2, 3, 4) 방식을 기계적 연소장치(mechanical stoker)라고 부른다. 스토커 연소에서는 석쇠위에 석탄을 두껍게 깔고 아래로부터 1차공기를 불어넣으면 우선 b), c)의 반응이 차례로 일어나고 탄층의 최상부에서는 a)의 반응이 일어난다. 결과적으로 탄층의 위쪽에서부터 건류층, 환원층, 산화층, 회층 등이 형성되어 석탄을 위에서 아래로, 공기는 아래에서 위로 이동하게 되면 재는 grate 아래에서 제거되고 연소가스는 장치상부에서 보일러에 열을 전달하고 남은 열은 연소가스에 실린 채로 굴뚝에 배출된다. 그림 2-10에 몇 가지 스토커 연소장치를 소개한다. 또 표 2-5에는 각 연소장치의 특성을 요약하였다.

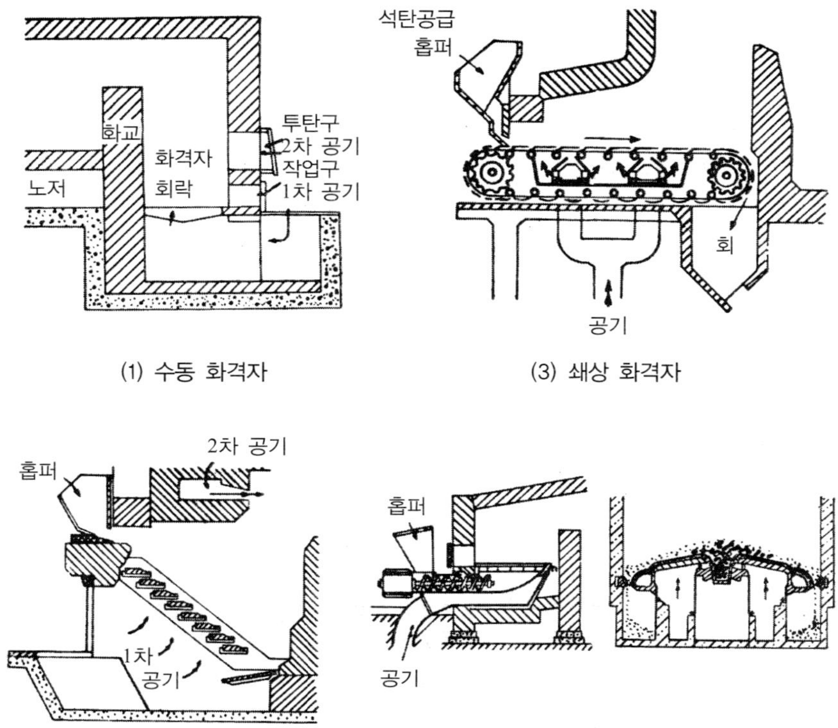

(1) 수동 화격자 (3) 쇄상 화격자

(2) 계단식 화격자 (4) 하급탄 화격자

그림 2-10 석탄연소용 각종 화격자(stoker)

표 2-5 화격자(stoker) 연소장치의 특성

장치의 종류	연소율(kg/m^2·hr)	석탄 이동방향과 1차공기 흐름의 방향	연소과정	공기 과잉률
수동 화격자	80~150	역방향	탄층상방부터 건류, 환원, 산화, 회층	1.7~2.0
쇄상 화격자	100~180(자연 통풍) 200~250(강제 통풍)	직각 교차	횡적으로 건류, 연소층이 연속됨, 단염	1.3~1.5
경사(계단식) 상급스토커	100~150(자연 통풍) 200~300(강제 통풍)	부분적 역방향	분연이 가능 장염	1.3~1.5
하급탄 스토커	150~300(강제 통풍)	상향과 동일	탄층이 수동때와 반대, 단염	1.3~1.5

미분탄 연소는 석탄을 0.1 mm 이하의 입도분포를 가지는 미세분말로 분쇄하여 공기와 함께 버너로 연소장치 내에 공급하여 연소시키는 방법인데, 기체연료의 연소 때와 비슷한 긴 불꽃을 얻을 수가 있다(물론 기체연료의 연소 메커니즘과는 매우 다르다). 그러나 연소되는 석탄 알맹이(입자) 한 개의 연소과정을 생각하면 a), b), c) 및 d)의 반응이 거의 동시에 일어난다. 미분탄연소 반응의 속도는 석탄의 성질(성분조성과 입도분포)과 공기량에 따라서 달라진다. 일반적으로 연소시간은 석탄입자의 입도(입자의 지름)의 제곱에 비례한다. 이러한 연소방법은 미분탄 버너를 사용하는 대신 유동층 연소(fluidized bed combustion)장치로 개량되어서 널리 쓰이고 있으며, 석탄의 가스화나 석탄의 액화공정에서는 대형 유동층 연소장치가 사용되고 있다.

그림 2-11은 유동층 연소의 원리를 이용한 석탄미분탄 연소보일러의 구조를 보여준다. 미분쇄된 석탄은 공기에 의해 유동화된 상태에서 산소와 접촉하여 연소되고, 미세한 재성분은 연소가스와 함께 비산재로서 밖으로 배출되고 재성분 중에서 입도가 큰 것은 장치 아래쪽의 회분 배출구로 배출된다.

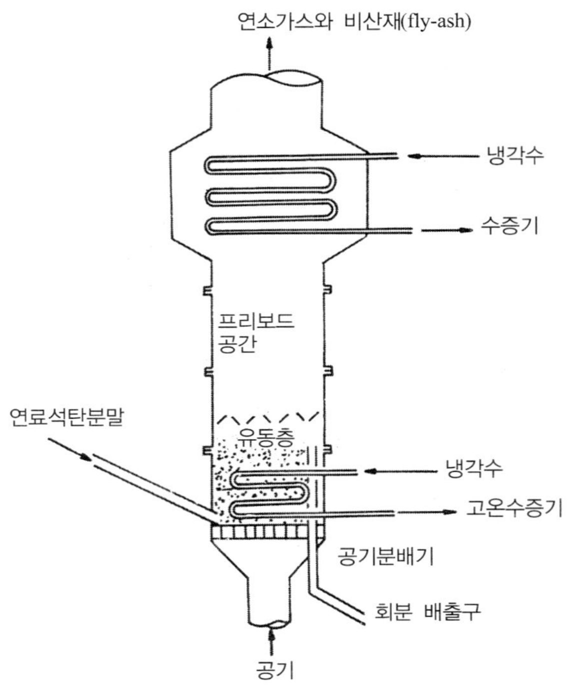

그림 2-11 유동층 원리를 이용한 미분탄 연소보일러

2.3.1.3 액체연료의 연소장치

액체연료는 분사노즐에서 분사된 작은 입자의 액체 분무방울이 공기 중에서 휘발되어 기체상태가 된 후 공기와 혼합하는 확산 연소 메커니즘에 의하여 연소된다. 물론 액체 입자가 증발하는 선행조건이 충족되어야 하므로 액체 연료의 연소는 증발연소와 확산혼합연소에 의하여 지배된다.

촛불이 타는 현상은 고체 왁스가 심지부근에서 액체상태로 빨려 올라가고, 심지의 불꽃부근에서 증발된 후에 주위의 공기와 혼합(공기의 확산 효과)되면서 연소가 진행된다. 불꽃의 주위에서는 공기 중 산소가 2차적으로 공급된다.

석유나 중유와 같은 액체 연료는 분사노즐에 의하여 작은 액체 입자(액방울)로 분무된 다음에 증발하고, 증발된 기체상태의 연료가 공기(1차공기)와 혼합되어 연소반응 부위에 들어간다. 이때도 연소버너의 주위에서 2차공기가 공급된다. 액체연료 연소장치의 대표적인 예를 그림 2-12와 그림 2-13에 나타냈다.

공기를 송풍기 또는 압축기로 가압하여(1 kg/cm^2 이하 또는 3~5 kg/cm^2 이상) 액체연료를 분무하는데 저압연소장치에서는 연소에 필요한 이론공기량의 대부분이 1차공기로

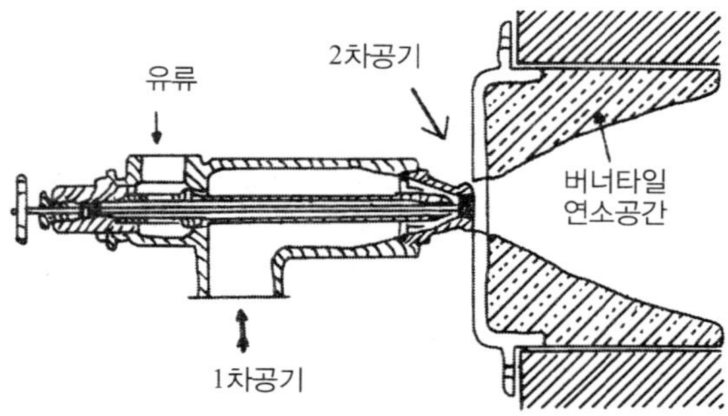

그림 2-12 저압 버너

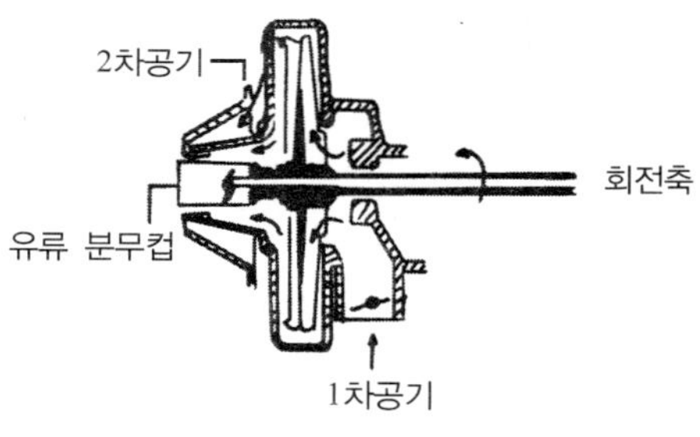

그림 2-13 회전식 버너

공급되고, 완전연소에 필요한 과잉공기는 2차공기로써 연소공간 내에 흡입 공급된다. 저압공기로 인하여 불꽃의 길이는 짧다. 한편 고압의 공기를 사용하면 액체연료의 분무가 잘 되기 때문에 분무된 액적의 비산거리가 길게 되고, 가스연료의 연소에서와 같은 긴 불꽃을 얻을 수가 있다. 공기와 함께 수증기를 분무용으로 사용하면 C + H_2O → CO + H_2의 반응이 일어나서 검댕의 발생을 억제할 수 있으며 연기도 적어진다. 이 반응에서 생긴 CO와 H_2가 CO_2 및 H_2O로 완전연소되므로 불꽃길이는 길어지나 불꽃온도(연소온도)는 낮아진다. 반대로 수증기대신에 공기로 분무시키면 불꽃온도는 높아지고 불꽃 길이는 짧아진다.

2.3.1.4 기체연료의 연소장치

기체연료는 산소와 접촉하여 착화온도 이상이 되면 순간적으로 연소반응이 완료된다. 따라서 기체연료와 공기의 혼합방법에 따라서 확산연소, 예비혼합연소, 부분예비혼합연소 메커니즘으로 더욱 자세히 분류할 수 있다. 이들 메커니즘에 따라서 기체연소장치가 설계된다. 실제의 기체 연소장치는 예비혼합 버너와 부분예비혼합 버너가 많이 사용된다. 그림 2-14와 2-15와 같은 가스버너는 대형 연소장치 또는 가스보일러 등의 시설에

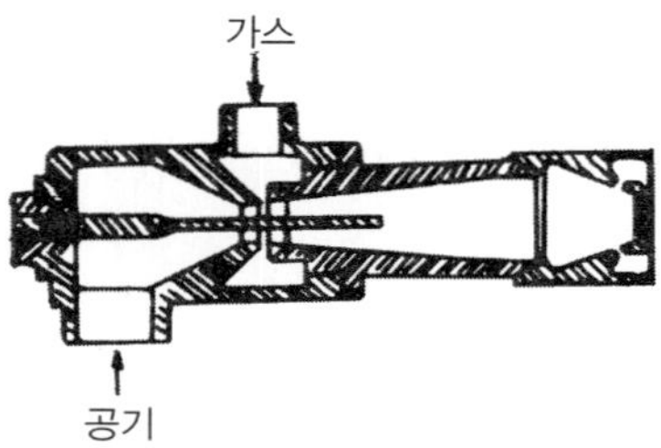

(불이 꺼지는 현상을 방지하기 위해서 출구 주변에 가스 측로가 달려있다)

그림 2-14 예비혼합 버너

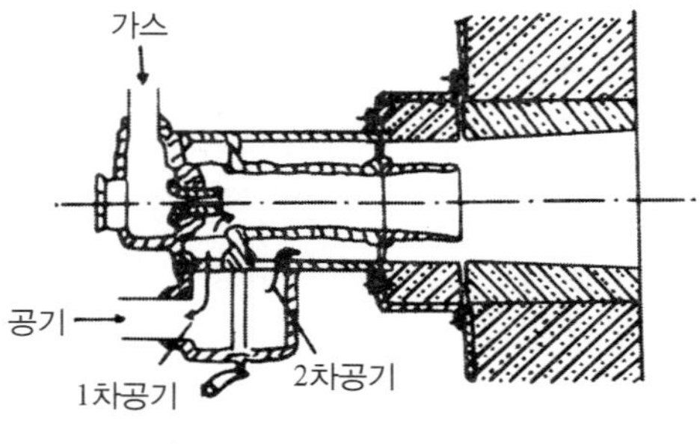

그림 2-15 부분예비혼합 버너

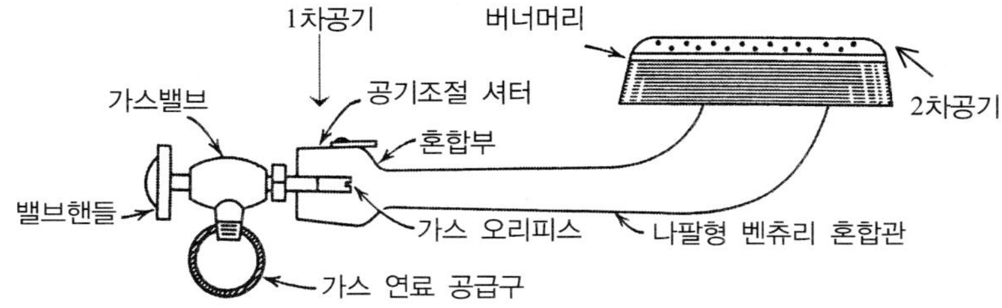

그림 2-16 가스레인지용 가스버너의 구조

설치된다. 한편, 가정용 가스레인지 등에서는 그림 2-16과 같은 구조의 가스버너가 장치된다. 기체연료에서는 연료가 1차공기와 혼합되어 “버너머리”로 이동하고 노즐(구멍)에서 연소가 시작되며 연소불꽃 주위에 있는 산소가 2차공기로 확산되어 완전연소가 일어난다.

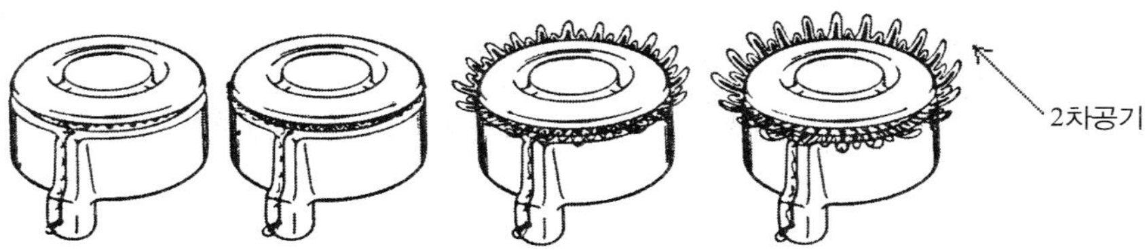

그림 2-17 가스레인지의 불꽃모양(보온, 약한가열, 중간가열, 최고가열)

그림 2-17에는 불꽃조절장치(가스량 조절 핸들)에 의하여 불꽃 크기가 조절되는 상태를 보여준다. 보통의 가스레인지에서 불꽃의 크기는 보온, 약한 가열, 중간 가열, 최고 가열 등의 4단 조절이 가능한 경우도 있고, 다단조절 또는 연속무단조절 장치로 조절되기도 한다.

2.3.1.5 연소불꽃으로부터의 열전달

모든 연소장치는 연료를 연소하여 열과 빛(고온열)을 얻는다. 이 불꽃온도가 높아야 가열될 목표물체에 열에너지가 전달된다. 가열될 목표물체는 쇠주전자, 유리그릇에서부터 수증기 발생용 보일러관까지 작고 큰 규모로 다양하다. 연소 불꽃으로부터 열이 전달되는 원리는 대류(convection), 복사(radiation), 전도(conduction)의 세 가지이며, 이들 원리가 동시에 기능을 발휘한다(그림 2-18 참조).

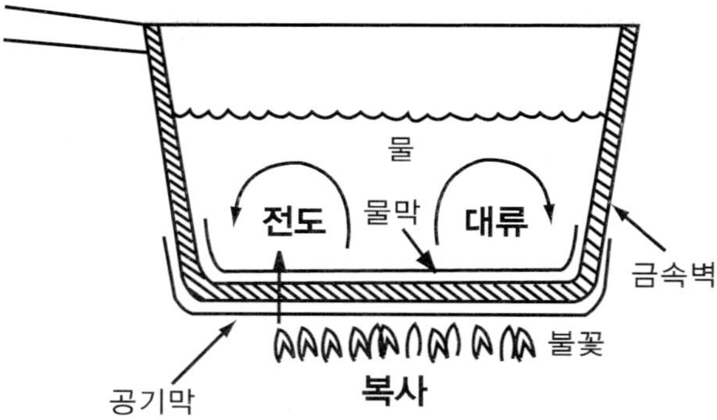

그림 2-18 대류, 복사, 전도에 의한 열에너지의 전달현상(Honsehold Fig 5.8)

열 대류는 유체(기체 또는 액체)의 밀도차이에 의한 유체 자체의 이동현상이다. 고온 유체는 저온 유체보다 밀도가 작기 때문에 지구중력의 반대방향, 즉 위쪽으로 이동한다. 따라서 주전자 바깥의 밑바닥 부분에서 연소가스의 대류작용이 활발하고 동시에 주전자 속에 들어있는 물에도 역시 대류작용이 일어나서 열전달이 일어난다.

그러나 주전자의 재료인 금속의 안, 밖 표면에는 움직이지 않는 물의 얇은 막과 연소가스의 얇은 막이 형성되어 대류 열전달을 저하시키는 역할을 한다. 바꾸어 말하면 주전자의 금속 두께가 실제보다 더 두꺼운 듯한 효과가 있다. 따라서 이 유체의 막 두께를 얇게 하기 위해서는 주전자속의 물을 교반해서 유체의 흐름을 증가시킨다. 연소가스 측에도 마찬가지로 불꽃속도가 크면 (흐름이 증가하면) 막의 두께는 얇아진다. 이러한 유체막의 개념은 상당히 이론적인 개념이므로, 일상생활에서 관찰하기는 쉽지 않다.

전도에 의한 열전달 현상은 금속 등의 장치 경계면 안팎에서의 온도 차이에 의하여 열이 전달되는 현상이다. 열전도도가 큰 재료를 사용하거나 같은 재료라도 두께가 얇으면 단위시간당 단위면적당 열전달량이 많아진다. 이때의 열전도 현상에서는 대류에서 생기는 유체의 얇은 정지된 막의 두께도 함께 고려된다.

복사에 의한 열전달은 유체가 없을 때도 가능하다. 우주공간의 진공을 통해서 태양열이 지구에 도달하는 것은 복사 열전달의 대표적인 예이다. 가스로 된 고온의 유체(불꽃)에서 열이 목표물체의 표면에 도착하는 현상도 복사 열전달이다. 이 경우에는 복사열전달과 대류 열전달이 동시에 일어난다. 복사 열전달은 연소가스와 물체표면의 절대온도(실온 + 273=°K)의 4승의 차이에 비례하고 물체표면의 복사흡광도(emissivity)에 비례하여 증가한다(열복사의 법칙). 주전자의 바깥 바닥을 원래 검게 칠하거나 검댕에 의하여 검어진 상태는 복사 열전달량을 증가시키는데 기여한다.

2.3.2 에너지 전환장치들

이 절에서는 연소장치 이외의 각종 에너지 전환장치(열기관)의 실제 형태와 그 효율을 설명하겠다. 열기관은 수력터빈, (수)증기기관, 내연기관, 제트 엔진과 로켓 엔진, 연료전지, 그리고 아직 실용화되지 않은 전자유체역학 발전방법(MHD) 등의 예가 있다. 연료전지, 조명장치 등에 대해서는 해당하는 별도의 장에서 설명하겠다.

2.3.2.1 내연기관

에너지 전환장치의 한 가지는 내연기관(internal combustion engine)이다. 이것은 열기관 내에 연료를 공기와 함께 주입하여 장치 내에서 연소가 일어나게 하고 그 연소열에 의하여 팽창된 연소기체가 피스턴을 움직여서 생기는 기계적 에너지를 바깥의 축일로 전환하여 이용하고, 사용 후 식은 폐가스는 배기관을 통하여 폐기된다. 내연기관에는 휘발유 엔진용 가솔린 엔진(그림 2-19)(외부에서 전기를 가하여 연료의 연소를 촉발하는 점화(플러그가 있다), 점화 플러그가 없이 연료와 공기의 혼합가스가 적당한 압력에서 폭발연소하는 디젤 엔진, 그리고 이들이 왕복운동기관인 것을 개량한 로터리 회전식 반켈 엔진(Wankel engine) 등이 있다(그림 2-21).

디젤 엔진의 열효율은 약 38% 정도(연료에서 기계적 일까지)이고, 보통의 휘발유 엔진의 효율은 25% 정도, 반켈 엔진은 18% 정도인데, 반켈 엔진은 지금 거의 사용되지 않는다.

디젤 엔진은 연료와 공기 혼합물의 압축에 의하여 발생하는 자체의 압축열에 의하여 점화되므로, 디젤 엔진은 휘발유 엔진보다 그 구조가 튼튼하기 때문에 무겁다. 따라서 디젤 엔진은 고출력이 요구되는 대형자동차(버스, 트럭)에 탑재되는 것이 보통이다.

반면, 소형승용차에서는 가벼운 구조의 휘발유 엔진이 장착된다. 최근에 LPG(액화석유가스)나 NG(천연가스) 자동차가 실용화되어 있는데, 엔진의 구조는 휘발유 자동차의

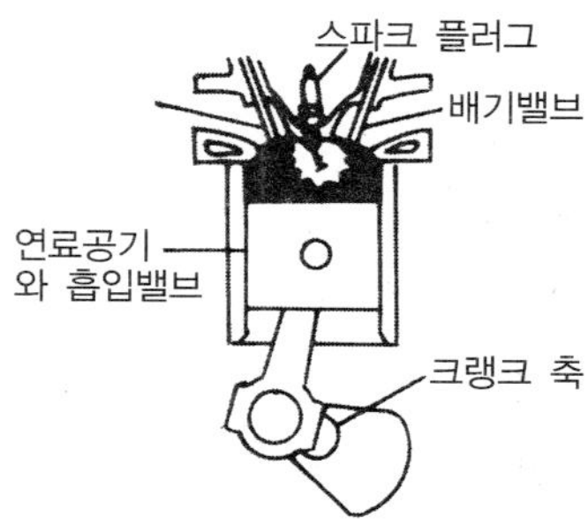

그림 2-19 휘발유 엔진

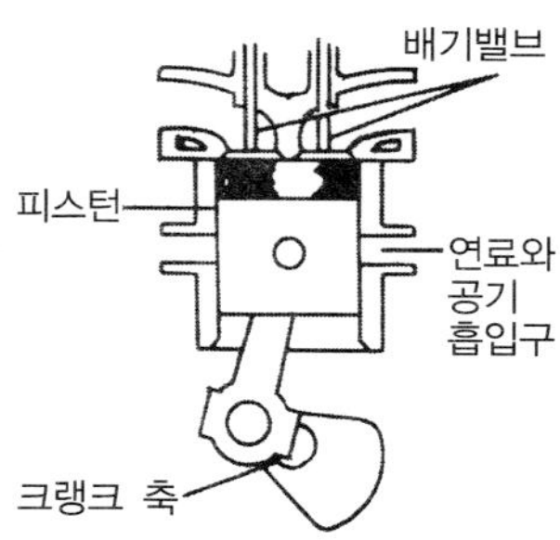

그림 2-20 디젤 엔진

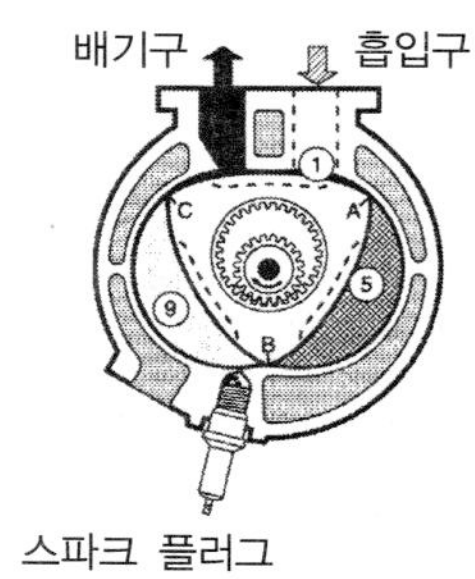

그림 2-21 반켈 엔진

자료 : E. L. Keating, "Applied Combustion", Marcel Dekker, 1993, p. 413

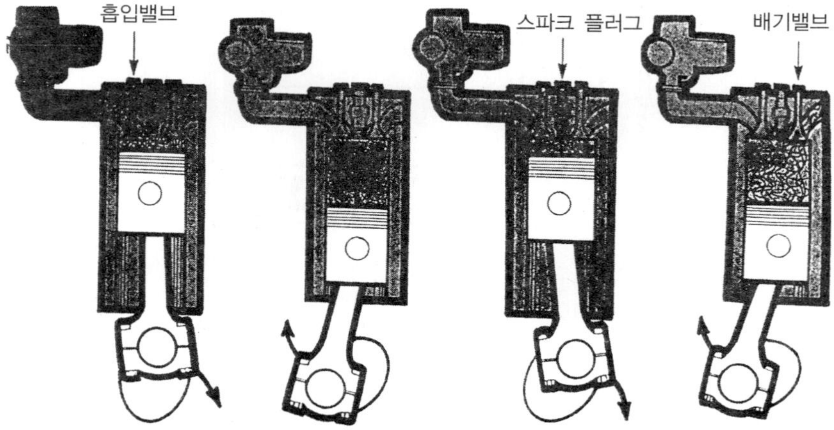

그림 2-22 휘발유 엔진의 4행정(4단계 과정)

것과 동일하다. 다만 휘발유 자동차에서는 액체인 휘발유를 기화하는 기화기가 추가로 부착되어 있는데 반해 LPG나 NG 자동차에서는 기화기가 없이 공기와 가스연료의 혼합 장치만 있으면 된다.

그림 2-22에는 휘발유 엔진의 4행정(4기통 기준)을 보여준다. 4기통 피스턴의 1번째에서 연료와 공기 혼합물의 흡입을 위한 피스턴의 팽창(제1단계 행정)이 일어나고, 같은 시점에서 2번째 피스턴에서는 흡입된 혼합가스의 압축이 일어난다. 또한, 같은 시점에서 3번째 피스턴은 압축된 상태의 혼합가스가 점화플러그에 의하여 전기적으로 점화되고 연소가 폭발적으로 일어난다. 물론 4번째 피스턴도 같은 시점에서 압축에 의한 배기 과정이 진행된다. 이러한 4기통 엔진은 동일축의 크랭크축(crank-shaft)에 90°로 엇갈려 묶여서 회전하기 때문에 4행정이 각각 동시적으로 일어나게 되어 연속적으로 일의 생산(출력)이 가능하다. 4기통 엔진의 디젤기관에서는 3단계의 점화가 디젤유와 공기혼합물의 압축에 의한 자동점화 현상으로 대체되므로, 점화용 플러그(spark plug)는 필요 없게 된다.

2.3.2.2 수차

수력발전용 수차는 엄격한 의미에서 열을 이용하는 것이 아니므로 열역학적 장치는 아니다. 그러나 수차와 풍차는 물이나 풍력의 운동에너지를 전기에너지로 바꾸는 장치이다. 수차에 연결된 발전기(generator)의 에너지전환 효율은 98% 정도가 될 정도로 이미 잘 개발되어 있다. 수력발전소의 저수지에 담겨있는 100 m 정도의 높은 수위의 물은

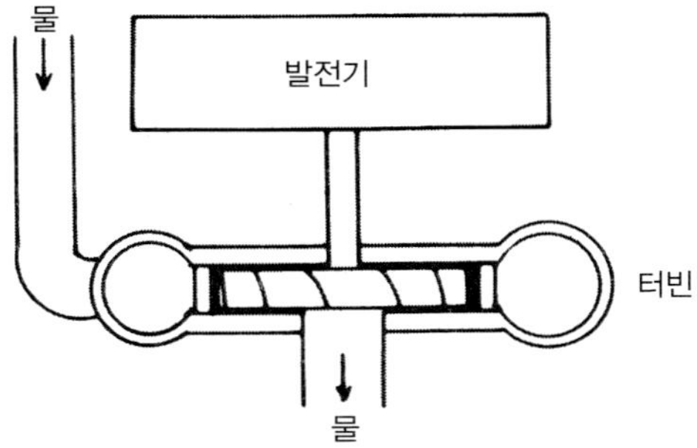

그림 2-23 수력 발전용 수차

수도관을 통하여 아래쪽에 내려오면 그 위치에너지의 대부분이 운동에너지로 바뀐다(수도관 내의 관벽마찰 때문에 약간의 에너지 손실은 있다).

이 운동에너지를 일에너지(축일 : shaft work)로 바꾸어 발전기에 에너지를 전달하는 수차(water wheel 또는 water turbine)는 몇 가지가 실용화되고 있는데, 예를 들면 Pelton 수차, Francis 수차, Kaplan 수차 등이 있다.

2.3.2.3 수증기터빈과 고온가스터빈

터빈은 고온의 기체(수증기 또는 연소가스)가 가지고 있는 열에너지와 압력에너지를 운동에너지로 바꾸어서 일에너지를 출력하는 선풍기 날개 모양의 구조를 가지고 있다. 선풍기 날개(propeller)는 3개이지만, 에너지 효율을 높이기 위하여 터빈 날개살(turbine blade)을 크기는 작게, 개수는 많게 회전축에 고정시킨 것이 터빈이다. 이 터빈은 고온에서 오랫동안 견뎌야 하기 때문에 특수내열성과 내마모성이 요구된다. 터빈의 내마모성은 물방울이나 먼지(보일러 장치부식에 의한 금속입자 등)의 충돌에 견딜 수 있어야 한다. 고온 고압수증기를 에너지 매체로 사용하는 터빈은 스팀 터빈이고, 고온 고압의 연소가스를 사용하는 터빈을 가스터빈이라고 한다.

수증기 터빈의 원리는 그림 2-24에서 간단히 이해할 수 있다. 이 그림은 연소에 의하여 발생된 수증기를 회전체의 날개관을 통하여 배출시키면 수증기의 운동에너지가 보일러 천장면에 부딪쳐서 반작용에 의하여 회전체가 연속적으로 회전하는 것을 보여준다.

James Watt(英, 1736~1819)가 처음 수증기를 이용하여 동력을 생산했던 방법은 먼저 왕복 피스턴 엔진에 수증기를 공급, 배출하는 개념이었다. 이 피스턴 엔진의 왕복운동은 마찰손실이 컸기 때문에 여러 사람의 과학자들이 오랫동안 반복한 기술개발 결과로 오늘날의 스팀 터빈과 고온가스터빈이 개발, 실용화 되었다.

화력발전소, 원자력발전소 및 태양열발전소 등에서 발생된(또는 채집된) 열을 열매체

그림 2-24 수증기 터빈의 개념(M. M. El-Wakil, p. 174)

(물, 고압가스, 용융금속, 용융염)에 실어서 수증기 발생장치에 보내고 여기서 발생한 수증기로 터빈을 돌려 축 일을 얻는다(그림 2-25). 축에 연결된 발전기로 전달된 일에너지는 전기로 바뀐다. 대형 수증기 발생장치(steam boiler)에서 연료가 가진 화학에너지가

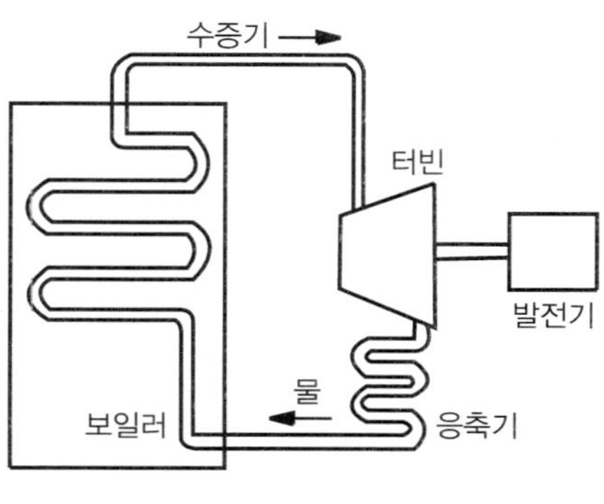

그림 2-25 보일러와 수증기 터빈

열에너지로 바뀌는 효율은 약 88% 정도인데, 그 수증기로 스팀터빈을 돌릴 때 효율은 약 45% 정도이고, 현재까지의 기술에 의한 화력발전소의 최대효율(연료에서 전기까지)은 40% 정도이다. 1단계의 스팀 보일러를 사용하는 화력발전소와는 달리, 핵발전소와 태양열 발전소에서는 물을 수증기로 만드는 수증기 보일러가 2중 구조 또는 2단계 구조로 되어 있기 때문에 이 부분에서의 열손실이 있다.

스팀 터빈은 석탄, 석유, 천연가스 등의 연료를 사용하여 수증기를 만들고, 이 수증기로 터빈을 돌리기 때문에, 연료 → 연소 → 열전달 → 수증기 → 터빈 등의 순서를 거치는 동안에 에너지 손실이 생긴다. 그리고 수증기 대신에 연료를 태워서 얻어지는 고온 연소가스를 직접 터빈에 공급하는 개념이 가스터빈이다. 고온가스터빈은 액체연료(석유)나 천연가스를 압축공기와 함께 연소시켜서 얻어지는 고온의 연소가스로 터빈을 돌려서 일에너지를 생산하므로 수증기 발생단계를 생략할 수 있다.

가스터빈 엔진은 터빈(일 생산하는 부분)의 앞 단계에 있는 별도의 공간(연소실)에서 연소가 일어나고, 발생된 고온가스가 터빈에 공급되므로 외연기관(external combustion engine)이라고 부른다. 이와 비교하여 피스턴 엔진(휘발유 엔진과 디젤 엔진)은 연료의 연소와 일생산이 피스톤-실린더 구조 내에서 일어나므로 내연기관(internal combustion engine)이라고 부른다. 1950년대에 사용되던 수증기 기관차의 열효율은 9% 정도였으나 현재 비행기, 선박 또는 산업용 소형 발전용으로 쓰이는 가스터빈의 열효율은 34~36% 정도이다.

가스터빈의 열효율을 높이기 위한 노력은 앞으로도 계속될 것이다. 그러나 연료 중에 함유된 불순물 고체 입자나 연소과정에서 생기는 검댕 등의 고체입자가 터빈 날개살을 마모시킬 염려가 있고, 고온(1,500℃) 연소가스에 견딜 수 있는 재료의 개발이 필요하다. 이러한 문제점들이 주변 기술의 발달로 함께 해결되었기 때문에 지금은 중소형 발전설비로서 많이 쓰이고 있다. 특히 가스터빈 발전소의 건설공사기간이 짧기 때문 경제적으

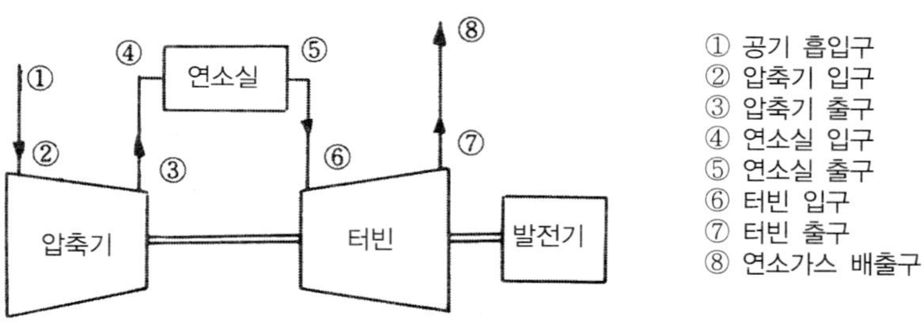

그림 2-26 가스터빈 엔진

로 유익한 점도 있으나, 대형화에서는 문제가 있다. 이러한 가스터빈 엔진은 디젤기관차, 선박 등에 대부분 활용되고 있다.

2.3.2.4 제트추진 기관과 로켓 기관

비행기용 가스터빈 엔진은 공기와 연료가 연소하여 생성된 고온의 가스가 터빈을 돌려서(이 터빈은 동시에 연소용 공기를 압축하여 공급한다) 배기가스의 운동에너지로 추진력(jet propulsion)을 획득한다. 영국인 Frank Wittle(英, 1907~1996)이 최초의 제트 엔진을 발명하였다. 그러나 영국정부는 이 엔진이 당시에는 기능을 다하지 못했다고 발표하였다. 이와 비슷하게 추진력을 외부로부터 얻지 않고 저장된 연료(액체)와 공기(산화제)를 실은 채로 연소시키고 이 연소된 가스의 운동에너지를 추진력으로 이용한 Saturn 로켓(미국 ; 달 착륙에 사용된 로켓)의 효율은 약 47% 정도가 된다.

2.3.2.5 MHD 발전(Magneto-Hydro-Dynamic Generation)

전자장 유체역학을 이용한 발전(MHD 방식)에 쓰이는 장치도 열에너지에서 전기를 발생하는 장치이기 때문에 MHD 엔진 또는 MHD-“turbine”이라는 용어를 붙일 수 있다.

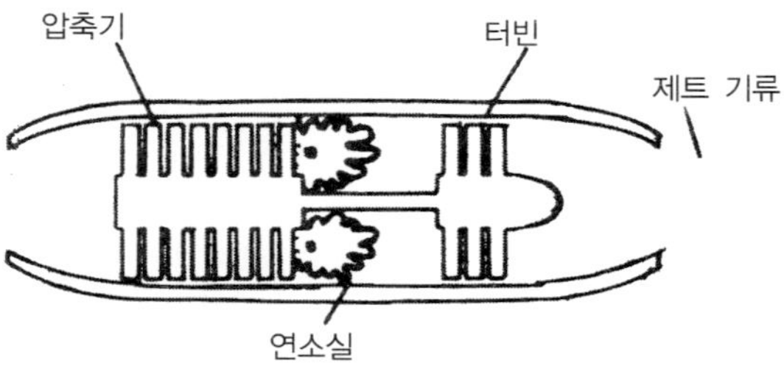

그림 2-27 제트 엔진

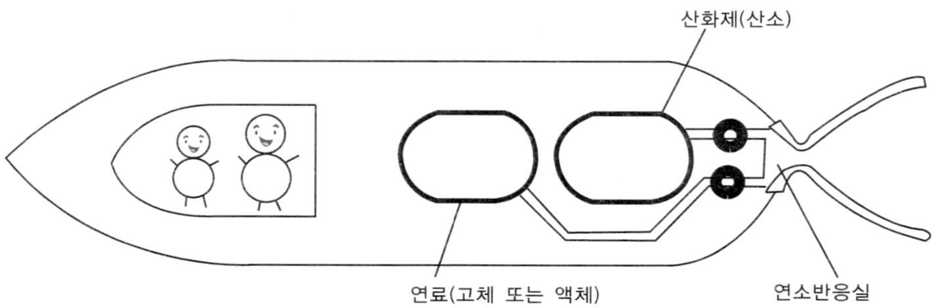

그림 2-28 로켓 엔진

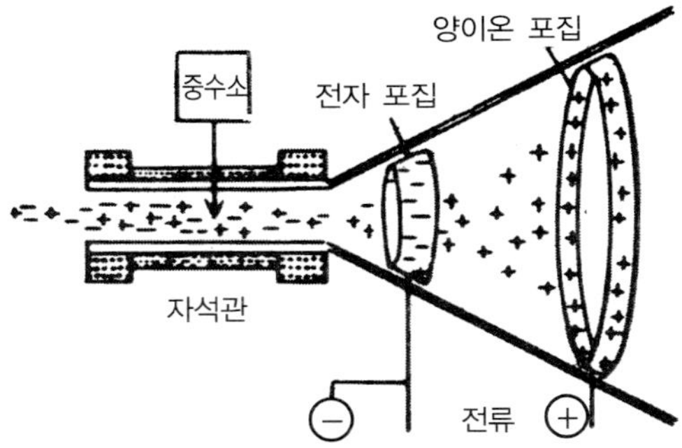

그림 2-29 MHD원리를 이용한 열핵반응발전기

MHD는 매우 높은 고온의 가스가 이온화되는 현상(플라스마 현상)을 이용하여 직접 전기를 생산한다. 고온 가스의 이온 전도성을 높이기 위해 소량의 K_2CO_3 같은 이온화 촉진제를 연소가스 중에 뿌려주기도 하는데, 이온화된 가스의 하전입자들은 외부자석에 의해서 형성된 자장 내의 두 극(+, -)에서 전기를 발생시킨다. 이러한 MHD 방식은 연구단계에 있으나 연구의 궁극적 목표는 열핵융합반응과 MHD 원리를 결합하는 개념을 성취하는데 두고 있다(그림 2-29). 즉, 가벼운 원소의 핵을 무거운 원소의 핵과 융합시켜서 생기는 고속의 하전입자들을 자장 내 양극사이에서 전기로 바꾸는 기술이다. MHD 발전의 효율은 매우 높을 것으로 예상되고 있으나, 고온에 견디는 장치재료의 개발 등 해결해야 할 문제들이 많이 남아 있다.

2.4 에너지 시스템 내의 변환과 손실

2.4.1 에너지 자원의 처리 순서

그림 2-30은 10종의 에너지가 취급되는 과정을 표시한 그림이다. 에너지의 모든 취급과정에서 수송과 저장은 각종 전환기술만큼이나 중요함을 이 그림에서 엿볼 수 있으며, 형태전환 과정에서 에너지손실량도 적지 않음을 이미 알게 되었다.

에너지자원은 채집된 이후에 여러 가지의 취급과정을 거친 다음에 최종적으로 사용된다. 이 중간과정은 에너지 자원의 발견, 채굴, 수송, 저장, 과정을 거쳐서 사용 직전에 1차에너지 형태가 되고, 이 1차에너지는 다시 변환과정을 거쳐서 열, 일, 전기 에너지 등의 형태로 변환된다. 이러한 변환과정의 효율은 에너지 자원의 장기보존 등 최종소비

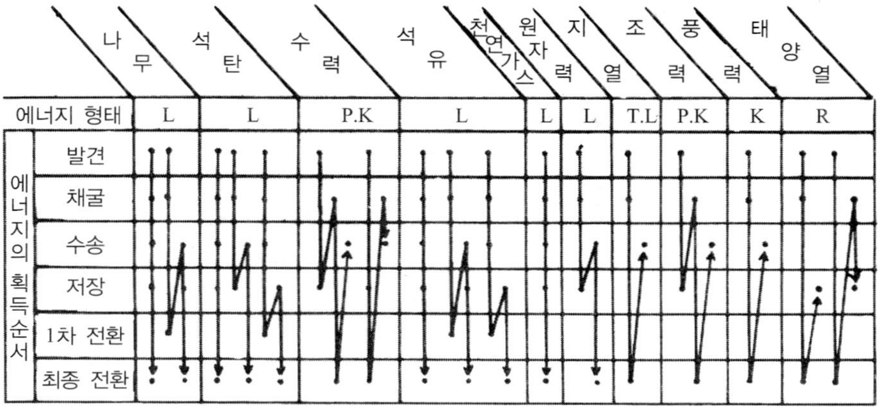

(L=화학에너지, P=위치에너지, K=운동에너지, T=열에너지, R=복사에너지)

그림 2-30 각종 에너지자원의 처리순서와 전환에너지 형태

과정에서의 소비절약과 마찬가지로 중요하다.

수력발전은 물의 위치에너지를 기계적 에너지로, 그리고 전기에너지로 전환하는 간단한 과정을 거쳐서 이루어지므로 각 과정을 거치는 동안의 총 전환 효율은 가장 높다. 한편 화석연료나 핵연료에 잠재해 있는 에너지는 먼저 열에너지로 바뀐 다음에 기계적 에너지로 바뀌고, 필요하면 전기에너지로 다시 바뀐다. 이러한 전환과정과 각종 형태로 수송, 저장되는 에너지는 손실이 생긴다. 그러나 발전용 에너지 전환과정에서 에너지 손실은 아주 커서 그 효율은 40% 정도이다.

2.4.2 에너지의 공급량과 소비분야

그림 2-31에 에너지 자원의 공급과 최종소비단계 사이에서 일어나는 에너지 변환과정을 수요와 공급의 개념과 함께 나타냈으며, 이 자료는 1970년대의 미국자료이다. 그림 2-32는 1993년 미국의 에너지 공급과 소비량을 흐름도면으로 표시한 것이다. 1993년 미국의 총 에너지 공급량은 해외에서 수입된 16.2Q를 포함하여 총 84Q(=quadrillion Btu $=10^{15}$ Btu$=24.6\times10^{12}$ kWh)였는데, 공급량의 90%는 석탄, 석유, 천연가스 등의 화석에너지 연료에서 충당되었다. 한편 소비분야는 가정용(상업용 포함), 산업용, 교통수송용이 각각 20%, 28.2%, 27.1%이고 나머지 24.7%가 각종 원인에 의한 총에너지 손실량에 해당한다.

미국의 두 가지 자료(1970년과 1993년)를 비교해 보면, 공급측면에서 화석에너지가 주종을 이루는 사실과 3개 소비분야의 비율이 비슷하다는 것을 알 수 있다. 다만, 전환 손

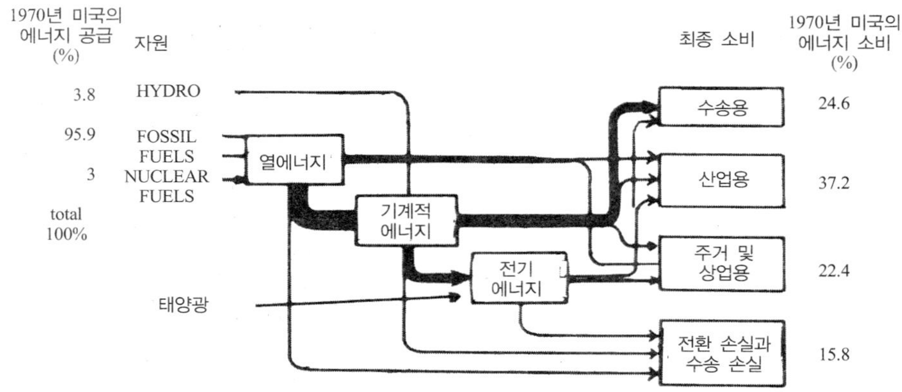

그림 2-31 전환과정과 소비분야를 함께 표시한 에너지자원의 흐름(1970년 미국의 경우)

실량이 1970년의 15.8%에서 1993년의 24.7%로 증가하였음을 알 수 있는데, 아마 미국인들의 에너지 소비성향이 약간 낭비적인 방향으로 된 것 같다.

2009년 1월에 Worldwatch Institute가 발표한 자료에 의하면 전 세계적으로 연간 에너지 총소비량은 132.5×10^{12} kWh(약 $=452\,Q$)이고, 이 양은 미국의 보통 가정한 집에서 130억 년 사용할 수 있는 에너지량에 해당한다고 발표하였다(자료 : Scientific American, March, 2009, p.18). 이 에너지량을 국가별로 또는 에너지 원(석탄, 석유, 가스 등)별 공급측과 사용분야(가정, 산업, 교통, 손실)별 소비측 통계로 작성할 수도 있을 것이다.

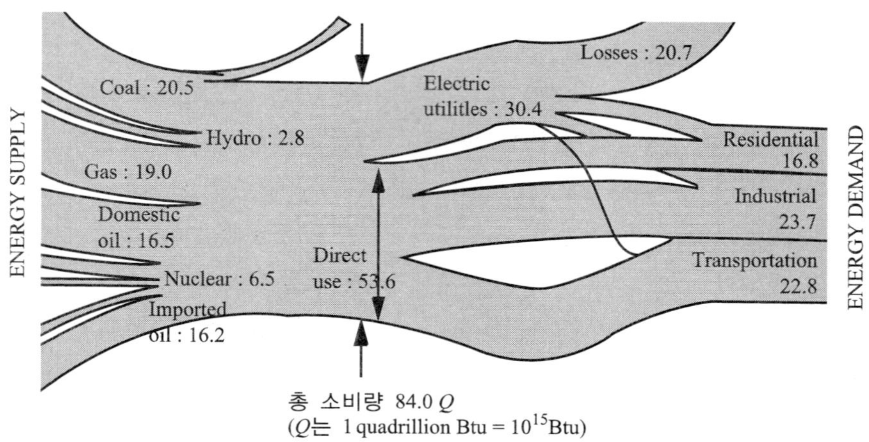

그림 2-32 1993년 미국의 에너지 종류별 공급량과 분야별 소비량(단위 : Q)

2.4.3 에너지 전환과정에서의 에너지 손실

여러 가지 형태의 에너지가 여러 종류의 열기관에 의하여 유용한 에너지로 최종소비될 수 있는데, 그 효율은 에너지의 전환, 수송, 저장, 이용의 각 과정에서 에너지손실이 생기기 때문에 에너지 취급과정에서 총괄적 효율은 달라진다. 그림 2-33은 실제로 에너지가 여러 가지 전환, 전달과정에서 손실되는 양을 대략적으로 표시한 예들이다.

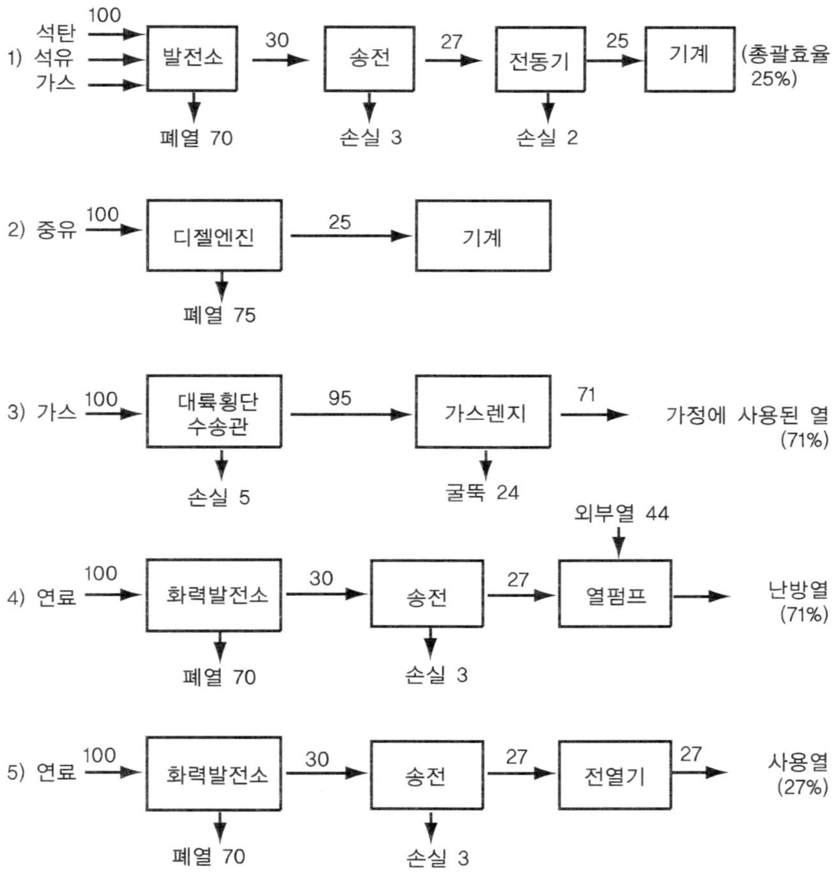

그림 2-33 여러 가지 에너지 전달과정에서의 손실량(숫자는 에너지량, 괄호 안 숫자는 총괄 효율)

2.4.4 에너지 전환 효율의 시기적 변화와 기술의 발전

에너지 전환장치의 효율을 개선함으로써 절약되는 에너지량이 얼마나 되는지를 알아내기는 쉽지 않다. 1920년대에 사용된 증기기관차(최대열효율 10%)를 1967년에 디젤기관차(열효율 35%)로 바꿈으로써, 미국 철도는 연간 1억3천5백만 톤의 석탄을 절약하였는데 이것은 당시 미국의 총에너지 수요량의 16%였다. 1967년 대부분의 기관차가 디젤엔진을 탑재하였을 때 철도 화물수송량은 47년 전보다 54% 증가한 반면, 에너지 소모량은 디젤유로 환산하여 1/6로 줄었다고 한다. 물론 미국에서는 철도운송이 국가경제에 기여하는 정도가 줄어들긴 하였으나, 미국의 총에너지 수요량의 1%가 철도의 운영에 사용되었으므로 수송에너지의 중요성을 엿볼 수가 있다.

전력사용 중에서 가장 전환 효율이 낮은 장치는 빛을 내는 조명장치일 것이다. 보통 전력생산량 중 24~25%가 조명용으로 소비된다. 보통의 10 W짜리 백열전등은 광보다 열의 발산이 훨씬 더 많다. 실제로 전등에 공급되는 전기에너지의 95%는 적외선 방사에 의한 열로 소모되고, 나머지 5%만이 가시광선으로 방사된다. 그러나 현대의 전등 성능은 1900년대의 전등보다 5배 이상 효율이 높은 것이다. 현대의 형광램프는 전기를 빛으로 전환하는 효율이 약 20%이다. 이 수치는 형광등에서 실제로 얻을 수 있는 최대 조명밝기(조도) 400 lumens/W에 기준을 둔 값이다. 만일 백색광만을 형광등에서 얻을 수 있다면 이론적인 최대조명은 220 lumens/W로 감소하게 된다. 다른 한편으로, 인간의 눈에 가장 편안함을 주는 0.555 μm의 단색광(노란색)을 얻을 수 있는 전등을 개발한다면 상당히 높은 조도 680 lumens/W를 얻어서 전등의 효율은 크게 상승될 수가 있다. 현재 가로등에 사용되고 있는 황색광의 나트륨 전등은 효율이 높은 조명등이다.

근래에 개발되어 시판되고 있는 나트륨전등이나 수은등은 형광등의 다음세대 전등형식이라고 할 수 있다. 2000년쯤에 개발된 발광다이오드, 즉 LED 전등은 에디슨 백열등보다 6배 높은 32%의 발광 효율을 가지고 있어서 에너지를 84% 정도 절약할 수 있다. 그림 2-34는 오래된 자료이지만 전환 효율이 개선되어 왔음을 보여준다.

그림 2-34(a) 화력발전소의 열효율은 1900년 3.6%에서 1970년에 32.5%에 도달하였다. 이것은 수증기터빈의 운전온도 상승과 발전설비의 대규모화에 의한 결과이다.

그림 2-34(b)는 "수송출력"을 기준으로 작성된 자료이다. 1950~1960년 사이의 급상승은 증기기관차를 디젤-전기기관차로 대체한 결과이다.

그림 2-34(c)의 자동차 엔진 효율은 편의상 연료 l당(또는 갤런당) 주행거리로 표시되는데 자동차 중량과 주행속도에 따라서 달라지기 때문에 이론적 효율과는 비교할 수 없이 부정확하다. 1920년대의 엔진 열효율은 22%, 1970년대에는 25% 정도이다.

그림 2-34(d)의 전등 효율은 사용자가 수용할 만 하다고 느끼는 빛의 질에 따라서 달라진다. 이 그림에서는 백열등의 광도가 상승되지 않은 반면에 형광등의 광도상승이 뚜렷하다.

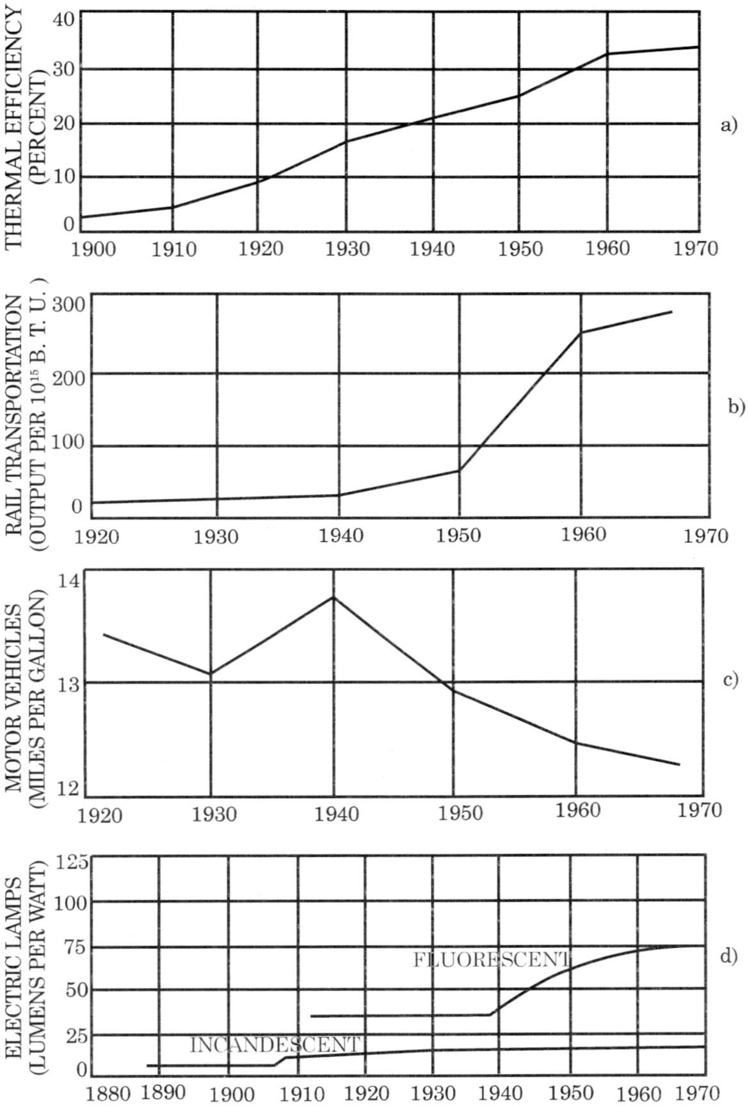

그림 2-34 에너지 전환장치 효율의 시대적 변화

2.4.5 동력장치의 용량증대와 효율증가

지난 300년간 인류는 더 많은 에너지를 얻기 위해 열역학적으로 효율이 높고, 경제적으로 값이 싼 에너지 전환장치, 즉 동력장치를 개발해 왔다. 그림 2-35에는 여러 가지 동력장치가 개발된 연대적 기록과 그 동력장치의 최대출력의 변화를 설명한다. 인력,

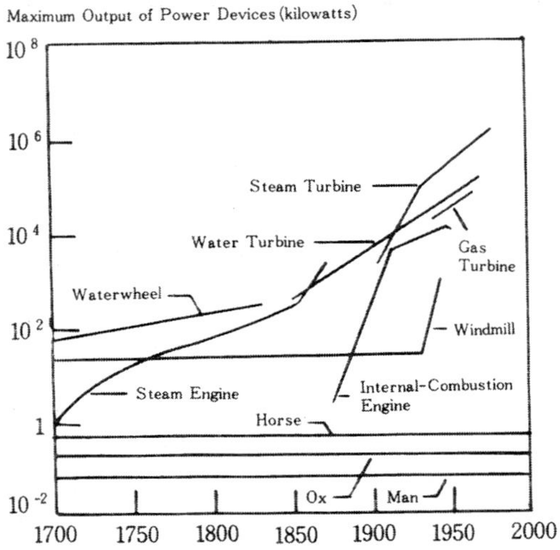

그림 2-35 각종 동력장치의 출력개선 추이

소, 말과 같은 가축의 사역을 통하여 에너지를 얻기 시작하였고 지금도 이들 기본 에너지는 세계 여러 곳에서 계속 사용되고 있다. 수력과 풍력을 이용한 물레방아와 풍차 설비는 기계적 에너지의 획득방법으로 오래전부터 사용되어 왔다. 이들 설비는 유체역학 이론의 발전과 재료과학의 발달로 인해 그 출력용량이 계속 증가되어 왔다.

James Watt의 수증기 피스턴 열기관이 발명된 이후, 스팀터빈과 가스터빈의 발명은 단일 설비의 에너지 전환장치로부터 에너지 출력규모를 크게 증가시켰다. 이러한 출력 규모의 증가는 1900년 이후에 급격히 증가하였다. 현재로는 단위장치로부터 대략 1만~100만kW 규모의 동력을 생산할 수 있는 장치까지 대형화가 가능해졌다.

에너지 전환장치인 출력설비의 열효율을 증가시키는 노력은, 특히 화력발전소 설비에 있어서 매우 활발하게 진행되었다. 이러한 연구 개발 노력의 결과로 총괄에너지 효율(화학에너지로부터 최종 전력에너지 생산까지의 효율)은 50%까지 육박하고 있다. 그러나 기술개발의 접근방법에 따라서 효율도 증가하고 전력에너지 비용을 낮출 수 있는 기술도 있고, 또 다른 경우에는 효율의 작은 증가에 비해 전력에너지 생산비용이 크게 높은 경우도 볼 수 있다. 그림 2-36은 미국의 General Electric 사와 Westinghouse 사 등의 연구개발 결과로 화력발전소의 열효율 증대와 전력생산 비용의 관계를 개발된 설비별로 비교한 것이다.

앞으로도 발전설비뿐만 아니라 각종 에너지 전환장치의 효율증대와 출력규모의 증대를 위한 노력이 계속 될 것이다. 이러한 기술의 연구개발에는 우수한 인력, 막대한 연구

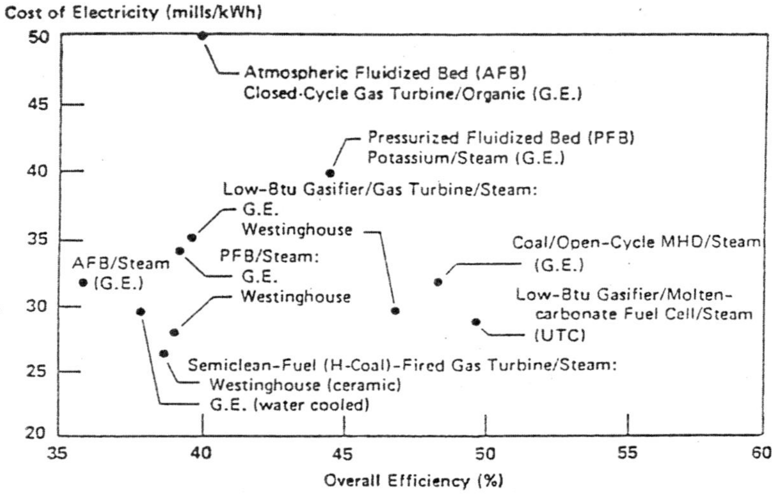

그림 2-36 최근에 개발되고 있는 화석연료를 이용한 화력발전 설비의 총괄 효율과 전력생산 추산 비용

비의 투자 등이 필요하게 된다. 에너지 관련 기술의 연구개발에 대해서는 제12장에서 좀 더 설명하겠다.

참고문헌

Lewins, Jeffery D., editor, "Teaching Thermodynamics", Plenum, 1986.
Van Ness, H. C., "Understanding Thermodynamics", 1983, Repr. of 1969 ed. Dover.

〈기본 열역학〉

Black, William Z. & Hartley, James G., "Thermodynamics", Harper Collins, 1984.
Holman, Jack P., "Thermodynamics", 4th. rev. ed., McGraw-Hill, 1988.
Martin, Martin C., "Elements of Thermodynamics", (Illus.), Prentice Hall, 1986.
M. Planck, "Treatise on Thermodynamics", 3rd. ed., Dover Publ. Inc, 1926(영문번역판).

〈응용 열역학〉

Astarita, G., "Thermodynamics : An Advanced Textbook for Chemical Engineers", Plenum, 1989.
Bejan, Adrian, "Advanced Engineering Thermodynamics", Wiley, 1988.
Burghardt, M. D., "Engineering Thermodynamics with Applications", 3rd. ed., Harper Collins, 1986.
Allyn & Bacon Howell, John R. & Buckius, R. O., "Fundamentals of Engineering Thermodynamics", English : SI Version, 1987, McGraw-Hill.
Huang, Francis F., "Engineering Thermodynamics : Fundamentals & Applications", 2nd ed., MacMillan, 1988.
Kyle, B. G., "Chemical & Process Thermodynamics", Prentice Hall, 1984.
Moran, Michael J. & Shapiro, Howard N., "Fundamentals of Engineering Thermodynamics", Wiley, 1988.

Myers, Glen E., “Engineering Thermodynamics”, Prentice Hall, 1989.

Rayner, Joel, “Basic Engineering Thermodynamics”, 4th. ed., Wiley, 1988.

Sandler, Stanley I., “Chemical & Engineering Thermodynamics”, 2nd, ed., Wiley, 1988.

姜錫浩外 3人, (역) “化學工學熱力學“, 普成文化社, 서울, 1989. (J. M Smith. and H. C. Van Ness, “Introduction to Chemical Engineering Thermodynamics”, 4th. ed., McGraw-Hill, New York, 1985.)

Zemansky, Mark W. & Dittman, Richard, “Heat & Thermodynamics”, 6th. ed., McGraw-Hill, 1981.

〈에너지 열역학〉

Hodge, Bartow K. & Wygant, Robert M., “Analysis & Design of Energy Systems”, 2nd. ed., Prentice Hall, 1990.

Rolle, “Thermodynamics & Power”, 3rd. ed., Merrill, 1989.

Seely, “Elements of Thermal Technology”, Dekker.

Theumann, Albert, “Fundamentals of Energy Engineering”, Fairmont Press, 1983.

趙明濟, 李喜洙, 朴胤成 共著, “韓國의 에너지 動力技術發達史”, 서울 : 학연문화사, 1996.

Archie W. Culp, Jr, “Principles of energy conversion”, 2nd. ed. New York : McGraw-Hill, 1991.

Albert Thumann, D. Paul Mehta, “Handbook of energy engineering”, 3rd. ed. Lilburn, GA : Fairmont Press, 1995.

Reiner Decher, “Energy conversion : systems, flow physics, and engineering”, New York : Oxford University Press, 1994.

〈에너지 전환 이론〉

Angrist, Stanley W., “Direct Energy Conversion”, 4th. ed., Allyn & Bacon, 1982.

Atkins, P. W., “The Second Law”, Freeman, W. H. & Company, 1984.

Gaggioli, Richard A., editor, “Efficiency & Costing : Second Law Analysis of Processes”, American Chemical Society, 1983.

Granet, Irving, “Thermodynamics & Heat Power., 4th. ed., Prentice Hall, 1990.

Krenz, Jerrold H., “Energy : Conversion & Utilization”, 2nd. ed., Allyn & Bacon, 1983.

Salvagin, Carlton E. & Kleinbach, M. H., “Energy Technologies & Energy Coversion”, Prentice Hall, 1986.

〈연소와 내연기관〉

Ferguson, Colin R., “Internal Combustion Engines : Applied Thermosciences”, Wiley, 1986.

Oates, Gordon, “Aerothermodynamics of Gas Turbine & Rocket Propulsion”, rev. & enl. ed., American Institute of Aeronautics & Astronautics, 1988.

Rosa, Richard J., “Magnetohydrodynamic Energy Conversion”, rev. ed., Hemisphere, 1987.

Taylor, Charles F., “The Internal Combustion Engine in Theory & Practice : Thermodynamics, Fluid Flow, Performance”, Vol. 1. 2nd, rev. ed., M I T Press, 1984.

Ucer, A. S.; Stow, P. & Hirsch, C., editors, “Thermodynamics & Fluid Mechanics of Turbomachinery”, Vols. I & II, Kluwer Academic Publishers, 1985.

CHAPTER 03

에너지 자원과 수요공급

우리가 사용하는 에너지는 어디에서 오는가? 어디에 있는가? 우리가 에너지로 사용하기 전에는 어떤 형태의 에너지로 존재하고 있는가? 그 양은 얼마나 될 것인가?

3.1 자원이란 무엇인가?

인간이 살아가는데 직접 또는 간접으로 이용되는 인적, 물적 근원을 총칭하여 자원이라고 한다. 자원이란 일반적으로 광물자원을 일컬으나, 그 밖에 토지나 물도 자원이다. 토지는 인류의 생활이 영위되는 기초 공간이고, 물은 그 토지에서 동식물이 생육할 수 있게 하는 자원이고, 따라서 공기도 자원이다. 이러한 4가지 자원을 기초자원이라고 구별하면, 이 기초자원 속에서 생장하여 인간에게 채취되는 농산물, 임산물, 야생조수를 포함한 축산물, 바다에서 나는 수산물과 지하에 매장된 각종 광물을 총칭하여 천연자원이라고 규정한다.* 그림 3-1은 1975년에 미국 인구 1인당 소비한 자원의 종류와 양을 대략적으로 조사한 통계치를 나타낸 것이다.

물론 자원은 재활용될 수 있기 때문에 그림에 나타낸 신생자원(새로이 채굴해낸 자원)량보다 훨씬 많은 양의 자원이 인간생활에 소비된다. 기초자원과 천연자원에 인간의 노동이 가해져서, 비로소 식량자원, 공업원료자원, 에너지 자원 등으로 변환된다. 이러한 자원을 제1차 자원이라고 하는데, 이들이 노동력에 의하여 또는 다시 제3차 가공되어 인간 생활에 쓸모있는 물자가 된다. 현재에는 "인구도 자원이다."라는 정의가 일반적으로 통용된다. 인구가 많은 나라에서 인구문제를 걱정하는 경우도 있으나, 인구의 역할이 낭

* 한국과학기술연구소, "자원총람", 과학기술처 1974

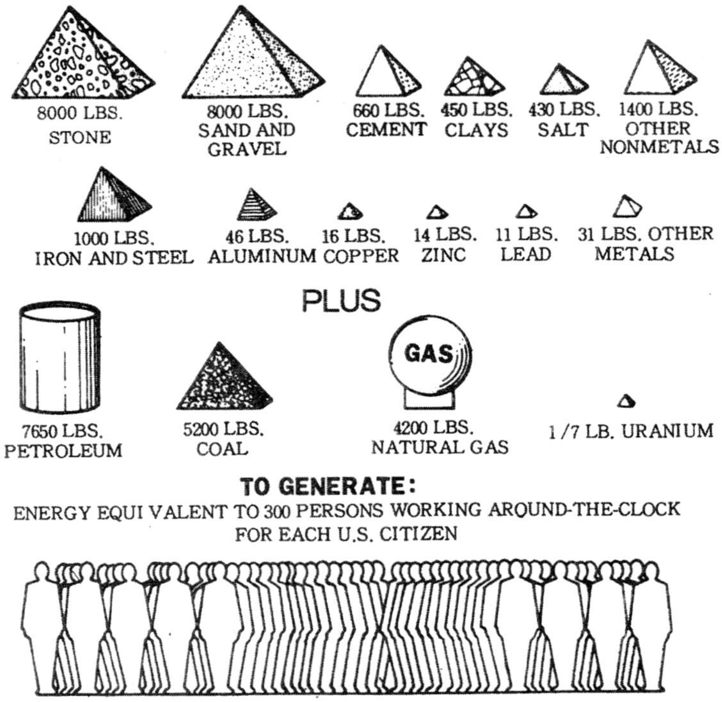

그림 3-1 1975년 미국에서 인구 1인당 재생이 아닌 새로운 광물자원을 소비한 양(미국시민 1인당 연간 약 2만 kg, 즉 20ton의 새로운 광물자원을 소비한다)

비되지 않고 유익한 노동력이나 지적활동으로 쓰일 때는 무한한 자원이 된다.

3.1.1 천연자원

자원이란 개념은 상대적인 개념으로 경우에 따라서는 그 구성내용이 달라진다. 자원을 분류하는 방법은 논자에 따라서 달라질 수 있으나, 천연자원, 문화적 자원(자본, 기술, 제도 등)과 인적 자원 등의 세 가지로 크게 구분하면 이해하기 쉽다.* 그러나 에너지

---

* 미국의 "국가자원 위원회"는 자원을 넓은 의미에서 다음과 같이 분류한다.

소비자원
- 1. 천연자원(토지, 물, 삼림, 광물, 야생동물 등)
- 2. 인공시설(주택, 농업관개시설, 공장 등)
- 3. 인적 자원(노동력, 기술력 등)

비소비자원
- 1. 기후와 지형(생물의 활동을 제약하는 지리조건)
- 2. 생산시설(인적 자원에 의하여 과거에서부터 축적된 기술)
- 3. 제도와 조직(조직적 생산의 기초가 되며 생산과 소비를 연결하는 조직)
- 4. 문화 자원(도덕, 교양, 건강, 사회관습, 종교 등)

문제와 연결시켜서 자원을 논의하는 데는 천연자원을 주로 다루게 되고, 부수적으로 산업용 원자재로 사용되는 자원에 국한하는 것이 편리할 것이다. 이렇게 논의의 범위를 축소하면 대개 다음과 같은 7개 항목의 자원으로 구분할 수 있다.

1. 에너지자원(석유, 석탄, 천연가스, 타르샌드, 유혈암, 우라늄, 물, 삼림, 태양열)
2. 중화학공업자원(각종 금속 및 비금속광물과 유기·무기체의 중간 원료)
3. 식량자원(농산물, 축산물 및 그 폐기물)
4. 해양자원(해수에 포함된 자원과 해저광물자원 및 해수 그 자체)
5. 수산자원(어업, 양식)
6. 토지와 수산물(토지자원과 수자원)
7. 폐자원(자원을 이용한 후에 폐기함으로 인하여 환경보호와 재이용에 중요한 자원)

모든 자원은 그것을 이용하기 위해서 에너지가 가해져야 한다. 따라서 공업자원, 식량자원 …… 등 폐자원에 이르기까지 어떤 형태의 처리, 가공을 위해서는 에너지가 필요하다. 또한 이들 각종 자원은 그 자체로서 에너지 자원이 될 수 있다. 식량자원의 폐기물, 해양의 물속에 담겨져 있어 그 유효성은 낮지만 절대적 잠재력이 큰 해양에너지, 발전용으로 쓰이는 수자원, 쓰레기 등 폐자원의 소각으로 얻어지는 에너지 자원 등은 그 양이 석유, 석탄과 비교할 수 없을 정도로 적은 양이지만 매우 중요한 자원이다.

3.1.2 광물자원

에너지 자원을 논하기 전에 석유, 석탄 등을 포함하는 광물자원에 대하여 좀 더 논의를 해 두겠다. 광물자원의 평가에는 자원의 "절대적인 고갈(running-out)" 개념보다는 "비용에 근거를 둔 자원이용 가능성(resource availability at a cost)" 개념이라는 동태적 개념을 채택하는 것이 자본주의 경제체제에서는 적합하다.*

자원의 근본적인 개념은 자원량(resources)과 매장량(reserves)을 구분하는데 있다. 이러한 구분의 기준은 현재의 경제여건에서 자원의 이용가능성(availability)이다. 매장량이라 함은 광물을 함유하는 암석(mineral-bearing rock)이면서 동시에 인류에게 알려져 있거나 확인된 광상에서 현재의 기술과 경제적 조건에서 그것을 추출(exploit 또는 recovery)할 수 있는 자원을 지칭한다. 그러나 자원량은 매장량을 포함하고 있고, 인류에게 알려져 있는 광상이긴 하지만 현재 기술 또는 경제여건에서 추출이 기술적으로 불가능하거나 경제적으로 가치가 적거나 없는 자원과 비록 현재는 발견된 상태도 아니지

* 미국대통령 자원정책 특별위원회 보고서 "Resources for Freedom", 1952

만 부존한 것으로 유추되는 자원을 포함한다. 그러므로 자원량은 숲속의 새로 비유되며, 매장량은 손안에 잡혀 있는 새로 비유된다. 다른 비유를 한다면 매장량은 어느 개인의 은행통장에 남아 있는 예금과 기타 재산이라면, 자원량은 매장량을 합하고 그 개인이 평생 동안 예상할 수 있는 각종 예상수익을 모두 합한 것과 같다고 비유할 수 있다.

미국 국립지질조사소는 광물자원을 부존의 확실성 정도와 경제적 추출가능성을 기준으로 그림 3-2와 같이 구분한다. 그림 3-2에서 잠재적 자원이라 함은 통상적으로 조건부 자원, 가상적 자원 및 추리적 자원 등을 모두 함께 지칭한다. 조건부 자원은 그 중에서도 경제적 기술적 조건만 맞으면 곧 이용이 가능한 자원이고, 가상적 자원은 자원의 부존위치(광상)가 발견되지는 않았으나 부존되어 있으리라고 생각되는 지역에서 기대할 수 있는 자원을 지칭한다. 추리적 자원은 자원의 부존지역이 어디인줄도 모르고(예를 들면, 화성에 매장된 자원 등등 ……) 다만 어떤 이론적 근거(대개는 지구과학적 이론)에 의하여 부존되어 있다고 추리할 수 있는 자원이다.

매장량은 나라마다 또는 자원채굴회사마다 별도로 정해진 규칙에 의하여 구분된다. 예를 들면, 영국에서는 석탄 매장량 산출의 근거인 "Code for calculating and reporting reserves"가 있고, 한국도 이 근거를 사용하고 있다. 미국은 1) 계측된 매장량(measured reserve), 2) 인지된 매장량(indicated reserve), 3) 유추된 매장량(inferred reserve) 등 3

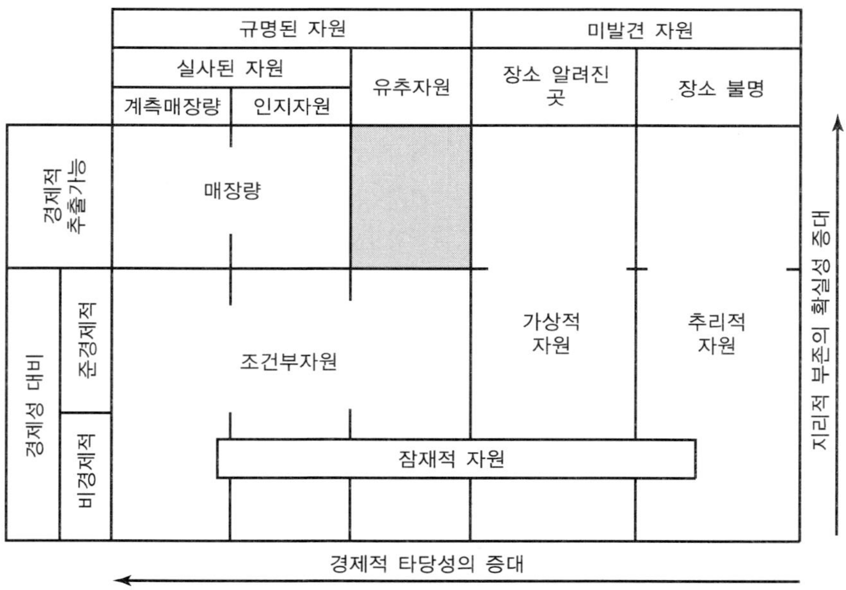

그림 3-2 자원을 분류하는 McKellby 도표

구분을 많이 사용한다. 유럽지역에서는 1) 확인가채매장량(proven reserve), 2) 예상가채매장량(probable reserve), 3) 궁극적 가채매장량(possible reserve) 등으로 구분하기도 한다.

계측된 매장량은 양과 품질(quality)이 알려진 매장량이고, 인지된 매장량 또는 추정 매장량은 자원의 표본추출 결과로부터 자원의 양과 질이 부분적으로 알려진 매장량을 말한다. 그러나 유추된 매장량은 지역적으로 한정된 표본추출에서 얻어지는 정보로부터 예상되는 매장량이므로 그 양이나 질이나 형태(광상의 지리적, 지층적 형태)에 관한 자료의 신빙성이 희박하다. 유추된 매장량이 인식된 매장량으로 전환되려면 상당한 넓이에 걸친 지역규모의 탐사(석탄, 석유 탐사의 예)가 선행되어야 하는데 비해, 인지된 매장량에서 계측된 매장량으로 구분을 변경시키는 데는 정밀한 국부탐사와 정밀시추 및 갱도굴착이 수반되어야 한다.

3.2 지구의 에너지 자원

앞 절에서는 자원에 대한 일반적인 사항을 논술하였다. 이 절에서는 에너지 자원에 국한하여 설명하겠다. 에너지 자원은 인간이 사용할 수 있는 에너지의 형태로 바뀌기 전의 모든 자원을 지칭한다. 종래에는 석탄, 석유, 천연가스와 같은 에너지 자원과 산림자원 등의 가연성 물질 자원과 인력, 동물의 노동력 등을 에너지 자원으로 한정하였으나, 에너지 문제가 심각해지면서 원자력 에너지나 태양 에너지와 같은 대체에너지 자원도 장래 또는 현재의 에너지 자원이 되고 있다. 에너지 자원을 분류하면 표 3-1과 같다.

표 3-1 에너지 자원의 분류

자원	분류	자원의 예
비금속 광물 자원	화석에너지	석탄, 석유, 천연가스, 타르샌드, 오일쉐일, 쉐일가스
금속 광물 자원	핵분열에너지	우라늄, 토리움
비광물 자원	재생/대체에너지	태양열, 지열, 수력, 조력, 풍력, 태양열
		신탄, biomass, 쓰레기
재생가능 자원	핵융합에너지	중수소와 삼중수소(deuterium, tritium)
동물 자원	일에너지	소, 말, 개, 낙타
인적 자원		에너지 소비절약 기술, 에너지의 효율적 사용

3.2.1 에너지 자원의 편재성

각각의 에너지 자원에 관한 현황과 장래 전망은 다음 절에서 구분하여 논술하기로 하겠고, 여기에서는 우선 이러한 에너지 자원이 기타의 광물 자원과 마찬가지로 지구상에 국부적으로 편재해 있다는 사실을 강조하겠다. 화석에너지 자원은 지하자원 중에서 에너지로 쓰일 수 있는 비금속광물 자원으로서 석탄, 석유, 천연가스 등이 있다.

에너지화 할 수 있는 우라늄과 토륨은 금속광물 자원으로 분류된다. 바닷물 속에 많이 들어 있는 중수(heavy water) 자원은 보통의 수소물 H_2O가 아닌 중수 D_2O이다. 중수소 D는 수소 H와 원자구조에 있어서 다르다. 수소원자는 1개의 전자와 1개의 양자로 구성되어 있는데, 중수소원자는 1개의 전자와 1개의 양자에다 1개의 중성자가 추가되어 있어 수소원자보다 더 무겁다.

중수자원, 태양열, 바이오 에너지 자원 등의 대체에너지 자원은 비광물 자원 또는 재생가능 에너지 자원으로 분류할 수 있으며, 동물을 이용한 사역이나 인간의 노동력은 각각 동물 자원과 인적 자원으로 구분된다. 특히, 인적 자원은 단순한 노동력으로서의 인력에너지 이외에 인간의 지식활동에 의한 에너지 절약활동도 포함되는 것이 타당하다. 그 이유는 에너지의 절약 기술과 효율적 사용은 에너지 생산과 같다는 개념이 성립하기 때문이다.

3.2.2 에너지 자원의 종류별 특징

표 3-2에는 에너지 자원을 천연에너지 자원과 재생에너지 자원으로 구분하고 각각의 자원을 세부 분류하여 각 에너지의 종류별 장·단점을 간략하게 비교한 자료이다.

3.2.3 자원의 편재성

화석연료의 편재성이나 원자력 핵연료의 편재성도 매우 심각하다. 이러한 자원의 편재성은 자원의 빈부차이를 나타내므로 공유를 위한 국제무역이 활발하게 될 수도 있으며, 나쁜 경우에는 자원 독점에 의한 빈부격차의 심화를 일으킬 수도 있고, 세계의 평화를 위협하는 원인으로 작용할 수도 있다. 물론 이러한 자원문제는 자원의 수요와 공급 측면에서 다루어져야 한다. 우선 에너지자원의 공급측면의 특성을 살펴보면 다음과 같다.

1) 부존자원이 지리적으로 편재되어 있으며
2) 근래에 와서 자원민족주의의 고조로 인한 무역마찰, 외교마찰로 인한 세계평화에의 위험성이 고조될 수 있으며(1990~1991년의 걸프만 전쟁은 전형적인 한 예이다)

표 3-2 에너지자원의 종류와 특징

구분	종류	특징	
		장점	단점
소모성 에너지 자원	석탄	1. 부존량이 가장 풍부 2. 편재성이 석유보다 작음 3. 가격이 가장 저렴	1. 취급 불편 2. 회 처리문제 3. 공해 대책 4. 노동력 확보 5. 수송 시설(infrastructure)
	석유	1. 액체로서 취급 용이 2. 고발열량(10,000 kcal/kg) 3. 내연기관에 적합 4. 연소 조절 편리 5. 다용도 활용 6. 석유화학제품(300여 종)	1. 심한 지역적 편재 2. 부존량의 가채년수가 가장 적음
	가스	1. 불순물이 거의 없음(청정에너지) 2. 연소 조절이 가장 편리 3. 연소 장치 간단 4. 석유와 유사한 특징(장점)	1. 기체상태 저장과 해상수송상의 제한 2. 거액의 투자소요(LNG) 3. 고가격(LNG 및 LPG)
	우라늄	1. 풍부한 자원 2. 비축 및 수송의 편리(석유의 1만분의 1 중량)	1. 주로 발전용에만 이용 2. 안정성 문제(방사능물질) 3. 폐기물의 처리
	중수자원	1. 핵융합, 재생가능	1. 융합을 위한 준비에너지 필요
재생 에너지	생물	1. 무공해 2. 일부 목적에 활용 중	1. 가격이 높음
	태양력	1. 무공해 2. 특수 목적 및 장소에 활용 중	1. 가격이 높음
	수력	1. 발전원가 저렴 2. 무공해	1. 수몰보상 2. 지역적 편재
	풍력	1. 무공해 2. 특수 목적 및 장소에 활용 중	1. 가격이 높음 2. 소음 문제
	지열	1. 무공해 2. 고지열지대에서 활용 중	1. 지역적 편재
	해양	1. 무공해 2. 조력발전에 활용 중	1. 가격이 높음

3) 자원 개발을 위해 대량의 자금과 고도의 기술이 필요하므로 국제적 대자본에 의한 독과점적 지배현상이 존재하게 되며,
4) 자원의 생산성이 비탄력적일 수 있고, 시기적으로 변동하는 특성이 있으므로 세계적인 공급측면에서 제약 요소가 많다.

한편 자원의 수요측면을 보면, 세계인구의 증가가 연간 2% 정도이고 산업발달 등으로 인한 생산활동(경제성장)의 증가가 7~10% 정도이므로 자원의 수요는 연간 2~7% 정도씩 증가하고 있다. 이러한 외형적, 양적 확대뿐만 아니라 자원소비의 구조상 급격한 변화

(생활수준의 향상 등으로 인한)도 일어나고 있다. 예를 들면, 과거(1950년대)에는 지구상의 남북무역(남쪽 저개발국의 자원수출과 북쪽 선진국들의 공산품 생산 수출)이 특징적인 현상이었는데, 현재에는 오히려 미국, 호주, 러시아 등에서의 자원 공급과 일본, 대만, 한국, 중국 등에 의한 특정한 공산품의 생산 수출로 무역의 형태가 바뀌어진 동양 제국의 서구시장 진출이 활발해지는 즉 동서교류 현상으로 바뀌고 있다.

3.2.4 자원의 매장량과 가채년수

자원의 확인가채매장량(proven recoverable reserves)이란 자원의 조사가 진행된 시점에서 가능한 자원탐사기술, 채굴기술 그리고 채굴된 이후에 그 자원의 시장가격에 의하여 그 양이 결정되는, 말하자면 변동성 있는 수치이다. 따라서 문헌마다 또는 자료마다 석탄, 석유의 가채매장량 통계 수치가 다를 수 있다.

에너지자원이 얼마나 오랫동안 지속적으로 공급될 수 있을 것인가는 에너지 전문가들의 걱정인 동시에 전체 인류의 관심사이기도 하다. 따라서 자원의 가채매장량 통계에는 반드시 가채년수라는 채굴 가능한 기간이 추산된다.

어느 자원의 가채년수(reserve/production ratio) t는 그 자원의 확인 가채매장량 Q_∞을 연간 채굴 생산량으로 나눈 값이다.

$$\text{가채년수 : } t = \frac{\text{확인가채매장량 : } Q_\infty}{\text{연간 생산량 : } q(t)}$$

그러나 이러한 간단한 나눗셈은 가채년수 t의 계산에는 적합하지 못하다. 위에서 설명한 바와 같이, 확인가채매장량 Q_∞는 매장량의 고갈, 새로운 매장량 발견 등 여러 가지 이유로 변동될 수 있는 수치이고, 연간 채굴생산량 역시 시기적으로 변동하는 값 $q(t)$이다.

따라서 자원의 가채년수 t는 다음과 같은 적분식에 의하여 역으로 계산되어야 한다.

$$Q_\infty = \int_0^\infty q(t)\,dt$$

이러한 적분식은 에너지의 수요와 공급 및 에너지 매장량의 추산, 에너지 정책의 수립, 나아가서는 장래의 에너지 전망 예측 등에 사용되는 유용한 개념이다. 대부분의 자원량 예측 모델은 위의 수학적 방정식으로 표현된다. 석유 매장량 추산 모델에 대하여는 4장에서 구체적으로 설명하겠다.

위와 같이 복잡한 계산에 의하여 결정되는 자원의 가채년수는 확인가채매장량수치와 마찬가지로, 자료마다 문헌마다 달라질 수밖에 없다. 2004년에 조사된 전문가 의견에 관한 여론조사(Newsweek, 2004, Sept. 6, p.66)에 의하면 전 세계 석유 생산량이 최고점에 도달하는 시기를 10~20년으로 보는 의견이 48%, 20~50년으로 보는 의견이 34%, 50년 이상으로 보는 의견은 14%라는 보고가 있다. 생산량의 최고점은 석유매장량의 변동성과도 관련이 있으므로 석유의 채굴 한계를 나타내는 자료이기도 하다. 석유 고갈에 대체될 에너지자원으로서 천연가스가 차지할 것이라는 의견은 48%, 석탄으로 대체될 것이라는 의견은 40%, 핵에너지로 대체될 것이라는 의견은 8%, 수소에너지로 대체될 것이라는 의견은 4%로서 에너지 자원의 장래 예측은 쉽지 않음을 알 수 있다.

표 3-3(a, b)는 확인가채매장량과 가채년수를 몇 가지 자료로서 비교하는 목적으로 제공된 것이다. 두 가지 표에서 보듯이 가채매장량과 가채년수의 수치는 매우 유동적이고, 세월이 갈수록 가채년수가 증가하는 듯한 착각을 일으킬 수도 있다. 그러나 결론적으로 말하면 자원매장량은 유한한 값이기 때문에 여러 가지 변동요인이 있더라도 장래에는 가채년수가 감소하게 된다. 따라서 에너지원을 포함한 모든 자원의 절약은 가장 귀중한 기술이라고 말할 수 있다.

2005년에 발표된 British Petroleum의 "Statistical Review of World Energy" 자료에

표 3-3(a) 세계의 화석에너지자원 부존 현황*

(1970년 초 자료)

종류	확인가채매장량	1979년 생산량	가채년수
석유	$6,416 \times 10^8$ bbl	228.4×10^8	28
석탄	$6,370 \times 10^8$ bbl	34×10^8	187
천연가스	$2,573 \times 10^8$ bbl	53.8×10^8	48
타르샌드	$2,100 \times 10^8$ Ton	-	?
오일셸	$2,000 \times 10^8$ Ton	-	?
합계	$6,343 \times 10^8$ TOE	55.2 TOE	평균 115년

* 자료 : Hottel의 "New Energy Technology"에서 발췌하였음.

표 3-3(b) 세계의 화석연료의 확인가채매장량(Giga toe=10^9 toe)과 가채년수

(1990년 자료)

1990년까지의 누적생산량			확인가채매장량		가채년수
종류	Gtoe		Gtoe(총량 중%)		년
석탄(갈탄제외)	…	…	496(48%)	711 Gtce	197
갈탄(lignite)	…	…	110(13%)	158 Gtce	293
석유	86	632 G bbl	137(16%)	1006 G bbl	40
천연가스	40	47 Tera m^3	108(13%)	126 Tera m^3	56

자료 : Energy for Tomorrow's World(1993, WEC)

의하면 석탄, 석유, 천연가스의 확인 가채매장량은 각각 9,090억 톤, 11,886억 barrel, 179.5조m^3로서 가채년수는 석탄 164년, 석유 41년, 천연가스 67년 등으로 발표되어 있다. 이러한 수치는 탐사 기술과 생산량 변동에 따라서 해마다 변동함을 보여주는 내용이다.

3.3 에너지의 소비

에너지 자원은 왜 필요할까? 그것은 당연히 인류의 에너지에 대한 욕구 때문이다. 광범하고 추상적인 "욕구(needs)"라는 개념은 인간이 개인적, 가정적, 사회구성원적 활동을 위해 필요로 하는 재화나 심리적 문화적 조건을 총칭하는 것으로 사회학이나 정치학에서 많이 사용하고 있는 개념이다. 다분히 정성적인 "욕구"라는 개념과 비슷한 "수요(demand)"와 "에너지 소요(requirement)"라는 개념은 서로 약간의 차이가 있다. "에너지 소요"는 에너지에 대한 소비자의 욕구를 표현하는 것으로서, 이상적인 완전시장 경제체제에서는 에너지수요와 일치할 수 있는 것이나, 현실적으로는 "잠재 수요(potential demand)"에 가까운 개념이다.

에너지의 수요량은 시장경제 체제에서 에너지 공급량에 대응하는 수치적 개념으로 사용된다. 에너지 수요량은 바로 에너지 소비량과 동일하다. 물론 수요량 중에 저장 목적에 해당하는 물량도 포함되겠으나, 수요와 공급은 사회·경제적 에너지 시스템에서 물자 흐름의 균형 또는 평형량을 의미한다.

에너지 소비의 형태는 몇 가지 방법으로 구분할 수가 있다. 즉 열소요, 동력소요, 조명용 소요 및 원자재 소요 등 최종 소비의 측면에서 에너지 소요량을 네 가지로 구분할 수도 있고, 다른 방법으로는 산업분야별로 에너지 소요를 구분하여 가정 및 상업용, 산업용, 교통용 그리고 발전용 에너지자원 소요로 구분할 수도 있다. 후자는 에너지 자원을 에너지 공급적 차원에서 소비분야별 에너지소요로 구분하는 것이고, 전자는 에너지 형태별로 에너지 소요를 구분하는 방법이다.

3.3.1 에너지 형태별 소요분야

그림 3-3은 에너지의 소요를 최종소비 형태별로 분류한 것이다.

1) 열 소요는 난방, 취사, 산업공정용 가열매체, 수증기 등의 간접가열과 연소된 기체

의 고온열을 직접 물자의 건조, 금속 등의 용융에 이용하는 열소비 분야이다. 이 분야의 에너지 소요는 소요분야들 중에서 그 비율이 가장 클 뿐만 아니라 기술적, 경제적, 사회적 여건의 변동에 따라서 소요량이 크게 달라질 가능성도 있으며, 최종 열효율면에서는 효율이 아주 낮다.

2) 동력 소요는 인원이나 물자를 수송하거나 산업공정에서 기계의 운전을 위한 추진 원동력의 형태로 요구되는 전기에너지 또는 기타 동력에너지인데, 그 변환, 전달메커니즘은 매우 다양하고, 변환기술의 개선 가능성도 매우 큰 분야에 속한다.

3) 조명 소요는 인간활동의 시간적 제약(야간 또는 어두운 장소 등)을 극복하는데 필요한 에너지 소요로서 생활복지 수준과 깊은 관계가 있다. 또한 산업적 조명 기술(예: 오징어잡이, 양계 등)에도 그 소요량은 적지만, 기술적 측면에서 중요한 에너지 소요분야이다.

4) 원자재 소요는 각종 산업의 기초 원료(예: 석유화학공업용 각종 석유중간 제품류)와 산업공정의 처리수단(예: 전기도금용 전력에너지, 칼슘카바이드용 코크스의 생산 등에 소요되는 전력)의 형태로 사용되는 에너지 소요이다.

3.3.2 산업별 에너지 소요

인간생활을 지탱하는 여러 분야의 산업을 에너지 소요의 측면에서 구분하면, 가정 및 상업, 산업, 교통, 전력생산업 및 공공사업용 5가지로 분류할 수 있다. 한국의 에너지 통계에서는 공공산업용 에너지를 별도의 한 분야로 구분하고 있는데, 이것은 주로 공공의 목적, 즉 가로등, 방범등, 군수용 기타 공공기관의 수요에 충당되는 에너지이다. 이러한 분류는 에너지 요금체계의 차이 때문에 생긴 분류 방법이다.

미국 등 선진국에서는 산업별 에너지 소요의 분류에서 공공부분의 통계가 포함되지 않고 가정과 상업용, 교통, 산업 등의 3개 분야와 전력생산용을 추가하여 총 4개로 분류하는 방법을 많이 사용하고 있다. 실제로 전력에너지는 전력산업에서 생산되어 공급되지만, 최종 소비처는 가정, 산업, 교통용 에너지로 분산되기 때문에 전력생산 분야가 별도로 구분되는 경우도 있고, 구분되지 않는 경우도 있다.

그림 3-4는 1996년 한국에서 에너지가 어떻게 사용되고 있는가를 나타낸 이중막대 그래프이다. 수직축은 분야별 사용량%이고, 수평축은 에너지 자원의 종류별%를 나타낸다. 한 특정 연료가 어떤 특정 소비분야에 얼마만큼 쓰이고 있는가는 그래프 내 면적으로 표시된다. 예를 들면, 석탄은 총 에너지 공급량의 19.4%(그래프의 좌, 하단에 있는 수치)를 충당한다. 그 중에서는 발전용으로 사용된 석탄량은 한국 전체 에너지소비량의

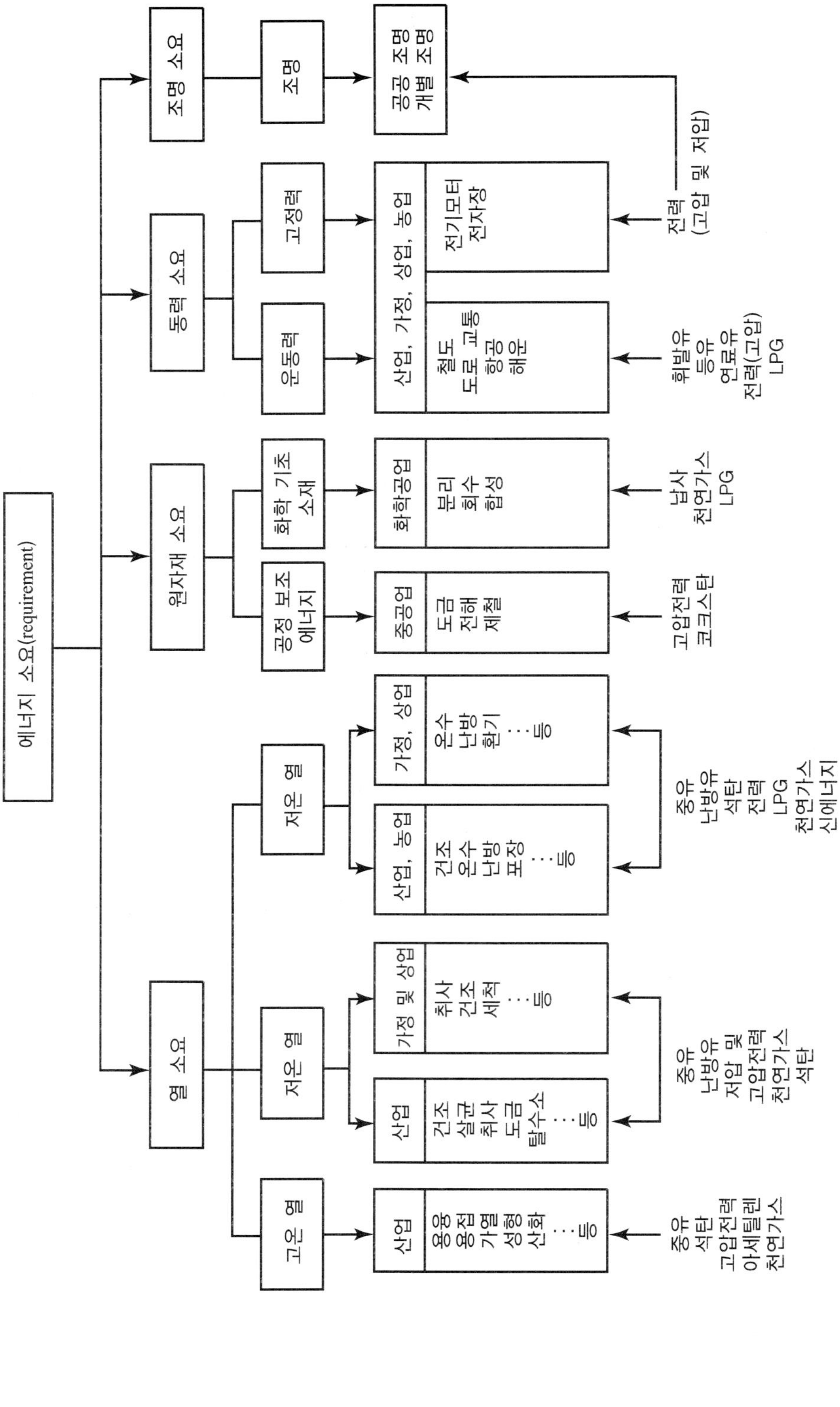

표 3-3 에너지 소비분야의 분류(자료 : 최기련, "에너지 경제학", 비봉출판사)

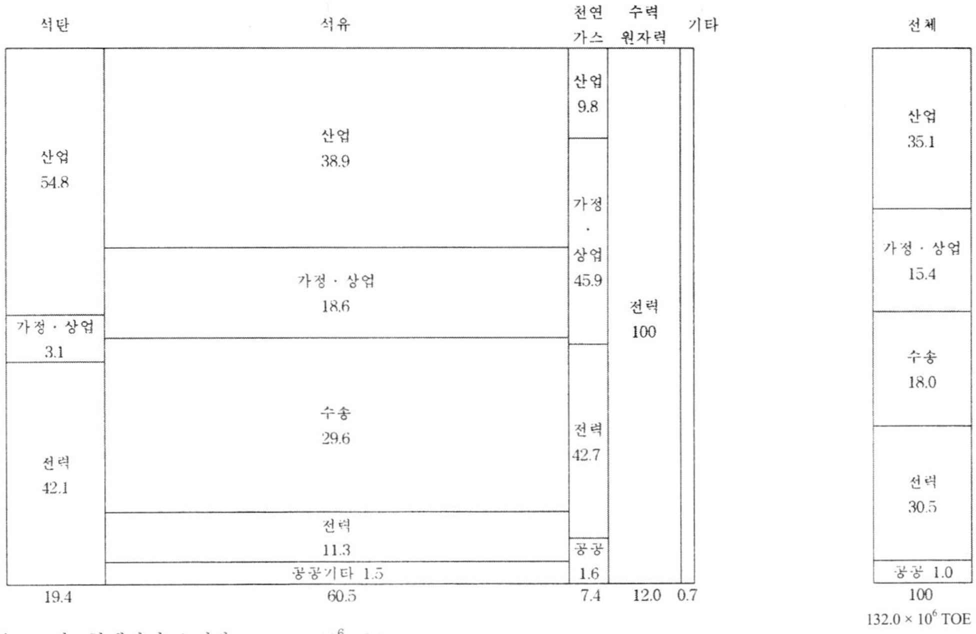

*1996년 1차에너지 소비량 165.2 × 10^6 TOE
1996년 최종 에너지 소비량 132.0 × 10^6 TOE

그림 3-4 한국의 1996년 1차에너지 자원들의 소비분야와 구성비(단위 : %)

자료 : 통상산업부·에너지경제연구원, "에너지통계연보", 1997, p. 26-29의 자료를 기준으로 작성한 것임

19.4% × 0.421=8.2%에 해당한다. 각종 에너지원의 총량이 분야별로 소비된 양은 우측의 단일 막대그래프에 나타나 있다. 이 그래프는 에너지 총량이 가정 및 상업용, 산업용, 수송용 및 발전용의 각 분야에 분배되는 상황을 간단하게 나타내고 있다.

이와 같은 그래프 표시법을 이용하면 어느 나라이건 간에 어느 해의 에너지원별 공급량과 분야별 사용량의 통계를 간략하게 나타낼 수 있다. 이 그래프에서 총괄적인 내용을 요약하면, 총에너지의 1/3은 산업용, 1/4은 수송용, 또 1/3은 발전용, 그리고 나머지 1/6은 가정 및 상업용(공공용 포함)으로 사용됨을 알 수 있다. 미국의 1970년 자료(본서 1992년도 제1판에 인용됐던 자료)와 비교하면 미국과 한국의 에너지 공급과 소비 형태를 흥미있게 비교할 수 있을 것이다. 이러한 에너지 소비 형태는 각국마다 약간씩 다를 것이고(한국의 자료를 수집하면 이와 같은 그래프를 작성할 수 있다), 동일국가에서도 산업발전의 형태에 따라서 다르고, 시기적으로도 약간씩 다를 것이다.

3.4 한국의 에너지 수요공급 현황

3.4.1 과거의 에너지 사용 실태

과거 35년간 한국의 에너지 소비량 통계는 그림 3-5와 같다. 이 자료들을 고찰해 보면 지난 35년간에 에너지 총소비는 16배 증가하였고, 이러한 증가율은 석탄 및 석유의 소비량에서도 같은 경향을 나타내었다. 이 경향은 석탄과 석유가 우리나라 에너지원의 주종을 이루고 있기 때문이다. 여기서 석유통계는 천연가스 소비량을 포함한 것이다. 이 기간 동안에 나타난 에너지 소비상황의 변화를 보면서, 몇 가지 특징에 주목할 필요가 있다. 1960년대에는 한국의 경제성장이 낮았기 때문에 1차에너지의 소비량 증가도 뚜렷하지 않았다. 5.16 군사혁명 이후에 작성된 제1차 경제개발 5개년계획 동안에는 에너지 수요의 증가추세가 완만하였으나 1970년대의 제2차, 제3차 경제개발 5개년계획 동안에는 에너지 소비의 증가 추세가 본격적으로 증가하기 시작하였다. 그러나 1973년에 발생한 제1차 석유위기(The first oil shock)로 인해 석유원유의 국제가격이 $3/bbl에서 $10/bbl로 껑충 뛰었고, 연이어 1979년에 발생한 제2차 석유위기에서 다시 원유 가격은 $10/bbl에서 약 $30/bbl로 뛰었다. 결국 7~8년 사이에 석유 원유의 가격이 10배 정도 상승하였

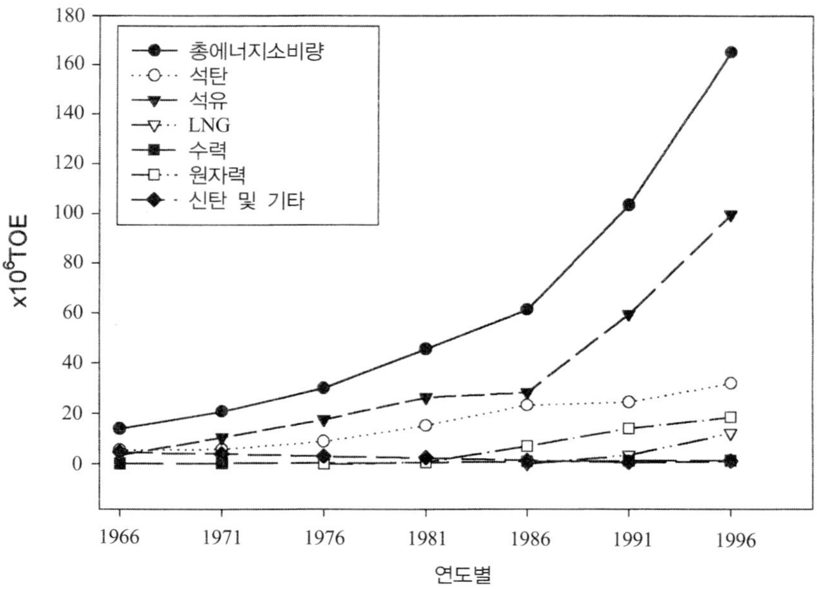

그림 3-5 한국의 에너지원 별 총에너지 소비량 변화 추세(1966-1996)

기 때문에 한국의 경제성장은 둔화되는 정도가 아니라 경제성장이 정지할 정도로 크게 영향을 받았다. 이러한 오일 쇼크의 발생원인은 대략 다음과 같이 요약된다. 1973년 이전까지의 국제석유재벌(international oil majors) 회사들이 전 세계의 석유 유전과 석유시장을 장악하고 저유가 정책으로 세계시장을 지배하였으나 아랍 민족주의 국가(주로 석유 매장지역 국가)들이 국제석유재벌의 경제활동을 정지시키고 석유유전 및 기타 시설을 국유화하고, 석유 수출가격을 대폭 인상하였기 때문에 세계적인 석유 위기 오일쇼크가 발생하였다.

1차 오일쇼크 이후 이들 석유자원 보존국들은 1979년에 석유수출국기구(OPEC ; Organization for Petroleum Exporting Countries)를 출범시키고 세계의 석유시장을 완전히 장악하면서 원유가격의 인상 조치를 취하였다. 이러한 조치들 때문에 7~8년 사이에 국제원유가격은 10배 정도 상승하여 전 세계적으로 석유에너지의 고가격 시대가 시작되었다. 그후에 석유가격은 꾸준히 상승하여 2000년대에는 원유 1 barrel(bbl) 당 100$ 정도로 상승하였고, 한 때는 잠시 동안 $160/bbl까지 상승한 적도 있었다. 소위 신고유가시대에 접어들었다고 할 수 있다.

한국은 1976년에 세계에서 9번째로 원자력 발전소를 보유하는 국가가 되었으며, 1986년부터는 천연가스의 수입이 시작되어 천연가스가 처음으로 한국에 소개된 셈이다.

석유가격의 상승에도 불구하고 한국의 경제성장률은 1975~1985년 사이에 년 10% 정도였으므로 총 에너지의 소비량도 년 평균 7.6% 정도로 증가하였다. 1985년 이후에는 더 큰 에너지소비 증가율을 보였다.

1996년에 1차에너지 자원으로서 석유가 차지하는 비율은 61%, 석탄 20%, 액화천연가스 7.0%, 원자력 11%, 수력 및 기타 에너지자원 1%로 구성되고 있다. 총에너지 수요량은 석유환산톤(TOE)으로 1963년 1,106만 TOE, 1976년에 3,019만 TOE, 1979년에 4,324만 TOE, 1988년에 7,535만 TOE 그리고, 1996년에는 1억6천5백만 TOE에 도달하고 있다. 이러한 수요증가는 급격한 전력 수요증가와 함께 에너지 다소비산업인 철강산업, 중화학공업이 중점적으로 육성된 결과이다. 2005년 6월 기준으로 에너지원별 소비 점유율은 석유 44%, 석탄 24%, 액화천연가스 13%, 원자력 16%, 수력 및 기타 에너지 자원이 3%로 구성되며, 2015년에는 석유 35.4%, 석탄 28.9%, 액화천연가스 17.8%, 원자력 14.0% 수력 및 기타 에너지 자원이 40%로 추산되고 있다.

3.4.2 한국의 에너지 해외 의존도

에너지 수요의 증가는 GNP 성장과 밀접한 함수관계에 있음은 물론이다. 이러한 국내

표 3-4 한국의 에너지 사용 추세

항목 / 년도	총에너지 소비량(x10^6 TOE)		1인당 총에너지 소비량(TOE)	국민 총생산(GDP) 단위당 에너지소비 (TOE/1,000$)	수입 의존도 %
	1차에너지	최종 에너지			
1968	15.8	14.2	0.51	0.42	35.3
1971	20.8	18.8	0.53	0.37	50.8
1976	30.1	25.8	0.84	0.36	62.1
1981	45.7	38.9	1.18	0.40	75.0
1986	61.4	50.5	1.49	0.35	78.2
1991	103.6	83.8	2.39	0.37	91.3
1996	165.2	132.0	3.63	0.42	97.8
2000	208.7	164.5	4.46	0.58	97.7
2010	288.3	229.2	5.80	0.47	96.7
2020	361.2	284.7	7.14	0.40	95.8

에너지 소비증가율을 외국의 경우와 비교하면 우리나라의 경제가 상대적으로 매우 크게 성장하였음을 알 수 있다. 즉, 같은 기간 내 한국의 연간 에너지 소비증가율을 평균 약 8.4%로 볼 때, 미국 약 4.6%, 서독의 4.5%, 프랑스의 5.7%, 일본의 5.6% 그리고 전 세계의 연간 평균 에너지소비 증가율 4.8%와 비교하면 거의 2배의 성장률을 나타내었다. 그러나 이러한 에너지소비량은 90% 이상을 수입에너지 자원에 의존하고 있는데서 우리 산업의 취약성은 매우 심각한 상태에 있다(표 3-4 참조). 1989년에는 한국의 총 수출액의 약 1/4에 해당하는 75억불의 외화가 에너지자원의 수입에 충당되었고, 1996년에는 240억불이 에너지의 수입에 지불되었는데, 그 중에서 원유의 수입금액은 145억불(총 수출금액의 약 15%)에 도달하였다.

이와 같이 막대한 양의 에너지를 외국에서 수입해야 하는 형편이였으므로 1990년대에는 에너지집약 산업구조로부터 탈피하여 기술집약적 산업구조로의 전환이 필요하다는 주장이 나왔었고, 또한 각 소비분야에서 에너지절약이 강력히 요구되기도 하였다.

3.4.3 산업부분별 에너지소비 추이

한국에서 소비되는 최종 에너지소비량은 산업용, 가정·상업용 및 수송부분 및 공공기타 부문으로 나누어 표시한 자료가 그림 3-6에 요약되어 있다.

1996년의 에너지 소비실적 통계에 의하면 공공기타용 1.7%, 수송부문 22%, 가정 및 상업용 25.4%, 산업용 50.9% 등으로 분포되어 있다. 산업용 최종 에너지소비량 중에는 발전용 에너지도 포함되어 있다(주어진 자료에서는 분명치 않음을 주의하기 바란다).

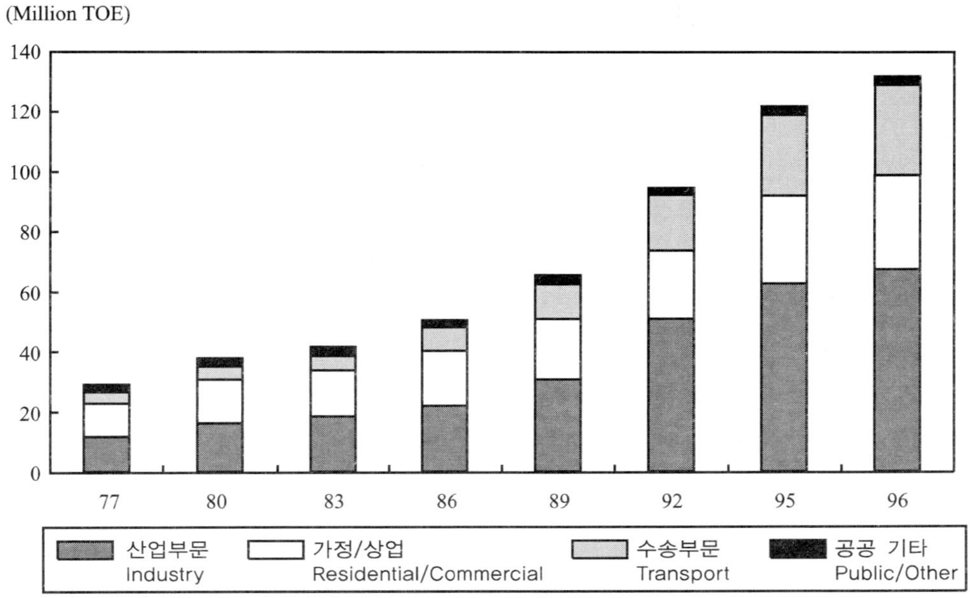

그림 3-6 산업부분별 최종 에너지소비 추세

자료 : 에너지통계연보 1997, p. 28

선진국의 소비통계는 대략적으로 가정용 1/3, 교통용 1/3, 산업용 1/3의 비율이고, 발전용을 감안하면 각 분야의 소비비율은 각각 1/4씩인 것과 대조적이다. 이러한 최종 에너지소비량은 1차에너지 소비량과는 수치상 차이가 있음을 유의해야 한다. 이 두 수치의 차이값은 에너지의 전환, 수송, 분배, 최종 사용 등에서 에너지손실량이다. 이 에너지손실량은 나라마다 차이가 있다. 미국의 경우는 총 에너지손실량이 1차에너지 소비량의 20% 수준이고, 일본은 15% 미만이다. 한국의 경우에는 18%(약 33×10^6 TOE 1996년 기준) 정도된다. 만일, 아주 쉬운 말로 표현하여 에너지손실량을 현재 상태에서 10%를 절약한다고 가정하더라도 18%×0.9=약 16%의 에너지손실은 반드시 생기게 마련이다. 따라서 에너지의 소비절약이 절대적으로 필요한 국가과제인 동시에 사용자 개개인의 책임이기도 하다.

한국의 인구 1인당 연간 에너지소비량은 1996년 자료에 의하면 3.63 TOE에 도달하고 있다(표 3-4). 이와 같은 자료에 의하면 국가의 경제성장률이 높고 국민의 소득수준(1995년 한국 GDP는 351조원이었다)이 향상될수록 1인당 에너지소비량이 함께 비례적으로 증가함을 알 수 있다.

3.4.4 한국의 에너지 수급에 관한 장기 전망

한국의 에너지 수요와 공급에 대한 과거의 실적을 토대로 하고 GNP 성장 등의 경제적 여건, 정부의 국가경제개발 장기계획 등의 정책적 여건, 기타 문화적, 사회적 여건을 감안하여 국내의 에너지 문제에 대한 미래 상황에 대한 전망을 추정할 수가 있다. 그러나 이러한 미래전망은 불확실성이 크기 때문에 단기 전망, 중기 전망 또는 장기 전망 등으로 나누어 생각할 수 있다. 이들 기간이 몇 년이 되어야 한다는 규칙은 없으나 대체적으로 말하면 단기 전망은 5년 내외, 중기 전망은 10년 내외, 장기 전망의 경우에는 수십 년 미래에 대한 전망일 수가 있다. 어느 경우에나 전망 통계수치는 추측된 계산결과이기는 하나 나름대로의 합리적 계산의 기초자료는 제시되어야 한다. 이러한 기초자료는 인구증가율, 경제성장률, 국제 사정, 기술의 발달 등 여러 가지 요인이 고려되어야 한다.

3.4.4.1 단기 전망 자료

한국의 에너지 수급 전망 추정치들에 관한 각종 자료를 예시하겠다. 표 3-5는 동력자

표 3-5 한국의 1차에너지원 별 소비 실적과 수요 전망

	단 위	1986 실적치	1996 실적치	2006 실적치	2020 추정치	연평균 증가율	
						1986~2006	2006~2020
석유	천 bbl	200,592 (46.4%)	721,065 (60.5%)	765,520 (43.6%)	891,514 (31.8%)	14.1%	8.3%
천연가스	천 톤	53 (0.1%)	9,363 (7.4%)	24,619 (13.7%)	46,258 (15.5%)	2317.5%	6.3%
무연탄	천 톤	27,588 (21.5%)	5,370 (1.6%)	9,829 (2.2%)	14,131 (1.8%)	-3.2%	3.1%
유연탄	천 톤	15,291 (16.4%)	44,907 (17.9%)	77,998 (22.1%)	197,828 (33.7%)	20.5%	11.0%
원자력	GWh	28,312 (11.5%)	73,925 (11.2%)	148,749 (15.9%)	220,342 (14.2%)	21.3%	3.4%
수력	GWh	4,020 (1.6%)	5,202 (0.8%)	5,219 (0.6%)	6,200 (0.4%)	1.5%	1.3%
신재생에너지 기타	천 TOE	1,480 (2.4%)	1,161 (0.7%)	4,358 (1.9%)	10,100 (2.6%)	9.7%	9.4%
(전력)	천 GWh	(56.3)	(182.47)	(348.72)	(615.88)	(25.9%)	(5.5%)
총에너지	천 TOE	61,465 (100%)	165,212 (100%)	233,372 (100%)	387,248 (100%)	14.0%	4.7%

자료 : 동력자원부 7차 5개년 계획안, 1991년
에너지 경제연구원 통계자료, 2012년

원부가 1991년에 작성한 1차에너지의 단기 수요전망(1991년 제7차 경제개발 5개년계획에 의거한) 자료와 에너지 경제 연구원 통계자료(2012년)이다. 1998년의 시점에서 보면, 이 자료는 과거의 자료임이 틀림없다. 그러나 이 자료는 1991~1996년의 5개년동안의 국가경제계획의 에너지 분야 전망치이기 때문에 상당한 신뢰 수준에서 연도별 상세한 추산치를 담고 있다.

이러한 자료 중에서 이미 실현된 1996년 총에너지의 실적치(165백만 TOE)와 같은 해에 대한 전망치(142백만 TOE) 사이에는 약 10백만 TOE(7%)의 차이가 있음을 알 수 있다. 이 정도의 차이는 상당한 정확성을 가지고 있다는 결론으로 받아들여질 수도 있다.

3.4.4.2 중·장기 전망자료

다음으로 중기 전망치인 2020년 추정치와 2006년 실적치를 검토해보자. 이 자료는 2006년의 실적치를 기본 자료로 삼고 2020년까지의 에너지수요 전망수치를 나타낸다. 이 표의 추정기간은 2020년까지의 기간이다. 중기전망 에너지 소비 증가율은 평균 5% 정도로서, 우리나라의 산업성장이나 에너지 사용 증가율이 안정적임을 보여준다. 반면 2006년까지의 실적치로부터 계산한 연평균 에너지소비 증가율은 에너지 종류별로 기복이 심함을 볼 수 있다.

다음으로 장기 전망자료를 검토해 보자. 그림 3-7은 우리나라의 1차에너지 수요의 실측자료(1958~1988)를 토대로 삼고, 에너지수급에 영향을 주는 각종 영향변수를 고려하여 1988~2028년까지의 40년 동안에 대한 장기전망치를 나타낸다. 이 자료에 의하면 석유와 석탄에너지의 공급량은 계속 증가할 뿐만 아니라 원자력에너지와 액화천연가스에

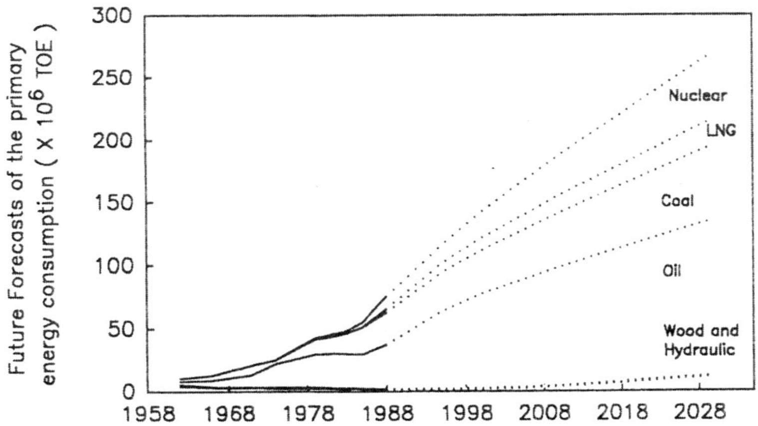

그림 3-7 한국의 1차에너지 장기전망 추산치

너지도 크게 증가될 것으로 전망된다. 이 장기 전망치는 불확실성이 매우 크며, 2000년 이후에는 년 평균증가율을 4~5%로 보고, 그 목표치를 설정해서 단순 추산한 자료이다. 그림 3-7의 추정치와 표 3-5의 추정치를 비교하면 추정치에 상당한 격차가 있음을 알 수 있다. 이 결과는 각종 경제지표의 추정치를 예측하는 것이 얼마나 어려운가를 나타내는 예라고 하겠다.

3.4.4.3 에너지 전문 연구기관들의 과거자료

이 절에서는 국내 각종 연구기관들의 자료를 과거 역사의 관점에서 기록으로 남겨 두었다. 한국 원자력연구소(KAERI)와 한국개발연구원(KDI)이 각각 별도로 1978년에 발표한 국내 장기 에너지 수급전망에 관한 자료를 참고하면, 1980~2000년 사이 우리나라의 에너지 수요는 연평균 10~11%의 증가율을 기록할 것으로 예상하였다. 실제로 그 당시 예측과는 좀 다르게 1990년까지는 약 8%의 에너지 수요증가율에 머물렀고, 2000년까지도 대략 8%의 증가율을 유지할 것으로 전망이 되었으나, 이러한 전망은 1991년의 걸프전쟁 등 국제여건의 변화와 국내산업계의 산업구조 개편을 위한 활동 등으로 인해 달라지고 말았다. 또한 1997년 말부터 시작된 한국의 IMF 상황도 에너지 수요를 크게 위축시켜 장기수급전망 자료의 수치로부터 그 수요증가율이 다소 벗어났다.

한국 원자력연구소(1959년에 원자력연구소로 설립 후, 2007년 한국 원자력연구원으로 개칭)의 전망 보고서에 의하면, 우리나라 에너지의 석유의존도는 2000년쯤에 50.2%에 머물게 되고, 석탄의 공급 비율은 총에너지 자원 공급에서 20.6%로 떨어지게 될 것이라고 추산하였다. 반대로, 원자력에너지는 1981년 1.7%의 비율에서 20.7%로 그 비율이 크게 증가함으로써 연평균 원자력에너지의 신장률은 25.4%에 달할 것이라고 전망하였다. 그러나 실제로 한국 전력발전량에서는 1989년에 이미 50% 이상이 원자력에 의하여 전력수요가 충당할 정도로 훨씬 크게 증가하였다. 그러나 2006년 한국의 전력 생산량 중에서 원자력 발전 비중은 39%(148 TWh $= 148 \times 10^{12}$ Wh)에 달하였다.

한편 한국개발연구원의 전망에 의하면 우리나라의 에너지수요에 있어서 석유의존도는 1981년의 64.2%가, 2000년에는 42.5%로 감소될 것이나 석유의 소비증가율은 연평균 7.9%를 유지할 것으로 전망하였다. 또 석탄이 총에너지 수요에서 차지하는 비중은 29.1%에서 10.9%로 대폭 하락하게 될 것이라고 추산한데 반해, 원자력의 비율은 1.7%에서 22.1%로 크게 늘어날 것으로 전망하였다. 액화천연가스(LPG)의 사용은 1986년부터 이루어지기 시작하였고 2000년에는 그 사용량이 총에너지 수요의 18.4%를 차지할 것으로 전망하였다.

우리나라 에너지 산업의 전망에 관한 연구를 담당하는 기관은 이외에도 동력자원부의 한국동력자원연구소(지금은 산업통상자원부 산하의 한국에너지기술연구원과 한국지질자원연구원) 등의 정부출연연구소와 한국전력주식회사 부설 기술연구소 등 민간기관 연구소 등에서도 유사한 에너지 전망자료를 발표하였다.

또 이들 자료에서 원자력에너지의 비중이 대폭 증가하여 22.1%이 비율을 차지하게 되는 결과는 우리나라의 에너지수급에 대한 원자력 자원의 기여도를 좀 더 중요시한 관점으로 생각할 수 있을 것이다. 그러나 원자력 발전소의 건설에는 엄청난 비용이 소요되는데, 발전소 건설을 위한 자본 조달이 상당히 어렵고, 또한 미국의 스리마일 아일랜드 원자력발전소 사고(1979년)와 소련의 체르노빌 원자력발전소 사고(1986년), 일본 동북 대지진과 쓰나미의 발생으로 인하여 후쿠시마 원자력발전소가 가동 불가능하게 된 사건(2011년) 등으로 인한 핵발전소의 안전문제 등이 원자력발전소 건설에 반대 의견으로 작용하고 있기 때문에 에너지 수급을 위한 한국 정부의 계획이 순조롭게 달성될 수 있을지는 의문이다. 다만 에너지 자원이 극히 부족한 한국의 특성상 원자력 에너지의 계속적인 확보 계획은 계속 되어야 한다.

3.5 외국의 에너지 수급상황

3.5.1 미국의 에너지 실태

그림 3-8은 미국에서 지난 1950~1990년의 실적치와 1990~2010년 사이의 전망치를 나타낸다. 이 그래프에서 1990년 부근의 수치들은 그 이전 기간에서 곡선의 변화추세를 연장하는 방법을 사용하여 가상적으로 그려낸 것이다. 그러나 이러한 가상적인 곡선의 연장은 실제 값과 큰 차이가 없다. 왜냐하면, 한 나라의 에너지 수요증가율이 그 나라의 다른 사회환경의 변화율(예: 인구, GNP 등의 변화율)과 마찬가지로 급격히 변화하지 않기 때문이다.

이 그림에서는 두 가지 특징을 관찰할 수 있다. 1970년대에 두 차례 석유위기가 발생하였을 때 미국 에너지소비는 급격히 감소하였다. 이러한 통계는 미국인들이 “위기”에 대처하는 능력을 정부나 기업이나 개인들이 순간적으로 발휘했다는 것을 짐작하게 한다. 1990년 이후의 수요전망치에 대해서는 연간 1%의 에너지 사용량 증가를 목표치 또는 예상치로 하고 있다는 점이다. 그러나 미국 에너지 소비량은 매우 크기 때문에 1%의 수

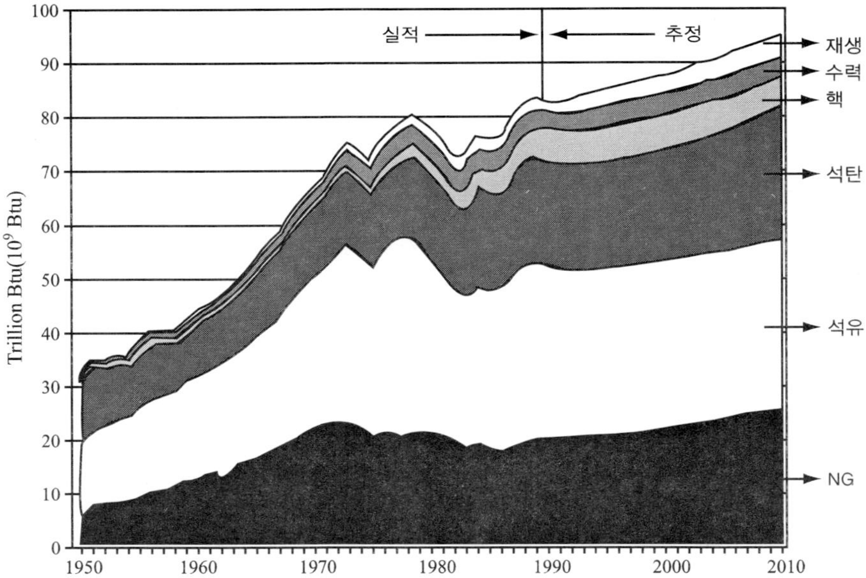

그림 3-8 미국의 1차에너지 소비량 전망치

자료: 미국 천연가스협회(AGA), 1992/2013

요성장률도 사실상은 매우 많은 에너지량임을 유의할 필요가 있다. 또한, 에너지 공급 측면에서 미국의 화석에너지 자원의 사용량은 둔화되고 있고, 원자력에너지의 공급이 1970년대부터 급격히 증가하고 있는 사실이다. 오일 쇼크가 일어나자마자 대체에너지와 원자력에너지가 갑자기 증가한 것은 그래프에 나타난 결과일 뿐이고, 실제로 원자력에너지와 태양열 등에 의한 대체에너지의 개발을 위한 과학적, 기술적, 경제적 또한 사회적인 준비활동이 그 이전부터 꾸준히 계속되었을 것이라는 생각을 빼놓아서는 안 된다. 이러한 노력은 과학기술 분야에서 뿐만 아니고 경제사회적 분야에서도 함께 진행되었음은 물론이다.

소비부문에서 각 분야별 에너지 소비증가(그림 3-9)는 전체 30년간에 평균적으로 꾸준한 상승세였으나 1973년의 오일쇼크사건은 미국의 에너지 사용증가를 둔화시킨 계기가 되었다고 볼 수 있다. 만일 오일쇼크가 없었더라면 에너지소비량은 각 분야별로 크게 증가하여 아마도 1990년대 실제 소비량의 두 배 정도는 증가하지 않았겠는가 하는 추산을 할 수 있다. 따라서 1973년의 오일쇼크는 인류의 에너지 과소비 습관을 바꾸게 하는데, 역설적으로 효력을 보인 사건이라고 생각할 수도 있다. 실제로 1973년과 1979년의 두 차례에 걸친 오일쇼크는 세계 각국이 에너지 절약에 대하여 전에 없이 큰 관심을 갖게

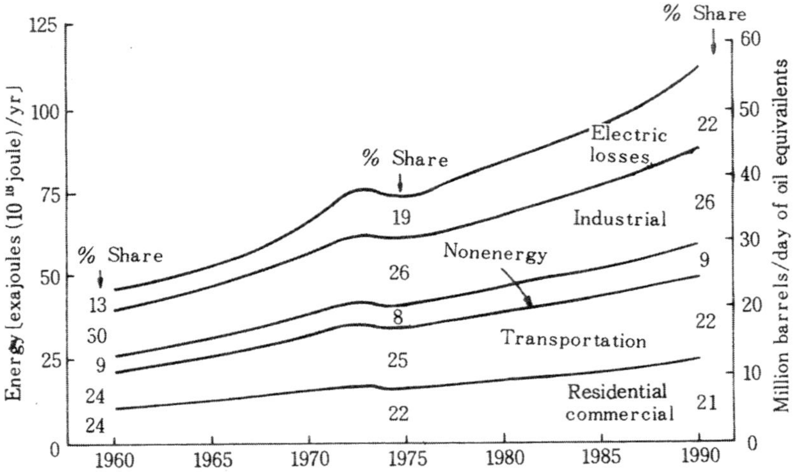

그림 3-9 미국의 에너지 소비분야별 실적 및 전망치

만들었을 뿐만 아니라 미래의 인류가 요구할 에너지를 어디서 얻어 와야 할 것인가, 즉 화석에너지 자원에 대신하는 대체에너지는 무엇인가를 심각하게 생각하는 계기를 제공하였다.

소비부문에서 또 하나의 특징은 에너지사용에서 전기에너지의 손실량이 점점 커지고 있다는 사실이다. 이 현상은 매우 아이러니컬한 현상인데, 에너지 소비절약에 관한 각 분야의 활동이 매우 활발한데도 불구하고, 전기에너지 손실량이 전체에너지의 비율면에서 증가하고 있고, 그 절대량 자체도 증가하고 있는 현상이다. 이것은 전력수송 등에서 수송거리가 길어지고 수송면적이 넓어지는 반면, 전력의 수송효율을 높이는 기술은 크게 발전되지 못한 것이 아닌가 하는 점을 그 이유의 하나로 생각하게 된다.

3.5.2 일본의 경우

일본은 한국과 마찬가지로 에너지 자원의 부존량이 거의 없는 반면, 산업은 발달하고 있기 때문에 에너지 소비량도 많고, 그 에너지의 대부분을 수입에 의존하고 있는 특징을 가지고 있다.

또 다른 특징을 그림 3-10에서 발견할 수 있는데 1973년의 1차 석유위기 이후에도 꾸준히 국민총생산(GNP)은 크게 증가하고 있으며, 석유소비는 오히려 감소 추세이고, 전력소비만 약간씩 증가하고 있다는 사실이다. 이러한 자료는 일본의 정부와 기업과 국민이 모두 에너지 절약에 대단한 노력을 집중하고 있음을 반영하는 것이다.

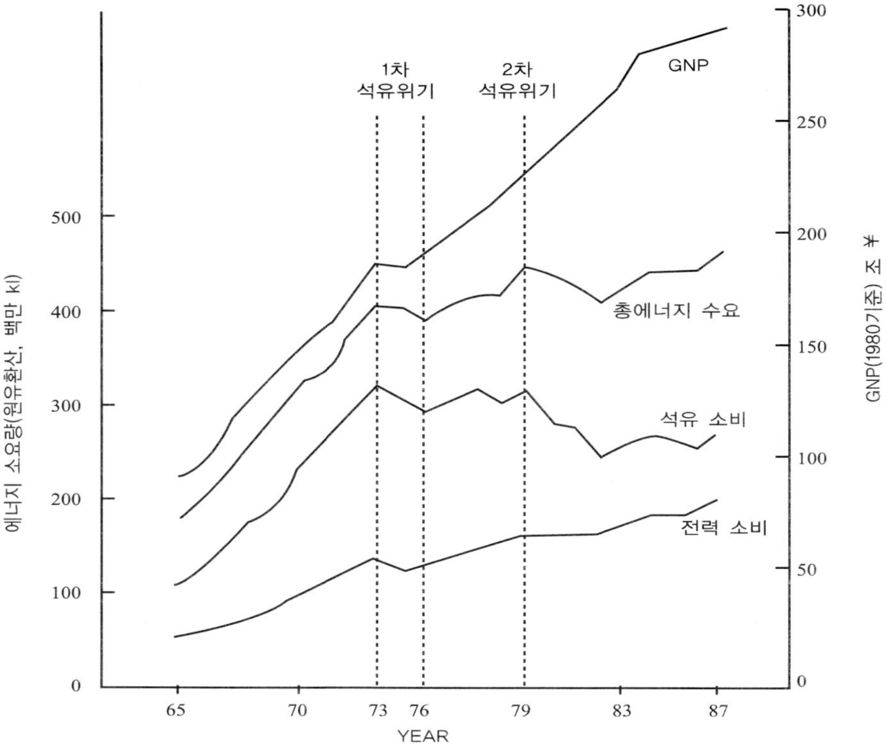

그림 3-10 일본의 에너지소비 상황

자료 : 原本: The Energy Conservation Center, Japan
韓日粉體工學共同 Seminar, 1993 I. Tamori, p. 2

3.6 세계 에너지의 장기 수급 전망

3.6.1 인구 1인당 에너지 소비량

전 세계의 에너지 수급에 대한 장기전망을 논하기 전에 에너지에 관한 과거의 통계자료가 충분히 축적되어 있는 미국의 자료를 살펴보는 것은 매우 유익할 것이다. 그림 3-11은 미국에서 1800~1975년간에 소비된 에너지량을 인구 1인당 에너지 소비량으로 표시한 자료이다. 지금으로부터 200년 전 대부분의 에너지가 신탄(목재와 농산폐기물)에 의해 충족되었고, 19세기에는 주로 석탄과 신탄이 함께 쓰였으며, 1859년 미국에서 석유가 처음 발견되어 에너지의 새로운 자원으로서의 채굴되기 시작한 이후로 석유와

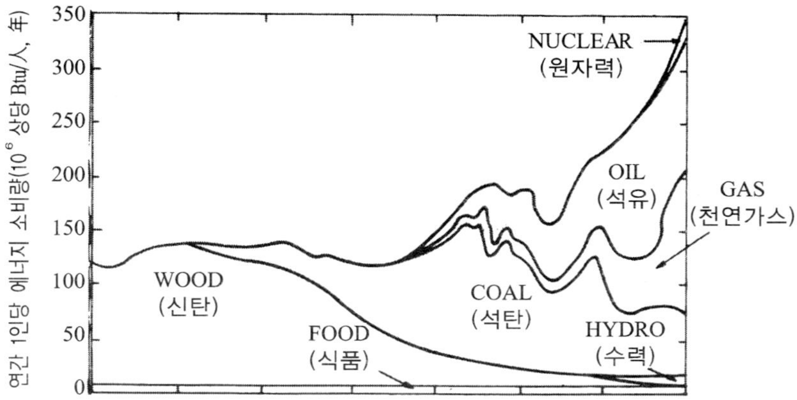

그림 3-11 미국의 1인당 연간 에너지 소비량 변화 추이(1800-1975)

자료: C. Starr, "Current Issues in Energy", Pergamon, Oxford, 1979

천연가스의 소비는 급격히 증가하였다.

현재에는 미국 에너지소비량의 80% 이상이 석유와 천연가스에서 충당되고 있다. 그러나 에너지자원이 풍부하다고 알려져 있는 미국에서 조차도 석유와 천연가스 자원의 고갈을 예측하고 원자력 등 대체에너지 자원의 개발에 많은 노력을 집중하고 있다.

사람들이 대체에너지를 개발하려는 노력에 몰두하는 이유는 과거 에너지자원의 주종

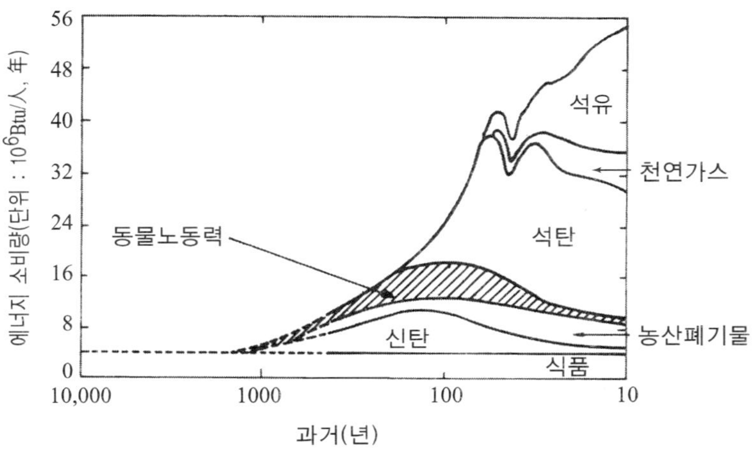

그림 3-12 전 세계의 인구 1인당 에너지자원 소비량 변화추세

자료: C. Starr, "Current Issues in Energy", Pergamon, Oxford, 1979

이 시대적 변천에 따라서 어떻게 변화되어 왔는가를 살펴봄으로써 밝혀질 수 있다. 이것은 "온고이지신(溫故而知新)"의 가르침을 그대로 반영하는 인류 역사와도 비교가 된다. 그림 3-12에는 세계의 인구 1인당 에너지자원의 소비 형태를 나타낸 것이다. 실제로 2천년 전에 인간이 소비한 에너지는 음식물 섭취를 통한 인간 노동력에서 대부분이 충당되었고, 지난 2천년의 대부분 동안에는 에너지자원의 주종이 음식물, 신탄, 농산폐기물, 동물의 노동력으로 충당되었으며, 겨우 200년 전부터 석탄 등의 지하자원 에너지가 인간과 동물의 노동력을 대체하기 시작하였다. 그후 1960년대에 새로운 대체에너지인 원자력에너지가 사용하였으므로 이 원자력에너지가 다가올 시대의 에너지 주종이 될 것인지, 아니면 다른 새로운 대체 에너지가 주종을 이루면서 사용될 것인지 궁금한 일이 아닐 수 없다.

3.6.2 주 에너지의 시대적 구분

인류의 문명생활에 큰 영향을 주는 에너지 자원의 관점에서 인류의 에너지 역사를 전망한다면 그림 3-13과 같은 에너지 시대의 구분이 가능할 것이다.

인류는 과거 수천 년 동안 나무땔감을 주에너지 자원으로 사용해 왔음이 알려져 있다. 또한 오래전부터 소량의 석탄이 사용되어 왔으나 산업혁명 이후에 석탄사용량은 급격히 증가하여 나무땔감의 대체에너지로 사용되기 시작하였다. 1859년 석유가 처음 발견된 이래로 석유와 천연가스가 새로운 에너지자원으로 부상하여 현재는 인류의 대다수가 석유와 천연가스와 석탄을 병용하고 있다. 말하자면 현재는 석탄 석유의 병용시대 또는 화석연료 에너지 시대라고 할 수 있을 것이다.

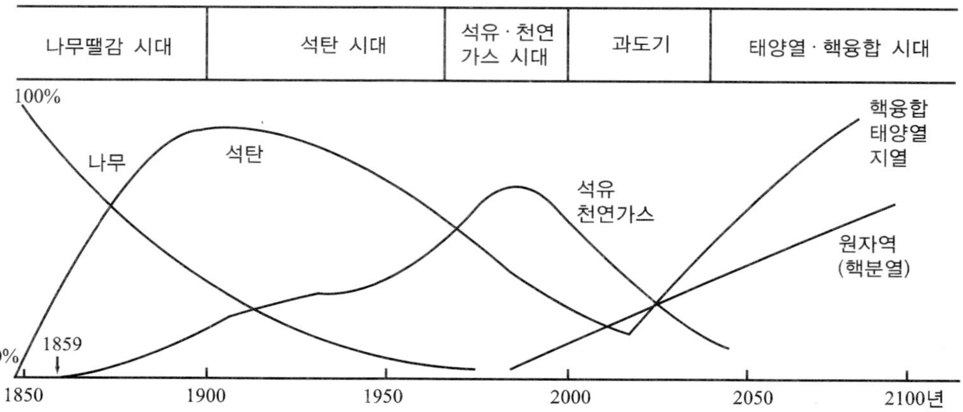

그림 3-13 에너지 시대의 구분

1950년대 이후 원자력발전이 실용화되기 시작하였으나 본격적인 원자력 에너지시대가 올 것인지, 꼭 와야 되는지에 대한 확실한 증거는 아직 없다. 그러나 화석에너지 자원이 고갈되는 100~200년 후에는 원자력, 태양열 그리고 핵융합에너지 중 어떤 시대가 올지는 확언하기 어렵다. 즉 어떤 새로운 대체에너지 시대가 올 것인지는 미지수이다.

3.6.3 미래의 에너지자원 : 새로운 대체에너지

이와 같이 석유부족량의 한계가 명확하게 보이는 상황 속에서 인류는 화석에너지 자원에 대체할 새로운 에너지 자원, 즉 대체에너지 자원의 개발에 착수하지 않을 수가 없는 어려운 상황에 놓이게 된 것이다.

이와 같은 대체에너지 자원은 무엇인가? 현재로서는 원자력 에너지 자원이라고 상당히 많은 에너지 전문가들이 믿고 있다. 원자력 에너지 자원도 그 에너지 발생의 과학적 이론에 따르면 우선 현재 실용화가 되어 있는 핵분열 원자력 에너지가 시대의 주류를 이루고, 그 후에는 현재 개발 단계에 있는 증식로 원자력 에너지, 또 그후에는 핵융합 원자력 에너지가 인류에너지의 대부분을 차지하는 에너지원이 될 것으로 추정하고 있다(그림 3-14).

그러나 현재 대체에너지 자원의 한 가지로 인식되고 있는 태양에너지는 에너지의 주

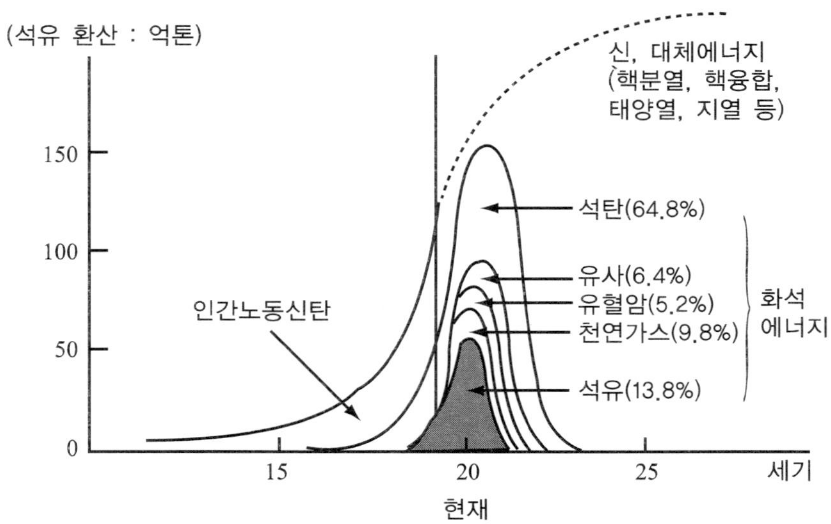

그림 3-14 인류역사에서의 화석에너지 의존도와 현재의 그 구성비

자료 : 조동성, "국제자원론-석유문제를 중심으로", 박영사, 1981

종이 되기에는 여러 가지 제약조건이 너무 많은 에너지 자원으로 평가되고 있으며, 기타 해수의 조력발전, 지열을 이용한 에너지 생산도 에너지의 절대적 수요량을 충족시킬 수 있는 주종의 자원은 될 수 없을 것으로 인식된다.

3.6.4 에너지 자원의 수요공급 균형

인류가 사용하고 있는 지하자원은 유한한 자원이다. 에너지 자원도 역시 유한하다. 그런데 인구가 기하급수적으로 증가하기 때문에 에너지 소비도 증가한다. 더욱이 경제성장의 속도가 빠르거나, 이미 경제성장이 높은 수준에 도달한 선진국에서 에너지소비량은 개발도상국과 저개발국가보다도 더 많다. 따라서 에너지자원의 고갈속도는 더욱 빨라지고, 이로 인해 에너지자원의 가격이 상승하면, 소위 산유국에서는 공급의 확대를 원할 것이고, 에너지 소비국가에서는 에너지절약 활동을 더욱 증가시킬 것이다. 에너지소비 절약은 경우에 따라서 GNP 감소 또는 경제성장의 정체 현상이 생길 수 있다. 이러한 상황이 되면, 기존의 에너지자원을 대체할 대체에너지 자원의 탐색, 또는 대체에너지 확보기술이 필요하게 된다.

또한 에너지 자원의 소비와 더불어 대기환경 오염이 발생하게 되고, 지역적 환경오염과 전 지구적 규모의 지구온난화라는 인류공동의 위협에 더 가까이 노출되게 된다. 지구

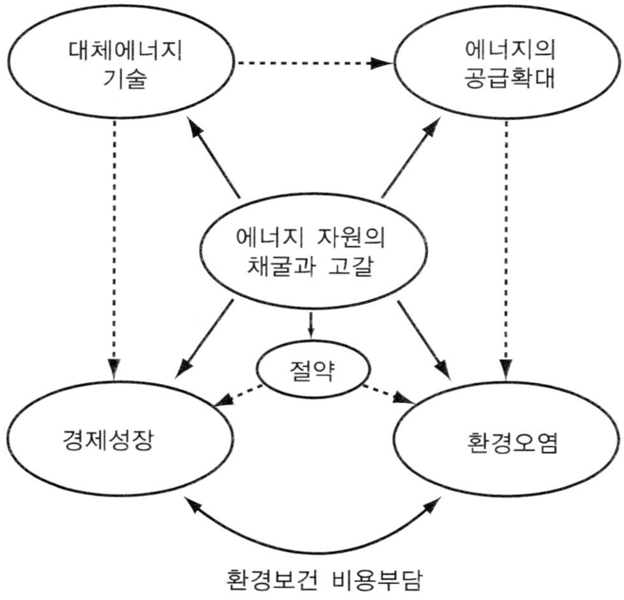

그림 3-15 에너지 자원과 환경

온난화나 지역적 환경오염은 실질적인 경제성장을 퇴보시키고 있음은 이미 지적되고 있다. 환경을 원래의 상태로 복귀시키는 어렵다고 하더라도 적어도 현재 상태로나마 환경을 보존하기 위해서는 어느 나라나 GNP의 약 40% 정도를 투입해야 한다는 주장도 있다. 이와 같이 환경보전과 에너지 자원의 소비는 궁극적으로 인류의 복지에 크게 영향을 미치게 됨을 인식하고 있기 때문에 에너지자원의 고갈 방지 또는 자원의 절약에도 많은 노력이 집중될 필요가 있다.

참고문헌

www.bp.com/statisticalreview
www.kemco.or.kr
www.energywatchgroup.org
Bohi, Douglas R. & Toman, Michael A., "Analyzing Nonrenewable Resource Supply", Resources for the Future, Incoporated, 1984.
E. N. Castle, "U.S. Interests and Global Natural Resources; Energy, Minerals, Food", Resources, future, Inc. Washington, D.C. 1983, Little Brown, 1976.
W. T. Huang, "Petrology", McGraw-Hill, New York, 1962.
Johansen, Harley E; Matthews, Olen P. & Rudzitis, Gundars., editors, "Mineral Resource Development: Geopolitical, Economic & Environmental Issues", Westview Press, 1986.
H. Kahn, J. L. Simon, "The Resourceful Earth", Basil Blackwell, Oxford, 1984.
Knowledge Unlimited Staff, "Energy: Conserving a Vital Resource", Knowledge Unlimited, 1984.
한국동력자원부, "에너지 수급 전망 및 소비절감", 서울, 1979.
McMullan, J, T.,"Energy Resource and Supply", John Wiley, 1976.
Newsweek, Sept, 6~13, 2004, 에너지 특집, p. 36~73.
Petrick, Alfred, Jr., "Energy Resource Assessment", Westview Press, 1985.
J. Ridgeway, "Who owns the Earth", Collier Book, New York, 1980.
Spann, Rober M., "The supply of Natural Resources: The Case of Oil & Natural Gas", Bruchey, Stuart, editor, Ayer Company, 1979.
현병구, "에너지와 그 자원", 서울: 서울대학교, 1995
한국과학기술진흥재단, "에너지 자원과 이용", 서울, 1992
吳萬植, "우리나라 에너지資源의 現況 및 對策", 서울: 서울大學校 經濟硏究所, 1981
大韓商工會議所 韓國經濟硏究所센터, "韓國의 에너지 開發과 産業政策", 서울: 1975
動力資源部, "에너지資源關聯 硏究, 調査, 情報機關 便覽", 서울: 1979
動力資源部, "世界 에너지 需給展望", 서울: 1982

CHAPTER 04

석탄에너지

한국에서 십구공탄은 어떤 의미를 가지는가?

4.1 화석 에너지 자원

석탄, 석유, 천연가스 등의 화석에너지 자원을 화석연료(fossil fuel)라고도 부른다. 화석연료는 지금으로부터 4~5천만 년 전에 번성하였던 동물이나 식물이 갑작스런 지각 변동으로 매몰되어(생물이 집단적으로 생매장 당하는 상황) 고온, 고압에서 오랜 세월동안 서서히 화학적 물리적 변화를 받아서 생성된 화석이라고 추정되기 때문에 부쳐진 이름이다.

4.1.1 화석연료의 생성학설

석탄의 생성원인에 대하여는 여러 가지 학설이 있으나 그 중에서 가장 유력한 학설은 유목설이다. 즉, 고대에 하천 상류에 무성하게 생장하였던 육지식물(주로 수목)의 도목(倒木)이나 도목이 부패한 휴목(朽木) 등이 홍수로 인하여 하천의 급류를 타고 내려오는 도중에 평탄한 지역에 이르러 물의 흐름이 늦어지는 하천변이나 호수 변두리에 퇴적되고, 그 위에 역시 상류로부터 흘러 내려온 토사가 덮이고, 이 거대한 유목의 퇴적층이 지각의 변동에 의하여 땅속에 매몰되어 지열과 지압과 또 식물자체의 분해열로 인하여 비교적 높은 온도에 도달하면서 가압건류되어, 즉 석탄화 작용(coalification)을 받아서 석탄이 형성되었다는 학설이다.

이 유목설이 아니고는 100 m 이상의 두꺼운 탄층이나, 수백 km^2에 걸친 현재의 대규모 탄전의 생성과정을 설명할 수 없으며, 더욱이 동일 지역 내에 수억 톤 내지 수백억 톤의 석탄 매장량을 가지는 탄전의 생성을 설명할 수 없다.

석탄은 그 형성 연대나 지각 변동 여하에 따라서, 그리고 생목인가 휴목인가에 따라서 여러 가지의 탄종이 있게 되는데, 대체로 석탄의 탄화작용 정도에 따라서 그림 4-1과 같이 정성적으로 구분할 수가 있다. 더 자세한 구분법은 국가마다 조금씩 다르지만 근래에는 국제적인 석탄분류 방법이 제정되어 그 사용이 권장되고 있는데, 다음 절에서 자세히 설명하겠다.

석탄은 식물질이 지층하에서 퇴적, 분해되어 생성된 가연성 암석으로써 공업적으로 연료로 사용할 수 있는 모든 것을 지칭한다. 넓은 뜻으로는 육지식물에서 생성된 토탄, 갈탄, 유연탄, 무연탄 등 모든 석탄류를 석탄이라 하고, 좁은 의미에서는 유연탄만을 석탄이라고 부르는 경우도 있다.

한편 석유나 천연가스는 해초, 규조식물, 유기충 등 단세포적 하등동물이 대량으로 지층아래에 매몰되어 박테리아의 생화학 작용을 받아서 탄소와 수소를 주성분으로 하고 미량의 부성분으로 질소와 유황성분이 유기체 속에 그대로 남아 있으면서 각종 탄화수소(hydrocarbons)로 변화된 액체 및 기체 상태의 연료물질이다. 이러한 생물화학적 반응에 의해 유기체가 모두 석유로 변하는 것은 아니다. 적어도 유기물이 다량으로 퇴적될

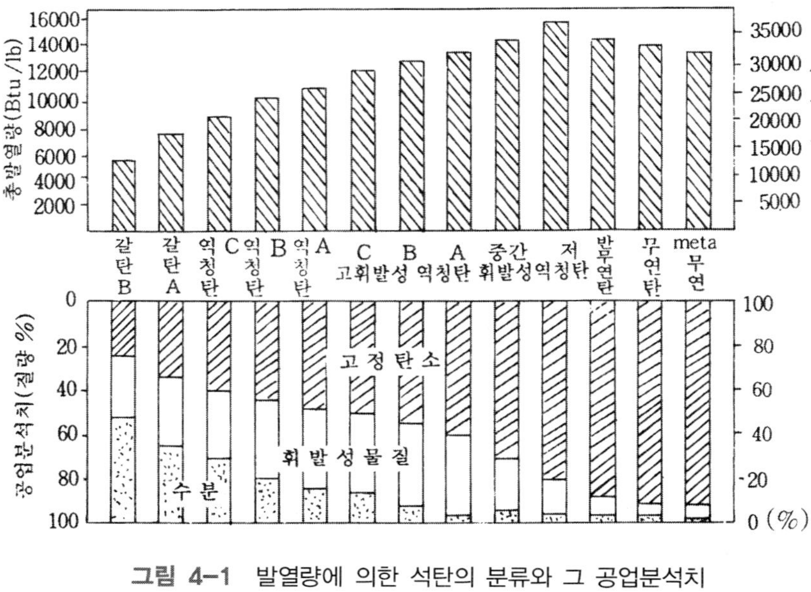

그림 4-1 발열량에 의한 석탄의 분류와 그 공업분석치

수 있는 낮은 호수 등의 물탱크 같은 지형이 형성되어 있고, 생긴 유기물의 탄화수소가 보존될 수 있는 지층구조가 상하부 좌우사방에 형성되어야 한다. 석유성분 중에서 탄화수소의 탄소수가 작은 CH_4 등이 가스 상태로 다른 휘발성 기체(수증기, 공기 등)와 혼합된 상태로 지하에 매장되어 있는 천연가스의 생성과정과 보전과정은 석유의 경우와 같다. 대개의 경우 천연가스와 석유는 함께 존재하는데, 채굴과정의 초기에는 휘발성이 큰 천연가스가 채취되고 후기에는 액체상태의 석유를 채취하는 경우가 있다. 그러나 천연가스가 극히 적거나(지층의 누수로 새어나갔다고도 볼 수 있다) 천연가스만 매장된 경우(유기체가 주로 단세포쪽에 가까운 것들만 있었다고 추정된다)도 있다.

화석연료로서 석탄과 석유(천연가스 포함)의 차이점의 다른 하나는 석탄 중에 있는 탄소가 대부분의 경우 독립된 탄소 원자로 되어 있어서 그 탄소를 고정탄소(fixed carbon)라고 부르며, 70~80%(무게기준) 비율로 석탄을 구성한다. 반면, 석유는 탄화수소(흔히 $C_nH_{2n\pm2}$의 탄소와 수소 화합물로서 $n=1$~20 정도, 평균 $n=8$~10 정도) 화합물이고 천연가스는 $n=1$인 메탄 CH_4가 주성분이다.

석탄과 석유, 천연가스도 공통점이 있는데, 그 중 하나는 모든 화석연료 속에는 유황성분과 질소성분 및 회분과 수분이 함께 있다는 사실이다. 그 이유는 화석연료의 전구체(precursor)였던 생물 속에는 탄소, 수소 이외에도 소량의 유황, 질소성분이 구성성분으로 들어 있었기 때문이다. 따라서 모든 화석연료에 들어있는 유황성분과 질소성분은 연료의 연소과정에서 공기 중 산소와 반응하여 아황산가스(SO_2)와 질소산화물(NO_X)을 발생하게 된다.

4.1.2 석탄의 매장상태와 채굴방법

석탄 생성학설에서 설명한 바와 같이 석탄은 지표면에 가까이 있더라도 흙이나 암석으로 덮여 있고, 땅속 깊은 곳에서도 마찬가지이다. 석탄층 또는 탄맥(coal seam)은 어느 경우에나 흙 또는 암석으로 덮여있는데, 지표면에 가까운 부분에서는 홍적세기(4~5천만 년 전의 홍수에 의하여 흙이 묻혔던 시절)의 빙하에 의하여 흘러 들어온 빙하표류토가 있고, 그 아래에 점토질 암석이나 모래질 또는 조개질(혈암, shale rock) 암석 밑에 석탄층이 존재한다. 석탄층의 두께가 100 m 이상인 경우도 있으나, 대개의 경우는 수 m 또는 수십 cm 정도되는 경우도 있다(그림 4-2). 석탄층은 연속적일 수도 있고 중간에 끊어진 부분도 있다.

석탄층은 지표면 아래에 흙으로 덮여 있기 때문에 먼저 탐사와 시추(구멍뚫기)작업을 통하여 석탄층의 위치와 깊이, 넓이 등을 조사해야 한다. 조사결과의 검토과정에서 석탄

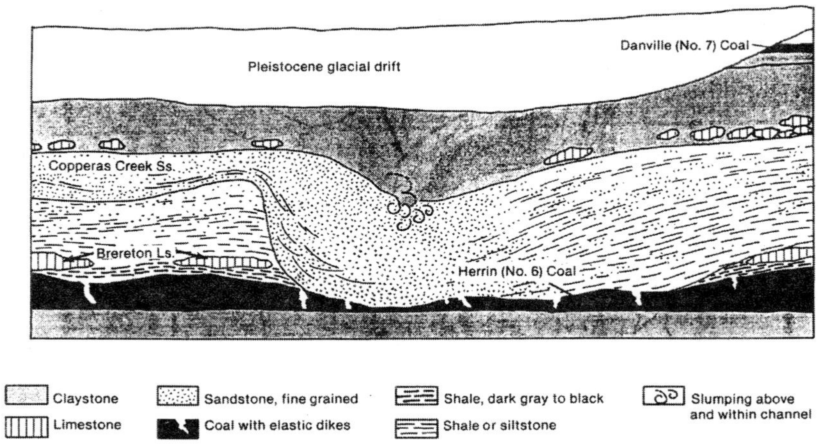

SOURCE: W. H. Smith, et al., 1970, Depositional Environments in Parts of the Carbondale Formation—Western and Northern Illinois—Francis Creek Shale and Associated Strata and Mazon Creek Brota. *Illinois State Geological Survey Guidebook*, Series 8, p. 5.

그림 4-2 석탄의 매장상태(미국 일리노이지역)

(자료 : The Direct Use of Coal : p. 62)

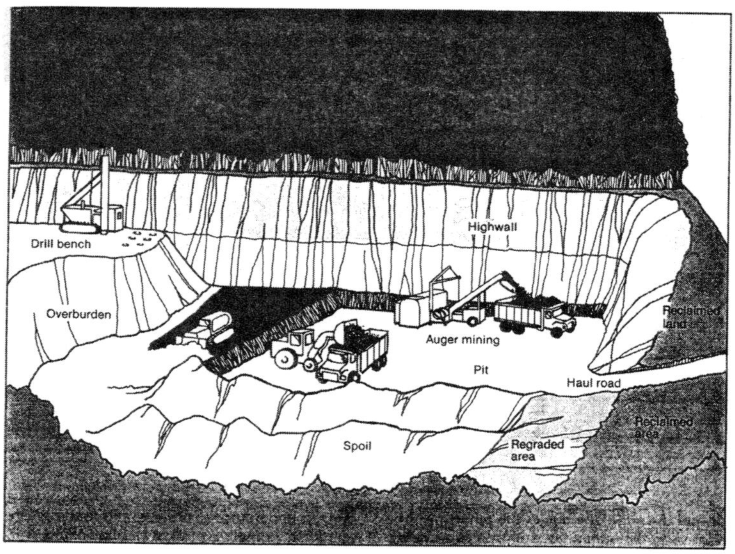

그림 4-3 노천채탄 방법

의 채굴에 대한 경제성 또는 시장성을 확인하고 광산권을 획득한 후에 채탄 준비공사(도로건설 등)를 먼저 실행한다.

노천채탄(surface or strip coal mining) 방법은 석탄층이 지표면에서 깊지 않은 위치

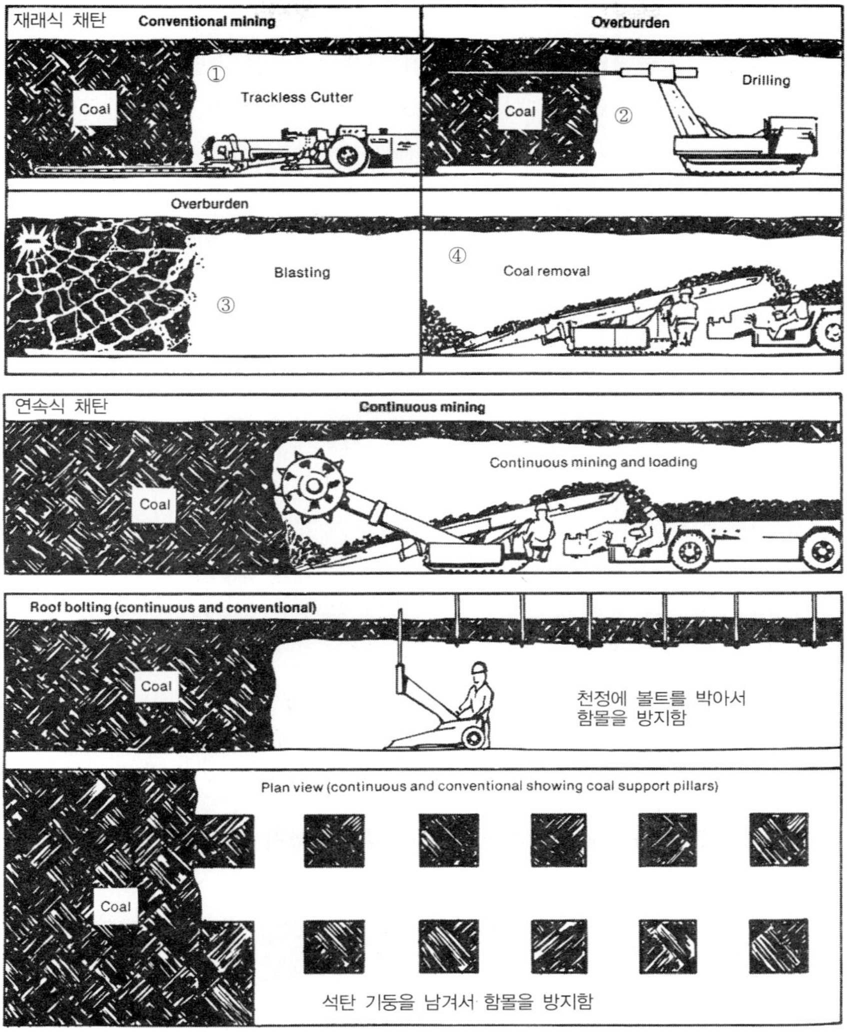

그림 4-4 지하 채탄방법의 두 가지(위 : 재래식 채탄, 아래 : 연속식 채탄)

에 존재할 때 채탄하는 방법이다. 먼저 지표면의 산림을 제거하고, 지표토양을 석탄층까지 걷어낸다. 석탄층이 노출되면 폭약 발파작업으로 석탄층을 파쇄하고 채탄장비를 동원하여 퍼 올리고 트럭 등으로 수송한다. 수송된 석탄은 덩어리가 크기 때문에 수요자에게 필요한 크기로 1차 분쇄하고, 이 과정에서 원래 섞여 있던 불순물(암석, 흙 등)을 석탄으로부터 세척, 선별, 분리해야 한다. 처리된 석탄은 시장에 수송될 때까지 석탄광산 부근에 저장된다. 노천탄광에서는 석탄을 채굴한 빈자리에 먼저 걷어 냈던 흙을 되돌려 메워서 산림조림 작업까지 시행함으로써 지질환경을 원상 복귀시키게 된다.

지하채탄 방법은 아주 복잡하다. 석탄층이 지표면으로부터 수 100 m 또는 수천 m의 흙 또는 암석층 아래에 존재하기 때문이다. 노천탄광과는 달리 지표토를 걷어낼 수가 없기 때문에 지표토 아래 깊숙이 수직터널(shaft)을 수 100 m까지 뚫고 수평터널도 뚫어야 한다.

수평터널의 경우에 지표토가 무너지지 않도록 천장을 지지하는 건설공사, 공기 공급용 환기시설, 조명시설, 지하수 펌핑 배수시설, 메탄가스 발생대책, 장비 반입로, 채굴된 석탄의 운반시설 등이 미리 건설되어야 한다.

따라서 노천탄광이나 지하탄광에서는 진입로의 설치, 지상의 지원시설 등을 먼저 준비한 다음에, 석탄층에 접근하는 통로(portal)를 건설한다. 이러한 접근통로의 위치선택과 설치방법은 석탄층의 존재 상태에 따라서 달라진다. 석탄광산의 최초 계획 업무에서는 석탄층에 접근하는 방법, 인력 투입방법, 석탄 수송방법 등에 따라서 달라지는 비용을 먼저 고려해야 한다. 접근통로에서부터 석탄층까지는 대개 2개의 통로가 설치된다. 즉, 석탄의 운반통로, 환기 및 동력설비 통로 등을 평행하여 설치하고 이 두 통로의 중간 여러 곳에 두 통로를 연결하는 옆길 터널도 설치된다.

지하석탄층에서의 채탄작업은 그림 4-4와 같이 재래식 채탄방법과 연속식 채탄방법으로 진행된다.

재래식 채탄방법은 먼저 탄층의 아랫부분을 후벼 파내고, 상층부에 구멍을 깊이 뚫어서, 구멍 속에 폭약을 장진하여 발파작업을 한 후, 부서져 내린 석탄을 실어낸다. 이 재래식 방법은 4개의 작업이 순서대로 이루어지는 주기적 방법이다.

연속식 채탄방법은 채탄장비와 석탄 수송장비가 일체로 된 작업이기 때문에 석탄의 채굴과 수송이 동시에 연속적으로 진행된다. 이러한 연속식 채탄법은 광산장비의 발달에 힘입어서 근래에 도입된 방법이다. 연속식 채탄이나 재래식 채탄방법에서 모두 천장이 무너져 내리는 사고를 방지해야 하므로 천장 보강작업이나 탄층자체를 이용한 기둥을 남겨서 천장을 지지하는 역할을 하도록 해야 한다. 석탄광산에서는 탄층에 포집되어 있던 메탄가스층이 석탄채굴 도중에 노출되어 메탄가스가 발생하므로 가스의 폭발사고는 매우 심각하다. 메탄가스의 폭발을 방지하기 위해서도 갱(터널) 내 환기량은 기술적으로 완벽하게 조절되어야 한다. 메탄가스의 존재를 확인하기 위해서 광부들은 카나리아를 새장에 넣어서 함께 작업장으로 들어가는 안전대책도 있었다. 새가 가스에 중독된 상태를 감지하면 광부들이 채탄장으로부터 철수하거나 환기시설을 더 강력하게 운전하는 안전대책이 실행되기도 하였다.

4.2 석탄의 성질과 분류

4.2.1 석탄의 특성

4.2.1.1 석탄과 목재의 유사성

석탄은 고체상태의 화석연료로서, 고체 연료의 대표적인 에너지 자원이다. 석탄은 그 전구체가 식물이였으므로, 석탄의 성질이나 구조는 나무의 그것들과 매우 비슷하다. 표 4-1은 석탄의 구조적 화합물 성분과 조성비율을 나타낸 것인데, 목재의 성분과 비교해 볼 수 있다.

4.2.1.2 석탄의 화학적 구조

석탄, 특히 유연탄의 화학적 구조는 대단히 복잡한 고분자물질이라고 할 수 있다. 그림 4-5는 역청탄의 구조를 나타낸 것이다. 무연탄에서는 수소성분 화합물의 양이 적고 탄소성분이 많으나, 유연탄은 수소, 질소, 산소 등이 포함된 복잡한 구조를 가지고 있다. 특히 벤젠구조의 화합물들이 (⌬의 유도체들) 많이 포함되어 있는 유연탄에서 여러 가지 유익한 화학물질들을 얻어낼 수 있다(4.4.3절에서 자세히 설명하겠다). 석탄 속에는 C, H, N, O 등의 화합물 이외에 수분(H_2O)과 유황(S) 성분들도 포함되어 있다.

유황성분은 석탄 속에 유기화합물(RS : R은 C_nH_{2n}의 구조)로 포함된 경우도 있고, 금속의 황화물(FeS, CuS 등), 금속황산염($CaSO_4$, $FeSO_4$ 등), 또는 유리된 유황성분 등이 섞여 있다.

표 4-2는 석탄의 연령에 따라서 각각의 성분 함유량이 어떻게 달라지는가를 정성적으로 보여주는 내용이다. 저품위 석탄은 석탄연령이 젊은 것으로 갈탄, 아역청탄 등이고, 고품위 석탄은 역청탄, 무연탄 등으로 간단히 구분될 수 있다. 이들 석탄의 연령에 따라서 C, H, N, O, S 성분과 수분함량의 차이를 볼 수가 있고 아울러 발열량에도 차이가 있음을 알 수 있다.

표 4-1 석탄의 구조적 화합물 성분과 목재의 구성성분

석탄성분	비율(무게 %)	참고	목재의 구성성분
셀룰로스	40~58	$(C_6H_{10}O_5)m$	56~58
헤미 셀룰로스	10~40	$(C_5H_8O_{11})m$	9~23
리그닌	18~27		23~26
회분	0.2~1.2		0.1~0.3
단백질	0.6~2.3		0.7~1.2
지방, 수지등	0.7~3.0		2~8

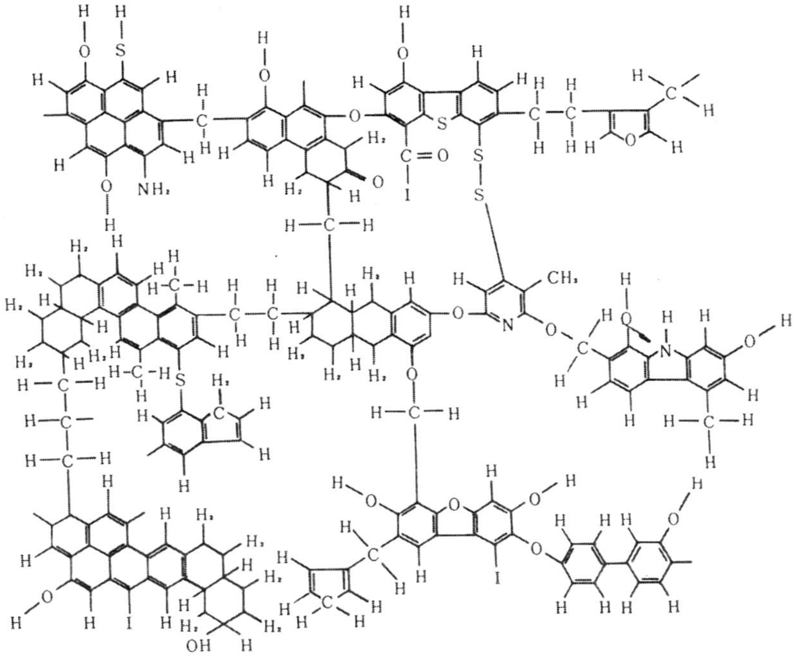

그림 4-5 역청탄의 화학적 구조

표 4-2 품위별 석탄의 정성적 성분과 발열량 차이

	◀------- 저품위 석탄 -------▶	◀------- 고품위 석탄 -------▶
품위	갈탄 아역청탄	역청탄 무연탄
연령	├── 증가 ──▶	
%탄소	65 ── 증가 ──▶ 95	
%수소	├── 감소 ──▶	
%질소	├── 일정함 ──▶	
%산소	├── 감소 ──▶	
%유황	├~0 ── 증가 ──▶	~4 ── 감소 ──▶ ~0
%수분	├── 감소 ──▶	
발열량	7,400 Btu/lb 4,100 kcal ── 증가	15,000 Btu/lb 8,300 kcal / 14,000 Btu 7,800 kcal ──▶

표 4-3 탄종별 원소분석치와 발열량

탄종	원자수의 비(원소비) 또는 몰 비율					발열량*(MJ/kg)
	C	H	O	N	S	
무연탄	100	50	2~5	1~2	1/2~1	30≈7,000 kcal/kg
역청탄	100	70	4~8	1~2	1/2~1	18.8~29.3
아역청탄	100	80	10~20	1~2	1/2~1	8.3~25
갈탄	100	80	20~25	1~2	1/2~1	5.5~14.3

* 발열량 범위는 IEA 2007 기준에 의한 값이다(MJ=10^6 Joule=240 kcal).

4.2.1.3 석탄의 성분 분석

표 4-3은 4가지 석탄에 포함되어 있는 각종 원소의 비율을 나타냈다. 석탄이나 모든 연료는 모두 성분을 분석할 때 대략 두 가지 방법이 사용된다.

첫 번째 분석방법은 연료 속에 포함된 C, H, N, O, S의 5종 원소의 양을 분석하는 것으로 "원소분석(ultimate analysis)"이라고 한다(표 4-3). 그러나 이러한 원소분석 방법은 실험으로 측정하기가 어렵고 비용과 시간이 많이 소요되기 때문에 공업적으로 편리한 "공업분석(proximate analysis)"을 채용한다. 공업분석법은 석탄 속에 들어 있는 총수분량, 독립 수분량, 휘발분(유기물질이다), 고정탄소(휘발되지 않는 유리된 탄소성분)와 회분 등 5가지 항목으로 분석한다.

이들 분석법은 국가별로 각국의 표준 규격으로 제정되어 있으므로 그 규격에 맞도록 실험하고 측정치를 정리해야 한다.

보통 질좋은 외국산 석탄의 회분 함량은 2~20% 범위로 다양하다. 한국의 무연탄은 매우 질이 나쁘기 때문에 회분함량은 특급이 17%, 1급 17~20%, 2급 21~25%이다. 회분이 많으면 발열량도 저하되고, 연소 후 재의 양도 많으며, 특히 회분의 내화도가 낮은 경우에는 소결물 클링커를 형성하여 큰 열손실이 초래된다. 이 클링커의 형성이 석탄의 점결성과 비점결성을 결정한다.*

석탄에 대해 전문적으로 연구할 때에는 석탄 속에 어떤 화학물질이 들어 있는가를 화학적 방법으로 분석한다. 석탄의 근원 물질은 식물체이므로 식물의 조직을 구성하는 섬유소(cellulose)와 리그닌(lignin)이 화석으로 변화된 각종의 복잡한 유기, 무기화합물들이 석탄 속에 포함되어 있다.

석탄 성분을 화학적으로 분석하는 다른 방법으로는 다음 4가지가 있다.†

* Wen, C, Y, and E, Stanley Lee, "Coal Conversion Technology", Addison-Wesley Co., 1979, p. 45
† 안동혁, "화학공업 개론", 동명사, 서울, 1965, p. 112-113 참조.

1) 화학 시약을 사용하는 연구
2) 용제를 사용하는 연구
3) 저온 건류에 의하여 생성된 각종 화합물에 대한 연구
4) 석탄의 구조를 판명하는 현미경적 연구

이와 같은 연구는 상당히 깊은 학문적 작업에 속하는 것으로서 석탄화학공업의 기초 자료가 된다. 그러나 석탄을 연료로 사용하는 대부분의 에너지 산업에서는 이와 같은 화학적 성분분석보다는 간단하고 편리한 공업분석을 사용한다.

표 4-4에는 한국에서 생산되는 무연탄의 공업분석치와 원소분석치를 소개한다. 표에서 회 융점이란 석탄이 연소되는 고온에서 회 성분이 녹기 시작하는 온도이다. 이 회 융점은 연소 후 재성분을 제거하는 기술에도 영향을 주고, 연탄에서와 같이 연소 후 재덩어리가 깨지기 쉬운 정도를 결정하기도 한다. 회 융점은 석탄의 점결성을 지배하는 물성치인데, 석탄 속에 함유되어 있는 재성분이 금속성, 비금속성 광물질들의 혼합물이고, 이들 혼합물의 성분조성에 따라서 회 융점이 달라지며, 석탄의 연소 중 형태 유지 또는 연소물의 가소성에 의한 연소상태의 유지 등에 영향을 준다. 석탄의 점결성은 석탄의 성질을 규명하는데 있어서 가장 복잡한 성질이다.

4.2.2 석탄의 일반적 분류

석탄의 일반적인 분류 기준은 석탄 속에 포함되어 있는 탄소 성분과 휘발성 성분(수분 및 휘발성(유기) 탄화수소화합물의 무게 %)량 및 그 총발열량(kcal/kg 석탄)을 기준으로 하는 경우가 많다. 이러한 기준에서 석탄의 대략적 분류로는 무연탄, 유연탄(역청탄), 갈

표 4-4 한국 무연탄의 탄광별 공업 분석치와 원소 분석치

탄광명	공업 분석(무게 %)					발열량 (kcal/kg)		원소 분석(무게 %)						회 융점℃		
	총수분	수분	휘발유	회분	고정탄소	건식	습식	탄소	수소	산소	질소	유황	회분	A	B	C
장원	5.89	3.33	6.39	26.98	63.30	5,589	5,403	67.47	0.98	2.74	0.37	0.53	27.91	〃	〃	〃
황지	4.50	3.08	5.88	37.06	5398	4,694	4,549	56.68	0.93	3.30	0.42	0.43	38.24	〃	〃	〃
동원	5.67	3.14	5.86	39.71	51.29	4,430	4,291	54.12	0.81	3.54	0.32	0.22	40.99	1530	1550↑	1550↑
동해	4.39	2.49	5.24	49.10	43.17	3,569	3,480	44.04	0.83	2.75	0.10	1.93	50.35	1480	1510	1540
함태	6.05	3.50	5.30	29.80	61.40	5,344	5,157	64.16	1.02	3.21	0.30	0.43	30.88	〃	〃	〃
자미원	17.25	8.71	6.32	40.56	44.41	3,924	3,600	52.71	0.46	1.60	0.09	0.71	44.43	1480	1510	1540
삼척	3.90	3.07	6.10	36.11	54.72	4,742	4,596	57.28	0.98	3.96	0.29	0.24	37.25	1550↑	1550↑	1550↑
함백	6.60	3.65	6.88	36.44	53.04	4,618	4,450	56.27	0.84	3.93	0.45	0.69	37.82	1480	1550↑	1550↑

탄, 니탄(토탄) 등의 4종으로 부르고 있다.* 흑연은 석탄과 마찬가지로 탄소성분으로 구성되어 있으나 석탄으로 분류되지는 않는 별도의 무기 광물이다. 흑연은 무연탄보다 더 오래된 화석이며, 연소성이 거의 없다.

4.2.2.1 무연탄

무연탄(anthracite)은 식물의 석탄화 작용이 가장 오래 진행된 고체 화석연료로서 흑색의 금속광택이 나는 단단한 석탄이다. 겉으로 보기에는 흑연과 고급 무연탄을 구별하기 어려운데, 무연탄의 탄소 함유량은 보통 90% 이상이며, 휘발분은 8% 이하이고, 총발열량은 10,000 kcal/kg 정도로 높다.

휘발성 유기물질이 적게 포함되어 있는 무연탄은 연소시 불꽃의 길이가 짧기 때문에 불꽃이 없다라고 말할 수 있다. 연소 초기의 낮은 온도에서도 색깔있는 연기가 거의 보이지 않는다. 무연탄은 또 유황분 함량이 적고(그러나 우리나라의 무연탄은 비교적 유황분 함량이 높아서 3% 정도로 많다), 그 연소 재는 비점결성이며, 연소속도가 매우 느린 특징이 있다. 그러므로 무연탄은 가정용 연료, 연탄 원료로 쓰이고, 특히 무연괴탄은 제철용 cokes 대용으로도 쓰인다. 또 무연탄은 착화온도가 높으므로 항상 착화점 이상의 온도가 유지되어야 완전연소가 가능하며, 연소장치(연탄화덕이나 무연탄 연소난로 등)의 설계에 특별한 배려가 있어야 한다. 반무연탄(semi-anthracite로서 무연탄과 유연탄의 중간 정도의 성질을 가진다)은 휘발분이 8~15% 정도이고 번쩍이지 않는 짧은 불꽃을 내면서 연소하는데, 비점결성이므로 보일러용 석탄으로 적합하다. 우리나라에서 생산되는 석탄은 북한의 일부지방을 제외하고는 대부분 무연탄이다.

4.2.2.2 유연탄

유연탄(bituminous coal)은 가끔 무연탄이외의 석탄을 총칭하기도 한다. 유연탄은 연소시 노란 연기가 발생하기 때문에 부쳐진 이름이다. 이 노란 연기는 유연탄 속에 있는 유기물질이 증발, 또는 분해되어 나오는 성분들이다. 유연탄은 탄화정도에 따라서, 또는 역청질(bitumen)의 휘발분 함량의 차이에 따라서, 역청탄과 갈탄으로 구분되며, 역청탄은 다시 휘발분 함량과 용도의 차이 때문에 다음과 같이 더욱 세분된다.

1) 반역청탄(semi-bituminous coal)은 휘발분이 15~20% 정도이고 점결성이 약하며 연소시 불꽃이 짧으므로 보일러용으로 적당하다.

---

* World Energy Council은 석탄을 Hard coal과 Brown coal의 두 종류로만 분류하고 있다. 즉 Hard coal에는 무연탄과 유연탄이 포함되고, Brown coal, 즉 갈탄은 수분과 점토분(연소 후에는 화분)이 많으므로 전문적 관점에서 석탄이라고 분류하여 쓰기가 곤란한 저질 연료이다.

2) 코크스용 탄(coking coal)은 휘발분이 20~30% 정도이며, 점결성이 강하여 1,300℃ 정도로 고온건류하면 아주 견고하고 치밀한 코크스가 남게 되므로 제철, 야금용 코크스 제조용 원료탄으로 각국에서 귀중하게 취급하고 있다. 우리나라에서도 제철 공장에서는 외국에서 수입한 코크스 탄을 사용하는데, 점결성이 강할 뿐 아니라 가격도 비싸다. 이렇게 비싼 제철용 석탄을 보일러용 탄으로 쓰기에는 비경제적이다.
3) 가스탄(gas coal)은 휘발분이 32~40%로 번쩍이는 긴 불꽃을 내면서 탄다. 800℃에서 건류하면 중간 정도의 점결성을 가지므로 취급하기에 적합한 가스 코크스(gas cokes)를 생성하고 동시에 상당히 많은 양의 석탄가스가 발생하므로 주로 석탄가스 제조용 원료탄으로 사용된다. 석탄가스에는 각종 유기화합물이 많이 포함되어 있기 때문에 가스탄은 석탄화학 공업의 원료로서 중요하게 사용된다.
4) 아역청탄(sub-bituminous coal)은 휘발분이 40% 이상이고 매연성의 긴 불꽃을 내며 빠르게 연소한다. 제강용 반사로, 요업용 로의 가열 연료로 적합하나 보일러용 연료로는 부적합하다.
5) 갈탄(lignite)은 역청탄과 토탄(土炭, 泥炭)의 중간쯤에 해당하는 갈색 또는 흑색의 석탄이다. 수분이 15%로 많고, 휘발분이 41% 이상으로써 건조하면 분쇄되기 쉽고 풍화되기도 쉽다. 공기 중에서 산화되어 이산화탄소를 발생하고 때로는 퇴적된 갈탄에서 자연 발화가 일어난다. 흑색 갈탄은 갈색 갈탄보다 탄화가 더 진행된 것으로 암갈색 또는 흑색인데, 나무무늬(목리)가 없다. 북한산 갈탄은 대개 흑색 갈탄이고, 남한의 경우, 포항, 울산 등지에 소량으로 매장되어 있는 갈탄은 갈색갈탄에 속하는데 나무무늬가 있고 파쇄되기 쉬우며 저질이다. 갈탄은 전체수분량이 큰 것이 특징으로 30~60%에 달하는 것도 있는데, 고유수분량은 10% 내외이다. 발열량은 공기 중 건조상태에서 3,000~5,000 kcal/kg 정도이고, 긴 불꽃을 내며 신속히 연소한다. 양질의 갈탄은 역청탄 대용으로 저온 타르 제조 및 가스 제조에 쓰이기도 한다.

총괄적으로 유연탄 속에는 각종 유기물과 탄화수소 화합물이 상당량 포함되어 있기 때문에 이것을 원료로 하여 석탄화학공업이라는 특수한 화학공업 분야를 형성하였으며, 각종 화학제품(벤젠 등의 유기화합물 원료에서부터 각종 염료, 화약 등의 완제품까지)의 원료 자원으로도 쓰이고 에너지 자원으로도 쓰인다. 또 유연탄은 연소시 그 재성분(회분, ash content)이 고온에서 점결성을 나타내는 정도에 따라서 코크스 및 가스발생을 위한 석탄화학 공업용 원료탄(점결탄, coking coal)과 코크스가 만들어지기에는 점결성이 없고 재가 녹아서 쇳물같이 녹아내리는 비점결탄(non-coking coal), 즉 연료용 석탄(수증기를 발생시키는 보일러에 연소용으로만 쓰이는 보일러용 탄(steam coal)) 등 2종으로 나누기도 하며, 또는 석탄 중 휘발분의 함량에 따라서 meta-bituminous, ortho-, para- 등으로 분류되기도 한다.

4.2.2.3 토탄

니탄 또는 토탄(土炭)은 석탄생성 연령이 가장 낮은 석탄으로서, 수서식물을 전구체로 하며 다소의 토사와 기타 무기물질이 혼입되어 있다. 산지는 하천, 호수 등인데 온대지방의 냉반부에 국한된다. 독일, 네덜란드, 아일랜드, 캐나다 등에서 대량 산출된다. 우리나라에서도 전라도 지방의 논바닥 아래층에 드물게 매장되어 있는데 발열량이 4,000 kcal/kg 이하의 저질이고 회분함량도 많다.

니탄은 습지에 매몰된 지 오래되지 않아서(그래도 몇 백만 년 걸렸다) 탄화작용이 충분히 진행되지 않았으므로 모양이 해면상(sponge형), 흙덩어리 같고 암갈색 내지 흑색이다. 따라서 니탄이 석탄의 분류에 포함되지 않는 경우도 있다. 일본에서는 초탄(草炭)이라고 하며 지방의 가정용 연료로 많이 쓰인다.

4.2.3 석탄의 분류 방법론

4.2.3.1 국제분류법

화석연료인 석탄은 그 화석의 생성연대, 분해된 유기생물 물질(주로 식물)의 특성, 그리고 석탄 속에 포함되어 남아 있는 유기물의 종류 또는 석탄의 이용분야 등에 따라서 분류할 수 있다. 이러한 구분방법은 각국에서 오랫동안 석탄을 사용해 온 전통에 따라서 독특한 분류명칭을 사용해 오고 있기 때문에 세계 공통적 명칭이 없는 상황이다. 표 4-5에는 다양한 명칭으로 불려지는 석탄의 각국별 분류방법을 소개한 것이다.

그러나 이러한 다양한 분류법은 국제무역 등에서 여러 가지 불편한 점이 있기 때문에 소위 "국제분류법"을 제정하여 각종 석탄에 대한 분류번호를 0, 1A, 1B …… 9등급으로 지정하였다. 이 분류 기준은 석탄의 휘발성 성분량(%)과 총발열량을 분류의 기준으로 사용한 것이다. 표 4-5는 각국의 석탄산업의 특징을 이해하고, 특히 각국별 명칭을 이해하는 데 도움이 된다. 그러나 이러한 다양한 분류가 각국의 석탄산업 전통에 공통되지 않기 때문에 널리 쓰이고 있지 못하다.

4.2.3.2 미국과 영국의 석탄분류법

미국에서는 ASTM(American Society for Testing and Materials : 미국재료시험협회)

표 4-5 국제석탄분류방법과 각국별 석탄분류법

국제분류법			각국 분류법								
분류번호	변수: 휘발분 (d.m.l) (%)	변수: 총발열량 (항온) (kcal/kg)	일본	벨기에	독일	프랑스	이탈리아	네덜란드	폴란드	영국	미국
0	0~3						Antraciti speciali		Meta-antracyt		Metaanthractie
1A	3~6.5			Maigre	Anthrazit	Anthracite	Antraciti comuni	Anthracite	Antracyt	Anthracite	Anthracite
1B	6.5~10	무연탄, A_1	無煙炭 A_1 (煽石 A_2)						Pólantr-acyt		Semi-an-thracite
2	10~4			1/2 Gras	Magerko-hle	Maigre	Carboni magri	Mager	Chudy	Dry steam coal	
3	14~20			1/2 Gras 3/4 Gras	Esskohle	Demi-gras	Carboni semi-grassi	Essiool	Pólkoks-owy Metakok-sowy	Coking, steam coal	Low volatile bituminous
4	20~28		瀝青炭, B_1		Fettkohle	Gras a courte flamme	Carboni grassi corta flamma		Ortoko-sowy	Medium volatile coking	Medium volatile bituminous
5	28~33		瀝青炭, B_2 亞瀝青炭, C	Gras		Gras	Carboni grassi me-dia flamma	Vetkool			High vola-tile bitumi-nous A
6	>33 (33~40)	8,450~ 7,750	亞瀝青炭, D		Gaskohle	propre-ment dit	Carboni da gas	Vetkool	Gazowo koksowy		High vola-tile bitumi-nous B
7	>33 (32~44)	7,750~ 7,200	亞瀝青炭, E			Flambant gras	Carboni grassi da vapore	Gasvla-mkool	Gazowy	High volatile	
8	>33 (34~46)	7,200~ 6,100							Gazowo-plomien-mny		High vola-tile bitumi-nous C
9	>33 (36~48)	>6,100	褐炭, F_1 (亞炭, F_2)		Gas-Fla-mmkohle	Flambant sec	Carboni secchi		Plomienny		Subb ituminous

자료 : 한국동력자원연구소 "자원총람" 1985
* 중국자료는 입수하지 못했음

의 분류법이 사용된다(표 4-6)

이 분류법에서는 석탄을 먼저 무연탄, 역청탄, 아역청탄, 갈탄 등의 4가지로 대분류하고 각각을 다시 고정탄소, 휘발분 및 발열량에 따라서 소분류하여 총 13종류로 구분하고 있다.

표 4-6 공업분석치 및 발열량에 의한 석탄등급의 분류(미국 ASTM 분류법)

구분	소구분	고정탄소분 한계치 %(건조한, 회분 제외 기준)		휘발분 한계치, %(건조하고 회분 제외 기준)		발열량 한계치, Btu/lb(수분, 회분제외 기준치)		점결성
		아래수치와 같거나 큰 것	아래수치보다 작은 것	아래수치보다 큰 것	같거나 작은 것	같거나 큰 것	작은 것	
I. 무연탄	1. 메타 무연탄	98	-	-	2	-	-	
	2. 무연탄	92	98	2	8	-	-	비점결성
	3. 반무연탄	86	92	8	14	-	-	
II. 역청탄	1. 저휘발성 역청탄	78	86	14	22	-	-	
	2. 중간 역청탄	69	78	22	31	14,000	-	보통 점결성
	3. 고휘발성 역청탄 A		69	31		13,000	14,000	
	4. 고휘발성 역청탄 B					11,500	13,000	
	5. 고휘발성 역청탄 C					10,500	11,500	점결탄
III. 아역청탄	1. 아역청탄 A					10,500	11,500	
	2. 아역청탄 B					9,500	10,500	
	3. 아역청탄 C					8,300	9,500	비점결탄
IV. 갈탄	1. 갈탄 A					6,300	8,300	
	2. 갈탄 B					-	6,300	

* 이 자료는 미국 ASTM의 규정에 의한 분류임

영국에서는 NCB(National Coal Board : 영국석탄위원회)가 석탄을 1차적으로 100~900까지 대분류하고 이것을 다시 휘발분과 "그레이킹 코크스형"이라는 구분변수를 채용하여 총 26종류로 세분화하고 있다(표 4-7).

4.2.3.3 지질연대에 따른 석탄 분류

석탄의 구분 등급은 탄화작용의 기간에 의해 결정되므로 석탄의 종류는 그 산지의 지질연대와도 불가분의 관계가 있다. 표 4-8은 석탄의 등급이 석탄광상의 지질연대와 관계가 있음을 나타내는 자료이다. 이 자료는 무연탄을 흑연과 함께 유연탄으로부터 구별하여 석탄으로 분류하지 않는 별도의 분류기준에 의한 것이다.

4.2.3.4 한국 무연탄의 용도별 구분

한국에서 생산되는 석탄은 대부분이 무연탄인데, 발열량이 4,400 kcal/kg 이상인 것은 가정용 연탄(십구공탄)제조용으로, 3,250 kcal/kg 이상의 저질 무연탄은 화력발전용으로 공급된다. 화력발전소는 이들 저질 무연탄과 수입된 유연탄을 혼합하여 연소시킨다.

표 4-7 영국 National Coal Board의 석탄 분류

대분류	소분류	휘발분(%dmmf)	그레이크 코크 타입	특징
100	101	6.1*	A	무연탄
	102	6.1~9.0*	A	
200	201	9.1~13.5	A~G	건조한 기관용 탄
	201a	9.1~11.5	A~B	건조한 기관용 탄
	201b	11.6~13.5	B~G	건조한 기관용 탄
	202	13.6~15.0	B~G	코킹 기관용 탄
	203	15.1~17.0	B~G4	코킹 기관용 탄
	204	17.1~19.5	G1~G8	코킹 기관용 탄
	206	9.1~15.0	A~B	열 변형되는 저휘발성 역청탄
		15.1~19.5	A~D	열 변형되는 저휘발성 역청탄
300	301	19.6~32.0	G4	고급 코킹탄 (코크스 제조용)
	301a	19.6~27.5	G4	고급 코킹탄 (코크스 제조용)
	301b	27.6~32.0	G4	고급 코킹탄 (코크스 제조용)
	305	19.6~32.0	G~G3	열변형되는 중휘발성 역청탄
	306	19.6~32.0	A~B	열변형되는 중휘발성 역청탄
400	401	32.1~36.0	G9	매우 강한 점결성 탄
	402	36.0<		
500	501	32.1~36.0	G5~G8	강한 점결성 탄
	502	36.0<		
600	601	32.1~36.0	G1~G4	중간 점결성 탄
	602	36.0<		
700	701	32.1~36.0	B~G	약한 점결성 탄
	702	36.0<		
800	801	32.1~36.0	C~D	매우 약한 점결성 탄
	802	36.0<		
900	901	32.1~36.0	A~B	비점결성 탄
	902	36.0<		

주) * 용이한 구별을 위해 3.35% 수소함량을 기준으로 하기도 함.

국산 무연탄의 용도별 특성과 석탄입자의 크기(입도)를 기준으로 하는 규격을 표 4-9에 게재하였다.

표 4-8 석탄광상의 지질연대와 석탄등급의 관계

지질연대(단위 : 백만 년)			석탄의 생성지역
Recent(현재)			
Tertiary 60	(신생대 제3기)	Lignite	Hungary, Russia, U.S.A.(West), New Zealand, England(West), Germany, Spitsbergen
중생대			
Cretaceous 120	(백악기)	Lignite	Germany, Hungary, U.S.A.(West), Alaska, Japan,
Jurassic 145	(쥬라기)	Lignite	Alaska, Japan, Siberia, Mexico, Scotland(North), England(North)
Triassic 170	(삼첩기)	Bituminous	Germany(South), U.S.A. China, Japan
고생대			
Permian 210	(페름기)	Bituminous	France(Central), Germany(East), South Africa, Australia, India, China, South America
Carboniferous 285	(석탄기)	Bituminous	
Devonian 325	(데본기)	Bituminous	England, Scotland, Wales, France, Belgium, Germany, U.S.A.(East) Russia, Bear Island
Silurian 350	(실루리아기)		
Ordovician 410	(오르도비스기)	No coal recorded	이때는 석탄이 생성됐다는 보고가 없다 (무연탄을 흑연에 가까운 물질로 분류하기 때문에 제외된다)
Cambrian 500	(캄브리아기)		
원생대			
Pre-Cambrian 2000	(원생대)		

* Modified from P.J. Adams(1960) Based on Crown Copyright Geological Survey diagram.

표 4-9 무연탄의 용도별 특성과 규격

용도별	발열량(kcal/kg)	입자크기(mm)	고정탄소분(%)
주 물 용	6,500 이상	15 mm 이하	80~85
제 강 용	6,500 이상	15~24 mm	80~85
석회소성용	6,500 이상	25~50 mm	80~85
연와소성용	6,300 이상	15 mm 이하	78~80
연 료 용	6,300 이상	15 mm 이하	
연 탄 용	4,400 이상	15 mm 이하	
발 전 용	3,250 이상	25 mm 이하	

자료 : 강창순외 5인, "현대산업사회와 에너지", 서울대 출판부, 1992, p. 119

4.3 석탄의 자원량과 매장량

4.3.1 세계의 석탄 매장량과 생산량

세계의 석탄매장량은 거의 무진장이라고 할 정도로 많기 때문에 석유 등의 에너지자원과는 달리 매장량과 자원량을 엄격하게 구별하지 않는다. 또한 여러 가지의 분류기준이 세계 각국마다 다르게 쓰이고 있어서 세계적 규모의 매장량 통계가 정확한 수치로 주어져 있지 않다. 그러나 석탄도 다른 자원과 마찬가지로 지역적으로 편재되어 있어서 모든 인류에게 공평하게 분배되어 있지 않다.

남아메리카나 아프리카 대륙에서는 그 지역 면적에 비해 석탄의 자원량이 적은 반면에 유럽, 아시아, 북미, 호주 등지에는 그 자원량이 많다. 그림 4-6은 석탄 자원량의 세계적 분포를 나타낸 것이다. 바깥원에 표시된 수치는 측정된 자원량(10억 톤 단위)이고, 내부원(빗금친 원)의 수치는 경제적으로 수익성이 있는 매장량을 표시한다.

현재까지의 통계에 의하면 미국, 구소련, 인도, 중국 등 4개국의 석탄 매장량이 세계 전체 매장량의 62%를 차지하고 있다. 석탄의 절대적 매장량은 세계 각국에서 다소간의 양적 차이와 질적 차이가 있으나 상당한 부분의 석탄수요가 각 국가별로 충족되기 때문에 지역적 자원 편재 현상에도 불구하고 공급 장애는 거의 없는 실정이다(표 4-10).

전문기관의 통계(British Petroleum Co. 등)에 의하면 석탄의 세계적 가채년수는 200

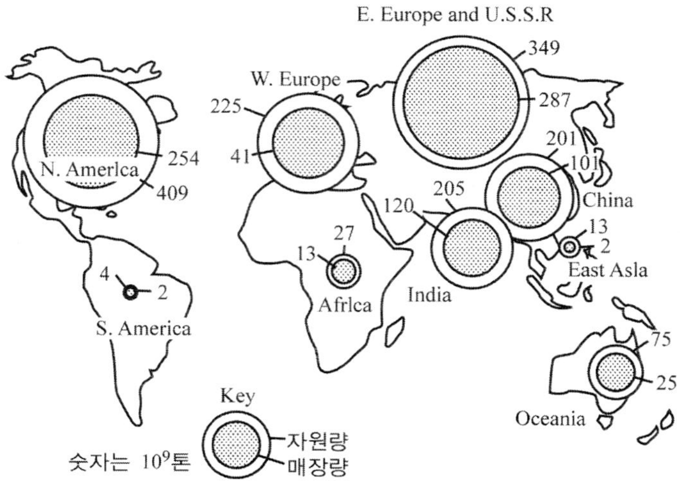

그림 4-6 석탄자원의 대륙별 분포

표 4-10 2005년 세계 각국의 석탄 매장량/생산량/수출량 규모와 순위

	1위	2위	3위	4위
매장량(Btoe)	미국 120	러시아 69	인도 61	중국 59
생산량(Mtoe/y)	중국 1,108	미국 576	호주 202	인도 200
순 수출량(Mtoe/y)	호주 150	인도네시아 60	남아프리카공화국 47	콜롬비아 36

자료 : Energy Watch Group Paper No. 1/07, "Coal : Resources and Future Production"(2007)
단위 : Btoe=billon ton-oil-equivalent
Mtoe/y=million ton-oil-equivalent per year
1 toe=1.4 ton 무연탄의 발열량에 해당함=약 10×10^6 kcal

표 4-11 World Energy Council의 석탄매장량 및 자원량의 추산 기준치

		지질학적 자원량	기술적·경제적 가채 매장량
Hard coal 무연탄과 유연탄	최소 광맥 폭	미정	0.6 m
	최대 채굴 깊이	2,000 m	1,500 m
Brown coal 갈탄	최소 광맥 폭	미정	2 m
	최대 채굴 깊이	1,500 m	600 m

년에서 300년 정도로 추산된다. 그러나 전문가들은 석탄의 매장량 평가에 있어서 가격 수준을 기준으로 한 가채매장량의 추산은 미흡하다는 의견이 지배적이다. 따라서 현존 석탄 매장량의 자료는 극히 제한된 정보에 근거한 것이다. 예를 들면 세계에너지회의(World Energy Council)*는 석탄의 매장량과 자원량을 추정하는 근거로서 쓰이는 채굴 기술의 한계, 즉 채굴 가능한 최대 깊이와 경제적으로 가치가 있는 석탄광맥의 최소광맥 폭을 표 4-11과 같이 제안하고 있다.

전 세계 석탄자원의 가채년수는 다음과 같이 계산된다.

$$\frac{\text{석탄의 매장량 : } Q}{\text{연간 채굴 생산량 : } q} = \text{채굴 가능한 연수} = \text{가채년수 : } t$$

매장량 Q는 석탄등급, 탐사기술, 채굴기술, 시장가격 등에 의해 달라지고, 생산원가

* WEC = World Energy Council(세계에너지 협의회) 한국지부도 있다. 2013년 10월에 대구 EXCO에서 세계 총회가 개최되었다.

나 석탄의 판매가격별로 정확한 매장량을 추산할 수 있는 기준이 없기 때문에 석탄의 궁극적 매장량 통계는 발표하는 기관마다 상당히 다를 수가 있다. 연간 생산량 q는 경제 성장 등의 에너지 수요량 변화에 따라서 달라지며, 대략적으로는 계속 증가하는 경향이 있다. 따라서 석탄의 가채년수는 일정할 수 없다. 다만, 자원 부존량의 규모로 볼 때 적어도 22세기말까지는 석탄의 공급부족 현상이 세계적 규모로 나타나지는 않을 것이다. WEC 2006 자료에 의하면 전 세계적으로 석탄의 생산량은 2020~2040년쯤에 최고치에 도달할 것으로 전망되며, 그 이후에는 매장량 감소, 지구온난화 대책 등으로 인해 생산량이 감소될 것으로 예상된다.

4.3.2 한국의 석탄자원 매장량

한국의 석탄매장량은 세계적인 풍부함에 비하면 매우 빈약하다. 매장량이 확인된 지역은 남한에서 강원도, 충청북도, 경상북도 및 전라남도 등지이다. 북한에서는 함경남북도, 강원도, 평안도, 황해도 등지에 넓게 분포되어 있다(그림 4-7).

우리나라의 석탄자원의 부존상태는 탄층의 경사가 심하고, 탄층의 폭과 길이의 변화도 아주 심하고, 습곡지층 등이 많아서 탄층의 단절 등이 많다. 따라서 다른 나라와 비교하면 불리한 탄광개발 및 채탄 조건을 가지고 있으며, 그나마 매장량도 많지 못하다.

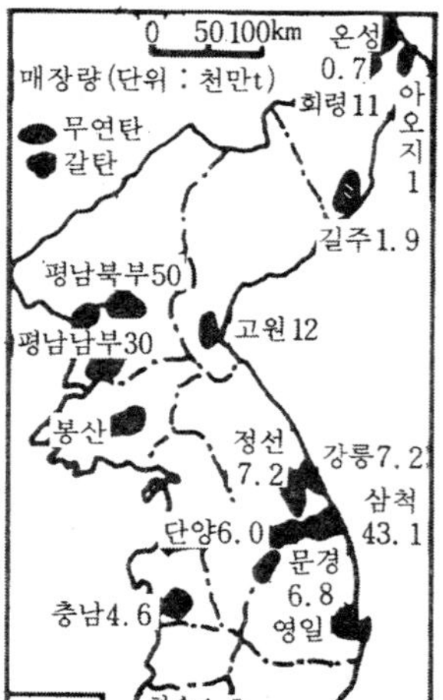

〔한국의 탄전분포〕

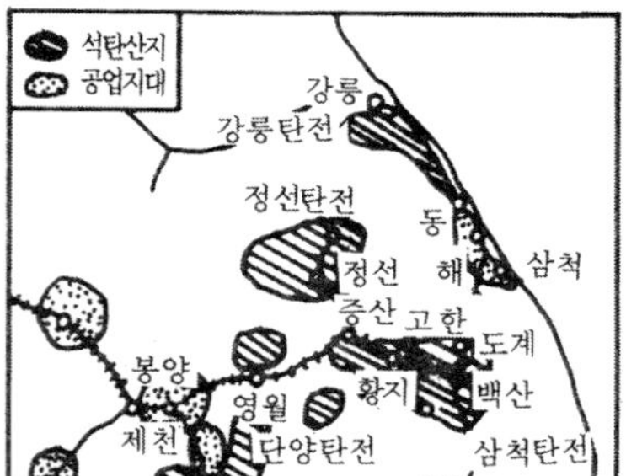

〔태백산 지구 탄전지대〕

그림 4-7 한국의 석탄 탄전 분포와 태백산 지구 탄전 분포

남한의 경우에는 무연탄이 거의 대부분인데 그 가채 매장량(가채 매장량과 잠재 가채량 포함)은 6억 8천만 톤 정도로서 1970년대의 채탄량(20×10^6톤)을 감안하면 계산상으로는 약 20년을 사용할 수 있다. 그러나 우리나라의 석탄은 탄층 내 석탄품질도 좋지 않을 뿐 아니라 매장상태가 채굴하기에 매우 나빠서 채탄 후 선탄(석탄을 다른 혼입불순물과 분리 선별하는 작업)과정을 거치더라도 생산된 석탄의 상당한 부분이 저질탄(발열량 평균 4,460 kcal/kg)에 해당하는 것이다. 그나마 채굴 길이가 해마다 깊어지고(연평균 20~30 m) 있기 때문에 석탄자원에서 조차도 다른 나라에 비해 낙관적인 형편이 못된다. 현재는 석탄산업의 사양화로 연간 석탄생산량은 1996년에는 500만 톤 정도였다(그림 4-8).

또 국내탄광의 광구 규모는 대부분이 영세한 소규모이므로 탄광개발, 경제적 생산 등에서도 매우 불리하다. 1980년도에 197개 탄광이 조업 중이었으나 그중 64%에 해당하는 127개 탄광은 단지 1~2개의 광구를 운영하는 소규모 영세 탄광이었다. 또 생산규모면에서도 81%에 달하는 160개 탄광의 연간 채탄량이 10만 톤 이하였고, 이들 영세탄광에서 생산한 석탄량은 전국 석탄생산량의 18.6%에 불과하였다. 이러한 상황은 외국과 비교하면 너무나 소규모이기 때문에 경제성에 있어서 석탄 산업의 국제경쟁력 등을 생각하기가 어려울 정도이다. 예를 들면 독일에서는 1개 탄광의 연평균 석탄 생산량이 222만 톤(1979), 영국의 54만 톤, 일본의 66만 톤, 호주 79만 톤, 프랑스 70만 톤, 미국 12만 톤에

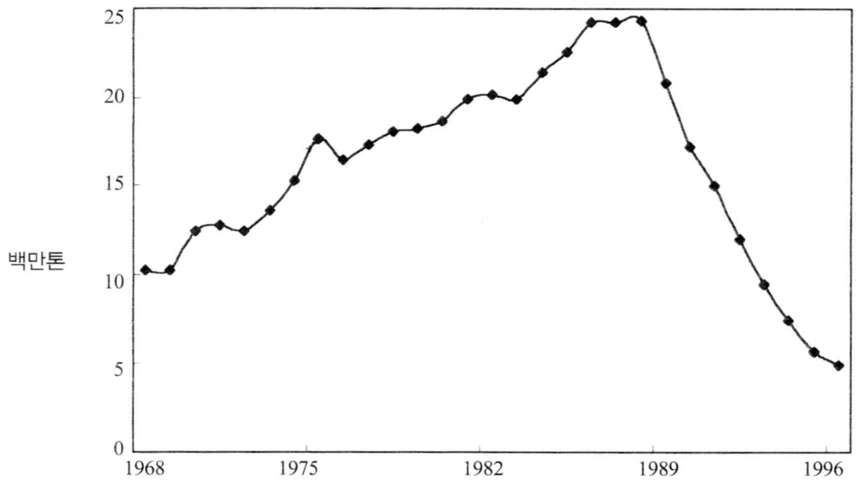

그림 4-8 한국의 석탄 생산량 변화 추세

자료 : 에너지 통계년보 1997 p. 108

비교하면 한국의 1개 탄광의 연평균 석탄생산량은 9만 톤 정도에 불과한 형편이다.*

4.4 석탄의 이용

석탄이 사용되는 소비분야는 에너지용 연료와 화학공업용 원료로 구분된다(표 4-12). 에너지용 연료로는 무연탄과 유연탄이 화력발전소에서 전력생산용으로 쓰인다. 또한 화력발전소에서 대량으로 부산되는 비산재(fly-ash)는 미세한 구형 알루미나 입자가 포함되어 있기 때문에 자원 재활용 목적으로 주목되고 있다. 현재 비산재는 시멘트 콘크리트용 혼합제로 쓰이고 있다. 화력발전소와 같은 대량 소비분야에서는 새로 개발된 연소기

표 4-12 석탄의 이용 분야

구분	분야	형태	공정	이용
석탄	에너지 연료		발전	전기에너지, 재의 이용
			연료	열에너지, 재의 이용, 가정용 연탄
	화학 원료 및 2차 에너지	고체	건류 (코크스)	제철, 주물용 연료 / 카바이드, 아세틸렌
			성형	연료, 합성화학원료
			부활	활성탄
			탄화	전극, 탄소재 / 카본블랙
			산화	부민산 / 방향족 카본산
		기체	가스건류	도시가스, 합성천연가스(SNG) / 아세틸렌
			가스화	합성화학원료(NH_3, 메탄올)
		액체	건류	특수연료(제트연료) / TAR, 합성화학원료, 염료
			수소화	액체연료(가솔린, 제트유) / 방향족, 화학원료
			할로겐화	윤활유, 유기불소화합물
			용제처리	팽윤탄, 용제정제법(SRC) / 콜로이드원료 / 방향족 화학원료

* 한국동력자원연구소, "석탄광의 광구통합 개발 방안 연구"(82-석탄자원-3-03), 1983.

술이 사용되고 있는데, 유동층 연소장치가 그 대표적인 예이다.

한국산 무연탄은 연탄으로 가공하여 가정용 취사 및 난방 겸용으로 사용된다. 무연탄은 탄의 연령이 높고 고정 탄소성분이 많기 때문에 화학반응성이 아주 낮다. 반면에 유연탄은 각종 화학공업용 원료로 사용된다. 유연탄은 탄소가 수소, 질소, 산소 등과 같은 복잡한 화합물 상태로 존재하기 때문에 반응성이 높다. 따라서 유연탄에 여러 가지 원리의 화학적 처리를 가하면, 유용한 화학물질을 제조할 수 있는 원료를 얻을 수가 있다. 예를 들면 역청탄을 산소를 차단한 상태에서 800~1,300℃로 건류하면 코크스, 콜타르, 석탄가스 등을 얻어서 철강공업, 화학공업, 연료공업에 사용될 수 있다. 또한 반응성이 우수한 역청탄에 수소를 첨가 반응시키면 원유와 비슷한 성상의 액체연료를 직접 얻을 수도 있고(Bergius 석탄액화법), 석탄을 공기와 수증기를 섞어서 연소하여 발생되는 CO, H_2, CO_2의 혼합가스로부터 인공석유를 합성할 수도 있다(Fischer-Tropsch 합성법). 이러한 내용들을 다음 각 절에서 차례로 설명하겠다.

4.4.1 연료용 석탄

4.4.1.1 가정용 연료 석탄

석탄은 무연탄, 역청탄을 불문하고, 옛날에는 5 cm 정도 크기의 덩어리 탄(괴탄)이 가정용이나 공업용, 심지어는 증기기관차에도 사용되었다. 당시에는 연소기술이 발달하지 못하였기 때문에 미분쇄된 분탄(크기 수 mm 정도)은 공기의 통풍을 방해하여 회피되는 연료였다. 따라서 분탄을 직접 연료로 사용하지 않고 연탄(Briquette)으로 가공, 성형하여 사용하였다. 공업용으로는 미분탄을 점결제와 혼합·성형하여 5 cm 정도의 크기로 성형하여 공업용으로 사용하였는데, 마세크탄 또는 마메(일본말의 콩이라는 뜻)탄이라고 하였다.

중국, 일본과 더불어 우리나라에서도 약 100년 전부터 구공탄 또는 19공탄이란 이름으로 연탄이 사용되기 시작하였다. 이 구공탄의 사용기술은 일본에서 전달되었는지 혹은 중국에서 전파되었는지 확실하지 않다.

구공탄은 미분탄에 적당한 양의 점토와 물을 결합제(binder)로 사용하여 성형한 것이다. 성형의 형태는 시대에 따라서 조금씩 변화하였는데 약 15 cm 지름에 15 cm 높이, 무게 3.6 kg 또는 4.5 kg의 원통형으로 성형할 때 성형체의 중심부 및 주위에 1.5 cm 지름의 연소 통기 구멍을 19개 배치한 까닭에 19공탄이라는 이름이 붙여졌다. 19공탄을 약칭하여 9공탄이라고 부르는데 성형 후 수분이 증발하면 기계적 강도가 상당히 높은 성형상태를 유지하게 되고 연탄 화덕 내에서 구멍들을 일치시키고 2개 또는 3개씩 포개서 연소시킨다. 현재에는 구멍이 22개 있는 22공탄이 주로 생산된다.

결합제로 사용되는 점토 속에는 각종 무기물질 특히 철분 함량이 많으므로 연소시 발생하는 고온에서 무기질의 재가 점결성을 가지게 되므로 단단한 연탄재가 만들어져서 새 연탄과 교체하기가 어렵지 않다. 가끔 결합제 점토와 무연탄 내에 존재하던 회분의 성분과 함량에 따라서 연탄재가 잘 부서지는 경우도 있다. 하여튼 연탄은 한국 가정에서 오랫동안 사용되어 왔다. 1990년대 초까지 약 60%의 가정에서 연탄을 사용하였으며, 1996년에는 약 10%의 가구에서 연탄을 사용하고 있다. 현재에는 전국에 100여개의 연탄 공장이 있고, 그 시설능력은 1시간 210만개 생산 규모이다.

무연탄으로 만들어진 연탄은 화덕에서 연탄갈이를 하면 연소온도가 낮아지므로 초기 2~3시간 동안에 불완전연소에 의한 CO의 발생이 많아서 연탄가스 중독현상을 일으키는 경우가 매우 많았다. 그러나 무연탄 속에 함유된 유황분의 연소에 의한 SO_2의 냄새 때문에 연탄가스가 방안으로 새어 나오는 것을 과학적인 측정장치 없이도 사용자들이 감지할 수 있었던 것은 한편으로는 다행이었다. 그러나 SO_2에 의한 부엌, 주택 내 각종기구에 대한 부식의 심각한 영향도 함께 겪고 있다. 현재도 연탄가스의 중독 사고는 배기상태가 불완전한 저기압 기후에서 가끔 일어나고 있고 그 피해는 적지 않다.

미분의 무연탄을 공업용 고체연료로 사용하기 위하여 미분탄에 콜탈 핏취 등을 첨가하여 혼합 성형한 마세크탄은 연소 후에 점결성 없는 가루상태의 재를 생성하므로 스토커(화격자)식 연소장치의 연료로 많이 사용되었으나, 현재는 미분탄 분사식 연소 기술의 발달로 마세크탄의 생산은 거의 없다.

4.4.1.2 산업용 연료 석탄

산업용 연료로 사용되는 석탄은 저질(저발열량) 무연탄과 역청탄이다. 이 석탄은 대량의 열을 얻어서 보일러에서 수증기를 생산하는 용도로 쓰인다. 괴탄을 사용할 때는 고정층 격자 연소방법을 취하고 있으나 석탄 공급과정에서 노동력이 많이 소요되기 때문에 지금은 많이 사용하고 있지 않다.

새로운 석탄연소 방법은 석탄을 1~5 mm 정도 크기의 입자로 만들어서 유동층 연소장치 내에서 태우는 방법과* 석탄을 100 μm 이하의 미분탄으로 분쇄하여 공기 분무장치로 연소실 내에 공기와 함께 분사시켜 연소하는 방법이 사용되고 있다. 유동층 연소와 미분탄 분무연소는 연소반응 효율이 높고, 긴 불꽃을 얻을 수 있으며 보일러 수관쪽에

* 유동층 연소장치나 석탄의 粒度에 관한 내용은 다음 책을 참고 할 수 있다. 강석호 "粉體工學", 희중당, 서울, 1995, p.341, 또는 강석호 공저 "분립체공정공학", 홍릉과학출판사, 서울, 2012, p.215

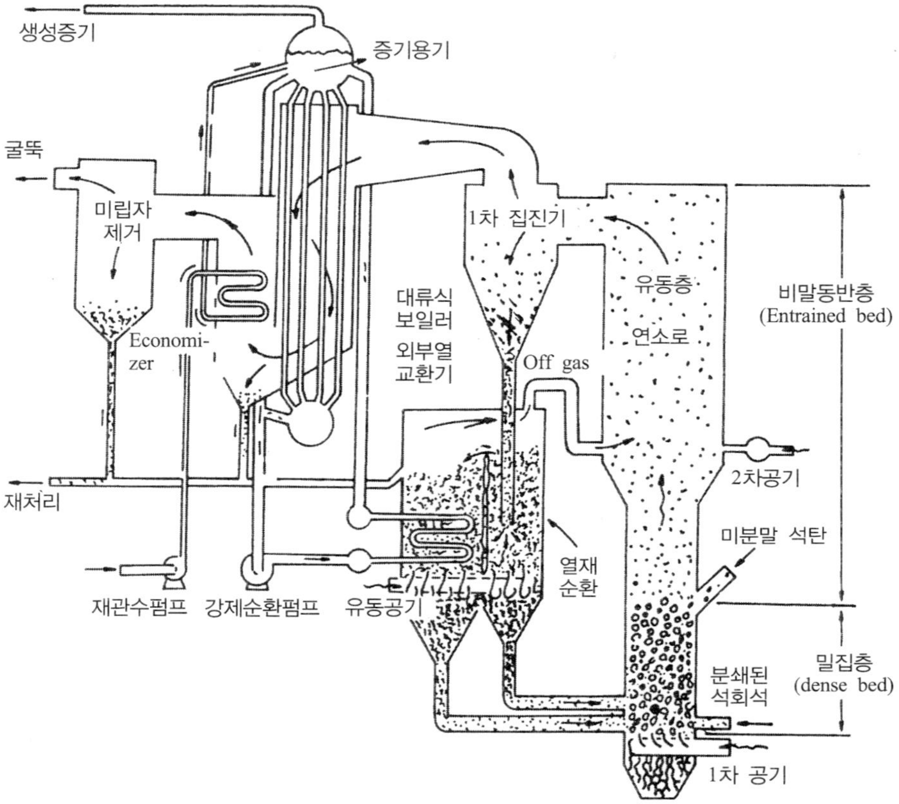

그림 4-9 미분말 석탄 유동층 연소 보일러 설비

전달되는 열전달 효율도 높기 때문에 경제적으로 이점이 많다. 그러나 연소기술, 특히 미분탄의 공기 분무가 기술적으로 쉽지 않기 때문에 10 μm 정도의 크기로 미분쇄된 석탄을 물과 혼합하거나(Coal Water Mixture : CWM), 기름과 혼합하여(Coal Oil Mixture: COM) 액상으로 만들어 연료공급, 저장, 수송에 편리하도록 하는 연구가 실용단계에 도달해 있다. CWM과 COM은 물리적 성상이 석유의 벙커 오일과 비슷하기 때문에 사용상 이점이 많다. COM이 CWM보다 발열량이 높으나, 가격면에서는 CWM의 이용에 관심이 더 높다.

4.4.2 석탄으로부터 합성 석유 생산

석탄은 고체연료이기 때문에 액체나 기체 연료에 비하여 사용하기에 불편한 점이 많다. 석유와 천연가스의 자원량이 고갈되어 가고 있으므로 석유류의 가격이 상승하는데 비례하여 석탄가스화, 액화에 대한 관심은 세계적으로 높아가고 있다.

석탄액화는 석탄을 수소와 반응시켜서 인공석유를 합성하는 경우이다. 석탄으로부터 인공석유(합성 석유)를 만드는 방법은 두 가지가 있다.

화학반응성이 높은 석탄(유연탄)을 고온으로 가열하여 분해시키면서 동시에 수소를 공급하여 탄소-수소의 반응이 일어나게 해서 석유성분과 같은 C_nH_m의 탄화수소 화합물을 만드는 연구가 Bergius라는 독일과학자에 의하여 제안되었고, 제2차 세계대전에 히틀러의 독일정부는 이 방법으로 휘발유를 만들어 전쟁에 사용하였다. 그러나 이 방법의 상업적 경제성은 낮다. 다만 석유원유가 고갈되고 그 가격이 ＄100/bbl 이상이 되면, 이 분야의 연구는 관심을 끌게 될 것이다. 현재 전 세계에서 직접 액화에 대한 실용화를 앞당기기 위한 많은 노력이 이루어지고 있다.

다른 한 가지 합성석유 제법은 Fischer-Tropsch(두 사람의 독일 과학자의 성을 딴 명칭) 반응에 의한 방법이다. 일반적으로 고체 석탄(무연탄)은 반응성이 낮기 때문에 석탄을 바로 액화 인공석유로 만들기는 어렵다. 먼저 석탄을 연소 가스화 반응으로 CO, H_2, CO_2 등을 만들고 CO와 H_2의 합성가스를 반응시켜 CH_4를 만들면 천연가스 대용의 가스연료를 얻게 되고, C_nH_{2n+2}(n=8 정도)를 얻으면 휘발유 정도의 합성 석유를 얻을 수가 있다. 즉,

$CO + 3H_2 \rightarrow CH_4 + H_2O$: (대용 천연가스 Substitute Nature Gas의 생산, 합성천연가스 Synthetic Natural Gas라고도 한다.)

$nCO + xH_2 \rightarrow C_nH_{2n+2} + mH_2O$: (합성석유 생산용 Fischer-Tropsch 반응)

Fischer-Tropsch 반응은 석탄 액화반응 중 가장 유명한 반응으로써 제2차 세계대전에 석유자원은 부족하였는데 석탄자원이 풍부했던 독일에서 개발되어 그 당시에 이미 실용화가 이루어졌다. 현재에도 이 반응에 의한 석탄액화공정이 주류를 이루고 있는데, 남아프리카 공화국의 Sasol 공정의 합성석유공장은 현재 가동중이다. 또한 한국을 포함한 세계 각국에서 석탄의 간접 액화에 의한 합성석유를 생산하기 위한 활발한 연구가 진행되고 있다.

석탄의 가스화는 석탄을 공기와 수증기와 함께 고온에서 반응시켜 연소가스를 얻는데 연소가스의 주성분은 H_2, CO 및 CO_2 등이다. 이 혼합가스를 수성가스라고 부르는데, 열량은 천연가스만큼 높지 않으나 기체연료로 사용할 수도 있다.

$C + 1/2\ O_2 \rightarrow CO$

$C + O_2 \rightarrow CO_2$

$CO + H_2O \rightarrow CO_2 + H_2$

물론 이 수성가스 속에는 불필요하거나 유해한 성분(N_2 또는 SO_2)이 많이 들어 있으므로 사용하기 전에 SO_2 등의 유해성분을 제거한 후 연료가스로 사용할 수 있으며, 합성석유 생산용 원료로도 사용될 수 있다.

4.4.3 석탄의 화학 반응성

석탄이 탄소, 수소를 주성분으로 하는 화합물 또는 혼합물이고 석유나 천연가스 등도 비슷한 탄화수소(탄소와 수소의 화합물) 화합물로 구성되어 있으므로 석탄, 석유(휘발유), 천연가스 등의 화석연료들은 탄소함유량과 수소함유량으로 비교해 보면 흥미있는 지식을 터득할 수가 있다. 표 4-13에는 4가지의 화석연료물질의 탄소/수소의 무게비율과 C/H의 몰비율(탄소 12 g=1몰, 수소 2 g=1몰)을 대략적으로 각각 비교하였다. 석유나 천연가스는 석탄에서보다 수소성분이 많다. 석유나 천연가스는 수소성분이 많은 연료이기 때문에 액상 또는 기체상태이고, 석탄보다도 사용에 더 편리하다. 그러므로 석탄을 더 편리한 형태의 액체 또는 기체연료로 만드는데 수소가 추가적으로 더 필요함을 짐작할 수 있다.

석탄으로부터 석유성분과 비슷한 액체연료를 만들거나 천연가스 성분과 비슷한 기체연료를 합성하는 방법은 수소를 석탄에 첨가하여 인공의 합성석유를 제조하는 방법이다(Bergius법이 대표적이다). 수소를 어떤 물질에 첨가 반응시키는 화학반응을 수소화 반응(hydrogenation)이라고 부르는데, 석탄의 수소화 반응 메커니즘을 그림 4-10에 나타냈다. 4.2.12절의 그림 4-5에 보여준 석탄의 구조를 대략적으로 표현하면 그림 4-10 왼쪽과 같은 것이라고 가정할 수 있다. 이 석탄을 가열 분해시키면 여러 개의 작은 불특정 화합물이 되고, 이 불특정 화합물은 안정된 물질이 아니므로(자유기 : free radical이라 한다) 수소원자와 반응하거나, 수소를 제공할 수 있는 물질로부터 수소를 받아서 C_nH_m

표 4-13 화석연료들의 탄소/수소 비율

연료	C/H 질량비	C/H 몰비	상태	주성분
역청탄	15	1.25	고체	$(C_{1.25}H_1)_X$
원유	9	$0.77=\frac{n}{m}$	액체	$C_nH_m=(C_{0.77}H_1)_X$
휘발유	6	약 0.50	액체	$C_8H_{18}=(C_1H_2)_X$
천연가스	3	0.25	기체	CH_4

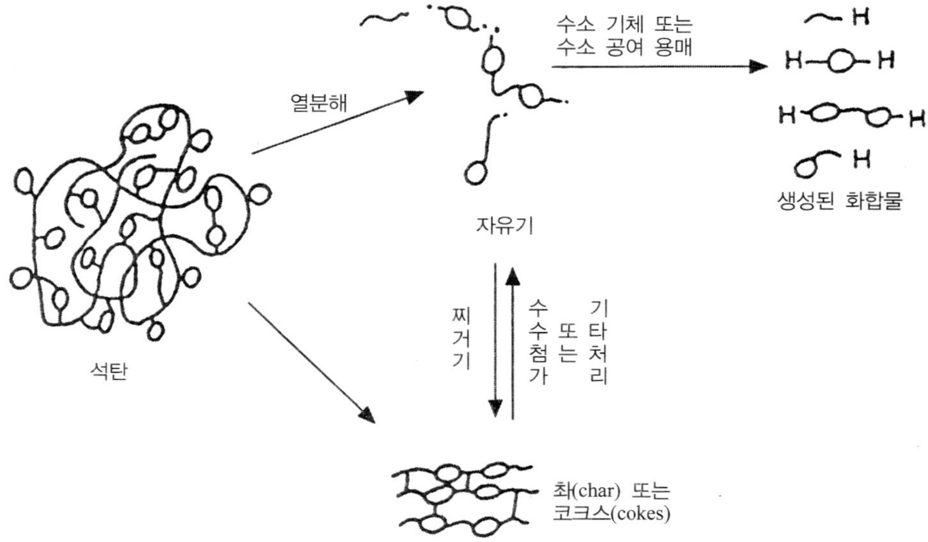

그림 4-10 석탄의 수소화 반응 메커니즘

화합물을 만들게 된다. 이 과정이 바로 석탄의 수소화 반응이고 그 생성물은 기체상 연료나 액체상 연료가 된다. 수소화 반응 중 일부 석탄은 탄소성분이 많은 촤(숯 ; Char) 또는 코크스 형태가 되고 이것들도 역시 수소와 반응하여 탄화수소 생성물이 되거나 미반응의 탄소덩어리로 반응장치 내에 남게 된다.

4.4.4 석탄의 지하현장(in-situ coal gasification) 가스화 기술

석탄의 액화 또는 가스화 공정은 반드시 공장에서만 이루어질 수 있는 것은 아니다. 실제로 석탄을 채굴하고, 선탄하고, 수송하고 저장하는 과정에서 매우 많은 비용이 필요하기 때문에 이러한 과정을 생략하는 방법으로 석탄이 매장되어 있는 지하의 광맥 속에서 석탄가스화 또는 액화반응을 일으키고 거기서 생성된 가스연료와 액체연료를 천연가스나 석유처럼 퍼 올릴 수 있는 가능성에 대한 연구도 석탄자원이 풍부한 미국, 캐나다 등에서 많이 추진되고 있다. 이러한 기술을 석탄의 현장가스화 공정이라고 부른다.* 이러한 연구는 지하에서의 광맥 발파작업에서부터 채유과정에 이르기까지 높은 수준의 과학기술과 정확한 경제성 평가가 필요하게 됨은 물론이다(그림 4-11).

석탄의 액화나 가스화 반응을 위해서는 원료석탄의 전처리 과정이 매우 중요한데, 재

* Edgar, T. F., D. W. Greqg, "Underground Coal Gasification", J. AIChE, 24(5):753-781(1978)

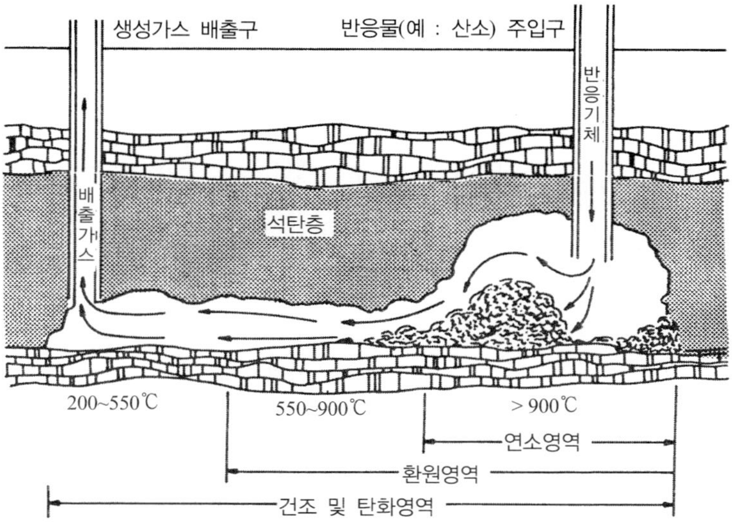

그림 4-11 석탄의 지하가스화 기술의 개략도

래식 선탄과정, 분쇄과정을 거치는 것 외에 석탄 속에 들어있는 불순물(유황분, 질소분 및 재 등의 무기물)의 양을 감소시키는 용매추출법이 이용되기도 한다. 특히 석탄 속에 함유되어 있는 유황성분은 화학반응에서 매우 나쁜 영향을 나타내기 때문에 석탄 속에 들어있는 유황분을 제거하는 공정을 석탄 탈황공정(coal desulfurization)이라 부르고, 유황분이 제거된 석탄을 clean coal 또는 sweet coal이라고 부른다. 이것에 반대로 유황분이 많이 함유된 석탄을 sour coal이라고 부르기도 한다.

그림 4-12에는 석탄의 액화에 관련된 이상적인 공정의 예를 표시하였다. 이와 비슷한 제안들을 여러 가지 문헌에서 매우 쉽게 또 많이 찾아볼 수 있다.

4.4.5 석탄 화학공업과 제철산업

앞 절에서 설명한 석탄가스화도 석탄화학공업의 한 분야이지만, 여기서는 종래의 석탄화학공업과 제철산업에 관하여 간단히 소개하겠다. 유연탄을 건류장치(coke oven)에 장입하고 중온(800℃) 또는 고온(1,300℃)에서 건류하면 고정탄소 성분은 대개 cokes 또는 coalite라는 고체의 물질로 남고 액체상태의 coal tar와 기체상태의 coke oven gas (COG)를 얻는다. 이들 후자의 두 물질 속에는 각종 유기 화합물이 많이 포함되어 있으므로, 여러 가지 복잡한 분리정제 공정을 거쳐서 유용한 화학공업 원료를 얻을 수가 있다. 고체 코크스는 제철용 고로에 사용된다.

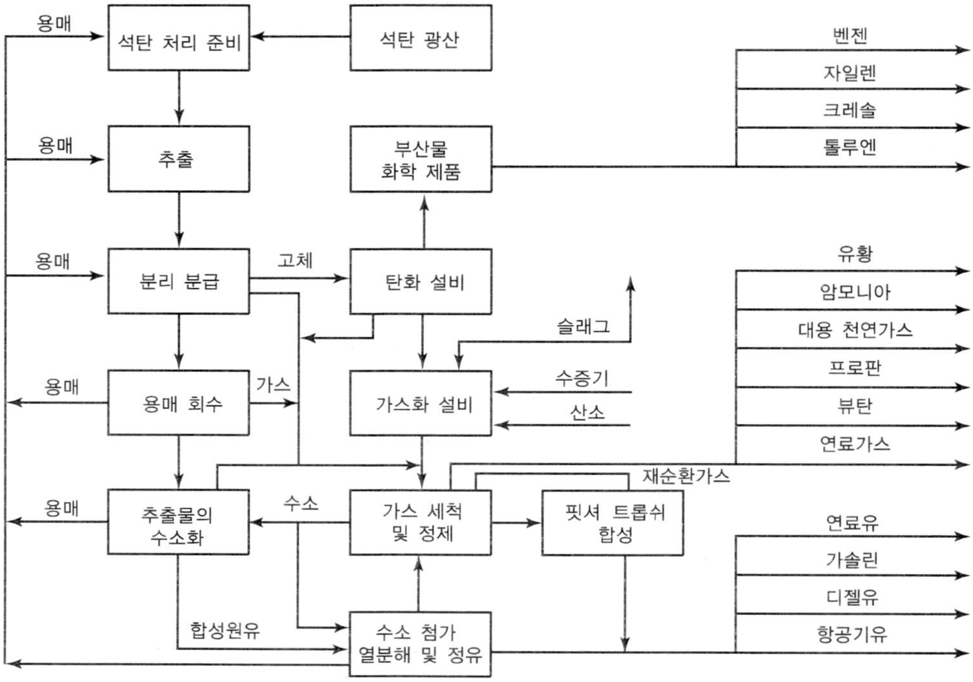

그림 4-12 석탄의 처리과정에 따라서 다르게 얻어지는 각종 생산물

자료 : Scientific American, "Energy", W. H Freeman & Co., San Francisco, 1979

현재 우리나라에는 포항제철과 광양제철에서 생산되는 coal tar를 분리정제하는 포스코켐텍 회사가 포항제철과 별도로 운영되고 있다. COG를 처리하여 화학공업 원료를 생산하는 계획은 아직 없기 때문에 COG는 현재까지는 제철소용 연료가스로 사용되고 있다. 장래에는 COG를 처리하여 수소나 암모니아 등의 유용한 화학공업용 원료를 얻는 경제적 가능성에 대한 연구와 검토가 필요하다. 이러한 연구결과를 실용화하는 데는 많은 투자가 필요하다. 석탄화학공업은 석유화학공업이 발달하기 이전, 1920~40년에 유럽에서 매우 중요한 화학공업이었다.

석탄화학공업은 제철공업에 필수불가결한 cokes 제조의 부산물 처리공업이다. 그런데 제철공업에서는 cokes의 사용량이 매우 많기 때문에 양질의 코크스를 생산하는 기술과 생산목적에 적합한 코크스용 원료탄을 확보하는 문제(우리나라에서는 생산되지 않고 미국, 캐나다, 호주 등에서 수입하고 있다)는 일차적으로 철강공업의 승패를 좌우하는 동시에 석탄화학공업의 발전방향을 결정하게 되는 중요한 과제이다.

철강공업의 주원료는 철광석과 코크스 및 석회석이다. 제철공업에서는 철분 함량이 높은 고품위 철광석이 제철용 원료로 사용된다. 한국의 철광석은 철분 함량이 낮고 매장량도 많지 않기 때문에 외국에서 수입해 와야 한다. 종래 제철방법은 원료 철광석을 먼저 소결로에서 적당한 크기로 소결시켜 덩어리로 만들고 유연탄으로부터 만든 코크스와 크기가 조절된 석회석 덩어리를 용광로(제철용 고로)에 한층한층(시루떡을 만들 때 쌀가루와 팥고물을 쌓아 놓듯이) 장입한 후 산소를 공급하여 철광석 속의 산화철을 환원시켜 선철을 생산한다. 이러한 제철방법은 거대설비와 전처리 설비가 필요한 복잡한 생산공정이다.

한국의 포항제철은 2003년 세계 최초로 파이넥스(FINEX) 공법의 새로운 제철 기술을 개발하였다. 파이넥스 공법은 철광석 덩어리 대신 철광석과 석탄을 모두 가루로 만들어서 산소와 반응시켜 선철을 생산하는 기술이다. 값싼 철광석 분말과 코크스 대신 석탄을 사용함으로써 소결광 제조공정을 생략할 수 있으며, 코크스 제조비용을 절감할 수 있다. 뿐만 아니라 고로용 제철에서 발생하는 SO_x와 No_x의 발생을 대폭적으로 감소시킬 수가 있다. 현재 포항제철은 연소 60만 톤(COREX 공법), 150만 톤의 파이넥스 설비를 시험운정 중이며, 연산 200만 톤의 제3호 설비도 건설 중이다. 현재로서는 파이넥스 공법의 생산 능력이 종래의 고로 제철 생산능력(연산 300~500만 톤/고로 1개)에 미치지 못하나 경제성이 우수한 장점이 있고 향후 단위 설비용량을 증가시킬 수 있을 것이다.

참고문헌

〈일반〉

Berkowitz, N., "An Introduction to Coal Technology", Academic Press, 1979.

Congress of the United States, "The Direct Use of Coal ; Prospects and Problems of Production and Combustion", Office of Technology Assessment, Wachington, D.C., 1984.

Meyers, "Coal Handbook", Dekker, 1981.

安東赫, "化學工業概論", 文運堂, 1965.

한국동력자원연구소., "석탄자원", 한국동력자원연구소, 서울, 1983.

Wilson Philips J., "Coal, coke, and coal chemicals", McGraw-Hill, 1950.

Schobert, Harold H., "Coal : The Energy Source of the Past & Future", American Chemical Society, 1987.

〈석탄의 특성〉

Lloyd, William G., "Development of Methods of Characterizing Coal in Its Plastic State", Kentucky Energy Cabinet Laboratory, 1980.

Nangia, Vinod K., "Materials of Construction for Advanced Coal Conversion Systems", Noyes Press, 1982.

Penner, S S., editor, "Coal Gasification : Direct Applications & Synthesis of Chemicals & Fuels", Vol. 12, Pergamon Press, 1987.

Singer, Stanley, "Pulverized Coal Combustion : Recent Developments", Noyes Press, 1984.

Storch H. H., Golumbic, N. and Anderson, R. B., "The Fischer-Tropsch and Related Synthesis", Wiley, 1945.

Trantolo, D. J. & Wise, D. L., editors, "Energy Recovery from Lignin, Peat, & Lower Rank coals", Elsevier, 1989.

Tsonopoulos, Constantine ; Hwang, Shuen-Cheng & Heidman, John L., "Thermodynamics & Transport Properties of coal Liquids", Wiley, 1986.

〈석탄 처리〉

Khoury, D. L., editor, "Coal Cleaning Technoligy", Noyes Press, 1982.

Liu, "Physical Cleaning of Coal", Dekker.

Moyers, J. C., "Coal Preparation Plant Automation", Noyes Press, 1983.

International Energy Agency Staff, "Clean Coal Technolgy, Programmes & Issues", Organization for Economic Cooperation & Development, 1987.

Schumacher, M. M., editor, "Coal-Oil Mixture Combustion Technology", Noyes Press, 1982.

Stotler, H. H. and Schutter. R. T., "Coal Processing Technology", AIChE, 1979.

Groppo, J. and R. Honaker, "Economical Recovery of Fly Ash", Energeia, 20(6): 2009

〈석탄 에너지 변환〉

Epperly. E. R. and Taunton, J., "Coal Conversion Technoligy", A. H. Pelofaky ed., ACS Symp., Washington D. C., 1979.

Grissom, M. Catherine, editor, "In-Situ Coal Gasification : A Bibliography", U. S. Department of Energy, 1984.

Hoffman, E. J., "Coal Conversion", Energon Company, 1978.

김상돈, "석탄에너지 변환기술", (대우학술총서 자연과학), 민음사, 서울, 1987.

Mahlum, Dennis D.; Gray, Robert H. & Felix, W. dale., editors, "Coal Conversion & the Environment : Chemical, Biomedical, & Ecological Considerations", U. S. Department of Energy, 1981.

Nowacki, Perry, editor, "Coal Gasification Processes", Noyes Press, 1982.

〈석탄의 경제〉

Bakerman, Theodore, "Anthracite Coal : A Study in Advanced Industrial Decline", Bruchey, Stuart, editor, Ayer Compay, 1979.

Gordon, Richard L., "World Coal : Economics, Policis & Prospcts". Cambridge University Press, 1987.

CHAPTER 05

석유와 천연가스

No blood for oil!

-1991년 걸프전쟁을 반대한 소수 미국인들의 시위 구호-

5.1 석유 자원

5.1.1 석유의 생성과 부존상태

석유는 유기생물체의 잔해(殘骸)가 박테리아나 미생물에 의하여 탄화수소화합물로 변한 것이라는 학설이 지배적인 이론이다. 이렇게 생성된 석유는 퇴적된 지층에 눌려 압착되면서 현재의 석유매장 지질층으로 이동하는 여과과정을 거치게 된다. 원래 유기생물체는 70~80%의 수분으로 구성되어 있고, 나머지 대부분은 고형의 무기물질과 탄화수소가 섞여 있다. 탄화수소(Hydrocarbons)는 C와 H 원소로 된 복잡한 화합물로서 C_nH_m ($n=1\sim$, $m=2\sim$)이라고 표시할 수 있다. 학술적으로는 C_nH_{2n+2}(포화탄화수소, alkane 계, 또는 paraffin 계), C_nH_{2n} 또는 C_nH_{2n-2}(불포화 탄화수소, alkyne 계, 또는 alkene 계 또는 naphthene 계) 등으로 구분되며 이들 혼합물이 석유원유이다.

이들 혼합물질은 압착여과 되면서 다량의 수분, 약간의 기름과 가스(휘발성 물질과 천연가스 성분인 메탄과 공기 등)로 구성된 유체상 물질이 지질층의 다공암을 투과하여 지표면쪽으로 이동하게 되고 단단한 무기물질은 혈암(shale rock) 또는 니판암이나 석회석에 침투한다. 이때 다공암이 점토로 막혀 있으면 수분은 모세관 작용으로 통과되나 기름은 막혀서 통과하지 못하게 되면서 압착이 진행된다. 이런 과정에서 대부분의 수분은 기름으로부터 분리되고 남은 기름성분은 단단히 혈암이나 석회석과 같은 탄산염 암석에 섞여 있거나 홀로 갇혀 있고 암석위에는 점토층이 덮개를 형성한다. 현재의 유전탐사는 바로 이러한 지층구조를 찾아내는 작업이라고 할 수 있으며, 갇혀있는 기름의 양이 많으면 대형 유전이 된다.

한편 갇혀있는 기름이 호수같이 큰 저장탱크지층에 있지 않고 모래와 같은 미립자상 지층에 분포되어서 유동성이 없는 원유상태로 발견되는 경우에는 oil sand(유사)라고 하고, 조개껍질 속에 조갯살이 들어 있듯이 석유성분이 다공성인 혈암 속에 들어 있으면 유혈암(oil shale)이라고 부른다. 이러한 혈암층에 메탄, 에탄 등의 가스성분이 들어 있으면 shale gas라고 부르는데, 2010년경에 미국, 캐나다 등지에서 대량으로 발견되어 채굴되고 있다. 현재 캐나다의 중서부 지역에서는 오일샌드와 오일쉐일을 채굴하여 돌이나 모래 속에 박혀있는 석유성분을 가열방법(마치 깨를 볶아서 참기름을 짜는 원리와 같다)으로 회수하고 있다. 최근에는 미국 몬타나주 등 여러 곳에서는 shale gas층이 새로이 발견되어 지하에서 직접 가스를 채굴하기 시작하였다. 쉐일가스 채굴법은 지층 내에 수직파이프를 박는 종래 기술에 추가하여 수평 파이프를 박는 수평착공 기술과 착공 후에 지층 내에 고압의 물을 공급하여 가스층을 파쇄한 후 가스를 분리 채굴하는 기술인 Fracking 기술(파쇄증류기술 ; fracture와 cracking의 혼합용어)이 개발됨으로써 실용화되었다. 쉐일층에 박혀있는 가스오일의 매장량은 유전에 매장되어 있는 양보다 훨씬 많아서 그 매장량이 3,450억 bbl의 오일과 204조m^3의 쉐일가스라고 보고되고 있다.

5.1.2 석유저유 지층 구조

지질학에서는 석유저유 지층(저유지)을 둘러싸 있으면서 석유가 다른 지층으로 투과하지 못하는 경계부분을 트랩(trap)이라고 부른다. 석유가 갇혀 있는 트랩의 종류는 1) 습곡트랩, 2) 단층트랩, 3) 구조적 성층트랩, 4) 성층트랩으로 분류할 수 있다(그림 5-1, 2 참조).

트랩 지층은 물이나 가스가 투수하지 못하는 암석층의 공간이다. 공간 내 상층부에는 탄화수소 가스나 질소 등의 기체가 존재하고 아랫부분에는 석유와 물이 층을 이루어 존재한다. 트랩 지층의 상층부는 점토와 석회석의 덮개암(cap rock) 지층으로 석유나 천연가스의 자연 누출을 수천만 년 동안 억제하는 역할을 하였다. 이러한 공간이 한 지역에 여러 개가 존재할 때 유전(oil field)이라고 부른다.

유전에서는 서로 다른 지질학적 시대에 따라서 여러 층의 다른 광상이 존재할 수도 있다. 그런데 이러한 광상들은 부분적으로 또는 완전하게 수평적으로 겹칠 수도 있고 전혀 겹치지 않을 수도 있다. 흔히 유전 지대라고 부르는 용어는 다수의 유전이 연속적으로 발견되는 지리적 장소를 가리킨다. 예를 들면 베네수엘라의 마라카이브 호수 지대,

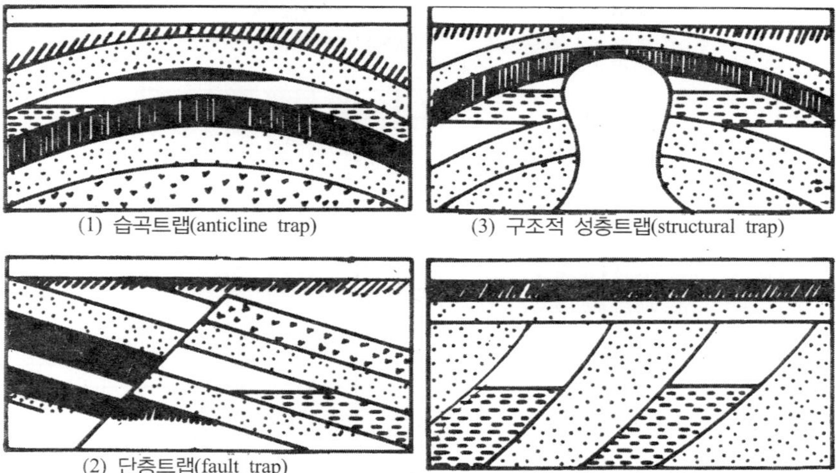

(1) 습곡트랩(anticline trap)　(3) 구조적 성층트랩(structural trap)

(2) 단층트랩(fault trap)　(4) 성층트랩(stratigraphic trap)

그림 5-1 석유 부존지층의 여러 가지 형태

미국의 남부지역, 페르시아만, 쿠웨이트와 이라크의 국경지대, 리비아의 유전지대 등은 그 예들이다. 표 5-1에는 세계 각 지역에서 발견되는 석유의 지질층을 지질시대별로 구분하여 표시한 것이다. 예를 들면 중동지역과 유럽의 산유지층은 대개 중생대 이후의 지층이고, 중남미 일부와 아프리카의 산유지층은 고생대 지층이다. 우리나라의 포항, 경주지역에 유징이 있는 지층이 발견된 바 있으며, 부분적으로는 시추가 진행된 적이 있다. 또 다른 역사자료(삼국사기 또는 삼국유사)에는 경주지방에서 불이 붙는 돌이 있었다는 기록이 있다고 한다. 사실이라면 이 지역에 유혈암 또는 유사가 존재한다고 추정할 수 있다.

5.1.3 석유자원의 탐사

석유자원의 이용 순서는 새로운 유전을 발견하는 석유 탐사과정, 석유채굴생산, 원유수송, 석유를 처리하여 휘발유, 백등유, 경유, 중유 등으로 분리정제하는 정유과정 이후의 저장, 판매과정 등인데 이 과정을 차례로 설명하겠다.

석유 탐사기술이 발달되지 못하여 석유매장지역이 거의 알려져 있지 않았던 시대(겨우 150년 전이었다)에는 석유가 지극히 제한된 지역에서만 산출되는 것으로 알았었다. 탐사기술이 발달됨으로써, 예를 들면 1979년에 확인된 전 세계의 석유 매장량은 1950년 확인량의 6배에 달하고 있고, 현재에도 전 세계에서 석유탐사활동이 계속되고 있다. 석

표 5-1 세계 각 지역의 산유지층

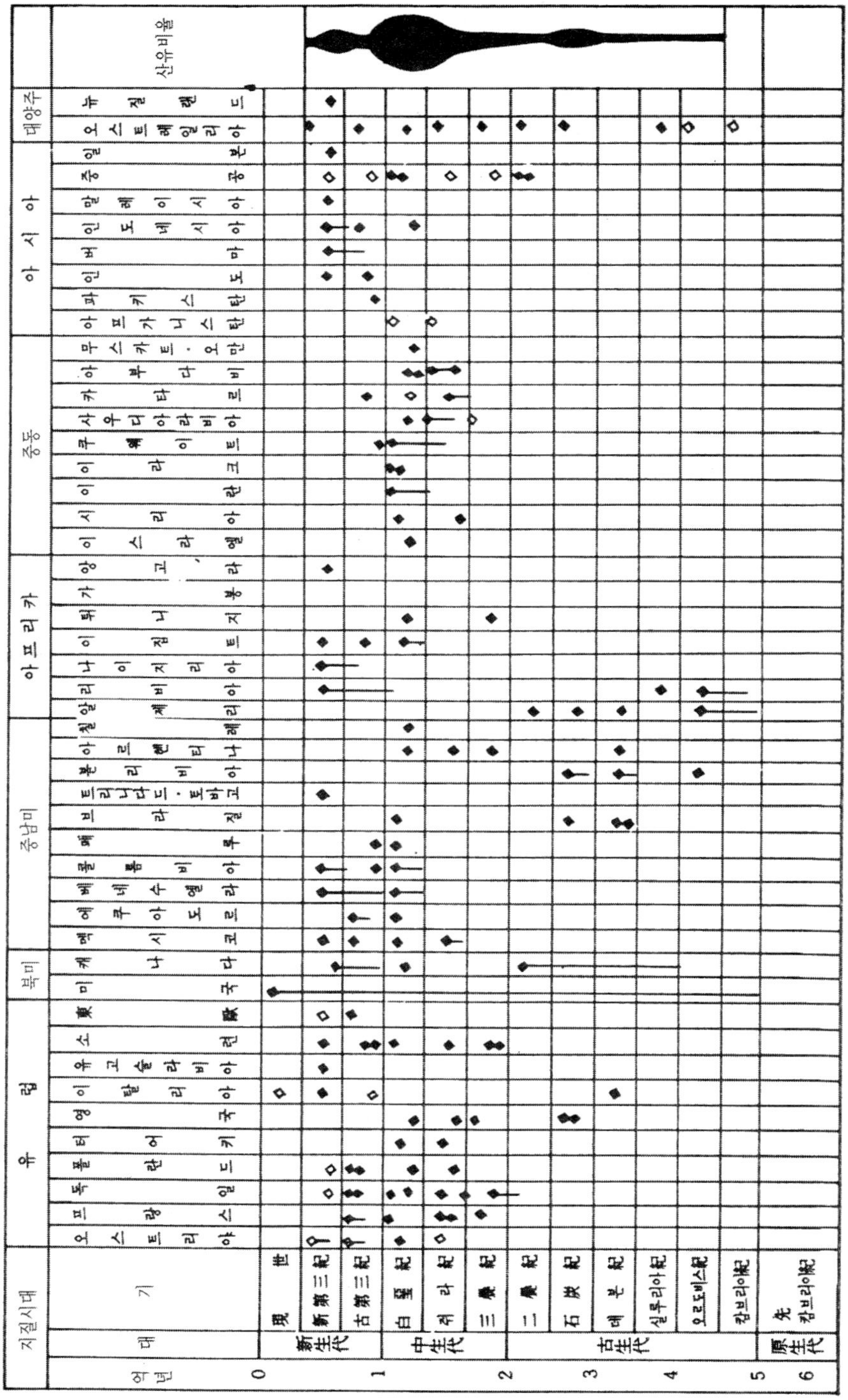

◇ 가스 ◆ 원유
자료 : 석유개발관계자료, 1974.

그림 5-2 한국 근해의 유전 개발 지역

유탐사 작업은 어떤 일정한 지형에서 경제적으로 개발할만한 충분한 양의 석유 또는 천연가스가 매장되어 있는가를 여러 가지 기술로 조사하는 활동이다.

그 탐사활동의 순서는 대개 다음과 같이 요약된다.

1) 개략탐사 또는 탐사지형 선정 : 이미 알려진 지질학적, 지구물리학적 지식을 이용하여 석유자원의 잠재 가능성을 시사하는 과학적 자료들을 분석 검토한다. 이러한 예비 조사에는 공중탐색에 의한 적외선 사진, 지질도 등의 기술을 이용하며 또 기존의 유전지대에 관한 자료를 이용하기도 한다. 석유탐사와 특히 시추(시험 착공)공사는 높은 비용과 기술이 요구된다. 그림 5-2는 한국의 서남해안 대륙붕에서의 석유탐사 활동과 석유시추계획의 대략을 보여주는 지도이다.

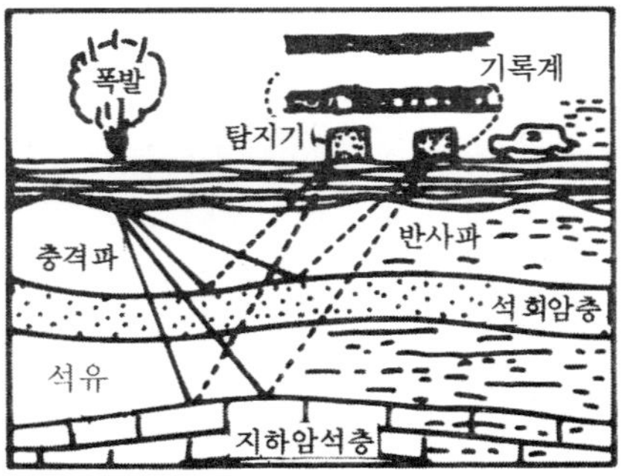

그림 5-3 반사 지진계를 이용한 석유트랩의 탐사원리

2) 정밀조사 또는 지형조사 및 예측활동 : 개략탐사 결과로 어느 특정지역에서 그 지표면 밑에 있는 각 지층의 밀도, 깊이, 지질구조 등을 조사하여 석유매장 가능성을 타진한다. 이러한 목적을 수행하는 데는 각 지층의 특성을 알아내기 위한 과학기술적 장비가 사용된다. 예를 들면 반사지진계(reflection seismometer), 암석비중계(rock gravimeter), 자기계(magnetometer) 등이 쓰인다(그림 5-3).
3) 석유 채굴권 획득 : 어느 지역에서 석유가 발견될 경우에 석유를 채굴, 생산할 수 있도록 법적인 석유 채굴권(일반적인 광산 채굴권과 같다)을, 육지서는 토지소유자(국가 또는 개인), 대륙붕 등의 바다에서는 해당 국가의 정부에 채굴권을 신청하여 권리를 받고 지역을 일정기간 임대해야 한다.
4) 시추결정 : 채굴권을 받아낸 유망한 지역에 실제로 석유가 매장되어 있는가를 확인하는 유일한 방법은 시추이다. 즉, 매장 가능성이 있는 지역에 실제로 잠재성이 있는지의 여부를 결정하기 위해 여러 개의 시추공을 뚫는다. 석유 생산용 유정을 굴착하는 설비는 바다의 경우 1개당 약 1억불 이상의 비용이 소요되기 때문에 유전의 유무를 결정하는 시추공을 뚫는 작업을 시행하기 전에 지질학적, 전략적, 경제적 사항 등을 검토해야 한다.*

5.1.4 석유의 매장량과 생산량

현재 세계적으로 탄화수소 자원, 즉 원유와 천연가스가 부존되어 있다고 확인되었거나 확실성이 인정되고 있는 퇴적층 지역은 약 600군데 정도인 것으로 알려져 있다. 이 지역은 현재 생산이 이루어지고 있는 160개 지역과 이미 유전이 발견되었거나 미개발

표 5-2 탄화수소 자원의 부존지역

지역	지역수(개)	특징	대표지역
현재 생산 중인 지역	160	전체 부존지역 면적 외 5% 기존 산유지역 확인 가채매장량의 75%	미국, 소련, 중동, 알제리
발견되었으나 미개발 지역	240	신규 생산이 유망한 곳 거대 유전과 중소 유전	아르헨티나, 파키스탄, 브라질, 카메룬, 콜롬비아, 베트남, 토고
개발 조건이 나쁜 지역	200	가격 상승이 개발을 촉진	심해저, 극지방, 내륙 사막지방

* 더 자세한 내용은 조동성, "국제자원 자원론", 박영사, 1981을 참조할 수 있다.

지역이 약 240군데, 그리고 개발여건이 좋지 않은 지역 200군데 정도로 분류될 수 있다. 표 5-2는 이 지역들의 특징을 간단히 요약한 것이다.

석유의 매장량은 현재 기술능력에 의해 채굴이 가능한 매장량을 의미하는데, 확인가채매장량(proven reserves), 추가예상 자원량(provable resources) 그리고 궁극적 자원량(ultimate resources) 등으로 구분하여 쓰기도 한다. 궁극적 자원량은 확인가채매장량과 추가예상 자원량을 합하고 또 이미 채굴한 생산누적량을 보탠 것이다.

그림 5-4는 2009년 현재 세계 각 지역의 원유 확인 매장량을 표시한다. 전 세계적으로 매장량 통계는 해마다 증가하는 경향이 있다. 그 이유는 탐사기술과 굴착기술이 발전하고 있고 원유의 배럴 당 시장가격이 높기 때문에 경제적 채산성이 개선되고 있기 때문이다.

한편, 석유자원의 고갈 가능성을 평가하는 지표로 사용되는 가채년수를 표시하는(가채매장량/연간 생산량=R/P) 비율의 변화는 해가 거듭할수록 달라짐을 표 5-3에서 알 수 있다. 표에서 보면 1960년대에 에너지 수요상승으로 인한 매장량 조사가 확대되었으며, 1970년대의 석유위기가 유가상승을 초래하여 다시 한 번, 그리고 꾸준히 매장량 조사가 증대하고, 이 결과로서 가채년수가 계속 증가하는 추세에 있다. 그러나 이러한 추세의 자료를 바탕으로 하여 "자원은 유한한 것"이라는 논리를 뒤집어엎어 버리는 결론은 위험하다. 다만 자원의 매장량의 개념은 여러 가지 영향요인을 감안한 "동적 개념"으로

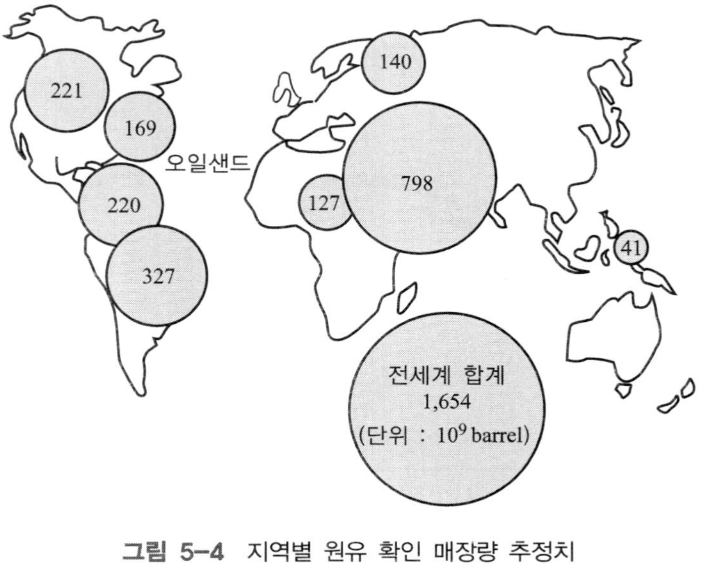

그림 5-4 지역별 원유 확인 매장량 추정치

(자료 : BP가 2011년 발표한 수치를 사용하여 그림을 작성함)

표 5-3 세계 석유자원 가채년수의 변화 추이

(단위 : 백만 톤)

	확인가채매장량(R)	연간 생산량(P)	가채년수(R/P)
1939	4,000	272	14.7
1950	11,000	525	21.0
1960	42,000	1,050	40.0
1970	77,000	2,340	32.9
1980	87,500	3,050	28.7
1983	92,300	2,756	33.5
1985	95,800	2,789	34.4
1992	141,700	-	-
2002	180,200	3,730	48
2012	227,700	4,288	53

자료 : BP, "Statistical Review of World Energy." 각 연도.

파악될 수도 있음을 유의해야 할 것이다. 이러한 동적 개념은 탐사기술과 채굴기술의 진보로 인해 석유생산량은 앞으로 수십 년간 증가할 것이며, 다음 세기에도 석유 원유는 계속 공급될 것이라는 낙관론을 뒷받침한다. 마찬가지로 원유의 확인 매장량도 추정치일 뿐 고정된 수치가 아니기 때문에 계속 증가한다고 낙관할 수 있다. 이러한 낙관론은 원유 생산 예측 모델로도 가능하다.

전 세계의 원유 생산량에 관한 예측 모델은 전문가들의 연구결과에 따라서 넓게 달라진다. 1956년에 미국의 Shell 석유회사의 지질학자 M. King Hubbert는 세계의 원유 생산량이 2002년에 최고점에 도달할 것이라는 예측 모델을 최초로 발표하였는데, 그의 종

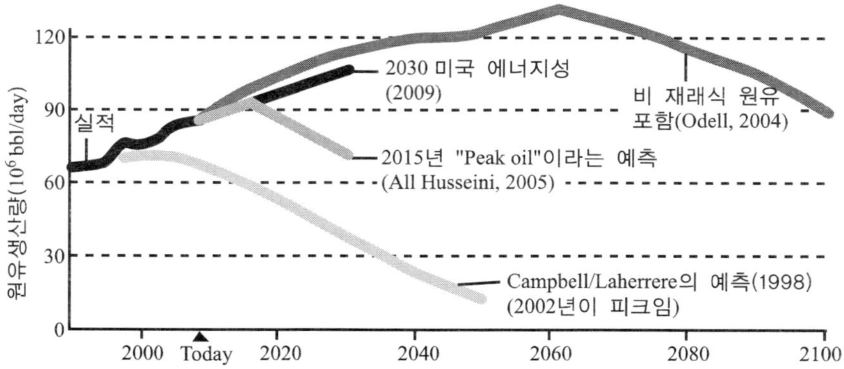

그림 5-5 원유 생산 peak-model의 여러 가지 예측

(자료 : Scientific American, Oct, 2009, p.42)

모양 곡선(bell-shaped curve) 모델은 여러 연구기관에서 예측 모델로 사용하기 시작하였다. 그들의 연구 결과로 여러 가지 원유 생산 예측이 가능하게 되었다(그림 5-5). Hubbert의 peak oil 모델을 사용한 최초의 예측은 2002년에 세계 원유 생산량이 최고점에 도달한 후 감소한다는 Campbell 등의 예측(1998)이고, Al Husseini 등은 2015년에 최고점에 도달한 후 확실히 감소한다는 예측이다. 미국 에너지성의 예측은 새로운 유전의 발견과 새로운 탐사/채굴 기술의 발전에 의하여 2030년까지 원유 생산량이 계속 증가한다는 예측이다. Odell 등의 예측은 타르샌드와 오일쉐일 등의 비재래식 석유 자원을 충분히 개발하는 경우에 2070년에 생산이 최고점에 도달한다는 예측인데, 이 예측치는 석유자원을 22세기에도 사용할 수 있다는 낙관적이고 구체적인 예측이다.

5.1.5 유혈암과 타르샌드

유혈암과 타르샌드는 석유 원유 성분 중에서도 중질유에 해당하는 탄화수소 화합물이 다공성 암석 또는 모래 속에 함유된 석유자원이다. 이들 두 가지 석유자원은 겉보기에는 흑색 또는 백색의 암석으로서 자세히 관찰하지 않으면 흑, 백색의 광택 있는 석회석처럼 보인다. 그 분포는 주로 북미, 러시아, 중국, 베네수엘라, 모로코 등지로 알려져 있는데 미국 서북부와 캐나다의 매장량은 대단히 많다. 1970년대의 두 차례 석유위기 이후에는 이들 자원의 채굴, 활용기술에 대한 연구와 개발이 많이 수행되었다. 그러나 이들 비재래식 원유(기존의 석유, 천연가스 채굴방법이 재래식이라는 뜻에 비교하는 용어)는 초중질유(ultraheavy oil), 타르샌드(tar sand), 유혈암(oil shale), 역청질 편암(bituminous schist) 등으로서 매우 끈적끈적하거나 돌, 모래 등의 입자간 공극에 분산되어 박혀 있기 때문에 특별한 채굴 기술이 필요하다. 예를 들면 캐나다의 에드몬턴 지역에서는 타르샌드를 채굴하여 분쇄한 후 가열하여 기름을 암석으로부터 분리한 유분을 채집, 저장한 후 정제하는 기술이 실용화되고 있다.

석유자원으로서 이들 오일쉐일과 타르샌드의 잠재적 매장량(확인가채매장량과 추가 예상 자원량의 합계 기준)은 매우 많다. WEC의 평가에 의하면 1톤의 유혈암에 평균 40l의 원유가 함유된 것으로 추정하여 석유환산 4,550억 톤으로 추산된다. 이 수치는 세계의 석유가채 매장량의 5배에 해당한다. 즉, 이러한 자원량은 채굴가능 매장량에 비교하면 매우 많은 양이다.

5.1.6 석유의 채굴

이 절에서는 석유의 채굴 생산과정을 설명하겠다. 석유를 생산하려면 우선 석유가 있는 지층까지 파 내려가야 하는데, 이 작업을 굴착작업(drilling)이라고 한다. 굴착작업은 시추작업과 거의 동일하다. 그림 5-6은 석유의 시추 및 굴착 방법의 개략을 설명한다. 석유가 매장되어 있는 지층을 탐사해서 트랩 지층이 형성되어 있고 그 트랩 속에 석유와 천연가스 및 소금물(또는 물)이 갇혀 있음을 확인한 후, 구멍을 뚫고 파이프를 박는다. 그림에서 A 위치에 구멍을 뚫으면 천연가스가 분출될 것이고, B 지층을 뚫으면 석유가 분출되거나(고압에 의하여), 석유를 펌핑해야 한다. 만일 C 지점에서 구멍을 뚫으면 소금물을 퍼 올리게 될 것이다. 굴착기술은 여러 가지가 있는데 cable tool drilling(기원전 5세기경 중국에서 우물을 파는 기술로 이미 사용되었다), rotary drilling(굴착용 빗트가 두 겹의 파이프의 끝에 부착되어 있고, 지상에서 파이프를 회전시켜 굴착한다) 등이 주

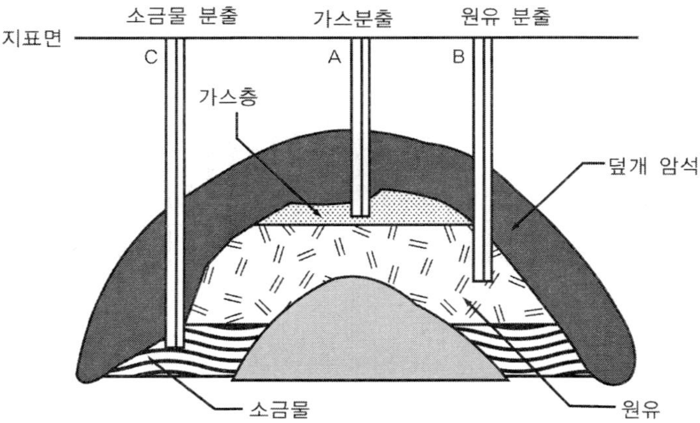

(a)

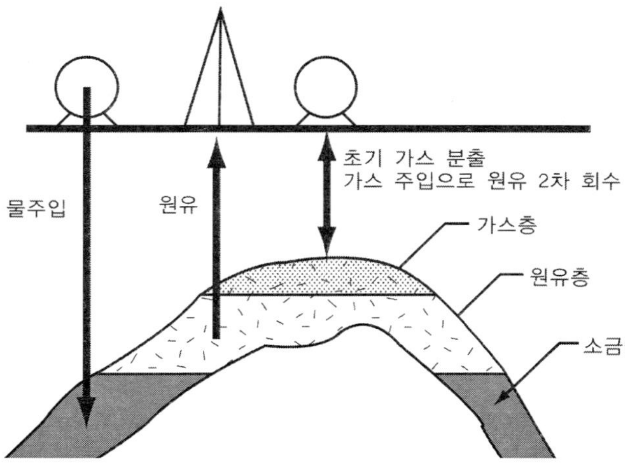

(b)

그림 5-6 석유의 시추 및 굴착원리의 개략도(a, b)

로 쓰인다.*

석유유정의 굴착이 완료되면 유정에서 석유나 가스가 솟아나올 수도 있으나 굴착 장비 때문에 분출은 일어나지 않는 것이 보통이다. 따라서 굴착 후 유정 내부에 여러 가지 시설(굴착정 내부의 토목공사, 굴착구멍 내 장애물 제거, 석유 또는 가스 분출량 조절을 위한 기계설비 등)을 해야 실제로 석유의 생산 단계에 들어갈 수 있다.

대부분의 경우 유정의 생산 초기에는 석유 또는 천연가스의 큰 압력에 의해 자연적으로 분출되지만 매장량의 약 10~20% 정도가 분출한 뒤에는 자연분출(이것을 1차 회수(primary recovery)라고 부른다)이 정지되므로 나머지 80~90%의 석유를 분출시키기 위해서는 2차 회수 또는 3차 회수 기술을 사용한다. 2차 회수 기술(secondary recovery)은 유정 내부에 물이나 고압가스(탄산가스 등), 또는 수증기를 주입해서 원유를 솟아 나오게 하는 기술이고, 매장량의 20~40%를 채굴할 수 있다. 이 단계 이후에도 유정에는 점도가 매우 큰 원유 성분이 50% 정도는 남아 있기 때문에 특별한 3차 회수 기술을 이용하여 원유를 채굴한다. 이 단계에서 사용되는 방법은 연소방법(산소를 공급하여 유정 내에서 연소반응을 일으킨 후 점도가 낮아진 원유성분을 회수)(그림 5-7), 화학약품(주로 계면활성제를 사용하여 기름을 씻어내는 방법) 등이 사용된다. 현재는 유정 속으로 박테리아 등의 미생물을 주입하여 미생물 성장 반응을 일으키고, 이 반응으로 원유의 점도를 감소시켜 지상으로 퍼 올리기 쉽게 하는 방법이 시험 단계에 있다. 특히 연소방법은 유혈암, 유사 등에서 석유를 추출하는 in-situ recovery 기술인데, 유혈암층이나 유사층에

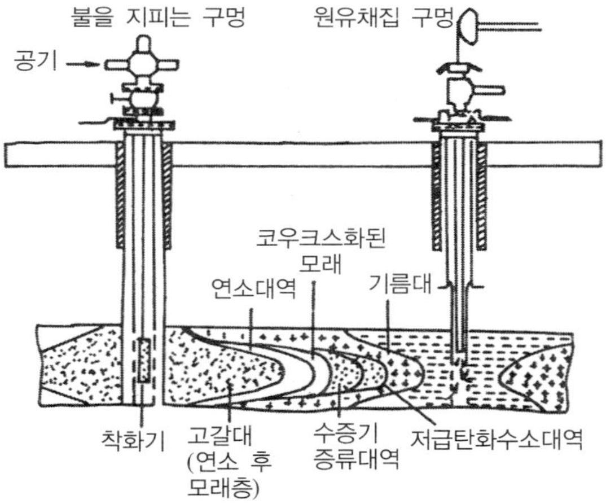

그림 5-7 석유자원의 지하연소 채취법 개요

* R. N. Anderson, "Oil Production in the 21st. Century", Scientific American, March 1998, p. 68

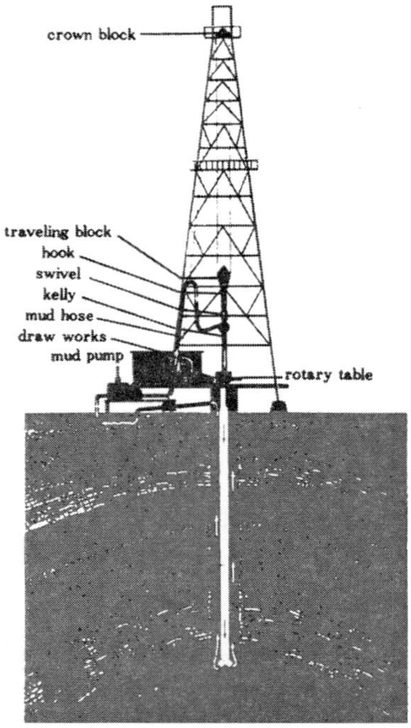

그림 5-8 육지의 석유 시추, 채굴 설비(시추설비와 채굴설비는 거의 같다)

있는 석유성분을 땅속에 묻혀있는 상태에서 지상의 공기를 유입시켜 연소시키고 그 연소열에 의하여 나머지의 석유성분들을 암석공극으로부터 녹여내서 석유를 퍼 올리는 방법이다. 이러한 기술은 석유 함유 암석을 채굴하여 지상의 공장에서 기름을 짜내는 방법보다도 여러 가지로 유리하다.

위의 방법은 육지나 해저의 유전 굴착에서 함께 쓰이는 방법인데, 다만 해저굴착

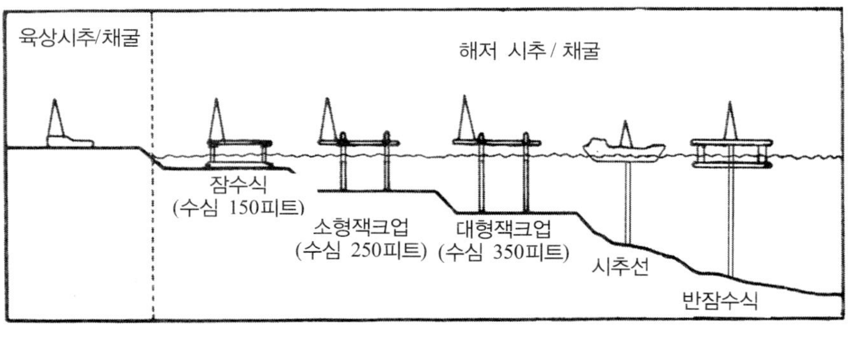

그림 5-9 해저용 시추-채굴설비(수심에 따라서 여러 가지 시추대가 선택된다)

(off-shore drilling)에서 시추대(rig)라고 부르는 해양설비가 부수적으로 필요하다. 해저용 시추대에는 jack-up rig, 잠수식 시추대(submersible drilling rig), 반잠수식 시추대, 시추선박(drilling ship) 등이 있다. 이들 방법의 개요는 그림 5-8과 그림 5-9에서 육상 및 해저유전 설비로 대략적으로 짐작할 수 있다.

5.1.7 석유의 생산과 수송

석유나 천연가스의 자원탐사와 시추작업의 비용은 엄청나게 비싸지만(예를 들어, 해저 시추작업에서 시추공 1개의 공사 및 작업비는 1억불 정도 될 수 있다) 일단 석유매장 지역이 확인되면 석유를 생산하는 비용은 석탄에너지의 생산비용보다 훨씬 싸다. 표 5-4는 여러 가지 에너지 자원별 생산비용을 발열량 기준으로 비교한 표이다.

이 표는 발열량 기준으로 boe*당 생산비용을 조사한 내용인데, 육지유전에서 채굴되는 중동석유의 생산비용은 1.5~4.5$/boe 정도이고, 북해유전과 같은 해저유전에서의 생산비용은 5.7~22.8$/boe이다. 이 비용들을 기타 유혈암, 유사암에서 생산되는 비용, 석탄 생산비용 및 LNG 수입비용(생산비포함 도착지 가격) 등과 비교하면 상당히 저렴하다.

일반적으로, 채굴된 석유 속에는 물 또는 소금물이 많이 섞여 있기 때문에 육상 채굴 현지 또는 해상에서 물과 석유를 분리, 저장, 수송한다. 생산지(북해, 알라스카, 중동사막 등)와 소비지(한국, 일본, 미국 등) 사이의 거리가 멀고 바다로 갈라져 있으면 육지의 항구에서 유조선에 원유를 싣고 바다를 항해하여 이동할 수밖에 없다. 육지에서는 거리가 멀더라도 파이프라인 수송의 실예는 많다.

최근에는 시베리아의 천연가스를 중국, 일본, 한국 등에 파이프라인으로 수송하는 계

표 5-4 에너지원 별 석유환산 1 bbl(boe)* 생산에 소요되는 생산비용

(1982, Shell 조사)

에너지원 별	$/boe
중동석유(기존 지역)	1.1~4.5
북해유전(기존 지역)	5.7~22.8
유혈암과 타르샌드의 액화(북미)	17.1~45.5
미국 국내탄	4.5~9.5
북서 Europe 국내탄	11.4~28.5
LNG 수입(Europe, 일본, U.S.A.)	28.5~45.5

* boe=barrel-oil-equivalent=1 bbl의 석유발열량에 상당하는 열량

획이 협상 중에 있으며, 특히 인도양에서 미얀마를 거쳐 중국 서남부 지역에 원유를 수송하는 파이프라인이 건설되었다. 한국 내에서도 석유제품의 수송라인이 울산-서울, 여수-서울 간에 부설되어 있는데 이 수송관은 짧은 거리에 부설된 예에 속한다. 원유의 수송뿐만 아니라, 석유제품의 수송, 천연가스의 수송도 같은 방법으로 수행된다. 카스피해 지역처럼 여러 국가를 경유하는 석유/천연가스 수송 파이프라인의 설치는 대단히 복잡한 정치, 경제, 외교문제를 발생시킨다.

5.2 석유의 성질과 정유

5.2.1 석유의 역사

이 절에서는 석유가 발견되고 사용되었던 역사적 기록에 관한 것들을 소개하겠다.*

석유(petroleum)는 희랍어의 바위를 의미하는 petra($\pi\epsilon\tau\rho\alpha$)와 기름을 의미하는 oleum($\epsilon\lambda\alpha\iota o\upsilon$)에서 유래되었는데, 10세기경에 고대 영어에서 이러한 단어가 보인다. 1546년 독일 광물학자 Georg Bauer가 논문에 이 용어를 사용한 기록이 있다. 4000년 전에 바빌론에서 담장이나 탑을 쌓는데 아스팔트를 사용한 흔적이 남아 있다.

가장 오랜 이용 역사를 가진 것은 아스팔트이다. 즉, 기원전 3,000년경에 Mesopotamia 지방(현 Iraq 지방)에 고대 문명민족인 스메르족에 의하여 건립된 [아다브]왕의 대리석 입상의 안구에 쓰인 접착제가 아스팔트이며, 이집트에서 가장 오래된 미라는 기원전 2,500년경의 것으로 추정되고 있는데, 여기서도 방부충진제로 사용된 것이 역시 아스팔트이다. 그러나 현재, 이집트에서 생산되는 원유가 아스팔트계가 아닌 점으로 보아 사해 부근의 아스팔트를 반입 사용한 것으로 추정된다. 구약성서에도 [노아의 방주], [모세 바위], 어린 [모세]를 강물에 띄워버린 역청과 수지를 칠한 [갈 상자]등 석유와 관련된 구절 등이 보인다. 유태족이 원래 Mesopotamia 지방의 한 원주민족으로서 가나안지방, 아라비아지방 등을 이주 방황하였던 민족이며, 이 지방에 [유징]이 많았으므로 석유에 관한 기록이 많음은 당연하다.

또한, 대규모로 아스팔트를 이용한 유적으로는 기원전 600년경에 구축된 바빌론 왕성지가 있다. 근래에 발굴된 것으로 1마일 사방의 성벽은 물론 탑, 통로 등 일체를 벽돌에 아스팔트를 접착제로 사용하여 축조한 것이 근대건축에 가까운 점이 있으며, 도로포장

* 안동혁 "화학 공업 개론", 동명사, 서울, 1965, p.128

의 시초라고도 할 수 있다.

동양에서는 AD 347년에 중국 후진시대에 대나무로 지층을 뚫어서 석유를 채취했다는 기록이 있다. 또 중국 송나라(北宋; 960~1126 AD) 때의 정치가이고 저술가였던 심괄(沈括; 1031~1095)의 저서 "몽계필담(夢溪筆談)"에는 "석유"라는 용어가 동양 역사상 최초로 사용되었다. 이 책에는 석유 광상과 석유의 이용에 관한 기록이 있다. 석유를 연료로 사용한 역사적으로 오랜 기록은 마르코 폴로의 여행기(1256~1323)에 [중앙아시아의 바쿠 지방에서는 용출석유를 원근 각 지방에 수송하더라]는 기록이다. 동남아의 미얀마에서는 1795년에 우물을 파서 석유를 생산했다는 기록이 있다.*

위에 논술한 바와 같이 석유의 발견 역사가 상당히 오래되었음에도 불구하고, 오랫동안 이용되지 못한 것은 사회가 석유의 필요를 느끼지 않은 까닭이다. 본격적인 석유산업이 발달하기 시작한 것은 1850년경부터이다.

석유가 등유로서 등장하기 이전, 즉 1847년에 스코틀랜드의 탄광에서 용출하는 석유 원유를 연구한 결과, 증유에 의하여 석유, 석납 등을 분리하였으며, 이들을 정제하는데 황산과 가성소다를 사용하는 방법을 안출하여 오늘날까지 석유정제법의 기초가 되고 있다. 당시의 원유산출량이 350l/일 정도였는데 점차 그 산출량이 감소되었으므로 결국은 고갈될 것으로 예상하였다. 이 석유는 석탄이 지열을 받아서 생성된 것이며 석탄을 인공적으로 건류하면 석유를 얻을 수 있다고 믿고 탄광지대에서 산출되는 유혈암을 건류한 결과 석유 원유와 성분이 비슷한 기름을 얻었다. 3년 후에 유연탄을 건류하여 기름 성분을 획득하는 석탄유공업(coal oil industry)이 성행하기 시작하였다. 그런 까닭에 당시에 등유를 석탄유라고 불렀으며, 오늘날에도 영국에서는 등유를 석탄유라고 부르는 사람들이 있다. James Young에 의하여 시작된 이 공업은 오늘날의 석탄저온건류 공업 및 혈암유공업의 시조라 하겠다.

현재 석유왕국으로 자타가 공인하는 미국에서도 영국의 스코틀랜드에서 건류장치를 구입해왔고 원료 석탄도 수입하여 등유를 생산하는 석탄유공업이 발달하였다.

그 후 펜실베니아주의 산중에서 용출되는 원유는 만병통치약(그림 5-10)으로 사용된 적이 있었다. 즉, 머리가 아플 때나, 배가 아플 때, 아픈 곳에 바르면 낫는다는 약 광고는 한 시절 동안 석유 원유가 기이한 용도로 사용된 에피소드이다. 석유 원유는 약용과 조명용으로 사용되면서 상업화가 시작되었다. 그때의 원유에서도 전술한 Young법에 의하여 좋은 등유와 석랍(asphalt)을 제조할 수 있다는 점을 알았으며, 따라서 원유가 자연용

* Wikipedia: petroleum에서 일부를 인용함.

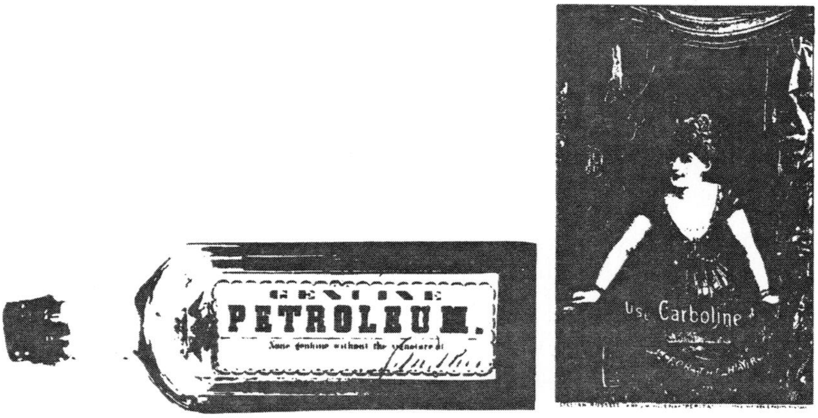

그림 5-10 석유를 담은 약병과 약 광고

출됨을 기다리지 않고 유정을 파기 시작하였다. Drake란 사람이 오하이오강 상류에서 자신이 고안한 pipe driving법을 써서 표토인 사력층의 붕괴를 방지하면서 지하심도 20 m까지 굴진하여 원유가 매일 20배럴이나 분출하게 되자, 이에 자극되어 미국에서는 여러 사람들이 유정을 파기 시작하였다. Drake가 굴진에 성공한 이 유정은 1859년 8월 27일에 처음으로 석유를 분출한 세계 최초의 유정이다. 이 유정은 오늘날 고갈된 상태이지만 미국인들은 “The First Well” 또는 “Drake's Well”이라 부르고, 기념으로 보존하여 세계의 자랑거리로 삼고 있다.*

5.2.2 원유의 분류와 성분조성

채굴된 채로 가공하지 아니한 석유를 원유(crude oil)라고 부른다. 원유 중에는 여러 가지 탄화수소(C_nH_{2n+2}, C_nH_{2n-2} 등의 파라핀계, 벤젠 등의 방향족계, 나프텐계)가 섞여 있기 때문에 표 5-5와 같이 분류할 수 있다.

원유는 다수의 탄화수소 화합물들의 혼합물인데 소량의 불순물로 유황, 산소, 질소 등으로 구성되는 유기화합물과 소량의 무기화합물을 함유하고 있다. 그 성분들의 종류는 너무 많고 복잡하기 때문에 각각의 성분을 순수한 화합물로 분리해내는 것은 실제로 어렵고, 연료로 사용할 경우에는 세부적인 분리가 필요하지 않다. 그러나 석유화학공업용 원료로 쓰일 때는 순수도가 높도록 성분별로 분리 정제가 필요하다.

---

* “써클리프, A.와 A.P.D. 써클리프(이병운, 박택규 번역)”, “과학사의 뒷얘기, III”, 현대과학 신서 22, 전파과학사, 서울, 1974, p. 66 참조

표 5-5 원유를 분류하는 두 가지 기준

원유 성분 기준			증류잔류물 성질에 의한 분류	
원유	분류 기준	주산지의 예	원유	분류 기준
paraffin base	66% 이상 파라핀계 탄화수소를 함유	중국대경유전 등 가장 흔하다	파라핀 기	증류 잔사로서 파라핀 wax를 남긴다.
naphthene base	66% 이상의 나프텐계	일본, 러시아의 코카사스 지방	아스팔트 기	증류 잔사로서 아스팔트를 남긴다.
mixed base	파라핀계와 나트텐계가 반반 섞여 있는 원유	대만, 인도네시아 등	혼합 기	증류 잔사로서 고형 파라핀과 아스팔트를 함께 남긴다.

석유의 성분은 수천가지의 탄화수소 화합물(CH_4, C_2H_6, C_3H_8 ⋯ C_nH_{2n+2}, C_nH_{2n}, C_nH_{2n-2} 등)로 구성되어 있기 때문에 그 성분들을 탄소 수에 따라 구분한다면 대략 그림 5-11과 같은 가우스 분포를 가지는 혼합물을 생각할 수 있다. 이 분포도를 이용하여 원유를 증류에 의해 각종 유분(휘발유, 등유, 중질유 등 아스팔트까지)으로 분리, 정제하는 원리를 정성적으로 설명할 수가 있다.

5.2.3 석유의 정유

원유는 비점(끓는 온도)이 서로 다른 각종 탄화수소의 혼합물이므로, 사용 목적에 따라서 적당한 비점 범위로 구획하여 분리한 후 사용하는 것이 편리하다. 특히 윤활유나

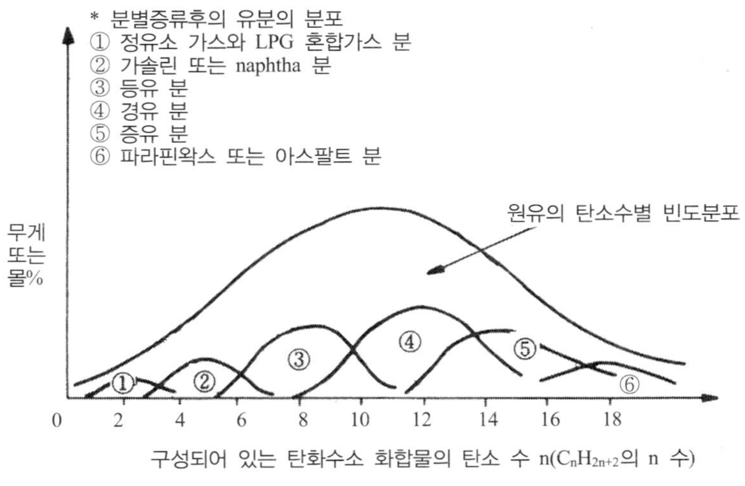

그림 5-11 석유원유에 포함되어 있는 탄화수소 화합물의 성분과 함량분포(정성적 표현임)

연료유로 사용할 때 분리는 필수적이다. 석유의 증류(distillation)는 초보적이고 기초적이며 간편한 물리적인 정유법이다. 정유(精油, oil refining)는 석유 원유를 성분별로 분리정제한다는 뜻이다.

석유 속에 섞여있는 각종 탄화수소 성분이 분자의 무게차이(분자량 차이) 때문에 휘발성이 다르다(끓는 온도가 다르다). 이 휘발성의 차이를 이용하여 분리하는 방법을 증류(蒸溜 : 증발시키고 다시 응축시켜 액체로 만듦)라 하고, 이러한 장치를 증류탑이라고 부른다(그림 5-12(a)). 증류탑은 높이가 수십 m의 탑 모양이며, 그 속에서 휘발성이 큰 성분은 증기상태로 탑상부로 이동하고, 휘발성이 작은 성분은 액체상태로 아래로 흘러내려서 우선 두 부분으로 분리된다. 이러한 분리 과정을 그림 5-12(b)와 같이 여러 차례 되풀이하는 분별증류 과정을 거치면(증류탑의 수가 더 많이 필요하고 처리 비용도 비싸진다) 여러 가지 석유제품을 얻을 수 있다. 즉, 원유를 증류하면 가스, 휘발유, 등유, 경유, 중유, 아스팔트 등의 각종 석유류 제품을 정유공장(그림 5-13)에서 얻게 되고 그 제품들의 용도도 각각 다르다. 이것을 달리 비유하면, 수박 한 덩어리를 잘라서 가운데 부분의 씨없는 부분과 바깥부분의 씨가 많은 부분, 껍데기에 가까운 육질부분, 껍데기 부분으로 나누어서 용도가 다르게, 사람이 먹고, 동물의 사료로 쓰는 것과 같다.

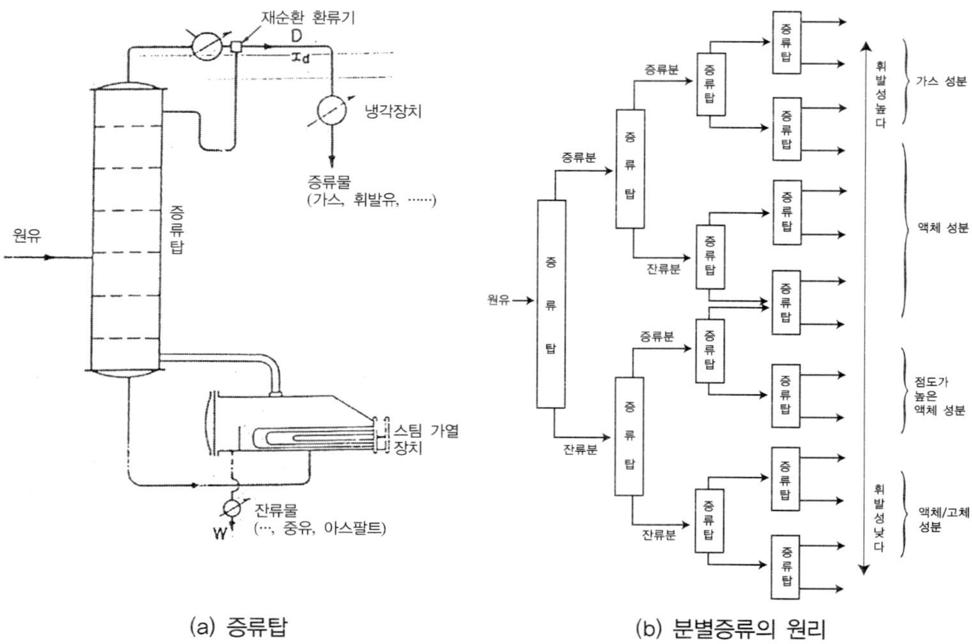

(a) 증류탑

(b) 분별증류의 원리

그림 5-12 증류탑의 구조(a)와 분별증류의 원리(b)

원유를 대기압에서 증류하여 비점이 낮은 부분을 따로 모아서 가솔린, 등유, 경유 등의 경질유로 분리하는 방법을 상압증류(topping)라고 부르고, 상압증류탑 아래에 남는 휘발성이 낮은 중질유를 상압잔사유(topped crude oil)라고 부른다. 이 중질유를 다시 진공 감압증류하거나 수증기 증류방법으로 중질유에 들어있는 경질유를 분리 정제할 수 있다. 이때는 탄화수소들이 분해되지 않고, 다만 혼합상태로 존재하던 성분들이 온도차이에 의하여 분리될 뿐이다. 이러한 공정이 석유의 물리적 처리공정이다(그림 5-13).

석유원유로부터 상압증류하여 얻어내는 직류가솔린(直溜가솔린, straight-run gasoline)의 양은 보통 원유량의 15% 정도이므로 휘발유의 수요량에는 모자란다(예컨대 미국의 가솔린 소비량은 총 석유량의 약 60% 정도이다). 따라서 중질유속에 포함된 고비점, 고분자량의 탄화수소를 열분해하여 경질유, 특히 가솔린을 많이 생산해야 하는데, 이러한 제조방법을 열분해 증류법이라고 부른다. 열분해는 300℃~700℃사이에서 행한다. 그런데 이와 같이 높은 온도는 비경제적이기 때문에 촉매를 사용하여 비교적 낮은 온도에서 중질유를 분해시키는 접촉기상분해 반응(catalytic cracking)으로 400~480℃, 2기압 정도에서 열분해시키고 그 후 증류장치에서 다시 증류를 한다(그림 5-14). 이렇게 얻어지는 휘발유는 열분해 가솔린(cracked gasoline)이라고 부른데 유황분이 많으므로 다시 정제해야 한다. 이외에도 중질유에는 탄소가 수소보다 많이 포함되어 있기 때문에 수

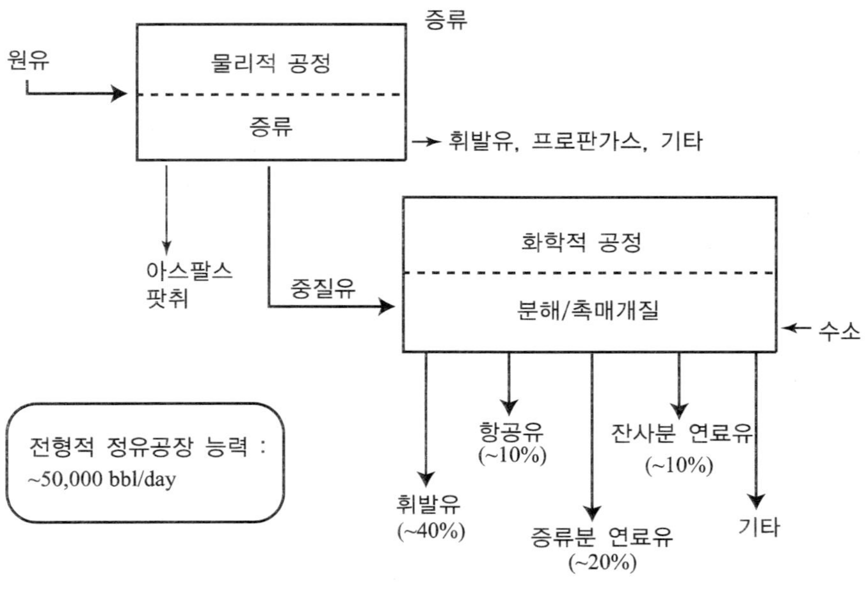

그림 5-13 석유정유 과정의 계통도

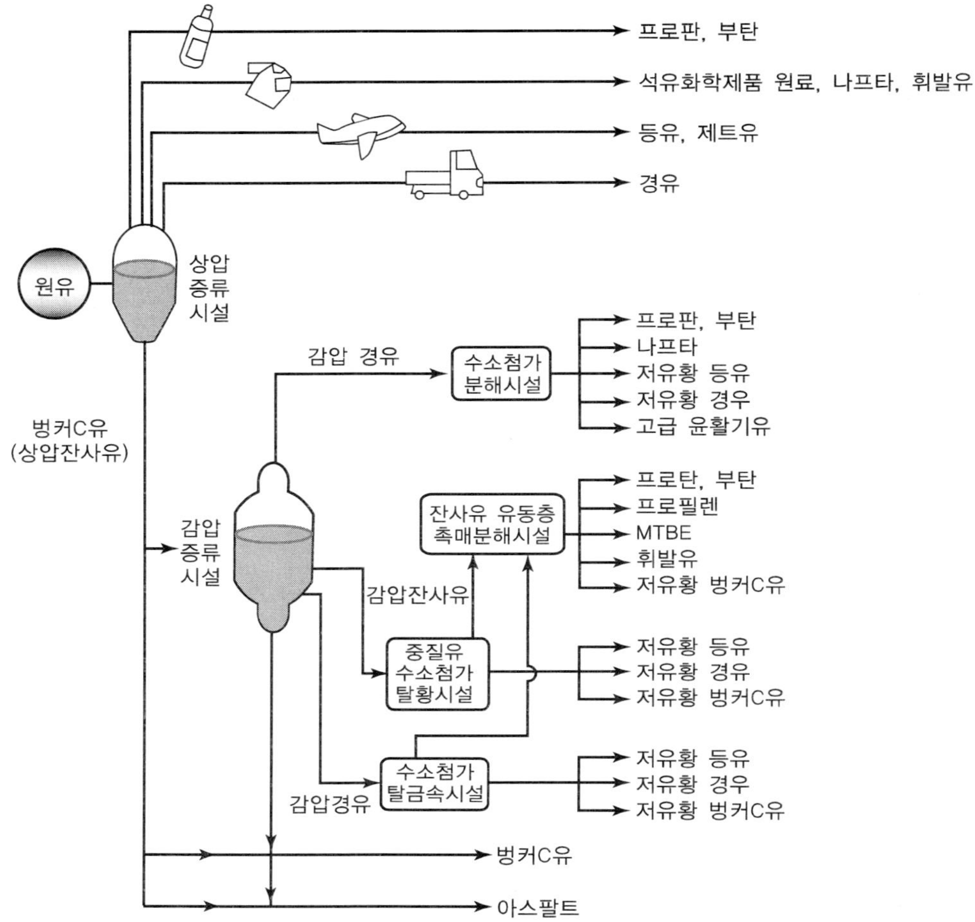

그림 5-14 석유 원유의 정제 설비와 제품들

소첨가 열분해법으로 수소를 탄화수소에 반응시켜 가솔린 성분을 많게 하는 방법도 있다. 이 방법은 수소가 유황분과 반응하여 석유중의 유황분을 제거하는 역할도 하기 때문에 수소탈황법(hydrodesulfurization)으로도 쓰인다.

이와 같이 석유의 증류에서 얻어지는 1차제품은 불필요한 성분, 불순물 등으로 외관이 불량하거나 악취 등이 있기 때문에 저장 및 사용에 결점이 많다. 이러한 불순물을 제거하거나 무해물질로 바꾸는 공정을 정제라고 한다. 정제방법에는 약품을 처리하는 화학처리법과 용매추출법, 흡착법, 냉동탈랍법(저온에서 왁스 성분을 분리) 등의 물리적 처리법이 있다. 화학처리법에는 산 세척법, 가성소다 세척법, 산성백토처리법 및 sweetening(탈황)법이 있다.

이러한 정제 과정을 거쳐서 최종 제품이 되는 석유제품은 연료용 석유가스(petroleum gas), 정유소 가스, 액화석유가스(LPG) 등이다. 연료용 액체 석유제품으로는 휘발유(gaso-line), 등유(kerosene), 경유(light oil, 디젤유는 여기에 속한다). 중유(heavy oil, 보일러

표 5-6 주요 석유제품의 용도

원유			용도
가스	석유가스	석유화학연료	
		액화가스	연료(LPG) : 가정용, 자동차용
나프타			석유화학용, 가스용, 비료용
연료용 (공업용제)	휘발유	가솔린	항공기용, 자동차용, 모터보트, 오토바이
		공업용 용제	유지추출, 고무용제, 날염용, 도료용, 살충제용, 드라이크리닝용
	제트연료		제트기용 연료(군용, 민간항공기용)
	등유		등화용, 가정용 연료, 소형발동기연료 살충제용, 용매
	경유		디젤 엔진연료(버스, 트럭)
	중유		선박용 디젤연료, 가열연료, 신문잉크원료, 카본블랙용, 발전용, 선박
윤활유	전기절연유		축전기, 변압기, 유입케이블, 유입차단기용
	스핀들유		정방기(精紡機), 스핀들, 소형고속기계용, 그리이스 원료
	다이나모유		전동기용, 발전기용
	냉동기유		냉동기, 한냉지 기계용
	터빈유		증기터빈, 수력터빈
	기계유		일반 기계용
	모터유		자동차 기타 가솔린 엔진용
	항공윤활유		항공기 엔진용
	디젤 엔진유		자동차 기타 고속 디젤 엔진용
	선박용 디젤 엔진유		선박용 디젤 엔진용
	압축기유		가스 압축기용
	마린엔진유		선박용 증기기관, 습식착암기용
	실린더유		각종 증기기관용
	기어유		자동차, 고압기어용
특수제품	절삭유		금속 절삭용
	담금질유		강철 처리용
	유동파라핀		화장품, 약품용, 식품공업용
	녹방지용		각종 기계 녹방지용
그리이스			글러브 베어링, 롤러 베어링용, 녹방지용
아스팔트			도로포장, 방수, 보온, 보냉, 전기 절연용
파라핀	파라핀		초, 방수지, 방수포, 전기전열용, 크레온, 광택용
	페트로랙탐		의약품원료, 녹방지용

자료 : 김홍재 번역, "석유제품의 지식", 대광서림, 1976.

용, 디젤용과 미분말 석탄을 섞은 혼탄중유 COM 등)가 있다. 이외에도 석유제품에는 특별한 가공방법으로 제조되는 각종 윤활유(lubricating oil)도 있다. 표 5-6은 각종 석유제품을 용도별로 분류한 일람표이다.

어떤 증류기술과 공정을 사용하더라도 원유로부터 단일종의 탄화수소 화합물을 분리하는 것은 이론적으로 불가능하기 때문에 각 유분 속에는 인근의 탄소수를 가지는 화합물들이 혼합되어 있다. 이러한 유분에서 순수성분을 100% 분리할 수는 없으나, 성분 함량을 50%, 80%, 90%, 96% 또는 98%, 99.9% 등으로 분리할 수 있다. 이 경우는 기술적인 어려움보다도 분리목적에 합당한 경제성을 검토해야 한다. 또한 석유정유 공업과 석유화학공업 분야에서 사용되는 증류 유분의 명칭은 사용자의 관습에 따라서 다양하게 달라질 수 있기 때문에 용어 사용에 혼란이 생기는 경우도 많다.

5.3 천연가스

5.3.1 천연가스의 매장량

천연가스는 단독으로 산출될 수도 있으나 석유유전에서 석유와 함께 산출될 수도 있다. 천연가스를 처음으로 활용하기 시작한 것은 1920년대에 미국에서부터였으며, 가스의 활용은 석유에 비해서 훨씬 뒤의 일이다. 유럽에서는 천연가스가 제2차 세계대전 후에 본격적으로 사용되었는데, 이것은 서부유럽, 구소련, 알제리 및 북해 등지에서 천연가스 자원이 늦게 발견되었기 때문이다. 미국과 유럽을 제외한 다른 지역의 천연가스 자원은 가스 시장의 미개발과 매장지와 시장 사이의 먼거리로 인한 수송기술(천연가스는 부피가 큰 기체이기 때문에 탱크에 그냥 수송하기에는 경비가 너무 많이 든다)의 제약조건 때문에 최근까지는 거의 개발되지 못하였다. 또 석유와 함께 산출되는 천연가스(부수천연가스(associated gas))는 유전에서 소각처리되는 것이 보통이었다. 그러나 1980년대에는 천연가스를 액체화한 액화천연가스(Liquefied Natural Gas)를 장거리에 수송할 수 있는 냉동시설이 갖추어진 LNG 전용 선박의 건조기술 및 부대적인 수송기술 체계가 기술적으로 가능해져서 장거리 해상수송이 가능해졌다. 한편 육지로 연결된 지역에서는 가스수송용 파이프라인의 건설에 의해 천연가스의 활용시장이 확대되어 가고 있다.

2009년 세계 천연가스 확인가채매장량은 187.8조 m^3(1,390억 TOE)으로서, 1992년의 166.2조 m^3보다 16%가 증가한 양이다. 천연가스의 지역별 분포는 석유에 비하면 그 편중

표 5-7 전 세계의 천연가스 자원량, 매장량, 누적생산량

(단위 : 10^9 m^3)

지역	북미	남미	유럽	러시아	아시아	중동	아프리카	소계
자원량	35	10	9	118	23	33	11	239
매장량	9	7	5	63	15	73	15	187
2009년까지의 누적 생산량	37	3	11	25	7	5	3	91
잠재적 총량 합계								517

자료 : R. Zellner, "Chemie űber den Wolken …", Wiley-VCH, 2011, p. 60

분포가 덜 심한 편인데, 그래도 중동지역 40%, 러시아 등에 33%로 분포되어 있고, 그외에도 아시아(8%), 아프리카(8%), 서유럽(2%), 남북미(8%)에 분포되어 있다. 만일 한국의 동남해안에서도 천연가스 매장이 확인된다면 한국은 중요한 자원을 가까이서 소유할 수 있는 행운을 누리게 될 것이다.

세계의 천연가스의 가채년수는 약 58년으로 추산되어서 석유의 가채년수 35~40년보다 길다. 그러나 천연가스의 매장량은 수요개발의 확대와 그 유용성 때문에 더욱 증가될 것으로 기대되고 가채년수도 좀 더 길어질 것으로 전망된다.

표 5-7은 전 세계에서 현재까지의 NG 생산실적과 자원량 및 확인매장량을 지역별로 나타낸 자료이다. 이 자료에 의하면, 미국 이외의 지역에서도 상당히 많은 매장량과 자원량이 부존되어 있으므로, 세계적인 수요에 대하여 앞으로 60년 동안은 NG를 공급할 수 있을 것으로 전망된다. 표 5-7의 자료를 1992년 자료와 비교하면 17년 동안에 천연가스의 확인 매장량은 52%나 증가하였다. 이것은 탐사기술과 채굴기술의 발달에 의하여 매장량이 변화한 것을 보여준다.

5.3.2 천연가스의 생산과 소비

1990년대의 천연가스는 국제무역에서 큰 비중을 차지하기 시작하였다. 러시아에서 생산되는 천연가스는 대부분 유럽지역에 파이프라인을 통하여 수송되고 있고, 미국에서는 캐나다와 알래스카산 NG가 육상 파이프라인으로 수송되고 있다. 특히 미국은 국내 생산(알래스카)량으로 국내소비를 충당하는 유일한 나라이다. 그러나 한국과 일본 같은 국가들은 생산지와 소비지가 바다로 분리되어 있기 때문에 액화천연가스(LNG) 상태로 동남아(인도네시아 등)에서 수입한다. 그리고 일부의 중동산 LNG도 한국, 일본 등지에 수송되고 있다.

천연가스는 액화상태, 즉 LNG 상태로 수송되는데 LNG 전용선박이 필요하며, 그 수송

비용도 막대하다. 또 NG의 개발자체에 막대한 자본이 소요된다. 따라서 적어도 20년 이상의 장기적이고 신뢰성 있는 공급계약이 공급자와 수요자 사이에서 체결되는 동시에 이 둘 사이에는 투자회수의 보장이 필요하다. 실례를 들면, 미국의 Gulf Oil Co.가 1973년의 석유파동 이전에 Texas Western Co.에 천연가스를 당시의 가격으로 공급하는 계약을 맺은 적이 있었는데, 계약체결 당시에는 천연가스를 싼 값으로 공급하더라도 이익을 볼 수 있었으나, LNG 가격이 그후 4배 이상 올랐기 때문에 이 계약으로 인해 현재 연간 약 3억 달러의 손해를 보고 있다. 이와 같은 과거의 경험 때문에 LNG의 국제무역에서는 고정된 가격에 의한 장기공급 계약이 매우 어려우므로 석유, 천연가스 회사들의 고민거리가 되고 있다.

우리나라에서는 석유의 정유공장에서 얻어지는 LPG를 1970년대부터 가정용 기체연료로 사용하였다. LNG는 1986년에 국내에 처음 도입되기 시작하여 도시가스와 발전소용 연료로 사용되고 있다. LNG의 소비량은 원유소비량에 비해 아직 적은 양에 불과하지만 대도시의 도시가스를 LNG로 공급할 계획이 확대되고 있으므로 LNG는 그 사용량이 계속 증가 할 것이다. 한편, 천연가스(NG)는 산유국 등에서 가격이 저렴하므로 화학공업 원료로도 사용된다. 즉, 비료용 암모니아, 석유화학 원료용 메탄올과 에틸렌을 NG로부터 생산하고 있다. 반면에 한국에서는 값비싼 LNG를 도입하기 때문에 NG를 산유국처럼 석유화학공업용 원료로 사용할 수는 없는 형편이다. 최근에 한국가스공사는 천연가스로부터 수소, 카본블랙, DME(Dimethyl Ether) 등을 제조하는 연구를 활발하게 진행하고 있고, 일부는 상용화하여 플랜트 수출까지 고려하고 있다.

5.3.3 천연가스의 특성

천연가스는 석탄이나 석유와 달리 두 가지 장점을 가지고 있다.

첫째, 발열량 기준으로 연료 가격이 석유보다 15%쯤 싸고 석탄보다는 50% 더 비싸다.

둘째, 연료의 연소에서 발생하는 대기오염 가스성분, 즉 SO_2의 발생량이 적고(연료 속에 유황성분이 원래 적음), 특히 지구온난화 가스인 CO_2의 발생량이 기타 연료들과 발열량 기준으로 비교하면 훨씬 적다(석탄의 1/3, 석유의 2/3 정도).

천연가스는 생산지별로 구성성분 물질의 조성에 차이가 있으나, 주성분은 메탄가스(CH_4)이다. CH_4 성분의 조성은 지역적으로 차이가 있다. 미국의 휴스턴 지방산은 71%, Deep Lake산은 98.5% 등으로 차이가 있다. 표 5-8은 각 지역의 대표적 천연가스 성분표이다. 천연가스에는 메탄성분 이외에도 여러 가지 탄화수소 화합물들이 포함되어 있다. 즉, 질소, CO_2 등이 거의 모든 NG에 소량씩 포함되어 있고 O_2가 0.2% 포함된 NG는 러시

표 5-8 천연가스의 주요 성분

성분(%) \ 산지	브루나이 (루므트)	아부다비 (다스)	인도네시아 (아룬)	미국	
				휴스턴	Deep Lake
메탄(CH_4)	89.83	82.07	86.58	71	98.5
에탄(C_2H_6)	5.89	15.86	8.27	-	-
프로판(C_3H_8)	2.92	1.89	4.13	-	-
노멀부탄(n-C_4H_{10})	0.74	0.07	0.41	-	-
이소부탄(i-C_4H_{10})	0.56	0.06	1.53	-	-
펜탄(C_5H_{12})	0.04	0.00	0.03	-	-
질소(N_2)	0.02	0.05	0.05	-	-
발열량(kcal/m^3)	10,800	11,800	10,900	-	-
비중(공기=1)	0.64	0.68	0.64	-	-
기타 성분 : CO_2(0~9%), O_2(0~0.2%), He, H_2S					

아 사할린 산이라고 보고되어 있다. 헬륨가스가 포함된 경우는 미국 Cleveland산, 아프리카의 알제리산, 나이지리아산 등에 0.2% 정도 포함되어 있다. 황화수소 H_2S가 포함된 경우는 프랑스의 Lacq Profon산(15.2%), 중동의 Abudabi산(1.7%) 등이 보고되어 있다. 각 지역에서 생산되는 NG의 발열량도 약간 차이가 있으나 대략 8,000~11,000 kcal/m^3 수준이며, 천연가스가 공기의 비중보다 무거운 경우는 없다.

5.3.4 국내 천연가스의 소비

한국의 천연가스 수입은 1986년에 처음 시작되었다. 1996년도의 연간 NG 수입량은 959만톤, 가격으로는 18억＄에 도달하였으며 매년 20~50%씩 증가해왔다. 주된 수입지역은 인도네시아(65%), 말레이시아(25%), 기타 호주, 브루나이 등지에서 수입되고 있다. 중동지역에서의 수입은 수송거리 관계로 도입할 경제적 타당성이 당분간 없는 것으로 여겨진다.

국내에서의 천연가스 소비분야는 화력발전용 45%, 지역난방용 2%, 도시가스용 46% 등으로 보고되어 있다.*

한국에 도입되는 천연가스는 액화천연가스(LNG)이므로, LNG를 전용선에서 부두의 저장탱크로 옮긴 후 소비분야에 공급할 때 기화시켜야 하는데 액화가스가 기화할 때는 증발열이 필요하다. 따라서 LNG 도입설비에서는 냉각용 열(식품, 농산품 저장용)을 부수적으로 이용할 수 있는 장점이 있다.

* 통상산업부, 에너지 경제연구원, 에너지 통계년보, 1997, p.103.

현 시점에서 LNG의 소비분야는 발전용과 가정용 도시가스인데, 미국에서는 1987년 기준 가정용 NG 가격(5.5 $/1000 ft^3)이 발전용 가격(2.4 $/1000 ft^3)보다 비싸다. 국내에서 도시가스의 가격은 1992년 기준으로 가정용 290 ₩/m^3, 상업용 221 ₩/m^3, 발전용 190 ₩/m^3 수준이었는데, 그 이전 기간 보다는 가격이 점차 하락하는 추세였으나, 2013년 현재의 가정용 도시가스의 소비자 가격은 940원/m^3이므로, 지난 20년 동안에 3배 정도 가격이 상승하였다. 한국의 발전용 천연가스 가격은 850원/m^3 수준에 있다. 가격구조는 미국처럼 가정용과 산업용에 차별을 두고 있다.

한편 우리나라의 도시가스 사업은 1986년까지는 LPG 또는 나프타를 주원료로 하여 제조 공급되어 왔으나, LNG가 공급되기 시작한 1987년부터는 도시가스의 원료가 LNG로 전환되기 시작하였다. 1987년 중 LPG 57천 톤, 나프타 49천 kl, LNG 89백만 m^3을 원료로 하여 187백만 m^3의 도시가스를 생산하였고, 이중 48%는 가정용으로, 14%는 상업용, 38%는 산업용으로 소비되었다.

이후 도시가스 생산에서 LNG의 원료 비중은 급격히 증가한 반면, 1991년부터 나프타 원료는 도시가스 생산에 거의 사용되지 않게 되었다. 1992년에는 LPG 521천 톤과 LNG 1,526백만 m^3을 원료로 하여 도시가스 2,122백만 m^3을 생산하였으며, 이중 가정용으로 60.3%, 상업용으로 22.7%, 산업용으로 17.0%의 도시가스가 소비되었다. 도시가스의 소비증가는 소득 향상에 기인한다. 또한 대기오염 절감을 위한 정부정책의 영향으로 사용이 증가하고 있다.

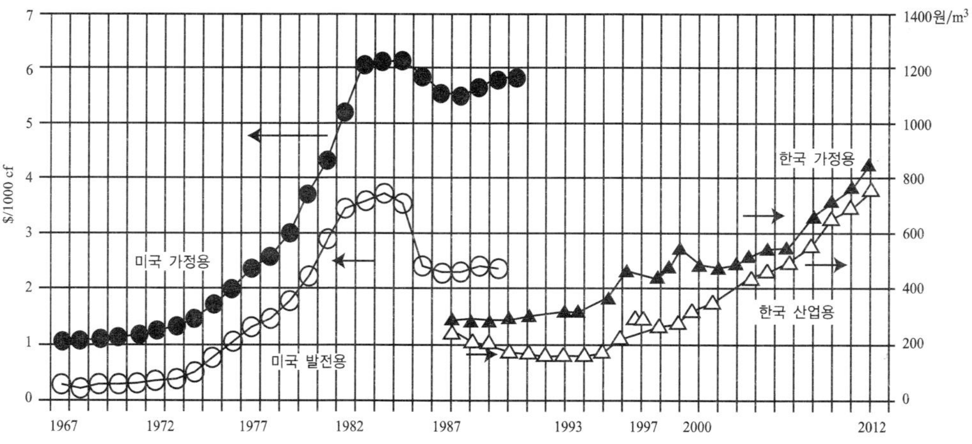

그림 5-15 미국천연가스와 한국의 도시가스 가격의 비교

자료 : 한국의 산업(上), 한국산업은행 p. 562, 1993. 에너지 통계연보 2012

5.3.5 기체연료의 일반적 특징

현재로는 천연가스가 기체연료의 대표적인 예가 되지만, 천연가스가 대대적으로 이용되기 이전에는 다음과 같은 공업용 가스들이 연료용으로 또는 화학공업용 원료로서 사용되었다(표 5-9).

가) 發生爐가스(연소 중인 석탄에 공기와 수증기를 넣어서 만든 CO, H_2, CH_4 성분의 혼합가스)

나) 水性가스(연소 중인 무연탄에 수증기를 반응시켜 얻은 CO와 H_2)

다) 增熱수성가스(발열량이 낮은 수성가스에 기체 탄화수소를 섞은 가스)

라) 合成가스(여러 가지 방법으로 생산되어 석유화학공업의 합성원료로 쓰이는 CO와 H_2 혼합물)

이들 기체연료는 천연가스와 더불어 다음과 같은 특징을 가지고 있다.

1) 적은 양의 과잉공기로서 완전연소가 가능하며 연소효율이 높다.
2) 연소용 공기와 기체연료 자체를 예비적으로 가열하기가 쉬우므로 비교적 발열량이 낮은 기체연료로부터도 고온을 얻을 수가 있으며, 빠른 기체유속 때문에 열전달 효율도 높다.
3) 연소가스의 폐열을 쉽게 회수하여 연소용 공기 및 연료기체의 예열에 사용할 수 있다.
4) 연소속도의 조절이 쉬우며, 점화와 소화가 간단해서 이 과정에서 생기는 에너지 손실을 줄일 수 있고 편리하다.
5) 평균가열이나 집중가열이 가능하며, 쉽게 산화성 연소분위기 및 환원성 연소분위기를 조절할 수 있다.

표 5-9 천연가스 이외의 각종 가스연료의 대표적 성분 분석치

종류	부피 %로 나타낸 분석치(수증기 성분은 제외됨)									
	CO_2	O_2	N_2	CO	H_2	CH_4	C_2H_6	C_3H_8	C_4H_{10}	C_5H_{12}
정유공장 개질 가스	2.3	0.7	4.9	20.8	49.8	12.3	5.5	5.5	3.7	
석탄가스(부산물)	2.1	0.4	4.4	13.5	51.9	24.3			3.4	
발생로 가스	4.5	0.6	50.9	27.0	14.0	3.0			18.1	
용광로(고로)가스	5.4	0.7	8.3	37.0	47.3	1.3				
하수처리가스	22.0		6.0		2.0	68.0				

자료 : "Fuel Gases", American Gas Association, New York, 1941, p. 20.

6) 회분을 거의 함유하지 않으므로 연소조작이 쉽고 청결하며, 비산분진이나 매연량이 적어서 대기환경 오염 방지에 매우 적합하다.

5.4 석유 및 천연가스의 산업 연관성

5.4.1 세계의 정유산업

1859년 "Drake 유정"이 발견된 이래, 정유산업은 급속도로 성장하기 시작하였다. 10년 뒤인 1870년에는 J. D. Rockfeller가 "Standand Oil(Ohio)"를 설립하여 석유정유 산업을 시작하였는데, 이때는 주로 조명용 등유 생산업이었다. 석유산업이 발달하게 된 초창기의 동기에는 두 가지 역사적 사건이 있었다. 하나는 1882년에 T. Edison이 전등을 발명하여 전력생산에 석유가 소비되기 시작한 사건이고, 다른 하나는 1908년 H. Ford가 "Model T" 자동차를 생산하기 시작한 사건이다. 이 두 사건은 전 세계적으로 전력산업과 자동차 산업을 일으킨 것으로서 석유의 소비를 급속히 증가시켰다. 석유산업의 발전과 관련되는 역사적 사건 또는 기록들을 요약한 자료가 표 5-10에 게재되어 있다.

석유산업에 포함된 유전개발, 수송, 정제, 판매 등의 사업을 전 세계적으로 지배해온 국제적 규모의 회사들이 있는데 이들 회사들을 "석유 메이저"라고 부른다. Internatinal Major oil companies의 약칭이다. 1950년대에 설립된 7개 회사는 1970년대 말까지 국제 석유자본을 형성하여 막강한 자본력과 선진적인 기술을 배경으로 석유사업을 국제적으로 독점해왔던 회사들이다. 이들 석유 메이저들은 1970년대 말 두 번에 걸친 석유위기를 겪으면서 4개 메이저로 통합되었고, 그 지배력도 생산량 10%, 매장량 3%로 약화되었다. 2000년대에는 7개국 국영석유회사들이 세계의 석유 매장량과 생산량의 1/3을 지배하고 있다(그림 5-16).

1973년의 제1차 석유위기 이후부터 독립조직의(independent) 거대 기업인 Occidental, Phillips, Atlantic Richfield 등의 개인회사들도 한때는 석유 메이저라고 불렸었다. 이들 석유메이저 이외에 제1차 석유위기 이후에 석유 국유화로 탄생한 각국의 석유회사, 즉 베네수엘라 국영석유회사, 브라질 석유, 국영 이란석유회사 등이 1970년대 공산권을 제외한 자유세계 원유의 68~57%를 공급할 정도로 막강한 규모에 도달하고 있다. 현재까지도 이들 회사의 영향력은 굉장히 큰 상태로 남아 있지만, 1960년에 이란, 이라크, 쿠웨이트, 사우디 및 베네수엘라 5개국 등의 소위 산유국들로 구성된 OPEC(Organization of

Petroleum Exporting Countries)가 결성되어(현재는 카타르, 리비아, 아랍에미리트 연합, 알제리, 나이지리아, 에콰도르, 앙골라 등 12개국) 산유국의 이익을 공동으로 옹호하기 위한 국제적 조직이 결성되어 메이저의 석유생산, 판매에 대한 영향력은 상당히 약화되었다.

제1차 석유위기는 석유가격이 3 $/bbl에서 10 $/bbl로 인상된 사건인데, 그 원인은

표 5-10 석유와 관련된 역사적 사건 기록들*

1859 : Edwin Drake drills the first producing oil well, in Titusville, PA.

1870 : John D. Rockefeller enters the oil refining business; forms Standard Oil(Cleveland, OH) to produce kerosene, for lighting purposes.

1873 : The Nobel family(minus Alfred, the dynamite inventor, who established the famous Nobel Prizes) drills for oil in the Baku area in Russia(today's Azerbaijan).

1882 : Thomas Edison invents the electric light bulb, endangering future petroleum markets.

1885 : The Rotschilds develops petroleum in Russia.
Royal Dutch develops petroleum in Sumatra(Indonesia).

1892 : Marcus Samuel forms Shell, to transport petroleum through Suez Canal.

1896 : Invention of the automobile(Daimler and Benz, Germany) resurrects the market for petroleum.

1901 : Petroleum discovered in Persia(Iran).
Petroleum boom in Texas(Sun, Texaco, Gulf companies).

1903: Petroleum boom in California(Unocal).

1905 : Petroleum in Oklahoma.

1907 : Merger of Shell and Royal Dutch.

1908 : Petroleum boom in Persia(British Petroleum).

1910 : Petroleum boom in Mexico

1911 : Dissolution of Rockefeller's Standard Oil cartel to form smaller oil companies, which eventually became Exxon, Mobil, Amoco, Sohio, Chevron, etc.).

1922 : Petroleum boom in Venezuela.

1927 : Petroleum boom in Iraq.

1933 : Standard Oil of California(Chevron) gets heavily involved in drilling for oil in Saudi Arabia.

1938 : Petroleum boom in Kuwait and Saudi Arabia.

1956 : Petroleum boom in Algeria and Nigeria.

1959 : Petroleum boom in Libya.

1960 : Formation of OPEC.

1968 : Petroleum discovered in Alaska(Prudhoe Bay), but not exploited until 1977.

1969 : Petroleum discovered in the North Sea, but not exploited until 1975.

1973 : First "energy crisis": Arab oil embargo against the U.S. in retaliation for U.S. support of Israel in the Yom Kippur war.

1979 : Second "energy crisis": Iranian revolution causes major disruptions in oil supplies from the Persian Gulf.

1980 : OPEC troubles begin : Iran/Iraq war.

1982 : OPEC establishes production quotas(and has occasional difficulties in having the member countries abide by them).

1990 : Third(mini) "energy crisis': Iraq invades Kuwait, causing another major disruption in oil supplies from the Persian Gulf.

* 자료 : Daniel Yergin, "The Prize: the epic quest for oil, money and power", Simon and Schuster, 1991

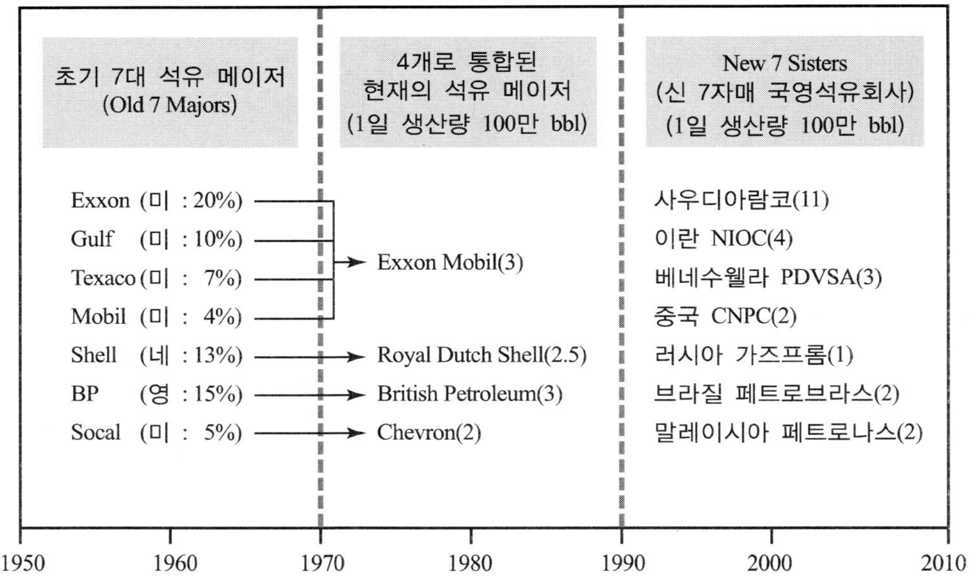

그림 5-16 시대 변천에 따른 국제석유 메이저의 변형과 대략적 시장 점유율

자료 : 1) D. N. Lapedes, "McGraw-Hill Encyclopedia of Energy", McGraw-Hill, New York, 1971.
2) Energy Intelligence Research, 2005

1969년 중동전쟁에서 미국이 이스라엘을 지원한 정책에 항의하기 위하여 아랍국가들이 그들의 항구에서 석유수송 작업을 금지했기 때문에 일어났다.

특히, 1979년의 제2차 석유위기 이후에 메이저들의 영향력은 크게 위축되었다. 제2차 석유위기는 이란의 혁명(왕권 몰락 후 회교공화국 설립)의 여파로 페르시아만에서의 석유생산과 수송이 크게 지장을 받았던 사건이다. 이 결과로 석유가격은 10$/bbl에서 약 30$/bbl로 다시 상승하였다. 원유가격이 역사상 최고로 상승하였던 2010년 한때는 110 $/bbl로 상승한 적도 있었다.

석유산업을 둘러싸고 생기는 산유국과 소비국 사이의 관계는 에너지자원의 확보라는 국제적 이해관계이며, 국제적으로 정치, 외교가 국가의 경제에 매우 민감하고 중대한 영향을 미치고 있다. 1990년대 초반에는 이라크의 쿠웨이트 침략으로 다시 짧은 기간 동안에 석유가격이 상승했으며, 1990년대 후반에 들어와서는 석유가격이 다시 20~30$ 정도에서 변동하였다. 그러나 2000년대에는 다시 60~100$/bbl로 상승 추세에 있어서 신고유가시대에 접어들었다고 볼 수 있다. 이러한 유가 변동 추세는 산유국(OPEC)이 경제발전을 위한 자금 조달의 수단으로 원유생산량을 OPEC의 협정량 이상으로 증산하는 경향과 소비국의 에너지절약 정책이 복합작용을 일으킨 결과라고 말할 수 있다.

5.4.2 한국의 석유산업

한국의 원유소비량이 전 세계에서 차지하는 비율은 1977년의 0.9%에서 2000년에는 2.6%로 증가할 것으로 예측된다. 참고로 지난 40년간 우리나라에 도입된 원유량에 관한 통계를 표 5-11에 실었다. 이 표에서 원유도입량의 증가율과 원유 도입을 위해서 지불되는 외화부담의 증가가 매우 엄청난 금액임을 알 수 있다. 이 외화부담은 1980년대에는 우리나라 총 수출금액의 약 1/3에 해당하였으나, 1990년대에 들어와서는 수출산업의 성장으로 원유수입금액은 총수출량의 15~20% 수준을 유지하고 있다.

한국은 모든 원유와 천연가스를 100% 해외수입하여 사용하고 있다. 석유도입 국가는 사우디아라비아, 쿠웨이트, 이란, 아랍에미리트, 오만, 에콰도르, 말레이시아, 브루나이, 인도네시아 등으로 다변화 되고 있다. 수입된 원유는 1996년의 추정자료에 의하면 가정용 21%, 발전용 9%, 수송용 30%, 산업용 39% 기타 공공용 1% 등으로 소비되고 있다. 산업용 원유 중에서 석유화학 공업에 원료로 소비되는 양은 1% 정도 밖에 되지 않는다.

국내의 석유 정유시설은 SK(96년 현재 1일 정유능력 : 643천bbl), GS(380), 한화(275), 쌍용(443), 현대(277) 등 5개 회사가 소유하고 있다. 2012년 현재 한국의 정유 능력은

표 5-11 한국의 원유 도입량 통계

	원유 도입량(10^6백 만 배럴)	총 도입 금액*(10^6\$)	평균 도입 단가(\$/배럴)*
1968	36	-	-
1972	92	176	1.90
1974	112	1,013	8.99
1980	182	5,431	29.70
1984	199	5,587	27.98
1988	261	3,625	13.89
1992*	509	9,499	18.6
1996*	721	14,517	20.1
1998	819	11,239	13.7
2000	894	25,227	28.2
2002	791	19,173	24.2
2004	826	29,874	36.2
2006	889	55,846	62.8
2008	865	84,995	98.3
2010	872	68,684	78.7
2011	927	100,117	108.0

자료 : 동력자원부(1971~1989), 에너지 통계연보 1997, p. 22
* 도입액과 도입단가는 1971~1989에 대해 FOB 기준이며, 1990~1996에서는 CIF 가격기준임.

289만bbl/일이다. 이러한 정유산업은 석유화학 공업원료 산업으로서의 역할도 동시에 가지고 있기 때문에 에너지 산업과 석유화학산업을 함께 설명하는 것이 편리하다. 석유 정유산업은 기술집약적인 동시에 큰 자본이 필요한 장치산업이기 때문에 대자본 회사들만이 소유할 수 있다. 물론 신규로 정유산업에 참여하고자 하는 기업들이 많지만, 정부가 에너지 정책 수립과정에서 상당한 영향력을 행사하여 신규 참여를 막고 있다. 그러나 1997년 10월에 확정된 "제1차 국가에너지 기본계획"에 의하면 외국인을 비롯하여 국내기업의 석유산업 신규참여가 자유화 될 것으로 기대된다.

"국가에너지 기본계획"에서는 다음과 같은 내용이 포함되어 있다.

1) 에너지 수급구조 개선 : 1995년 현재 에너지 소비량 중 석유의 의존도는 62.5%인데 이것을 2006년까지 48.8%로 2020년까지는 42.1%로 낮춘다는 목표를 세웠다. 이 목표를 달성하기 위해 에너지 관련 세법을 개정하고, 수입 다변화를 통하여 중동석유에 대한 수입 의존도를 줄이며, 장기적으로는 동북아시아(시베리아, 중국, 한국, 일본)지역 천연가스 파이프라인 건설 사업도 추진한다.
2) 에너지 산업의 경쟁력 강화 : 1999년부터 석유정유산업에 대한 신규참여를 국내외적으로 허용하고, 액화천연가스 도입 사업의 민간참여를 개방하며, 전력사업에도 민간참여, 원자력 발전에 대한 민간자본 도입도 허용한다.
3) 에너지 절약 대책 : 에너지 효율이 낮은 에너지 설비(보일러, 기타 기기 등)의 생산 및 판매를 금지하고, 각종 에너지 소비기기에 효율 등급을 표시하며, 소형차 보급 확대, 중소규모의 지역난방확대, 열병합 발전시설의 확대를 도모한다.
4) 에너지 위기에 대비 : 돌발적으로 발생할 수 있는 세계적 에너지 위기에 대비하여 석유비축 기지를 확대하여 비축능력 9천만bbl(약 45일분)을 확대하여 2005년에는 60일분 비축 계획을 수립한다.
5) 환경보존문제 : "기후변화협약" 등의 국제적 규제에 대응하기 위해 산업구조를 환경친화적 형태로 전환한다. 1997년에 국민 1인당 탄소 배출량 2.96톤(탄소기준)을 2006년에는 3.6톤 수준으로 묶을 계획이다.

5.4.3 석유와 천연가스의 소비

1996년 한국의 석유원유 수입량은 721×10^6 bbl에 이르렀다. 이와 같이 막대한 양의 석유는 산업용(39.0%), 수송용(29.5%), 가정 및 상업용(21.1%), 전력생산용(8.8%), 기타 공공용(1.5%)로 소비되었다. 국내자동차의 증가추세는 수송용 석유의 소비를 급격히 증가시키고 있으며, 각 분야에서의 소비율 감소를 위한 에너지 절약노력이 요구되고 있으

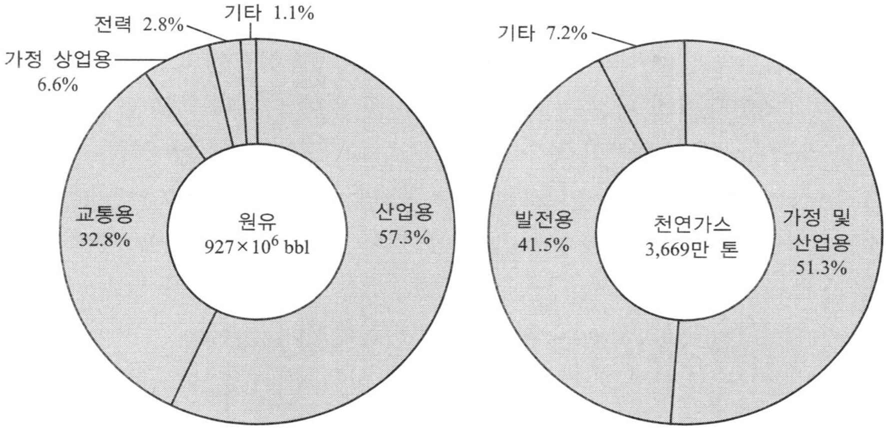

그림 5-17 2011년 한국의 석유와 천연가스의 소비

나, 아직도 절약을 위한 노력은 부족하다고 믿어진다. 이러한 석유의 소비 경향은 2011년에 원유 수입량이 927×10^6 bbl에 대해 산업용(57.3%), 수송용(32.8%), 가정 및 상업용(6.0%), 전력생산용(2.8%), 기타 공공용(1.1%)로 변화되었다.

천연가스의 경우에는 1996년도에 총 972만 톤이 수입되었고 그중에서 50% 정도가 화력발전용으로 33% 정도가 주택용으로 소비되었다(그림 5-17). 2011년에는 3,669만 톤이 수입되었고 그중 41.5%가 발전용으로, 51.3%가 도시가스 제조용으로 사용되었다.

한편, 미국 자료에 의하면 1995년에 1일 석유소비량은 17.7백만bbl인데 우리나라에서

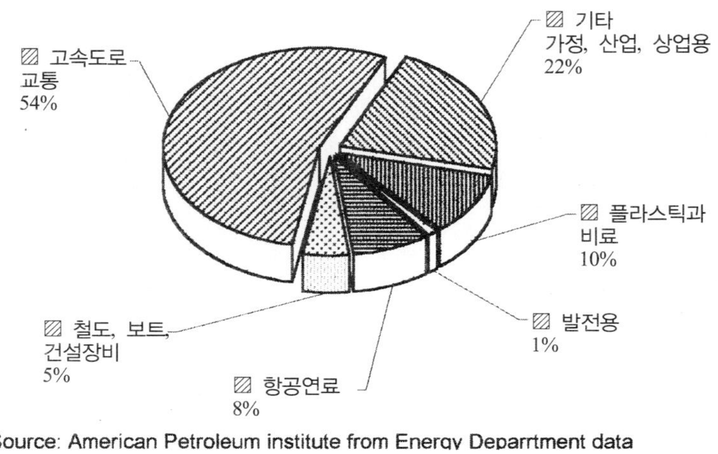

그림 5-18 1995년 미국의 1일 석유소비량(17.7백만 배럴)의 세부 소비분야

자료 : 뉴욕타임스, 7/23/96, p.C1

1년간 소비되는 석유량의 1/4 정도를 하루에 사용하고 있다. 미국은 세계에서 에너지를 가장 많이 소비하는 나라이다. 미국의 석유소비량의 50% 정도는 외국에서 수입하고 있으며, 석유의 소비분야별 구분도 한국과는 사정이 많이 다르다(그림 5-18)

1995년 자료에 의하면 미국의 석유소비 분야 중 가장 큰 부분을 차지하는 분야는 고속도로 교통용(53.4%), 가정, 산업, 상업(21.7%), 플라스틱 비료 등 화학산업(10.2%), 항공용(8%), 전력(1.4%), 기차선박 중기용(4.8%)으로 구분된다. 교통분야를 전부 합치면 66.7%의 석유가 소비된다. 미국에서는 발전용 연료의 대부분이 석탄과 천연가스에서 충당되고 있는 사실도 다른 나라들과는 현저하게 차이가 있는 현상이다.

1995년 기준으로 세계 주요 국가의 1인당 연간 석유 소비량은 미국(1,029 gallon), 일본(700), 한국(582), 독일(543), 프랑스(501), 영국(481)의 순서이다. 우리나라의 1인당 연간 석유소비량이 많은 것은 여러 가지 측면에서 많은 걱정을 낳게 된다.

그림 5-19는 세계 주요국가의 휘발유 소비가격과 부과되는 휘발유 세금의 비율을 나타낸 그림이다. 미국의 경우에는 세금이 낮을 뿐만 아니라 휘발유 판매가격도 세계에서 가장 낮다. 대부분의 나라에서는 각종 명목의 세금을 휘발유에 부과하고 있는데, 일반적

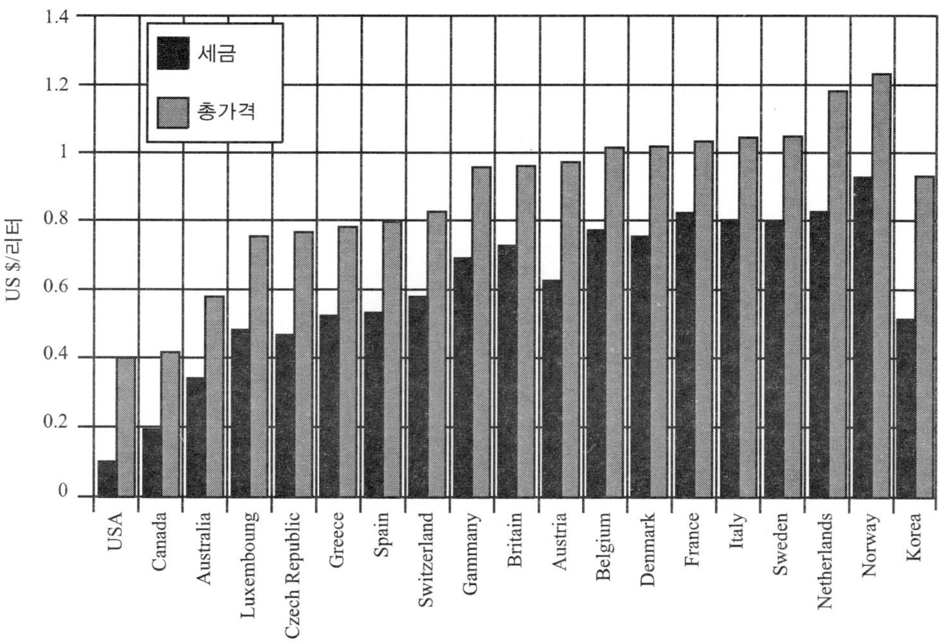

그림 5-19 주요국가의 휘발유 소비가격과 세액(1997년 2/4분기)

자료 : The Economist, July 26, 1997에 한국자료를 추가하였음.

으로 최종 판매가격의 2/3 또는 4/5가 세금으로 징수되고 있다. 특히 유럽지역에서 세율이 높은 것은 환경보호 대책과 지구온난화 대책 등에 대한 깊은 배려 때문이다. 다만 미국, 캐나다, 호주는 석유의 국내생산이 풍부한 자원보유 국가들이므로 비교 대상이 될 수 없다. 우리나라의 경우에도 휘발유에 포함된 세금은 단일 세금이 아니라 수입세, 교통세, 특별소비세, 주행세 등 몇 가지 명목의 세금이 부과되고 있다. 그럼에도 불구하고 한국의 휘발유 가격은 국제적으로 비교할 때 높은 편은 아니다.

휘발유 가격은 전 세계적으로 자유경쟁 체제에서 형성되는 시장경제 원리에 따라서 결정되기 때문에 한 국가 내에서도 도시, 농촌, 기타 지역별로 판매가격에 차이가 많다. 1995년 자료에 의하면 휘발유 가격이 가장 비싼 도시는 유고의 Belgrade(2.30$/*l*)이고 가장 싼 도시는 베네수엘라의 Caracas(0.05$/*l*)이다.

2013년 현재 휘발유가 가장 비싼 나라는 노르웨이(2.54$/*l*)와 터키(2.61$/*l*)이며 가장 싼 나라들은 베네수엘라(1.6￠/*l*), 사우디아라비아(12￠/*l*), 쿠웨이트(21￠/*l*) 등 산유국들이다.

석유제품류 중에서 경유와 중유의 가격체계는 휘발유의 경우와 상당히 다르다. 경유와 중유는 대형 디젤자동차와 산업용 연료유로 사용되는데, 각국의 에너지 정책에 따라서 값에 상당한 차이가 있다. 미국에서는 휘발유와 경유의 가격이 비슷한 수준이지만 한국에서는 경유값이 휘발유 값의 90% 정도 수준이다(1990년에는 1/2 수준이었다). 영국, 독일, 프랑스, 일본 등도 일반적으로 *l*당 경유 가격은 휘발유 값의 3/4 또는 2/3 수준으로 책정되고 있다. 경유는 산업용 차량에 소비되는 연료유이기 때문에 산업정책상 이러한 차등 가격제가 성립되는 것으로 이해된다.

5.4.4 석유화학공업

19세기 말에는 석탄으로부터 각종 화학제품을 생산하였다. 그러다가 20세기 초부터 석유에서 여러 가지 화학제품을 생산하기 시작하였다. 석유로부터 나프타(Naphtha)를 정제하고 이것을 원료로 암모니아, 비료 등을 생산하였고 각종 플라스틱, 합성섬유, 합성고무, 화약 등 석유화학 제품을 생산한다.

석유화학제품을 생산하는 원료인 석유와 천연가스의 양은 그들의 전체 소비량에 비교하면 매우 적은 양이다. 원유의 정유공장에서는 휘발유 및 등유에 해당하는 유분(증류분리물)을 별도로 생산하여 나프타라고 부르는 석유 화학용 주원료를 생산한다. 나프타의 주성분은 휘발유와 같이 C_8의 화합물이다. 나프타 가격은 석유원유 가격의 변동과 석유화학공업 제품의 수요공급 상황에 따라서 톤당 130~250$로 변동이 심하다. 이 나프타의

그림 5-20 석유화학 공업의 계통도와 석유화학 제품

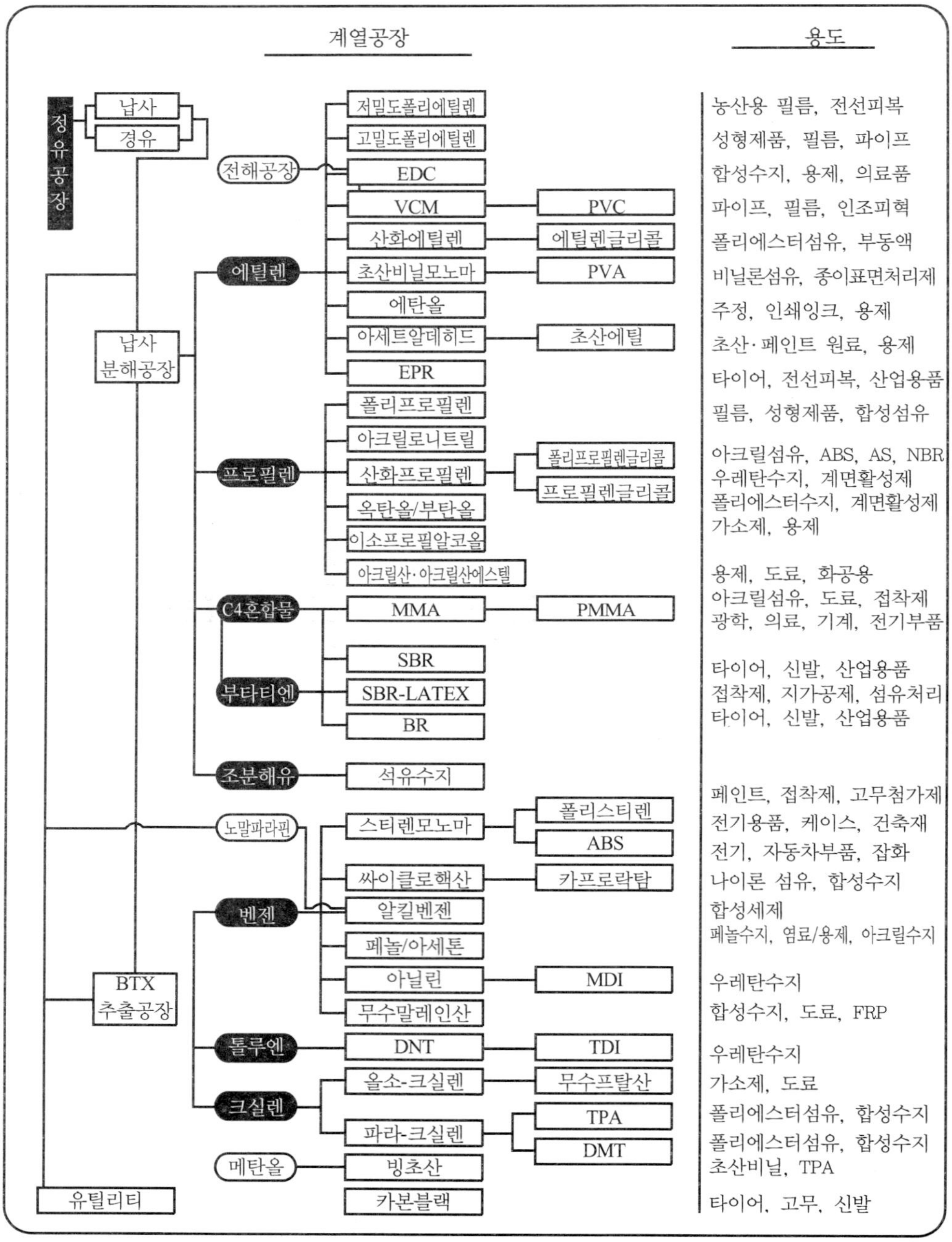

자료 : 油公(현 SK정유) 카탈로그

주성분은 원유의 상압증류에서 얻어지는 경질유와 같은데, 열분해(thermal cracking) 혹은 접촉 열분해(catalytic cracking) 등에 의하여 주로 C_2(C_2H_4, ethylene), C_3(propylene), C_4(butylene) 등이 생산된다. 이들은 다른 증류장치에서 분별증류(fractional distillation)되어 각각의 순수성분으로 분리정제된 후, 각종 석유 화학제품의 제조에 사용된다. 그림 5-20에는 각종 석유화학제품이 원유에서부터 얻어지는 중간 원료로부터 제조되는 계보로 표시하였다.

이러한 석유화학공업은 원유를 가열용 연료로 사용하는 것보다는 부가가치가 훨씬 더 높은 형태의 제조산업용 원료로 사용한다는 점을 인식하면, 가능한 한 탄소와 수소자원으로써 현재까지는 유일한 자원인 석유, 천연가스자원을 에너지 자원으로 사용하는 것을 줄이고 공업용 원료로 오랫동안 사용할 수 있도록 석유 자원보존 방법을 모색해야 할 것이다.

석유원유에서 paraffine계 원유는 구성성분상 알리파틱계 탄화수소(aliphatics) 화합물을 얻는데 적합하고, naphthenes계 원유는 방향족 탄화수소(aromatics) 성분이 많으므로 소위 B. T. X.(벤젠, 톨루엔, 자일렌) 화합물과 그것을 원료로 하는 폴리스타이렌 등의 각종 플라스틱, 합성섬유, 합성고무 제품을 생산하게 된다.

또한 석유원유 증류유분 중에서 아스팔트 등은 카본 블랙 등 고무공업 잉크공업의 원료를 얻을 수가 있고, 정유공장의 탈황공정에서는 원유 중에 1~3% 정도 혼입되어 있는 유황을 단독분리 생산할 수 있다. 유황분을 연료유에서 제거하는 일은 고도의 기술과 비용이 많이 들기 때문에 질이 좋은 연료유에는 유황분 함량이 적고 값도 비싸며, 고유황분 연료유는 그 값이 싸지만 대개 환경오염 방지 측면에서는 환경보존 비용을 더 많이 투입해야 한다.

또 나프타 등은 열분해에 의해 비료(주로 요소비료)를 만드는 중간 원료인 암모니아 제조용 CO, H_2 가스를 생산할 수 있다. C_8의 나프타를 열분해하여 C_1, C_2, C_3 등으로 분해시킨 후 부분산화시켜서 CO, H_2를 얻어서 암모니아 → 비료를 생산하는 방법이 사용되고 있으나, 경제적 이유로 천연가스가 오늘날 전 세계적으로 질소질 비료공업의 주원료로 되어가고 있다. 10여년 전만 하더라도 질소질 비료의 원료는 나프타에 주로 의존하였다. 따라서 천연가스자원도 석유자원과 마찬가지로 연료용 에너지 자원보다는 석유화학공업 제품용 원료자원으로 오래 보존하면서 사용할 필요가 있다.

참고문헌

〈최근 자료〉

http://www.bp.com/statistical review

Inman, M., "True cost of Fossil Fuel", Sci. Am. April, 2013, p. 41

Maegeri, L., "Squeezing more Oil from the Ground", Sci. Am. Oct. 2009, p.36~43

심괄(저), 최병규(역), "몽계필담", 범우사, 서울, 2002

〈일반〉

김홍재 번역, "석유제품의 지식", 대광서림, 1976.

"대한석유협회", "석유의 기초지식", 서울, 1986.

A. P. I., "Petroleum Facts and Figures, 1971 Ed.", A. P. I., 1971.

"Oil & Gas Journal Energy Statistics Source book", Penn Well Books, 1988.

Staff of the Royal Dutch, Petroleum Hand-book", 6th. ed., Elsevier, 1983.

Greenwood Publishing Group, Incorporated Vol. 1. "The Age of Illumination, 1859` to 1899", Vol. 2, The Age of Energy, 1899 to 1959.

〈탐사와 채굴〉

"Energy Resources in Coastal Areas : Small Offshore Oil Fields", United Nations, 1988.

Ranney M. W., "Offshore Oil Technology : Recent Developments", Noyes Press, 1979.

〈석유생산과 정유, 석유화학공업〉

"Energy Management Handbook for Petroleum Refineries, Gas Processing & Petrochemical Plants", Gulf Publishing Company, 1979.

OECD Staff, "Petrochemical Industry : Energy Aspects of Structural Change", Organization for Economic Cooperation & Development, 1985.

Schumacher, M. M., editor. "Heavy Oil & Tar Sands Recovery & Upgrading : International Technology", Noyes Press, 1982.

Steele, Henry B., "Economic Potentialities of Synthetic Liquid Fuels from Oil Shale", Bruchey, Stuart, editor, Ayer Company, 1979.

〈천연가스〉

Mabro, Robert, editor, "Natural Gas : An International Perspective", Oxford University Press, 1986.

Satriana, M., "Unconventional Natural Gas : Resources, Potential & Technology", Noyes Press, 1980.

〈석유와 경제〉

Mabro, Robert, editor, "OPEC & the World Oil Market", Oxford University Press, 1987.

Spooner, Robert D., "Response of Natural Gas & Crude Oil Exploration & Discovery to Economic Incentives", Ayer Company, 1979.

Tempest, Paul., editor, "International Energy Markets", Oelgeschlager, Gunn & Hain, 1983.

〈석유와 정치〉

Glasner, David, "Politics, Prices & Petroleum : The Political Economy of Energy", Pacific Research Institute for Public Policy, 1985.

Hawdon, David., editor, "The Energy Crisis Ten Years After", Saint Martin's Press, 1984.

Lieber, Robert J., "The Oil Decade : Conflict & Cooperation in the West", University Press of America, 1986.

World Commission on Environment & Development Staff, editor, "Energy Two Thousand : A Global Strategy for Sustainable Development", Humanities Press International, 1987.

CHAPTER 06

화석에너지와 환경영향

What is the sweet heat?

6.1 화석 에너지의 소비와 환경문제

6.1.1 화석 에너지와 대기오염

인류가 석탄을 사용한 지 7~8세기, 그리고 석유를 사용한 지 겨우 100년 정도가 된다. 그 이전에는 나무를 주된 연료로 사용하고 인력과 동물의 노동력으로 인간생활에 필요한 에너지를 충당하였기 때문에 현재와 같은 환경오염의 문제는 존재하지 않았고, 다만 위생적 관점에서 인간과 동물의 배설물이 국지적인 환경 오염문제가 되었다(중국에서는 기원전에 배설물 폐기로 인한 주거지역 환경문제가 논의된 것을 역사적 기록에서 찾아볼 수 있다).

에너지원 별로 환경 및 보건에 미치는 영향을 피해 또는 위험의 정도로 구분하여 설명하면 표 6-1과 같다(원자력에너지의 환경영향에 대해서는 7장에서 논의하겠다). 환경과 보건에 미치는 에너지 사용의 영향은 그것이 어떤 형태로 나타나든 간에 결국 경제사회적 비용으로 부담되기 때문에 에너지의 대량 사용으로 생기는 환경오염을 줄이기 위해서는 에너지의 효율적 사용이나 소비절약이 필요하다. 따라서 화석에너지를 주 에너지원으로 사용하는 현재 우리는 일반상식 또는 기초교양으로서 환경오염의 내용을 자세히 파악하여 구체적인 대응 방안을 마련해야 한다.

현재 걱정거리가 되고 있는 수질오염도 근원적으로는 에너지 사용량의 증가와 관계가 있다. 산업활동이 증가함으로써 수질오염이 유발된 것을 같은 맥락에서 이해해야 하기

표 6-1 각종 에너지 자원이 환경 및 보건에 미치는 영향과 피해

영향과 피해 \ 에너지 원		석탄	석유 및 천연가스	원자력
정상 활동에 의한 영향	단기적이고 국지적	광산갱 내 작업자의 규폐증, 갱 내 공기오염	탄화수소 증발에 의한 공기오염, 스모그 현상, 오존생성	일시적 방사능 누출에 의한 작업자의 피해
	단기적이고 광역적	수질오염 대기오염	기름띠의 하천과 해양 오염	
	장기적이고 광역적	SO_2, CO_2 방출량 증대, 기후 온난화, 분진 배출	SO_2, CO_2 NO_x 방출	소량 방사능 물질의 지속적 배출
일시적 사고		화재, 갱내 안전사고	수송 중 사고, 정유 공장 화재	원자로 노심 사고, 주변 설비 사고

때문이다. 에너지에 의한 환경오염은 대기환경의 오염이 주된 분야이기 때문에 지구전체적 환경문제인데 비해 수질오염과 석유 유출에 의한 해양오염(1989년 알라스카 엑슨 발데스호 좌초, 2007년 태안 해변 원유 유출, 2010년 걸프만 BP 유전 사고 등)은 파급범위가 상당히 넓다. 같은 환경오염 중에서도 토양오염, 소음, 진동 등의 환경문제는 더욱 국지적인 혹은 국소 공간적인 문제로 한정된다. 그러나 대기오염은 기상조건과 더불어 지구 전체에 영향을 미치고 있다.

일반적으로 대기중에 존재하는 정상적인 화학조성을 가지는 공기 성분 이외의 오염물질로써, 유해가스, 먼지, 매연, 악취 등의 오염물질이 인간의 보건위생에 위험과 피해를 주거나 인간생활에 관계가 있는 재산과 동, 식물 및 그들의 생육환경에 해(환경영향)를 미칠 정도로 기준치(환경기준치) 이상으로 많은 양이 어떤 지역 또는 공간 내(오염지역)에 존재하는 현상을 대기오염이라고 정의한다.

대기오염은 인간이 에너지를 많이 소비하기 때문에 일어난다. 현대의 인류문화는 그 에너지 대부분을 화석연료의 연소에 의지하고 있기 때문에 연료의 사용량이 증가할수록 대기오염은 심각해진다. 그림 6-1은 화석연료의 연소에 의해 발생된 열에너지의 순환과정을 지구 전체에 걸쳐서 설명하는 내용이다. 화석연료가 연소함으로써 그 속에 저장된 화학에너지의 일부분만이 유용한 일에너지로 바뀌고, 나머지 대부분의 열에너지는 각종 연소 부산물과 함께 지구의 대기권에 방출된다. 연소생성물의 주성분은 CO_2와 수증기이고 나머지 연소배출물은 CO, SO_2, 탄화수소, NO_x 및 고체입자의 분진 등이다(나열된 순서는 배출물질량의 크기 순서이다)

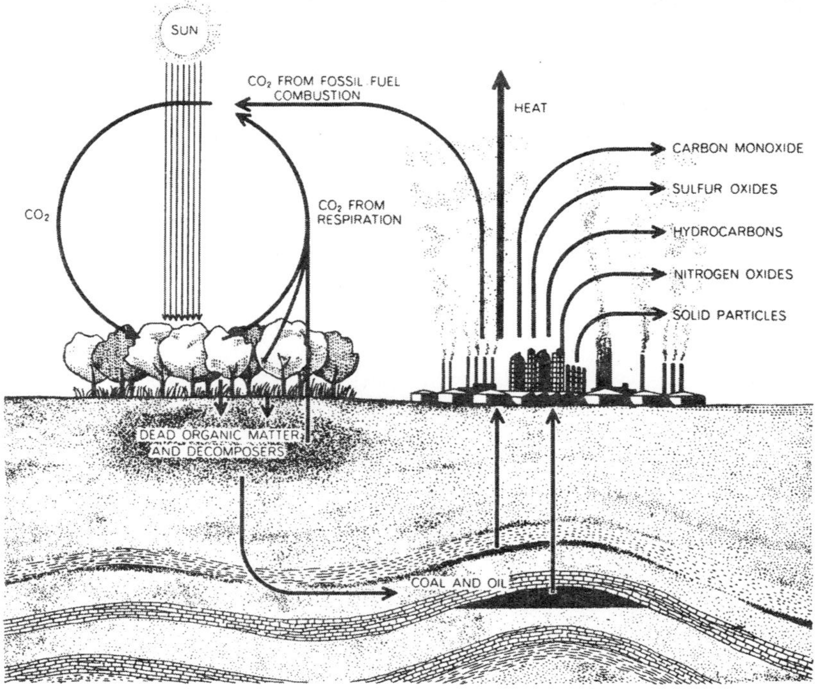

그림 6-1 에너지 사이클과 화석연료의 연소에 의한 대기오염 물질의 발생

자료 : Scientific American, "Energy", W. H. Freeman & Co., San Francisco, 1979, p. 164

6.1.2 대기환경 기준

이러한 연소배출물은 대기권에 배출되어 대기권 중 공기의 청정도를 저하시킨다. 오염되지 않은 깨끗한 공기 중에도 이러한 연소배출 가스성분과 같은 가스성분이 자연발생적(산불, 화산 등)으로 항상 소량 포함되어 있다. 표 6-2는 대기권 내에 있는 정상적인 공기의 화학적 성분조성을 나타낸다.

이러한 대기 오염물질들이 자연에 원래 존재하던 양보다도 과다하게 많이 존재하고 또 자연의 자정작용에 의해 다른 물질로 변환되어 없어져야 함에도 불구하고, 장시간 대기중에 머물러 있으면서 인체와 동식물의 정상적 생리현상이나 생태현상을 방해하는 물질을 환경오염물질이라고 규정한다.

우리나라의 환경보전법 시행규칙 제2조에는 SO_2를 포함하여 55종의 각종 유기물질, 무기물질을 대기오염물질로 규정하고 있다. 이러한 오염물질들은 정상적인 대기중에 극히 미량으로 존재할 때는 인체 등에 영향을 미치지 않으므로, 법으로 정해진 환경기준

표 6-2 대기권 내에 있는 정상공기의 화학적 성분 조성

구분	화학성분	농도*
1. 농도가 가장 안정된 물질	O_2	20.946% ± 0.002
	N_2	78.084% ± 0.004
	CO_2	0.033% ± 0.001
	Ar	0.934% ± 0.001
2. 쉽게 농도가 변하지 않는 물질	Ne	18.18 ppm ± 0.04
	He	5.24 ppm ± 0.004
	Kr	1.14 ppm ± 0.01
	Xe	0.087 ppm ± 0.001
	H_2	0.5 ppm
	CH_4	2.0 ppm
	N_2O	0.5 ppm ± 0.1
3. 쉽게 농도가 변하는 물질	SO_2	0~1 ppm
	NO_2	0~0.02 ppm
	NH_3	극미량
	O_3	0~0.07 ppm(여름)
		0~0.02 ppm(겨울)

* ppm은 parts per million의 준말. 1백만 부피에 대한 부피단위를 나타낸다. 기체농도는 부피기준이다. 그러나 액체 및 고체의 경우 ppm은 백만그램 중 그램의 무게 단위로 표시된다.

농도 이상이 될 경우에만 환경 보전의 목적에서 규제된다.

이러한 규제의 목적으로 제정된 환경보전법에 의해 대기질 기준치가 정해진다. 대기질 기준치는 각국의 사정에 따라서 약간씩 달라질 수 있는데, 표 6-3은 한국과 기타 몇 개 국가의 대기질 기준치(Air Quality Standard)를 수록한 것이다. 각종 대기오염물질의 양, 즉 농도는 시시각각으로 변화하기 때문에 그 농도를 가능한 한 연속적으로 측정하여(측정실험에 소요되는 시간 때문에 진정한 의미에서 연속측정은 불가능하다) 1시간 동안의 평균농도, 24시간 동안(1일)의 평균농도, 월간 평균농도, 1년간 평균농도 등을 통계적으로 결정하고, 법에 정해진 기준치들과 비교하여 규제 여부를 결정하게 된다.

예를 들면, SO_2의 24시간 평균농도 0.14 ppm은 하루 24회 측정한 실측치의 평균치를 의미하고, 1년 평균치 0.03 ppm은 1시간마다 측정한 1년치 자료수치의 평균을 의미한다. 따라서 이러한 환경 오염물질의 농도는 국지적으로 짧은 시간 동안에 이 기준치를 넘어설 수 있다. 별도로 세계 각국은 공기질지수(Air Quality Index: AQI)를 4~10단계로 정하여 국민에게 신속히 알리는 제도도 시행하고 있다.

환경기준은 노출시간과 농도의 상승작용을 고려하여 인간 생활에 영향을 미치는 정도

표 6-3 각국의 대기질 환경 기준치

countries Pollutants	WHO	Japan	EC	USA	Germany	Korea	비고 2007년부터 PM_{10} 적용 중
Dust($\mu g/m^3$)							2015년부터 $PM_{2.5}$ 적용
annual	60/90	-	non	50	150	50	
day	150/230	100		150	300	100	
SO_2(ppm)							
annual	0.015	-	0.015	0.03	0.05	0.02	
day	0.06	0.04	0.06	0.14	-	0.05	
hour	0.13	0.1	0.13	-	0.15	0.15	
O_3(ppm)							
day	0.05/0.06	-	0.06	-	-	0.06	
hour	0.08/0.1	0.06	non	0.12	0.06	0.1	
NO_2(ppm)							
annual	-	-	non	0.05	0.04	0.03	
day	0.08	0.06	non	-	-	0.06	
hour	0.21	0.04	0.07	-	0.11	0.10	
CO(ppm)							
day	9	20	non	9	-	9	
hour	26	-	non	25	26	25	
Benzene($\mu g/m^3$)							2010. 11. 부터 적용
annual	-	-	-	-	-	5	

에 따라서 결정된다. 예를 들면 CO의 농도는 그림 6-2와 같이 노출시간과 농도의 상호작용에 의해 인간의 건강에 영향을 주는 정도가 다르므로, 환경기준치를 이러한 영향 인자에 비교하여 법으로 제정하게 된다. 이러한 법률 제정은 인간에 대한 보건의학적 영향뿐만 아니라 사회경제적 부담, 그리고 환경보전 기술의 수준 등을 감안하여 실시된다.

마찬가지로 SO_2, NO_x 등도 노출시간과 농도의 상호작용에 따라서 다르게 인체나 생물에 영향을 미치게 되는데, 이러한 오염물질의 발생은 거의 대부분 우리가 사용하고 있는 에너지를 제공하는 화석연료의 연소에 의해 발생되므로 화석연료 시대에서 에너지 문제와 환경 문제는 함께 다루어지지 않을 수 없는 인류적 과제이다. 특히 21세기에 들어가서는 석유에너지 자원의 고갈이라는 조건과 지구환경의 악화라는 두 가지 조건에 의하여 에너지의 고도이용 기술을 기본으로 하는 에너지 가치의 판단기준에 변화를 가져올 것으로 생각된다. 앞 장의 여러 부분에서 석유에너지 자원의 고갈이라는 측면이 강조되었는데, 에너지 사용량이 증대함으로써 지구 환경을 악화시키는 산성비, 오존층 파괴,

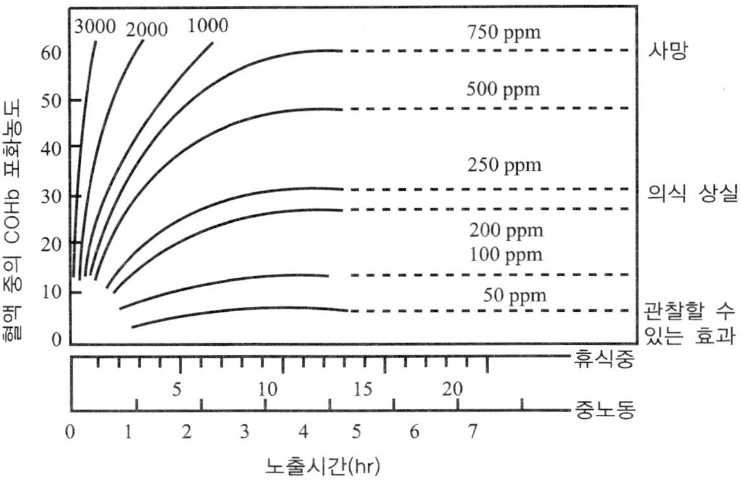

그림 6-2 CO의 공기중 농도와 혈중 카르보닐 헤모글로빈(COHb) 농도 및 노출시간의 관계

지구온난화 등의 지구 전체적 영향이 에너지 사용량의 증가와 어떤 인과관계를 가지고 있는가를 여러 가지 항목으로 나누어 다음 절에서 설명하겠다.

6.2 지구온난화 현상 (Global Warming by Greenhouse Effects)

6.2.1 지구온난화 현상

지구의 기후가 먼 옛날부터 연속적으로 변하여 왔다는 사실은 잘 알려져 있다. 지구가 태양계의 혹성으로 탄생하였을 때는 불덩어리였었지만, 차차 식어서 지구는 빙하기까지 겪었다. 빙하기의 지구의 기온은 현재보다 8~9℃ 정도 낮았었다고 하며, 50~30만년 전에 빙하기 이후 온난시대가 있었고, 식물 성장지역과 적도지방 몬순지역의 범위도 지금 지역과는 달랐다고 한다. 그후 기원전 900~450년의 철기문화시대에 다시 기후가 더워졌다는 인류사학적 증거도 있다. 또 중세초기(1000~1200A.D.)에는 기후가 사람이 살기에 좋았으며, 다시 1430~1850A.D.에는 "작은 빙하기"가 있었다. 근래의 1900~1945년 사이에 지구의 평균기온이 0.4℃ 정도 올랐는데, 최근 기상관측용 인공위성의 자료에 의하면 1967~1972년 사이에는 지구를 덮고 있는 눈과 얼음의 면적이 10% 이상 증가하였다고 한다. 그러나 다시 1980~1990년대에 들어오면서 지표면을 덮고 있던 눈과 얼음의 면적이 급격히 줄었고, 지구 곳곳에서 이상 난동현상이 발생하고 있다. 물론, 이러한 단편적인 기상 변화 현상이 기온 상승쪽으로만 계속 진행되고 있다고 단언할 수도 없으며, 그렇다고 해서 기온이 일정하다거나 낮아지고 있다는 증거도 없다.

이러한 지구의 기상 변화는 여러 가지 요인들을 인용하여 과학적으로 설명될 수 있다. 예를 들면 태양복사 에너지량의 변화, 지구 궤도의 변화 등 지구 외적 요인도 있을 것이고, 지구 내적 영향요인으로서는 대기성분 조성의 자연적 변화, 지표면과 구름에 의한 태양광 반사량 증가, 대기와 대양, 그리고 빙산사이에서 물성분의 유입과 유출량의 변화 등이 지구 기온에 변화를 주었을 것으로 추측된다. 이러한 요인들은 모두 인위적인 영향 이외의 요인들이지만, 기후의 변화에 충분히 영향을 줄 수 있다고 이해하기는 어렵지 않다. 그 외에 인간의 에너지 사용이나 식물의 탄소 동화작용 등을 모두 함께 고려하여 지구계에 대한 에너지의 수입과 지출(Energy Balance)을 표시하면 그림 6-3과 같은 자료를 작성할 수 있다. 이 자료는 지구의 자연적 기상변화와 인위적 원인(화석연료 에너지의 사용증가)에 의한 기상변화를 이해하는데 도움이 된다.

근래에 석탄과 석유 등의 화석에너지 자원을 많이 사용함으로써 지구가 온난화되고

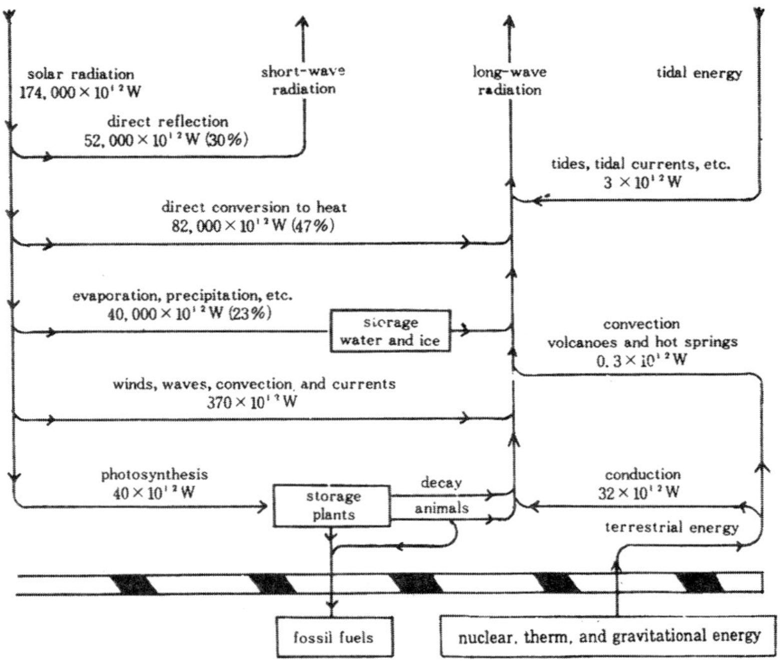

그림 6-3 지구계에 대한 에너지 흐름도

자료 : D. N. Lapedes, "McGraw-Hill Encyclopedia of Energy", McGraw-Hill, New York, 1971, p. 12

있다는 학설이 매우 강하게 주장되고 있고, 그것을 반박하는 학설은 매우 약한 상황에 있다. 화석연료를 많이 사용하면, 그 구성성분인 C와 H 원소로부터 CO_2와 H_2O 증기가 대기중에 배출되고 그 농도가 증가하며, 이 CO_2, H_2O가 지구에서 대기권 밖으로 반사되어 나가는 적외선을 흡수하여 공기의 온도가 상승하는 온실효과(greenhouse effect)가 생기고, 결과적으로 지구 기온이 증가(global warming)할 수 있다는 학설이 지배적이다. 그러나 반대학설도 과학적 타당성은 있다. 비슷한 원리지만, 분진에 의한 대기오염으로 인해 태양열의 강한 자외선 입사량이 감소되고, 지구기온이 내려갈 수 있으며, 동시에 북극과 남극지방의 얼음표면의 면적이 증가하여 외계로 반사되는 복사에너지량이 증가하면, 지구기온의 강하가 가속화될 수도 있다는 학설도 있다. 이들 두 가지 학설을 이론적으로 조금 더 쉽게 이해하기 위해서 CO_2, H_2O, 분진과 얼음표면의 반사현상이 지구기온의 변화에 미치는 과학적 근거를 아래에 설명한다.

6.2.2 지구온난화 이론

현재까지 알려진 학설들에 의하면 지구온난화가 일어나는 원인은 두 가지라고 알려져 있다. 즉 탄산가스 등에 의한 온난화 현상과 프레온가스에 의한 대기권 밖의 오존층 파괴라는 두 가지 현상이다. CO_2에 의한 온난화 현상은 대기중의 탄산가스 농도가 증가하기 때문에 일어난다. 태양광이 지구에 들어올 때는 탄산가스의 유무에 관계없이 아무 장해를 받지 않고 들어올 수 있는데, 이것은 지구에 입사되는 태양광선 중에 고에너지의 자외선(ultraviolet light)이 많기 때문이다. 이 자외선은 탄산가스, 수증기(구름이 아님), CH_4 등으로 차있는 대기권을 거침없이 잘 통과하여 지구표면에 도달한다. 그런데, 우리가 지구에서 달을 볼 수 있듯이 지구의 표면에서는 우주쪽으로 태양광선이 반사된다. 이때 반사광선은 지구에 들어와서 지표면에서 이미 에너지를 잃어버린 자외선이 변형된 약한 적외선(infra-red light)이 되어 우주로 반사한다.

이 적외선이 대기권을 통과하여 우주에 방사되기 전에 이 적외선은 CO_2, H_2O, CH_4 등의 기체에 흡수되는 성질이 있다. 이들 가스에 의해 적외선이 흡수됨으로써 대기권의 공기는 더워지고 우주로 방사되는 지구의 에너지량은 적어진다. 즉 태양에너지의 입출량에 균형이 깨진다. 결과적으로 탄산가스의 농도가 대기권 내에서 많아질수록, 대기권내에 가두어지는 에너지는 많아진다. 즉, 대기권의 온도가 증가하는 이 현상이 바로 지구온난화이다.

그림 6-4에는 태양으로부터 지구대기권에 들어오는 진동수가 큰(파장이 짧고 에너지량이 큰) 자외선의 입사현상과 진동수가 작은(파장이 크고 에너지량이 적은) 적외선이

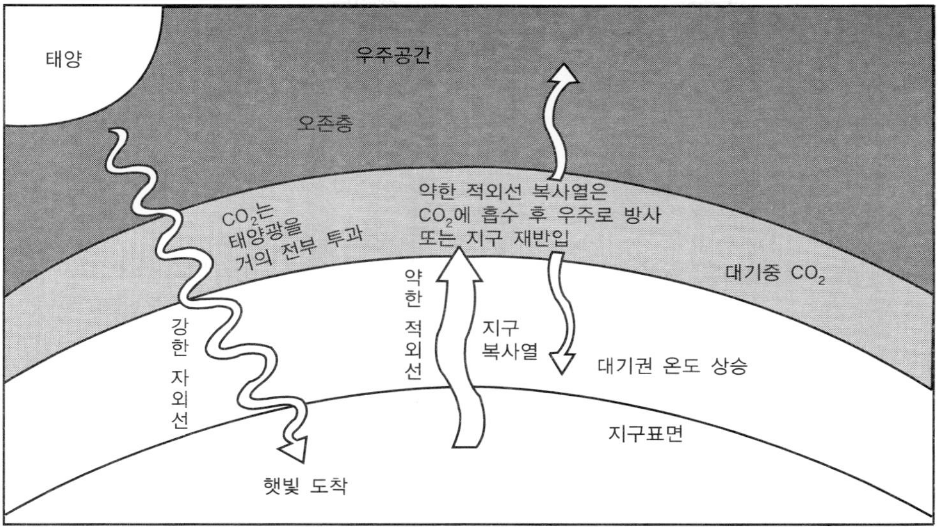

그림 6-4 CO_2 가스의 적외선 흡수, 반사에 의한 지구온난화 현상 설명도

지구 밖 대기권으로 방사되는 현상을 표시하였다. 물론 방사되는 적외선 중 일부는 우주 밖으로 영원히 달아나겠지만, 적외선의 상당한 부분은 CO_2 분자에 흡수되고, CO_2의 온도를 높이고, CO_2 분자에 의하여 지구표면 쪽으로 열에너지가 다시 복사되어 돌아온다.

지구온난화 현상을 일으키는 물질은 CO_2 이외에 CH_4 등의 탄화수소, N_2O, 기타 수증기 등도 CO_2와 동일한 효과를 가지고 대기권의 온도를 올리게 되는데, 연구결과에 의하면 이들 가스의 온난화 기여도는 CO_2(49%), CH_4(18%), 기타 수증기(19%) 등이고 프레온 가스(CFC gas)에 의한 온난화 기여도는 나머지(19%)에 해당한다고 한다.

실제로 미국 하와이의 Mauna Loa 기상관측소(해발 3500m)에 설치된 측정장치(1958년 설치 이후 지금까지 연중무휴로 측정되고 있다)에 의한 대기중 CO_2 농도는 1958년 315 ppm에서 1989년 353 ppm으로 측정되었다.* 2013년 5월에 400 ppm을 초과하여 300년만에 최고치를 나타내었다. 매년 대기중 이산화탄소 농도는 가파른 상승을 보여 지난 1950년대 말에는 연간 0.7 ppm 꼴로 상승했으나, 2000년대에는 해마다 2.1 ppm씩 상승하였다.

이 CO_2 농도는 전 세계에서 배출되는 CO_2량의 연대적 변화와 깊은 관련이 있음은 물론이다. 1950년에 전 세계 CO_2 배출량은 1,618백만 톤이고, 1980년의 CO_2의 배출량은

* R. M. White, Scientific American, Vol. 263, No. 1, p.20, July, 1990.

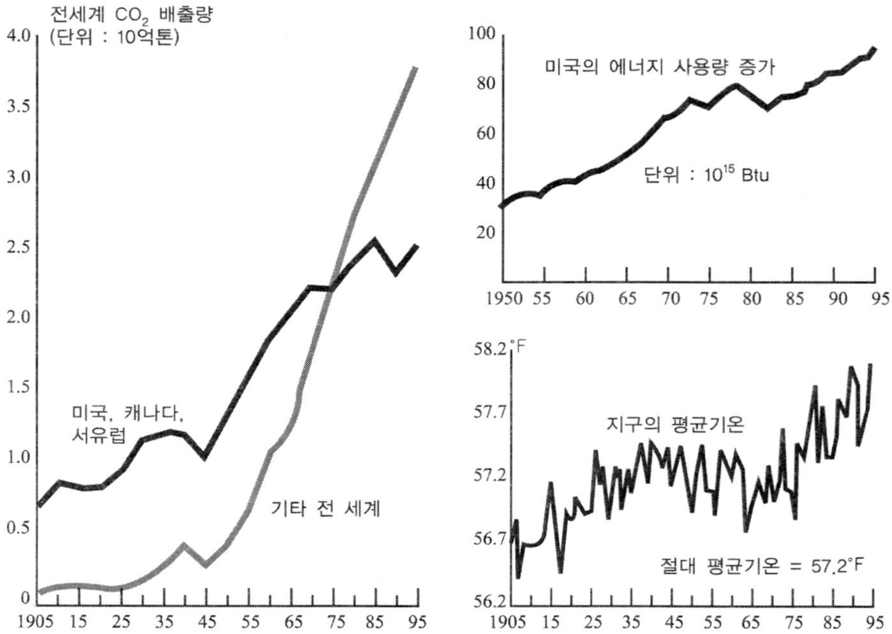

그림 6-5 세계의 CO_2 배출량 추정치와 지구의 평균기온 상승 실측치

자료 : Newsweek, 1997. 10. 20 p. 52

5,170백만 톤, 1995년에는 6,200백만 톤, 2013년에는 4백억 톤으로써 상당량의 CO_2가 대기중에 머물고 있으며 대기중 CO_2 농도가 지난 50년 동안에 15% 이상 증가하였음을 알 수가 있다. 실제로 지구의 평균온도는 지난 130년간에 0.5~0.7℃ 상승하였으며, 장래에는 매 10년마다 0.15~0.5℃의 기온상승을 예측하고 있고, 화석연료의 소비량 증가율이 현재의 7~8%를 유지한다면 2030년에는 CO_2 배출량이 1,000억 톤 이상되고, 현재 기온보다 2~6℃ 상승할 것으로 추측하는 전문가들도 있다.

기온상승으로 인하여 유발되는 환경변화 중 가장 큰 것은 해수면의 상승인데, 매 10년마다 해수면이 6±3 cm 정도 증가할 것이라는 학설이다. 따라서 어떤 방법을 강구하든간에 CO_2 배출 저감대책은 지구환경의 온난화를 막는데 있어서 매우 긴박한 과제라고 할 수 있다. 그림 6-5는 지구의 평균기온이 지난 90년 동안에 실제로 어느 정도 상승하였는가를 보여주는 실측자료이다.

6.2.3 오존층 파괴로 인한 지구 온난화

오존층 파괴로 인한 지구온난화 현상의 원인은 탄산가스에 의한 지구온난화 현상의 원인과는 전혀 다르다. CO_2, CH_4 등의 가스가 대기권에 많이 존재하여 이들 기체분자들에게 광에너지가 흡수되어 기온이 상승하는 현상은 물리적인 현상이다. 오존층은 원래 지구대기권 밖의 고도 20 km 정도에 위치하는 O_3의 농도가 높은 대기층인데, 이 오존층은 태양으로부터 지구에 들어오는 강한 에너지의 자외선을 약화시키고 $O_3 \rightarrow O_2 + O \rightarrow O_3$의 광화학 반응을 반복적으로 일으킨다(그림 6-6(a)). 오존층이 존재함으로써 태양에너지의 입사량을 조절하고 있으며, 인간이 자외선에 의한 피부암 등에 걸리지 않도록 보호하는 역할을 해왔다. 그런데 오존층은 CFC와 화학반응을 일으켜서 O_3의 소모량을 크게 함으로서 오존층을 파괴하여 오존 농도를 희박하게(소위 구멍 뚫리게) 만들고(그림 6-6(b)), 결과적으로 태양의 강력한 자외선이 약화되지 않고 지구에 도달하여 지구온난화를 촉진시킨다. 이 자외선이 지표면에서 반사되어 CO_2에 흡수되는 현상은 앞에서 설명한 바와 같다.

최근 전 세계적으로 문제가 되고 있으며 1992년 이후 사용이 금지되어 오고 있는 염화

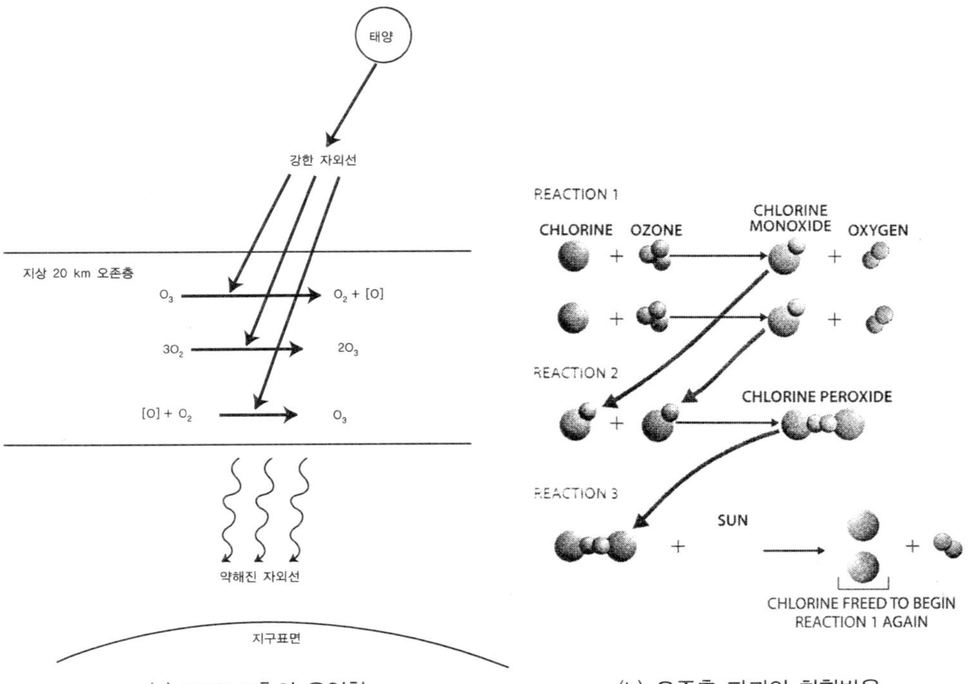

(a) OZONE층의 유익함　　(b) 오존층 파괴의 화학반응

그림 6-6 성층권 오존층의 유익함(a)과 CFC에 의한 오존층 파괴반응(b)

자료 : 오존층 파괴에 관한 연구는 Mario Molina 교수와 F. S. Rowland 교수에 의해 확인되었다. 〈자료 : Sci. Am., Nov., 1997, p. 21.과 Nature, 249, 1974, p. 811〉

불화탄화수소(chloro-fluoro carbons : CFC)가 각종 산업에서 대량으로 사용된 후, 사용량의 20% 정도가 대기중에 배출되는데(나머지 80%는 폐수, 고형폐기물 등으로 처리된다) 이 CFC 가스는 화학적으로 대단히 안정하여 분해되지 않고 대기중에 오랫동안 남아서 성층권의 오존층에까지 확산되어 간다. 이 가스의 사용량은 매년 5% 정도씩 증가해왔으므로 대기중 농도는 60 ppt(parts per trillion) 정도로 추산된다. 따라서 CFC의 과대한 방출은 오존층을 파괴시키고 지구온난화를 촉진하고 있으므로, 전 세계적으로 CO_2의 배출규제 협약과 CFC 배출규제 협약이 국제외교상 중요문제로 나타나고 있다. 실제로 남극상공에서 오존층이 소멸해버린 증거가 인공위성에서 관찰되었다.

지구온난화에 기여한다고 믿어지는 대기오염 물질은 CO_2, CFC 이외에도 CH_4, N_2O 등이 있다. 이들 가스의 대기중 농도를 장기간에 걸쳐서 추산한 결과를 요약하면 다음 표 6-4와 같다. 이 표에는 기후온난화 물질로 추정되는 각종 화합물의 온난화 기여도(%)의 추정치를 함께 표시하였다. 동시에 지구의 평균 기온 상승정도와 기온상승으로 인한 지표면의 해수면 상승 높이의 추산치도 함께 표시하였다.

또한 지구의 온난화를 유발하는 인간활동 중에서 활동별로 그 기여율을 표시해보면 에너지 사용에 의한 기여율이 49% 정도, CFC의 기여율이 14%, 농업활동(식물의 성장에 의한 CO_2의 배출) 14%, 토지 이용 방법의 변경(도시화 등으로 인한 콘크리트, 아스팔트 등으로부터의 적외선 반사) 9% , 기타 산업활동에 의한 폐열 발산에 의한 기여율 4% 등으로 추산되고 있다.

또 한 가지 대기온난화 현상은 국지적인 열섬 효과이다. 즉, 산업 및 각종 연소 열에너지 중에서 폐열로 대기중에 방산되는 열에너지는 도시 상공의 공기를 가열시킨다. 이 더

표 6-4 지구온난화에 영향을 미치는 온실효과 기체의 대기중 농도의 추정치와 그 영향

기후 온난화 물질	온난화 기여 추정률	1860년	2035년	2100년
CO_2	49%	300 ppm	470 ppm	600 ppm
CH_4	18%	1.1 ppm	2.9 ppm	?
N_2O	?	0.28 ppm	0.38 ppm	?
CFC	14%	0	0.045 ppm	?
기타	19%			
기온상승 정도 : $\triangle T$℃			1℃	2℃
해수면 상승 : $\triangle z$			0.2 m	0.6 m

* 1. R. M. White, Sci. Am., 263(1):22(July, 1990)
2. W. Collins, et al, Sci. Am., August 2007, p.48
3. J. Broome, Sci. Am., June 2008, p. 69

운 공기는 주변(시골)의 차가운 대기와 혼합되는 데는 장시간이 소요되므로, 시골보다 기온이 높아지는 도시의 대기를 열섬화(heat island)하는 효과가 나타난다. 우리가 여름날에 시골보다 도시가 더 더운 이유가 열섬효과 때문임을 이해하는 것은 어렵지 않다. 각종 폐열의 대기중 방산량도 에너지 소비량에 비례하기 때문에 대기의 온도 상승뿐만 아니라 지역에 따라서는 산업용 냉각수에 의한 하천이나 호수의 수온열을 상승시키는 효과도 있다.

6.2.4 탄산가스 배출량 감소 대책

전 세계적으로 탄산가스 배출량은 1995년부터 2015년 사이의 기간에 매년 2%씩 증가할 것으로 예상된다. 이러한 증가 추세는 에너지 사용량의 증가 추세와 같은 증가율이다. 인류는 에너지를 계속 소비해야 할 것이므로, 에너지량을 줄일 수는 없을 것이고, 탄산가스 배출량을 줄이는 방법은 C가 함유된 화석에너지(석탄, 석유, 천연가스)를 전혀 안 쓰고, 원자력이나 태양열을 이용하는 방법이 있을 것이다. 원자력에너지로 전부를 대체하는 일은 말로는 쉽지만 현재로서는 여러 가지 제약조건들이 많이 있다. 태양에너지는 환경측면에서 바람직한 대체에너지이기는 하지만, 실용화를 위해서는 기술적, 경제적 해결사항이 많이 남아 있다. 이와 같은 사정을 감안하면, 에너지 자원의 즉각적이고 전면적인 대체는 불가능할 것이므로, 현재 사용하고 있는 화석에너지 중에서 CO_2 배출이 적은 연료를 택하는 것이 차선의 방법이 아닐 수가 없다. 석탄과 석유와 천연가스 중에서 어느 것이 CO_2를 적게 배출하는가를 비교하기 위해 3가지 화석연료의 단위 발열량당 CO_2 배출량을 계산해보면 편리하다. 다음에 그 계산 과정을 예시한다.

1) 유연탄(탄소성분 82%, 발열량 8,300 kcal/kg)

$$\underset{12\,g}{C} + \underset{32g}{O_2} \rightarrow \underset{44\,g}{CO_2}$$

$$\frac{82\,\text{kg 탄소}}{100\,\text{kg 유연탄}} \times \frac{44\,\text{g } CO_2}{12\,\text{g C}} \times \frac{1\,\text{kg 유연탄}}{8,300\,\text{kcal}} \times \frac{10^6}{10^6} = 362\,\frac{\text{kg } CO_2}{10^6\,\text{kcal}}$$

2) 휘발유(C_8H_{18} : 분자량=114 g/g-mol, 발열량 11,000 kcal/kg)

$$\underset{114\,g}{C_8H_{18}} + 12.5\ O_2 \rightarrow \underset{352\,g}{8CO_2} + 9H_2O$$

$$\frac{352\,\text{kg } CO_2}{114\,\text{kg 휘발유}} \times \frac{1\,\text{kg 휘발유}}{11,000\,\text{kcal}} \times \frac{10^6}{10^6} = 280\,\frac{\text{kg } CO_2}{10^6\,\text{kcal}}$$

3) 천연가스(CH_4 : 분자량=16 g/g-mol, 발열량=13,300 kcal/kg)

$$\underset{16\,g}{CH_4} + 2O_2 \rightarrow \underset{44\,g}{CO_2} + 2H_2O$$

$$\frac{44\,kg\ CO_2}{16\,kg\ NG} \times \frac{1\,kg\ NG}{13,300\,kcal} \times \frac{10^6}{10^6} = 207\ \frac{kg\ CO_2}{10^6\,kcal}$$

위의 3가지 계산결과를 비교해 보면, 즉 10^6 kcal의 열을 얻기 위해서 CO_2가 발생하여 대기중에 배출되는 양을 비율로 나타내면, 유연탄 : 휘발유 : 천연가스=362 : 280 : 207 =1.00 : 0.77 : 0.57=1.75 : 1.35 : 1.00의 비율이 된다.

위의 계산 결과는 모든 에너지 전문가들에게 잘 알려져 있기 때문에, 탄산가스 배출을 줄이기 위해서는 석탄과 석유 연료를 가능한 한 천연가스로 대체하여 지구온난화 효과를 줄이는 노력을 하자는 것이다.

그러나 천연가스로 인류가 필요한 모든 에너지를 충당할 수 없으므로 석탄이나 석유를 사용하더라도 CO_2 배출을 억제하는 기술적 대책과 경제적 대책이 강구되고 있다. CO_2 배출 억제를 위한 기술적 대응방법은 석탄, 석유등 화석연료의 연소효율을 높이는 것이 첫 번째이다. 다음으로 고려할 수 있는 기술적 방법은 발생된 CO_2를 회수하는 방법인데, 현재 기술로서는 가능하지만, 경제적 비용이 많이 필요하므로, 당분간은 경제적 타당성을 찾기가 어렵다.

다음으로 탄산가스의 배출을 억제하는 경제적 방법은 각국의 정책적 대응방법이라고 할 수 있겠다. 정책적 대응방법이란 각국 협약에 의해 CO_2 배출 삭감정책을 먼저 수립하고 이 정책 목표에 맞추는 노력을 기술적 측면과 경제적 측면에서 수행하자는 것이다. 대표적인 정책방안은 탄산가스 배출량에 대한 세금, 즉 탄소세(Carbon tax) 또는 탄산가스 배출세(CO_2 tax)를 부과하자는 것이다. 이 제도는 북유럽국가들과 유럽공동체에서 일부 도입되어 시행되고 있다. 이러한 정책 수단 외에도 여러 가지 방안들이 각국에서 이미 논의되고 있다.*

1997년 12월 일본 교토에서 개최된 170개국 대표자 회의(United Nations Framework Convention on Climate Change)에서는 지구온난화 가스성분들의 배출을 1990년 수준의 배출량으로 목표를 설정하도록 권고하는 조약 체결을 기대하였지만, 소극적으로 국가간의 "배출권 거래제도(Emission Trading)"와 "공동이행제도(Joint Implementation)"가 타결되었을 뿐이다. CO_2 배출을 억제하는 전반적인 국제협약이 체결되지 못한 이유는

---

* 강석호, "지구온난화 방지대책과 탄소세에 관한 고찰", 環境硏究(영남대 환경문제연구소), 17(1), 55(1997).

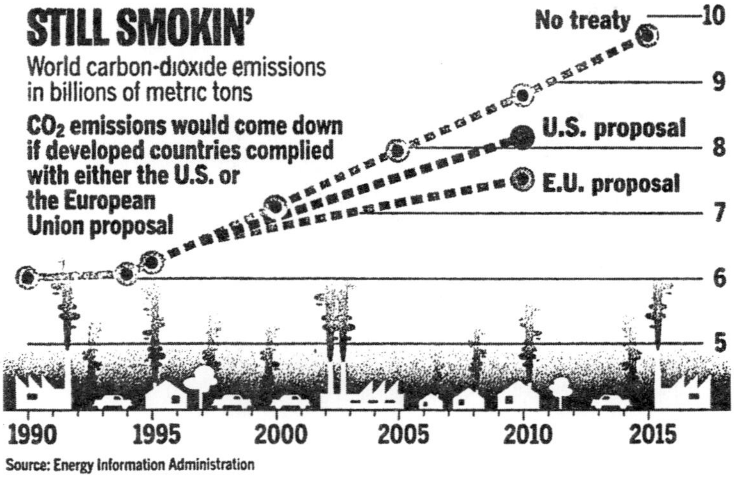

그림 6-7 탄산가스 배출량 규제 목표를 설정하는 제안들

자료:Newsweek, 1997. 10. 20.

선진공업국들이 계속해서 경제성장을 유지하기 위해 화석연료의 사용이 불가피한 반면에, 개발도상국에서는 급격한 경제성장 정책을 추구하고 있기 때문에 탄산가스 배출을 선진국처럼 줄일 수는 없다는 견해가 지배적이다. 표 6-5에는 주요국의 탄산가스 배출 추산치를 게재하였다.

표 6-5 세계 주요국의 에너지 소비와 탄산가스 배출량 추산치

Country	Population (millions)	GDP (billion $)	Energy consumption (quads)	CO_2 emissions (10^6 metric tons)
USA	264	6,380	84	1,350
France	58.1	1,050	9.4	130
China	1,203	2,610	3.2	673
India	937	1,700	9.1	177
UK	58.3	980	9.3	180
Japan	126	2,550	19	320
Russia	150	975	31	866*
Korea('95)	45	322	6.0	372**

* 소련연방공화국 시절의 자료임.
** 자료 : 통상산업부, "에너지 통계연보 1997" p. 12, p. 284-5)

6.2.5 지구기온 하강 학설

한편으로 지구기온이 강하하는 요인도 생각할 수가 있다. 앞에서 설명한 바와 같이 대기층의 수증기는 액체방울의 구름을 형성하거나 그 자체로서 태양광선을 흡수, 반사하기 때문에 지구기온을 강하시키는 효과가 있음을 설명하였다. 다른 한편 화산 폭발과 같은 자연 발생적 원인으로 대기중에 먼지와 매연이 많아지면 지구에 유입되는 태양에너지가 반사, 흡수됨으로써 지구의 기온이 저하될 수 있다. 실제로 수억년 전 지구 빙하기는 태양의 대폭발 이후에 형성된 지구 대기권에 폭발로 인한 고체입자의 분진이 대량으로 부유하고 있어서 생겼을 것이라는 학설이다. 이러한 학설을 토대로 하면, 에너지를 비효율적으로 사용하여 그을음을 많이 발생시킨다든지, 화산 폭발이 일시적으로 여러 곳에서 생긴다면 지구 대기권의 먼지 농도가 증가하여 기후에 영향, 즉 지구기온 강하에 영향을 줄 것으로 믿어진다. 실제로 1991년 초 쿠웨이트 유전 600여개가 방화상태에 놓임으로 인하여 불완전연소된 각종 매연과 먼지가 인도양 주변 국가들의 대기를 오염시켰는데, 이 결과로 나타나는 지구환경의 변화는 기온강하의 측면에서도 관심이 높은 연구대상이라고 생각된다. 아마 수년 후에는 이러한 상황을 설명하는 연구결과가 발표될 것으로 기대된다. 또한 미국의 공상과학영화에서 볼 수 있는 핵 겨울(nuclear winter)은 핵전쟁으로 인하여 발생하는 대량 폭발의 먼지 때문에 온 지구 표면이 먼지로 휩싸여서 빙하기와 흡사한 기온강하가 일어난다는 시나리오로 제작된 매우 관심있는 영화이기도 하지만 현실적 가능성이 없지는 않다. 그러나 지구기온의 강하나 상승은 모두 불확실성의 확률이 게재되어 있음을 유의해야 한다. 인간의 추산능력이 컴퓨터의 급격한 발달로 매우 정확하고 정밀하더라도 지구환경을 예측하기란 쉽지 않다.*

그러한 불확실성을 감안하여 앞으로의 지구 기온이 어떻게 변화할 것인가를 보여주는 그림을 소개하겠다. 그림 6-8은 지구의 북반구에서 기온의 변화를 실제로 측정한 결과치(가는 선)와 여러 가지 조건에 따라서 예측할 수 있는 기온 변화의 예상치(점선들)를 참고할 수 있다. 점선의 가장 위쪽은 CO_2의 영향만을 고려할 경우의 예상치이다. 다른 세 가지 점선 표시는 대기중 먼지의 영향을 부분적으로 고려한 것이다. 그 중 둘째와 셋째 곡선은 대기분진의 농도가 20년 또는 10년 동안에 두 배로 된다는 가정하에서의 추산치이고 가장 아래쪽 곡선은 1년 동안에 먼지농도가 두 배로 된다는 가정을 사용한 결과이다.

---

* 미국 Argonne National Laboratory의 Environmetal Research Division에 근무하는 이인영박사의 논문 "Comments on global Warming" (한국동력자원 연구소, 21세기 에너지 관련기술 워크숍, 1990. 10. 23)에서는 그 불확실성의 규모를 짐작할 수가 있다.

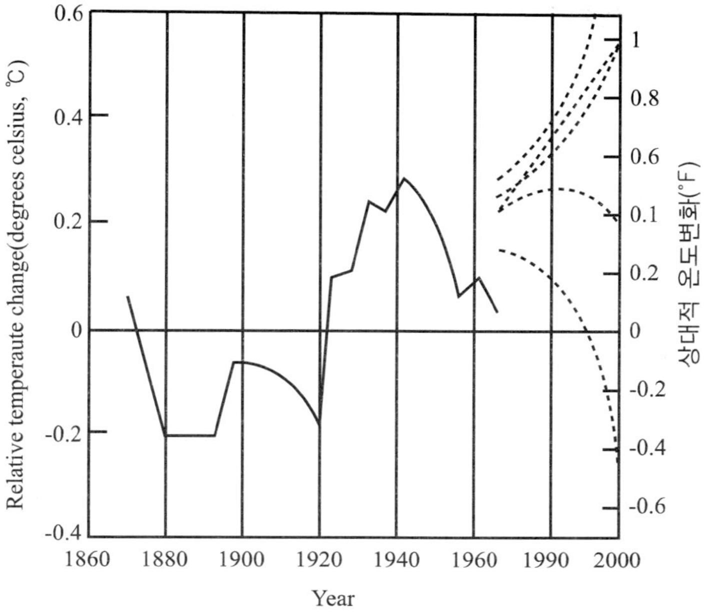

그림 6-8 지구북반구의 기온변화 추세와 예측

자료 : Scientific American, "Energy", W. H Freeman & Co., San Francisco, 1979, p. 170

6.3 SO_2에 의한 대기오염

6.3.1 SO_2 대기오염물의 특징

석탄, 석유, 천연가스 등의 화석연료 속에는 유기물(예 : mercaptans) 또는 무기물(예 : 황화금속 FeS_2) 또는 유리유황(S) 성분이 원래부터 포함되어 있다. 일반적으로 화석연료에 들어있는 탄소에 대한 유황성분의 질량비율은 100 : 1 정도(유황함량 평균 1%±2% 질량기준)인데 이러한 화석연료를 연소시키면 CO_2 1 m^3 당 1/250 m^3의 SO_2 가스가 대기중에 배출된다는 화학적 계산이 가능하다. 이러한 수치를 감안하면 대기중에 자연적으로 존재하는 SO_2 농도는 0.3×10^{-3} ppm , CO_2 농도는 320 ppm 정도로서 이들 사이에는 100만 배의 농도차가 있다. 이 수치는 연소에 의해 발생되는 SO_2와 CO_2의 부피비율 1/250과는 큰 차이가 있다. 그러나 대기중에서 SO_2 가스의 체류기간은 CO_2의 대기중 체류기간보다 1/4,000 정도로 짧다.

대기중으로 배출되는 SO_2 가스는 대기중에서 스모그 입자, 태양광, 수증기 기타 자유

라디칼(radical : 완전한 화합물이 아닌 자유기 : HO- 등)과 반응하여 H_2SO_4 등이 생성된다. SO_2의 이러한 대기중 반응은 매우 다양하고 복잡해서 아직까지 확실히 알려져 있지 않은 반응들도 있다. 가장 중요한 것은 H_2SO_4가 구름입자(물방울) 속에 녹아서 소위 "산성비(acid rain)"을 형성하여 지표면에 낙하하는 현상이다. 이 산성비는 미국의 북동부공업지대와 북유럽의 공업지대에 인접한 산림을 황폐시키고 있다는 보고는 이미 오래전에 발표된 바 있다.

일반적으로 대기환경 오염물질의 농도와 노출시간의 곱은 "상승작용"으로 나타난다. 다시 말하면 낮은 농도에서 오랫동안 노출되거나, 높은 농도에서 짧은 시간 노출이 되더라도 인체, 동물, 식물 및 재화에 영향을 미친다. 예를 들면, SO_2 농도 0.26 ppm에서 모르모트의 혈액순환이 12.8% 정도 늦어진다든지 1 ppm의 농도에서 1~3시간 노출되면 목구멍이 좁아지는 증상이 일어나고, 약 10 ppm 정도에 장시간 노출되면 부종(edema)이 생기거나 피부가 벗겨지는 현상이 생긴다는 실험 보고가 있다.

마찬가지로, 대기중에서 생성된 SO_3^{-2} 또는 SO_4^{-2}의 고농도(10~500 $\mu g/m^3$)에 24시간 정도 노출되면 천식의 발생, 일상적 사망률 증가, 동물의 호흡곤란 등의 증상이 나타난다는 보고도 있다.

대기중에 SO_2가 배출된 후에는 계속 머물러 있지 않고 소멸되어 자연적으로 농도가 낮아진다. 그러나 SO_2의 소멸 시간은 기후조건 등에 따라서 달라진다. 대기중에 있는 SO_2가 어떠한 메커니즘에 의해 제거되는가를 이해하는 것도 도움이 된다. 확실하지 않지만 다음과 같은 메커니즘에 의해 대기중 SO_2는 소멸되는 것으로 이해된다.

1) 비, 눈, 진눈깨비에 SO_2가 녹아서 지표면에 낙하하여 제거되는 메커니즘
2) 공기 중에 부유하는 입자상 물질(대기분진)의 표면에 흡착되었다가 빗물과 함께 제거되는 예
3) 대기중 O_3에 의하여 SO_3로 산화된 후 빗물에 더 쉽게 녹는 예
4) 대기분진 중에서 바나디움 산화물(V_2O_5)을 함유하는 입자상 물질의 표면에서 촉매산화되어 3)과 같이 되는 예
5) 대기중에 있는 암모니아와 반응하여 입자상 물질이 되는 경우(에어로졸 반응이라고 생각할 수 있다)
6) 대기중에 있는 알카리성 분진과 반응하는 경우

등의 메커니즘에 의해 대기중 SO_2는 자연적으로 제거된다고 믿어진다. 이들의 어느 경우에나 기체상태의 SO_2는 입자상 또는 물방울의 형태로 지상에 낙하하는데 이것의 농도

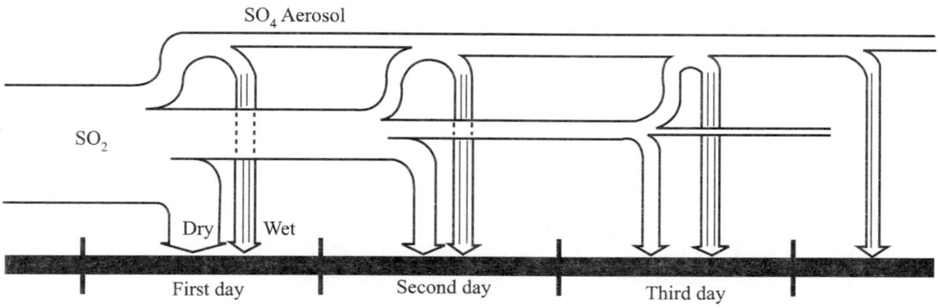

그림 6-9 SO_2 성분이 대기중에서 이동·소멸하는 경로

자료 : "Report on the International Symposium on Sulfates in the Atmosphere", EPA-600/9-78-022

가 짙어지면 산성비가 된다(산성비는 pH가 5.6 이하인 빗물이다). 이러한 메커니즘 중에는 열역학적 이론이나 반응속도론적 이론을 적용하면서 고찰해보면 부적당하고 불가능한 메커니즘도 있을 수 있다. 동시에 우리가 가지고 있지 못한 어떤 이론에 의해 SO_2의 소멸 생성주기가 밝혀질 수도 있을지 모른다.

그림 6-9는 대기중에서 SO_2 성분이 소멸되는 시간을 나타낸 그림이다. 이 자료에 의하면 24시간 이내에 약 30%의 SO_2는 제거되고 3일이 경과하면 SO_2의 90% 정도는 소멸되는 것으로 밝혀져 있다.

SO_2가 건조한 상태에서 소멸되는 양과 수분의 존재 상태에서 소멸되는 양이 비슷한데, SO_4^{-2}의 고체화합물(에어로졸 입자)이 형성되면, 대기중에서 매우 오랫동안 부유하게 되는데, 에어로졸 입자가 매우 작아서 침강속도가 거의 0에 가깝기 때문이다.

6.3.2 SO_2의 환경기준과 SO_2 오염 현황

SO_2가 식물성장, 인간의 건강, 재화의 부식 등에 미치는 결정적인 영향이 나타난 것은 SO_2의 대기중 연간평균 농도가 0.03~0.04 ppm인 지역에서 1970년경에 처음으로 인지되었다. 이 수치는 지구의 자연적 SO_2 평균농도 0.3×10^{-3} ppm보다 백배 높은 것이고, 자연적으로 일어나는 생물학적 과정에서 발생되는 SO_2의 배출량은 실제로 연료의 연소에서 발생되는 SO_2량의 20배에 해당함에도 불구하고 연소에서 발생된 SO_2의 영향이 특정지역에 큰 영향을 미치는 것을 감안하면, SO_2 성분의 대기분산 특성이 문제가 되며 국지적인 오염문제임이 분명해진다. 실제로 SO_2의 대기중 농도는 한국에서나 다른 나라에서도 도시지역, 공업지역에서 0.03~0.04 ppm 이상으로 나타나고 있음을 알 수 있다.

우리나라의 환경보전법에서는 SO_2의 환경기준 농도를 0.05 ppm으로 규정하고 있는데

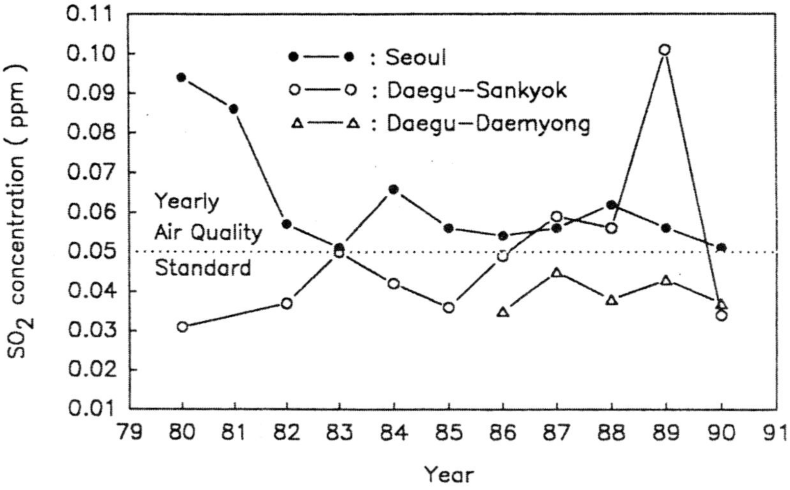

그림 6-10 서울시 아황산가스 오염도 변화추세

자료 : 환경처 "한국 환경연감", p. 154, 1991(○과 △표는 대구 6개 지역 측정치의 연평균)

서울의 SO_2 오염현황은 매우 심각한 상태에 있다(그림 6-10). 그림 6-11은 1989년의 1년간 대구지역에서 측정된 SO_2의 대기오염물 농도를 측정한 값이다. 그림 6-10과 6-11을 비교해보면, 연평균치와 월평균치 사이에는 큰 차이가 있으므로 통계로 발표되는 연평균치보다는 월평균치가, 또 월평균치 보다는 1일(24시간) 평균농도가 실제 생활에서 중요한 의미가 있다. 완벽한 환경보전과 건강을 위해서는 매시간 평균 SO_2 농도치가 발표되는 것이 더욱 의미가 크다. 이러한 중요성 때문에 대도시의 도심지에는 SO_2의 시간별 농도가 전광판에 안내되고 있음을 볼 수 있다.

서울뿐만 아니라 한국의 대도시나 공업도시에서는 SO_2의 오염도가 매우 심각한 상태에 있기 때문에 여러 가지 대책이 수행되어 왔다. 그 대책의 예를 들면, 지역특성에 따라서 달라지겠지만, 도시의 상업용 건물 난방용으로 저유황유(유황분이 적은 각종 연료유)를 사용하도록 의무화하거나, 연탄 및 유연탄 등의 고체연료를 소규모 상업 서비스 업체에서 사용 금지한다든지, 대형빌딩에서 LNG의 사용을 의무화하는 규제조치가 취해지고 있고, 화력 발전소용 각종 연료의 유황 함량에 제한을 가하기도 한다. 실제로, 1993. 7. 1 이후부터 한국의 6개 대도시와 경기도 및 각 지방의 대도시에 유황함유율이 0.2% 이하인 경유와 황함유율이 1.0% 이하인 중유를 공급하여 SO_2 발생을 감소시키는 대책을 수립하여 실시해오고 있다. 청주시와 전주시, 군산시 등지에서는 1995. 7. 1부터 1.6% 황함유 중유를 공급하도록 하고 있으며, 기타 소도시들에서는 황함유량이 2.6% 정도인 연료

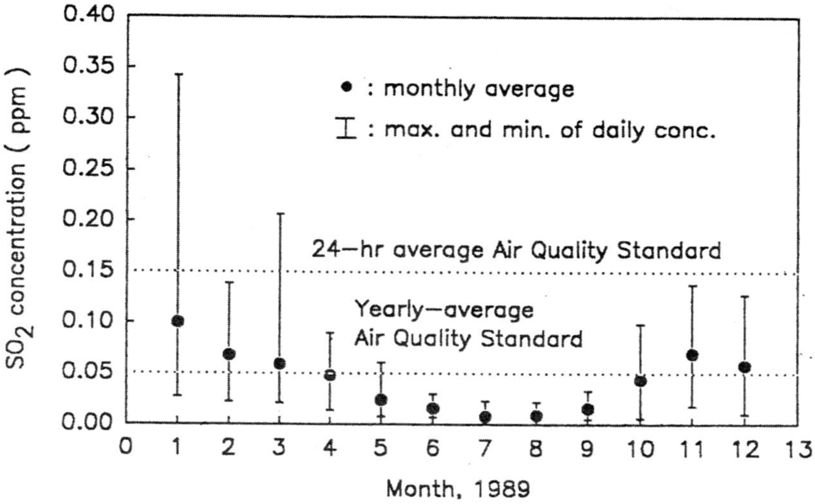

그림 6-11 대구시의 1989년 월별 SO_2 농도 측정치

자료 : 강석호, 환경연구(영남대학교 환경문제연구소), 12권 1호, (1992) p. 1

유가 공급되고 있다. 대구시내의 아파트 단지에서는 1995. 7. 1 이후부터 1% 이하의 유황분을 함유하는 저유황 벙커유를 공급하였는데, 이 수준조차도 SO_2의 배출 감소에는 적당하지 못하다는 의견이 있기 때문에 연료유의 유황함량을 더욱 낮추도록 규제하였다.

또한 환경보전법 시행규칙(제15조)에는 굴뚝에서 배출되는 연소가스 중 SO_2의 배출 농도를 규정하고 있는데 대기중 SO_2 농도를 감소시키기 위해서는 SO_2를 배출하는 각종 시설로부터 SO_2의 배출 총량도 규제할 필요가 있다. SO_2 배출 농도라고 하는 것은 연소장치의 끝부분인 굴뚝에서 배출되는 연소가스 중 SO_2 농도이다. 표 6-6은 국내 각종 배출시설로부터 SO_2의 배출허용기준 농도를 규정한 것이다. 연소가스 중 SO_2 농도규제는 해가 거듭할수록 엄격해져서 1,000 ppm, 500 ppm, 200 ppm 등으로 점차 낮추어져야 할 심각한 문제에 직면해 있다.* 이러한 기준 설정은 역시 기술적, 경제적 주변여건을 고려하면서 결정되어야 한다.

6.3.3 SO_2의 오염제어

한편으로 이러한 SO_2 농도의 환경기준치를 낮추고 연소가스 배출시설물로부터 배출

* 이러한 농도는 석탄을 10%의 과잉공기로 연소시킬 때 석탄의 유황분 함량 1.2%, 0.25%, 0.06%에 각각 해당하는 농도이다. 물론 과잉공기량을 증가시키면 상대적으로 석탄의 S 함량은 증가되더라도 SO_2 배출 농도는 감소하여 규제 허용 범위 내에 들어가게 된다.

표 6-6 국내의 유황산화물(SO_x) 배출 허용농도 기준치

배출시설	1990 8. 1	1994. 12. 31까지	1995. 1. 1 이후	1999. 1. 1 이후
1. 일반 보일러				
- 액체 연료사용 (저유황유 사용지역)	850 ppm	850 ppm 이하	540 ppm 이하	540 ppm 이하
- 고체 연료사용				
• 고체 연료사용 규제지역	700 ppm	500 ppm 이하	250 ppm 이하	250 ppm 이하
• 국내 무연탄사용	1,200 ppm	1,200 ppm 이하	700 ppm 이하	500 ppm 이하
• 기타 고체 연료사용	700 ppm	700 ppm 이하	500 ppm 이하	250 ppm 이하
2. 발전시설				
- 액체 연료사용				
• 설비용량				
500 MW 미만	1,200 ppm	1,200 ppm 이하	1,200 ppm 이하	270 ppm 이하
500 MW 이상	1,200 ppm	1,200 ppm 이하	540 ppm 이하	270 ppm 이하
- 고체 연료사용				
• 국내 무연탄 (부산, 강원 제외)	1,200 ppm	1,200 ppm 이하	1,200 ppm 이하	270 ppm 이하
• 기타 고체	700 ppm	700 ppm 이하	500 ppm 이하	270 ppm 이하

자료 : 한국화학공학회 "에너지공학", 교보문고, 1996. p. 668

농도를 낮추기 위해서는 연료와 에너지의 관리측면에서나 환경보전의 측면에서 국가적으로나 사용자측 모두에게 중요한 과제를 남긴다. 특히 석탄과 석유의 사용량이 과거 20년간 그리고 앞으로도 계속 증가할 추세에 있으므로 에너지 소비분야별 SO_2의 배출을 제어하는 대책이 모색되어야 한다. 표 6-7은 산업부문별 SO_2의 배출량 현황과 장래 전망의 추산치를 나타냈다. 유황성분이 적은 천연가스를 사용하면 SO_2의 배출량을 감소시킬 수도 있으나 공급과 가격 측면에서 어려움이 예상된다. SO_2의 배출을 줄이기 위해서 원자력 발전에 치중하는 방법도 생각할 수 있으나, 역시 어려운 문제는 거기에서도 발생하고 있음을 제7장에서 후술하겠다. 화력발전소와 같은 대단위 연료 사용분야에서는 SO_2의 배출 억제를 위한 여러 가지 기술적 방법이 실용화되고 있으며 기술적으로 개발될 여지도 많이 있다.

미국의 국립공학아카데미의 연구협의회(U.S. National Academy of Engineering-National Research Council)의 한 위원회에서는 "연소과정에서 SO_2의 제어를 위한 상업적으로 확실한 기술은 없다"라는 결론을 내리고 있다. 그럼에도 불구하고 연소과정에서 SO_2 제거기술에 관한 연구개발은 계속되었는데, 장래에 있어서 혹은 현재로서 SO_2의 제

표 6-7 한국의 에너지 소비분야별 SO_2 배출량 추정

(단위 : 천톤)

	1988	2000	2010	2020	2030
에너지전환부문 소계	167.7	281.4	281.0	328.7	393.9
발전부문	167.7	265.2	256.1	293.0	348.4
지역난방	0.0	16.2	24.9	36.6	45.5
최종소비부문 소계	860.6	869.2	898.1	1,048.1	1,192.9
산업부문	353.5	434.1	508.6	650.1	781.9
수송부문	91.1	148.0	155.6	174.1	187.6
가정·상업부문	381.8	245.0	188.2	169.8	163.2
공공·기타부문	34.3	42.0	45.7	54.2	60.2
합계	1,028.3	1,150.5	1,179.1	1,377.8	1,586.8

* 한국에너지 경제연구원(1990) 자료

거에 관한 문제는 다음과 같다.

1) 유황성분함량이 원래부터 낮은 연료만을 사용하는 문제
2) 연료 속에 포함된 유황분을 먼저 제거하는 기술
3) 연소과정에서 유황분을 제거하는 기술
4) 연소가스에 포함되어 있는 SO_2 가스를 세척 제거하는 기술
5) 연소가스를 연돌에서 적절히 배출하여 대기중에 희박농도로 분산시키는 기술

이러한 문제해결의 기술은 모두 SO_2의 오염을 줄일 수 있는 방법이라고 생각되며, 실용화도 되고 있다. 이들 방법 중 어느 한 가지가 문제를 해결할 수는 없으므로 몇 가지 방법을 함께 사용하면, SO_2의 오염 문제는 해결될 수도 있겠다. 다음에서는 그러한 방법들에 대한 장·단점 등을 고찰하겠다.

6.3.3.1 저유황 연료의 사용

SO_2 배출량을 줄이는 방법으로 가장 쉽고도 어려운 것은 저유황 연료를 사용하는 것인데, 소위 sulfur-free coal(또는 clean coal)과 저유황 원유의 공급량이 극히 제한되어 있기 때문에 단기적인 해결책일 뿐이다. 또 환경기준이 더욱 강화되면(기준치가 하향 조정되면) 1%의 유황을 함유하는 석탄도 사용할 수 없게 될지도 모른다. 천연가스는 유황함량이 원래부터 적기 때문에 적당한 연료가 되겠지만 공급량이 제한되어 있고, 저유황 원유의 매장량이나 생산량도 세계적으로 많은 편이 아니다. 따라서 저유황 원유는 가격도 좀 더 비쌀 수밖에 없다.

한국의 석탄은 회분 함량도 높고 유황 함량도 높으며, 주로 강원, 충청, 경상도 북부지역에 매장되어 있다. 한국의 저질 고유황 무연탄은 현재 화력발전소와 시멘트 공장의 연료로 대부분 사용되고 있으며, 발생하는 SO_2는 배기탈황으로 제거하고 있다.

미국에서는 석탄자원의 1/3이 미시시피강 동쪽에 있는데, 이곳의 석탄이 미국의 총 수요량의 95%를 감당하고 있다. 그 중 미국 동부에서 채탄되는 석탄의 96% 정도는 유황분이 1% 이하인데 이중에서 26%는 수출되고 49%는 금속공업용으로 미국 내에서 사용된다. 미국 서부지역에는 저유황 석탄의 83%가 매장되어 있으나 갈탄과 아역청탄이 대부분이다. 금속공업용(제철용 코크스제조용) 석탄의 유황함량은 철강의 품질과 그 생산성을 높이는 데 중요한 역할을 한다. 따라서 미국 발전소나 일반산업용으로는 저유황 석탄이 사용될 가능성은 당분간 적다. 저유황 석탄의 가격은 고유황 석탄에 비해(같은 등급과 회분함량 기준으로 비교하여) 10% 정도 더 비싸다. 이러한 가격의 차이는 발전단가에도 30% 정도의 차이를 나타낸다.

6.3.3.2 연료의 탈황

연료의 탈황기술은 연료 중에 포함된 유기성 또는 무기성 유황화합물을 연소 전에 연료로부터 제거하는 기술이다. 석유 등에서는 유기유황 화합물이 많이 포함되어 있고 석탄에서는 무기유황 화합물이 대체적으로 많이 포함되어 있다.

원유를 상압증류하여 증류탑의 위쪽에서 얻어지는 증류유(휘발유, 등유 등) 속에 포함된 유황분을 제거하는 기술은 현재 확립되어 있다.

경유의 경우 1992년 말까지는 대략 0.4%의 유황성분이 포함된 것이 판매되었으나, 1993년부터는 유황함량을 0.2%로 낮추어 판매하였다. 이러한 연료 탈황에는 수소첨가 탈황법이 사용되는데, 장치비, 기술료 등이 투자되므로 가격이 상승하게 된다. 휘발유의 경우에는 증류탑을 나올 때 이미 유황성분은 낮기 때문에 경유와 같은 연료탈황 방법을 거쳐서 유황함량 0.1% 이하의 규격품으로 생산된다. 한편 증류탑 하부에서 얻어지는 잔류 연료유(중유, 벙커유 등)에서 유황분을 제거하기는 기술적으로 쉽지 않다. 그 이유는 고체촉매의 표면에 침착된 금속성분이 무기물질의 형태로 포함되어 있기 때문에 점도가 높은 중유나 벙커유 속에 포함되어 있는 유황화합물의 수소첨가 탈황방법은 별로 큰 효과가 없다.

석유산업에서는 연료유를 탈황*하는 방법을 개발하기 위해 막대한 투자를 했기 때문에 개발된 몇 가지 기술은 상당한 효과가 있다고 알려져 있다. 그러나 탈황비용 문제를

* 중유의 탈황(desulfurization of oil)에 대한 많은 국내외 논문이 1970년대 이후에 발표되었다.

함께 고려해야 한다. 예를 들면 2.6% 유황함유 중유를 1%까지 탈황시키는데 10~30%의 가격상승이 생기고, 발전단가 중에서 연료비용을 20~35%를 상승시킨다. 최근까지도 석유류의 연료로부터 유황성분을 계속 더 많이 제거하라는 환경보전 당국의 요구와 경제성 악화를 근거로 하여 유황성분의 농도 감축을 반대하는 석유정유회사 사이에는 계속적인 논쟁을 벌어지고 있다. 이러한 논쟁은 유럽연합 환경위원회가 휘발유 속의 유황함량을 1990년대 500 ppm(0.05%)에서 2005년에는 30 ppm(0.003%)까지 제한하자는 의견을 내놓았는데, 유럽 정유산업협회는 소비자의 가격 부담 증가를 이유로 극력 반대하였다.

석탄 중에는 소량의 유기유황, FeS_2 등의 pyrites나 marcasite 광물 및 황산염($CaSO_4$ 또는 $FeSO_4$ 등) 3종 형태의 유황함유 물질이 들어 있다. 어떤 종류의 석탄에는 원소상태의 유리유황이 소량 들어 있는 경우도 있다. 유리유황 함량은 0.15%(무게) 이하이고, 황산염 함량은 0.05% 정도이다. 복잡한 유기화합물로 된 유기유황분 함량은 보통 3% 이하이지만 어떤 종류의 석탄에서는 11% 정도 들어 있는 경우도 있다. 석탄을 분쇄하여 물로 세척하면 FeS_2(pyrite)의 반 정도를 제거할 수 있으나, 유기유황분은 유기용매를 사용하여 미분쇄된 석탄분말을 세척함으로써 유기유황 화합물을 추출 제거할 수 있다. 그러나 이렇게 처리된 석탄의 가격은 비쌀 수밖에 없다. 다른 한 가지 방법은 석탄의 액화 또는 석탄의 가스화 공정에서 유황화합물에 수소를 첨가하여 H_2S로 만들어 제거할 수 있다. 그러나 총괄적으로 석탄의 탈황은 어렵고 비싸다.

그러나 석탄의 가스화 공정에서는 유황분 제거가 매우 쉬울 것으로 기대된다. 석탄가스화 공정에서 탈황은 다음과 같은 여러 가지 이점이 있다.

1) 석탄가스화에서 탈황은 석탄 연소가스에서의 SO_2 제거 기술보다 가스처리 부피가 훨씬 적다.
2) 가스화에서 생기는 H_2S 가스를 흡수장치에서 제거하는 기술은 이미 개발되어 있다.
3) 정제된 석탄가스화 생성물은 유황함량이 적은 깨끗한 연료가스이므로 가스터빈, 복합가스터빈, 수증기터빈 등의 동력기관의 효율을 높게 운전할 수가 있다. 더욱이 MHD 발전에서는 확실히 유익한 전처리 기술이 될 것이다. 따라서 동력장치의 효율 향상은 석탄가스화에 의한 탈황 비용을 보상하고도 남을 것이다.

석탄에서 고발열량의 대용 천연가스(SNG)를 생산하는 기술은 미국에서 상당히 많이 개발되어 있다. 그 중에서도 독일의 Lurgi 가스화 공정을 개선한 연구결과는 상업적으로 이미 이용될 수 있을 정도여서 고발열량의 대용 천연가스를 생산하고 있다. 발생로(제철소의 용광로) 가스를 이용하여 석탄으로부터 깨끗한 저발열량 가스를 생산하여 가스터빈이나 스팀터빈 발전소용으로 사용하는 예는 독일등지에서 이미 성공하였고 미국에서도 연구되고 있다.

석탄을 가스화하여 발전용 연료로 사용하는 문제는 발전소의 발전방법과 밀접한 관계가 있는데, 저발열량 가스를 생산하는 경우에는 가스화 공정과 발전설비를 함께 건설하거나 석탄광산 부근에서 가스화 공장과 발전소를 함께 설치할 수 있다. 한편 고발열량 석탄가스의 경우에는 광산 가까이에 석탄가스화 설비를 하고 이 가스를 전력소비지에 위치한 발전소에 가스파이프로 수송하는 것이 경제적으로 유리할 수 있다. 석탄에서 Coal-Oil-Mixture(COM) 또는 Coal-Water-Mixture(CWM) 연료를 생산할 때 탈황하는 방법도 연구할 필요가 있는 분야이다.

6.3.3.3 연소장치 내에서 유황분 제거기술(연소탈황)

석탄 연소장치 내에서 발생하는 SO_2를 처리하는 방법은 연료 중 유황분이 연소하여 생기는 SO_2와 반응할 수 있는 제3의 물질을 첨가하는 방법이다. 제3의 물질은 석회석 분말 등이 대표적으로 사용되는데 이러한 방법을 적용하면, 보일러 제작자나 산업체가 보일러 내 먼지 등에 의한 장치의 부식, 열전달 장애 등 여러 가지 번거로운 문제를 해결해야 하기 때문에 이러한 공정은 대단히 느리게 보급되고 있다.

연소 중 SO_2를 제거하는 한 가지 예는 유동층 석탄 연소장치에 석회석 분말입자를 함께 공급하여 유황분과 석회석이 반응하도록 하는 것이다. 이 방법의 원리를 화학방정식으로 설명하면 다음과 같다.

$$CaCO_{3(\text{입자})} \rightarrow CaO + CO_2$$

$$CaO_{(\text{입자})} + SO_2 \rightarrow CaSO_{3(\text{입자})}$$

SO_2와 반응한 CaO는 $CaSO_3$가 되어서 대기중에 배출되기 전에 집진장치에서 분리 제거된다. 유동층 연소장치를 이용하여 유황을 제거하는 기술은 재래식 미분탄 연소장치보다 경제성이 높고, 더욱이 연소온도가 낮기 때문에 NO_x의 발생도 상대적으로 억제할 수 있는 효과가 있다.

다른 한 가지 방법은 좀 더 어려운 방법인데, 연소장치에 공급되는 석탄분말의 일부분을 용융철 속에 통과시켜서 불완전연소와 탈황반응을 진행시켜서 철과 S의 반응생성물 FeS_2 등을 광재로 제거하고 CO 가스로 용융철 상부에서 완전연소를 시키는 방법이다. 그러나 이러한 복잡한 SO_2 제거공정은 연소가스의 SO_2 성분을 굴뚝에서 제거하는 배기탈황 방법보다는 비용면에서 다소 유리하다고 한다.

6.3.3.4 굴뚝가스의 세척(배연탈황)

SO_2가 함유된 연소가스가 굴뚝으로부터 대기중에 배출되기 전에, 연소가스를 SO_2 흡수성분이 들어있는 액체로 세척(SO_2를 액체에 흡수)하는 방법은 원리상으로 가장 간단하다. 그러나 연소가스의 부피가 크고 그 속의 SO_2 농도는 작기 때문에 제거효율이 낮고 매우 비경제적이다. 또한 세척시 수증기 발생량이 많아지고 연소가스의 온도가 낮아지기 때문에 굴뚝에서 배기가 잘 안 된다. 따라서 배기굴뚝을 더 크게 더 높게 설계해야 하는 단점이 있다. 그러나 굴뚝가스 세척방법에 대한 기술적 연구개발은 세계 각국에서 매우 활발하고 실용화된 공정도 많다. 표 6-8은 SO_2 세척방법으로서 잘 알려져 있는 공정과 그 특징을 요약한 것이다.

6.3.3.5 굴뚝가스의 대기분산

바람이 항상 세게 부는 바닷가의 기후조건이 좋은 지리적 장점을 가진 공장지대에서는 굴뚝을 높이 세워서 SO_2 함유 연소가스를 대기중에 분산시켜도 무방하다. 가스는 대기중에서 쉽게 희석되어 SO_2 농도를 환경기준치 이하로 낮출 수가 있으며, 별다른 SO_2 처리기술이 필요없게 될 것이다. 그러나 굴뚝가스의 대기분산 방법은 앞절에서 설명한 여러 가지 SO_2 제거기술과 병용되는 보완방법으로 이해되어야 한다. 굴뚝가스의 대기분산 효과를 높이기 위해서는 연도가스의 굴뚝 배출 높이(plume rise)의 계산, 굴뚝의 설계, 대기의 확산모델 계산 등의 이론이 SO_2 제거기술과 함께 이해되어야 한다. 예를 들

표 6-8 SO_2 배기가스 세척공정의 예*

공정명칭	주요기술	특징
석회석 습식세척	석회석을 포함한 물로 가스세척	슬럿지 처리
석회석 건식제거	석회석을 분말상태로 혼입	정전기 집진
Cat-Ox 고정	접촉식 황산 생산	보일러 개조
Wellman-Lord 공정	Na_2SO_3 세척	황산제조 가능
Esso 흡착공정	건식흡착제 사용	황산제조
MgO 세척공정	$Mg(OH)_2$ 슬러리 세척	화학공장에 적합
암모니아 세척공정	냉각배기가스를 암모니아수로 처리	비료생산
Westvaco char 공정	활성탄 흡착제와 촉매사용	유황생산
중탄산소다 흡착법	중탄산소다에 SO_2 흡착	집진설비 필요
클라우스 공법	$H_2S + SO_2 \rightarrow S + H_2O$	유황생산
Ionics-Stone 공법	흡수세척탑과 전기분해장치 이용	황산생산
Lurgi Sulfacid 공정	습식 활성탄 흡착법	-

* 자료 : H. C. Hottel, J. B. Howard, "New Energy Technology", p. 79~80, MIT Press, Cambridge, MA., 1971.

면, 1% 유황함유 연료가 연소되어 800 ppm의 굴뚝가스로 배출될 때 환경기준치 0.03 ppm을 충족시키려면 27,000배의 희석이 있어야 한다. 그나마 이 굴뚝 부근에는 다른 SO_2 배출시설이 없다는 전제조건에 필요하다. 배기가스의 확산모델과 굴뚝설계에 대한 자료는 대기오염 교과서에 자세히 서술되어 있다.

6.4 질소산화물과 대기오염

6.4.1 NO_x의 생성

연료가 공기중 산소와 반응하여 연소할 때는 연료 중에 포함되어 있는 극소량의 N≡ 화합물이 연소하여 NO_x가 되기도 하고 연소에 참여하는 공기중의 N_2와 O_2가 반응하여 NO_x가 발생되기도 한다.

대기오염물질 NO_x는 N_2O, NO, NO_2 등의 모든 질소산화물을 의미한다. 이들 질소산화물의 농도는 N_2와 O_2의 고온 화학반응 평형에 의해 결정되고, 또 대기중에서는 기상조건 등에 따라서 그 농도가 시시각각 변화하기 때문에 편의상 NO_x 농도로 표시한다.

공기중에 들어있는 O_2와 N_2가 고온에서 서로 반응하여 생기는 NO_x를 thermal NO_x라고 부르고 연료 속에 들어있던 질소화합물(quinoline, pyridine 등)이 산소와 반응하여 생기는 NO_x를 fuel NO_x라고 한다. 그 외에도 연소시 연료에서 발생되는 탄화수소가 연소공기 중 질소와 반응하여 생기는 prompt NO_x가 있다. 이들 세 가지 반응메커니즘을 설명하면 다음과 같다.

1) thermal NO_x mechanism(Zeldovich mechanism)

   $O_2 \rightleftarrows 2O$, $O + N_2 \rightleftarrows NO + N$, $N + O_2 \rightleftarrows NO + O$ ……

2) fuel NO_x

   $\equiv N + O_2 \rightarrow NO$ 또는 NO_2

3) prompt NOx(Fenimore mechanism)

   $N_2 + \equiv CH \rightleftarrows HCN + N$, $N + OH \rightleftarrows H + NO$

위의 반응에서 생기는 NO_x의 농도는 NO_x, O_2, N_2의 농도로부터 계산되는 반응평형정수, K(그림 6-12)에 의해 추산될 수 있거나 실험적으로 분석될 수 있다. 일반적으로 반응온도가 낮으면 NO_x의 발생량이 적고, 반응온도(연소온도)가 높으면 NO_x가 많이 생긴다.

그런데 연소온도가 높으면 연소가스의 온도가 높은 것이고, 고온일수록 고온 수증기

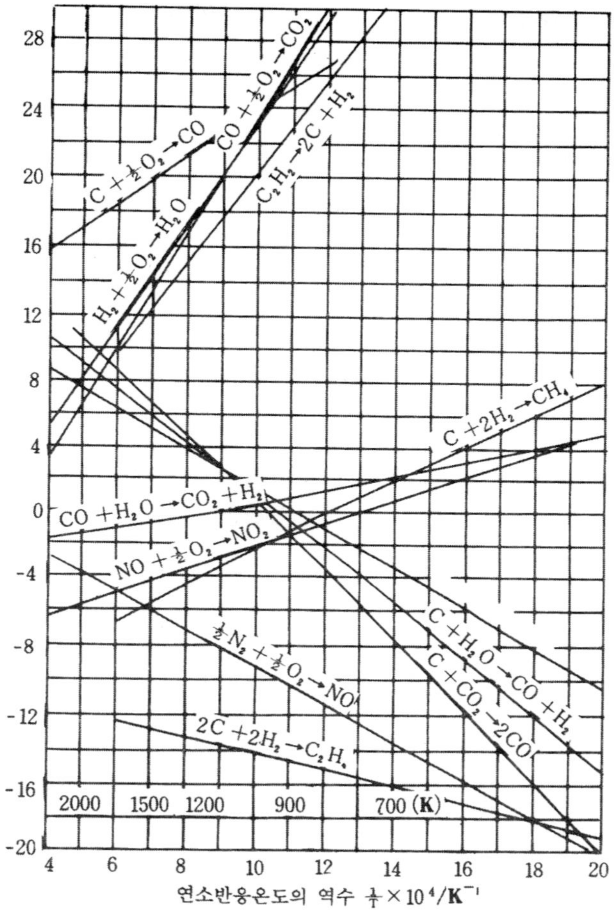

그림 6-12 여러 가지 연소반응에 대한 반응평형정수와 반응온도의 관계

를 얻을 수가 있으므로 가스터빈이나 수증기터빈의 열역학적 효율은 증가하고 단위 열량당 동력생산량이 증가한다. 따라서 열에너지로부터 일에너지를 생산하는 보일러운전, 발전소 등에서는 고온의 연소가 요구되는데 반해, NO_x 생성물의 양이 많아진다. 반대로 NO_x 생산량을 줄이기 위해 연소온도를 낮추면, 열기관의 열효율이 낮아져서 연료의 경제성이 낮아지는 소위, 이율배반적 현상이 생기게 된다. 이 이론은 자동차 엔진의 경우에도 똑같이 적용된다(뒤에서 설명한다).

6.4.2 광화학 스모그

한편, 연소에 의하여 생성된 NO_x는 대기중에 배출되면 SO_2와 같은 산성비를 형성하기도 하지만, 실제로 NO_x에 대한 관심은 도시의 스모그 형성과 밀접한 관계가 있다. 자동차가 밀집되어 있는 도시에서 배출되는 배기가스에 포함되어 있는 NO_x는 대기중에 배출되는 탄화수소 성분과 결합할 때 태양광의 도움으로 광화학 반응을 일으켜서 광화학 스모그라는 매우 복잡한 에어로졸 입자를 형성하여 대기중에 오랫동안 떠 있게 된다. 이 광스모그 에어로졸은 대기의 투명도를 저하시키고 시정거리를 짧게 한다. 따라서 NO_x 문제는 도시의 대기오염과 밀접한 관계가 있다. 광화학 스모그의 생성원리는 그림 6-13으로 간단하게 설명할 수 있다. NO_x는 NO_2 형태로 광에너지(자외선)를 받아서 NO와 O^-가 되고 O^-는 O_3을 생성한다(이 O_3는 오존층의 O_3와 같은 것이지만 지표면 가까이에 생성된다는 점에서 오존층의 O_3와 구별된다) 한편, 자동차의 휘발유가 불완전연소된 채로 배기 되어 나오거나 또는 도시의 페인트용제, 기타 주유소에서 나오는 휘발성 탄화수소 RH 등이 O^-와 반응하여 RO_2라는 유기화합물이 만들어진다. 이들 세 가지 물질, 즉 NO, RO_2, O_3가 화학적으로 결합하여 스모그라는 아주 작은 고체 에어로졸을 생성한다. smog는 연기 smoke와 안개 fog의 합성어이다.

일반적으로 스모그는 도시에서 오후 2~4시 사이에 많이 발생하는데, 이 현상은 스모

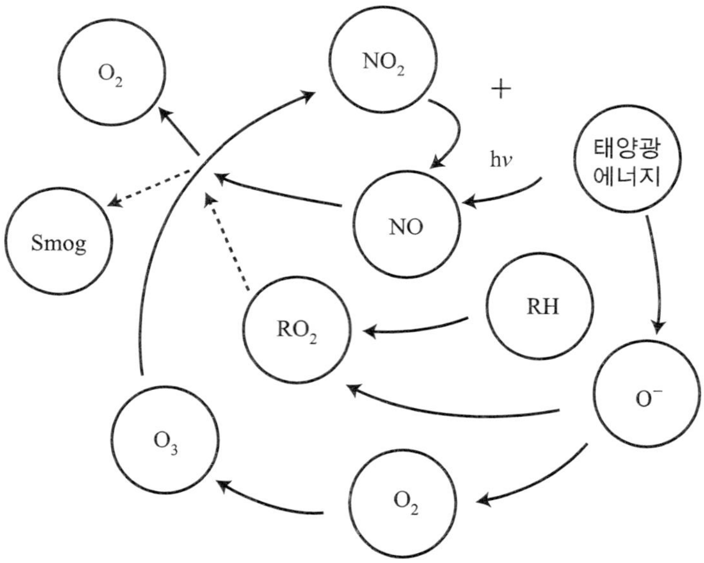

$$NO_2 + h\nu \rightarrow NO + O^-$$
$$O + O_2 \rightarrow O_3$$
$$O_3 + NO \rightarrow NO_2 + O_2$$

그림 6-13 광화학 스모그의 생성 메커니즘

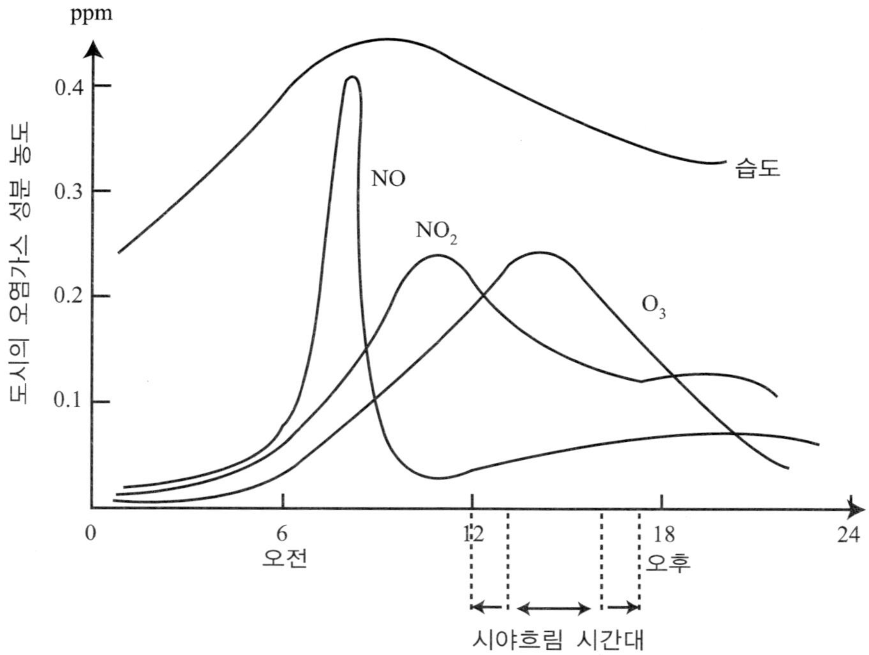

그림 6-14 NO_x로 인한 도시 스모그 농도의 경시변화

그의 발생 메커니즘과 이 반응의 시차적인 순서를 생각하면 쉽게 이해할 수가 있다. 즉, 아침 6~7시경 기온이 낮을 때 시동을 건 자동차들이 거리로 쏟아져 나오면 NO_2, NO가 도시의 공간에 발산되고, 이것이 10시~12시의 강한 햇살을 받으면서 O_3를 만들고 스모그를 만들게 된다. 이 현상을 시차적 개념으로 설명하면 그림 6-14와 같다.

NO_x의 배출원은 자동차, 발전소, 기타 연료 연소설비 등인데, 발전소 등에서 배출되는 NO_x의 절대량은 많으나 높은 굴뚝에서 희석되기 때문에 별로 심각한 문제가 아니라고 할 수 있다. 다만, 공업지역 내에서 상시 배출되는 연소가스와 자동차가 밀집되어 있는 도시에서는 NO_x 성분이 대기오염에 심각한 영향을 미치게 된다.

6.4.3 자동차에서 대기오염 방지 조치

자동차와 같은 NO_x의 이동배출원에서 NO_x를 저감하는 방법은 자동차 엔진의 운전온도를 낮추는 것으로 가능하나 엔진의 열효율을 저하시킨다. 따라서 엔진의 온도를 높게 유지하여 엔진 효율을 높게 유지한 후 고온의 배기가스를 배출 전에 자동차 배기관 속에 설치된 촉매장치에 의해 무해한 물질로 변환시켜 대기에 배출시키는 방법이 개발되어 상용화되고 있다. 현재 소형 휘발유 승용차의 배기관에 장착된 3원촉매장치(三元觸媒裝置, 3-way catalyst)는 CO, NO_x, HC 등을 고온에서 N_2, CO_2와 H_2O로 전환시키는 기술이다. 3원촉매장치 내에서 화학반응은 간단히 다음과 같이 표시할 수 있다.

$$N_2O + CO \rightarrow CO_2 + N_2$$

$$2NO_2 + CH_4 \rightarrow CO_2 + 2H_2O + N_2$$

우리나라에서는 1987년 7월부터 무연 휘발유를 사용하는 소형 승용차에 3원촉매장치를 부착하도록 환경보전법으로 규정하고 있다.

자동차 배기가스 정화용 촉매장치를 사용할 때는 4에틸화납$Pb(C_2H_5)_4$이 섞여있지 않은 무연휘발유(납 성분이 없는 휘발유)를 사용해야 하는데 이 휘발유에는 납 성분 대신에 옥탄가를 높이는 MTBE(methyl tertiary butyl ether)가 혼합되어 있다. MTBE 대신에 메탄올을 혼입하는 국가도 있다. 유연휘발유를 촉매장치가 부착된 자동차에 사용하면 연소 후 배출되는 납 성분이 촉매독(catalyst-poisoning)으로 작용하여 촉매장치의 성능을 급격히 저하시킨다.

그러나 디젤자동차에서는 NO_x 발생량의 제어방법이 아직 실현되지 못하고 있으며, 특히 디젤 엔진 자동차의 배기가스는 NO_x보다 중유성분 중 미연소물질인 매연의 배출이 많은 것이 대기오염 원인으로 지목되고 있다. 그러나 아직 이들 두 문제는 완전히 해결되고 있지 못하므로 앞으로의 연구개발이 필요하다.

발전소나 보일러나 연탄아궁이 같은 고정배출원에서 대기에 배출되는 NO_x를 제거할 기술은 아직 완벽하게 개발되어 있지 못하다. 그 이유는 연료 중에 극소량으로 포함되어 있는 N 화합물을 분리제거하여 연료를 정제하는 기술의 경제성이 낮고, 연소온도를 낮추는 방법도 열경제와 대기오염이라는 상충되는 요인에 의해 기술개발이나 실용성에서 소극적인 활동이 엿보이기 때문이다. 그러나 일부에서는 공기공급 방법을 1, 2차공기로 나누어 공급하는 2단 연소, 배기가스 재순환 등의 기술개발에 의해 NO_x 발생을 억제하고 있다.

6.4.4 NO_x와 오존의 환경영향

NO_x는 O_3과 마찬가지로 산화력이 큰 불안정한 화합물이다. 따라서 SO_x와는 다르게 낮은 농도에서도 인체, 동물, 식물 및 재화에 피해를 더 많이 주게 된다.

NO_x 농도가 0.1 ppm(200 $\mu g/m^3$: WHO 1시간 기준치)를 넘어서면, 사람은 벌써 호흡에 장애를 느낀다. 노출시간이 2시간 정도되면 기관지에 이상증상을 느낄 수 있다. 0.3

ppm(600 $\mu g/m^3$) 정도가 되면 어두움에 적응하는 시각 능력이 즉시 감소한다. 0.5 ppm 정도가 되면 동물의 폐, 기관지 등에 이상증상이 생기며 1 ppm 정도에서 쥐에 대한 노출 시간 3시간 만에 이미 감염증상이 나타난다고 보고되어 있다. 유명한 Los Angeles의 스모그 발생시에 NO_x 농도가 0.5 ppm 이상에 도달하였다고 한다.

오존 농도가 0.1 ppm 정도되면, 2시간 만에 산소부족증을 느끼고, 0.2 ppm 정도에서는 어린아이들의 운동이 어려워진다. 0.3 ppm 정도에서는 하루 3시간씩 16일간 노출될 때 기관지 세포에 이상증상이 발견된 실험보고가 있다. 0.5 ppm 정도에서는 쥐의 경우에 DNA 합성기능이 낮아졌고, 모르모트의 경우는 2시간 내에 저항적인 거동을 보인다는 보고가 있다.

최근 한국에서도 자동차 교통량이 증가하고 공업지역이 점차 확대되어가고 있기 때문에 오존을 유발하는 NO_x, RH 방향족 화합물 등이 대기중에 많이 배출되고 있다. 따라서 해가 거듭할수록 오존주의보(0.12 ppm에서 발령)의 발령횟수가 증가하고 있고 주의보가 계속되는 시간도 길어지고 있다. 오존 경보는 0.3 ppm에서 그리고 중대경보는 0.5 ppm에서 발령된다.

6.5 입자상 분진과 대기오염

6.5.1 분진의 발생과 배출

고체, 액체, 기체연료 중 어떤 연료를 연소시키더라도 입자상 물질의 분진이 배출된다. 분진의 생성과정은 연소에 참여하는 연료 속에 들어있는 무기화합물(재성분)이 연소과정에서 미세입자로 분리되어 연소가스와 함께 배출되기도 하고, 탄화수소 등이 불완전연소되어 서로 뭉쳐서 매연으로 배출되기도 한다. 또 연소장치 내벽을 이루는 내화벽돌 성분의 재료들이 고온에서 장시간 노화되어 부서져서 미세입자를 형성하여 연소가스에 동반되어 나오기도 한다.

특히 석탄의 연소에서는 많은 양의 분진이 발생하는데 분진 발생량은 석탄의 종류에 따라서도 달라지지만 연소방법에 따라서도 크게 달라진다. 표 6-9는 집진설비가 없는 석탄연소 설비에서 배출되는 분진배출량을 나타낸다.

석유와 천연가스에서도 분진은 배출되는데 그 배출량은 석탄에 비교하면 매우 적은 양이다. 표 6-10에는 석탄을 제외한 각종 화석연료의 연소가스와 자동차의 배기가스에

표 6-9 석탄연소에 의한 분진배출계수(집진설비가 없는 경우)

장치		분진발생량* (kg/t 연소석탄)	분진의 입도분포(중량%)				
			>44 μm	20~44 μm	10~20 μm	5~10 μm	<5 μm
미분탄 연소기	일반	7.26A	25	23	20	17	15
	건조한 바닥	7.71A	25	23	20	17	15
	물기있는 바닥	5.90A	25	23	20	17	15
사이클론식 연소기		0.91A	10	7	8	10	65
살포식 스토커		5.90A	61	18	11	6	4
기타 스토커		2.27A	70	16	8	4	2
수동식 연소장치		9.072A	-	-	-	-	100

*A는 석탄 중 회분 함량 무게 % 임
자료 : Perkins "Air Pollution" Table 3.8, p. 53.

표 6-10 석유와 천연가스의 연소에 의한 분진배출 계수

연료		단위 (분진량/연료량)	발전소	산업용 보일러	가정과 산업용 설비
천연가스		g/m^3	0.240	0.288	0.304
연료유		kg/m^3	1.198	1.797-2.756	0.958
자동차	휘발유	kg/m^3	1.44 (0.225 kg/1,000 km · 차)		
	디젤	kg/m^3	13.18		

자료 : Perkins, p. 54의 표를 SI 단위로 환산함

섞여서 배출되는 분진량을 표시하였다.

대기중에 배출되는 분진은 연료의 연소에 의해서만 발생하는 것은 아니다. 오히려 일반 산업체에서 발생되는 분진의 양도 상당히 많은데, 이들 산업분진의 대부분은 특정 산업체에서 사용하는 원료나 제품의 취급과정에서 생긴다. 예를 들면 에너지 집약적 산업인 철강, 시멘트 공업에서 발생하는 분진의 대부분은 원료물질과 제품이지만 연료의 연소 배기가스에 혼합되어 배출된다. 표 6-11에는 각종 산업분야별 분진배출 계수를 제시하였다. 이러한 분진배출계수는 산업설비의 공학적 변수와 물질의 화학적 특성에 의해 결정되는 값이므로 관련기술의 개발이 없는 한, 시기적으로 큰 변화가 없는 값이다.

각종 분진의 배출량을 저감시키는 기술은 다른 오염물질 제어기술과 마찬가지로 연소장치 내에서 발생억제기술과 대기로의 배출방지기술로 구분할 수 있다. 분진의 발생 억제기술은 연소장치 내에서나 분체제품 및 원료의 처리과정에서 에어로졸이 발생하는 메커니즘을 규명하면 개선할 수 있으나 아직은 초보적인 연구단계에 머물러 있다.

표 6-11 각종 설비로부터 발생하는 분진의 배출계수(집진 전)

배출원	분진 배출계수	
	총 먼지	미세 먼지(PM_{10})
1. 역청탄 및 아역청탄 연소		
a. 미분탄의 건식, 하부공급	10A lb/ton 연소탄	2.3A lb/ton 연소탄
b. 미분탄의 습식, 하부공급	7A lb/ton 연소탄	2.6A lb/ton 연소탄
c. 사이클론식 연소로	2A lb/ton 연소탄	0.26A lb/ton 연소탄
d. Spreader 스토커	66 lb/ton 연소탄	13.2 lb/ton 연소탄
e. 기타 스토커	9-17 lb/ton 연소탄	7.8-12.4 lb/ton 연소탄
f. 수동공급식	15 lb/ton 연소탄	6.2 lb/ton 연소탄
g. 유동층 연소	12-17 lb/ton 연소탄	13.2 lb/ton 연소탄
2. 연료유 연소		
a. 잔사유를 사용하는 발전용 보일러		
No. 6유	9.3S+3.07 lb/10^3 gal 연료유	6.61S+2.18 lb/10^3 gal 연료유
No. 5유	10 lb/10^3 gal 연료유	7.1 lb/10^3 gal 연료유
No. 4유	7 lb/10^3 gal 연료유	5 lb/10^3 gal 연료유
b. 잔사유를 사용하는 산업용 보일러		
No. 6유	9.45S+3.17 lb/10^3 gal 연료유	8.03S+2.72 lb/10^3 gal 연료유
No. 5유	10 lb/10^3 gal 연료유	8.6 lb/10^3 gal 연료유
No. 4유	7 lb/10^3 gal 연료유	6 lb/10^3 gal 연료유
3. 천연가스 연소		
a. 발전용 및 대형산업용 보일러 (>100×10^6 Btu/hr)	1-5 lb/10^6 ft^3 연료가스	1-5 lb/10^6 ft^3 연료가스
b. 소형 산업용 보일러 (10-100×10^6 Btu/hr)	6.2 lb/10^6 ft^3 연료가스	6.2 lb/10^6 ft^3 연료가스
c. 상업용 보일러 (0.3×10^6-10×10^6 Btu/hr)	4.5 lb/10^6 ft^3 연료가스	4.5 lb/10^6 ft^3 연료가스
d. 주거용 연소장치 (<0.3×10^6 Btu/hr)	0.18 lb/10^6 ft^3 연료가스	0.18 lb/10^6 ft^3 연료가스
4. 소각로		
a. 도시고형물 쓰레기		
집중처리장(과잉공기설비)	25 lb/ton 연소쓰레기	자료없음
RDF 연소	34.8 lb/ton 연소쓰레기	자료없음
b. 의료용 쓰레기		
공기량 제어방법	4.67 lb/ton 연소쓰레기	3.03 lb/ton 연소쓰레기
회전소각로	34.5 lb/ton 연소쓰레기	자료없음
5. 시멘트 제조업		
a. 건식공정 소성로	256 lb/ton 클링커	114 lb/ton 클링커
b. 습식공정 소성로	240 lb/ton 클링커	86 lb/ton 클링커
6. 철강산업		
a. 평로 조업	21.1 lb/ton 철	17.5 lb/ton 철
b. 전기아크로	38 lb/ton 철	22.04 lb/ton 철
7. 황산제조 공장	0.32-6.3 lb산미스트/ton 제조황산	자료없음

A : 질량기준 회분함량(%), S : 질량기준 황함량(%)

자료 : J. Kirsch, Zement-Kalk-Gips, 47:1(1994)
강석호, 안희관, 류필조 "집진기술의 이론과 응용", 영남대출판부, 2004, p.19

한편 분진배출 방지기술은 사이클론, 공기여과, 습식세정, 정전기 집진기술이 발달되어 있으므로 상당히 높은 집진효율을 유지하면서 배출방지 효과를 얻고 있다.*

6.5.2 분진입자의 특성

특히 분진배출 방지기술에서는 다른 오염물질 억제 기술과 다르게 중요한 기본원리의 이해가 필요하다. 그 기본원리는 분진의 입자크기, 즉 분진입도를 정확하게 측정하는 방법을 이해하는 것이다. 모든 분진포집 설비에서는 입자상 물질을 포집, 집진할 때, 포집 가능입도와 포집 불가능입도가 구분되기 때문에 분립체 물질과 에어로졸 입자의 크기(분진입도)와 입도의 분포범위 및 평균입도 등의 기본 물성치는 집진설비의 설계와 성능을 결정하는 기본 자료가 된다.

그림 6-15는 자연환경 내에서나 산업장에서 쉽게 관찰될 수 있는 입자상 물질의 입도

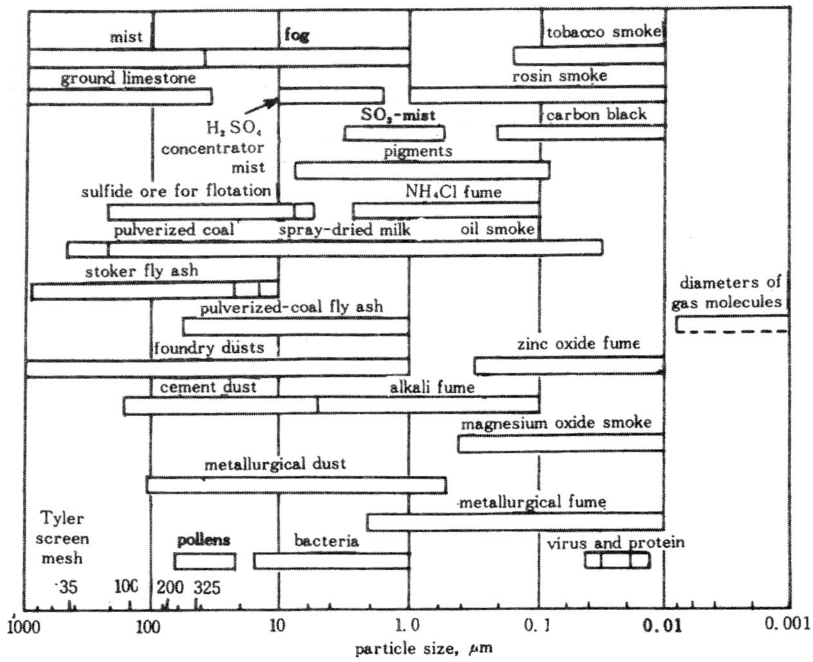

그림 6-15 자연에 존재하는 각종 입자상 물질의 입도분포

자료 : D. N. Lapedes, "McGraw-Hill Encyclopedia of Energy", McGraw-Hill, New York, 1971, p. 79

---

* 강석호, 안희관, 류필조: "집진기술의 이론과 응용", 영남대학교 출판부, 2004
강석호, 류필조, 박준영, 최희규: "분립체공정공학", 홍릉과학출판사, 2012

분포를 표시하였다. 예를 들면, 담배연기의 에어로졸 입자크기는 0.1 μm보다 작고, SO_2-H_2O 입자의 크기는 1 μm 부근이다. 석탄이나 석유가 연소할 때 생기는 분진입도는 500 μm~0.05 μm 범위로 넓게 분포한다. 석탄연소에서 발생하는 비산재(fly-ash)의 크기는 100~1 μm 범위에 걸쳐 있고 금속제련 공장에서 발생하는 먼지나 에어로졸 입자의 입도는 100~0.01 μm까지 분포한다.

이러한 자료는 분진의 배출방지장치를 선택하는데 중요한 자료가 될 뿐만 아니라 분진 배출 방지장치의 설계, 제작, 성능 검사에서도 중요한 자료가 된다.

특히, 이 자료에서 환경오염과 관련되는 두 가지 문제를 거론해 둘 필요가 있다. 한 가지는 인간이나 동물이 호흡할 때 코속으로 흡입되는 공기 중에 함께 들어가는 먼지의 크기는 대략 10 μm 이하이다. 따라서 상당히 많은 종류의 호흡분진이 연료의 연소가스에서 유래된 것을 알 수가 있다. 다른 한 가지는 입자가 작을수록 공기 중에서 중력에 의해 침강, 낙하하는 속도가 작다는 사실이다. 그러므로 100 μm 정도의 큰 먼지는 높은 굴뚝에서 멀리 날아가지 않고 쉽게 낙하하겠으나, 10 μm 이하의 작은 먼지들은 공기 중에 배출되면 천천히 낙하하거나 비, 눈 등에 씻겨서 낙하한다. 그렇지 못한 경우에는 매우 높이, 그리고 멀리, 오랫동안 대기중에 날아다니게 된다. 중국이나 몽고의 사막에서 3, 4월에 발생하는 먼지(황사)는 3,000 km 이상을 날아서 우리나라에 도착한다.

그림 6-16은 대기중에 일상적으로 공기중에 부유하고 있는 각종 입자상 물질(분진 또는 에어로졸)의 농도(g/m^3)를 표시하는 그림이다. 먼지의 폭풍이 일어나면 공기 중 먼지 농도는 1~10 g/m^3 정도가 된다. 도시의 대기중 먼지 농도는 10^{-4}~10^{-3} g/m^3 정도이고 농촌이나 교외에서는 0.0001~0.0005 g/m^3(100~500 μg/m^3)가 된다. 대기중 부유분진의 환경기준 농도는 24시간 평균 300 μg/m^3, 1년 평균기준치로는 150 μg/m^3로 규정되어 있다.

사람들이 가끔 집안에서는 먼지가 적다고 생각하고 있지만, 조사결과에 의하면 실내의 먼지농도(밤, 낮의 차이가 있기는 하지만)는 대략 60~100 μg/m^3 정도가 된다고 한다.* 자동차용 공기필터나 산업체용 집진 필터에서 여과된 공기 속에는 10^{-9}~10^{-5} g/m^3의 먼지농도가 포함된다. 이 농도는 여과집진장치의 성능에 의해 영향을 받는다. 방사능 입자의 농도는 매우 낮지만(10^{-13}~10^{-11} g/m^3), 방사능 자체의 특수성 때문에 위험도는 더욱 높다.

* W. R. Ott, J. W. Roberts, Sci. Am., March, 1998, p.74

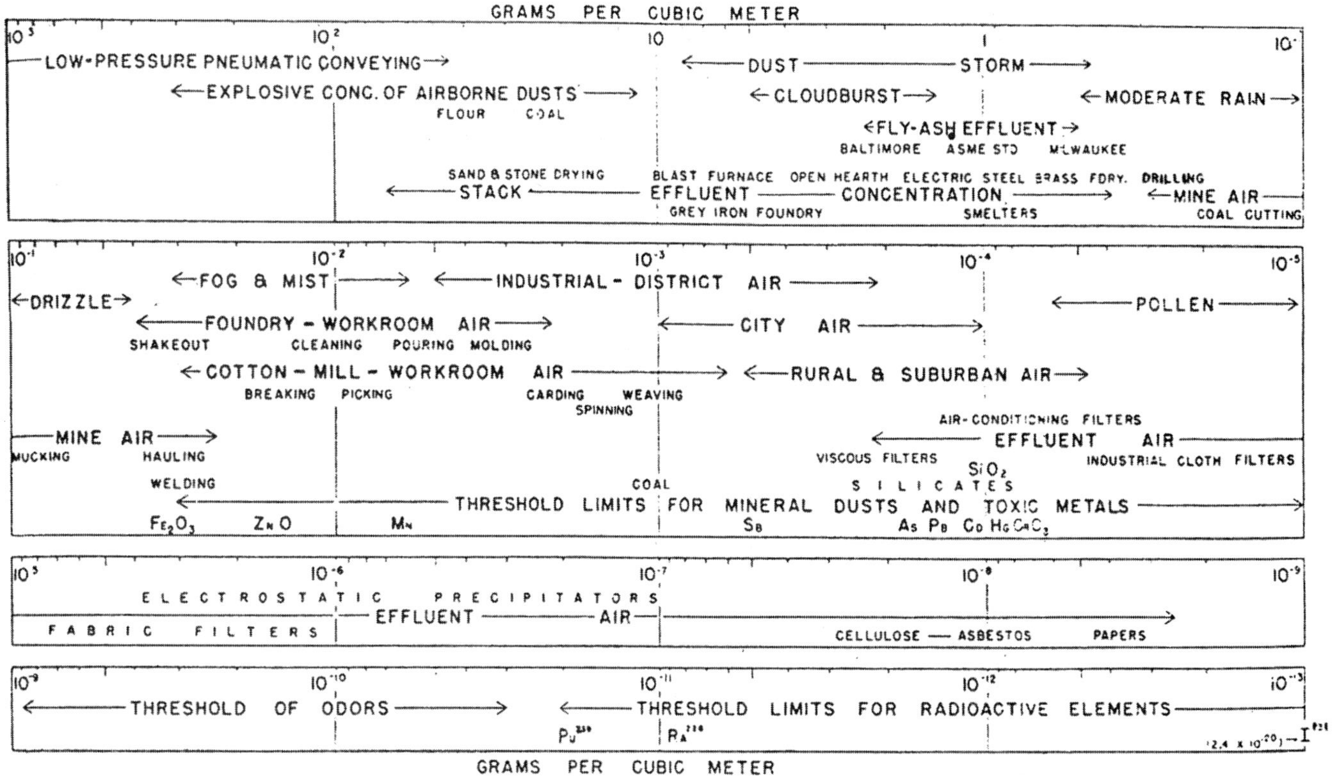

그림 6-16 대기 중에 부유하는 각종 입자상 물질의 농도

자료 : D. N. Lapedes, "McGraw-Hill Encyclopedia of Energy", McGraw-Hill, New York, 1971, p. 7

6.5.3 분진에 의한 환경영향

자연에서 발생되거나 인간의 활동에서 발생되는 먼지의 종류도 많고 그 입도 범위도 매우 넓게 분포하고 있다. 환경오염 방지 차원에서 관심을 두는 분진을 총부유분진, 호흡분진, 강하분진 등으로 구분하여 설명하면 편리하겠다.

총부유분진(Total Suspended Particulates : TSP)은 대기중에 떠오를 수 있는 먼지 입자들이다. 이 먼지는 대략 크기가 1,000 μm 미만이고 공기중 침강속도는 6 m/s 이하이다. 총부유분진량은 high-volume sampler 등의 분진채집장치를 이용하여 측정하며, 대기환경 기준 농도로는 150 $\mu g/m^3$(1년 평균농도) 300 $\mu g/m^3$(24시간 평균농도)로 규정되어 있다.

그림 6-17은 대구의 영남대학교 대명동 캠퍼스에 설치되어 있던 대기오염 측정장치에서 측정된 총부유분진농도의 1989년 자료를 나타낸다. 매월 평균치가 변하는 것은 1일평균 농도가 큰 폭으로 변화하고 있음을 의미하고, 매월의 점(●)이 월평균분진 농도 값이다. 건기에는 총부유분진 농도가 높고, 우기에는 분진농도가 낮은 특징을 볼 수가 있다.

동물이나 인체의 호흡에 영향을 주는 입자들은 10 μm 이하의 먼지들이다(그림 6-18). 이 먼지를 호흡가능 먼지(respirable dust)라고 부르는데 호흡기를 통해 코속(<10 μm),

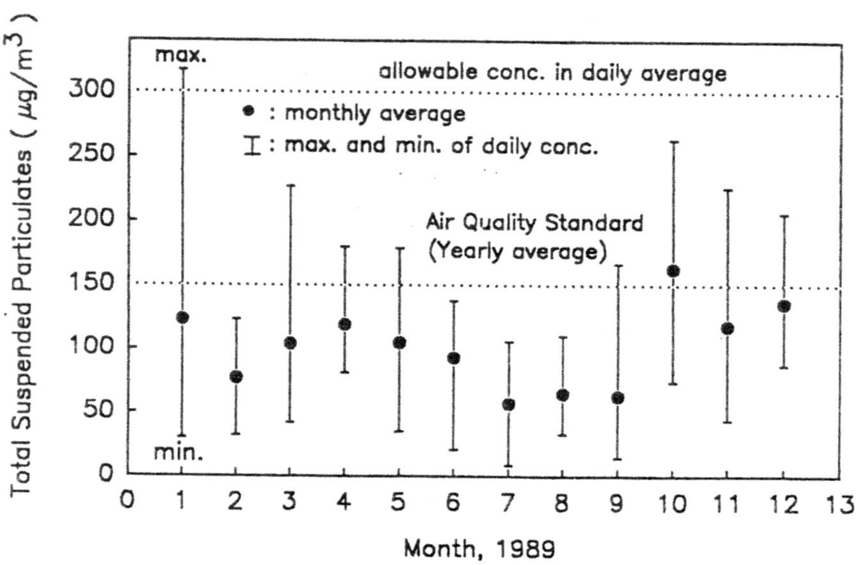

그림 6-17 1989년 대구지역(영남대학교 대명동 캠퍼스) 총부유분진 농도 측정치

자료 : 강석호, 환경연구, 제12권 제1호(1992), p. 1

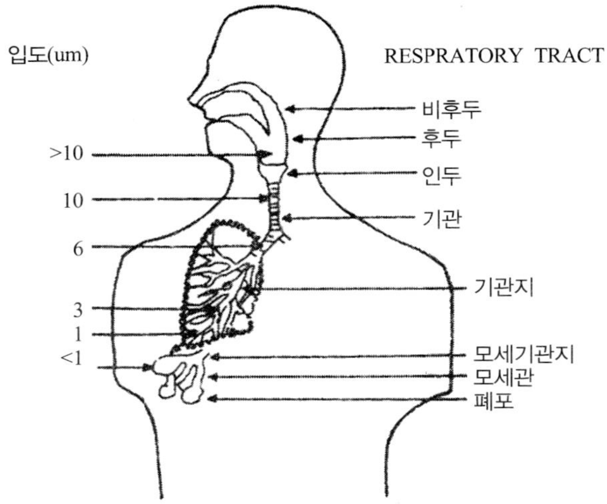

그림 6-18 호흡기 계통에 침착하는 분체입자의 평균 크기

자료 : Masters, R. L., "Introduction to the Scientific Study of Atmospheric Pollution", Holland, 1971, p.101
강석호, "대기오염 문제에 관한 분체공학적 접근", 환경과 공해, 4권 7호(1981), p. 290/6

목, 기관지(< 6 μm), 폐꽈리(1 μm)에까지 깊숙이 침투할 수 있을 정도로 작고 가벼운 먼지이기 때문에 실내, 실외를 막론하고 대단히 중요한 관심을 끄는 먼지이다. 호흡먼지 중에서 2 μm 이하의 것은 폐꽈리까지 100% 침투가 가능하고, 3.5 μm의 먼지도 50% 정도는 폐의 속기관지에 침투한다.* 호흡에 관련되는 이러한 입자상 분진을 "PM-10 입자"(particulate matter less than 10 μm)로 분류하여 특별히 관리하고 있다. 2015년부터는 국제적 $PM_{2.5}$(지름 2.5 μm 이하의 입자상 분진)을 대기중 분진 허용 크기로 규제한다. 동시에 분진농도도 연평균 25 $\mu g/m^3$, 24시간 평균 50 $\mu g/m^3$로 규제하게 된다.

강하분진(dust-fall)은 공기중 침강속도가 10^{-2} cm/s 이상(입도 1 μm 이상)인 입자상 물질들이다. 강하분진은 주로 식물의 잎에 낙하하여 식물의 탄소동화작용을 방해하므로 농업, 임업에서는 주요 관심의 대상이며, 예술적인 건축물의 보존에도 나쁜 영향을 줄 수 있는 대기오염 분진이다.

대기오염 분진의 환경영향은 다음 세 가지로 요약할 수 있다.

첫째, 화산폭발이나, 핵폭탄 폭발 또는 폭풍에 의해 대기중에 먼지가 매우 많아지면, 대기권에 진입하는 태양에너지를 차단하게 되므로, 식물 성장에 지장을 줄 수도

* Am. Conf. Govt. Ind. Hyg., "Air Sampling Instruments", 6th. 1996, p. G-9

있고, 극한 상황에서는 지구에 빙하기가 다시 올 수도 있다. 그러나 일반적인 산업활동에서 이러한 일은 일어나지 않을 것이다.

둘째, 호흡분진에 의해 동물과 인간에게 질병을 가져다 줄 수 있다. 현재까지 잘 알려진 일 중에는 광산 노동자들이 장기간(10년) 갱내에서 작업할 때 호흡된 규사입자나 석회석 입자가 폐에 침착하여 진폐증(또는 규폐증) 환자가 되는 산업재해가 심각한 상황을 예로 들 수 있겠다. 또, 봄철의 꽃화분(10 μm<)에 의한 알레르기 비염, 공기를 통한 박테리아와 바이러스에 의한 감염 등도 호흡분진의 환경영향으로 분류된다.

셋째, 낙하분진은 식물성장의 저해, 재화의 손상 등을 일으키는데, 실제로 시멘트공장과 석회석 광산부근, 채석장부근, 비포장 도로변 등에서 낙하분진의 심각한 피해를 가끔 경험할 수가 있다. 낙하분진을 방지하기 위해서 전국토의 맨땅(풀없는 땅)에 잔디를 심는 것도 먼지발생 방지에 크게 효과가 있음은 물론이다. 일상적인 낙하분진 이외에, 일시적인 화산폭발에 의한 낙하분진으로 생태계가 변화하는 것은 세계 여러 곳에서 발견할 수 있다.

6.5.4 환경보전 활동을 위한 일반적 고려사항

에너지의 과다한 사용으로 인해 초래되는 환경오염의 1차적 책임은 개인에게 있다. 그러나 개인 활동은 에너지의 절약이라는 소극적 활동을 벗어나지 못하므로, 개인과 사회단체와 국가, 그리고 국제적인 협력이 필요하다. 개인은 순수한 보통사람일 수도 있고, 에너지 전문가도 될 수 있고 환경전문가도 될 수 있으나, 일 개인이 모든 문제를 해결할 수 없기 때문에 모든 전문지식의 학제적 협동과 사회전체의 경제적, 법적, 도덕적 협력이 있어야만 한다. 이러한 관점에서 환경보전 활동에 관여하는 모든 사람들이 충분히 이해하고 협력할 수 있는 기본 고려사항을 다음에 설명하겠다.

첫째, 환경보전과 에너지 절약에는 적정한 과학기술 수준이 확보되어야 한다. 에너지나 환경문제는 말단적 기술도 중요하지만 이러한 기술을 체계화(systemize)하기 위해서는 개인이 소유하는 과학기술 지식도 중요하고 인접과학 기술의 이해를 위한 타인과의 협력이 필요하다. 다른 말로 표현하면 학제적 협력(inter-disciplinary cooperation)이 절대로 필요하다. 최근 모든 생산활동을 청정기술(clean technology) 개념으로 시행하자는 움직임이 과학기술계에 퍼져나가고 있다. 에너지의 사용이나 환경오염 방지를 한 가지 기술개념 아래서 해결하려는 노력이다.

둘째, 법률적 고려사항을 반드시 준수해야 한다. 정부의 여러 가지 법적 규제는 대단히 많고 때로는 중복, 때로는 상치되기도 한다. 이러한 문제들은 관련기관들이 협력해서 조속히 정리해야 한다. 우리나라에서는 1963년 "공해방지법"이 제정된 이래로 이 법이 "환경보존법"(1977)으로 수정되고 1991년에는 소위 환경 6법으로 복수화되기도 하였다. 법률의 제정과 시행과정에서 고려해야 할 사항은 법에 규정되는 내용이 현재에서 또는 가까운 장래에서 우리의 과학기술 수준에 적합한가도 고려해야 하고, 산업체의 경제사정을 고려하는 환경기준이 설정되어야 한다. 물론 시간적 고려도 빼놓을 수 없기 때문에 장기 입법예고, 단기 입법예고 제도가 병행되어야 한다. 법률적 문제는 산업활동과 환경오염문제 사이에 존재하는 "갈등"을 최소화 하는 규제가 최선의 목표이어야 한다.

셋째, 환경오염 방지나 에너지 절약을 위해서는 경제적 비용을 최적화하는 고려가 있어야 한다. 우리가 자원을 사용하여 경제성장을 추진하더라도, 환경 보전 또는 환경오염 방지를 위해 상당한 비용을 지불하지 않으면 안 된다. 어떤 학자의 주장에 의하면 GNP의 40%는 환경비용으로 다시 지출되어야 정상적인 생태계를 유지할 수 있다고 한다. 이러한 재 지출비용에는 고갈자원의 회복비용까지도 포함할 것을 염두에 두어야 한다고 주장한다. 실제로 경제활동을 환경보전적 차원에서 수행하려면 연구개발투자, 신규 또는 대체 설비투자, 인력투자 등이 필요하다. 각 나라나 지역 사회마다 주어진 조건에 맞는 "최적 환경수준"을 결정할 때는 경제적 비용에 근거해야 된다. 제12장 그림 12-4는 환경의 적정수준을 결정하는 복지비용과 보건비용의 합계비용의 최저치를 설명한다. 이와 같은 최적 환경수준에 맞는 환경 규제법이 제정되어야만 합리적일 것이다.

넷째, 환경보전활동에서 시간 개념을 반드시 염두에 두어야 한다. 오염이 발생하고, 그 영향이 나타나고, 원인을 발견한 후에 대책을 강구하는 데까지 긴 시간이 소요된다. 예를 들면, 일본의 미나마타병(수은 중독증)의 경우에는 이 병의 원인을 과학적으로 찾는데 3년이 걸렸고, 이 병에 걸린 환자가 재판을 통해서 원인 제공 산업체가 피해자에게 보상하도록 결정하기(1996)까지는 무려 40년이 걸렸다. 이 재판은 2013년에 일본 헌법재판소에서 마무리되었다. 실로 55년의 세월이 걸렸다. 또 미국의 로스엔젤리스의 대기오염이 스모그입자의 생성 때문이라는 사실을 규명하는데 8년이 걸렸다. 이럴 때 우리는 과학기술이 무능하다고 비난할 수도 없다. 몇 년 전에 멕시코시에서는 대기오염이 심해서 학생들이 가스마스크를 쓰고 학교에 갔다는 뉴스가 있었다. 한국에서도 모든 사람들이 음식을 먹을 때를 제외하고는 집안, 밖에 마스크를 쓰고 생활해야 하는 비극이 오지 않도록 미리 대비할 필요가 없게 되기를 바랄 수밖에 없다.

다섯째, 마지막으로 도덕적 문제를 고려해야 한다. 자연의 섭리 또는 생태계는 "정직"한 시스템이다. 정직성을 바탕으로 과학기술을 발전시키고, 경제성장을 이룩하고, 법을 만들어야만 자손대대로 행복한 생활을 누릴 수 있는 것이다. 특히 개인의 생활윤리와 직업윤리는 환경보전을 위한 기본철학이라고 단언할 수 있을 것이다.

참고문헌

Alm, Alvin L., "Coal Myths & Environmental Realities : Industrial Fuel-Use Decisions in a Time of Change", Westview Press, 1984.

Terry Barker, Paul Ekins and Nick Johnstone ; "Global Warming and energy demand", Routledge, 1995.

Bhumralker, Williams, "Atmospheric Effects of Waste Heat Discharges : Energy, Power & Environment", Vol. 13, Dekker, 1982.

Broome, J., "The Ethics of Climate Change", Sci. Am., June 2008, p. 69-73

Bryan Cartledge, "Energy and the environment", Oxford;New York : Oxford University Press, 1993.

Chigier, Norman A., "Energy, Combustion & Environment", McGraw-Hill, 1981.

Collins, W., et al, "The Physical Science behind Climate Change", Sci. Am., Aug. 2007, p. 48-55

Devins, Delbert W., "Energy : Its Physical Impact on the Environment", Krieger, Robert E., Publishing Company, 1988.

Fowler, John M., "Energy & the Environment" 2nd. ed., McGraw-Hill, 1984.

Fisher, Robert W. & Huddleston, Lauren B., "Enrgy & the Environment : A Pragmatic View of Where We Stand", Network Publishing Company, 1989.

Fisher, Anthony C., "Resource and environment economics", Cambridge Univ. Press, 1981.

Hill, R., "Energy Policy & the Environment", State Mutual Book & Periodical service, 1989.

Hines, "The Market, Energy & the Environment", Allyn & Bacon, 1988.

Iribarne, J. V. & Godson, W. L., "Atmospheric Thermodynamics", 2nd. ed., Kluwer Academic Publishers, 1981.

Kaplan, Seymour, "Energy, Economics & the Environment", McGraw-Hill, 1983.

Lenihan John, "Energy Resources and the environment", Academic Press, 1976.

Majumdar, S. K., editor, "Energy, Environment & the Economy", Pennsylvania Academy of Science, 1981.

Mills, Russell & Toke', Arun, "Energy, Economics & the Environment", Prentice Hall, 1985.

Nordhaus, W. D., "Managing the Global Commons; The Economics of Climate Change", MIT Press, 1994

OECD-IEA Staff, "Energy & the Environment : Policy Overview", Organization for Economic Cooperation & Development, 1990.

Roberson E. C., "Fuel : the conquest of man's enviroment", Harper & Row, 1963.

Sayigh, A. A., "Energy & the Environment", (Into the 1990), 5 vols., Pergamon Press, 1991.

Smil, Vaclav, Energy, Food, Environment : Realities, Myths, Options, Oxford University Press, 1987.

Stern, N., "Stern Review on the Economics of Climate Charge", Cambridge University Press, 2007

Tester, Jeffrson W., editor, "Energy & the Environment in the 21st. Century", M I T Press, 1990.
Yanda, Bill, "Rads, Ergs & Cheeseburgers : The Kid's Guide to Energy & the Environment", Muir, John, Publications, 1991.

CHAPTER 07

원자력 에너지

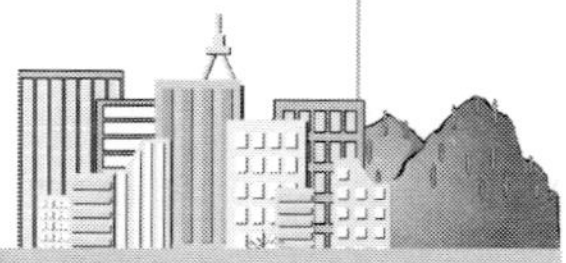

원자력 에너지는 다음 세대 우리 자손들의
추위를 막아 줄 수 있을 것인가?

7.1 원자력 에너지와 자원

천연가스를 포함한 석유에너지 자원의 고갈이 앞으로 30~50년 내에 닥쳐올 것이기 때문에 인류의 미래에너지는 화석에너지 자원에 의존하기 보다는 원자핵의 분열이나 핵의 융합에너지로부터 편리한 전력에너지의 생산에 치중하게 될 것으로 예상되고 있으며, 이미 부분적으로는 핵에너지 시대에 진입해 있다. 물론 핵에너지의 이용과 관련하여 찬반의 논의가 분분한 것은 사실이나 지금의 에너지 소비량을 다른 에너지 자원으로는 감당하기 어렵기 때문에 금세기 이후의 에너지 주종이 되지 않을 수 없는 원자력에너지 자원에 대한 과학기술적 지식과 경제적 중요성을 이해할 필요가 있다.

7.1.1 핵에너지 이론의 발전

지구상에 부존하는 자원 중에서 우라늄 원소만큼 사람들에게 희망과 공포를 함께 안겨다 주는 자원은 없을 것이다. 우라늄은 지구상에서 무한한 에너지를 공급할 수 있는 자원이기 때문에 그것을 현명하게 잘 이용하느냐 못하느냐에 따라서 지구를 천국으로도 만들 수 있고 지옥으로도 만들 수가 있다.

우라늄은 화학의 원소주기율표에서 92번째 원소인데 1789년 독일에서 발견되었으나 그후 100년간은 아무 쓸모가 없는 금속으로 생각되었다. 1896년에 방사능이 발견된 후 방사능을 방출하는 라듐이나 바나듐 원소와 함께 우라늄은 방사능을 방출한다는 것이 밝혀졌을 뿐 그 당시에는 도자기, 유리, 섬유공업, 사진기술 등에 조금씩 소비되었다. 물론 이때 원자 구조에 관한 연구용으로도 우라늄은 실험실에서 조금 쓰였다. 1905년 A. Einstein이 특수 상대성이론을 발표하면서 물질의 원자구조가 파괴되어 다른 물질로 핵분열될 때 질량의 감소(Δm; 질량보존의 법칙이 성립하지 않는다)가 생기고, 이때 이 질량 감소량에 해당하는 에너지가(ΔE) 발생된다는 법칙을 발표하였다. 이 법칙을 Einstein의 질량감손의 법칙이라고 부르고 다음과 같이 표기한다.

$$\Delta E = (\Delta m)c^2, \text{ (단, } c = \text{빛의 속도} = 10^{10} \text{ cm/s)}$$

예를 들면, 우라늄 235의 1 g이 핵분열 반응을 100% 일으켜서 없어지면 8.2×10^{17} erg의 에너지(7.76×10^7 Btu$=1.959 \times 10^{10}$ kcal$=22.7 \times 10^3$ kWh)가 새로 발생한다. 즉, 질량과 에너지가 상호형태를 바꿀 수 있다는 법칙이다. 물론 이 법칙은 핵분열 반응에서와 마찬가지로 핵융합 반응에서도 성립한다. 그후 1934년 Enrico Fermi(伊, 1901~ 1954)가 우라늄에 중성자 충격을 가하여 물질이 에너지로 변환하는 소위 핵분열 반응을 실제로 체험하였다. 1942년에 첫 핵폭발 실험이 성공하고 태양도 거대한 핵폭발을 계속하고 있다는 사실이 밝혀지면서 서서히 핵에너지는 석탄, 석유, 천연가스가 채우지 못하는 빈자리를 차지하기 시작하였다. 따지고 보면 모든 화석연료도 그 생성은 태양열에 의한 광합성 작용의 결과이니까 우주의 모든 에너지의 근원이 태양의 핵반응열에 의한 것이라고 결론지울 수 있다.

7.1.2 원자력 발전의 현황

화석연료의 에너지는 연료와 산소의 분자간 반응에서 생기는 열에너지인데 비해 핵에너지는 우라늄 원자의 핵 내에서의 반응에 의해 발생하는 열이다. 이 반응을 안전하게 천천히 일어나도록 제어할 수 있으면 전력 생산용 핵에너지로 쓰일 수 있고, 이 반응을 순간적으로 일으킬 수 있는 장치를 만들면 바로 원자폭탄이 된다(그림 7-1 참조, 물론 원자력 발전소의 원자로가 원자폭탄처럼 순간적으로 터지는 일은 절대로 없다. 과열로 인한 원자로의 노심이 녹아 버린다거나 열전달 설비가 부식되거나 기계진동으로 파손되는 사고는 생길 수 있다).

1945년 일본에 두 개의 원자폭탄이 투하된 사건이후 약 20년간 세계문명이 핵에너지로 말살되지 않을까하는 걱정은 원자력의 평화적 이용이라는 슬로건 아래 원자력 발전으로 바뀌었다. 1951년에 세계에서 처음으로 원자로(nuclear reactor)에 의한 전력생산

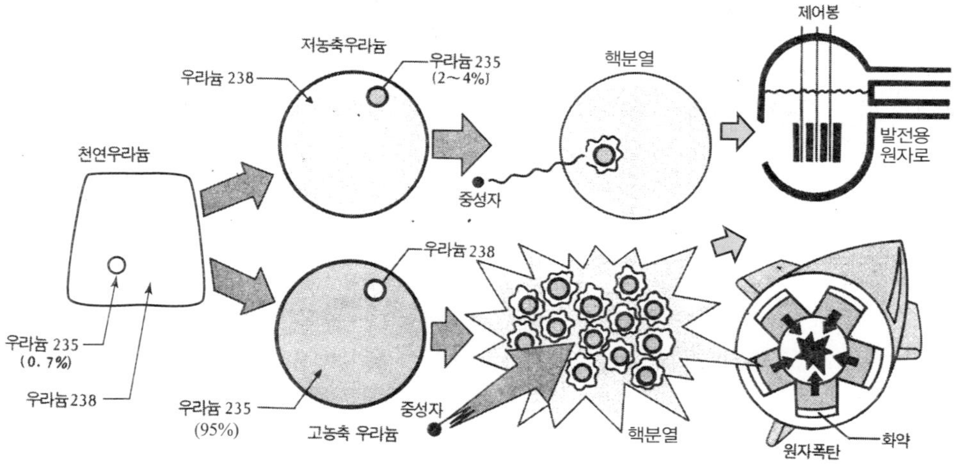

그림 7-1 원자로와 원자폭탄의 차이

자료 : 한국전력공사 "원자력 에너지", 1991

이 시작된 후, 1966~1969년 사이에 미국에서 새로 건설된 발전소의 40%는 원자력 발전소였다.

2012년 현재 세계 각국에는 436개의 원자력 발전소가 가동 중이고, 73개가 건설 중에 있다. 원자력 발전소는 계획기간 5년, 건설기간 5년이 걸리고 사용기간은 30~50년 정도이다. 1989년에 한국의 총발전량의 40% 이상이 원자력 발전에 의한 것이었는데, 2012년에는 30.4%로 비중이 낮아졌다. 자원이 빈곤한 일본에서도 마찬가지로 전력생산에서 원자력이 차지하는 비율이 높다. 표 7-1은 최근까지 세계 각국에 보유하고 있거나 건설 중인 원자력 발전소의 통계치이다. 소련과 영국은 핵발전을 다른 나라에 비해 일찍 착수했는데 영국에는 현재 건설 중인 원자력 사업이 없다. 유럽의 각국은 원자력 발전 의존율이 30~40%로 높은 특징을 가지고 있으나, 전 세계적으로 전력생산에서 원전이 차지하는 비율은 감소하였다. 감소이유 중 첫째는 원자력 안전성 문제에 대한 여론이 소극적인 방향으로 형성되고 있기 때문이며, 둘째는 석탄, 석유, 천연가스의 공급확대로 인한 화석에너지 가격의 하락경향도 그 원인이라고 추측된다.

원자력 발전이 1970~1980년대에 전 세계적으로 증가한 이유는 발전비용이 저렴했기 때문이다. 발전비용, 즉 생산된 전력 단위 kWh 당 비용은 발전소 건설에 필요한 고정투자비용(시설용량의 단위 kW당 비용)과 발전소의 운전에 소요되는 연료비용(연료의 단위 발열량당 비용)의 합으로 결정된다. 그림 7-2에 나타낸 자료는 1973년 오일쇼크시절에 Philadelphia Electr. Co.에 의해서 작성된 것으로, 현재 시점에서는 정확성이 좀 약하나

표 7-1 세계 각국의 원자력 발전시설현황(2012)

시설용량 단위	국가명	발전용량(MW)	발전소 수		전력생산량 중 원전 점유율(%)	참고사항
			운전 중	건설 중		
1	미국	102,136	104	5	19.0	
2	프랑스	63,130	58	1	74.8	프랑스 최초 EPR 건설 중
3	일본	44,216	50	2	18.1	후쿠시마 원전 사고 후 54개 전면 폐쇄 후 검토 중
4	러시아	23,643	33	10	17.8	
5	대한민국	20,739	23	4	30.4	
6	캐나다	14,135	19	0	15.3	신규 2개 계획 중
7	우크라이나	13,107	15	2	46.2	2018년까지 신규 건설
8	중국	12,860	17	32	2.0	2020년까지 80GW 목표
9	독일	12,068	9	0	16.1	2022년까지 단계적 폐쇄
10	영국	9,938	16	0	18.1	
11	스웨덴	9,395	10	0	38.1	
12	스페인	7,560	7	0	20.5	안정적 운전 희망
13	벨기에	5,927	7	0	51.0	
14	대만	5,028	6	2	18.4	
15	인도	4,780	20	7	3.6	
16	체코	3,804	6	0	35.3	
17	스위스	3,278	5	0	35.3	단계적 폐지
18	핀란드	2,752	4	1	32.6	2020년까지 건설 계속
19	불가리아	1,906	2	0	31.6	4개 발전소 중단
20	헝가리	1,889	4	0	45.9	
21	브라질	1,884	2	1	3.1	
22	남아프리카	1,860	2	0	5.1	
23	슬로바키아	1,816	4	2	53.8	
24	멕시코	1,530	2	0	4.7	
25	루마니아	1,300	2	0	19.4	
26	아르헨티나	935	2	1	4.7	
27	이란	915	1	0	0.6	Bushehr 발전소
28	파키스탄	725	3	2	5.3	
29	슬로베니아	688	1	0	36.0	
30	네덜란드	482	1	0	4.4	
31	아르메니아	375	1	0	26.6	교체 중
32	카자흐스탄	9	1	0		
세계 총계		374,411	436	73		

자료 : http://en.wikipedia.org/wiki/Nuclear_power_by_country

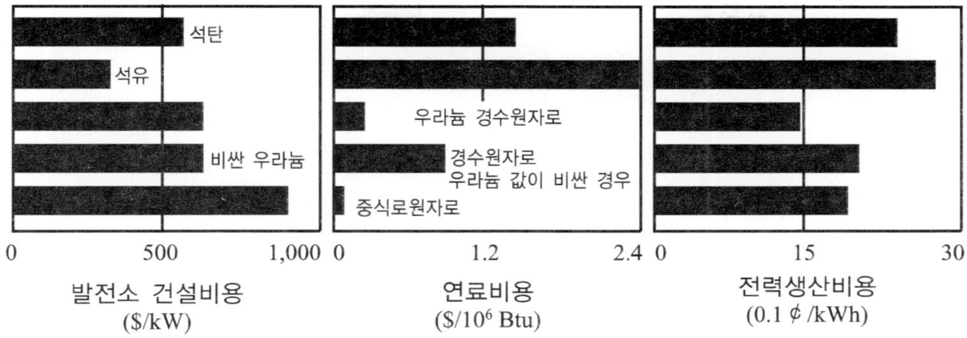

그림 7-2 화력발전과 원자력 발전의 비용 비교(1975년 기준)

자료 : Scientific American, "Energy", W. H. Freeman & Co., San Francisco, 1979

연료별 발전비용의 비교에는 합리적인 자료라고 생각된다. 물론 발전소의 건설비용이나, 각종 연료의 시장가격은 달라질 수 있다. 또한 비교에 사용된 우라늄 가격도 경수로 원자로를 사용하는가 아니면 아직 실용단계에 들어가지 못한 증식로 원자로를 사용할 것인가에 따라서 달라질 것을 전제로 한 자료이다.

발전용 연료의 비용은 한 나라의 총에너지 수요량의 증가정도에 따라서도 달라질 것이다. 그림 7-3은 석탄, 석유, 천연가스를 사용하는 화력발전 방법과 우라늄 235를 사용

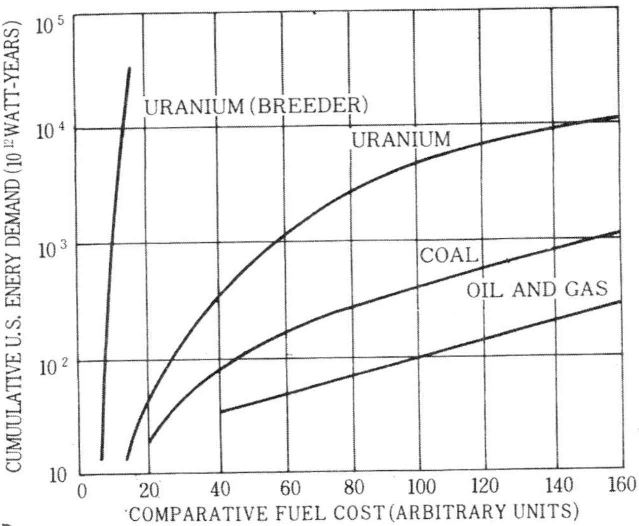

그림 7-3 미국의 에너지수요 증가추세와 각종 발전방법의 연료비용 비교

자료 : Scientific American, "Energy", W. H. freeman & Co., San Francisco, 1976

하는 경수로 발전 및 우라늄 238을 사용하는 증식로(Breeder Reactor) 발전방법들을 연료비용의 변화에 대해 비교한 그림이다. 화석연료 비용이 비싸지면, 화력발전에 대한 수요증가는 둔화될 것이고, 원자력 발전에 대한 수요는 증가할 것이다. 특히, 증식로 발전방법을 사용하는 경우에는 연료비용이 훨씬 싸지게 되므로 증식로 발전 방법에 대한 수요는 급격히 증가될 것으로 예상된다. 이 자료는 미국에서 1960~2000년 사이에 추정되는 수요량을 감안한 수치이다. 현재 상업화되고 있는 핵발전소에 사용되는 농축 우라늄 가격은 현재 화석연료 가격보다 동일한 양의 전력생산을 기준으로 비교하면 매우 싼 편이다. 서기 2020년 이후에 상업화할 것으로 기대되는 고속증식로 원자력 발전소에서 사용될 핵연료(우라늄 235를 분리 농축할 필요없이 우라늄 238을 연료로 사용한다)의 가격은 훨씬 값도 싸고 가격변동도 크게 없을 것으로 예상되기 때문에 원자력 발전의 장래는 고속증식로가 에너지 경제적 측면에서는 확실히 밝은 전망을 보이고 있다.

7.1.3 핵분열 반응

모든 물질은 분자로 구성되어 있고, 분자는 112가지의 원소가 적당히 화학결합되어 있는 물질이다. 이 원소의 각 종류를 원자라고 부르는데, 원자의 구조는 바깥궤도의 전자들과 궤도 중심부의 핵으로 구성되어 있다. 이 핵의 구성요소는 양자와 중성자이다(그 이상으로 세부적인 구조는 소위 "입자물리학"에서 연구가 진행되고 있다).

이 원자속의 핵이 강력한 에너지(중성자 충돌 에너지)를 받으면 핵이 분열(원자 구조의 파괴)되어 중성자가 구조로부터 이탈되어 나오고, 원자자체는 다른 원소로 변한다. 이것을 원자의 핵분열이라고 하며, 이때 원자의 질량이 감소되고 감소량에 해당하는 에너지가 방출된다. 이러한 핵분열 반응은 원자가 큰(원자량이 큰) 구조를 가질 때(U^{235}, Th^{232}, Pu^{239} 등) 가능하다

한편, 핵융합반응은 작은 원자(중수소, 헬륨, 리튬)들이 큰 에너지를 가진 중성자와 결합(융합)하여 새로운 원소가 되면서 역시 질량감소와 에너지가 발생하는 핵반응이다. 물질의 원자 내에서 일어나는 핵반응에서 생기는 열을 이용하여 수증기를 만들고 전력을 생산하는 방법은 크게 세 가지로 분류된다.

1) 현재 상용화되고 있는 방법으로써 U-235(U^{235}를 이렇게 표시할 수도 있다)를 핵분열시키는 핵분열반응을 이용하는 경우(nuclear fission)
2) 우라늄 광물속에 99% 이상 존재하는 U-238을 핵분열시켜서 핵반응이 진행되는 동안 U-235가 처음보다 더 많아지도록 알을 까는 현상에 비유하는 증식로(breeder reactor) 발전방법(7.3.2절 참조)

3) 핵분열 반응이 아니라 작은 원소들의 핵융합 반응에서 발생하는 열을 이용하는 아직은 이론 발전단계에 있는 핵융합 원자로(nuclear fusion reactor)를 실용화하는 방법(7.4절 참조).

이들 세 가지 원리는 각각 특수한 물리학적, 화학적, 기술적 이론으로 정립되어 있고, 발전 추세도 다르기 때문에 이들 각각을 나누어서 이론과 기술에 대한 설명을 하겠다. 그러나 아주 깊은 전문적인 핵물리학과 핵화학의 이론은 저자의 능력 밖에 있으므로 여기에서는 취급하지 않겠다.

핵분열 반응은 U-235의 핵에 중성자(neutron, n으로 표시)가 반응하여 약 30여종의 방사능 핵분열 물질을 생성하는 동시에 중성자를 더 만들어내고 열과 방사에너지를 방출하는 핵화학 반응이다(이때 Pu^{239}도 마찬가지다).

U^{235} + n → 30여종의 핵분열 생성물 + 에너지 + 2.43 n

Pu^{239} + n → 핵분열 생성물 + 2.88 n

우라늄의 핵분열반응에서는 2.43개의 중성자가 발생하는데, 그중 1개는 연쇄반응을 일으키는데 소모되고, 나머지 한 개 또는 반 개(0.43개)는 핵반응 장치 내에서 다른 원소에 흡수되어 그 동위원소를 만들거나 반응계 밖으로 새어나간다.

만일 핵분열이 가능한 U-235 또는 Pu-239의 양이 최소한의 임계질량(critical mass) 이상이 되면 위의 핵반응은 새로 생긴 중성자 때문에 연쇄 핵분열 반응(chain reaction)에 의해 분열되는 우라늄 핵의 숫자는 지수함수적으로 증가하고, 막대한 열이 발생한다. 위의 우라늄 핵분열 반응에서는 대략 2개의 핵분열물질과 약 3×10^{-4}(erg/ U-235 원자 한 개)의 열이 발생한다.

U-235의 동위원소인 U-238과 자연에서 산출되는 토리움 Th-232는 핵분열 친물질(fertile materials)이라고 부르는데, 이 핵분열 친물질은 뜨거운 열중성자에 쪼이면, 중성자를 잡아서 여러 가지의 유용한 핵분열 가능물질(fissile materials)을 만들어 낸다.

$$_{92}U^{238} + {_0}n^1 \rightarrow {_{92}}U^{239} \xrightarrow[23\ \text{min}]{\beta,\ \gamma} {_{93}}N_p^{239} \xrightarrow[2 \sim 3\ \text{day}]{\beta,\ \gamma} {_{94}}Pu^{239}$$

$$Th^{232} + {_0}n^1 \rightarrow U^{233}$$

핵반응 장치를 적당하게 설계한다면 핵분열 반응속도를 일정하게 유지하면서 그외에 남는 중성자를 이용하여 핵분열 불능 물질인 U^{238}을 핵분열 가능물질 Pu^{239}로 전환시킬 수 있다. 이러한 원리를 이용한 원자로를 증식로 원자로라고 부르는데, 이 기술을 사용하면 채광된 우라늄광물에서 U^{235}와 U^{238}을 별도로 분리하지 않고 단순한 정제, 가공과정을 거치면 핵분열 반응로(원자로)에 사용할 수가 있게 된다. 따라서 복잡하고 비용이 많이 드는 U-235의 농축과정을 대부분 생략할 수 있게 된다. 증식로 원자로에서는 U^{238}이 핵분열 가능물질 Pu^{239}를 많이 만들어내고 이 Pu^{239}가 핵분열반응을 계속 일으킬 수 있으므로, 마치 닭이 알을 낳는 현상에 비유하여 증식로라고 부른다. 고속증식로는 이러한 증식반응이 짧은 시간에 계속해서 일어나도록 설계된 핵분열 원자로이다.

핵분열물질 U-238에서 얻어질 수 있는 Pu-239는 반감기가 24,000년으로 매우 길기 때문에 위험하지만 안정된 물질일 뿐만 아니라 핵분열 반응에 필요한 임계질량(critical mass)도 작고, 또 핵반응이 매우 빠르게 일어나기 때문에 군사용 핵폭탄 제조의 원료로 쓰인다. Pu-239의 생성반응에 필요한 최초의 중성자는 U-235의 분열반응에서 얻어지고 이들 반응은 연쇄적으로 계속될 수 있다. 현재 미국의 Pu-239 생산은 미국 원자력위원회(AEC)의 Hanford 공장과 Savannah River 공장에서만 생산된다. 이 Pu-239는 현재 가동 중인 대부분의 경수로 원자력 발전소의 폐기물 속에 들어 있기 때문에 폐기물 처리 공장에서 농축·회수된다.

한국에는 이와 같은 폐기물처리 농축 공장은 없다. 비용이 엄청나게 많이 드는 이와 같은 공장이 건설된다면 한국은 핵폭탄을 제조하는 원료를 확보할 수 있다. 북한이 이 시설을 소규모로 갖추고 Pu^{239}를 회수하는 듯한 의구심을 받았기 때문에 미국을 비롯한 세계원자력 기구에서는 강력한 사찰활동과 금지활동을 요구하고 있다. 북한에서는 이 시설의 가동을 중단하는 대가로 KEDO-원자력발전소를 무상으로 함경도에 세우도록 하는 사업을 실행했다가 중단된 상태에 있다. 세계 각국에는 비밀히 또는 공공연하게 이 폐기물 처리시설을 보유, 운전하고 있는데, 이러한 핵무기 확산위험을 방지하는 규제활동은 국제 핵 확산금지조약(NPT; Nuclear non-Proliferation Treaty)에 근거한 것이다.

7.1.4 핵연료자원

7.1.4.1 우라늄 자원량

최초의 우라늄 채광은 19세기 중엽에 체코슬로바키아의 Joachimsthal에서 시작되었다. 이때 우라늄 함유광석은 섬아연광(pitch blende)이었다. 그후 영국의 Cornwall 주석 광산, 미국의 콜로라도 덴버부근에서 채광이 시작되었고 제1차 세계대전에 러시아, 스웨덴, 포르투갈, 호주 등지에서도 라듐 광물채취가 계속 되었다. 그 당시에 우라늄은 자연적으로 핵분열하면 라듐이 핵분열물질로 생성되기 때문에 방사능 연구를 위한 라듐의 수요 때문에 우라늄이 함께 채굴되었을 뿐이다. 실제로 방사능광물로서 우라늄을 채굴하기 시작한 것은 1915년 Katanga였고, 캐나다의 북극지방에서 우라늄이 채광된 것은

1933년이었다.

핵분열의 원리가 발견되기 전까지 전 세계적 우라늄 생산량의 누계는 약 7천500톤 정도였는데, 이 양은 오늘날 몇 군데 우라늄 광산에서 1년 동안에 채광하는 양에도 미치지 못한다. 군사용 목적으로만 사용되던 우라늄을 채광하던 시대의 통계는 정확히 알려져 있지 않지만 그 양이 많지 않다. 제2차 세계대전 후 우라늄 탐사, 채굴은 전 세계적으로 퍼져나갔는데, 1940년대에 남아프리카의 금광에서 큰 매장량이 발견되었고, 1950년대에는 캐나다의 온타리오 지방에서 대규모 광산(미국의 콜로라도 광산보다 훨씬 크다), 같은 시기에 호주의 Queensland 지방, 프랑스, 스페인, 포르투갈, 아르헨티나, 가봉, 나이지리아, 중앙아프리카 공화국 등에서도 우라늄광이 발견되었다. 특이한 것은 지구상에 무한히 많은 바다물속에도 농도는 작지만 무한히 많은 양의 우라늄이 용해되어 있어서(그 절대량은 약 40억 톤, 1985년 수준의 소비량으로 3만년 동안 사용할 양) 해수로부터 우라늄을 추출할 수 있는 가능성도 매우 높다(회수 비용은 약 13~21$/kg.) 우라늄광의 매장량은 우라늄 광물의 시장가격에 따라서 달라진다.

우라늄 광물자원도 다른 에너지자원이나 금속지하자원과 마찬가지로 각 지역에 편재되어 있다. 주로 아프리카, 아메리카 및 오세아니아 지역에 많이 매장되어 있다. 우라늄 광물도 경제 광물이기 때문에 에너지 경제 동향에 따라서 매장량이 달라진다. 특히, 우라늄 금속의 단위 kg당 시장가격이 높아지면 매장량이 증가하고 마찬가지로 자원량도 증가한다. 표 7-2는 우라늄 농축물(U_3O_8)의 가격변동에 따라서 달라지는 자원량을 표시

표 7-2 세계의 우라늄 매장량(Nuclear Energy Angency 2006 자료)

매장량 구분		가격범위 ($/kgU)	매장량(10^3 ton)		수치의 신뢰성
				누계	
확인 매장량		<40	1,947	1,947	높다 ↑
		40~80	696	2,643	
		80~130	654	3,297	
추정 매장량		<40	799	4,096	
		40~80	362	4,458	
		80~130	285	4,743	
미확인 자원량	예측 자원량	<80	1,700	6,443	
		80~130	819	7,262	
	추리적 자원량	<130	4,557	11,819	
		지정할 수 없는 가격	2,979	14,798	↓ 낮다

자료 : Energy Watch Group, Dec. 2006, EWG-Series No. 1/2006, "Uranium Resources and Nuclear Energy", p. 8

한다. 가격이 kg당 80$ 이하일 때 전 세계의 가채매장량은 250만 톤, 가격이 130$ 정도까지 오르면, 추가로 60만 톤의 가채매장량이 확보된다. 같은 조건하에서 예상되는 추가자원량이 약 120만 톤 정도된다. 우라늄 매장량이 많은 국가로 오스트레일리아, 카자흐스탄, 캐나다, 미국, 남아프리카공화국, 나미비아, 브라질 등의 순위라고 보고되어 있다.

U_3O_8의 171톤으로 1백만kW 경수로 원자력발전소를 1년간 운전할 수 있으므로, 150만 톤의 가채매장량으로 14,620개의 발전소를 1년간 운전할 수 있다. 현재 436개의 원자력발전소가 가동 중에 있으므로 앞으로 33년 정도를 지탱할 수가 있는 셈이다. 여기에다가 추가매장량과 추가자원량을 고려하고, 핵발전소의 증설을 고려한다면 약 50년 정도는 전 세계의 경수로 핵발전소를 가동할 수 있다. 다시 말하면, 우라늄 자원도 화석연료자원과 마찬가지로 충분한 공급을 보장할 수 없는 유한한 에너지 자원이다. 따라서 경수로 발전기술 대신 증식로 핵발전 기술과 핵융합발전 기술로 전환할 수 있는 대비책이 모색될 수밖에 없는 것이 현재의 실정이다.

7.1.4.2 우라늄 광물 처리 공정

우라늄 광물은 산화우라늄(UO_3, uraninite), 규산화우란염(coffinite) 등으로 산출되는데, 그 속에 포함된 우라늄 원소는 광물 1톤당 1~2.5 kg(0.1~0.25%)이다. 그중에서 핵분열이 가능한 우라늄 동위원소 U-235가 0.7%이고, 나머지 99.3%는 핵분열이 일어나지 않는 U-238이다. 즉, 우라늄광 1 ton 중 우라늄 원소가 1 kg 들어있다면 1×0.007= 0.007 kg의 U-235 들어 있고, 나머지 993 g은 U-238이다. 전처리가 끝난 우라늄광물에 불소를 반응시켜 UF_6의 기체를 만들고 수십 km의 긴 터널(확산배터리라고 부른다)을 통과시키거나, 고속가스원심 분리기를 이용하여 가벼운 $U^{235}F_6$와 무거운 $U^{238}F_6$를 확산 속도의 차이(확산 배터리)나 질량차이(원심분리기)에 의해 분리된다. 긴 터널은 실제로는 기체 분리막장치의 연속된 배열공정이다. 이렇게 분리된 $U^{235}F_6$의 U^{235} 함량이 2~4%가

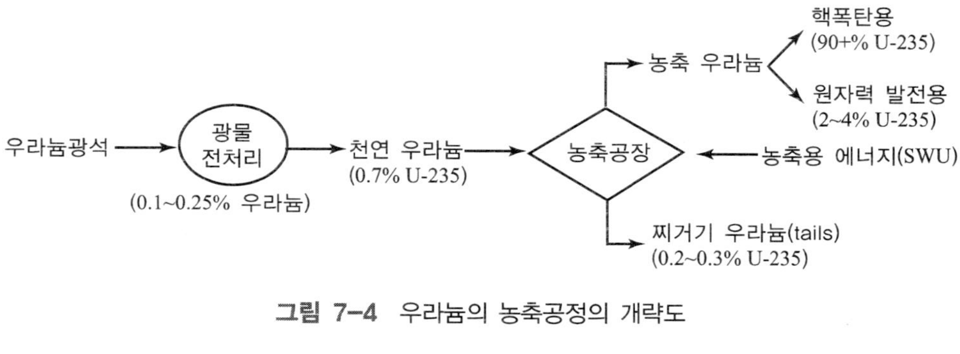

그림 7-4 우라늄의 농축공정의 개략도

되면 원자력 발전용 농축우라늄 UO_3를 제조할 수 있고, 더욱 고농도로 분리하면 U^{235}가 약 90% 이상인 핵폭탄용 농축우라늄을 생산하게 된다.

찌꺼기 우라늄(tails)의 우라늄 함량을 0.25%에서 0.30%로 높이면 농축용 에너지는 약 10% 줄일 수 있으나, 이용가능한 농축우라늄량은 10% 정도 줄기 때문에 결과적으로 우라늄 광물 소비량은 10% 증가한다. 반대로, 찌꺼기 우라늄의 우라늄 함량을 0.25%에서 0.20%로 감소시키면 농축용 에너지 소요량은 약 10%증가하고 농축우라늄의 획득량은 약 10% 정도 증가된다. 따라서 우라늄 농축기술의 발달은 우라늄 자원의 소비절약에 큰 영향을 미친다. 더욱이 원자력 발전에 사용되는 U-235 조차도 그 25% 정도는 방사능폐기물 속에 남아 있기 때문에 이들을 회수하는 핵연료주기 공정(fuel recycle process)이 매우 중요한 의미를 가진다. 이 핵연료 주기는 경제적 이득의 측면과 동시에 각종 방사능폐기물의 안전한 처리라는 점에서 더욱 중요한 의미가 있다. 우라늄 자원을 절약할 수 있는 원자력 발전기술은 뒤에서 좀 더 자세히 설명할 고속증식로 원자력 발전의 개념이다.

우라늄의 농축방법은 기체확산공정과 기체원심분리기술 이외에 기체의 노즐분사법, 이온교환법 등의 물리화학적 처리법도 함께 사용되거나 순차적으로 사용된다. 우라늄의 농축에 필요한 에너지를 우라늄 농축 능력(SWU; separative work unit)으로 표시하는데, 예를 들면, 천연우라늄 6.8 kg으로부터 발전용 농축우라늄 1 kg을 생산하는 데는 4.3 SWU의 에너지가 필요하다. 1985년 전 세계의 우라늄 농축 능력은 3,700만 SWU에 달하는 것으로 추정되었다.

7.2 핵연료 주기

7.2.1 개념

우라늄, 토륨 등의 핵연료 광물을 채광하고, 정제공정과 농축공정을 거쳐서 연료장전용 연료봉을 제작하는 단계와 사용한 연료봉을 원자로의 로심에서 제거하여 로내에서 저장한 후 이 연료들을 재처리하여 플로토늄(Plutonium), 우라늄(Uranium) 등을 농축공정이나 연료봉 제작공정에 재순환시키고, 나머지의 방사능폐기물 처리 후 영구적으로 저장하는 일련의 과정을 핵연료주기(reactor fuel cycle)라고 한다.

핵연료주기는 재순환처리를 하는 경우나 재순환처리를 하지 않는 경우 모두 적용되는

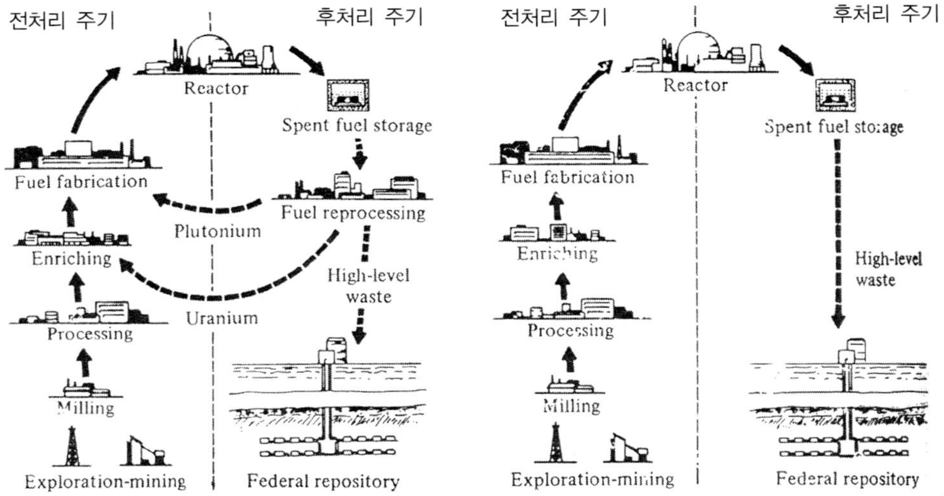

(a) 재처리하는 경우 (b) 재처리 안하는 경우

그림 7-5 핵연료 주기의 두 가지 예

자료 : M. M. El-Wakil, "Powerplant Technology", 1984, p. 750

용어이다. 아울러 핵연료가 원자로 속에 장진되기 전 단계의 공정을 전처리 주기라고 부르고 핵연료가 사용된 뒤에 저장, 처리하는 공정을 후처리 주기라고 부른다.

현재까지 개발되어 있는 원자로의 종류는 3~4종으로 구분되는데 이들 원자로의 형식마다 부분적으로는 핵연료의 처리과정이 약간씩 달라진다. 이 책에서는 경수로 원자력 발전소를 중심으로 핵연료 처리주기를 과정의 순서대로 다음에 설명하겠다. 토리움 자원을 이용하는 경우도 우라늄의 핵연료 주기와 거의 동일하다.

7.2.2 핵연료의 전처리 주기

핵연료 주기를 연료봉 제작단계까지인 전반부, 원자로 운전단계 및 핵폐기물 처리와 저장의 핵연료주기의 후반부로 나누어 설명하겠다. 그러나 이해하기 쉽도록 처리순서에 일련번호를 붙여서 설명하겠다.

1) 우라늄 자원의 발견 : 지상에서의 방사능 탐사를 통해 지하의 자원매장량을 확인한 후, 채굴된 광물제품은 황색의 광택있는 광물이다. 광물 중에 우라늄 함량은 0.2% 정도이고 그중에서 0.7%만이 U^{235}, 나머지 99.3% U^{238}이다(U^{238}을 바로 이용하려는 시도가 고속증식로 원자력 발전이다).

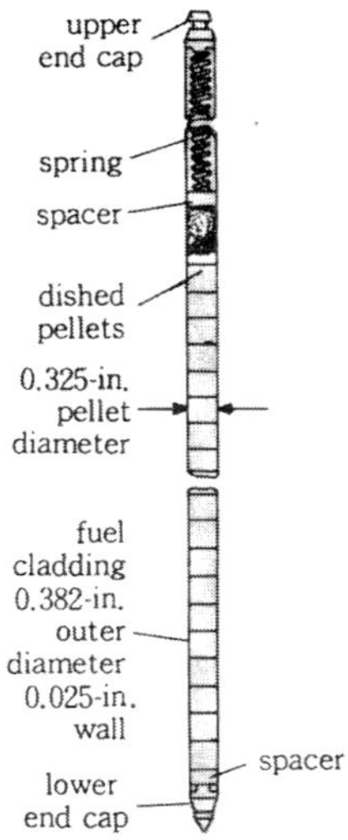

(a) 연료봉

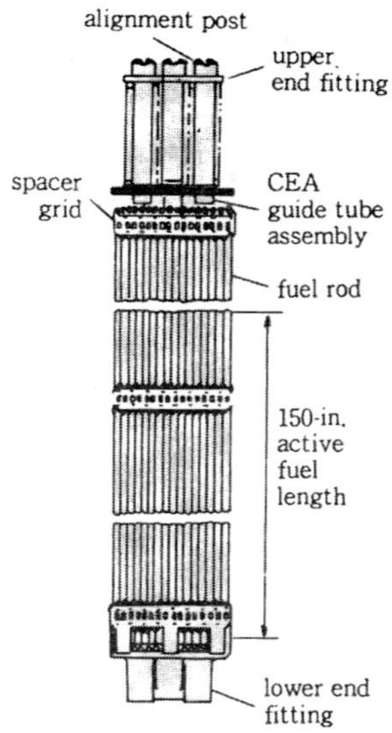

(b) 연료봉 조합 측면도

(c) 상부 단면도

(d) 하부 단면도

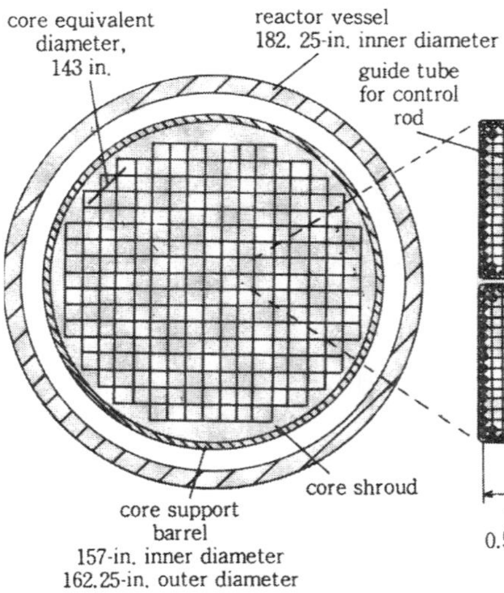

(e) 로심 단면도

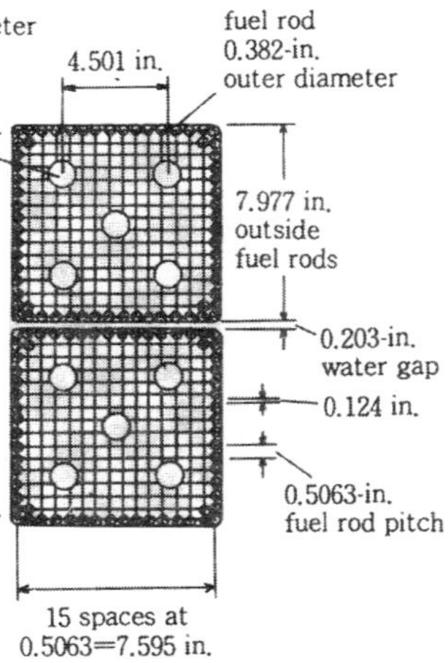

(f) 연료봉 조합의 로심내 배열 예

그림 7-6 원자로의 로심구조와 연료봉

2) 채굴과 정제공정 : 우라늄 광물은 적당한 처리과정을 거쳐서 농축시켜 함량을 높여야 한다. 광물의 종류에 따라서 다르지만, 광물을 분쇄, 세척, 부유선광, 중력침강시켜서 모래, 점토, 석회석 등의 광재(gangue)와 우라늄 함유광물을 분리하는 물리적 공정을 거친다. 이러한 물리적 광재공정을 거치면 우라늄 함량은 50% 정도가 되는데 여기까지의 작업은 보통 광산에서 수행된다. 농축광물로부터 우라늄 성분을 다른 금속 불순물이나 남아있는 광재로부터 분리하는 화학공정을 거쳐야 한다. 이 화학공정에는 탄산침출법(carbonate leaching)과 산침출법(acid leaching)이 쓰인다. 두 방법 중 하나의 선택은 광석의 특성에 따라서 결정된다. 이 화학적 정제공정에서 나오는 생산물은 암모니움디우라네이트[$(NH_4)_2U_2O_7$]의 침전물로서 건조하여 분말이 되면 소량의 불순물이 아직 포함되어 있다. 이것은 다시 핵연료전환 시설에 수송되어 용액상태로 만들어 용매추출법(solvent extraction)으로 정제하고 건조 후에 소성하여 U_3O_8를 얻는다. 이 속에는 U-235와 U-238이 7 : 993의 비율로 들어 있다.

3) 6불화우라늄으로의 전환 : 고체상태의 U_3O_8를 불화수소 HF와 반응시키고 다시 불소 F_2와 반응시켜 기체상태의 UF_6로 전환한다(UF_6는 상온에서 고체인데, 56℃에서 승화한다). 이 과정은 U_3O_8를 먼저 고체분말의 UO_2로 환원시키고, 유동층 반응장치에서 기체상태의 HF와 반응시켜 UF_4를 만든다. 이것을 휘발성 증기인 UF_6로 만들려면 다시 유동층 반응장치에서 불소 F_2와 반응시킨다. 휘발성 증기상태의 UF_6는 증류탑에서 휘발성의 차이를 이용하여 더욱 고순도로 정제되는 등 여러 가지 공정을 선택적으로 사용할 수 있다.

4) U^{235} 동위원소의 농축 : 천연우라늄은 핵분열이 가능한 U^{235}가 0.72% 정도 밖에 포함되어 있지 않기 때문에 경수형 원자로에서는 사용할 수 없다. UF_6는 이 $U^{235}F_6$를 기체확산 또는 기체 원심분리법으로 $U^{238}F_6$와 분리하여 U^{235}가 3% 이상 함유하게 하는데 꼭 필요한 원료상태의 물질이다. 소위 가스확산설비(gaseous diffusion batteries)에 통과시켜서 U^{235}의 함량을 높인다. 대개 한 개의 박막을 통과할 때 동위원소들인 U^{235}와 U^{238}의 분리효율은 0.2% 정도밖에 안되므로, 동위원소농도 0.7%를 3.2%로 증가시키는 데는 약 1,400개 이상의 박막형 확산배터리가 필요하게 된다. 같은 경우 기체 원심분리기는 약 2,000개가 필요하다.

5) 펠렛(pellet)과 연료봉의 제작 : 약 1,000 MW의 시설용량을 가지는 원자력발전소의 원자로에서는 시간당 20 kg의 4% 농축우라늄이 필요하다. 펠렛은 정제된 UF_6를 가수분해시키고, $(NH_4)_2U_2O_7$의 침전물을 만든 후, 이것을 소성하여 U_3O_8를 얻고 다시 수소로 환원시켜 분말상 UO_2를 만들어서 펠렛(약 6 mm, 지름 3 mm 두께의 원판형)

형태로 조립성형하여 고온소결과정을 거쳐 제조된다. 반드시 UO_2로 환원시키는 이유는 U_3O_8 등은 원자로 내에서나 전후 처리과정에서 변질되어 안전사고를 유발할 수 있다. 펠렛형 UO_2는 zircaloy(지르코니움 합금, 길이 약 4.2 m) 연료봉(fuel rod) 속에 장전된 후 용접된다. 50개의 연료봉을 한다발(fuel bundle)로 묶은 다음에, 700개의 연료다발을 원통형으로 묶어서 원자로심(nuclear reactor core)을 만드는데, 그 무게는 150 ton 정도된다(그림 7-6(a), (b)).

7.2.3 원자로의 운전

6) 이 로심을 원자로 속에 끼워 넣는데, 그 길이에 따라서 핵분열이 일어날 수 있는 임계질량(critical mass)에 도달한다. 이 로심에 중성자를 쏘아서 핵반응이 일어나면 매우 고온이기 때문에 로의 바깥을 순환하는 물이 수증기가 되고(1차 수증기) 이 수증기로 바깥수증기 발생기에서 다시 수증기를 만들고(2차 수증기) 2차 수증기가 터빈을 돌려서 전력을 생산한다(약 1~2년간 연속 운전).

7) 발전이 계속되는 동안 매분당 약 1,300톤의 물이 로심 속에서 순환하면서 핵분열 반응이 진행되고 열이 배출된다. 물은 약 135기압의 압력에서 끓는다(온도 340℃ 이상). 이 수증기가 원자로의 냉각수 역할을 하는데 이 냉각이 잘못되면 로심이 녹아내린다(핵발전소의 가장 무서운 사고이다). 여기 들어있는 물은 보통의 H_2O이므로 경수라고 부르고, 이 물이 고압상태로 있기 때문에 가압경수로라는 원자로의 명칭이 생긴다. 물 대신에 중수(D_2O)를 냉각수로 쓰면 중수원자로가 되고, 물 대신에 가스를 사용하면 가스냉각원자로라고 부른다.

8) 핵분열이 일어나는 동안 우라늄 원자는 붕괴되어 여러 가지의 방사능물질(St-90, Cs-137, I-131, Kr-85, Pu-239 등)이 생긴다. 이 방사능 폐기물은 핵분열 반응의 계속을 방해하기 때문에 로 내에서 제거되어야 한다. 원자로를 운전하면서 이 방사능 폐기물을 제거하는 일이 아직 완벽하게 해결되지 못하고 있는 골칫거리이다. 이 문제가 해결되면 연료봉을 더 오래 사용할 수 있을 것이다.

9) 사용된 연료다발 속에는 위의 방사능 폐기물이 들어 있기 때문에 1~2년에 한 번씩 새 연료다발을 바꾸어 넣는다. 사용된 연료다발의 중심부분에는 가장 강한(hottest) 방사능 폐기물이 존재하고 그 양도 많다. 이것은 약 6개월간 소위 spent-fuel pool 이라고 부르는 물통 속에 담가둔다.

10) 사용된 연료 풀에는 1개 또는 1/3개의 로심을 넣어두는데 1개의 로심의 1/3만이 풀에 있도록 하고 여분의 풀 공간은 긴급사고가 발생한 경우에 가동 중이던 로심

을 긴급 냉각하는데 사용할 수 있도록 공간을 확보해 두어야 한다.

11) 긴급사태가 발생하여 로심이 풀 속에 내려가서 물속에 잠기지 못하면 로심이 금방 녹아내린다(core-melt-down). 또 로심에 흐르던 물이 갑자기 정지하면 로심의 핵분열을 중지시킬 수 있도록 핵분열 반응의 속도를 줄이는 감속제인 붕소 막대기(boron rods)를 로심에 떨어뜨려서 원자로를 제어한다. 어느 경우에나 로심에 들어 있는 핵폐기물들은 핵분열 반응을 계속하고 있기 때문에 로심의 온도는 2,760℃ 이상되고 이러한 사고에서는 30초 이내에 노심에 물을 끼얹어 물에 잠기게 하는 기계적 설계도 필요하다.

12) 만일 로심이 녹아내리면, 원자로의 바닥 구조가 함께 녹아 버리고 녹은 로심은 원자로 격납실내에 낙하한다. 이때 방사능이 포함된 과열수증기가 원자로 밖으로 누출될 수 있고, 기타 가스상태의 방사능물질이 발전소 부근에 분산되어 부근지역을 방사능으로 오염시킬 수도 있다. 만일 도시부근의 원자력 발전소에서 이러한 사고가 일어난다면 5만 명 정도의 사망자와 400억불 이상의 재산손실이 일어날 수가 있다. 실제로 러시아의 체르노빌(Chernobyl)에서는 이와 비슷한 사고로 2만 명 정도가 죽었다.*

13) 사용된 연료를 저장하는 풀에서 6개월이 경과한 연료다발은 핵연료 회수공장에 보내져서 안전하게 분리 저장된다. 이러한 회수공장은 연속가동이 불가능하지만, 분리된 우라늄은 다시 농축공장으로 보내서 재사용된다.

7.2.4 핵연료의 후처리 주기(핵폐기물 처리와 저장)

14) 사용한 연료의 재처리; 원자로에 사용된 연료봉은 열에너지를 효율적으로 발생하지 못할 정도로 핵분열반응이 진행되면, 로내에서 제거된 후 남은 핵방사능을 방사시킨다. 이때 생기는 열을 제거하기 위해 로 아래의 물속에 약 60일 동아 담가둔다. 사용연료에 남아있는 U^{235}와 사용 중 생성된 Pu^{239}를 회수하도록 처리하고 재사용할 수 없는 방사능분열 폐기물을 분리하여 저장한다. 그림 7-7에는 전형적인 경수로에서 사용된 연료의 각종 성분과 양을 표시한 것이다. 각각의 방사능물질은 반감기 등에 차이가 있으므로 장기간에 걸친 함량을 나타낸다. 전형적인 원자로에서의 재처리과정은 지르코늄합금 구조물을 해체하여 연료를 꺼내고 U 및 Pu와 기타 핵분열 물질을 화학반응으로 용해시킨 후 U와 Pu는 용매추출법으로 분리정제

* IEEE Spectrum, Nov. 1996, p. 27

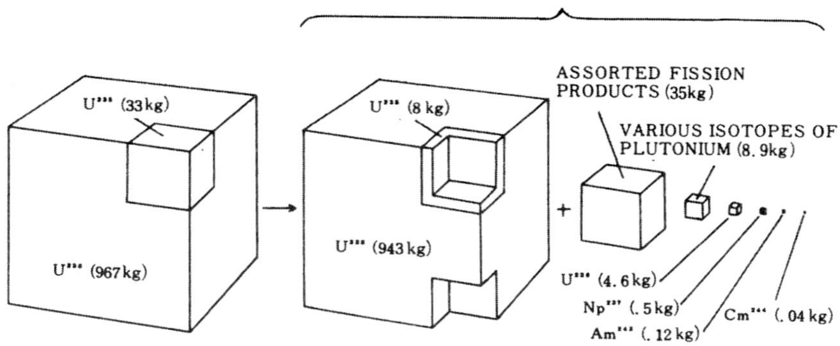

그림 7-7 각종 핵분열 생성물질의 종류와 양

하고,* 방사능 분열물질을 99% 이상 포함하는 폐기물은 아주 조심스럽게 취급하면서 차폐 포장하여 생물계에 영향을 주지 않도록 격리 저장한다. 재처리 공장에서 생산되는 우라늄은 농축공정으로 옮겨져서 다시 UF_6로 전환되어 3% 농도로 다시 농축된다. 이때의 전환농축과정은 천연우라늄 농축과 거의 같은 순서로 진행되지만 핵방사능물질이 많이 포함되어 있으므로 극히 위험하다. 플루토늄 생성물은 천연우라늄과 섞어서 소위 혼합산화물(PuO_2-UO_2) 연료를 만들어(5% Pu) 농축우라늄과 함께 연료봉을 만들어 재사용한다. 또 이 Pu는 고속증식로에서 연료로 사용될 수도 있다.

15) 방사능 폐기물처리(waste management) : 핵연료 재처리 공장에서 나오는 방사능 폐기물의 대부분은 방사능수준이 높아서 주의가 필요한 용액상태이다. 이 용액은 핵화학적으로 아직 뜨겁기 때문에(방사능 붕괴가 계속 일어나기 때문에) 냉각저장한 후 이 액상폐기물 중 수분과 산용액 등을 증발시켜서 결정화된 고체침전물로 만들고 고온에서 소성하여 화학적으로 안정한 산화물로 변환시킨다. 이 과정을 그림 7-8로 참조할 수 있다. 산화물 형태로 저장되는 핵폐기물의 어떤 성분이 저장되는 동안에 주위의 수분에 의하여 침출되는 위험을 막기 위하여 이들 고체산화물을 유리가루와 섞어서 다시 녹인 덩어리 상태로 두꺼운 금속용기 속에 저장한다.

16) 재처리공장에서는 취급되는 방사능 물질만 위험한 것이 아니다. 재처리공장의 각종 장치와 소모품(쓰레기, 작업복, 장갑 등 기타 잡물)은 대부분 방사능에 오염되어 있으므로 우선 부피를 줄이는 처리를 하고 방사능 오염량을 희석할 정도의 물

* 분리정제공정의 대표적인 것은 Purex Process이다(Sci, Am. "Energy", Sept. 1979, p. 100 참조).

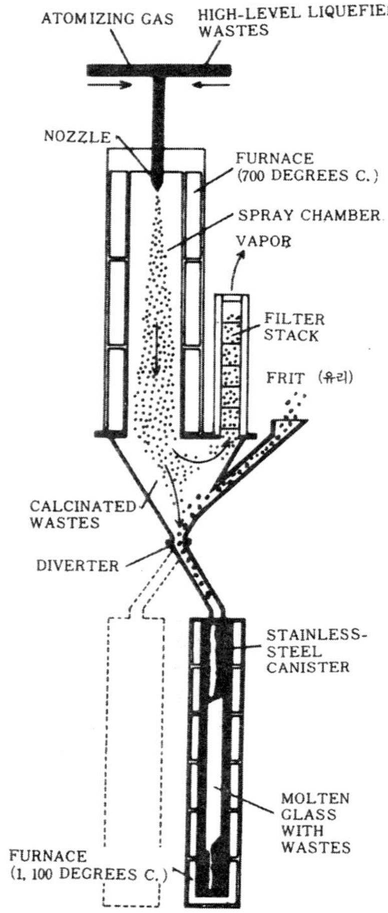

그림 7–8 핵발전소 폐기물의 밀봉 고형화 작업

리적인 조처를 취해야 한다.

17) 핵연료광물의 분쇄찌꺼기 등은 광산 내의 분쇄공장 부근에 저장되어도 무방하다. 그러나 어떤 방사능 폐기물은 영구적으로 안전하게 지하에 저장해야 한다. 예를 들면 유리와 핵폐기물을 섞어서 다시 용융고화시킨 폐기물이 강철용기에 담긴 채로 다시 콘크리트 구조물 속에 밀폐되어 멀고 깊은 바다 속에 던져 넣어지거나, 육지에서는 안전한 지층이 형성된 지하 600 m 이하에 저장시설을 설치하여 저장, 폐기하기도 한다(그림 7–9). 지하 심부층에 매립된 핵폐기물에서는 계속 방사능 붕괴현상이 일어나기 때문에 열이 발생하여 지층이 뜨겁게 되는데, 매립 후 40년이 경과하면 주위의 지층온도가 최고온도에 달하여 초기온도보다 140℃ 이상 상승한다는

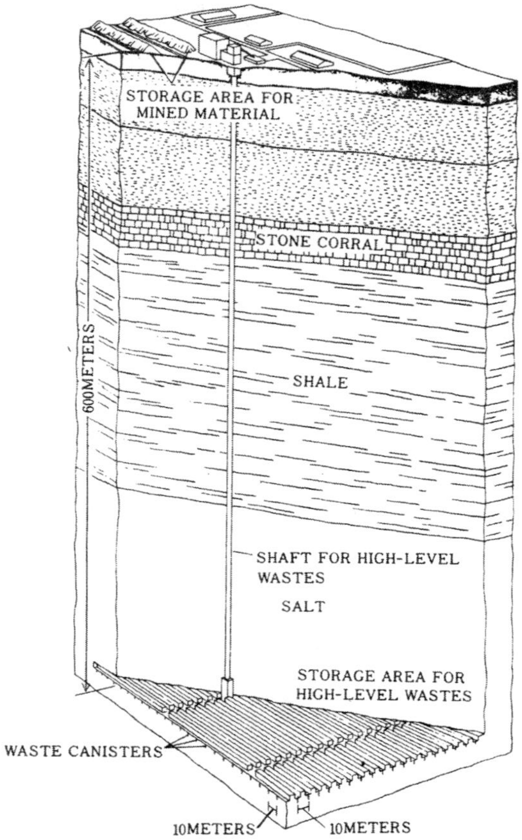

그림 7-9 핵폐기물의 지하심부 매립방법

연구가 있다.

18) 방사능 폐기물의 저장은 현재까지 큰 문제로 남아 있다. 저장용기가 누수될 수 있으므로, 플루토늄 함유 폐기물을 북극의 얼음 속에 깊이 파묻는 제안도 있고, 공기 중에서 태워버리자는 제안도 있다. 특히 Pu-239는 수십만 년 동안 방사능을 방출하므로 위험할 뿐만 아니라 이것은 핵폭탄을 만드는 데도 사용되기 때문에 연료재처리 공장의 국제 감시가 필요한 경우도 있는 등, 최근에는 원자력 발전소 자체를 지하에 건설하여 약 30년간 안전하게 가동한 후 노후된 발전소를 그대로 매몰하자는 개념도* 발표된 바 있고, 바다수심이 1 km 이상인 지역에서 바다 밑바닥에 100

* E. Teller et al, UCRL-JC-122 708, 1996. June. 20

m 정도의 구멍을 뚫어서 폐기물 드럼을 수십 개씩 묻어버리자는 제안도 있다.*

19) 미국에서는 근래에 새로운 원자력발전소의 건설이 없는데도 불구하고, 기존 원자력 시설로부터 배출된 중금속성분의 핵폐기물량은 1995년 32천 톤에서 2020년에는 75천 톤으로 현재수준의 2배 이상 증가할 것으로 추정하고 있다.†

이와 같이 많은 양의 핵폐기물을 발전소로부터 폐기장으로 운반하는 문제도 쉽지 않다. 세계 각국에 현재 500여개의 원자로가 가동 중에 있으므로 핵폐기물을 처리, 저장해야 할 양은 대단히 많고 그 해결책도 쉽지 않다.

7.3 핵분열 원자력 발전 시설

7.3.1 원자로의 기본 구조

현재 세계 각국에는 여러 가지 형태의 발전용 원자로가 개발되어 실용화되고 있다. 핵반응이 일어나는 원자로를 냉각시키는 방법에 따라서 구분하면 두 가지로 나눌 수 있다. 냉각매체로 물(보통의 물 H_2O를 이용하는 경수로와 중수 D_2O를 이용하는 경우 중수로라고 부른다)을 사용하는 경우와 냉각 매체로써 가스(헬륨가스나 CO_2)를 사용하는 경우로 나눌 수 있다. 또 용융상태의 액체금속(나트륨 메탈, Na)을 사용하려는 계획도 있는데, 이 경우는 고속중식로 원자로에 적용된다.

원자로의 구조는 핵분열 연쇄반응을 지속적으로 유지할 수 있는 장치이고, 핵연료가 장진되고 반응하며, 분열되어 방사능과 열을 방출하는 장치이기 때문에 특수한 구조로 건설되어야 한다. 핵연료의 반응을 조절하기 위해서는 열중성자를 제어할 수 있는 감속제가 있어야 한다. 또 중성자 흡수제로서 흑연감속제 또는 붕소감속제 등 중성자 흡수성능이 있는 재료를 사용하며 감속제의 위치를 상·하로 이동 조절할 수 있는 설비여야 한다. 냉각용 또는 수증기 발생용 물과 중수도 감속제 역할을 한다. 용융금속을 이용하는 경우도 냉각기능과 중성자 감속기능을 동시에 달성할 수가 있다.

그러므로 원자로의 로심 부분은 연료봉, 중성자 감속제, 중성자 흡수제 등으로 구성되며, 로심을 둘러싸는 원자로 벽은 고에너지의 중성자가 감마선 등의 형태로 바깥으로 누

* C.D. Hollister, S. Nadis, Sci. Am., 1998. Jan, p. 40.

† C.D. Hollister, S. Nadis, Sci. Am., 1998. Jan, p. 42.

출되지 않아야 하므로 특수한 벽재료들을 2중, 3중 구조로 설치한다. 내벽 재료로는 중성자의 산란반사를 도우는 반사체와 중성자 차폐 벽재 등이 사용된다. 물론 고온, 고압에 견딜 수 있는 구조라야 한다. 원자로의 대략적인 기본구조를 그림 7-10에 나타냈다.

7.3.2 경수형 원자로

경수형 원자로(Light Water Reactor ; LWR)는 주로 미국에서 개발되고 발달된 원자로 형식이다. 우리나라에서는 고리, 영광, 울진발전소의 원자로들이 가압경수로 형식을 채택하고 있으며, 한국표준형 원자로도 이 종류로 구분할 수 있다. 북한에 건설 중인 원자로도 이 형식이다.

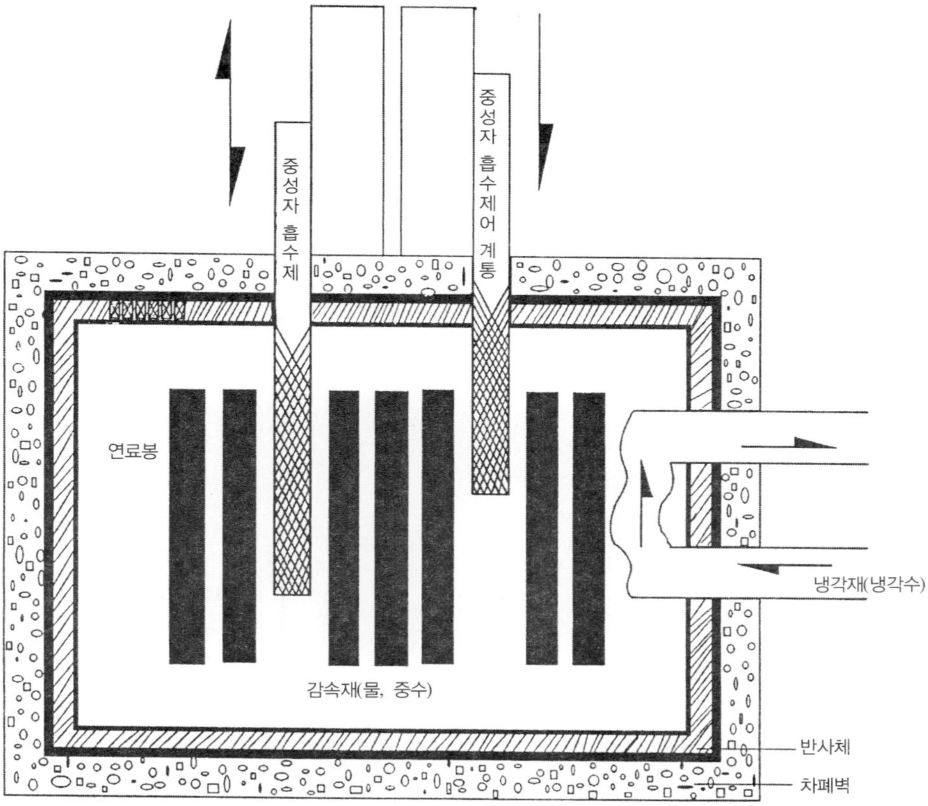

그림 7-10 원자로의 기본구조

자료 : 한국화학공학회, "에너지공학", 1996, p. 330

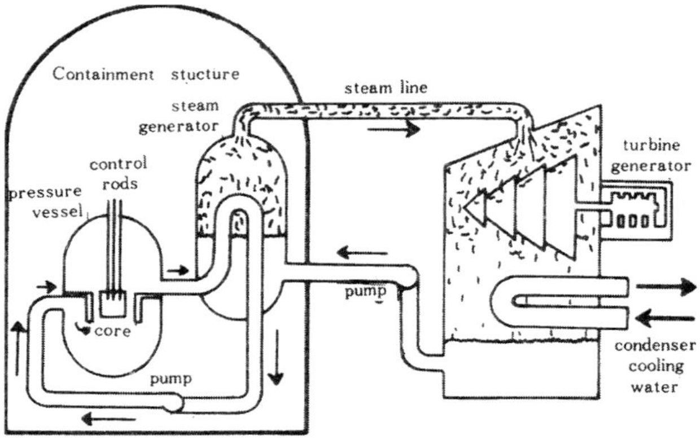

(a) 가압식 경수원자로(PWR)

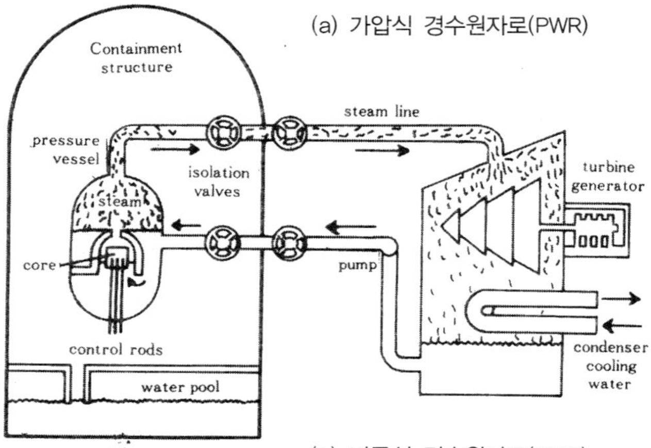

(b) 비등식 경수원자로(BWR)

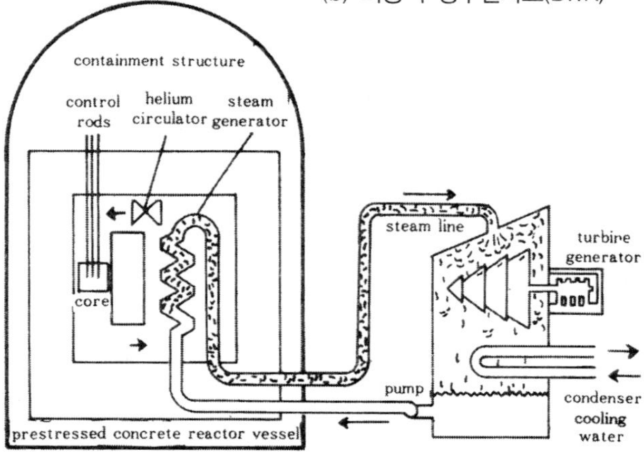

(c) 고온 기체냉각식 원자로(HTGR)

그림 7-11 각종 원자로 계통의 비교

보통의 물 H_2O은 원자로심의 냉각매체 및 열전달 매체로 사용될 뿐 아니라 핵분열 반응에서 생기는 고속중성자의 속도를 낮추는 완속제(moderator)로서의 역할도 한다. LWR은 다시 두 가지 형식으로 세분되는데 가압경수로(pressurized water reactor; PWR, 그림 7-11(a))과 비등수로(boiling water reactor; BWR, 그림 7-11(b))이다. 1970년대에 미국의 상업용 원자력 발전시설의 6할은 PWR형이고, 4할은 BWR형이었다.

가스를 냉각매체로 사용하는 원자로를 HTGR(High Temperature Gas-cooled Reactor)이라고 부르는데, 헬륨가스나 CO_2 가스를 냉각매체로 쓰고 중성자 속도를 완화하는 완속제로는 흑연봉(graphite rods)을 쓴다. 영국에서는 HTGR이 대부분이다. 이때 냉각매체로는 CO_2를 사용하고 연료 형태나 우라늄 함량도 미국식 HTGR의 경우와는 다르다. 구소련의 Chernobyl(현 우크라이나) 원자력 발전소는 HTGR에 흑연완속제를 사용한 예이다.

가압경수로(PWR) 등의 개요를 그림 7-11(a, b, c)에 나타냈다. 연료봉은 5~3.2% U-235를 쓰고, 물은 (입구)285℃~(출구)321℃ 온도와 150기압에서 운전되는데 끓지 않은 상태의 물이다. 이 물의 큰 밀도 때문에 핵분열에서 생기는 고속중성자는 완속되면서 U-235와의 다음 반응에 적합한 조건을 형성시킨다. 이 물속에는 붕산(boric acid)을 조금 용해 시켜 두고 바깥의 붕소제어봉과 함께 반응을 조절한다. 이 고압의 물은 가압기에서 일정한 압력을 유지하면서 수증기 발생기에 펌프로 이송되며, 이곳에서 열교환의 결과로 수증기가 발생되어(263℃, 49기압) 발전용 터빈을 돌린다. 터빈을 나온 낮은 압력의 수증기는 또다른 냉각수 계통에 의해 응축된 후 펌프에 의해 로내의 수증기 발생장치에 되돌아간다. 한국을 포함한 대부분의 LWR 원자로는 성공적으로 가동되고 있으나 안전문제에 실패한 대표적 LWR은 미국의 Three Mile Island 발전소이고, 경제적 실패작으로는 미국의 Midland(Mich), Zimmer(Ohio) 등 5군데의 발전소가 있다.

비등수원자로(BWR)는 PWR과 비슷하다. 다만 냉각수의 온도가 PWR에서 보다 약간 낮고(191~285℃), 저압(68기압)에서 운전되므로 별도의 수증기 발생기가 필요없다.

고온가스 냉각원자로(HTGR)에 사용되는 연료봉은 흑연기질(matrix) 내에 U-235와 Th-232의 탄화물(UC_2와 ThC_2)을 균일하게 농축시킨 것으로 U-235를 5.03%, Th-232를 94.6%, U-238을 0.37% 섞은 것이다. 처음 단계의 핵반응은 U-235에서 일어나고, Th-232는 핵분열 친물질로 참여하여 핵분열성인 U-233을 생산하여 핵반응이 계속되므로 값싼 Th를 주연료로 사용하는 셈이다. 연료봉은 흑연으로 피복되어 있으므로 고온을 유지할 수 있고 열효율이 높다. 헬륨가스는 404℃에서 로내에 들어가고 777℃, 48 atm으로 나온다. 이 가스가 수증기 발생기에 보내져서 170 atm, 538℃의 수증기를 발생시켜

발전용 터빈을 돌리고 냉각된 후, 압축기에 의해 로내에 재순환된다. HTGR 중에서 경제적 실패의 예는 미국 Colorado주의 Fort St. Vrain, 프랑스와 영국에 1개씩, 독일에 1개가 있다. 안전문제를 일으킨 경우는 영국의 Windscale*이 그 예이다.

현재로서는 PWR이나 BWR의 열효율은 32~33%로 알려져 있다. 반면에 HTGR의 열효율은 39% 정도로 높다.

중수(D_2O)를 중성자 감속제로 사용하는 중수로(HWR)는 먼저 캐나다에서 실용화되었는데 우리나라에서는 월성원자력 발전소에 채택되어 있다. LWR와 비슷한 원리에서 약간 혹은 크게 개선된 형식이라고 이해하면 쉽다. 보통의 물 대신에 중수를 원자로의 냉각제로 사용함으로서 두 가지 이점이 있다. 하나는 중수가 중성자 속도를 낮추는 효과(감속제 효과)가 더 크기 때문에 완속제로 사용되는 것이며(중성자의 완속에 필요한 거리가 경수보다 중수의 경우에 더 길다) 이로 인해 연료봉 간 거리를 크게 해도 좋은 공학적 이점이 있다. 대표적인 예로 캐나다의 CANDU형 원자로(Candadian deutorium uranium reactor)와 영국의 SGHWR형 원자로(Steam Generating Heavy Water Reactor)가 있다. CANDU는 중수를 원자로의 냉각수와 감속제로 동시에 사용하는 경우이고 SGHWR은 중수를 감속제로, 경수를 냉각수로 사용하는 차이점이 있다.

7.3.3 고속증식 원자로(Fast Breeder Reactor)

7.3.3.1 증식로의 원리

증식로는 핵분열 물질의 순수 증가량이 공급된 핵연료량보다 많아진다는 사실에서 붙여진 이름이다. 즉, 전력생산용 원자로에서 핵반응으로 인하여 핵분열 가능물질과 핵분열 친물질을 포함하는 연료가 생산되어서 연료소비를 충당하고, 핵분열 친물질을 핵분열 가능물질로, 소비된 것보다 더 많이 생산하면서 핵분열 반응을 더욱 전파시키는 증식의 개념이다(우라늄 증식량의 104배에 해당하는 중수 핵융합발전이 가능하다고 한다). 증식의 핵주기를 두 가지 대표적인 예로 설명할 수가 있다.

1) 우라늄 증식 주기(uranium breeding cycle, $U^{238} \rightarrow Pu^{239}$)

$$ {}_{92}U^{238} + {}_{0}n^{1} \rightarrow {}_{92}U^{239} \xrightarrow[\text{반감기 24 min}]{\beta,\ \gamma} {}_{93}Np^{239} \xrightarrow[\text{반감기 2, 3 day}]{\beta,\ \gamma} {}_{94}Pu^{239} $$

$$ {}_{94}Pu^{239} + {}_{0}n^{1} \rightarrow \text{핵분열 물질들} + \chi_0 n' $$

* 상업적 실패와 안전 문제에 실패한 원자력 발전소의 예는 성공사례와 더불어 많은 보고서가 있다. Sci. Am., 1990, 4월호, p. 58 참조

즉, ${}_{92}U^{238}$에 중성자 1개를 충돌시킴으로써 각종 핵분열 물질이 나오고 χ_0개의 중성자가 생기므로 ${}_{92}U^{238}$의 분열반응은 훨씬 많아진다.

우라늄 증식주기에서는 에너지가 큰 고속중성자(fast, highly energetic neutrons)가 사용되는데, 이러한 고속증식로(fast breeder reactor)에서는 중성자 감속 현상이 생기지 않는 액체 나트륨이나 가압 헬륨가스를 노심냉각제로 사용한다. 여기서 핵분열 친물질인 U^{238}은 고속중성자를 흡수하여 베타 입자를 방출하면서 넵튜니움이 되고 이 Np^{239}는 β분열(decay)을 받아서 핵분열 가능물질인 Pu^{239}가 된다. 플루토니움 원자는 중성자에 의해 핵분열되어 몇 가지 핵분열 물질과 열과 약 2.6개의 중성자를 내놓는다. 이 주기에서는 중성자가 비생산적으로 손실되는 양이 적기 때문에 핵분열 반응이 연쇄적으로 일어나고 1.5개의 중성자는 나머지 U^{238}과 반응하여 Pu^{239}의 1.5개의 원자를 만들면서 소위 번식이 진행된다. 생성된 Pu^{239}는 소비된 Pu^{239}를 채운 셈이 되고 0.5개는 새로 생긴 셈이다. 이 우라늄 증식 주기는 자연에서 산출되는 모든 U^{238}을 거의 전부 핵연료로 사용할 수 있다는 개념이다.

2) 토리움 증식주기(thorium breeding cycle, $Th^{232} \rightarrow U^{233}$)

$$ {}_{90}Th^{232} + {}_{0}n^{1} \rightarrow {}_{90}Th^{233} \xrightarrow[\text{반감기 22 min}]{\beta,\ \gamma} {}_{91}Pa^{233} \xrightarrow[\text{반감기 27day}]{\beta,\ \gamma} {}_{92}U^{233} $$

토리움 증식주기도 우라늄 증식주기와 비슷한데, 다만 이 주기에서는 상대적으로 속도가 느린 중성자(열중성자, thermal neutron)가 사용되는 것이 차이점이다. Th^{232}의 핵분열 친물질 동위 원소는 프로탁티니움 Pa^{233}으로 전환되고 β-감쇄에 의하여 핵분열 가능물질인 U^{233}이 된다.

증식로에서는 중성자를 감속시킬 필요가 없다. 그러나 중성자와 원자로 구조물이나 연료물질 사이의 충돌은 피할 수가 없기 때문에 약간의 완속조치는 필요하게 된다. 고속증식로에서는 반드시 고온에 도달하게 되므로 나트륨 금속액체가 현재로서는 가장 적당한 냉각제라고 알려져 있다. 증식로의 로심은 아주 작고 동력밀도(원자로의 단위부피당 출력)는 높기 때문에 냉각매체의 열적 성질(열용량, 열전도도 등)이 반드시 좋아야 한다. 또 이 증식로의 비동력(연료의 단위 무게당 출력)이 높기 때문에 연료의 경제성도 좋다. 따라서 증식로에서 생기는 기타 핵분열 물질에 의한 여러 가지 제한조건(폐기물 처리 등)은 상대적으로 가볍다고 평가되고, 또한 원자로 건설재료의 선택에서도 상당한 융통성을 찾을 수 있다.

증식 핵분열 반응성에 있어서 냉각매체의 온도 의존성과 연료의 온도 의존성은 서로 반대의 효과가 있기 때문에 증식로의 반응안전성은 유지되지만, 원자로 가동 초기에는 보통의 원자로에서 행하는 저속의 열중성자를 이용하여 반응을 제어해야 한다. 그러나 Pu^{239}를 연료로 사용하는 경우에는 저속중성자 숫자가 적도록 제어할 수 있는 제어계통의 설계에 특별히 주의해야 한다.

7.3.3.2 고속 증식로의 개발

고속증식로를 이용하여 상업용 발전을 하려는 연구개발은 프랑스, 영국, 미국 등 선진국에서 매우 활발한 편이다. 그러나 고속증식로의 실제 상세한 기술적 내용은 차이가 있는데, 대개는 액체 금속사용 고속증식로(Liquid metal fast breeder reactor, LMFBR), 기체냉각식 고속증식로(GCFR), 용융염 증식로(molten salt breeder reactor, MSBR) 등으로 구분할 수 있다.

LMFBR과 GCFR은 우라늄 증식 주기를 이용하고 MSBR은 토리움 증식주기를 이용한다. 늦게 개발되고 있는 경수형 고속증식로(LWBR)도 토리움 증식주기를 이용하고 있다. 상업적인 목적으로 가동 중인 고속증식원자로는 프랑스의 Creys-Malvill에 세워진 Superphenix breeder reactor(그림 7-12)로서 프랑스 51%, 이태리 33%, 서독 11.4%, 네덜란드 2.36%, 벨기에 2.36%, 영국 0.24%씩 출자한 유럽 각국의 전력회사 협력업체(consortium)에 의해 지원되었다. 이 원자로는 로 둘레에 4개의 수증기 발전설비용 건물을 두고 있다. 건물의 외관은 64 m의 내부지름과 80 m의 높이에 이르는 거대한 콘크리트

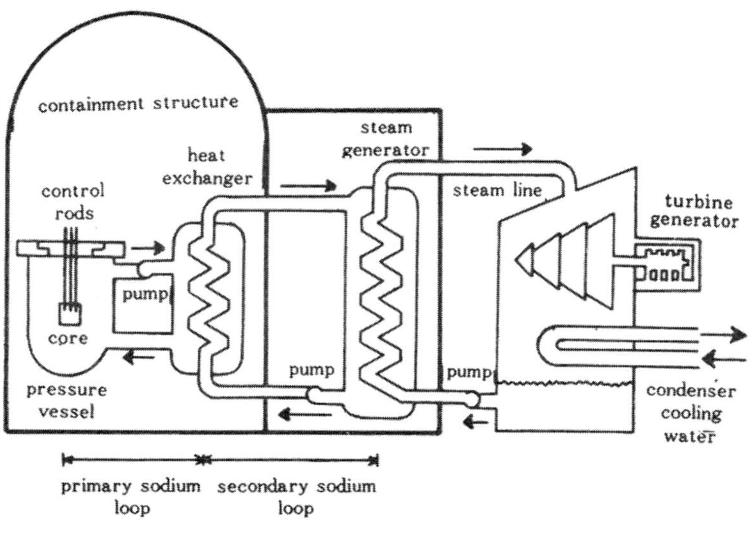

그림 7-12 용융금속냉각제를 사용하는 고속증식로(LMFBR)

REACTOR	LOCATION	POWER (MEGAWATTS)	FORM OF OUTPUT	BASIC DESIGN
EXPERIMENTAL BREEDER REACTCR 1	U.S.	2	ELECTRICAL	LOOP
DOUNREAY FAST REACTOR	U.K.	15	ELECTRICAL	LOOP
EXPERIMENTAL BREEDER REACTOR 2	U.S.	20	ELECTRICAL	POOL
B.R. 5	U.S.S.R.	10	THERMAL	LOOP
ENRICO FERMI FAST BREEDER REACTOR	U.S.	66	ELECTRICAL	LOOP
RAPSODIE	FRANCE	40	THERMAL	LOOP
B.N. 350	U.S.S.R.	150	ELECTRICAL	LOOP
SOUTHWEST EXPERIMENTAL FAST OXIDE REACTOR	U.S.	20	ELECTRICAL	LOOP
B.O.R. 60	U.S.S.R.	12	THERMAL	LOOP
PROTOTYPE FAST REACTOR	U.K.	250	ELECTRICAL	POOL
FAST-FLUX TEST FACILITY	U.S.	400	THERMAL	LOOP
K.N.K. 2	GERMANY	20	ELECTRICAL	LOOP
PHENIX	FRANCE	250	ELECTRICAL	POOL
P.E.C.	ITALY	116	THERMAL	LOOP
S.N.P. 300 R	GERMANY	300	ELECTRICAL	LOOP
JOYO	JAPAN	100	THERMAL	LOOP
B.N. 600	U.S.S.R.	600	ELECTRICAL	POOL
FAST BREEDER TEST REACTOR	INDIA	15	ELECTRICAL	LOOP
CLINCH RIVER BREEDER REACTOR	U.S.	380	ELECTRICAL	LOOP
COMMERCIAL FAST REACTOR	U.K.	1,300	ELECTRICAL	POOL
SUPERPHENIX	FRANCE	1,200	ELECTRICAL	POOL
MONJU	JAPAN	300	ELECTRICAL	LOOP
S.N.R. 2	GERMANY	1,300	ELECTRICAL	
B.N. 1500	U.S.S.R.	1,500	ELECTRICAL	
PROTOTYPE LARGE BREEDER REACTOR	U.S.	1,200	ELECTRICAL	

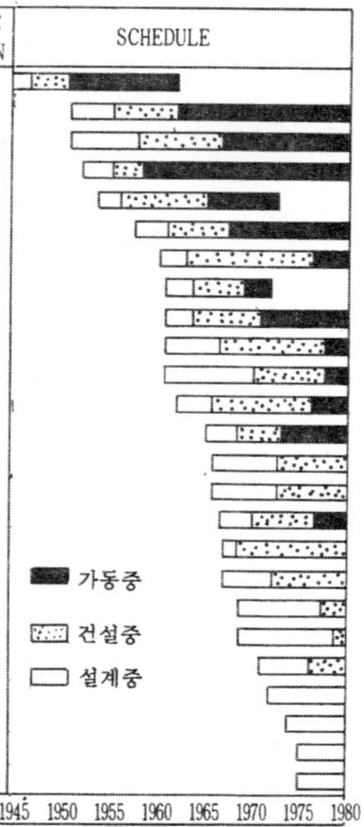

자료 : Sci. Am., "Energy", W. H. Freeman & Co., 1978, p. 133

그림 7-13 고속증식로의 개발동향

격납건물로서 액체나트륨을 냉각매체로 사용하고 있다.

슈퍼페닉스 고속증식로의 중요성은 이 반상업용(semi-commericial) 발전시설에서 얻어지는 기술적, 경제적 각종 자료를 이용하여 금후의 고속증식로 원자력 발전에 필요한 기초를 삼는데 치중되고 있는 것이다. 고속증식로의 열효율은 약 40%로서 LWR의 효율(약 32%)보다 높은데, 핵연료의 효율적인 연소와 더 높은 효율의 핵연료주기 기술이 개발되면 열효율은 더욱 높아질 수 있다.

그림 7-13은 각국에서 추진되고 있는 용융금속고속증식로의 연구개발 진행상황을 보여주는 자료이다. 전체적으로 보아서 2000년대 이전에 고속증식로가 실용화되기는 어려울 것이나, 우리나라의 "과학기술 장기 예측 '1987"에 의하면 1995년경에는 선진국에서 실용화가 될 것으로 전망되고 한국에서도 1998~2005년 사이에 고속증식로가 실용화 될 것으로 전망하였다. 그러나 2013년 현재도 연구단계에 있을 뿐이다.

7.3.4 핵분열 원자로의 비교

각종 핵분열 원자로의 출력을 비교하면 표 7-3과 같다. 동력밀도(power density)라 함은 원자로의 단위부피당 시간당 에너지 출력이고, 비동력(specific power)은 핵연료

표 7-3 원자로의 종류와 특징

로형	항목	구 성			1차계 압력 (kg/cm²)	냉각재 출구온도 (℃)	동력 밀도 (kW/*l*)	비동력 (kW/kgU²³⁵)	비고
		연료	감속재	냉각재					
경수로	PWR	저농축 UO_2	경수	경수	157	322	70	20	미국 WH에서 개발 우리나라 원자로 주력기종 고리, 울진, 영광
경수로	BWR	저농축 UO_2	경수	경수	70	286	50~60	13.0	미국 GE에서 개발
가스냉각로	Magnox로	천연우라늄금속	흑연	CO_2	20~40	~400	0.5	3.0	주로 영국에서 개발
가스냉각로	AGR	저농축 UO_2	흑연	CO_2	30~40	~575	2~4	-	주로 영국에서 개발
가스냉각로	HTGR	고농축 UO_2	흑연	He	50	750~800	8	80.0	미국에서 개발
중수로	중수냉각형	천연 UO_2	중수	중수	112	~299	11	32	주로 캐나다에서 개발 한국, 월성
중수로	비등경수냉각형	저농축 UO_2	중수	경수	60	270	7	-	영국, 일본에서 개발
고속로	LMFBR	UO_2/PuO_2	없음	Na	1.3	500~530	300~500	900 -	주로 프랑스, 일본에서 개발
고속로	GCFBR	UO_2/PuO_2	없음	CO_2, He	80~100	540	250~300		미국에서 개발

자료 : 한국화학공학회편 "에너지공학", 1996, 교보문고, p. 334에 저자가 자료를 추가했음

(우라늄 기준) 1 kg당 시간당 에너지출력이다. 이들 두 가지 물리량을 비교함으로써 발전설비의 기술적 효율성을 비교할 수 있으며 경제적 비교 분석의 자료도 될 수 있다. 예를 들면 HTGR은 부피가 큰 것이 단점이지만, 비동력은 매우 크다. PWR은 비동력은 작으나 동력밀도는 크다. 장래에 상업화될 것으로 기대되는 증식형 원자로는 비동력과 동력밀도가 동시에 아주 크기 때문에 유망한 발전방법임에 틀림없다.

표 7-4는 지금까지 한국 내에 설치운전 중이거나 건설 중인 원자력 발전소에 관한 자료를 나타냈다. 우리나라와 같이 에너지 자원이 빈약한 나라에서는 원자력에너지에 대한 의존율이 높아질 수밖에 없다. 그러나 최근 핵반대운동이 환경보호주의자들에 의해 상당히 증가하고 있기 때문에 원자력 발전소의 건설계획은 최근에 답보상태에 머물러 있다. 그러나 한국에서 핵발전소는 필수적이며, 원자력 발전소의 계획과 완공까지는 약 10년의 사업기간이 소요되기 때문에 적절한 국민적 합의점이 모색되어서 장래의 수 10년간에 필요한 수요에 대비하는 에너지 확보계획이 지금부터 수립되어야 할 것이다.

표 7-4 한국 원자력 발전소의 위치와 특징

		용량(MW)	원자로형	착공일	상업운전일
고리	1호기	587	가압경수로형	1971. 11	1978. 4. 29
	2호기	650	〃	1977. 3	1983. 7. 25
	3호기	950	〃	1979. 4	1985. 9. 30
	4호기	950	〃	1979. 4	1986. 4. 29
신고리	3호기	1,400	PWR	2007. 9	2014. 9
	4호기	1,400	PWR		
월성	1호기	679	가압중수로형	1977. 5	1983. 4. 22
	2호기	700	〃	1991. 10	(1997. 6)
	3호기	700	〃	1993. 4	(1998. 6)
	4호기	700	〃	1993. 4	(1999. 6)
신월성	1호기	1,000	PWR	2005. 10	2012. 7
	2호기	1,000	PWR	2005. 10	2013. 10
구영광	1호기	950	가압경수로형	1980. 12	1986. 8. 25
	2호기	950	〃	1980. 12	1987. 6. 10
	3호기	1,000	〃	1989. 6	(1995. 3)
	4호기	1,000	〃	1989. 6	(1996. 3)
한빛	5호기	1,000	PWR		가동 중
	6호기	1,000	PWR		가동 중
울진	1호기	950	가압경수로형	1982. 3	1988. 9. 10
	2호기	950	〃	1982. 3	1989. 9. 30
	3호기	1,000	〃	1992. 5	(1998. 6)
	4호기	1,000	〃	1992. 5	(1996. 6)
	5호기	1,000	〃	-	가동 중
	6호기	1,000	〃		가동 중
신한울	1호기, 2호기	1,400	〃	2010. 허가	2018

자료 : (1) 한국산업은행, "한국의 산업", 1992
(2) 한국수력원자력 www.khnp.co.kr

7.3.5 세계의 원자력 기술개발사업

1990년대까지 한국 내에 건설된 경수로의 발전용량은 1,000 MW였으나, 원자력 발전에 관한 기술개발과 연구 성과로 용량을 1,400 MW까지 증대시킬 수가 있었고, 발전시설의 대부분을 국산기자재로 충당할 수 있는 기술 수준에 도달하였다. 그 외에 한국 내에서 연구 개발된 원전관련 기술로는 열출력이 300 MW 수준으로 작으면서, 담수를 생산할 수 있는 일체형 원자로(SMART) 기술을 확보함으로써 국제 경쟁력을 향상시킨 단계에 도달하였다.[*1] 전 세계 각국도 새로운 원자력 발전을 위한 연구 개발에 경쟁하고 있다.

일본은 2013년 현재 지진 발생에 대비하여 50여 개 원자력 발전소의 가동을 중지하고 있지만, 영구 폐기에 관한 연구도 필요한 동시에 이미 사용불능상태인 후쿠시마 원전 4개를 수습하는데도 많은 노력을 하고 있다. 이 발전소의 수습과정에서도 많은 새로운 경험을 얻게 될 것이다. 일본은 1971년부터 실험용 고속증식로 "조요(常陽)"를 착공하고, 후속연구로 "몬주(文殊)"계획을 추진하고 있으나, 역시 지진 가능성 때문에 사업중단 여부를 두고 고심하고 있다.[*2] 고속증식로에 관한 연구는 프랑스가 가장 앞선 상태이지만 사업화를 목표로 하는 데는 역시 큰 진전이 없는 것으로 보인다. 미국과 영국은 포기한 상태인 반면, 중국, 러시아, 인도는 개발 노력을 계속하고 있다. 핵발전을 위한 세계 여러 곳의 연구계획을 몇 가지 소개하겠다. 마이크로소프트 창업자인 Bill Gates는 개인 재산으로 "테라파워"와 "도시바" 공동으로 TWR(Traveling Wave Reactor)를 개발한다는 계획을 발표하였다.[*3] 벨기에와 러시아 및 한국의 서울대학교 핵변환에너지 연구소는 역시 고속증식로를 공동 개발하는데 납비스무스 액체금속을 냉각제로 사용하고 pyroprocessing이라는 핵연료 제조기술을 통합하는 기술개발이다.[*4] 미국에서는 소위 "pebble bed reactor"를 제3세대 원전 모델로 제안하고 있는데, 이 방법은 핵연료봉 제작 대신에 핵연료를 작은 구슬로 만들어서 냉각용 기체 속에서 유동화시키면서 핵분열반응을 일으킨다는 개념이다.[*5] 이 방법이 성공하면 발전소의 크기가 작아질 수 있고, 사용 후 연료의 처리도 매우 간단한 이점이 있다고 한다.

7.4 핵융합 발전

7.4.1 핵융합 반응의 원리

핵발전소에서는 우라늄 핵이 중성자를 받아서 분열되는 핵분열반응이 일어난다. 반대로 핵융합 반응은 수소와 같은 가벼운 원자핵이 어렵지만 반응하여 헬리움 이온을 만들고(반응전후 질량은 감소된다) 열을 방출한다. 핵융합에서 얻어지는 열량은 같은 질량의 우라늄에서 보다 3배 많고, 수소이온은 물에서 얻을 수 있으므로 우라늄보다 훨씬 많고

---

* 1. 매일경제, 2009. 12. 29, A4
* 2. 조선일보, 2012. 9. 3, A18
* 3. 조선일보, 2010. 3. 24
* 4. 황일순, 중앙일보, 2009. 5. 16, p.14
* 5. Piore, A., Sci. Am. June 2001, p. 31

값이 싸며, 핵융합에서 생기는 방사능 물질도 더 적다는 세 가지 특징이 있다. 이 이론은 초기에 굉장한 관심을 가지고 연구하였으나 실험상의 어려움 때문에 좌초되었다가, 인류의 에너지 문제를 해결해 줄 궁극적 수단이라고 생각하면서, 다시 관심을 끌기 시작하였다. 실제 핵융합반응은 수소폭탄에서는 실현되었으나 핵융합 발전에서는 성공하지 못하고 있다.

여러 가지 연구의 결과에 의하면, 핵융합 반응은 중수소와 삼중수소 사이에서 일어난다는 사실이 이미 밝혀졌다. 이 반응은 별로 어렵지 않은 실험조건과 핵융합이 일어날 수 있는 원자핵의 단면적이 최대로 큰 조건하에서 진행될 수 있다고 알려져 있다. 그 중에서 가장 유망한 핵융합반응은 중수소끼리의 핵융합이라고 알려져 있으나 그 반응조건은 훨씬 까다롭다. 실제로 핵융합이 성공할 수 있는 물리적 조건은 이론 물리학적 근거로 설명될 수 있다.

일반적으로 2개의 가벼운 핵이 결합하면 그들의 결합핵의 질량(결합핵의 정지에너지)은 결합 전 두 핵의 질량(두 핵의 정지에너지)보다 작아진다. 그 질량차이에 해당하는 에너지 $\Delta E = (\Delta m)c^2$가 방출된다. 예를 들면 2개의 중양성자가 융합하여 헬륨핵을 형성한다면, 헬륨핵의 질량은 2개의 중양성자 질량보다 24 MeV의 에너지에 해당하는 질량만큼 작고 24 MeV(1.5V짜리 건전지 163만 개를 연결해서 얻을 수 있는 에너지)의 핵융합에너지가 방출된다. 그러므로 두 개의 중양성자가 결합하여 헬륨을 형성할 때에는 결합 전 정지질량의 0.6%가 에너지로 변환된다. 이론상으로 핵융합이 에너지 생산에 이용된다면 우라늄의 핵분열보다 약 6배나 더 많은 에너지(단위 원자당 기준)를 얻는 효과가 있다. 또한 핵융합에 사용될 수 있는 중수소는 호수나 바닷물에서 무한한 양을 값싸게 얻을 수 있다(중수는 보통의 물속에 약 150 ppm의 농도로 섞여 있다. 일반적으로 중수는 물의 전기분해와 증류공정 등으로 구성된 중수 제조공장에서 고순수도로 생산된다). 그러나 바닷물로부터 무진장의 에너지를 얻는데 방해가 되는 쿨롱의 법칙(Coulomb's Law)이 있다. 쿨롱의 법칙은 두 물질사이에는 정전기적 반발력이 존재한다는 법칙인데, 실온에서는 2개의 중양성자 사이에 존재하는 정전기적 반발력이 두 중양성자를 그들 핵의 힘(nuclear force)의 범위 안으로 끌어 들이는 것을 막고 있다.

예를 들면, 2개의 중양성자가 서로 10^{-14} m까지 접근하여 핵력이 쿨롱의 정전기적 반발력보다 커지고 핵융합이 일어날 수 있는 정전기적 반발력에 해당하는 장벽의 에너지 준위는 높기 때문에 중성양자의 운동에너지가 크든지 아니면 중성양자의 온도가 엄청나게 높아야 한다. 일반적으로 중성양자를 5×10^8 K(절대온도 K=273+℃)까지 가열해야 핵융합반응이 일어날 수 있다. 그러나 이 온도보다는 낮은 5×10^7 K 정도이면 핵융합반

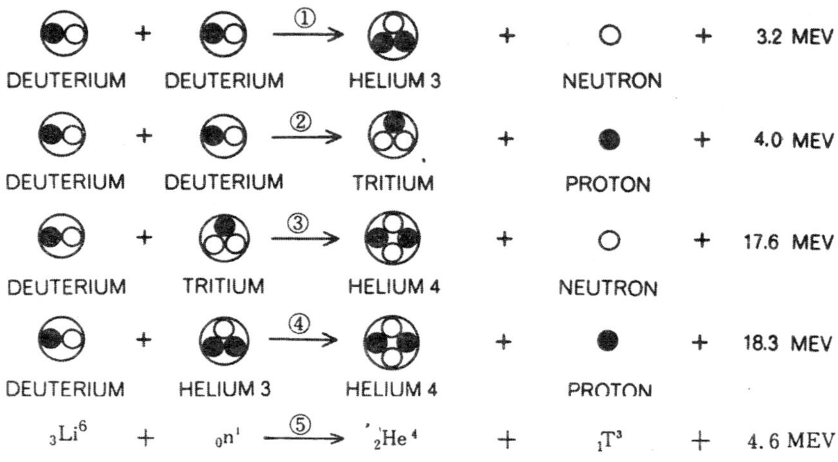

그림 7-14 핵융합반응의 여러 가지 가능성과 단위원자당 발생에너지 비교

응이 일어난다. 이와 같이 수천만℃ 정도의 높은 온도가 필요한 핵융합반응을 열핵반응(thermonuclear reaction)이라고 부른다. 원자폭탄이 폭발할 때 발생하는 순간적인 온도는 열핵반응을 일으킬 수 있을 정도로 충분히 높기 때문에 열핵융합반응을 이용한 수소폭탄 속에는 소형의 원자폭탄이 폭발의 기폭제로 사용된다. 핵융합반응에 사용되는 물질과 그 반응식 및 핵융합에너지의 몇 가지를 그림 7-14에 나타냈다. 핵융합을 위하여 액체의 중수소보다는 리튬 화합물이 실제로 더 많이 사용된다.

그림에서 반응식 ①, ②는 거의 같은 확률로 일어나는데 ②반응은 ③반응을 유발하므로 더욱 유리하다. 반응식 ③은 알려진 핵융합 반응 중에서 가장 낮은 온도(섭씨 4천만도)에서 반응이 빨리 진행될 수 있는 반응으로써 핵물리학에서 특히 관심을 끌고 있다. 반응식 ④는 반응 ①에서 생성되는 $_2He^3$로 원료를 더 많이 확보할 수 있으나 반응에너지가 100 keV 이상이어야 한다. 그런데 삼중수소 $_1T^3$은 자연상태에서 흔하지 않고 12.3년간 반감기를 가지는 방사성 물질이므로 리튬금속으로부터 인공적으로 제조되어야 한다(반응식 ⑤). 따라서 반응식 ③을 실용화하기 위해서는 리튬 자원량이 풍부해야 한다. 지구의 리튬자원은 풍부한 편이다. 지각층에 평균 65 ppm, 바닷물 속에 0.1 ppm 들어 있다. 광물로는 미국, 캐나다, 로디지아, 유럽, 남미 등에서 산출된다. 리튬 자원은 스마트폰, 전기자동차의 축전지 원료로서도 각광을 받고 있다(제10장 참조).

7.4.2 수소폭탄

핵융합 반응을 이용하여 수소폭탄을 제조하는 데는 중수소와 삼중수소가 필요한데 이들의 생산비용이 매우 높다. 수소폭탄을 제조하는 경우에 폭탄의 부피를 축소하기 위해 리튬 화합물이 사용된다. 핵융합반응용 리튬 화합물은 LiH형인데, 여기서 Li로는 동위원소 L^6_i만 사용되고, 수소로는 중수소 또는 삼중수소($_1D^2$ 또는 $_1T^3$)가 사용된다. 값이 싼 Li^6H를 이용한 수소폭탄의 주위에 U^{238}를 핵분열시켜서 L^6_i의 핵융합에 필요한 중성자를 공급하는 상호작용을 이용하여 에너지 출력도 크고 위험한 방사성 낙진(각종 방사능물질)을 발생시키는 큰 위력의 수소폭탄을 제조하게 된다. 그러나 수소폭탄은 1963년부터 부분적 핵폭발 금지조약*에 의하여 생산 및 실험이 금지되었다.

7.4.3 핵융합 장치의 개발

핵융합 발전은 순간적으로 높은 온도(수천만℃)에서 핵융합반응에너지를 적당하게 제어함으로써 가능하다. 수백만도의 고온에 녹지 않는 핵융합반응로용 재료를 개발하기는 불가능하므로 이 수백만도의 원자핵⊕과 전자⊖로 이온화된 고온기체(플라스마†-기체라고 부른다)를 용기 속에 가두어 두는 기술(confinement)이 핵융합발전에서 가장 중요한 기술이다. 이러한 기술적인 어려움을 해결하기 위한 노력이 많이 있었는데 그 중에서 강한 자기장(magnetic field confinement)을 이용하여 고온의 플라스마를 반응장치의 벽으로부터 떨어지게 두고 오랫동안 보존하는 방법이 고안되고 있다. 열핵융합에너지 발전소에서는 중성자와 헬륨, 중수, 삼중수 등만이 사용되기 때문에 다른 방사능 핵분열 물질은 거의 발생하지 않는다. 다만 다량의 중성자 발생은 이들이 장치재료 등을 구성하는 다른 원소들에게 포집되어 방사능동위원소를 생성할 수는 있다.

플라스마를 자장 속에 가두어 두는 실용성 있는 방법이나 개념적 아이디어는 여러 가지가 있다. 그림 7-15에는 핵융합 연구용으로 착안된 여러 가지 플라스마 구속장치의 얼개를 보여준다. 그림 7-15의 우측으로 갈수록 플라스마 밀도를 높게 할 수 있는 개념이고 위에서 아래축으로는 장치의 대략모형을 세 개로 구분하여 나타낸 것이다. 각 장치

* 핵확산방지를 위한 국제적 활동은 과학기술적, 정치외교적, 국방정책적 측면에서 종합적으로 다루어지고 있다. 참고문헌 Sci, Am. "Energy", 1979, p. 120~121 참조

† 플라스마는 물질의 상태를 나타내는 고체, 액체, 기체로써 구분할 수 없는 제4의 물질상태이다. 물질에 에너지를 가하면 고체 → 액체 → 기체가 되는데 그 기체가 그 분자의 이온화 포텐셜보다 더 큰 에너지를 가지게 되면 분자는 원자로 분해되고 원자의 일부 또는 전부는 이온화하여 자유전자와 이온으로 존재하는 물질의 상태를 플라스마라고 부른다. 현대 과학에서는 플라스마 물리학의 이론이 크게 발달하고 있고 플라스마 이론의 응용분야는 천체물리학, 인공위성, 위성통신, 핵융합 발전 등에 걸쳐서 매우 넓다. 플라스마의 특성은 온도와 밀도로서 규정짓기가 쉽다. 온도는 백만도 이상인 동시에 밀도는 100만 입자수/cm^3의 특성을 가지고 있다.‡ 플라스마 유체를 자장 내에 통과시켜서 전력을 생산하려는 유체역학(Magneto-hydrodynamic generation, MHD 발전)도 연구되고 있으며 플라스마-저장-핵융합의 혼합개념은 핵융합발전 기술의 한가지로 주목을 받고 있다(‡ 참고문헌 Sci, Am., "Energy", p.139, p.145 참조, 1979.).

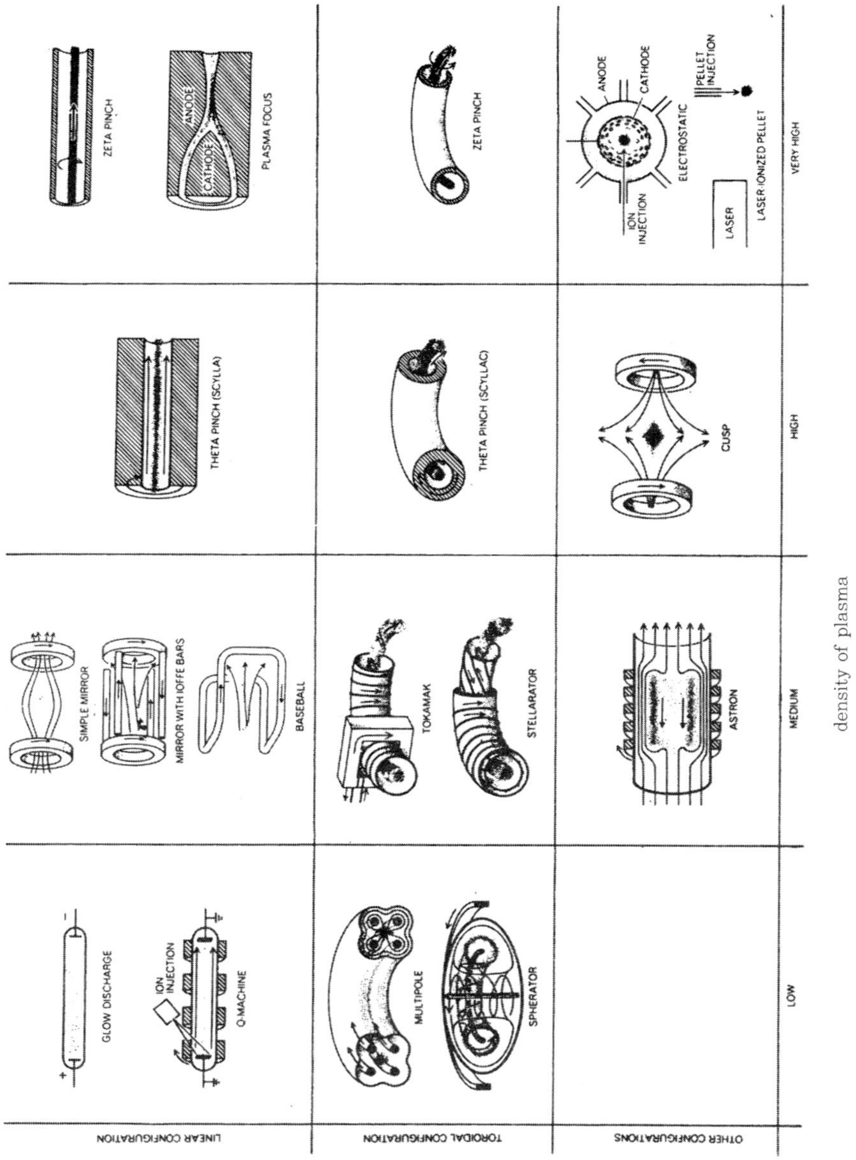

그림 7-15 플라스마 핵융합장치의 각종 고안

의 유선 또는 점철부분이 플라스마 유체이고 화살방향은 전류와 자장의 방향을 나타낸다.

이들 개념 중에서 Tokamak이라고 명명된 도넛형(toroidal type) 자장 구속장치(magnetic confinement)를 그림 7-16(a, b)에 표시하였다. 이 장치 내에서 중수, 삼중수, 리튬금속의 열핵융합반응이 일어나고 핵융합반응에서 생기는 열은 냉각매체로 사용되는 용융상태의 리튬금속에 의하여 수증기에 옮겨져서 전력을 생산하게 된다. 리튬 금속중에서 핵융합반응에 참여하여 삼중수소로 핵융합된 것은 분리장치에서 용융리튬으로부

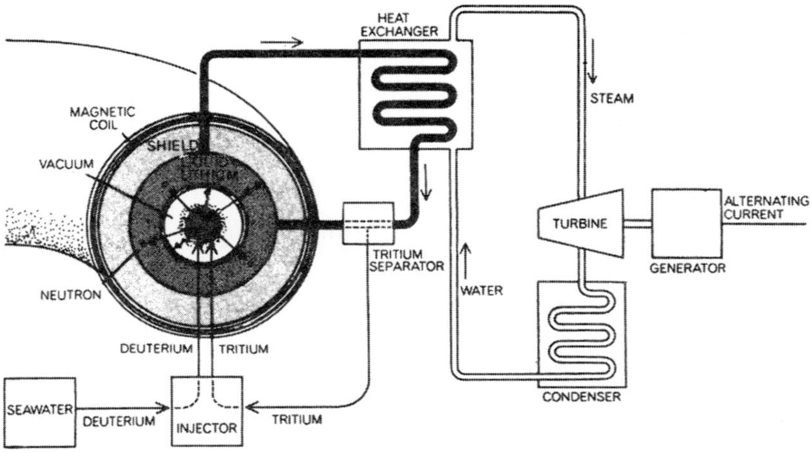

(a) Tokamak 장치의 개념도*

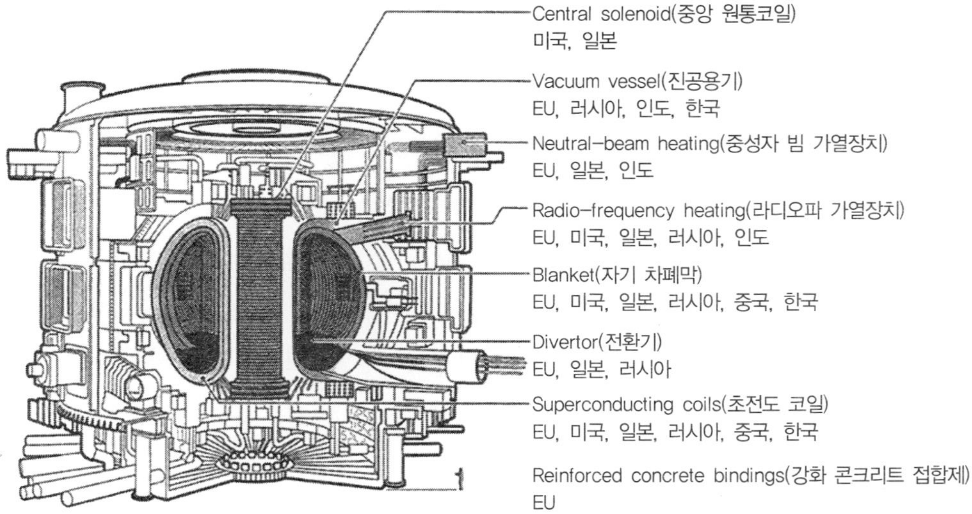

(b) ITER의 구조와 국가별 개발담당 분야**

그림 7-16 Tokamak 장치를 이용한 핵융합발전의 개념도(a)와 국제핵융합 실험로(ITER)의 얼개 및 주요부품의 개발담당국가(b)

* Scientific American, "Energy", 1979, p.139/145
** Scientific American, June, 2012, p.43

터 분리, 재사용된다. 이러한 기술은 아직 개념설정 단계에 있기 때문에 많은 연구가 필요하다.

실험용 Tokamak 핵융합로는 미국 Princeton 대학 플라스마 물리학연구소에 설치되어 있다. 이 핵융합로는 1994년 1천70만W의 핵융합에너지를 1초 동안 발생시킨 실험기록을 보유하고 있다. 그러나 1997년 4월 이 융합로는 연구예산의 부족으로 폐쇄되었다.* 한편, 우리나라도 1995년에 "핵융합로(KSTAR) 연구계획 "을 발표한 바 있는데, 3천억 원의 예산으로 연구를 수행하고 있다. 이와 같이 각국에서는 핵융합 발전을 위한 연구를 개별적으로 수행해왔으나, 엄청난 연구비를 감당하기 어렵게 되자, 1992년 유럽연합(45.4%)과 미국, 일본, 러시아, 중국, 인도, 한국 등 6개국이 (9.1%×6) 공동으로 연구비를 투자(총액 200억불)하여 국제열핵융합실험로(ITER : International Thermonuclear Experimental Reactor)를 프랑스 남부 마르세이유 부근에 2007년 건설을 시작하였다. ITER의 연구 전략을 요약하면, 강력한 자장 내 수소가스를 가두어서 수천만도의 고온을 유지하여 수소가 전자와 수소핵으로 분리되는 플라스마를 얻는 기술이다. 플라스마를 가두는 자장장치는 Tokamak이라고 부르는데 금속 도넛 같은 모양에 전기코일을 감아서 자장을 만들어낸다. 이 도넛형 자장 내 온도가 수천만도에 도달하면 플라스마가 발생하여 전력을 얻을 수 있게 된다. 이 실험로에서 플라스마를 만들 수 있는 시기를 2020년으로 예상하고 있으며, 상업용 핵융합발전설비는 2050년에 가능할 것으로 예상한다.†

7.5 원자력의 안전과 환경영향

원자력 발전에 있어서 방사능폐기물, 방사능배출, 폐열 발생 등은 심각한 환경문제들이다. 특히 폐열 발생은 화석에너지를 사용하는 발전소와 대형보일러를 사용하는 산업체에서도 중요한 환경문제이다. 그러나 원자력 발전에서의 원자로 안전문제는 그 자체가 일반인들에게 큰 관심거리가 되고 있다.

7.5.1 폐열문제

원자력발전소의 폐열은 발전기를 돌리는 증기터빈에서 나오는 사용 후 수증기를 액체

* 중앙일보(1997. 4. 5), 8면과 The New-York Times, 1997. 4. 4

† Scientific American, June, 2012, p. 43.
www,Wikipedia.org/wiki/ITER

상태의 물로 냉각 응축한 후 다시 펌프로 보일러에 공급하는 과정에서 냉각장치에 소요되는 냉각수의 온도가 10℃ 정도 상승하여 배출될 때 생긴다. 이 냉각수의 폐열은 장기간에 걸쳐서 그 공급수원의 수온을 상승시킴으로서 수자원계의 환경에 영향을 미친다. 10℃ 정도 더운물의 증발량은 1~2% 증가하므로 지역적으로는 안개를 더 많이 발생시키는 일도 있다. 특히 원자력발전소에서는 화력발전소와 달리 굴뚝으로 나가는 열이 없는 대신에 증기터빈의 열효율을 높게 유지하기 위해서 원자로에서 발생하는 에너지의 2/3 정도를 냉각열로 제거해야 한다. 따라서 우리나라의 원자력 발전소는 대부분 바닷가에 입지하여 바닷물을 냉각수로 이용한다. 내륙지방에 설치된 원자력 발전소는 냉각수 저수지, 냉각탑을 설치하고 운전해야 하기 때문에 발전비용이 더 많이 필요함은 물론이다. 정상적으로 운전되는 핵발전소에서 배출되는 냉각수에 방사능 오염이 생길 위험은 거의 없다. 다만 원자로 내부의 고장(파이프 파손 등)이 생기면, 방사능에 오염된 냉각수가 배출될 수는 있다.

7.5.2 방사선과 방사능

음파, 바다 물결, 라디오전파, 햇빛광파 등 모든 파(wave)는 파장(wavelength), 파고 또는 진폭(amplitude), 속도(velocity 또는 speed) 및 진동수 또는 주파수(frequency)에 의해 특성이 결정된다.

방사선(radiation: 복사 또는 복사선이라고도 부른다)은 우리가 전자파라고 부르는 특별한 파이다. 전자파의 속도는 광속 10^8 m/s과 같다. 광속도 = 주파수 × 광파장이므로 방사선의 종류에 따라서 그 주파수와 파장의 크기는 다르다. 그림 7-17은 전자파의 여러 가지를 주파수와 파장에 따라서 분류한 것이다. 분류된 각각의 전자파는 편의상 장파, 표준방송파, TV 또는 FM파, 마이크웨이브, 적외선, 가시광선, 자외선, X-선, 감마선 등으로 호칭된다. 그리고 진동수가 클수록 전자파의 복사에너지는 강하다. X-선, 감마선 등의 고에너지 방사선은 물질에 작용하면 물질의 구조를 파괴하면서 이온을 발생시키므로 "이온화 방사선"이라고 부른다. 핵반응에서 발생하는 방사선은 모두 이온화 방사선으로서 모두 위험하다. 그러나 라디오파, 마이크로파, 레이저 전자파는 비이온화 방사선으로서 거의 안전하다.

이러한 전자파 중에서 진동수가 아주 큰 전자파는 고주파 감마선과 X-선이다. 이와 같이 에너지가 큰 전자파를 특히 방사선이라고 부르는데 X-선은 특별히 고안된 장치에서 만들어 낼 수 있고, 감마선은 핵반응이나 핵폭발에서 발생한다. γ선은 종이, 알루미늄 등을 투과할 수 있으나, α선과 β선은 알루미늄 판을 투과할 수 없다.

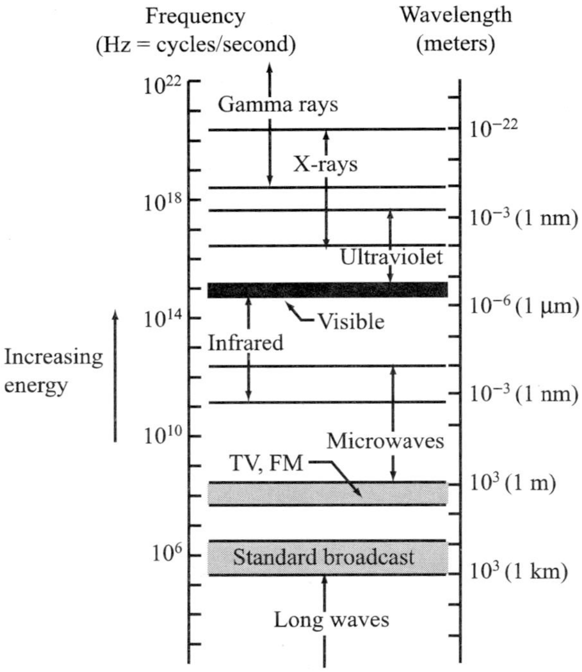

그림 7-17 여러 가지 전자파의 주파수와 파장비교

핵반응을 일으킬 때 발생하는 방사선의 강한 정도를 방사능(radioacitivity)이라고 부른다. 방사능의 강도는 단위시간당 발생하는 핵반응속도로 나타낸다.*

한편, 진동수가 극히 작은 것으로는 저주파의 라디오 및 TV 방송 전자파가 있다. 태양으로부터 지구표면에 도달하는 방사선은 가시광선(가시전자파)이다. 만일 지구 상층의 대기권에 오존층이 없었다면, 현재보다 더욱 강한 전자파가 태양으로부터 지구에 도착하겠지만, 오존층이 고에너지의 방사선에 의해 분해-생성을 거듭하는 과정에서 태양복사선은 약해지고, 인간이 견딜만한 햇빛과 기온을 제공하게 된다. 인간이 프레온가스를 많이 배출하여 오존층이 이 물질에 의해 파괴되면, 강한 복사선이 지구표면에 도착하여 지구온난화라는 기후의 변화가 일어나고, 인간의 피부는 피부암에 걸릴 확률이 높아진다.

방사선의 양은 피폭선량(röntgen : R), 물질이나 인체에 흡수된 흡수선량(gray : Gy 또는 rad) 그리고 선량당량(sievert : Sv 또는 rem) 등 세 가지 단위로 표시한다.

---

* 방사능의 단위는 becquerel(Bq)과 Curie(Ci)가 사용된다. Bq는 초당 핵변환속도이고, 1 Ci는 3.7×10^{10} Bq에 해당한다. 옛날에는 μ Ci $= 10^{-6}$ Ci가 사용되었으나, 현재는 SI 단위계의 Bq가 사용된다.

1 rad는 1 kg의 물질에 어떤 방사선이 피폭되어 이 물질에 1 joule의 에너지가 흡수될 때 해당하는 방사선량으로서 1 J/kg 혹은 100 rad로 정의된다. 1 R은 공기 중에서 2.58 $\times 10^{-4}$ 쿨롱(Coulomb 힘)/kg의 이온화를 유발하는 X-선 또는 감마선의 양이다. 1 R에 의한 피폭은 공기 중에서 87 rad의 흡수선량에 해당하는 효과가 나타난다.

1 Sv는 흡수선량이 인체에 미치는 영향 및 기타 상황을 고려한 방사선량으로서 1 J/kg 또는 100 rem에 해당하는 선량당량이다. 사람의 피폭 흡수선량이 0.1~0.25 Sv이면, 화상, 탈모, 구토, 백혈구 감소 증상이 생기고 3 Sv이면 즉각 생명을 잃게 된다. 일본 후쿠시마 원전사고 후에 대피한 인근 주민이나 재해처리 요원들이 받은 방사선 피폭량은 0.001 Sv 수준이라고 보도된 바가 있다.

지구에는 천연적으로 방사선이 존재한다. 그 근원지는 두 곳인데, 하나는 지각 속의 여러 가지 자원(우라늄, 라듐, 토륨, 라돈가스)에서부터 오는 것이고, 다른 하나는 우주 공간으로부터 오는 우주선이다. 따라서 인간은 천연적으로 지역에 따라서 차이는 있겠지만, 연간 30밀리렘(mrem) 정도를 우주로부터 받고 있고, 특별한 광산지역에서는 지각으로부터 나오는 방사선을 받아서 연간 수천 mrem의 피폭을 받을 수도 있다.

방사선의 영향은 동물적(신체적) 장애를 일으킬 수 있다. 생식기, 폐, 피부, 혈액 등에 영향을 줄 수 있고 경우에 따라서는 급성 또는 만성 방사선장애 증상을 일으킬 수 있으며 유전적 장애로 나타날 수도 있다.

우리생활 주변의 방사선량을 몇 가지 실예로 들어보자. 암치료를 위해서 방사선을 쪼이면 500,000 mrem에 피폭되는데, 방사선 취급종사자의 연간 허용 선량은 5,000 mrem으로 규정하고 있다. 위(胃)부분을 X-선으로 1회 투시하면 1,500 mrem, X-선 가슴촬영 1회는 100 mrem에 해당한다. 정상적인 원자력 발전소 주변의 선량 목표치는 연간 5 mrem으로 규정하고 있다. 실제로 원자력발전소에서는 연간 1 mrem 정도가 방사되고 있다.

7.5.3 방사능 배출과 폐기

핵발전소에서 방사능이 대량으로 유출될 위험을 막기 위해서 원자로에는 여러 겹의 방호설비(barrier)가 설치되어 있다. 이러한 방호설비는 원자로의 형식(PWR 또는 HTGR)에 따라서 달라진다.

원자로에서 방사능이 유출될 수 있는 경우는 연료봉을 구성하는 지르코니움 금속관에 구멍이 생기거나, 원자로심 주위에서 열을 실어내는 1차수증기나 증기터빈을 돌리는 2차 수증기의 도관에 부식이 발생하면 방사능 물질이 누출될 가능성이 있다. 그러나 이러한 누출은 소량이 누출되기 시작하는 초기단계에서 그 농도를 자동검출하고 필요한 대응조치를 취할 수 있도록 발전소가 설계되기 때문에 유출위험의 확률은 대단히 작다. 방사능이 배출될 수 있는 또 다른 경우는 원자로의 가동을 중단하고 핵연료봉을 포함하는 로심을 갈아 넣을 때이다. 이때는 원자로 격납시설 내에 있는 모든 방사능물질을 포집하여 농축, 포장, 폐쇄 등의 작업 순서로 방사능 유출의 위험에 대비하게 된다.

사용된 핵연료봉은 앞에서 설명한 핵연료주기에 따라서 폐기된다. 그 순서를 다시 요약하면 사용된 연료봉은 재처리전에 6개월간 물속에 담가서 냉각시킨 후 운반할 때는 안전한 밀폐용기에 담아서 재처리공장에 수송하여 내용물을 산용액에 녹이고 우라늄과 플루토늄은 용매추출법으로 회수한다. 기타의 방사능 분열물질 등은 농축하여 용액상태로 2중 용기 속에 저장하여 용액 중 수분이 자연증발하고 내용물이 건조고체상태가 될 때까지 기다린다. 그 후 이 고체 폐기물은 밀폐용기에 담아서 지정된 폐기장소에 장기간 폐기상태로 저장된다.

1000 MW 용량의 경수형 원자로에서 나오는 핵폐기물 처리과정에서는 1년간에 95 ton의 우라늄을 재처리하고 36 m^3/yr의 고준위 방사능 액체폐기물을 저장할 필요가 있다. 이 용액은 건조 후 2.7 m^3/yr의 고체폐기물이 된다.

핵발전소에 공급되거나 거기서 발생하는 폐기물을 처리 과정 중 운반방법은 매우 중요하다. 운반사고에 의한 환경오염의 가능성은 매우 크기 때문에 원자력위원회나 관련 기관 등은 엄격한 통제수단을 동원하도록 법으로 규정되어 있다. 핵물질의 운반은 가장 안전한 철도수송에 의하여 대부분 수행된다. 장래에 핵발전 용량이 증가하면 핵물질의 생산, 수송, 폐기, 저장의 물량도 크게 증가할 것이므로, 이런 과정에서의 안전사고를 예방하는 조치는 매우 중요하다. 미국의 철도 교통안전사고의 발생률은 운전 100만 mile 당 0.3건으로 집계되어 있는데, 핵발전용 운송물량이 증가하는 서기 2000년대에는 적어도 1.4건의 핵물질의 철도 운반사고를 예상하였었다. 따라서 더욱 엄격한 운송규정이 각국에서 필요하겠고, 원자력 발전량에 크게 의존하는 한국에서도 수송을 포함하는 안전사고의 예방에 더욱 주력해야 한다.

7.5.4 원자로의 안전사고

원자력 사업이 시작된 이래 지금까지 크고 작은 사고가 여러 건 발생하였는데, 다음에 발생시기의 순서별로 간단히 설명하겠다.*

1) 1957. 9. 29. 구소련의 우랄산맥 부근의 비밀 핵공장(Chelyabinsk−65)에서 핵폐기

* The Korea Times, 1992. 7. 23. 8면

물 용기가 폭발하였다. 약 11만 명이 사고지역으로부터 대피하였다.

2) 1957. 10. 7. 영국 북서쪽 해변 Windscale에서 플루토늄 생산 원자로에 화재가 발생하여 방사능 물질이 인근지역으로 배출되었다. 적어도 39명의 인명이 피폭 후유증의 암으로 사망하였다.

3) 1961. 1. 3. 미국 아이다호주 아이다호 폴스 부근에 있는 연방정부시설인 실험원자로 사고가 생겨서 3명이 사망하였다.

4) 1967. 여름 소련 Chelyabinsk-65 지역의 Karachay 호수를 방사능폐기물 저장소로 사용해 왔는데, 이 호수에 물이 말라서 건조하게 되자 방사능입자들이 바람에 날아갔다. 약 9천명이 피난하였다.

5) 1979. 3. 28. 미국의 펜실베니아 주 Middletown에 있는 Three Mile Island에서 원자로의 로심이 일부 녹아내리는 사고가 발생하여 시설이 폐쇄되었다. 원인은 기계고장과 작업자의 실수로 냉각수가 격납장치 내에 누출되었다. 청소 및 철거비용으로 약 24억 불이 소요되었다.

6) 1986. 1. 6. 미국 오클라호마 주 Gore에 있는 Kerr-McGee 발전소에서 핵물질이 들어 있던 실린더가 부주의한 가열에 의하여 폭발하였다. 작업자 1인이 사망하고 100명이 입원하였다.

7) 1986. 4. 26. 구소련 우크라이나 지역의 Chernobyl에서 발전용 원자로가 정비 실험 중 폭발하였다. 대량의 방사선이 대기로 배출되어 유럽 여러 지역에 분산되었고, 30만 명이 이주하였으며, 방사능의 직접 피폭으로 56명이 사망하고, 약 4,000명이 암으로 사망하였다. 사고후 처리 비용이 약 67억불 소요되었다고 한다.

8) 2011. 3. 11. 동일본 대지진과 쓰나미의 결과로 발생한 일본 후쿠시마 제1원전 재난으로 인해 일본 내 54개 원자력 발전소가 가동 중지되었으며, 이 지역은 높은 방사능에 노출되어 16만 명이 주거지를 옮겼다. 파괴된 4개의 핵발전소를 해체하는 데는 약 40년이 걸릴 것으로 예상되고, 해체비용은 수백억$로 추정되고 있다. 그러나 현재까지 방사능으로 인한 인명 피해는 보고되어 있지 않다(쓰나미로 인한 사망 실종자는 약 2만명이다).

9) 핵발전소 사고 이외의 방사능 피폭사고는 소련핵잠수함, 방사선치료 의료기관 사고 등 총 99건의 조사보고가 있다.*

체르노빌 원자력 발전소의 원자로 격납건물은 보통의 화력발전소 건물과 같은 구조이

* Benjamin K. Sovacool, J. of Contemporary Asia, **40**(3):393(2010)

고 이러한 구조는 구소련 원자력 발전소의 일반적 형태이다. 반면에 유럽, 아메리카, 일본, 한국 등에서 건설되는 원자로는 거대한 원형돔 격납건물 내에 설치되어 있고 만일의 원자로 사고에 대비한 여러 가지 방재시설이 부설되어 있다. 예를 들면 거대한 고압 냉각수 저장시설을 격납고내에 설치하여 원자로 내에서 일어날 수도 있는 시운전사고, 대량의 열방출사고, 터빈사고, 원자로심사고 등에 대비하고 있다. 용융금속 열매체 부분의 누출사고 등은 매우 위험할 수 있다. 이러한 로운전사고에 대한 실험연구는 미국의 Idaho에 있는 National Reactor Testing Station에서 수행되고 있는데, 사고발생시의 방재요령은 시뮬레이션으로 마련되어 있다. 그러나 실제의 발전소에 적용한 실적이 다행히도 없기 때문에 방재요령이 사고돌발시 만족할만한 성과를 거둘 수 있을지에 대한 확인이 아직까지는 없다.

원자로의 안전사고에 대비한 각종 안전설비는 원자력 발전비용을 상승시킴은 물론이다. 거대한 원형돔 격납건물 자체만의 건설비용은 원자력 발전소 건설비용의 6%를 차지한다.

원자력 발전의 안전문제, 즉 위험도는 사고 발생의 빈도로서 표시될 수가 있다. 여러 가지 연구결과의 총괄자료에 의하면 원자력 발전소의 안전문제는 비행기 추락사고, 화재, 폭발사고의 확률빈도보다 훨씬 작고, 200년 또는 250년 최대 홍수의 발생확률에 대비하여 설계되는 수력발전댐의 붕괴사고보다도 훨씬 작다. 그림 7-18은 이러한 사고의 발생빈도와 사고에 의한 사망자수를 비교한 그림이다. 이 자료에 의하면 원자력 발전소의 위험률(단위기간 동안에 위험부담이 일어날 확률)은 극히 낮다. 다만 이 자료에서 유의해야 할 사항은 다른 안전사고에 대한 확률통계는 전 세계적으로 수집되고 장기간에 걸쳐서 누적된 수많은 실적자료에 근거했기 때문에 신뢰성이 확실히 증명되어 있으나, 핵발전의 경우에는 전 세계적으로 발전소의 수가 500개 미만이고 사고가 생긴 것은 2~3개에 지나지 않기 때문에 그림의 수치들은 이론적인 확률계산에 의한 결과라는 사실이다. 그러나 이러한 자료는 인류가 앞으로 화석연료의 대체에너지로 사용하게 될 원자력 에너지의 안전성에 대한 신뢰를 제공한다고 믿어도 좋을 것이다.

7.5.5 원자력 안전대책

핵물질을 취급하는 의료시설이나 실험실, 우라늄을 채광하는 광산, 핵물질처리공장, 재처리공장 및 핵발전소 등에서는 방사능 피해를 최소로 줄이기 위한 대책이 강구되고 있다. 특히 원자력 발전소의 원자로를 안전하게 관리하기 위한 조치는 매우 중요한 문제이기 때문에 자세히 논하여 일반인들의 이해를 높이고 전문가들의 문제파악 능력을 높

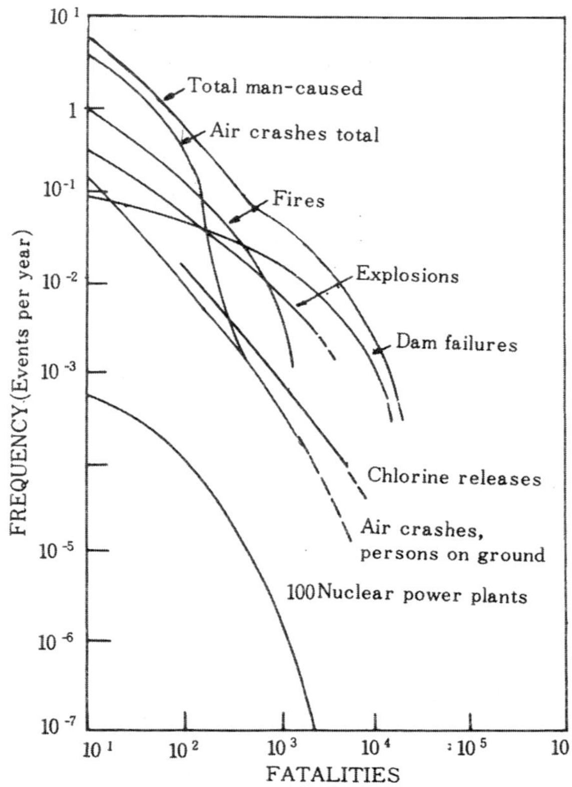

그림 7-18 인적 원인에 의한 각종 안전사고의 연간 발생빈도와 사망자 수

자료 : C. Starr, "Current Issues in Energy", Pergamon, Oxford, 1979, p. 25

여둘 필요가 있다.

1975년에 미국 내 있는 핵발전소의 사고위험과 사고발생 후 결과를 상세하고도 정량적으로 평가한 보고서가 작성되었는데 이 WASH-1400보고서에는 미국정부기관, 환경단체, 산업체, 전문가들의 학회협회 및 관심있는 단체 등 넓은 범위의 여론 계층에서 제출한 비판과 건의 내용이 포함되어 있다. 원래 이 연구를 미국원자력위원회(AEC)가 시작하여 핵안전제어위원회(Nuclear Regulation Committee, NRC)가 계속 수행하였는데, 위험요소의 평가방법론을 거의 완벽한 기술수준까지 제시하고 있다.* "원자로 안전연구(reactor safety study)"라고 부르는 이 보고서는 핵기술이 사회전반에 미치는 영향을 평가하면서 핵발전용 원자로의 사고로 인해 생길 수 있는 위험과 자연 재해의 위험 및 인적

* McGraw-Hill Encyclopedia of Science & Technology, Vol. 9, p. 313, 1982.

사고의 위험을 통계적으로 비교하였다. 이 결과에 의하면 핵발전소의 사고율은 다른 사고들에 비하면 대단히 안전하다고 결론을 내리고 있다.

이 보고서의 자료에 근거한 결과를 보면 인적 사고와 천연적 사고의 발생빈도는 핵발전소의 사고 빈도보다 사망률 기준으로 비교하면, 약 1만 배 정도 높다. 이 보고서의 핵발전사고에 대한 사고빈도 예측은 당시에 가동 중인 50개 발전소에서 대표적인 2개 발전소의 현황을 조사한 통계치를 100개의 핵발전소에 확장 적용하여 도출한 결론이다. 장래에 핵발전소의 숫자가 증가할 것에 대비하여 위험률을 낮추기 위한 설계, 건설, 운전, 유지보수에 관한 개선책도 나올 것으로 기대된다. 핵사고의 경우에 단기적인 사망 또는 부상의 위험률은 매우 낮으나 방사능으로 인한 암, 유전적 효과와 같은 장기적인 건강영향도 일상적인 질병에 비하면 작을 것으로 예측하고 있다.

여러 가지 원인으로 발생하는 개인의 치명적인 부상의 위험도를 표 7-5에 요약하였는데 핵사고의 위험도는 다른 사고에서 생기는 치명적 부상의 위험도에 비하면 매우 낮다. 원자력발전소에서 가장 큰 사고라고 생각되고 있는 로심이 녹아내리는 사고가 일어날 확률은 2만개의 로를 운전할 때 1년에 1번 또는 1천개의 로를 20년간 운전할 때 한 번 생길 수 있는 확률이다. 로심의 meltdown 사고의 결과는 사고 그 자체와 연이어 발생할 방사능의 누출, 기상조건의 변화, 발전소 지역의 인구분산 상태 등의 여건에 따라서 달라질 수가 있다.

표 7-5 각종 원인에 의한 평균 사망 위험률

Accident type	Total number	Individual chance per year
Motor vehicle	55,791	1 in 4,000
Falls	17,827	1 in 10,000
Fires and hot substances	7,451	1 in 25,000
Drowning	6,181	1 in 30,000
Firearms	2,309	1 in 100,000
Air travel	1,778	1 in 100,000
Falling objects	1,271	1 in 160,000
Electrocution	1,148	1 in 160,000
Lightning	160	1 in 2,000,000
Tornadoes	91	1 in 2,500,000
Hurricane	93	1 in 2,500,000
All accidents	111,992	1 in 1,600
Nuclear reactor accident(100 plants)	-	1 in 5,000,000,000

자료 : 표 7-6의 자료

표 7-6 핵발전소 100개에 대한 조기질병의 근사치와 그 잠재적 효과

Chance Per year	Early illness	Consequences		Genetic★ effects per year
		Latent cancer fatalities* per year	갑상선염 Thyroid illness* per year	
1 in 20(△)	<1.0	<1.0	4	<1.0
1 in 10,000	300	1,500	1,400	25
1 in 100,000	3,000	460	3,500	60
1 in 1,000,000	14,000	860	6,000	110
1 in 10,000,000	45,000	1,500	8,000	170
Normal incidence per year	4×10^3	17,000	8,000	8,000

SOURCE : Nuclear Regulatory Commission, Reactor Safety Study, WASH-1400, 1975.
* This rate would occur approximately in 10-40 yr. period after a potential accident.
★ This rate would apply to the first generation born after the accident. Subsequent generations would experience effects at decereasing rates.
△ This is the predicted chance per core melt for 100 reactors.

표 7-6에는 사고이후에 진행될 상황과 사고 발생가능성을 확률로 설명하였다. 이러한 연구에서의 위험도 추산에 관해서는 논쟁의 여지가 많이 있다. 원자력 관계의 사고율 추정에 쓰인 통계자료가 자연적 사고의 것보다 많지 않고 경우에 따라서는 통계자료의 처리방법에서 그 결과가 달리 나올 수도 있다는 논쟁이 있었다.* 예를 들면 보고서에 나타난 사고율 수치의 정확성보다는 불확실성을 감안한 사고율 수치의 범위를 제시하는 것이 더욱 타당하다는 논쟁이 있었다. 핵발전소의 안전사고 이외에도 핵발전으로 인해 생길 수 있는 환경오염과 위해물의 누출이 걱정거리이기도 하다. 핵발전소에서 생기는 터빈측 폐열냉각수의 수온 상승으로 인한 주위의 하천, 호수, 해양의 수온이 상승하거나, 방사능물질이 실제로 대기 중에 누출되는 위험, 방사능폐기물 처리와 폐기저장 작업 중에 생길 수 있는 토질오염, 해수오염 등의 문제는 가능성이 적지만, 만일의 사고에 대비하는 방안들이 연구되어 있다.

* 이 논쟁은 1977~1978 사이에 진행된 "Reactor Safety Stude"에 대한 NRC 측 심사과정에서 일어났다.

참고문헌

〈기초이론〉

김영식, "우라늄 235를 잡아라", 한국원자력문화재단, 1997.

한국동력자원부, "핵연료자원", 1966.

Bell, George I., "Nuclear Reactor Theory", Van Nostrand, 1970.

Sotcher, G. R., "Introduction to Nuclear Reactions", MacMillan Press, 1980.

Tobocman, W., "Theory of Direct Nuclear Reactions", Oxford Univ. Press, 1961.

Wilets, L., "Theories of Nuclear Fission", Clarendon Press, Oxford, 1964.

Cohen, B. L., "The Nuclear Reactor Energy Option : An Alternative for the 90s", Plenum, 1990.

〈원자력 공학〉

Glasstone Samuel, "Nuclear Reactor Engineering", Van Nostrand, 1967.

김창효, "핵공학 개론", 한국원자력학회, 서울, 1989.

박철재, (옮김) "원자로공학", 문교부. (S. McLain, "Reactor engineering Lectures"), 1962

Tomlinson, Charles E., "Nuclear Power Plant Thermodynamics & Heat Transfer : A Primer", Iowa State University, 1989.

El-Wakil, M. M., "Nuclear Energy Conversion", rev. ed., American Nuclear Society, 1982.

〈핵폐기물과 안전〉

Gittus, J. H. & Hicks, D., "Chernobyl Accident & Its Consequences", 1987.

Morone, Joseph & Woodhouse, Edward, "The Demise of American Nuclear Power : Learning from the Failure of a Politically Unsafe Technology", Yale University Press, 1989.

Skuoinski, E. ; Tolley, B. & Vilain, J., editors, "Safety of Thermal Water Reactors, Graham & Trotman, 1985.

〈핵융합〉

Bruckner, G. E. & Somov, B. V., editors, "Magnetic Energy Conversion", Pergamon Press, 1990.

Ehasni, Mehrdad & Kustom, Robert L., "Converter Circuits for Superconductive Magnetic Energy Storage", Texas A & M University Press, 1988.

Hatsopoulos, G. N. & Gyftopoulos, E. P., "Thermionic Energy Conversion", 2 vols.(Illus.), M I T Press. Vol. 1, "Processes & Devices", 1974. Vol. 2, "Theory, Technology & Application", 1979.

〈원자력과 사회〉

이정훈, "한국의 핵 주권", 글마당, 2011.

Birla Institute Staff, "India & the Atom", 1983, South Asia Books. "Energy & Nuclear Power Planning in Developing Countries", 1985.

Meller, Eberhard, editor, "Internationalization : An Alternative to Nuclear Proliferation?", Oelgeschlager, Gunn & Hain, 1980.

박덕규, "꿈의 에너지, 핵융합 : 제4의 물질상태로 제4의 불을 지펴라", 전파과학사, 1997.

Mohamed M. El Baradei, ed. Edwin I. Nwogugu, and John M. Rames, "The International law of nuclear energy : basic documents", Dordrecht ; Boston : Martinus Nijhoff Publishers, c1993.

CHAPTER 08

대체에너지와 재생에너지

"대통령각하! 기름이 바닥났습니다"
"응? 그래요? 그럼,
태양발전소의 가동스위치를 누르시오"

8.1 서론

8.1.1 재생가능 에너지

대체에너지(alternative energies)란 지금까지 인류가 사용하고 있는 석탄, 석유, 천연가스, 원자력 에너지가 고갈될 것이라는 가정하에, 종래의 에너지를 대신할 에너지 종류를 모두 지칭하는 용어이다. 새로 대체되는 에너지이기 때문에 신에너지라는 개념이 덧붙여진다. 종래의 에너지는 열과 폐기물(탄산가스 또는 핵폐기물)로 변하여 더 이상 쓸모가 없게 되는데 반해, 새로운 개념의 에너지는 되풀이하여 사용될 수 있는 태양에너지, 풍력, 수력 등을 (신)재생에너지라고 부른다. 새로 개발될 재생에너지는 환경파괴, 오염이 매우 적고 비용과 가격도 매우 저렴한 이점이 있다.

신에너지 및 재생에너지 개발·이용·보급촉진법 제2조의 정의에 따르면 신에너지는 수소에너지, 연료전지, 석탄을 액화 가스화한 에너지 및 중질 잔사유를 가스화한 에너지이며, 재생에너지는 태양에너지, 풍력, 수력, 해양에너지, 지열에너지, 바이오에너지, 폐기물에너지로 분류되며 공통적으로 석유·석탄·원자력 또는 천연가스가 아닌 에너지로서 대통령령으로 정하는 에너지에 해당한다.

물론, 이러한 대체에너지를 실용화, 보편화하기까지는 많은 시간과 노력이 필요하다. 그 중에서 가장 믿을 만한 대체에너지 기술은 태양으로부터 오는 에너지를 이용하는 것이다. 이 장에서는 태양에너지를 직접 또는 간접적으로 이용하여 전력이나 연료를 얻는 기술을 설명하고 현재와 장래의 전망에 대하여 서술하겠다.

대체에너지를 에너지전환 기술의 원리에 따라 분류하면 생체에너지, 태양열, 태양광, 수력, 풍력, 지열 등의 실용화 단계에 들어온 것과 아직 실용화가 적게 되었거나 연구 중인 재생에너지로서 해양에너지의 이용(조력, 파도, 수온차이) 등이 있다. 그림 8-1은 미국에서 실용화가 확대되고 있는 재생가능에너지의 시설용량의 변화를 에너지전환의 원리에 따라서 구분하여 나타낸 자료이다. 재생에너지의 이용가능성은 분야나 규모별로나 상당히 넓은 편이다.

태양에너지 이용기술의 발달은 기존의 산업구조가 이러한 에너지를 고밀도 에너지로 전환시키는 기술적인 문제를 해결하였으며, 다른 한편으로는 화석에너지 자원의 고갈로 인하여 화석연료 가격이 상승할 잠재성 때문에 상당히 빠른 속도로 진보되고 있다. 실제로 1970년대의 1, 2차 석유위기를 계기로 하여 전 세계에서는 태양에너지 이용에 관한 일반 대중들의 관심과 과학기술자, 정책입안자들에게 까지 크게 관심을 모았고 이것을 계기로 하여 종래보다 훨씬 빠른 속도로 구체적인 성과를 거두었다. 예를 들면, 풍력발전, 태양열 발전, 태양전지 등을 이용하거나 생체(biomass) 에너지 기술 등은 21세기에는 매우 경제적인 대체에너지 생산기술이 되고 있다. 여러 가지 신재생에너지 기술 중에서 어느 기술이 먼저 발전하고 또 주에너지 자원으로 역할하게 될지는 아직 잘 모르지만, 분명한 사실은 태양에너지의 공급량이 무한하고, 지구 전체에 고루 분포되어 있다는

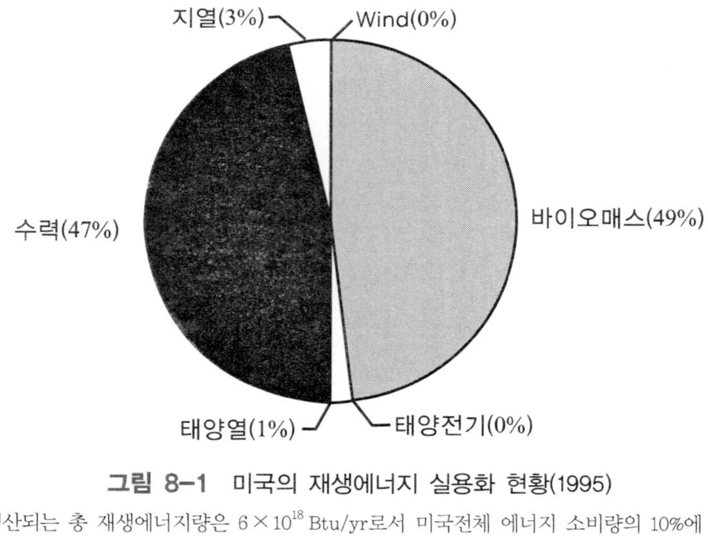

그림 8-1 미국의 재생에너지 실용화 현황(1995)

미국에서 생산되는 총 재생에너지량은 6×10^{18} Btu/yr로서 미국전체 에너지 소비량의 10%에 훨씬 못 미친다.

〈자료 : http://www.ems.psu.edu/~radovic/renewable.html〉

사실이다.

8.1.2 태양에너지는 재생에너지의 원천

태양에너지는 무한 연속 공급이 가능한 에너지이므로 사용해도 끝없이 있다는 뜻으로 재생가능 에너지라고 부른다. 태양에너지를 직접 이용하는 기술은 농업, 임업에서 오래전부터 이용되었는데, 자연과학적 원리로는 광합성 작용이라고 부른다. 농림업의 발전이란, 바로 광합성 작용의 효율을 증대시키는 노력을 의미한다. 태양열을 이용하여 곡식을 건조하는 재래식 에너지 이용기술에서부터 태양열 집열에 의한 난방 등의 가열기술과 태양광을 직접전기로 전환하는 태양전지 기술 등은 태양에너지의 직접이용 기술이다. 한편, 태양에너지를 간접으로 사용하는 예는 태양에너지에 의하여 만들어진 목재나 화석연료를 사용하는 예, 농림산물을 연료로 사용하는 예, 태양에너지로 인해 지구 대기권의 변화로 나타나는 비, 바람을 이용하는 수력, 풍력 에너지를 이용하는 예가 있다.

태양에너지를 이용할 수 있는 기술은 그림 8-2에 표시한 바와 같이 매우 다양하다. 대체에너지 자원에 포함시킬 수 있는 비태양열 자원으로는 바닷물의 간만의 차를 이용하는 조력발전이나 온천수 등을 이용하는 지열발전이 포함될 수 있다. 그러나 이러한 에너지 획득기술도 원천적으로는 태양계의 영향에 의한 것이다. 표 8-1에는 전 세계적으로 추산되는 이러한 태양에너지 자원의 양을 추산한 자료가 제시되어 있다. 태양에서 발

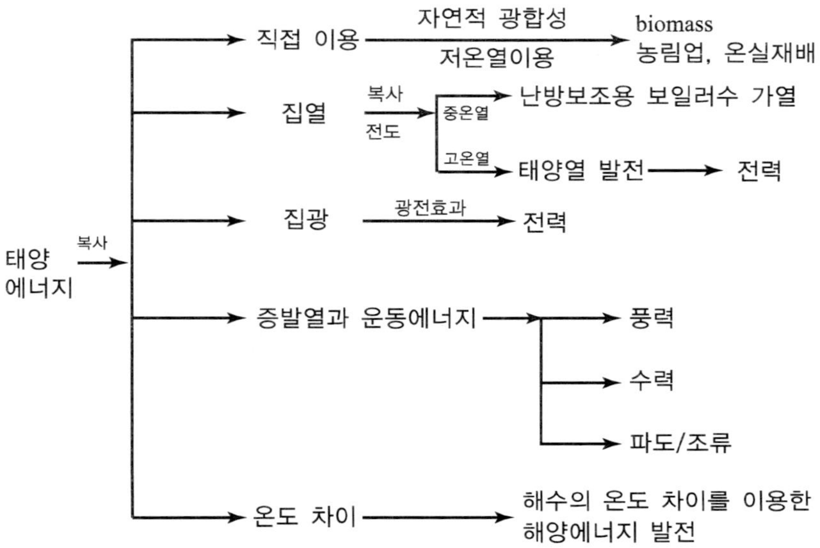

그림 8-2 태양에너지의 이용기술

표 8-1 재생가능 에너지의 공급가능량 추산

연속 공급능력 (단위 : 10^{12} W)	전 세계		미국	
	최대량	2000년에 가능량	최대량	2000년에 가능량
태양광 복사	28,000		1,600	0.05
신탄	3	1.3	0.1	0.05
농산폐기물	2	0.6	0.2	0.00
광합성 연료	8	0.01	0.5	0.001
수력	3	1.0	0.3	0.1
풍력	0.1	0.01	0.01	0.001
직접 변환	?	0.01	?	0.001
공간 가열	0.6	0.006	0.01	0.001
비태양열				
조력	1.0	0.06	0.1	0.06
지열	0.06	0.006	0.01	0.006
총계	18+	3.0	1.2	0.2
2000년경 연간수요량	~15 × 10^{12} W		~5-6 × 10^{12} W	

자료 : Starr, "Energy & Power", Sci. Am., Sept., 1979. p. 15

산되는 에너지 중에 극히 일부가 지구권에 도달하고 지구권에 도달한 태양에너지 중에서 약 30% 정도만이 지표면의 육지에 내려 쪼인다. 만일 아주 성능 좋은 태양전지가 발명되어 태양광선을 직접 전력으로 전환할 수만 있다면 태양광을 대규모로 이용할 수 있을 것이다. 표 8-1은 전 세계 재생가능 에너지의 공급 능력을 추산한 내용인데, 서기 2000년의 전 세계 에너지 공급능력을 약 15×10^{12} W로 추정할 때 재생가능 에너지로부터 충당할 수 있는 공급능력은 3×10^{12} W 정도로서 총 수요의 20%를 재생가능 에너지로 충당할 수 있다고 추산하였다. 같은 추산에서 미국 내의 충당률은 0.2/5(=4%)일 것으로 예측하였으나 이러한 추산치는 21세기 초의 실제 상황과는 괴리를 보이고 있다.

8.1.3 지구에 도달하는 태양에너지

태양으로부터 지구권에 도달하는 태양 복사에너지는 대기를 구성하는 공기의 분자와 분진에 의해서, 또 구름에 의해서 우주공간으로 반사되거나, 구름에 흡수되거나, 공기분자 및 분진입자에 의하여 산란되고 나머지 약 30%만이 직접 지표면에 도달한다. 지표면에 도달한 에너지 중에서 일부는 다시 지표면에서 반사되어 우주로 나가게 된다(그림 8-3).

지표면에 도달하는 태양 복사 에너지량은 지구의 위도에 따라서, 또 기상조건에 따라

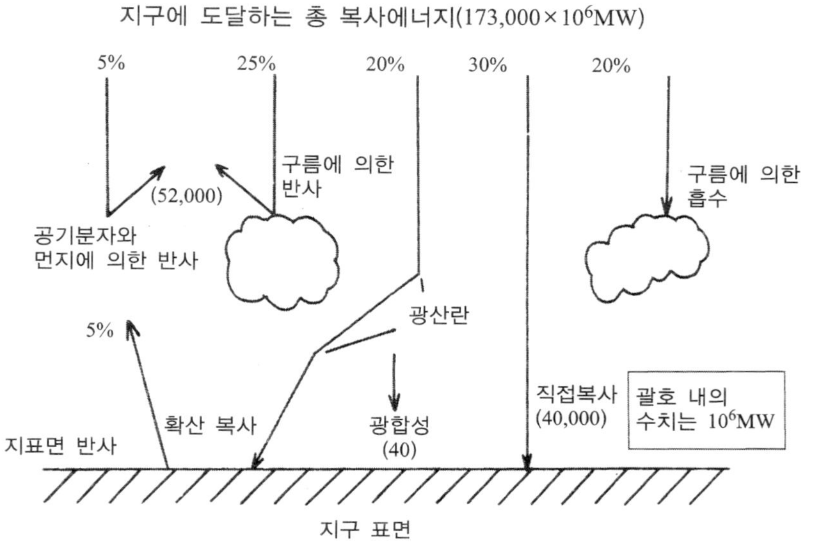

그림 8-3 지구대기권 내에서의 태양복사열 구분

자료 : LIFE, "Energy". 1966. p. 34

서 지역적으로 달라진다. 전 세계 각 지역의 태양에너지 입사량을 조사하여 kcal/cm^2.yr.로 표시한 자료가 있다.* 이 자료는 각 지역에서 태양에너지 이용 가능성을 검토하는데 유용한 자료로 쓰일 수 있다. 예를 들면, 한반도에서는 아프리카, 이집트의 태양광 입사량의 약 절반 정도가 복사에너지로 쪼여진다. 또 남북극 지방에서는 이집트의 1/3에 해당하는 태양열이 입사한다. 그러나 남극의 대기권은 북극의 대기권보다 깨끗해서 매우 투명한 공기층을 형성하고 있기 때문에 태양열의 입사량이 북극에서 보다 많다. 태양복사 에너지의 입사량이 지역의 기후와 농업을 좌우하게 됨은 물론이다. 태양에너지에 관한 조사결과에 의하면 다음과 같은 자료로 요약할 수가 있다.

1) 태양에서 우주로 방사되는 전체 동력(초당 에너지)=3.8×10^{20} MW
2) 그 중에서 지구 대기권 상층에 입사하는 동력=173×10^{9} MW=5.45×10^{24} J/yr=5174 Q/yr(이 값은 연중 평균값이다. 계절적 변동, 즉 지구와 태양사이의 거리 변화에 따라서 3.4% 정도 달라진다. 즉 동지에는 지구와 태양의 거리가 가장 가까워서 +3.4%, 하지에는 반대로 -3.4%가 된다. Q는 10^{15} Btu)
3) 태양 상수(Solar constant=태양과 직각으로 마주보는 지구대기권 상층에서 단위

* J. T. McMullen et, al., "Energy Resources and Supply", John-Willey, 1997. p. 33

면적당 태양에너지 입사량/시간 = So = 1.353 kW/m^2 ≒ 1.4 kW/m^2

4) 맑고 구름없는 한낮에 지표면에 수직으로 입사하는 태양열 = 1 kW/m^2

5) 미국 대륙에서 밤낮을 포함하여 1년 평균 수평한 지표면에 도달하는 태양열 = 200 W/m^2(한국에서도 이와 비슷한 수치임)

6) 태양에너지량을 표시하는 단위로 langley/day가 흔히 쓰인다.

1 langley = 1 cal/cm^2

1 langley/day = 0.484 W/m^2(미국의 사막 지역도시 El Paso에서 6월 평균 태양에너지 입사량은 730 langley/day = 730 × 0.484 = 353 W/m^{2}이다)

한국의 지역별 태양에너지 입사량을 등고선으로 표시한 자료를 그림 8-4에 제시하였다. 그러나 이러한 지도를 자료로 이용할 때는 주의가 필요하다. 지역적으로 기상상태의 변화가 심하게 달라질 수도 있기 때문이다. 태양에너지를 효율적으로 이용하기 위해서는 먼저 그 지역 태양열 입사량(insolation)을 측정해야 한다. 태양열 입사량은 heliometer로 측정한다.

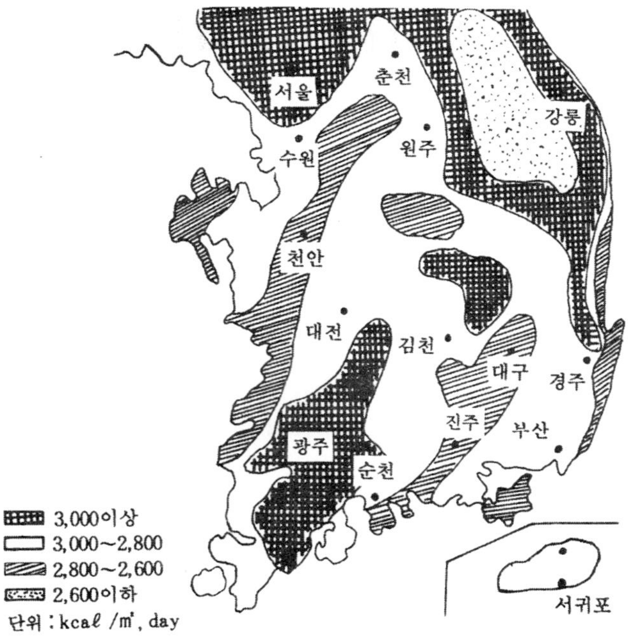

그림 8-4 우리나라 연평균 일사량 분포도

자료 : 중앙기상대, "기상연보", 1980와 2008년 발표한 태양광 지도 참조
최근에 발표된 자료 : "국내 태양열 집열판의 최적 설치각도 조사–지도" 태양에너지, 19(2):87(1998)

8.2 광합성(photosynthesis)과 식물성장

8.2.1 태양에너지와 광합성(바이오에너지의 생산)

태양에너지를 받아서 녹색식물이 광합성 작용을 하지 않았다면 지구상에는 현재 사용하고 있는 화석연료도 없었을 것이고, 땔감도, 동물과 인간의 음식물도 존재하지 않았을 것이다. 화석연료에 포함되어 있는 에너지는 수백만 년 전에 그 모체식물에 저장되었던 태양에너지가 생체에너지로 변하고 다시 화석에너지로 변한 것임을 이미 앞에서 설명하였다.

얼핏 보기에 광합성은 아주 간단한 생물화학반응이라고 생각된다. 식물이 광에너지를 받아서 탄산가스와 물을 셀룰로즈(cellulose) 등의 유기물질로 바꾸는 동시에 산소를 방출한다. 물의 원소(H와 O)는 식물성장의 3/5을 차지하고 나머지 2/5는 탄산가스 CO_2(대기중에 320 ppm 들어 있다)로 구성되어 있다. 광화학 반응에 대해서는 많이 알려져 있으나 중요한 사실은 광합성이 C, H, O와 더불어 광에너지를 안정된 유기물로 고정화한다는 것이다(마치 콩뿌리 박테리아가 공기 중 질소를 고정하듯이). 화학적 원리로 설명하면 광에너지는 화학포텐셜이 낮은 H_2O나 CO_2 같은 산화물질을 높은 화학포텐셜(화학적 잠재능력 또는 화학에너지)의 유기물질로 변화시키는 역할을 한다.

광합성에 관한 화학적 이론이나 우주 발생론적 학설은 이미 상당히 잘 정립되어 있으므로 더 자세한 내용은 전문서적을 참조할 수 있다. 광합성은 식물에 관한 구조적 연구, 화학적 연구 등 대단한 성과가 이루어졌다. 이러한 연구결과들을 종합하고 자연현상론

표 8-2 지구상의 광합성 수율에 관한 지대별 비교

지대	면적 (10^6 km^2)	탄소로 환산한 수율 (10^9 t/년)
삼림	44	11
초원	31	1
농지	27	4
사막	47	0.2
육지 전체 합계	149	16.3
해양	361	22
전체수율	510	38 → 44*

* 탄소로 저장되는 광합성 수율 38은 밤시간에 수목이 탄산가스를 방출하는 양(호흡량)을 15%라고 추정하고, 그 값을 보정하면 총괄탄소수율 44가 된다. 탄소수율은 CO_2가 광합성반응으로 생성되는 셀룰로즈 중 C 성분으로 바뀌는 비율이다.

적 관찰을 토대로 하면, 식물의 에너지 전환능력, 다른 말로 표현하면, 식물의 생산성(productivity)은 식물의 종류, 지역 등에 따라서 달라질 수가 있다.

표 8-2에서는 지구상에 있는 각종식물에 의한 광합성 작용의 수율(yield)을 식물성장 지대별로 표시하였다. 위의 표에서 해양의 탄소수율은 평균적인 추정치이다. 광합성에 필요한 무기질 영양분의 공급량은 지대에 따라서 변동폭이 크기 때문에 지역적인 차이가 상당히 심하다. 식물의 호흡량을 탄소수율의 15%라고 가정하고 보정량을 더하면 광합성의 총괄수율은 개략적으로 연간 44×10^9 t의 유기탄소에 해당한다. 이정도 양의 식물이 성장함으로써 산소는 135×10^9 t/yr이 대기중에서 생산되고, 대기중 CO_2의 고정화량은 200×10^9 t/yr이 된다.*

비교를 위해 인간이 화석연료를 연소시킴으로써 대기중에 배출하는 CO_2량은 약 15×10^9 t/yr에 해당하는 양이다. 화석연료에 의한 CO_2 배출량이 매년 급속히 증가함으로 인해 탄소동화 작용에 의한 CO_2 고정화능력을 초과하게 되면 대기중 탄산가스 농도는 320 ppm에서 350 ppm 또는 그 이상으로 급격히 증가할 것이고 지구의 온실효과를 내는 CO_2의 증가는 지구온난화를 가속시킬 것이다. 대기중 탄산가스 농도가 증가하면 식물의 광합성 반응량도 증가할 수 있지만, 그 증가량은 탄산가스 발생 증가량보다 훨씬 적을 것이다(5장 지구온난화 현상 참조). 따라서 지구온난화를 예방하기 위해서도 식물의 광합성에 대한 연구는 계속되어야 하고 현실적으로는 온 지구상에서 빈 땅없이 식물재배를 확대하는 것도 바람직한 일이다. 즉, 나무를 심고 농작물 등 식물 재배를 확대해야 한다.

위의 계산결과와 그림 8-3에 표시된 지구표면에 입사하는 총 태양에너지량을 비교하면 광합성에 의한 CO_2 고정화의 평균효율은 약 0.25%이다. 또 육지식물의 광합성 효율은 0.4%인데 비해 잘 개간된 농지에서의 농작물, 예를 들면, 밀(maize)의 성장에는 약 1%의 광합성 효율이 달성된다. 광합성에 의하여 성장하는 식물체(biomass) 중에서 25%만이 식용가능 부분이라고 가정하면, 식량생산을 위한 광합성 효율은 0.25%일 뿐이다. 이 수치 이상으로 효율을 올리는 일은 광합성 반응의 메커니즘 때문에 불가능하다. 만일 유전자 조작(Gene Modification : GM)이나 다른 획기적인 농작물 재배법이 개발되면 광합성 효율은 높아질 수도 있을 것이다.

광합성 효율을 높이는 다른 한 가지 가능성은 클로렐라(chlorella)같은 단세포의 알지

---

* 녹색식물의 탄소동화작용(광합성)을 간단한 화학방정식으로 표시하면 다음과 같다.

$CO_2 + 2H_2O +$ 햇빛$(h\nu) \rightarrow (CH_2O)_{고정화} + H_2O + O_2$

이 방정식에서 CO_2의 탄소 12 g이 고정화될 때 32 g의 O_2가 방출된다.

즉, 32/12=2.7배의 산소를 내므로 44×10^9(t, 탄소)$\times 2.7 = 119 \times 10^9$(t, 산소)가 방출된다.

(unicellular algae)를 집단 배양하는 방법일 수 있다. 클로렐라는 광합성의 효율이 높고 단백질 함유량이 높기 때문에(건조한 알지의 50%는 단백질이다) 큰 관심을 끌고 있으며 시험배양도 세계 각국에서 수행하고 있다. 특히 알지 재배기술을 폐수처리기술과 조합하여 식물자원 증산과 환경보전에 기여할 수 있을 것이다.

8.2.2 바이오매스의 연료 자원화

태양에너지를 식물 속에 생체에너지(일종의 화학에너지)로 저장하는 기술을 바이오매스 변환기술(bio-conversion technology)라고 한다. 이 기술은 생물의 생육성장과 그 후의 가공단계 기술을 모두 포함한다.

광합성에 의해서 생성되는 유기생물 물질을 바이오매스(생체)라고 한다. 바이오매스는 모두 탄소, 수소, 산소로 된 화합물, 즉 탄수화물이라고 불려져 왔다. 바이오매스는 구성성분의 종류에 따라서 섬유질, 지방질, 전분질 및 당질 바이오매스로 분류된다. 이 바이오매스로부터 얻어지는 에너지를 생체에너지라고 하는데, 전분질이나 당질 함량이 많은 바이오매스는 당화, 발효, 반응 등에 의해 에탄올, 부탄올, 메탄올 등 바이오 알코올을 얻을 수 있으며, 지방질 함량이 높은 콩, 유채, 해바라기씨 등의 바이오매스로부터는 바이오 디젤을 생산할 수 있다. 바이오매스를 혐기성 상태(산소차단 상태)에서 생화학적으로 분해하면 메탄가스나 수소를 얻을 수 있다. 이러한 가스를 바이오가스라고 부르며, 연로로 사용할 수 있다. 재생가능 에너지 중 태양열, 수력 등은 모두 전력생산에 사용되지만 바이오매스는 거의 대부분 연료생산에 사용되는 특징이 있다.

식물의 성장 결과로 목재 등의 연료를 얻는 것은 오래전부터 사용하던 방법인데, 곡물에서 알코올을 제조하는 기술도 음료로써 뿐만 아니라 연료자원의 측면에서 중요한 의미가 있다. 에틸알코올은 각종 탄수화물의 발효에서 얻어진다. 간단히 그 과정을 화학방정식으로 표시하면 다음과 같다.

$$(C_6H_{10}O_5)_x \xrightarrow{\text{enzymes}} \underset{\text{maltose}}{C_{12}H_{22}O_{11}} + H_2O + \underset{\text{oligomers}}{(C_6H_5O)_y}$$

$$C_{12}H_{22}O_{11} + H_2O(+\text{yeast}) \rightarrow \underset{\text{ethyl alcohol}}{4C_2H_5OH} + 4CO_2 + H_2O(+\text{yeast})$$

이러한 화학반응 방정식은 생물화학반응이기 때문에 정확한 질량법칙을 적용하여 원료와 제품의 수율을 계산하는 것은 단순한 화학계산과는 달리 좀 더 어렵다. 이러한 방법에 의하여 함량 10% 정도의 에틸알코올을 함유하는 발효물을 여과, 증류하여 함량

표 8-3 옥수수의 성분조성과 199 proof의 에틸알코올 특성

옥수수의 성분	조성(무게 %)		199proof* 에틸알코올	특성
	건량 기준	수분 포함		
전분	72	60.9	비중(60°F)	0.7962
단백질	9	7.6	조성	
지방	3	2.5	부피 %	99.30
섬유질과 회분	16	13.5	무게 %	99.19
수분	0	15.5	몰 %	97.95
합계	100	100.0	수분기타	나머지

* proof는 술의 표준 도수로서 proof의 1/2에 해당하는 수치가 알코올함량(부피기준)%이다.

99% 이상의 에틸알코올을 생산하여 자동차용 연료로 사용하는 나라는 브라질이 대표적인 예이다(그러나 석유가격의 등락폭에 따라서 브라질의 알코올자동차 산업도 경기변동에 크게 영향받는다). 표 8-3에는 옥수수의 성분조성과 옥수수의 발효로 만들어진 소위 199프루프(proof) 에틸알코올의 특성을 나타냈다. 약 36 l(1 bushel)의 옥수수(약 25.4 kg)에서 약 9.7 l(7.7 kg)의 에틸알코올을 얻을 수가 있는데, 미국이나 남아메리카 여러 나라에서는 잉여농산물을 이용하여 에틸알코올을 생산하고 이것을 휘발유 대용의 자동차 연료로 사용하려는 계획이 있거나 이미 실현되고 있다. 이러한 대체연료는 석유값의 상승에 대비한 대체에너지 개발의 대표적인 예이다.

바이오연료는 옥수수, 밀 등 전분질 곡물을 발효하여 생산하는 에탄올류와 콩과 식물을 원료로 하는 바이오디젤류로 나눌 수 있다. British Petroleum의 2013년 통계자료에 의하면 바이오에탄올의 생산량은 2002년 10×10^6 TOE에서 2012년 45×10^6 TOE로 4~5배 증가하였고, 바이오디젤은 같은 기간에 1×10^6 TOE에서 15×10^6 TOE로 15배 증가하였으며 지역적으로는 유럽(특히 독일)에서 바이오디젤의 증가가 많고 북미, 남미 지역에서는 바이오 알코올의 생산 증가가 지배적이다.

8.2.3 농축산 폐기물의 연료 자원화

농축산물의 폐기물을 연료자원으로 활용하려는 연구도 제2차 석유위기를 맞이했던 1979년에는 매우 넓게 진행되었고 우리나라에서도 부분적으로 실용화 되었다. 그러나 다시 석유가격의 하락세에 영향을 받아서 이 분야의 관심은 낮아졌으나 1997년 말 "국제금융기금(IMF)"의 구제금융사태가 발생한 시점에는 환율상승으로 인한 에너지가격의 상승으로 인해 다시 관심이 약간 높아지기 시작하였다.

각종 농축산 폐기물을 부패 발효시켜서 메탄가스를 제조할 수 있는 가능성이 있는 실

예를 요약하면 다음과 같다.

1) 축산 폐기물 : 마구간의 깔개짚, 사료 찌꺼기, 털갈이 폐물, 똥
2) 농작물 폐기물 : 사탕수수, 갈대, 각종 짚, 썩은 꼴
3) 도축장 폐기물 : 각종 폐기물(피, 고기, 생선 폐기물, 가죽, 털)
4) 농산물 가공공장 폐기물 : 기름 깨묵, 과일과 채소처리, 톱밥, 사탕, 담배, 왕겨, 섬유공장 등의 각종 폐기물
5) 임산물 찌꺼기
6) 수경 재배의 폐기물 : 해양알지, 해초, 민물 잡초 등
7) 도시 쓰레기를 에너지자원화 할 수 있다(소각에 의한 열에너지의 회수기술이므로 별도로 뒤에서 설명하겠다).

우리들의 주위에는 많은 농축 임업관계의 폐기물이 있는데, 이러한 폐기물을 대량으로 수집하고(실제의 수집 과정은 쉽지 않다) 발효처리하면 상당히 많은 양의 메탄가스를 얻을 수 있다. 그러나 모든 농산 폐기물에서 CH_4를 얻을 수 있는 것은 아니다. 특히 폐기물의 성분 조성 중에 C, H, N 성분 중 질소 N_2 성분이 너무 많으면 발효 반응이 억제되기 때문에 폐기물 성분조성을 정확히 파악하는 것이 중요하다. 즉, 질소성분은 혐기성 미생물 반응에서는 꼭 필요한 성분이기 때문에 폐기물 중에 N 성분이 부족하면 메탄 대신에 CO_2가 더 많이 생산된다. 그러나 N 성분이 너무 많으면 오히려 암모니아 가스 NH_3가 발생할 수 있어서 발효반응을 억제 또는 중단시킨다. 또 C : N 비율이 적당하다고 하더라도 고분자 물질 등이 섞여 있으면 이들 성분은 생물학적 분해가 어렵기 때문에 발효 반응에 지장을 준다. 표 8-4는 몇 가지 축산동물의 분뇨 배출량, 분뇨 중 휘발성 고체(유기물)량, 이들의 발효소화 효율 및 생체가스(CH_4가 주성분) 생산량을 요약하였다.

표 8-4 가축의 배설물량과 그 폐기물에서 생산되는 생체가스량

	젖소	비육우	돼지	조류
분료생산량(1b/일/454 kg 가축)	85	58	50	59
휘발성 고체(건조 고체 bl/일/454 kg 가축)	8.7	5.9	5.9	12.8
고형 분뇨의 소화효율(%)	3.5	50	55	65
바이오가스 생산량				
(ft^3/1b 가축)	4.7	6.7	7.3	8.6
(ft^3/일/454 kg 가축)	40.8	39.5	43.1	110.9

자료 : N. L. Brown(ed.), "Renewable Energy Resources and Rural Application in the Developing World", Westview Press, Boulder, Co., 1978.

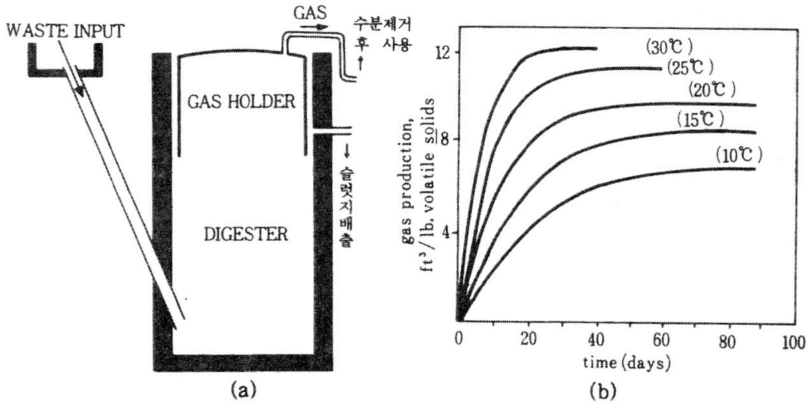

그림 8-5 소규모 생체가스 발생장치의 구조(a)와 반응온도 및 반응시간에 대한 가스발생량 비교(b)의 예

(자료 : 표 8-4 아래 자료와 같음)

그림 8-5는 일반적인 농산폐기물로부터의 생체가스를 생산하는 발효 소화장치(digester)의 운전조건을 나타낸 것이다. 생체가스량은 소화장치 내 반응시간과 온도에 따라서 민감하게 영향을 받는다. 이외에도, 원료로 사용되는 폐기물의 C:N 함량조성, pH 및 메탄 발생 박테리아의 특성 등 여러 가지 조건인자의 변화에 영향을 받는다.

또 이 그림에는 소규모의 생체가스 소화 반응장치의 구조를 간단히 나타냈다. 이러한 장치의 운전을 위해서는 과학기술적 전문지식이 필요하기 때문에 한국의 농촌에서 이러한 소규모 연료를 생산하기 위해서는 농촌지도소나 농협 등이 과학기술적 지식과 훈련된 지원인력을 확보하여 발생설비 소유자를 지원해야 한다. 생산된 생체가스를 유용하게 사용하기 위해서는 생체가스를 연소시키는데 적합한 장치의 개발생산이 필요하다. 생체가스는 농촌의 음식물 조리용 연료로 옥외 조명용으로 유용하게 사용될 수 있다. 대규모 생체가스 발생장치에서는 터빈을 이용하여 전력을 생산한 후, 집단 지역에 전기를 공급할 수 있다.

8.3 태양에너지의 직접이용

태양에너지를 직접이용하는 방법은 세 가지로 구분할 수 있다. 태양열을 직접 곡물 건조 등의 열원으로 사용하는 경우, 집열한 후 그 열을 에너지원으로 이용하여 난방을 하거나 보일러를 돌려 발전하는 경우, 그리고 태양광선의 광전효과(photovoltaic effect)를 이용하여 전기를 획득하는 세 가지 경우로 나누어 설명할 수 있다.*

8.3.1 태양열 발전

일사량이 많은 사막지역에서는 태양열을 이용하여 전력을 생산하는 기술에 상당한 관심이 집중된다. 태양열 발전은 반사형 태양열 집열평판(또는 타원형 곡판)을 사용하여 태양열(태양광)을 집속(concentrate)하고 집속된 열은 물을 가열하여 수증기를 만들어 터빈을 돌려 발전하는 원리를 이용한다. 태양열을 이용하는 발전시스템을 전문적 용어로서 STEC(Solar Thermal Electric Conversion) 시스템이라고 부른다. 이것은 대규모로 태양열을 이용하기 위한 종합기술이다. 현재 건설 중인 화력발전소의 크기는 발전용량이 500 MW급이며, 원자력 발전소의 크기는 1,000 MW급인데 비해 STEC에서는 발전용량이 최대 100 MW급이다.

이 방법을 사용하면 1 MW 발전용량에 10^4 m^2의 땅이 필요하고 100 MW 용량에는 62×10^4 m^2의 땅에 반사용 거울 집열판을 수천 개 설치해야 한다. STEC의 가동시간은 700 시간/년 정도에 지나지 않는다(그림 8-6과 그림 8-7).

1970년대에 몇 개의 시험용 태양열 발전소가 건설되었는데 미국 캘리포니아 Daggett의 Solar One 발전소(10 MW), 스페인의 Almeria 발전소(5 MW) 등이 그 예이다.

태양열 발전기술은 거대한 반사거울판으로 집열을 하는 것보다 소형의 모듈(module,

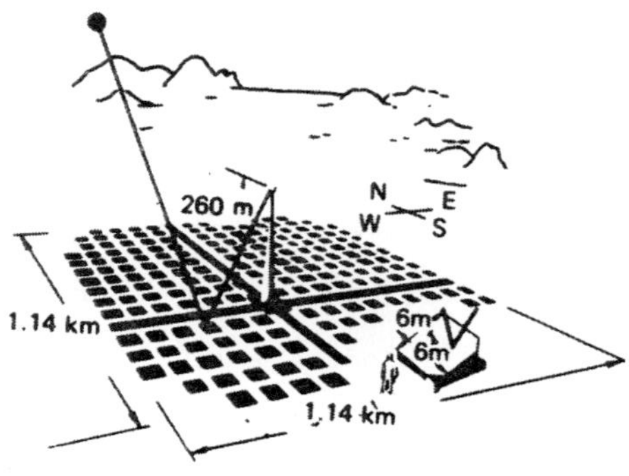

설치비 : 석탄화력 발전소의 2-3배(1979 기준)
반사판 비용 : 약 $80/$m^2$
보일러 탑 높이 : 260 m
반사판 면적 : 0.5 km^2/module
토지사용률 : 38.6%
토지면적 : 1.3 km^2/module
반사판 수 : 15,400/module
반사판 크기 : 32.4 m^2/개

그림 8-6 중앙채광식 태양열발전소의 개념도

자료 : C. Starr, "Current Issues in Energy", Pergamon, Oxford, 1979, p. 38

* 1. 「대한화학회, "화학세계", 37(4), 1997」의 "에너지와 화학 특집"
2. 강용혁, 양윤섭, "태양열 이용 기술의 개발현황", 태양에너지, 18(2):1/17(1998)
3. Zweibel Ken, et. al, Scientific American, January 2008, p. 48/57

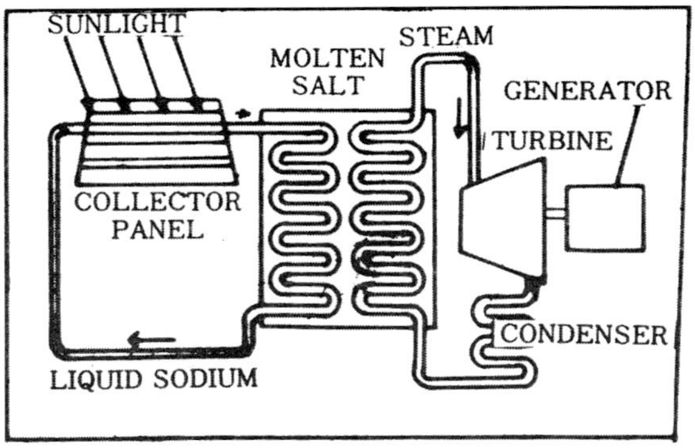

그림 8-7 태양열 집열에 의한 2중 보일러와 수증기 터빈 시스템

토막 조립된 단위 구조물)을 만들어서 집합조립식 건설방법을 채택한다. 따라서 한 개의 훌륭한 반사집열 모듈이 연구 개발되어 제작되면, 대량 생산하고 이것을 설치지역에서 조립하여 사용한다. 한 개의 모듈 길이가 LUZ Corp의 것은 약 100 m로써, 이 독립된 모듈 852개를 설치하여 80 MW 태양열 발전소를 운전하기까지 9개월 밖에 걸리지 않았다. 이러한 건설기간은 같은 규모의 화력이나 수력 또는 원자력발전소를 건설하는데 6년 또는 12년의 장기간이 소요되는 것에 비해 굉장한 경제적 이익을 주게 된다. 따라서 초기의 태양열 발전단가가 23$/kWh였으나 현재는 10$ 정도밖에 안 된다.

태양열 발전에 사용되는 집열판은 중앙채광식인 경우에는 평판 반사거울이 사용되나, 소규모의 태양열 집열시스템(태양열 주택 등)에서는 대개의 경우에 포물선형 집열판이 사용된다(그림 8-8). 어느 경우에나 태양광의 입사각도가 하루 종일 계속 달라지기 때문에 태양광 입사각의 변동을 추적하여 집열판 반사면의 각도를 조절하고 집속된 광선이 중앙수열관에 초점을 맞추어지도록 하는 방법이 사용되기도 한다. 이러한 입사각 추적설비(heliostat)가 부착된 자동방향 전환 집열판 모듈의 제작비용은 훨씬 비싸진다. 그러나 태양빛이 약하거나 전력수요가 큰 시간대(즉 오후)에는 천연가스 등의 보조연료를 이용하여 발전용 수증기를 생산하는 설비를 병설해야 한다. 대규모 설비에서는 집중된 광선에 의하여 내부의 보일러관에 들어있는 물이 바로 수증기가 되어 터빈으로 보내지거나, 보일러관에 금속나트륨 같은 열매체를 이용하여 제2의 보일러에서 수증기를 발생시키게 된다.

8.3.2 태양열 주택

태양열 이용은 전력생산 이외에도 가정용 난방스팀이나 온수를 생산하는 기름보일러나, 석유온수 보일러의 연료절약형 보조시설로 사용될 수가 있다. 그림 8-8은 포물선형 태양열 집열판과 포물면의 초점에 위치하는 유체관(기름 또는 물)의 구조를 보여준다. 초점관 속에 기름을 흘려보내는 경우는 드물고 대개의 경우는 물을 통과시켜서 20℃의 물을 40~50℃로 가열할 수가 있다.

물을 이 정도의 온도차(예 : 20℃)로 가열하면 가정용 온수보일러의(예 : 수온 80℃)경우 유류에너지를 30% 정도 절약할 수 있다. 그림 8-9에는 태양열 주택에서 온수용 집열장치를 사용할 경우에 온수보일러용 연료를 30~50% 절약할 수 있는 원리를 간단한 수치계산으로 설명하였다. 또한, 집열판 설치면적도 지붕 위에 한정되므로 추가로 땅이 필요하지 않다. 이러한 시설이 갖추어진 주택을 태양열 이용주택이라고 부른다. 1970년대에 우리나라에는 1천 채 이상의 태양열 주택이 있었다. 태양열 주택의 태양열은 기존의 화석연료 에너지 소비량을 줄이는데 목적이 있는 것이지, 기름보일러를 없애고 태양열 집열판만으로 가정용 난방을 전담할 수 있는 기술은 아직 개발되지 못하였다. 가까운 장래에 태양열 저장시스템(주간에 저장하여 야간에 사용)이 개발, 실용화 되면, 태양열만을 사용하는 주택이 출현할 가능성이 충분히 많다. 또한 태양열을 이용하여 흡수식 냉방시설을 가동하면 여름철 냉방용 에너지를 절약할 수 있으며, 열펌프(heat pump)의 원리(제2장에서 설명함)를 이용하는 냉-난방 겸용기기를 이용하면 주택용 에너지를 더욱 절약할 수 있다.

현재까지 태양열 이용에 의한 열 생산비용(미국의 경우)은 1.1~4.6$/$10^6$ Btu로서 가스

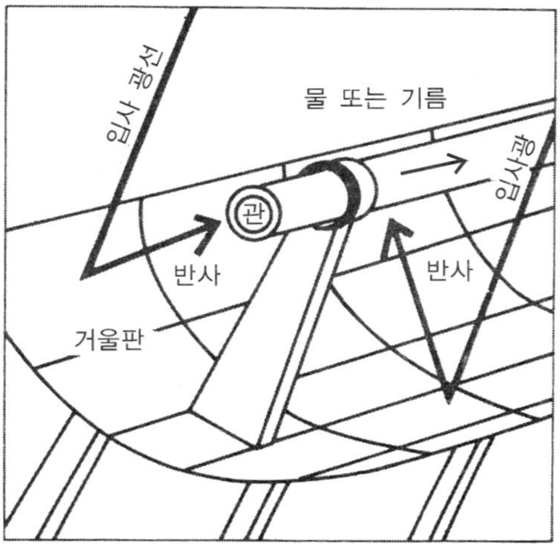

그림 8-8 포물선형 태양열 집열판과 중앙 수열관

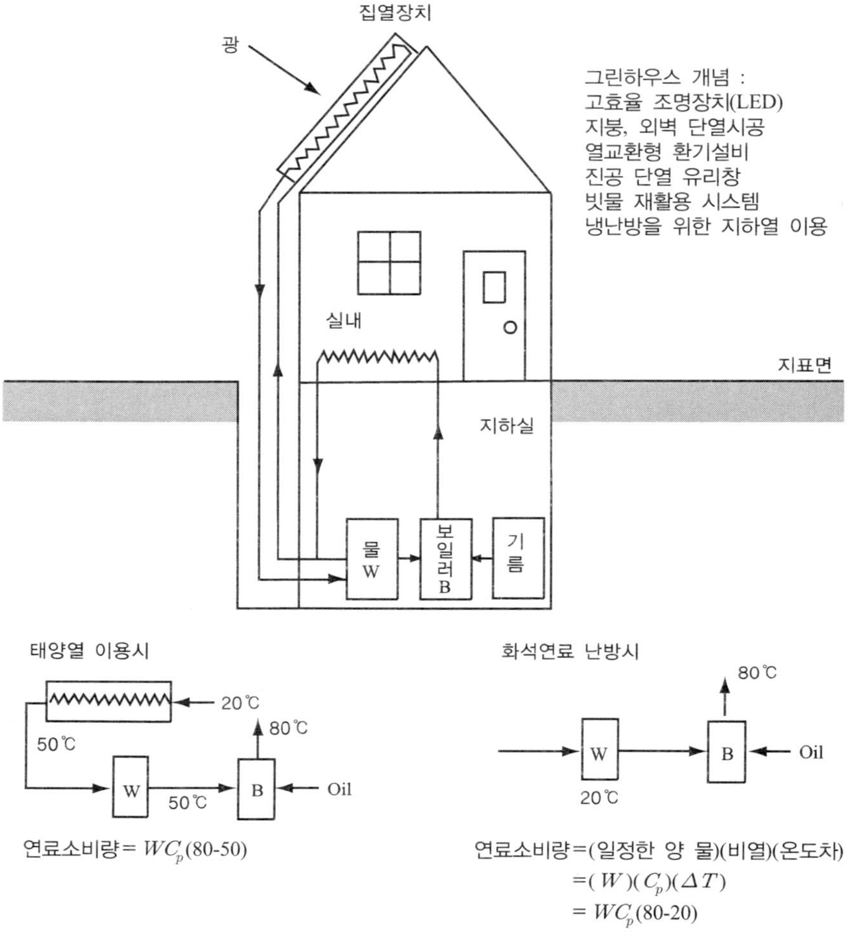

그림 8-9 그린하우스 개념을 갖춘 태양열 집열 온수설비의 연료절약 예

나 석유를 이용하는 경우 1.18~2.27$/$10^6$ Btu보다 비싸다. 같은 난방열을 얻기 위하여 전력을 사용하면 전력비용은 3.24~5.25$이므로 태양열에너지 생산비용은 기술개발의 여하에 따라서 석유나 천연가스의 열량비용보다 상당히 낮은 비용으로 이용할 수 있게 된다.

산업 분야에서 태양열을 이용하는 계획은 여러 가지가 기술적으로 검토되고 있는데 다음 세 가지 중요분야가 포함되어 있다.

1) 선진기술형 : 고효율 저가격형 중온집열기, 고효율 태양열 이용 냉동기술, 고성능 단열재 개발, 고온용 태양열 이용 시스템 등

2) 공기 가열형 집열방식을 이용한 건조설비의 개발
3) 화학반응열을 이용한 장기간용 축열시스템의 개발

8.3.3 태양광 발전(photovoltaic electric generation)

태양광을 이용하는 발전기술은 태양열을 이용한 집열기술과는 그 원리가 완전히 다르다. 태양광은 고에너지(고 진동수) 전자파이므로, 이 전자파를 반도체 표면에 도입하여 전기를 발생시키는 원리이다. 태양광 발전의 출발은 우주선의 개발과 역사를 같이 한다. 우주에 고립된 우주선에서 필요한 전기에너지를 생산하기 위해 여러 가지 고안(소형원자로나 고성능 전지)이 있었으나, 우주에 있는 무한한 태양광을 이용하여 전기를 생산하는 기술이 가장 신뢰성이 높기 때문에 우주기술과 더불어 태양광 발전기술은 급속히 진보하기 시작하였다.

8.3.3.1 태양전지의 개요

태양전지는 광이 입자라는 물리학의 이론(광이 입자인 동시에 파동이라는 학설)을 실용화하여 전기를 발생시키는 반도체로 된 장치이다. 광을 구성하는 개개의 광입자를 photon(광자)라고 부르는데, photon이 반도체(semiconductor)에 흡수되어 전류가 발생하는 광기전력(photovoltaic; PV, electricity)은 태양에너지를 직접 전기로 변환시킨다. PV 에너지 기술은 가장 순수한 형태의 quint-essential* 에너지 기술로써 오염물이 발생하지 않는 발전방법인 동시에 움직이는 부분이 없는 장치로부터 소음이나 진동없이 얻어지는 전기에너지이다. 또한 한 번 설치해두면 수리할 필요가 거의 없고 다른 발전소에서는 물이 꼭 필요한데, 태양전지에서는 냉각수도 필요없이 전력을 생산한다. 따라서 우주에서나 인구가 적은 외딴곳에나, 재래식 발전소로부터 송전받기에 먼 곳이나 산악지역, 해안섬지역 등에 쉽게 설치할 수 있다.

태양전지는 수 밀리와트(mW)의 휴대용 태양전지(실제로 손목시계나 휴대용 전기계산기에 사용된다)에서부터 수천 kW 규모의 태양광 발전소를 건설하여 수백만 m^2의 넓은 지역에도 전력을 공급할 수 있다. PV 발전설비는 태양전지의 크기를 대개 지름 10 cm 정도의 실리콘 반도체 원판(또는 사각형)을 이용하여 무한대의 면적까지 조립할 수 있으므로 설비 규모의 융통성은 다른 전력에 비교할 수가 없을 정도로 유리하다.

* quint-essential이란 말은 고대 중세철학의 지구 기원설로 유행하던 제5원설에서 유래한다. 지구는 땅, 불, 물, 바람과 우주 구성원질(아마 태양광선의 기원)의 5개로 구성되어 있다는 학설이다. quint는 5의 뜻이다.

태양전지에 의한 PV 전력은 토지의 효율적 이용이라는 측면에서 고려해볼 수 있다. 예를 들면 40 m^2 넓이의 태양전지를 일반 가정집의 남쪽 지붕 경사면에 설치하면 전력을 상당히 많이 쓰는 가정에서도 필요한 전력을 충족시킬 수 있다. 현재 실용화되고 있는 태양전지의 광에너지 → 전기에너지 변환효율이 17% 정도인데 만일 이 효율을 25% 정도로 올릴 수 있다면 27 m^2 정도의 면적으로 충분하다. 만일 한국의 모든 가정용 전기에너지를 태양전지에서 충당하려면 국토면적의 0.37%~0.25%에 해당하는 태양전지 설치면적이 소요된다. 그러나 고층빌딩을 제외한 단독주택에서는 지붕위에 설치할 수 있으므로 태양전지를 가정용 에너지원으로 사용하는 추세는 급속히 증가할 것이다. 다만 초기 시설투자비가 부담일 뿐이다.

PV 전력의 생산비용은 지난 30년 동안에 급격히 하락하였다. 즉, PV 전력 생산비용은 1970년에 kWh당 60$에서, 1980년에 1$, 1990년에는 20~30 cent, 2000년대에는 10 cent/kWh(독일 0.060€/kWh) 정도로 떨어졌고, 태양전지의 시장도 연간 25%의 비율로 넓어지고 있다. 현재 전 세계적인 연간 판매량은 40 MW를 초과하고 있다. 그러나 이러한 발전비용은 재래식 발전단가에 비교하면 아직도 5배 정도가 비싼 편이다. 그러나 관련되는 기술의 진보속도가 매우 빠르기 때문에 2030년대에는 화석연료의 발전단가에 가까운 비용으로 태양전지가 보급될 수 있을 것으로 전망된다.

8.3.3.2 태양전지용 반도체

태양광을 받아서 전기를 발생시키는 물질은 반도체이다. 물질이 전기저항이 거의 없는(또는 매우 작은) 도체(금, 은, 동, 니켈크롬합금 등 : 저항률 10^{-8}~$10^{-4}\Omega \cdot m$)도 아니고 전기절연체(유리, 도자기, 고무, 베크라이트 등 : 저항률 10^{8}~$10^{16}\Omega \cdot m$)도 아닌 중간 물질(게르마늄 : $10^{\circ}\Omega \cdot m$, 셀렌 : $10\ \Omega \cdot m$, 실리콘 : $10^{4}\ \Omega \cdot m$, 증류수 : $10^{6}\ \Omega \cdot m$ 등)을 반도체(semi-conductor)라고 한다. 이 반도체는 전기저항이 특이한 범위에 있는 성질을 가진 이외에도 다음과 같은 성질을 가지고 있다.

1) 전기전도가 반도체 내에서 전자와 홀(hole)사이에서 일어난다(광기전력 효과 : photovoltaic effect).
2) 전기저항의 온도계수가 "–"값이다(온도가 올라가면 저항이 낮아진다).
3) 반도체에 불순물을 첨가하면 첨가량에 따라서 전기저항률이 현저하게 변한다.
4) 정류작용, 트랜지스터 작용, 광자전달 효과(photoconductive effect), 열전 효과, 자계 효과 등이 현저하게 나타난다.

만일 서로 다른 두 종류의 반도체(n–형과 p–형)를 한쪽에 접합시키고, 다른쪽 끝에 전선을 연결하여 전등을 설치하고 접합부에서 온도변화를 주면 전등에 불이 들어온다(Peltier 효과라고 부른다). 이 원리를 이용한 것이 태양전지이다.

태양전지에 많이 쓰이는 실리콘 반도체는 대략 다음과 같은 순서로 제작된다. 먼저 모래(주성분 SiO_2)를 환원시켜 금속실리콘(Si)를 만들고 이 속에 들어있는 미량의 불순물을 대역용융법(zone melting)으로 순수하게 정제하여 아주 순수한 반도체 실리콘 덩어리를 만든다. 이것을 얇게 빚어서(slicing) 실리콘 Wafer(박판)을 만든다. 다음 단계로는 한 개의 Si-Wafer 표면에는 비소 원소를 함유시키고(doping하여) n형 Si 반도체를 만들고, 다른 한 개의 Si 웨이퍼에는 붕소를 함유시켜서 p형 Si 반도체를 만들어서 두 개를 조립함으로써 소위 실리콘 태양전지를 만들게 된다.

8.3.3.3 태양전지(solar cell)

현재 가장 많이 사용되고 있는 태양전지는 결정성 실리콘 금속의 얇은판을 여러 겹으로 합쳐서 만들어진다. 그림 8-10은 실리콘 반도체 태양전지의 조립 완성된 구조를 나타낸다. 밑바닥에는 유리나 플라스틱으로 된 기판(substrate)이 있고, 그 위의 금속층은 외부의 전기회로와 연결(ohmic contact)하는 구실을 한다. 그 위에 p-형 실리콘반도체가 놓여서 양(+) 하전된 광입자를 포집하는 "구멍"(hole) 역할을 한다. 또 그 위에는 n-형 실리콘반도체가 놓여서 음(-) 하전된 전자를 포집하게 된다(n-형 반도체는 같은 Si-

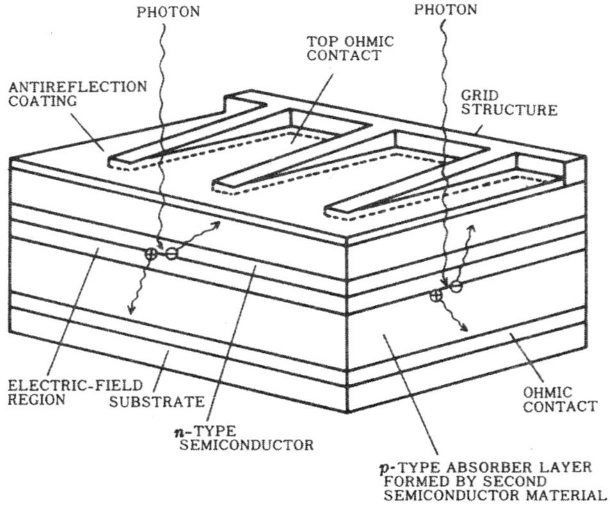

그림 8-10 실리콘반도체를 사용한 태양전지의 구조

자료 : Scientific Anerican, "Energy", W. H. Freeman & Co. San Francisco, 1979

Wafer를 기판으로 하지만 p-형과 다른 방법으로 제조된다). 그 위에는 다시 태양광의 반사를 방지하는(antireflection) 표면처리 피막을 도포하고 그 위에 상판 접촉망(top-contact grid)을 설치하여 외부 전기회로의 한쪽 단자로 사용한다. 그림 8-10과 8-11에 표시된 ⊕⊖ 기호는 광자 또는 광양자(quantum of light)의 흡수에 의해 생성되는 "구멍-전자" 쌍을 의미하는데, 이 쌍들은 p-n 접합부 부근에서 형성되는 전장(일반적으로 두 물질의 접촉경계면에서는 전기장이 생기는 Peltier 효과)에 의하여 "구멍"은 아래 금속쪽

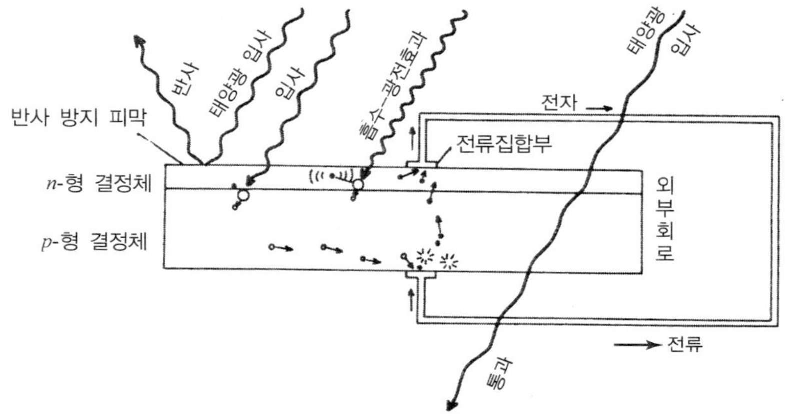

그림 8-11 태양전지 반도체 내에서 광자의 광자전달 효과와 전자의 이동을 표시하는 전기 발생의 원리

자료 : 그림 8-10과 동일

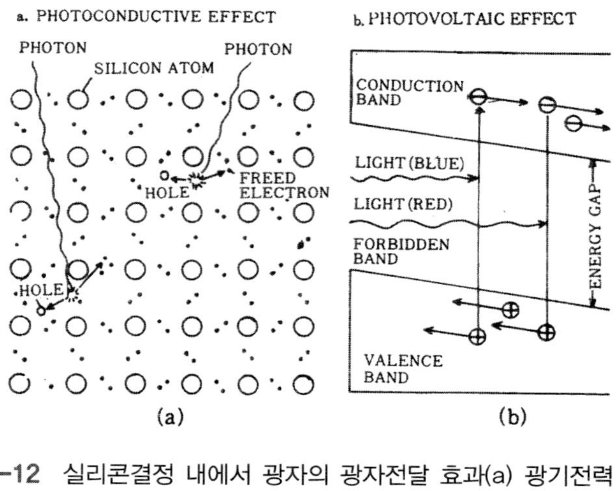

그림 8-12 실리콘결정 내에서 광자의 광자전달 효과(a) 광기전력 효과(b)

자료 : 그림 8-10과 동일

으로, 전자는 위쪽 grid로 밀려나게 되어 외부 회로에 전류가 흐르게 된다.

8.3.3.4 광전지용 반도체 내의 기전력 메커니즘

태양전지용 반도체(예; 결정체 실리콘 금속) 내에서 광자의 광기전력 효과는 먼저 광자 전도효과 또는 광자전달 효과(photoconductive effect)를 거쳐서 일어난다. 반도체 표면에 입사된 광자는 실리콘 원소에 붙어있는 전자(검은 점으로 표시)를 때리고, 이 전자는 음 하전의 자유전자가 되면서 자기위치를 벗어남으로써 그 자리에는 양 하전의 "구멍"이 생긴다. 이 과정을 광자전도 효과라고 부른다. 양자역학(量子力學)의 전문용어로 설명하면, 적당한 에너지를 가진 광자에 맞아서 생긴 자유전자는 에너지가 높아져서 원자가 띠(valence band 또는 결합상태 띠 bound-state band)를 벗어나서 전도 띠(conduction band)로 옮겨간다. 만일 반도체 내의 전장 근처에서 이러한 광자전도 효과가 일어나면 광에 의하여 생긴 "구멍-전자"쌍은 서로 분리되어 광전지의 아래위 양쪽으로 밀려나면서 전자의 흐름(전류)을 형성하여 전기가 발생한다(그림 8-12).

그런데 태양으로부터 지표면에 도달하는 광선은 한 종류가 아니고 여러 가지 종류의 전자파 복합체이다. 즉, 여러 가지의 파장 분포를 가지는 전자파로 구성되어 있어서 우리들은 태양광선을 자외선, 보라, 남, 파랑, 초록, 노랑, 주황, 빨강색 및 적외선 등의 혼합광선이라고 이해하고 있다. 이들 각 광선의 에너지는 그 세기가 약간씩 다르기 때문에 태양전지를 구성하는 반도체 내에서 광전효과도 광선의 파장에 따라서 달라진다. 간단히 설명하면 자외선은 에너지가 크고, 그 다음 차례로 점점 약해져서 적외선은 에너지가 약하여 광전효과도 약하고 다만 열적 효과(반도체를 가열하는 역할)만 나타낸다. 따라서 태양전지의 효율은 이들 각 파장 광선의 광전 효율의 합계로서 표시된다. 표 8-5에

표 8-5 광의 파장별 에너지의 분포와 실리콘 반도체 내에서 에너지 변환 효율

	파장범위(μm)	각 범위 내에서 광에너지의 비율(%)	파장별 전환 효율	광에너지의 회수율(%)
자외선	<0.3	0	-	-
가시광선	0.3-0.5	17	0.36	6.1
	0.5-0.7	28	0.55	15.4
	0.7-0.9	20	0.73	14.6
	0.9-1.1	13	0.91	11.8
적외선부	>1.1	22	0	0
합계	-	100(%)	-	47.9(%)

자료 : Cardon F, "Photovoltaic & Photoelectro-chemical Solar Energy Conversion", Plenum, 1981, p. 337.

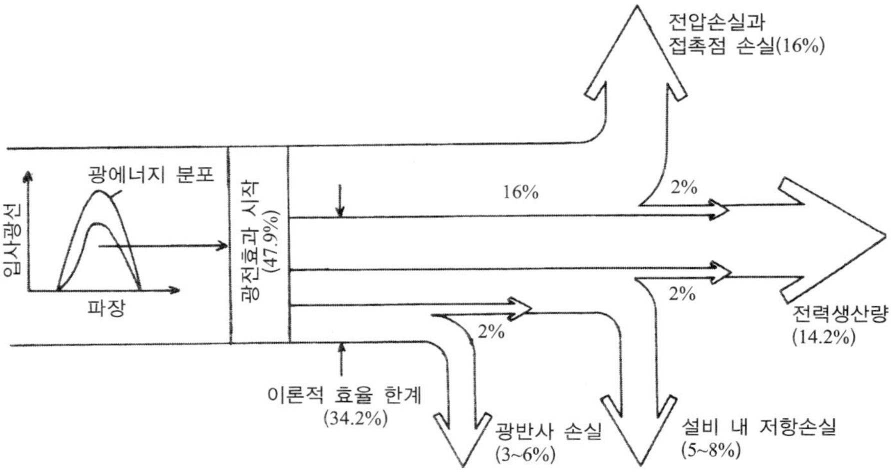

그림 8-13 결정형 실리콘 광전지 내에서의 에너지 흐름과 손실

는 태양광의 파장별 에너지 분포량과 광전효율을 표시하였다.

표 8-5에서 실리콘반도체의 광전효과에 의한 광에너지의 회수율은 이론적으로 48 ± 4% 정도이다. 그러므로 태양광의 에너지를 태양전지에 이용할 수 있는 양은 절반 정도가 되는데, 이들 입사광선은 광전지 표면에서의 반사손실(3~6%), 반도체 내 6개 접합구조로 인한 직렬저항손실(5~8%), 외부도선연결 및 전압의 자연강하 손실(16%)을 제외하면 실제로 태양전지에서 얻을 수 있는 태양에너지 유효전력은 이론적으로 얻어질 수 있는 48% 중에서 14~22%밖에 되지 않는다. 현재 실리콘 반도체로 대량생산된 경우에 태양전지의 에너지 전환 효율은 14~18%로 인정되고 있으나, 실험실에서는 10~34%를 달성하는 경우도 있다. 그림 8-13은 결정형 실리콘 광전지 내에서 에너지흐름과 그 손실량을 에너지 수지(收支, balance) 흐름도로 표시한 것이다(비정질 실리콘 반도체를 사용하면 전환 효율은 더 낮아진다. 그러나 제조생산성은 높다).

8.3.3.5 반도체의 개발과 생산

실험실에서 개발 중인 태양전지의 효율은 1970년대에 16~18%였으나 2000년 초에 28.5%(외부 전기회로를 판 대신에 점접촉으로 연결한 결정실리콘의 경우)까지 도달하였다. 실리콘반도체 이외에도 indium-phosphorus(InP, 23.5%), gallium-arsenide(GaAs, 24.5% 0, cadmium-tellurium(CdTe, 24.5%)같은 二重금속 반도체와 GaAs-GaSb 접합형 반도체(stacked junction cell-서로 다른 파장의 태양광선을 흡수하는 두 겹으로 된 반도체, 전환 효율 35%) 등이 개발되고 있다.

태양전지용 반도체는 단결정질, 또는 다결정질 실리콘 잉곳으로부터 제작된다. 먼저 순도가 높은 모래, 규석을 화학적으로 정제, 환원하여 전기 도가니에서 폴리실리콘 입자를 만들고, 이것을 석영도가니에 넣고 약간의 불순물을 첨가하여(웨이페로 만들 때 n-p용 도핑이 되도록) 고온에서 용융시킨 후 단일결정질 실리콘 잉곳(ingot)을 만든다. 단결정실리콘의 생산비용은 비싸고 소량 생산의 결점이 있으나, 광 → 전기 변환 효율은 다결정 실리콘 잉곳보다 높다(대부분의 정보산업용 반도체는 이 방법으로 만든다). 반면에 다결정질 실리콘의 생산은 공정이 간단하고 생산비도 저렴하나, 광전기변환 효율은 낮다. 단결정이거나 다결정 실리콘 잉곳이거나 모두 다음 단계에서는 웨이퍼(두께 200μm)로 가공되고, 태양전지 cell로 제작된 후 태양전지 모듈로 조립되며, 설치장소에 옮겨져서 태양전지 설비 시스템으로 설치된다. 결정질 실리콘 태양전지 이외에 박막형 태양전지(1~20μm 두께의 소위 2세대), 기타 3세대 태양전지(염료감응형, 유기물, 나노구조 태양전지 등)도 개발되고 있다.

현재 가장 많이 사용되고 있는 실리콘 결정 반도체는 대개 Czochralski 방법으로 생산된다. 이 방법은 순수한 실리콘 금속을 용융상태에서 결정화시켜 약 7.5~10 cm의 실리콘금속 결정의 둥근 막대기를 생산하여 얇은 원판(0.25 mm)이 되도록 톱질을 한 후 연마하여 소위 silicon wafer를 만든다. p-형 실리콘은 실리콘 용융상태로 하여 결정화한 것이고 n-형 실리콘 원판은 boron-doped silicon wafer의 한쪽 면에 높은 온도의 적인(phosphorus)증기를 쏘여서 인 원소를 wafer 표면에 얇은 깊이로 확산 침투시킨 것이다. 실리콘 막대를 만드는 방법이외에 판유리를 만드는 원리로, 용융실리콘에서 리번 형태의 판상 실리콘 결정을 제조하는 기술(EFG 공법, edge-defined film-fed growth process)은 1~2 μm 두께의 박막 실리콘 반도체를 생산할 수 있다.

태양전지는 초기 개발 단계에서 인공위성의 전력공급용으로 대부분 쓰였고 지금도 쓰이고 있다. 연구 개발의 초기에는 반도체 개발에도 노력을 기울였지만, 다른 한쪽에서는 먼지없이 강한 태양광선을 받을 수 있는 우주공간에 거대한 태양전지를 설치하여(5×5 miles) 전기를 얻고 이것을 microwave 전파로 변환하여 마이크로웨이브 발송안테나(1×1 miles)를 이용하여 22,300 mile 떨어진 지구에 송전하면 뉴욕시에 소비되는 전력을 독자적으로 공급할 수 있을 것이라는 태양전지 이용계획도 있었다.* 이러한 공상적인 창의성이 우주에서나 지상에서 실현될 수 있는 시기는 아마 21세기 초반이 될 것이다.

* Sci. Am., 1979. Sept.

표 8-6 세계의 태양전지 생산량 증가와 2011년도 지역별 생산량

년도	전세계 생산량(MW)	전년비 증가율(%)	지역	생산량(MW)	
				2010	2011(점유율 %)
1999	202	-	중국	13,098	2,312(57.3)
2000	287	42	대만	3,566	4,081(11.0)
2001	401	40	일본	2,300	2,564(6.9)
2002	560	39	말레시아	1,407	2,173(5.8)
2003	764	34	한국	865	1,095(2.9)
2004	1,256	68	기타 아시아	1,342	1,410(3.8)
2005	1,819	45	미국	1,235	1,121(3.0)
2006	2,536	40	독일	2,656	2,508(6.7)
2007	4,279	69	기타 유럽	889	846(2.3)
2008	7,911	85			
2009	12,464	58			
2010	27,382	120			
2011	37,185	36	합계	27,382	37,185(100)

자료 : PHOTON Europ Gmbh의 2012년 자료인데, Chemenager 2012/1, p.28에 인용된 그래프의 수치를 표로 작성한 것임

우리나라에서는 섬지방의 전력공급을 위하여 전남여천군 화정면 하화리섬에 25 MW 급 태양광 발전소를 1988년 4월에 설치하여 가동중이며, 金星産電(株)은 1989년 초에 전남 진도군 내 10개 섬에 세대별 태양광 발전시스템을 설치하였다. 1991년에는 한국도로공사가 고속도로의 휴게소 및 정류장, 정차장 등에 태양광 발전시설을 설치하여 야간조명에 이용하기 시작하였다.

화석에너지의 높은 가격, 지구온난화 현상, 탄소배출 억제 등의 필요성 때문에 태양전지를 개발하고 생산하는 노력이 특히 2000년 초부터 전 세계적으로 유발되었다. 지난 10년 동안에 태양전지의 생산량은 연평균 50%씩 증가하였으며(표 8-6), 특히 중국을 비롯한 아시아 지역에서 경쟁적으로 확대되었다. 그러나 세계 각국의 생산증대로 말미암아 2011년 한해 동안에 원료 폴리 실리콘의 국제가격은 79$/kg에서 23$/kg으로 폭락하였다. 그 결과로 미국(6.7만 톤), 독일(2014년 폴리실리콘 생산량 추정치 5.6만 톤), 중국(9만 톤), 한국(8.7만 톤) 등 곳곳의 태양광전지 사업자들이 큰 타격을 받았다. 그러나 2014년부터는 태양광 설비증설을 기대하면서 수익성이 호전될 것이라는 단기전망이 있다. 장기전망으로서 태양광 전지산업은 계속 발전할 것이 틀림없다.

8.4 태양에너지의 간접이용

수력발전이나 풍력발전 또는 해양에너지의 이용은 그 에너지자원의 근원으로서 강우량, 하천수량, 풍력, 해수의 상하층 온도차 등을 이용하는 것이다. 이러한 이용기술은 태양에너지가 기상 변화에 영향을 미쳐서 형성되는 잠재적 에너지를 이용하는 간접이용 방법이다. 이러한 에너지자원의 이용은 태양에너지의 직접이용과 마찬가지로 재래식 화석연료나 핵에너지 전력을 병용하는 소위 "hybrid"(튀기) 발전형식으로 상호보완하는 경제적 효과를 기대하는 경우가 많다. 상호보완적 기능이라 함은 이들 에너지의 이용에 있어서 상시성이 결여되기 때문에, 즉 에너지를 획득하는 시간(풍력의 경우 바람이 불 때만)대와 에너지의 소비가 일어나는 시간대가 일치하지 않기 때문에 이 시간 차이 동안에 에너지를 저장하는 기술과 함께 사용할 때만 기능을 발휘한다는 뜻이다. 에너지 저장에 관해서는 10장에서 별도로 설명하겠다.

8.4.1 수력발전

8.4.1.1 수자원

수력발전에 의한 전력생산을 대체에너지로 분류하기는 적당하지 않으나, 수자원은 빗물을 저수지에 모은 것이고, 빗물은 바닷물이 태양열에 의하여 증발된 구름에서부터 얻어지는 것이므로 수력전기를 재생에너지로 보는 관점에서 여기에서 논한다.

우리나라의 연평균 강우량은 1,270 mm 정도이다. 강우량은 우기와 건기의 계절에 따라서 차이가 있으나, 한국(남한) 전체 면적(10만 km^2)에 내리는 총 강우량은 1,260억 톤에 달한다.* 이 중에서 강우직후 증발하거나, 바다로 유출되는 양, 지하수로 스며드는 양 등을 제외하고 하천에 유출되는 양은 700억 톤, 그중 홍수로 직접 유출되는 양 500억 톤을 제외하고 기타 유출량을 제외하면, 각종 댐에 저장되는 수자원의 총량은 87억 톤 내외이다. 댐에 저장되는 모든 물이 발전용으로만 쓰이지는 않는다. 농업관개용, 도시 식수용 등에 전적으로 사용되는 댐도 있고 발전도 겸하는 다목적 댐도 있으며, 양수발전용 댐도 있다.

한국의 경우에 수력발전 에너지량은 총에너지 소비량에 비교하면, 1971년에 1.5%, 1980년에 1.1%, 1989년에 1.4%, 2000년에 0.7%, 2010년에 0.5%에 불과하다. 같은 수치를 총 발전량 기준으로 비교하면, 1971년 12.5%, 1980년 5.3%, 1989년 4.8%, 2000년

* http://www.kowaco.or.kr

2.1%, 2010년 1.4%의 순서로 해마다 수력발전이 총에너지 및 전력 에너지에서 차지하는 비중이 감소하고 있다. 이러한 현상은 세계 각국의 공통점이다. 다만 수자원이 풍부한 일본, 이태리, 스위스, 노르웨이 등의 일부 국가에서는 그 비중이 10% 이상이다.

수력발전은 일단 댐을 쌓고 하늘에서 내려오는 빗물을 저장하여 발전을 하면 물이 차지하는 전력비용은 거의 무시할 정도로 적다. 그러나 수력발전용 댐을 건설하는 데는 막대한 비용과 적어도 10년 정도의 긴 세월이 필요하기 때문에 이 비용을 모두 수력발전의 원가로 반영하면 실제의 수력발전 단가는 원자력 발전단가와 비슷한 수준이 된다.

세계 각국별로 또는 대륙별로 그 지역의 하천 유수량을 기록한 자료를 모아서 정리하면 각국 또는 각 지역의 잠재적 수력발전 가능용량을 추산할 수 있다. 이러한 추산 작업은 쉽지도 않지만 추산 결과의 정확성도 낮다. 그럼에도 불구하고 추산된 표 8-7은 수력발전의 잠재력을 가늠해보는 자료가 될 수 있다.

이 추산 자료를 어느 한 국가의 인구수와 비교하면 흥미있는 자료를 만들 수 있다. 즉, 노르웨이의 경우, 인구 1인당 잠재수력용량은 13 kW, 아프리카 대륙 전체(사막도 있지만)는 4 kW, 러시아 2 kW, 캐나다 1.3 kW, 미국 0.8 kW, 영국 0.2 kW의 순서가 된다.

우리나라의 발전 잠재용량은 확실하지 않기 때문에 이들 순서에서 함께 비교하지 못한다. 실제로 한 나라의 전력용 수자원 잠재용량이 조사되어 있다고 하더라도 확실성에 있어서는 자료 조사방법에 따라서 차이가 많다. 2011년 현재 우리나라 수력 발전소의 수는 발전시설 용량이 40만kW 이상의 양수발전 6개, 10만kW 이상 6개, 1만kW 이상 10개,

표 8-7 세계의 수력발전 잠재용량

	잠재능력 (10^3 MW)	지역별 잠재비율(%)	개발된 시설용량 (10^3 MW)
North America	313	11	59
South America	577	20	5
West Europe	158	6	47
Africa	780	27	2
Middle East	21	1	-
South East Asia	455	16	2
Far East	42	1	19
Australia	45	2	2
U.S.S.R., China, etc.	466	16	16
World Total	2,857	100	152

자료 : M. King Hubbert, 1969, in Resources and Man, Publication 1703, Committee on Resources, National Academy of Sciences-National Research Council, W. H. Freeman and Co., San Francisco, 1969

표 8-8 우리나라의 잠재수력발전 용량

(단위 : kW)

수계별	비율	총 포축수량(1)	기설 수력	건설 중수력	미개발 수력
한강 수계	75.5	1,830,500	292,800	280,000	1,230,700
낙동강 수계	14.1	382,800	12,600	90,000	280,200
섬진강 수계	3.5	79,530	34,480		45,050
금강 수계	6.9	178,700			178,700
합계		2,471,530	339,880	370,000	1,734,650
비율(%)	100	100.0	13.8	15.2	71.0

주 : (1)은 개발가능 수력임
자료 : 건설통계편람(건설부수자원국, 1972)

수천 kW 이하의 소규모 수력 및 소수력발전소가 67개이며, 한국의 총 시설용량은 641.7만kW이다(100만kW 원자력 발전소 6.4개에 해당한다).*

8.4.1.2 수력발전의 역사

수력발전의 역사는 물레방아로부터 시작했다고 볼 수 있으며, 수력발전의 기술은 장기간에 걸쳐서 조금씩 진보되어 왔다. 현재의 수력발전소가 물의 위치에너지를 운동에너지로 바꾸어서 전기에너지를 생산하는 전환 효율은 80~90%에 이른다. 이러한 에너지 전환 효율은 화력발전소의 최고효율 40%에 비하면 아주 우수한 에너지 사용법이다. 수력발전 후에도 그 물은 농업용수, 공업용수 및 생활용수로 다시 사용되기 때문에 수자원 전체의 총괄적 효율은 말로 표현할 수 없는 값이며, 재생가능 에너지라고 부르기에 가장 적합한 에너지 자원이다. 수력발전용 댐은 환경적 측면에서도 무공해(non-polluting), 경관 창출, 하천유사의 퇴적방지 효과에 의한 홍수 예방 등 인간의 생활환경에 기여하는 바가 크다.

수력 동력기술의 역사는 기원전으로 거슬러 올라갈 수가 있다. 그림 8-14는 기록에 남은 가장 오래된 수력 이용기술을 재현한 것이다. AD 4세기에 세워진 이 밀가루공장의 수력설비는 하루에 28톤의 밀을 빻았는데, 수차(water wheels)를 2줄로 8개씩 계단식으로 설치하였기 때문에 물의 이용 효율은 대단히 높았다. 수차의 지름은 2.2 m, 폭은 0.7 m였고 총 출력은 약 170 hp이었다고 한다. 물의 위치에너지를 나타내는 수두는 약 20 m였다. 그 이후에 사용된 수차는 상류식(over shot)과 수평식(horizontal)의 두 가지 water wheel이 많았다. 구미 제국에서는 1850년대부터 금속제 터빈이 사용되기 시작하

* 에너지 통계연보, 2012

그림 8-14 서기 300년경의 물레방아

자료 : N. L. Brown, "Renewable Energy Resources and Rural Application in the Developing World", Westview Press, Boulder, Co. 1978, p. 90

여 에너지 변환효율은 크게 증가하였다. 그러나 동양에서는 1920년대 이후에 금속제 물터빈이 도입되어 사용되었다. 물 터빈은 수차라고 부르는데 Felton 수차, Francis 수차, Kaplan 수차 등이 현재 사용되고 있다.

8.4.1.3 양수발전

수력발전용 대형댐은 물의 저장 높이, 즉 댐 높이가 높아야 한다. 그 이유는 수차를 회전시킬 물의 속도를 크게 하는데 필요한 운동에너지가 댐높이에서 결정되는 물의 위치에너지로부터 변환되기 때문이다. 따라서 단순히 물을 저장하였다가 농업용 관개 용수를 공급하는 낮은 댐의 농업용 댐은 전력생산에 이용할 수 없다. 근래에는 경제적으로 유익한 다목적 댐의 건설이 많은데 이 다목적댐은 발전, 관개, 홍수조절 등의 3기능을 복합적으로 얻어내기 위한 시설이다.

또한 수력발전에서 중요한 기술은 양수발전댐이다. 양수발전댐은 수력발전댐에 사용되는 물터빈과 발전기의 설계 운전기술이 발달함으로써 가능하게 되었다. 일반적으로 전력소비량은 낮 동안과 밤 10시 이전에 많고, 한밤에서 새벽까지는 전력소비가 적다. 그런데 하루 24시간동안 전국적으로 혹은 어느 지역에서의 발전량을 일정하게 유지하는 것이 전력생산비용을 낮출 수 있기 때문에(화력발전소나 원자력발전소를 낮에 켜고 밤에 끌 수는 없다) 낮시간의 소요 전력량에 맞추어 전력을 생산하면 밤시간에 그 지역 또는 한 나라의 전력은 남아돌게 된다. 밤동안의 잉여전력으로 수력발전소의 물터빈을 역방향으로 돌리면서 댐하류의 물을 밤 사이에 댐 상부쪽에 퍼올리고, 댐의 수위를 높일 수 있으며, 다시 다음날 낮에 효율적으로 발전을 계속할 수 있다.

이러한 발전 방법을 양수발전이라고 하는데, 에너지 저장의 측면에서, 그리고 수자원의 효율적 이용의 측면에서 함께 매우 경제적인 발전방법이다. 우리나라에서는 무주, 청평, 삼랑진, 산청, 양양, 청송에서 양수발전을 하고 있다. 무주군 적상면 적상산의 산꼭대기와 산아래의 두 개 댐사이에 설치된 무주양수 발전소의 발전용량은 30만kW× 2기=60만kW이다. 이 시설의 지하도수 터널은 589 m의 인공낙차(위치에너지)를 가지고 있다. 현재 국내 최대 규모의 양수발전시설은 양양의 100만kW 발전소이다. 양수발전이 불가능한 수력발전소는 댐 건설이전에 설계단계에서부터 양수용 하류댐을 설치하지 않았거나, 양수발전용 터빈(양방향 터빈)의 설치가 불가능했던 1950년대 이전에 건설한 수력발전소들이다. 최근에 양수발전소의 운영에 어려움이 생겼다. 한국전력이 1990년대에 요금이 싼 가정용 심야전력 판매제도를 보급한 결과로 인해 근래에는 심야전력이 모자라므로 잉여전력으로 양수발전소에 양수할 전력이 부족하게 되었다. 그 결과 한국의 양수발전소 이용률은 1998년 13.6%에서 2007년에는 4.0%로 감소하였다.

8.4.1.4 소수력 발전

소수력 발전은 유수량이 많은 계곡 등에 소규모의 댐과 발전시설을 설치하여 전력을 생산하는 방법으로써 대개 1천 kW 미만의 전력을 생산한다. 예외적으로 섬진강(6천kW),

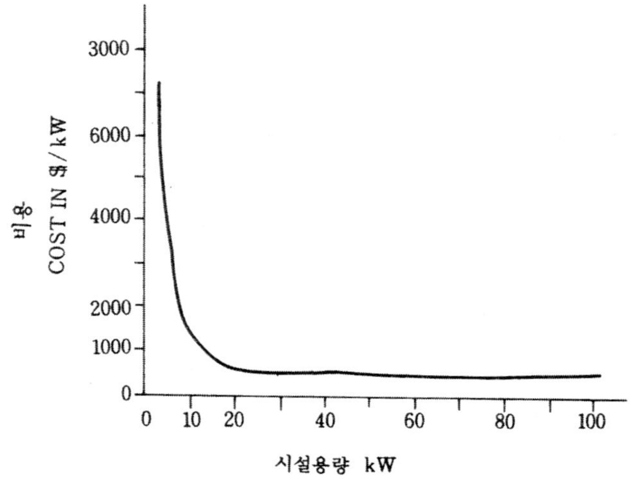

그림 8-15 소수력발전의 시설용량과 발전비용(댐과 발전소설치 비용 제외)

자료 : 그림 8-14와 동일

보령(7천5백kW), 영흥(7천6백kW) 등은 발전용량이 제법 크다. 발전용량은 댐의 규모에 의해서 결정되므로 지형에 따라서 차이가 많다. 우리나라에서는 아직 소수력 발전방식이 많이 이용되지 않고 있는데, 중국 남부의 西安과 廣東省 일대에는 10個省에 걸쳐서 6만여 개의 소수력 발전소가 있다. 그들의 평균 발전량은 40 kW라고 한다. 그림 8-15는 소수력 발전설비의 비용을 발전용량별로 나타낸 자료이다. 이 자료에 나타나 있는 비용은 발전용 기계설비만의 비용으로써 댐건설 비용과 발전설비의 설치비용은 포함되어 있지 않다.

어느 특정지역의 산간 오지에 설치되는 소수력 발전과 태양광 발전의 기술과 경제성을 비교하는 등의 연구나 계획을 검토하는 일은 이 방면에 관심있는 전문가나 호기심 많은 사람들에게 좋은 일거리가 될 것이며, 사업성도 상당히 양호한 분야라고 생각된다.

8.4.2 풍력발전

8.4.2.1 풍력발전 단지(wind farm)

풍력에너지는 태양에너지 및 수력에너지와 함께 거의 완전한 재생가능한 자연에너지로서 인류는 최초로 그 에너지를 돛단배(범선)에 사용하였으며, 풍차(windmill)는 유럽의 네덜란드, 덴마크 등 북대서양 연안지역에서 동력자원으로 오래 전부터 사용되었다. 현재의 풍력에너지는 다른 재생가능에너지들 중에서 가장 경쟁력이 있는 에너지 자원으로 생각되고 있다. 바람은 태양에너지가 대기의 공기를 팽창시킨 결과로 생기는 기압의 지역적 차이에 의해 생기는 공기의 이동 현상이다. 이 공기의 운동에너지가 풍차날개에 작용하여 기계적 에너지로부터 전력을 효율적으로 생산할 수 있다.

1980년대를 통틀어서 전 세계적으로 1,660 MW의 풍력발전 시설이 설치되어 있다. 그 중에 85%는 미국의 캘리포니아(특히 Altamont Pass-이것은 산맥의 고갯길이라는 뜻이다)에 위치하며, Pacific Gas & Electric Co.(PG & E)에 의해서 운전되고 있는데 풍력터빈이 무려 7,500개나 된다. 미국의 캘리포니아에 풍력발전이 호황을 이루는 이유는 자연적으로 바람의 속도가 충분히 클 뿐만 아니라, 인위적으로는 풍력발전회사에 대한 세금제도의 혜택이 있고 풍력발전에 의한 전력을 비싼 값으로 전력회사들이 구입하고 있기 때문이다. 이러한 혜택 제도는 1980년대 후반에 없어졌다. 오일쇼크 이후 여러 가지 혜택을 베풀다가 다시 석유가격이 안정된 이후, 이 지역에서의 풍력발전 사업은 느리지만 계속 성장하고 있다. Altamont 풍력발전단지(wind farm)는 좀 나쁘게 표현해서 세금을 적게 내기 위한 방편으로 투자된 사업이라고 비난 받는 경우도 있는데, 그럼에도 불구하고 실제로 초창기에 어려움이 많았다. 그러나 당시의 세제혜택은 풍력설비를 급속히 건설하도록 부추겼다. 다만 이때의 풍력설비, 특히 풍차날개의 설계는 어설프게 시험된 것이기 때문에 실패율이 아주 컸었다. 최근 이러한 문제점은 해결되어서 풍력발전의 경제성은 크게 개선되었다. 미국의 몬타나주는 춥고 바람 부는 지역으로서 밀농사를 많이 짓는 곳이다. 이곳에 밀밭을 전부 없애고, 주 전체를 풍력단지로 만든다면, 현재 미국에서 사용하고 있는 총 전력에너지의 1/3을 생산할 수 있을 뿐만 아니라 깨끗한 에너지, 값싼 에너지, 지속성이 보장된 에너지를 생산할 수 있다고 한다.

실제로 1981년 이후 풍력발전 비용은 거의 한자리수 정도로 낮아져서 kWh당 7 cent 미만이다(미국에서 새로 건설하는 석탄 화력발전소의 발전단가는 kWh당 약 5 cent이다). 발전비용이 감소된 가장 큰 이유는 풍력발전 기술이 개발된 때문이다. Altamont 풍력 단지의 발전시설 중에서 공기역학적인 날개구조의 설계 개량은 50년 전과 별 다름이 없고, 다만 풍차날개를 무게가 가벼운 복합재료(예: 플라스틱을 유리섬유와 함께 섞어서 기계적 강도를 보강한 재료)로 바꾸고, 풍차 터빈을 micro-processor로 제어하는 등의 최근 기술을 첨가 실용화하였을 뿐이다. 오히려 풍력발전비용의 절감은 조직관리적 측면에서 달성되었는데, 예를 들면 운전방법의 표준화와 같은 인위적인 노력에 의한 비용절감이 큰 비중을 차지한다. 풍력발전설비를 제작하는 공장에서는 표준화된 설비와 부품을 대량생산하고, 발전단지 현장에서는 작업종사자들이 효율적인 설치장소를 결정하는 방법을 배우고, 바람이 약할 때 풍차보수를 위한 일정계획을 미리 작성해두는 등 인위적인 방법들이 풍력발전 비용를 감소시키는데 실제로 많은 공헌을 하고 있다.

500~1000 MW 규모의 화력발전소나 원자력발전소 1개를 건설하는 일은 매우 복잡하고 시간이 걸리므로(5년~10년) 진행과정이 매우 느리고, 또 표준설계를 만들어 내는 일도 매우 어렵다. 그러나 50~300 kW의 소규모 풍력발전 또는 기타 태양에너지 발전소를 건설할 때는 동일한 설비를 대량 생산할 수 있는 이점이 있다. 따라서 초기 설계작업에서 운전에까지 소요되는 시간이 매우 짧기 때문에 태양에너지를 간접 응용하는 풍력발전소에서는 필요한 개선점이 현장시험에서 곧 파악될 수 있고 수정된 설계자료가 곧 이용될 수가 있다.

표 8-9는 세계 몇 나라의 풍력발전 개발현황을 보여주는 자료이다. 덴마크는 자국 전력 수요량의 20%를 충당하고 있는 세계 유일한 국가이다. 기타 각국들은 2030년까지 야심찬 계획으로 풍력발전을 확장할 계획을 가지고 있다.

8.4.2.2 풍력 발전 기술

요즘 개발되고 있는 정교한 풍력터빈 기술은 더 많은 비용절약을 가능하게 한다. 예를

표 8-9 세계 주요 국가의 풍력발전 현황

	2012[1] 발전용량 (MW)	자국 내[2] 전력 비중 (%)	2009 신재생에너지 투자액(10억$)[3]	특기사항[4]
미국	60,007	0.35	19	2030년까지 54 GW 목표
캐나다	6,200	-	3.0	-
독일	31,308	6.0	4.3	-
영국	8,845	-	11.2	2020년까지 25 GW 개발(3 MW×100대/단지)
중국	75,324		34.6	2030년까지 3.5GW 설치, 2010년 상해에서 준공 3M×34실증단지 준공
한국	236			2019년 서해 변산반도 2GW 상업풍력 단지
인도	18,421			
덴마크	8,110	20.0		세계 최초 해상풍력단지 개발, Vestas사 세계 1위
스페인	22,796	8.0	10.4	
프랑스	7,564	-	-	
기타	39,858	2.5	11.0	2020년까지 북해등에 40 GW 목표

자료 : 1) http://en.wikipedia.org/wiki/wind_power
2), 3) Pew Research 자료(2013)
4) 한국지식경제부, 2013

들면 PG & E 회사는 미국 Palo Alto 소재의 Electric Power Research Institute(EPRI, 미국전력연구소)와 Livermore에 소재한 U. S. Wind power 연구소와 함께 5개년 협력계획을 체결하고 300 kW급의 가변속 풍력터빈의 시험제작과 개발에 착수하고 있다. 이 가변속 풍력터빈에는 정교한 터빈날개와 전자제어설비를 갖추어서 바람의 방향과 속도의 변화가 크더라도 그 조건에 맞는 가장 적당한 속도로 터빈날개가 회전하도록 해서 풍력에너지를 최대한으로 얻는 연구를 수행 중이다.

이러한 연구개발의 결과로 인해 설비재료의 노화를 감소시키고, 수리비용을 감소시키는 이익이 생긴다. 미국 에너지성(U. S. DOE)과 산업계의 분석가들은 차후 20년 동안에 풍력발전 비용은 kWh당 3.5 cent로 낮아질 수 있다고 예측하고 있다. 다만 풍력발전은 풍력자원이 안정적으로 풍부한 장소에서만 가능하다는 제한성이 있다. 풍력자원이 풍부한 지역들이 많지 않기 때문에 자원의 편재성은 태양발전에 비하면 매우 큰 편이다. 표 8-10에는 세계 각국의 특정지역 풍력자원 현황을 발췌한 것이다.* 전 세계적으로 풍력발전 단지를 설치하기에 적합한 지역은 육지에 300군데, 해상에 500군데 정도라는 보고가 있다.**

* 자료 : "신재생 에너지기술 동향", 1990, No.1~2, p. 1.
** Energy Watch Group Renewable 2030, p.139/155

표 8-10 세계 여러 곳에서의 평균 풍속

단위 : mph=mile per hour

지명	위치와 경도	평균 풍속(mph)	잔잔한 빈도(%)	<10 mph(%)
영국 Lerwick	68。08、N, 1。11、W	16.7	3.5	29
영국 Bellrock	56。26、N, 2。24、W	17.4	1.9	25
미국 Hawaii		22.0	–	–
미국 Altamont Pass	샌프란시스코 동쪽 100 km 구릉지대	7.9 m/s	–	–

현재 우리나라에는 전북 옥구군 신시도와 제주도 서귀포시 중문관광단지 등 전국 8개 장소에 풍력발전소가 설립되어 운전 중이거나, 건설 중에 있다. 한국 서해안의 변산반도 서남쪽 바다에는 서풍을 이용하는 해상풍력 단지 개발계획이 수립되어서 2019년까지 2,000 MW 규모의 상업용 풍력단지 건설계획이 2011년에 발표된 바 있다.* 우리나라의 풍력발전 누적 설치량은 2012년 12월을 기준으로 전 세계 누적 설치량의 약 0.2% 수준인 476.7 MW 규모로 총 295기가 설치되어 있다.**

현재 풍력발전의 지리적 특징은 설치장소가 육지(onshore)인가 해상(offshore)인가에 따라서 구분된다. 그 이유는 육지와 해상의 풍속에 차이가 있고 설치공사 비용에도 큰 차이가 있기 때문이다. 육지의 적정 풍속은 6.9~8.5 m/s, 해상에서는 더 빠른 8~12 m/s 정도이므로 효율도 더 높다. 육상과 해상 풍력 발전은 각각 장단점을 가진다. 육상의 장점으로는 단단한 지지층으로 인한 값싼 설치비용과 관광자원으로 활용 가능한 반면, 단점으로는 주변지역의 소음문제와 공간의 제약으로 대규모 단지 조성이 어렵다는 점이다. 해상 풍력발전의 장점으로는 대규모 단지 조성이 가능하고 관광자원으로 활용가능한 반면에, 단점으로는 지지대 설치로 인한 해상공사비 증가 유지보수가 어렵고 고장시 수리비용 증가, 그리고 값비싼 설치비용을 들 수 있다.

풍력발전에서는 설치지역의 풍속이 대단히 중요함은 물론이다. 연평균 풍속은 당연히 기본자료로 필요하고, 최대풍속, 기간별 풍속분포(%) 등이 중요한 자료이다. 풍력발전에서 얻는 전력량은 일반적으로 풍차터빈(날개)의 지름의 제곱과 풍속의 세제곱의 곱에 비례한다. 즉, 다음 식이 성립한다.

$$\text{풍력동력} \propto (\text{풍차날개의 지름})^2\ (\text{풍속})^3$$

이 이론적 관계를 실측치로 나타내면 그림 8-16과 같다. 풍속이 14에서 7 m/s로 반감

* 매일 경제 신문 2011. 11. 12, P.A5

** 한국전력거래소(연도별 계통 연결 기준)

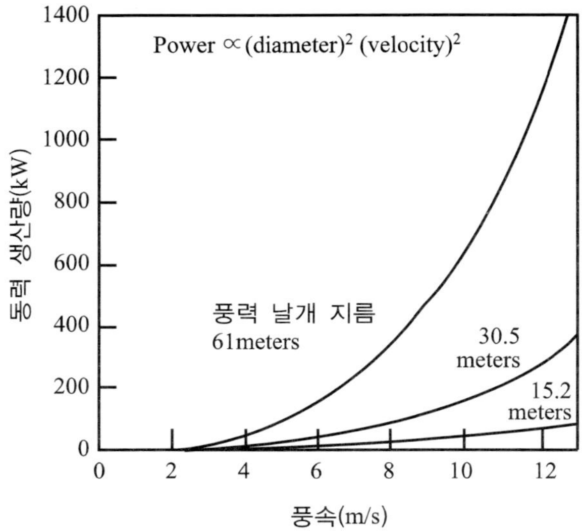

그림 8-16 풍차를 이용한 풍력발전의 영향변수

하면 날개지름이 61 m인 풍력발전소의 출력은 1,600 kW에서 200 kW로 크게 감소한다. 풍력 발전기술이 점차 발달함에 따라서 날개 지름도 대형화되고 있다. 1980년대 날개지름은 15 m 정도였는데, 2000년에는 66 m, 2008년 이후에는 80~100 m 지름의 풍력날개가 제작되고 있다.

풍력발전의 경제성 평가는 비용에서만 취급할 것이 아니기 때문에 풍력발전은 에너지 저장의 측면을 반드시 생각해야 한다. 특히 소규모 풍력발전단지에서는 저장기술을 동시에 고려해야 한다. 그렇지 못하면 재래식 발전소에서 전력을 얻는 것보다 불리할 수도 있다. 반면에, 풍력발전소는 운전 중에 환경오염물이나 폐열을 발생시키지 않기 때문에 환경적 측면에서 매우 유리하다.

풍력발전에서 생기는 전력을 저장하는 수단으로는 수소제조 등의 저장방법을 택할 수 있다(수소에너지에 대해서 제10장에서 설명하겠다). 간단히 설명하면, 풍력발전으로 생긴 직류전원으로 물을 전기 분해시켜서 수소와 산소를 생산 저장하였다가 바람이 불지 않을 때 수소와 산소가스를 연료전지(다음 10장에서 설명한다)에 발전용 원료로 공급하여 직류전기를 다시 생산하고 교류로 전환한 후, 송전하는 방법이다. 이러한 저장기술은 태양에너지 발전에도 마찬가지로 적용될 수가 있는데, 전력소비가 많을 때나 잉여전력이 있는 기간에 맞추어 운전할 수 있는 이점이 있다. 그림 8-17은 풍력발전, 저장, 송전의 과정을 간단히 나타낸 것이다. 물론 에너지 저장으로 인한 변환 효율의 감소를 막는

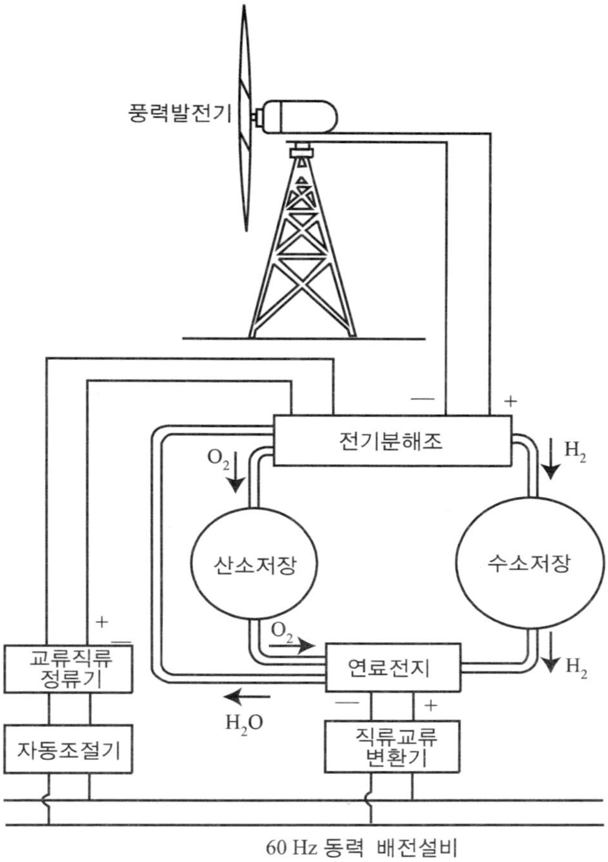

그림 8-17 수소 연료전지가 조합된 풍력 발전설비의 운영 아이디어

기술 등 해결해야 할 문제점은 아직도 많이 있다.

풍력발전에서 얻어지는 전력을 직접 사용하는 경우가 가장 좋겠지만, 전력의 소비시간과 생산시간대는 일치하지 않는 경우가 많다. 수소 연료전지를 이용하는 전력저장 이외에도 재래식 축전지를 이용하거나, 소규모 양수 발전시설을 설치하여 풍력에 의한 전력으로 물을 퍼올려서 저장했다가 필요한 소비시간대에 수력발전으로 다시 전력을 얻는 방법도 이론적으로는 가능하다. 그러나 이러한 양수발전 방법은 수소 연료전지나 축전지에 의한 전력에너지의 저장과 비교할 때 경제적으로 수익성이 전혀 없다.

8.4.3 지열 이용

지열을 이용하는 재생에너지 확보 기술은 두 가지로 나누어 생각할 수 있다. 첫째는 화산지역, 온천지역에서 획득할 수 있는 고온수나 고온 수증기로 지열발전을 하는 경우인데, 지역적으로 매우 한정되어 있다. 다른 한 가지 지열 이용기술은 지구상 어디서나 적용할 수 있는 방법으로서 열펌프 이론을 응용하여 땅속 1,000 m마다 25~30℃씩 더워지는 온도차를 이용하는 냉·난방 기술이다. 실제로 지하 1,000 m 정도의 깊은 탄광 속에서는 지표면 기준의 바깥 기온보다 상당히 높다. 그러나 이러한 지열은 열흐름의 전달속도도 낮고 온도 차이도 작기 때문에 대규모의 에너지 전환설비는 불가능하다. 열펌프 이론은 제2장에서 설명하였으므로, 이 절에서는 지열발전을 중심으로 서술하겠다.

지구표면에 대한 총괄에너지 수지는 태양에너지 이외에 지구 내부에 존재하는 고온의 열에너지도 포함되어 있다. 지열의 일부는 열전도에 의해서 지표면으로 꾸준하게 전달되고 있으며, 아직도 지구의 깊은 곳에서는 수천도의 고온 마그마(magma)가 용융상태로 있기 때문에 화산폭발, 지진 등이 일어나고 있다. 마그마의 존재 원인은 두 가지인데, 지구가 태양계를 형성할 때 가지고 있던 열(20%)과 지구 중심부에서 지금도 계속 되고 있는 핵분열에 의한 열(80%) 때문이다.

지열은 지하수의 대류현상에 의해 마그마 부근에서 가열된 후 지표면에 용출하여 온천을 형성하거나, 용암(molten lava) 자체가 지표면에 흘러나오는 장소와 때가 있다. 아이슬란드와 일본처럼 온천이 많은 지역에서는 열에너지를 직접 난방 등에서 사용할 수 있고, 이태리 등지에서는 온천수의 온도가 높아서 수증기로 분출되어 전력을 생산할 수 있다. 또 대부분의 북유럽지역 온천에서는 대량의 더운물(60~100℃)이 분출된다. 특히 중앙유럽의 여러 지역에서는 여러 가지 병을 치료할 수 있는 온천이 많다. 이러한 건강 온천은 그 지역에 매장된 많은 광물자원의 성분이 온천수와 함께 용출하기 때문이다.

2012년 현재 전 세계적으로 25개국에 11,400 MW 규모의 지열발전설비가 가동 중인데, 특히 미국에는 77개의 지열발전소(총 3,086 MW), 필리핀(1,904 MW)로 세계 2위, 인도네시아(1,197 MW)로 3위의 지열발전 능력을 보유하고 있다. 최초의 지열발전소는 1904년 북부 이태리의 Larderello 온천지대에 건설되었는데, 현재의 시설용량은 370 MW이다. 미국의 첫 지열발전소는 1960년 California의 Geysers 온천지대의 것으로 시설용량은 12.5 MW이다. 다른 전력자원 개발과는 달리 지열발전의 개발 속도는 늦어서 지난 90년간 전 세계적으로 10,000 MW 정도의 실적이 있을 뿐이다. 그 이유는 발전소 설치에 적당한 지열자원을 발견하기가 어렵기 때문이다.

그림 8-18은 지열에너지 자원을 얻을 수 있는 지역의 지질학적 구조를 설명한다. 용암(molten rock)은 지구 내부의 응력에 의해 지각에 밀려나와서 지표면 가까이에 있는 암석을 가열한다. 약 10 km 지하에 있는 지각의 암석틈 사이나 암석 자체가 다공성인 경우

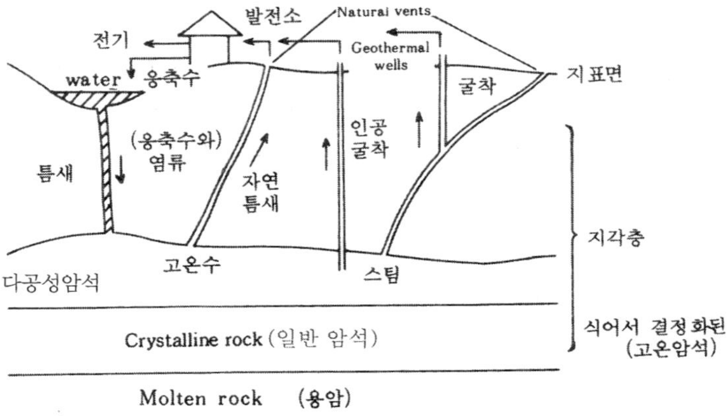

그림 8-18 지열지대의 지질학적 구조

에 그 구멍에 물이 흘러들어가서 약 250℃ 정도의 더운물이 되어(지압이 높기 때문에 수증기가 되지 않는다) 암석의 틈새를 통하여 지표면에 나올 때 온도는 떨어지지만 압력도 낮아지기 때문에 수증기 상태로 분출한다. 분출된 과열 수증기를 바로 스팀터빈-발전기 설비에 도입하여 전력을 생산하거나 다공성 암석 지대에서는 구멍을 뚫어서 지상으로부터 물을 공급하여 과열수증기를 만든 후에 뽑아내어 스팀터빈을 돌려서 전력을 생산한다.

일반적으로 온천지역이나 수증기 분출지역은 특정지역에 한정되어 있지 않고, 지각 내 어느 곳에나 고온수와 수증기는 발생할 수 있으므로 지표면에 가까운 곳에 용암이 있거나 굴착기술이 발달한다면 깊이에 관계없이 지구의 어느 곳에서도 지열을 회수할 수 있다고 생각해도 무방하다. 캘리포니아의 Geysers 지역에만 한정하더라도 3,000 MW 규모의 지열 발전소를 설치할 수 있는 잠재용량이 있고 Imperial Valley 지역에는 10~100 GW의 잠재용량이 추정된다. 후자의 경우에는 온천수에 각종 염류가 약 25% 이상 용해되어 있기 때문에 발전용으로 쓰기에는 장치부식의 위험성이 너무 높다.

전 세계적으로 이미 가동 중인 지열발전시설의 현황을 계획 중인 용량과 함께 표 8-11에 수록하였다. 더욱 진보된 지열 개발기술을 이용한다면, 뜨거운 암석층에까지 물을 지상으로부터 펌프로 밀어 넣고 더워진 물이나 수증기를 지표면위로 용출시킬 수가 있겠는데, 이러한 개념에 대하여 지질학적 타당성이나 경제적 타당성을 검토할 단계가 아직은 성숙되어 있지 못하다. 모든 지열발전소의 에너지 전환 효율은 재래식 화력발전에 비해 낮기 때문에 생산전력량당 폐열량이 매우 많다. 또한 1,000 MW 정도의 지열발전소를 건설하는 데는 약 2,000개의 구멍을 뚫어야 하므로 15~30 km^2의 토지가 필요하다. 이

표 8-11 세계 주요국의 지열발전소 시설용량과 전력비중

용량 순위	국가명	2010년 시설용량 (MW)	자국 내 발전비율 (%)	전 세계지역 발전비율 (%)
1	미국	3,086	0.3	28
2	필리핀	1,904	27.0	17
3	인도네시아	1,197	3.7	11
4	멕시코	958	3	9
5	이탈리아	843	1.5	8
6	뉴질랜드	628	10	6
7	아이슬란드	578	30	5
8	일본	536	0.1	5
9	이란	250	?	7
10	엘사바돌	204	25	
11	켄야	167	11.2	
12	코스타리카	166	14	
기타	니카라과 등 13개국	445.7	-	4
총합계	전 세계	10,959.7	-	100%

자료 : http://en.wikipedia.org/wiki/Geothermal_energy

면적은 같은 규모의 핵발전소용 소요면적의 10배 정도에 해당한다.

미국에서는 서기 2000년에 약 40,000 MW의 지열발전을 설치하는 계획을 수립한 바가 있었는데, 국제 원유가격의 하락 추세에 의하여 재래식 화력발전 방법과 경쟁할 수 없는 상황이 되었기 때문에 실행된 것은 극히 작은 일부분에 지나지 않는다. 계획대로였다면 미국 전국 소비전력의 3%를 충당한다는 계획이었다.

우리나라에서는 지열발전의 가능성은 거의 없고 온천수의 개발에 의한 난방이 바람직하다. 그러나 현재로서는 한국의 온천개발이 여가 이용시설(leisure resort)로만 고려되고 있음은 재고할 일이 아닐까 생각된다. 그나마도 지하수 자원의 고갈, 원천적인 저온수 등의 현황으로 미루어 볼 때 지역난방의 경제성도 낮은 편이다.

8.4.4 해양에너지의 이용

바닷물 속에 들어 있는 중수(D_2O)를 분리하여 핵융합발전에 이용하거나 이미 실용화되어 있는 핵분열 원자로의 냉각제로 사용하는 해양자원의 이용분야에 대해서는 이미 원자력분야(제6장)에서 설명하였다. 이 절에서는 해양의 바닷물이 가지고 있는 에너지(운동에너지 또는 해수의 온도차이)를 이용하는 방법을 설명하겠다. 해양에너지의 이용은 바닷물의 밀물·썰물의 물 높이의 차이(10 m 정도)에 의한 위치에너지를 이용하는 조

력발전, 파도가 가지고 있는 운동에너지를 이용하는 파력발전(wave power) 그리고 해수의 온도차(수면에서의 온도와 수심부에서의 온도차)에 의한 열펌프 원리를 이용한 터빈 운전 및 거대한 해류의 흐름을 이용하는 개념적 방법들이다. 그 중에서 일부는 소규모이지만 실용화된 것도 있고, 시험단계인 것과 연구계획 중인 것도 있다. 한반도의 남, 서해안에서 잠재적으로 조력발전 650만kW, 조류발전 100만kW, 파력발전 650kW이 가능하다는 산업자원부의 조사 보고가 있다(매일경제 2008. 5.29, A27면).

8.4.4 1 조력(밀물과 썰물)발전

바닷가에 사는 사람이나 바닷가에서 12시간 이상 머물러 본 사람이면 누구나 바닷물의 높이가 하루에 두 번씩 변하는 것을 경험하게 된다. 이 현상은 지구와 달과 태양의 인력에 의해 생긴다는 사실을 잘 알고 있으며, 간만의 차이에 의한 바닷물의 위치에너지 변화량을 계산하는 이론도 과학적으로 밝혀져 있다.

그러나 실제 간만현상은 이론적인 해석보다 훨씬 복잡하게 일어난다. 간만의 차이는 지역에 따라서 다르다. 대양의 한복판에 있는 섬에서는 간만의 차이가 0.5 m 정도로써 이론적 계산결과와 일치한다. 그러나 지중해에서는 그 차이가 전혀 없고, Severn(영국 Bristol 해협) 지역에서는 간만의 차이가 15 m나 된다. 지리적으로 간만의 차이가 크게 나는 지역은 바다와 강이 만나는 하구지역 해안이다. 간만의 차이가 큰 곳에 댐과 수문을 설치하여 바다를 내수면과 외해로 분리하는 방조제공사를 한 후, 밀물 때에 수문을 열어 내수면에 물을 높이 가두었다가 썰물이 시작되어 내수면과 외해사이에 상당한 수면높이차이가 생기면 수문대신에 수력발전소와 같은 원리의 배수관을 설치하여 바닷물을 외해로 방류할 때 수차를 돌려 발전할 수 있다. 이때 수문대신에 배수관과 발전시설을 한 쌍씩 설치하면 밀물 때도 발전할 수가 있다.

지구상의 모든 해안선에서 일어나는 간만의 차이에 의한 에너지를 이론상으로 전부 전력으로 이용한다면, 10^{12} W의 전력을 얻을 수 있다는 계산이 나온다. 이 값은 인류가 조력발전으로 얻어낼 수 있는 에너지의 최대치에 해당하는데, 실제로는 훨씬 작은 양이 이용 가능할 것이다. 이러한 양을 잠재적 조력에너지로 가정하고, 전 세계적으로 그 설치 위치와 그 발전량을 추산한 결과는 표 8-12와 같다. 현재 가동 중인 조력발전소는 프랑스의 La Rance(용량 240 M) 러시아의 Kislaya(80 MW), 캐나다의 Annapolis(20 MW)* 중국의 지앙시아(江廈潮汐 시험발전소, 3 MW)등이 유명하다.†

* 한국경제신문, 1997. 5. 30

† http://en.wikipedia.org/wiki/Tidal_power와 http://baike.baidu.com

표 8-12 전 세계의 조력발전 기능지역과 잠재적 발전가능량

지역명 (설치 연도)	평균 차이 (m)	내수면 면적 (km^2)	잠재 발전가능량	
			Mean power (MW)	Annual production (100 MWh)
North America				
Passamaquoddy	5.5	262	1800	15800
Cobscook	5.5	106	722	6330
Annapolis	6.4	83	765	6710
Minas-Cobequid	10.7	777	19900	175000
Amherst Point	10.7	10	256	2250
Shepody	9.8	117	520	22100
Cumberland	10.1	73	1680	14700
Petitcodiac	10.7	31	794	6960
Memramcook	10.7	23	590	5170
South America				
San Jose, Argentina	5.9	750	5870	51500
England				
Severn	9.8	70	1680	14700
France				
Aber-Benoit	5.2	2.9	18	158
Aber-Wrac'h	5.0	1.1	6	53
Arguenon	8.4	28	446	3910
Frenaye	7.4	12	148	1300
La Rance (1966)	8.4	22	349	3060
Rotheneuf	8.0	1.1	16	140
Mont St. Michel	8.4	610	9700	85100
Somme	6.5	49	466	4090
Ireland				
Strangford lough	3.6	125	350	3070
U.S.S.R.				
Kislaya	2.4	2	2	22
Lumbouskii Bay	4.2	70	277	2430
White Sea	5.65	2000	14400	126000
Mezen Estuary	6.6	140	1370	12000
평균 또는 합계	8.4	223	62125	562553

Reference:M.King Hubbert in Resources and Man, Publication 1703, Committee on Resources and Man, National Academy of Scienes – National Research Council, W. H. Freeman and Co., San Francisco, 1969.

조력발전의 이론적 효율은 8~20%로 계산되는데, La Rance의 효율은 25%로써 전 세계 평균치 18%보다는 훨씬 높다. 기술적으로는 발전용 수차의 설계가 효율을 좌우한

우선순위	8	7	5	10	1	9	4	2	6	3
地點	仁川	始興	南陽	汾陽	牙山	唐津	瑞山	加露林	安興	淺水

그림 8-19 우리나라 서해안의 조력발전 가능지역

자료 : 표 8-11과 동일

다.* 그 이유는 조수의 흐름이 느리고 수면차가 작기 때문이다. 조력발전소를 설치하더라도 공해나 환경오염은 없으며, 경관을 더 개선하여 관광자원화가 가능하다. 다만, 이동 중인 어류가 발전기 날개에 부딪칠 위험이 있고, 발전설비의 부식이 염려된다. 그러나 재래식 발전에 비해 상당히 긍정적 평가를 받고 있다. 또한 거의 영구적인 에너지 자원이라는 것도 매우 중요한 장점이다.

한국의 서해안은 조력에너지의 개발에 적당한 자연적 조건을 가지고 있다. 이 지역은 조석 간만의 차가 크고(약 8 m 평균) 수심이 얕아서 물막이 공사비용이 적게 들 것이고, 해안선의 굴곡이 많아서 조력발전에 적당한 입지조건을 갖추고 있다(그림 8-19 참조).

한국전력공사가 1970년에 조사한 보고서에 의하면 서해안에는 총 1,314 MW의 조력발전 잠재력이 있는 것으로 알려져 있다. 당시에 가장 최적지로는 충청남도 가로림만과 천수만이 지목되었으며 경제적 타당성 조사도 실시되었다. 가로림만에 대해서는 1982~1986년 등 2차에 걸쳐서 정밀 타당성조사 및 기본설계를 프랑스 회사 및 영국회사와 공동으로 각각 실시한 바 있다. 두 차례의 조사결과에 의하면 발전용량 400 MW로 연간

* Greenberg, D, A., Sci. Am., 257(5) : 106(1987, Nov.)

표 8-13 한국의 조력발전 가능지역들

우선순위	1	2	3	4	5	6	7	8
항목 지점	아산만	가로림만	천수만	서산만	남양	안흥	시흥	인천
조차(m)	9.9	7.9	7.0	7.9	9.5	7.6	7.6	9.5
방조제(km)	2.2	2.1	5.0	3.2	3.5	2.9	2.9	30.8
제고(m)	33	33	34	18	19	18	20 18	16
조지면적(km^2)	100	108	192	48	34	30	37	181
조지면적/방조제	45.45	51.43	38.40	15.00	9.71	10.34	7.25	5.88
출력(MW)	320	330	460	130	110	80	120	178
공사비(백만원)	47,995	49,746	70,442	25,318	25,753	20,442	32,651	66,647
건설단가($/kW)	468.7	471.1	478.5	608.6	731.6	806.4	850.3	1,167.4
발전방식	1*	1*	1*	1*	1*	1*	1*	2*
송전선거리(km)	32	95	70	80	31	100	30	25

* : 1 단일조류저수식 복류발전
  2 황복조류저수식 단류발전

자료 : 조력발전(한국전력, 1970)

836 GWh의 발전이 가능하다고 한다. 2011년 완공된 시화호 조력발전소의 시설용량은 254 MW로서, 1966년 완공된 프랑스의 랑스발전소보다 더 크기 때문에 세계 제1의 조력발전소로 기록되었다. 그 외에도 전남 진도 울돌목(90 MW), 강화도(812 MW, 2015년 계획), 인천 영종도 갑문식 조력발전소(1,320 MW, 2017년 계획) 등이 추진 중이다. 아울러 북한의 해주만과 압록강 하구 등에도 조력발전(약 2,000 MW)의 가능성이 높다는 보고서가 발표된 바 있다. 조력발전의 발전단가(2008년 가격)는 90원/kWh로서, 풍력 107원/kWh, 연료전지 283원/kWh, 태양광 677원/kWh보다 저렴하다고 추산되었다.*

8.4.4.2 파력, 해류, 해수온도차의 이용개념

지금까지 서술한 해양 에너지 자원기술은 모두 실용화가 된 것이다. 그러나 이 절에서 설명하는 세 가지 기술은 일부 시험연구 중이거나 전혀 실현된 바가 없는 연구단계에 있는 기술이다.

이론적으로 파도의 운동에너지를 에너지자원으로 이용하는 것은 매우 권장할 만한 기술이다. 이 기술의 개념은 바다위에 부유탱크 부이(floating tank, Vuoy)를 띄우고, 해저에 매달아 두면 파도에 의해서 탱크에 요동운동이 전달되고, 이 운동으로 고압 물펌프를 작동시켜서 얻어지는 고압의 물로 해안에 설치된 수차발전소를 운전하는 아이디어이다.

* 매일경제신문 2008. 7. 4

100 MW의 시설을 위해서 4.5 km 길이로 부유탱크를 설치해야 한다는 계산이다. 이러한 방법은 여러 가지 단점도 있다. 아직 실용시험도 못해보았을 뿐만 아니라 탱크라인은 선박항해에 방해가 될 것이고 경관상 문제도 있다. 또 파도가 잔잔할 때 보조 동력설비가 필요하다. 가장 중요한 기술은 탱크의 요동운동을 적절하게 이용하는 것인데, 이것은 파도의 모양(파고와 파장)과 탱크의 요동운동에 관한 유체역학과 고체역학의 접합적 연구에 의해서 해결점을 찾아야 할 것이다. 우리나라의 동해안은 수심이 깊고, 연중 계속해서 파도 발생의 빈도가 높기 때문에 파력발전의 가능성은 상당히 높은 편이다. 미국, 일본, 영국 등 여러 나라에서 이 분야의 연구를 상당히 수행해 왔으며, 50여 종의 파력발전장치가 제안되어 있다. 특히, 일본에서는 1996년에 항로표시용 등대를 부유탱크에 실어서 파력에 의한 등대용 전력의 자체 생산을 시도한 바 있다. 그 후에 유럽기술진과 공동으로 "가이메이호"라는 파력발전선을 제작하여 2년간 일본근해에서 시험연구를 진행하기도 하였다.

해수온도차 발전기술은 바닷물의 온도가 수심에 따라서 다르다는 현상을 이용하여 역카르노사이클(냉동사이클)로 전력을 생산하는 개념이다. 적도지방에서 보통 바닷물의 온도는 수심 60 m에 20~25℃ 정도의 차이가 있다. 이 정도의 수온 차이는 열펌프(heat pump)용 열매체로 쓰일 수 있는 프로판가스나 암모니아가스를 액화 및 기화시킬 수가 있는 온도이다. 따라서 약 60 m 높이의 시설물에 터빈을 설치하고 수면에서 가열증발된 열매체로 수중의 터빈을 돌리고, 이때 열매체는 팽창하면서 터빈발전기를 돌린다. 저온의 심부에서 열매체는 응축되어 액체상태로 수면가까이로 올라오는 폐쇄식(closed) 또는 개방식(open) Rankine cycle과 열펌프의 조합원리를 이용한다는 개념이다(그림 8-20).*

해양온도차를 이용하는 발전(OTEC : Ocean Thermal Electric Conversion) 시스템에 대한 연구는 국내에서도 수행되고 있다. 인하대학과 제주대학은 공동으로 1 kW급 OTEC 설비를 제작하여 바다에서 실험하는 연구를 1996/1997년에 수행하였다. 이 기술의 기본개념은 약 100년 전에 프랑스에서 발표되었었다. 그후 미국에서는 1979년에 하와이의 Kihol 해상에서 50 kW급을 실험한 바 있으며, 일본도 1981년 남태평양에서 100 kW급 실험을 수행하였다.

또한 동해안에는 북상하는 쿠로시오 해류(黑潮流)가 있기 때문에 해류의 속도(운동에너지)를 이용한 발전의 가능성도 있다. 이 방법은 해류 속에 수직으로 거대한 터빈을 담

* Penney, T. R. & D. Bharathan, Sci. Am 256(1), 74 (1987)

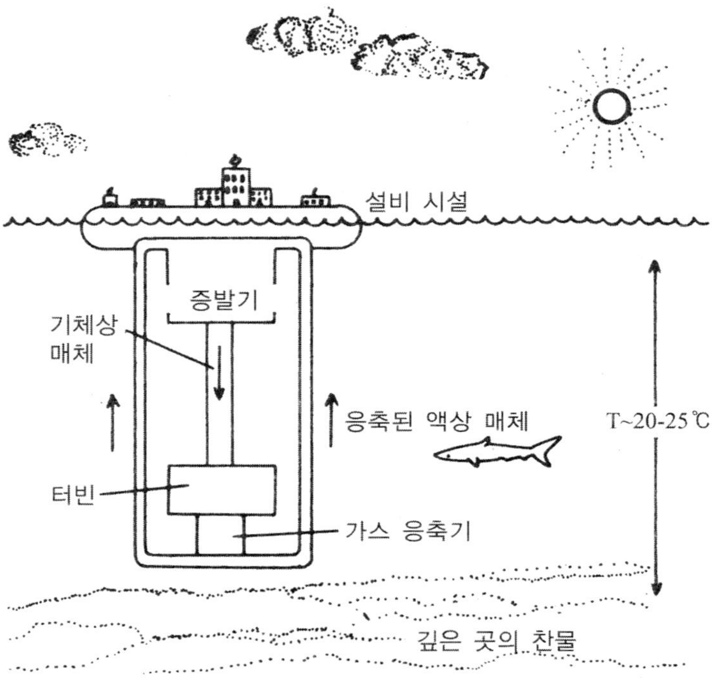

그림 8-20 해수의 온도차이를 이용한 랭킨사이클 동력생산 개념도

가서 해류의 운동에너지로부터 기계적 에너지를 얻어낸다는 개념이다. 이러한 과학적 제안은 일면 그럴듯하지만, 실제로는 거의 공상과학에 가까운 내용이다. 미국은 "Coriolis Project"라는 해류이용 발전계획사업을 추진하고 있는데 발전기 1개의 무게가 6천 톤이나 되는 시설을 해류의 이동지역에 설치하여 연간 250,000 MWh의 전력을 생산한다는 구상이다.

한국의 남해안 여러 섬사이에 흐르는 빠른 조류(해류)를 이용하면 1,000 MW의 전력을, 또 파도를 이용하는 파력발전 용량은 6,500 MW이 될 수 있다는 추정보고서가 발표되어 있다. 또다른 해양에너지의 이용방법에는 바닷물의 염분에 의한 삼투압을 이용해서 전기를 생산하는 염분차 발전이 구상되고 있다. 바닷물의 염분이 3%, 강물의 염분이 0%이므로, 이러한 염분차이는 삼투압을 유발하게 되고, 물입자만 통과 가능한 얇은 막(멤브레인)을 두면 상대적으로 염분이 낮은 강물이 바닷물 방향으로 흘러서 염분의 농도를 비슷하게 하려는 현상인 삼투압이 발생하게 되고, 바닷물의 높이가 올라가면 물이 떨어지는 힘으로 터빈을 회전시켜 발전한다는 개념이다.

8.5 폐기물 소각 에너지

폐기물(waste material)은 쓰레기, 연소재, 오니, 폐유, 폐산, 알칼리, 동식물 폐사 쓰레기 등 인간생활이나 산업활동에서 생기는 사용가치가 적은 물질들이다. 폐기물 관리법(1995년 개정)에 의하면 폐기물은 생활폐기물과 사업장폐기물로 분류된다. 특히, 사업장폐기물은 대기·수질환경보전법에 규정된 배출시설을 갖춘 사업장에서 발생되는 폐기물이다.

이들 폐기물 중에는 종이, 플라스틱, 나무, 부엌쓰레기, 폐타이어, 폐유 등 가연성 성분이 많이 들어 있기 때문에 폐기물을 연소하면 많은 열을 회수할 수 있다. 이러한 폐기물이 가지고 있는 잠재적 에너지는 소각에 의한 열회수, 고체연료화 및 열분해에 의한 가연성 기체에너지 등으로 회수, 활용될 수 있다.

자료에 의하면 1995년에는 한국에서 1일 4만8천 톤의 생활폐기물과 약 10만 톤의 사업장 폐기물이 발생하였다. 그중 생활 폐기물은 매립(72%), 소각(4%), 재활용(24%) 등으로 귀중한 에너지 자원이 대부분 매립되고 있다. 또 사업장 폐기물은 매립(33%), 소각(6%), 기타 방법으로 처리되고 있다(그림 8-21).

도시 생활 폐기물의 종류별 무게 조성비율은 음식물(31%), 연탄재(10%), 금속 및 도자기(6%), 폐지류(22%), 플라스틱(16%), 나무(4%), 기타(16%) 등으로 구성되어 있다(그림 8-21). 이 성분들 중에서 가연성 폐기물은 72% 정도나 되고, 만일 쓰레기의 분리수거가 가능하고 폐지류 등의 재활용 비율을 높인 후에 남는 생활폐기물에도 90% 이상은 가연

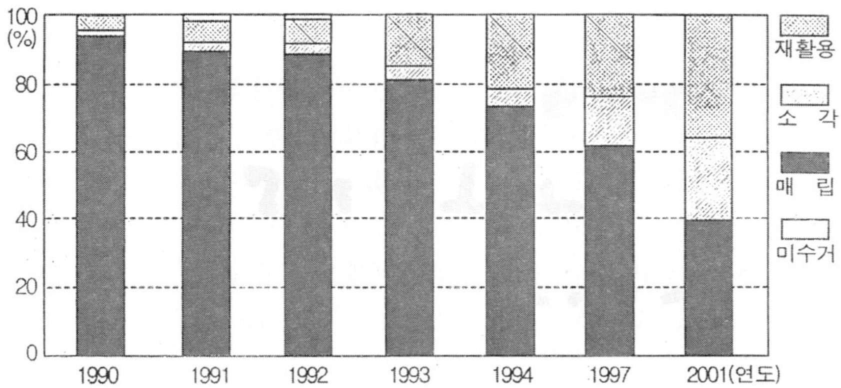

그림 8-21 우리나라의 생활폐기물 처리 현황

자료 : 한국화학공학회, "에너지공학", 1996. p. 545에서 전제

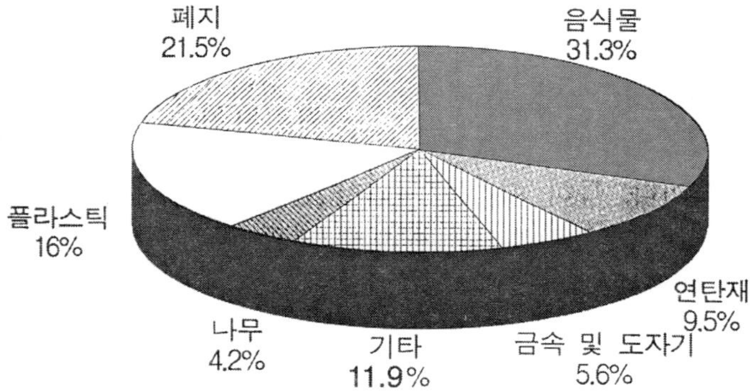

그림 8-22 한국의 생활폐기물 조성(1994)

자료 : 한국화학공학회, "에너지공학", 1996. p. 543에서 전제

성 물질로 구성되며, 이것을 연소시키면 순발열량기준으로 1,000~2,500 kcal/kg의 열에너지를 얻을 수 있다. 쓰레기로부터 재생에너지를 얻게 되는 셈이다. 한편, 사업장폐기물 중에서 폐타이어, 폐용제, 폐윤활유, 폐플라스틱을 소각하는 경우에는 5,000~10,000 kcal/kg의 재생에너지를 회수·사용할 수 있다.

이와 같은 폐기물을 재생에너지로 100% 회수한다면 1996년 한해에 우리나라에서 114만 TOE에 해당하는 에너지를 회수할 수 있고 이 에너지량은 1차에너지 수요량의 0.8%에 해당하는 엄청난 양이다. 만일 폐기물을 50%정도만 회수, 소각시킨다고 하면 0.4%의 1차에너지 소요량을 줄일 수가 있고 금액으로 환산하면 연간 1억$에 해당한다.

한국에서의 폐기물 소각량은 1992년 1.5%에서 1997년 14.2%로 급격히 증가하고 있으며, 2001년에는 25%의 소각비율을 예상하고 있다. 폐기물 소각에서 얻어지는 에너지의 회수라는 이점도 있으나, 더 중요한 것은 쓰레기 매립지의 확보가 어렵고, 매립지에서 침출수에 의한 환경오염, 대기오염 등 부수되는 여러 가지 환경오염 문제를 피할 수가 있는 장점도 있다. 반면에 쓰레기 소각은 소각설비비의 투자로 인한 비용부담과 대기환경 오염물질(분진, SO, NO, CO, CO_2, Cl 화합물, dioxines 등)의 배출방지 시설비용의 추가부담이 단점으로 재기되고 있다.

폐기물의 소각기술 이외에 폐기물의 열분해 기술도 주목을 받고 있다. 소각에 의해서는 단순히 열에너지를 회수할 수 있을 뿐이므로, 이 열을 도시 주택밀집지역에서 지역난방열로 공급하거나 전력생산을 겸하는 열병합발전시설로 쓸 수 있다. 이러한 시설은 큰 용량의 쓰레기 소각시설인 경우이고, 단순히 소각처분으로 끝나는 소형소각 시설도 중소도시나 개별사업장에 상당히 많이 있다.

가연성 폐기물이더라도 폐타이어, 플라스틱 등은 연소가 쉽지 않기 때문에 단순소각 시설에서 연소시키는 노력 대신에, 약간 고도의 기술인 열분해 기술이 사용될 수 있다. 폐타이어 등의 고분자 물질들은 500~1000℃ 부근에서 고분자구조가 분해되어 가연성 기체(탄화수소), 가연성 액체, 가연성 고체로 열분해될 수 있다. 이들을 기체, 액체, 고체별로 분리한다면 새로운 에너지용 연료로 사용할 수 있다. 그러므로 열분해 기술은 재래식 화석에너지 자원의 가격이 상승하면, 반드시 실용화 또는 인기있는 에너지 획득 기술이 될 것이다.

폐기물 소각 또는 열분해 시설은 제2장에서 설명한 고체연료 소각시설과 큰 차이가 없거나 같은 시설이 사용될 수 있다. 폐기물 소각시설은 stoker식(회격자식) 소각로, 유동층 연소장치, 회전식 연소로 등으로 구분된다. 회격자식과 유동층 연소에 대해서는 이미 설명하였으므로, 이 절에서는 회전식폐기물 소각장치만을 설명하겠다(그림 8-23).

회전식 소각로는 시멘트공장 등에서 사용되는 클링커 제조용 소성로와 비슷한 모양이다. 회전식 소각로(rotary kiln)는 수평으로부터 2~3° 정도 기울어져 설치되고 지름과 길이는 소각용량과 소각에 필요한(연소반응) 시간에 따라서 결정된다. 로는 중심축에서 0.5~8 rpm으로 회전되고 내용물은 경사각도를 따라서 이동하면서 연소된다. 회전로 자체를 소각로로 사용하는 경우도 있고, stoker 같은 다른 연소장치와 연결해서 사용하는 경우도 있다.

폐기물 소각장치에 부수설비로 반드시 배기가스처리시설, 분진집진장치 등이 부착되어야 한다. 소각로는 석탄이나 석유 연소장치와는 달라서 투입되는 연료(폐기물)의 성분

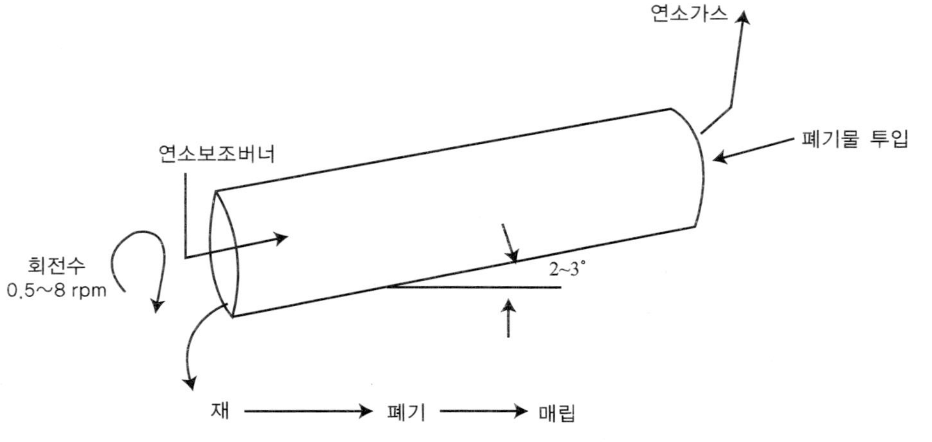

그림 8-23 회전식 폐기물 소각로의 개요

이 시시각각 변하므로 일정한 연소조건을 계속 유지하기가 더 어렵다. 말하자면 연소조업에 더 많은 인력이 필요하게 되며, 연소시에도 여러 가지 트러블이 자주 일어난다.

8.6 신재생에너지 기술의 개발과 경제성

8.6.1 신재생에너지의 기술개발

재생가능에너지 자원의 개발을 위한 노력은 각국 정부나 민간기업들에 의하여 계속되고 있다. 우리나라의 연구개발 관련투자 규모는 자료가 입수되지 않았기 때문에 제시할 수가 없다. 그러나 미국의 경우, 연방정부가 재생가능에너지 자원의 개발을 위한 연방예산을 꾸준히 투입해 오고 있다. 그림 8-24에서 보면, 미국에서 1973년과 1981년 사이에 연구비 지원예산의 대폭적인 증가와 그후의 감소현상을 볼 수 있다. 그것은 1973년과 1979년의 두 차례 석유위기에 대처하기 위한 재생에너지 확보 노력을 시기별로 반영하고 있다. 1990년 이후 다시 연구개발 예산액이 증액되는 이유는 화석연료의 과다한 사용으로 인해 초래되는 기후온난화 현상에 대처하는 노력의 결과라고 추정된다.

한국에서도 재생에너지 기술의 개발과 보급에 상당한 노력을 경주해 왔다. 2010년부

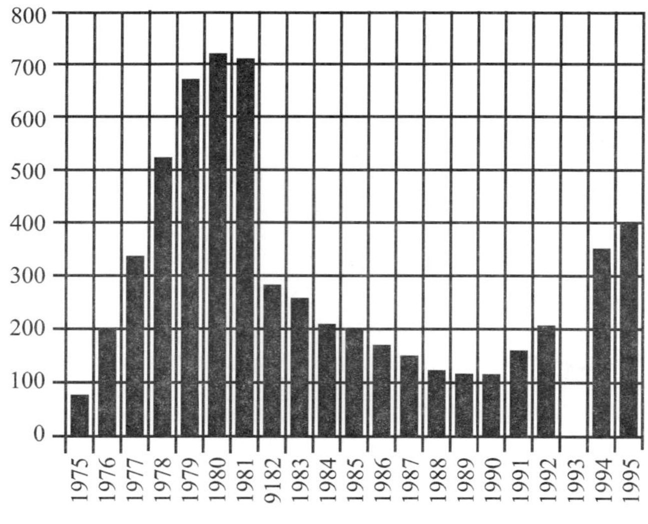

그림 8-24 재생에너지 연구 개발을 위한 미국연방정부의 예산지원

자료 : http://www.ems.psu.edu/~radovic/renewable.html

터 한국 정부 주도의 "녹색 성장" 정책을 수립하고 적극적으로 신재생에너지 개발, 보급 정책을 전개하고 있다.

8.6.2 신재생에너지 기술의 종합요약

지금까지 재생가능 에너지자원 또는 대체에너지자원 분야의 과학기술적 측면을 고찰하였다. 이 항목에서는 각종 재생가능 에너지의 특성을 간략하게 요약하는 표 8-14를 작성하였다. 집열식 태양열을 쉽게 이용할 수 있는 장점이 있으나 태양열 발전은 더운 사막 같은 특수지역을 제외하고는 어렵지 않을가 걱정된다. 반면에 태양광 발전은 겉보기에 화려하게 부상할 재생에너지 같이 생각되는데 아직도 개발하고 연구해야 할 과제가 많은 기술이다. 특히 현재 시점에서 발전비용은 재생에너지 중 가장 높으므로 경제성을 확보하는 실용 연구가 중요하다. 풍력 발전은 현 시점에서 경제성이 가장 높은 재생

표 8-14 재생가능에너지의 역할 비교 요약[*1]

종류 항목	태양열	태양광	풍력	지열	조력/ 파도	바이오	수력/ 소수력	폐기물 에너지	수소 연료전지
내용	집열관/탑	반도체 이용	가장 유망 가장 선진	용암 분포지	조수/파력	곡물, 사탕, 농산폐기물, 알지	강우량, 저수지 건설	폐기물 연소	수소산소 반응 전지 구조물
현황	상용/시범	상용화	상용화 급성장중	극소규모 상용화	상용/시범	상용화 노력중	상용화	소규모	시험단계
2006기준 설치비용[*2] ($/kW)	1,000~ 4,000	5,000	1,200~ 1,850	4,700	6,662	4,400	? (핵발전소 4,000~8,000)	?	?
생산비용 (¢/kWh)	19.9~28.1	46.9~70.5	6.1~8.4	6.2~7.6	?	석유가격과 연계	?	?	30~
장점	무진장, 무공해, 저장용이	도시에도 설치, 최대수요 전력용	잠재력 크다. 건설용이	기본 부하용으로 적합	짧은 송전거리	저탄소 배출	발전원가 저렴	환경오염 방지, 자원 재활용	수소자원, 청청에너지
단점	넓은 토지, 냉각수 원거리 소비지, 정격출력 불능	소규모 발전, 고 설치비용, 설치공간	원격소비지, 외관, 소음, 조류 생태계에 영향	지하수 품질, 한국 해당 없음	구조물 비용 과다	곡물가격, 석유에 비해 저열량	지역적 한계	2차 환경 오염 유발 가능성	수소취급 안전성

*1 Matthew L. Wald, "The Power of Renewables", Sci. Am., March 2009, p. 50/55

*2 Energy Watch Group: "Renewafles Energy Outlook 2030", 2012

에너지 기술이다. 상용화도 쉬우므로 기계공업, 전기공업, 토목산업에까지 시너지 효과를 일으킬 수 있는 분야이다. 한국에서 지열 이용의 가능성은 희박하나, 조수간만의 차이를 이용하는 해양에너지 이용기술은 큰 매력이 있는 재생에너지 기술분야이다. 한국과 같이 산악이 많은 지역에서는 소수력 발전을 이용하여 산악지대 개발에 기여할 수 있을 것으로 기대된다. 바이오에너지와 폐기물에너지 활용은 국민 개개인이 에너지의 중요성을 더욱 깊이 인색해야만 확대될 수 있는 분야이다. 무한자원으로 생각되는 수소에너지의 활용은 아직 초기단계를 벗어나지 못하고 있는 듯하다.

대체에너지 또는 재생가능에너지에 관한 우리의 지식은, 때때로 공상적 개념과 오래된 기술사이의 경계없는 경계를 넘나들 정도로 넓은 학문분야를 섭렵함으로써 터득되는 것으로 판단된다. 따라서 이러한 내용들의 전부 또는 일부는 계속 연구되어야 하겠고, 자연과학도나 사회과학도 모두의 학문적 호기심을 불러일으킬 수 있는 방향에서 이들 내용이 파악되고 고찰되어야 한다.

또 하나는 각종 에너지 이용기술마다 독특한 난이도가 있고 인근 영역기술(예를 들면 기계공학과 전기공학사이, 또는 공학과 사회학, 예술과 과학 사이의 접합영역에서 해결해야 할 기술 또는 방법론) 사이에 서로 다른 용어상의 문제점 등도 통일됨이 바람직하다. 특히 대체에너지 기술에서는 재래식 에너지기술에서도 마찬가지인데, 각종 방법에 따라서 달라지는 에너지자원의 비용을 비교하거나, 에너지자원의 공급체계의 복잡성을 깊고 넓게 이해하는 노력이 필요하다. 이와 아울러서 에너지문제의 장래를 해결하기 위한 개인의 노력도 필요하고 국가적 노력과 국제적 협력 사업에도 개개인들이 관심을 두어야 할 것이다.

참고문헌

〈대체에너지〉

Michael Brower. Rev. ed., "Cool energy : renewable solutions to environmental problems". Cambridge, Mass. : MIT Press, 1992.

Mark Z. Jacobson and Mark A . Delucch; "A Path to Sustainable Energy by 2030", Scientific American, Nov. 2009; p. 38/45

The Nat. Research Council, "Alternative Energy Demand Futures to 2010", National Academy of Science, 1979.

Real Goods Company Staff, "Alternative Energy Sourcebook", Real Goods, 1990.

Sperling, Daniel, editor, "Alternative Transportation Fuels : An Environmental & Energy Solution", Greenwood Publishing Group, 1989.

Veziroglu, T. Nejat, editor, "Alternative Energy Sources III", Vol. 1~9 :, Hemisphere, 1983.

Veziroglu, T. N., editor, "Alternative Energy Sources V : Energy Research", 6 Vols., Elsevier, 1984.

Veziroglu, T. Nejat, editor, "Alternative Energy Sources VIII : Solar Energy Fundamentals &

Applications", Vol. 1, Hemisphere.
White, Janet A., "Alternative Energy : A Guide to Free Information for Educators", Fund for Renewable Energy & the Environment, 1985.

〈재생에너지〉

최용규, "(한국의) 신재생에너지 산업 육성 정책", NICE, 26(5):502(2008)
한국동력자원연구소, "WEC의 신·재생에너지운동", 신·재생에너지기술동향 제8권 10호 : 24-29, (1994, 10).
Bhatia, Ramesh ; Pereira, Armand & Swaminathan, Madhura, editors, "Socioeconomic Aspects of Renewable Energy Technologies", Greenwood Publishing Group, 1988.
Blackburn, John O., "The Renewable Energy Alternative : How the United states & the World Can Prosper Without Nuclear Energy or Coal", Duke University Press, 1987.
Dayal, Maheshwar, "Renewable Energy : Environment & Development", Advent Books, 1990.
Gowen, Marcia, "Renewable Energy Assessments : An energy Planner's Manual", East-West Center, 1985.
Hill, R. ; O'Keefe, P. & Pearsall, N. M., editors, "Renewable Energy Sources for the 21st Century", American Institute of Physics, 1988.
OECD, "Renewable Sources of Energy : IEA", Organization for Economic Cooperation & Development, 1987.
"New & Renewable Sources of Energy for Development", United Nations, 1988.
Sodha, "Reviews of Renewable Energy Resoureces", South Asia Books, 1988.
Steiger, Jurgen, "Renewable Energy Resources in ASEAN", Gower, 1988.
Tayler, Robert P., "Decentralized Renewable Energy Development in China : The State of the Art", World Bank, The Publications Department, 1983.
Twidell, Tony & Weir, Tony, "Renewable Energy Resources", Chapman & Hall, 1985.

〈태양에너지〉

www. inlanderengy.com(캘리포니아주의 천연가스/태양에너지 겸용 전력 생산)
Braun, Harry W., III., "The Phoenix Project : An Energy Transition to Renewable Resources", Research Analysts, 1990.
Franta, Gregory E. & Haggard, Keith W., editors, "Progress in Solar Energy : Vol. 5, The Renewable challenge", American Solar Energy Society, 1985.
Ken Zweibel, et. al., "Solor Power in USA by 2050..." Scientific American, January 2008, p. 48/57
Kreith, Frank & West, R. E., "Economics of Solar Energy & Conservation Systems", 3 vols., C R C Press, 1980.
Pleskov, Yu V., "Solar Energy Conversion", Springer-Verlag, 1989.
Stine, W. B., and R. W. Harvigan, "Solar Energy : Fundamental and Design," John Wiley, 1985.

〈태양열 이용〉

Anderson, Edward E., "Fundmentals of Solar Thermal Energy Conversion", Addison-Wesley, 1983.
Becker, M. & Bohmer, M., editors, "GAST : The Gas-Cooled Solar Tower Technology Program", Springer-Verlag, 1989.
Gretz, J.; Strub, A. S. & Skinrod, A., editors, "Thermo-Mechanical Solar Power Plants", Kluwer Academic Publishers, 1985.

〈태양 전지〉

Cardon, F. ; Gomes, W. P. & Dekeyser, W., editors, "Photovoltaic & Photoelectrochemical Solar Energy Conversion", Plenum, 1981.

Luque, A. & Araujo, G. L., editors, "Physical Limitations to Photovoltaic Energy Conversion", American Institute of Physics, 1990.

Neville, R. C., "Solar Energy Conversion : The Solar Cell", Elsevier, 1978.

Wilson & Frumerman, "Alternative Sources of Energy : Waste-to-Energy Photovoltaics", Marier, Donald, editor, Alternative Sources of Energy, 1988.

〈풍력 에너지〉

www1. eere.energy.gov/windandhydor(미국 에너지성 풍역에너지 시나리오)

"Wind energy Conservative 1992" edited by B. R. Clayton

London : Mechanical Engineering Publication Limited, 1992.

Commonwealth Regional Renewable Energy Resources Information Systems Staff, editor, "Wind Powered Electricity Generation Package", International Specialized Book Services, 1985.

Freris, L. L., "Principles of Wind Energy Conversion Systems", Prentice Hall, 1990.

Musgrove, Peter J., editor, "Wind Energy Conversion, 1984", Cambridge University Press, 1985.

Twidell, John, editor, "Guidebook for Small wind energy Conversion Systems", Cambridge University Press, 1987.

〈수력 지열에너지〉

한국동력자원연구소, "한국의 소수력 발전 현황과 활성화방안", 신·재생에너지기술동향, 제8권 10호 (1994. 10) : 1~23.

Stoiaken, Larry & Marier, Donald, editors, "Alternative Sources of energy : Hydropower", No. 97, Alternative Sources of Energy, 1988.

Gilbreth, Terry J., "Governing Geothermal Steam : Intergovernmental Relations & Energy Policy", Bruchey, Stuart, editor, Ayer Company, 1979.

Gupta, H. K., "Geothermal Resources : An energy Alternative", Elsevier Science, 1981.

〈해양에너지〉

Morell, David & Singer, Grace, editors, "Refining the Waterfront : Alternative energy Facility Siting Policies for Urban Coastal Areas", Oelgeschlager, Gunn & Hain, 1980.

"Utilization of Ocean Waves-Wave to Energy conversion", American Society of Civil Engineers, 1987.

"A Guide to Ocean Thermal Energy Conversion for Developing Contries", United Nations, 1984.

Owens, W. L., editor, "Heat Transfer in Ocean Thermal Energy Conersion (OTEC) Systems", American Society of Mechanical Engineers, 1980.

〈바이오 에너지 자원〉

www. ethanolrfa.org/resource/cellulosic(재생연료협회)

김교은, "21세기의 식량, 물, 에너지, 환경위기와 한국농업, 농협의 진로와 선택은?", 고양 : 農協大學 農村開發硏究所, 1996.

Alexander, A. G., "Energy Cane Alternative", Elsevier Science, 1985.

Biello, David, "The False Promise of Biofuels", Sci. Am., 2011, p. 38/45

Richard C. Fluck, "Energy in farm Production", Amsterdam, Elsevier Science Publishing Company, 1992.

Loui S J. Goodman, Ralph N. Love, "Biomass energy Projects : planning and management", New York : Pergamon Press, 1981.

Govindjee, editor, "Photosynthesis : Vol. 1 : Energy Conversion by Plants & Bacteria", Academic Press, 1982.

Huber, G. W. and B. E. Dale, "Grassoline at the Pump", Sci. Am., July 2009, p. 40/47

宮地重遠, 村田吉男 共編, "光合成 と 物質生産 : 植物 による 太陽 エネルギーの 利用", 東京 : 理工學社, 1980.

宮地重遠 編, "光合成, II : 植物個體 の 太陽 エネルギー利用", 東京 : 朝倉書店, 1981.

Y. Murata, "Crop Productivity and solar energy utilization in various climates in Japan", Tokyo : University of Tokyo Press, 1975.

Perry, John H., "Methanol : Bridge to a Renewable Energy Future", University Press of America, 1990.

N. H. Ravindranath and D. O. Hall, "Biomass, energy and environment : a developing country Perspective from India", Oxford ; New York : Oxford University Press, 1995.

Chris A. Smith and Edward J. Wood, "Energy in biological Systems", London ; New York : Chapman and Hall, 1991.

Sofer, Samir S. & Zaborsky, Oskar R., editors, "Biomass Conversion Processes for Energy & Fuels", Plenum, 1981.

鈴木周一, "エネルギー資源 と 微生物", 東京 : 共立出版柱式會社, 1979.

〈폐기물의 에너지화〉

"농축산 폐기물 퇴비화 및 발효열 이용기술개발", 과천 : 농림부, [발행년미상]

Alter & Dunn, "Solid Waste Conversion to Energy", 1980, Dekker.

Barton, Allan F. M., "Resource recovery and Recycling", John Wiley 1979.

Center for Renewable Resources Staff, "Renewable Energy in Cities", Van Nostrand Reinhold, 1984.

Parker, Colin & Roberts, Tim, editors, "Energy from Waste : An Evaluation of Conversion Technologies", Elsevier Science, 1985.

Sengupta, Subrata, ed., "Resource Recovery from Solid Wastes", Pergamon, 1982.

CHAPTER 09

전력의 생산과 소비

Light is, simultaneously, wave and particle:
Electrons are, simultaneously, waves and particles.
–Newsweek, 1998. 7. 27. p. 47–

9.1 전기에너지

9.1.1 전기의 기초이론

전기의 본질은 물질을 구성하는 원자의 전자이동으로 설명하는 학설이 가장 유력하다. 원자는 전자(electron)와 양자(proton) 및 중성자(neutron)로 구성되어 있고 전자는 음(–), 양자는 양(+)의 전기를 가지고 있으며, 중성자는 전기적으로 완전한 중성이다. 어떤 원자의 전자가 정상적인 전자궤도를 벗어나면 전기적 성질을 나타내게 되고 전자의 이동현상은 전류가 흐른다라고 표현할 수 있다. 전자는 전기적으로 도체인 물질을 따라서 이동할 수 있으며, 전자를 이동시키지 않는 물질을 부도체라고 부르고, 환경조건(온도 등)에 따라서 전자가 이동하거나, 이동하지 않는 등 전자가 어렵게 이동하는 물질을 반도체(semi–conductor)라고 부른다.

전기량은 전자의 전하량(electron charge)으로 표시하고 전기량의 단위는 쿨롱(Coulomb)이다. 이러한 전하량은 물이 높은 곳에서 낮은 곳으로 흐르듯이 전위차(electric potential difference)가 있는 경우에 전위가 낮은 쪽으로 이동한다. 전위차를 전압이라고 부르고 Volt로 표시하며, 전압은 전기에너지(Joule)를 전기량(Coulomb)으로 나눈 값이다. 전하의 이동량을 시간단위로 나타내면 전류 또는 전류의 세기가 되고 그 단위는 암페어이다. 즉, 전류의 세기 I(ampere)는 시간 t(sec) 동안에 이동한 전기량 Q(coulomb)이다. 전류의 세기와 전압을 곱하면 단위시간당 전력량(동력: power)이 되고

표 9-1 전기에 관한 역사

연대	공헌한 사람	발견 또는 발명
BC600년	고대 그리스 철학자 Thales	호박(琥珀)의 마찰 전기 발견
1540-1603	영국 Gilbert	자석이 남·북을 가리키는 현상발견
1602-1686	독일 물리학자 Güricke	진공 속에서 전파현상과 마찰전기
1706-1790	미국 정치가, 과학자, 저술가 Franklin	피뢰침 발명
1736-1806	프랑스 토목기술자, 물리학자 Coulomb(1784)	쿨롱(전기량)의 법칙 발견
1745-1827	이탈리아 물리학자 Volta	전기의 화학작용 발견, 볼타전지 발명
1777-1851	덴마크 물리학자 Oested(1820)	전류와 자기장 사이의 현상 발견
1775-1836	프랑스 물리학자 Ampere	암페어(전류의 세기)의 법칙 발견
1787-1854	독일 물리학자 Ohm(1827)	옴(전기저항)의 법칙 발견
1791-1867	영국 물리학자 Faraday(1821)	전기 분해에 관한 패러데이법칙
1824-1887	독일 물리학자 Kirchhoff	키르호프의 법칙
1831-1879	영국 물리학자 Maxwell(1868)	전자파의 존재와 기체분자운동론 발표
1849-1945	영국 전기공학자 Fleming	2극, 3극 진공관 발명
1847-1931	미국의 발명왕 Edison	전화기, 축음기, 백열등, 축전지 등 발명

동력＝전압×전류(단위 : Watt)가 된다. 전기에너지의 양은 동력(W)×시간(hr)＝전기에너지(Wh)로 표시한다. 옴(Ohm)의 법칙은 전압(V)과 전류(I) 및 저항(R)의 관계 $V = I \cdot R$로 표시된다. 위에 설명한 전기이론은 수많은 과학기술자들의 오랜 연구결과들이 시대를 지나면서 누적되어 현재의 전기이론으로 완성된 것이다. 표 9-1은 전기에 관한 여러 가지 발견, 발명을 요약한 자료이다. 우리들이 현재 유익하게 사용하고 있는 전기에너지는 이 과학자들의 공헌에 의해 유익한 에너지로 사용되고 있다.

9.1.2 우리가 사용하는 전기에너지

표 9-2는 한국의 어느 가정집에서 사용하는 전력요금표이다. 이 표를 보면, 매월 사용하는 전력량이 월별로 차이가 있고 그때마다 단위전력량(kWh)당 전력요금이 달라짐을 알 수 있다. 우선 겨울철에 전력사용량이 많음을 볼 수 있는데, 지구의 북반구에서는 겨울의 밤시간이 낮시간보다 길기 때문에 전력소비량이 겨울철에 많다. 7·8월 여름에는 에어컨디셔너(냉방기, 선풍기) 등을 많이 사용함으로 인하여 전력사용량이 증가하는 것으로 추정된다.

그림 9-1은 표 9-2의 자료를 이용하여 가정용 전력 사용의 특징을 살펴볼 수 있도록 작성한 것이다. 첫째, 가정용 전력은 계절적으로 사용량에 차이가 있음을 발견할 수 있고, 둘째로 전력요금은 전력사용량이 많을수록 비싸진다는 것을 알 수 있다. 즉 단위 전

표 9-2 1996년 우리집 전력요금

월별	전력 사용량(kWh)	전력요금 금액(원)	kWh당 금액(W/kWh)
1월	145	11,860	76.6
2월	125	9,480	75.8
3월	106	7,200	67.9
4월	73	3,890	53.3
5월	72	3,810	52.9
6월	78	4,292	55.0
7월	102	6,130	60.1
8월	134	10,560	78.8
9월	60	2,850	47.5
10월	57	2,610	45.8
11월	72	3,810	52.9
12월	82	4,610	56.2

력에너지당(kWh당) 전력요금은 "누진적"으로 부과된다. 이러한 누진 요금부과제도는 전력사용량을 억제하는 수단으로써 사용되는 것이다. 즉 에너지 절약을 실천하도록 제도적으로 유도하는 것이다.

9.1.3 전력요금

가정용 전력요금제도 1990년대에 도입된 심야전력요금 할인제도가 있다. 그림 9-1에

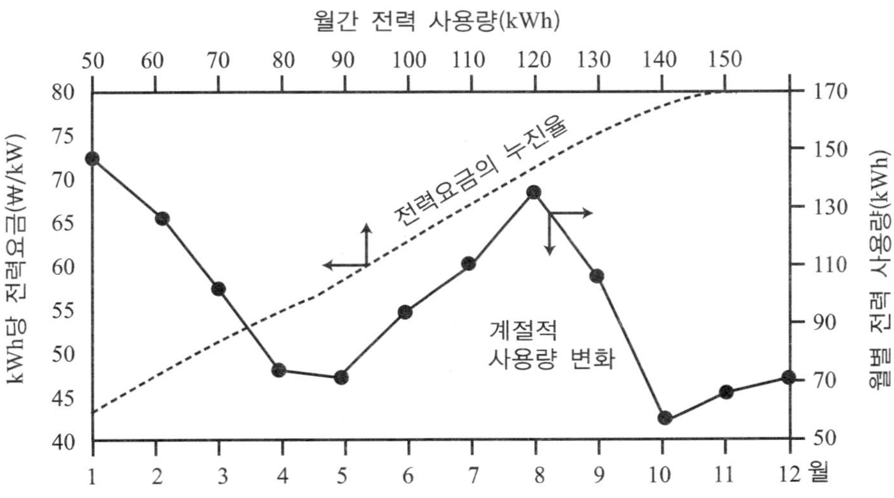

그림 9-1 우리집 전력사용량의 계절적 변화와 가정 전력요금의 누진율

서는 월별로 가정용 전력 사용량의 변동이 있음을 설명하였는데, 전국적 규모로 보면 매일 24시간 동안에 소비되는 전력량도 시간대에 따라서 달라진다. 특히 발전소에서는 매일 매시간 동일한 전력량을 생산하고 있는데(전력 생산량을 시간대별로 변경시키는 것은 경제적이지 못하다), 일반적으로 산업체에서나 가정에서 밤 12시 이후 오전 6시까지는 전력소비량이 감소하기 때문에 많은 전력량이 과잉발생한다. 따라서 심야에 남아도는 전력으로 양수발전소(제8장 5절)에서 물을 퍼올려 저장하는 에너지절약 정책과 병행하여 가정이나, 산업체에서 심야전력을 사용하도록 권장하고 심야요금할인 제도를 실시하고 있다(산업체 심야 전력제도는 이미 오래전부터 실시되어 왔었다). 심야전력 사용을 통한 요금혜택을 받기 위해서는 별도의 수전설비(옥내 전력계를 별도로 추가 부착하고, 옥내 배선을 밤 12시와 새벽 6시에 자동으로 변경하는 스위칭 장치)가 필요하다. 그러나 이러한 설비비는 2~3년 이내에 사용자가 회수할 수 있으므로, 심야요금 제도는 야간 난방 등에서 경제적이다. 2013년 단가 기준으로 실제 난방 연료별 경제성을 비교해 보면 심야전기 < 도시가스 < 등유(난방유) < LPG 순으로 저렴한 것으로 분석된다. 근래에 와서 심야요금제도의 부작용(전력과다소비) 때문에 이 제도를 다시 검토할 상황에 도달하였다.

가정용 전력요금 체계는 산업용(학교, 공장) 전력요금 체계와 다르다. 산업용 전력요금 제도에서는 먼저 월별 전력사용량을 전력공급회사(한국전력공사)와 사용자(학교 또는 공장) 사이에 미리 계약용량으로 정해두고 계약용량보다 적게 사용할 때는 계약용량에 해당하는 요금을 월별로 징수 또는 납부하며, 계약용량을 초과해서 사용할 때는 초과사용량에 대해 매우 높은 전력요금을 누진부과율로 징수하게 된다. 현행의 전력요금제도는 주택용(저압, 고압), 일반용(갑, 을), 지식서비스산업(특례), 교육용(갑, 을) 및 산업용(갑, 을, 병), 기타분야 등으로 구분되어 있는데, 자세한 내용은 별도의 자료에서 참조할 수 있다.*

한국에서는 "한국전력공사"라는 단일 기업(일종의 전력 전매기업체인데, 2001년에 한국 수력원자력 주식회사 등 6개 자회사로 분할되었다)이 전력의 생산과 판매를 독점하고 있으나, 미국, 일본 등에서는 여러 개의 전력회사가 독립적인 영업을 실시하고 있기 때문에 전력공급 회사와 사용자 사이에 체결되는 요금부과(판매가격) 정책에 차등이 있으며, 경쟁적인 전력사업이 수행되고 있다.

세계 각국의 1인당 전력소비량 통계를 참조하면† 산업화된 선진국에서의 1인당 연간

---

* 지식경제부, 에너지 통계연보, 2012, p. 196

† 한국전력주식회사 소개책자(1997)

표 9-3 각국의 전력 판매 단위 가격(2009)

단위 : US cent/kWh

국가	한국*	미국	캐나다***	대만**	영국	일본	독일	프랑스
산업용	약 6.0	7.0	3.8	8.0	13.0	11.6	10.9	6.0
가정용	약 8.9	11.3	6.0	10.0	23.1	17.6	26.3	16.7

자료 : 매일경제, 2009. 7. 9, A16면
*한국자료는 그림 9-1에서 계산
** 대만자료는 1995년.
*** 캐나다의 자료는 1994년 자료

전력소비량은 노르웨이가 2만kWh 이상, 캐나다, 스웨덴, 미국 2만-1만kWh 정도, 프랑스, 일본, 대만은 6천kWh-4천kWh 수준이고, 한국은 1인 1년 2,899 kWh(1993년)의 수준이다. 그러나 2010년 IEA가 발표한 〈주요 선진국의 소득과 에너지 소비〉를 보면 한국이 GDP 대비 에너지 소비량이 매우 큰 나라라는 사실이다. 조사대상 8개국(한국, 프랑스, 독일, 이탈리아, 일본, 영국, 미국, 호주)에서 한국의 GDP는 최하위였으나, 1인당 전력소비량은 미국, 호주에 이어 3위를 기록했다.

각국의 전력 판매가격은 가정용, 산업용 등에 차등이 있기 때문에 정확하지 않으나 대략 표 9-3과 같다. 한국에서는 전기에너지 가격이 다른 선진국에 비해 상당히 싼 편이다. 전기에너지의 절약을 위해서는 한국에서도 전력요금을 인상할 필요가 있으나, 산업활동에서는 생산원가의 상승요인이 되기 때문에, 낮은 요금제도를 정책적으로 시행하고 있다. 특히, 한국은 에너지 자원이 빈약한 일본, 독일, 대만 등과 비교하더라도 상당히 싼 전력가격을 유지하고 있는데, 그 이유는 여러 가지가 있을 수 있다. GNP가 상대적으로 낮은 점, 산업생산용 에너지 비용의 인상 억제정책 등이 그 이유일 수 있다.

9.1.4 한국의 전력 생산과 소비 통계

한국의 1인당 전력소비량은 선진국에 비해 많지 않으나, 전력소비량의 증가율은 다른 나라들에 비하여 매우 높다. 따라서 장래에는 전력소비량이 많이 증가할 것으로 추정된다. 그러나 이러한 수요를 충당할 수 있는 전력자원의 개발가능성의 폭은 그다지 넓지 않다.

1980년대 이후 한국에서는 원자력에 이어서 다음으로 큰 비중을 차지하고 있는 석유발전의 경우에, 제3차 오일쇼크(1990~1991년의 중동분쟁) 우려 등 공급측면에서 불안정성이 높기 때문에 석유 발전의 비중을 낮춰야 할 실정이었다. 1990년대에는 LNG를 인도네시아에서 수입하여 화력발전소에 공급해왔나, 2001년까지의 장기전력 개발계획에서는 석유류에 의한 발전의 비율을 1989년의 22.8%에서 10.2%로 크게 낮추기로 계획했었다.

표 9-4 한국의 전력 생산 현황(1996)

비교항목 \ 에너지원	석탄	석유	LNG	원자력	수력	복합화력	내연화력	합계
발전소수	33			11	28	11	1	-
발전설비용량(MW)	8,144	4,340	1,537	9,615	3,094	8,718	264	35,715
설비용량비율(%)	22.8	12.2	4.3	26.9	8.7	24.4	0.7	100(%)
발전량(GWh)	63,792	26,633	8,229	73,924	5,201	26,943	772	205,494
발전량(%)	31.0	13.0	4.0	36.0	2.5	13.1	0.4	100
발전단가(원/kWh)[*2] 1989(2006)[*3]	30.99 (43)	32.82 (91)	- (162)	23.61 (39)	28.81 (71)	(풍력 107)	(태양광 716)	-
2001년의 설비용량 비율(%)[*2]	35	10	-	35	-	-	-	-
2031년의 설비용량 비율(%)[*2]	40	-	-	40	-	-	-	-

*1 자료 : 에너지통계 연감 1997. p. 152　　*2 자료 : 아주대학교, "에너지문제연구보고서"
*3 동아일보 2006. 6. 23., A 25면

전력수요의 증가가 불가피한 현실에서 경제성이 있고 환경오염 영향이 적으며 수급안정성의 측면에서도 가장 유리한 원자력 전원을 계속 개발해야 한다는 주장이 에너지 전문가들의 의견이다. 표 9-4는 한국의 전력생산 현황을 종합적으로 비교하는데 도움이 되는 자료이다. 석탄 복합화력 발전에 대해서는 제4장 석탄에너지에서 설명하였다. 내연화력이라 함은 가스터빈(2장의 에너지 전환장치 참조)을 이용하여 소규모의 전력을 생산하는 방법이다. 사용되는 연료는 석유 및 천연가스인데, 발전소 건설기간이 짧기 때문에 단기간에 부족한 전력을 공업지역에 공급하는 목적으로 건설된다. 그러나 발전비용이 비싸기 때문에 장기적인 사용에는 비경제적인 화력발전 설비이다.

표 9-5에는 한국의 전력생산량 통계를 연도별로 간략하게 수록한 자료이다. 수력발전설비는 발전용 댐의 위치를 설정하기도 쉽지 않고, 건설기간이 길기 때문에 한국의 총 발전 시설용량의 3.0% 이하 수준에 계속 머물게 될 것이며, 이러한 현상은 몇 개의 나라를 제외하고는 전 세계적으로 거의 공통되는 현상이다. 2004년 이후로는 도서지방의 집단에너지 시설과 대체에너지가 증가하는 추세를 보인다.

표 9-6에는 한국의 전력소비량을 소비분야별로 그리고 연도별로 수록하였다. 1995년 현재 전력소비는 주택용 17.3%, 상업용(서비스용) 19.5%, 제조업용 56.4%이다. 광업용 전력소비는 거의 일정한 양에 머물고 있으므로, 한국의 광업(주로 석탄광업)이 상당히 쇠퇴하고 있음을 반영하고 있다. 한편 농업용 전력소비는 상당히 큰 증가율을 나타내고

표 9-5 한국의 에너지원별 발전량 변화추세

단위 : 10^6 kWh

	전체 발전량	수력	화력	원자력	도서 발전 (Island plants)
1968	6,026	929	5,097	-	-
1971	10,540	1,320	9,220	-	29
1974	16,835	1,906	14,929	-	58
1977	26,587	1,393	25,923	71	84
1980	38,239	1,984	31,778	3,477	141
1983	48,850	2,723	37,163	8,965	206
1986	64,695	4,019	32,364	28,311	296
1989	94,472	4,558	42,549	47,365	521
1992	130,963	4,863	69,570	56,530	-
1995	184,661	5,478	112,154	67,029	-
1998	215,300	6,099	119,512	89,689	-
2001	285,224	4,151	168,940	112,133	-
2004	342,148	5,861	201,669	130,715	3,903
2007	403,125	5,042	251,232	142,937	3,914
2010	474,660	6,472	307,034	148,596	12,064
1995(%)	(100)	(3.0)	(60.7)	(36.3)	(제외)

자료 : 에너지 통계연보, 1997, p. 154, 2012, p. 174.

표 9-6 한국의 전력사용량 변화추세

단위 : 10^6 kWh

	합 계 Total	주택용 Housing	공공용 Public	서비스업 Service	농수산업 Agriculture & fishing	광업 Mining	제조업 Manufacturing
1971	8,884	967	716	1,205	4	441	5,500
1974	14,048	1,704	698	1,676	66	424	9,480
1977	22,833	2,909	901	2,475	155	602	15,792
1980	32,734	5,317	1,170	3,334	194	674	22,045
1983	42,620	7,743	1,567	4,996	420	768	27,127
1986	56,310	10,299	2,042	7,136	752	957	35,125
1989	82,192	15,175	2,950	11,580	1,463	974	50,049
1992	115,224	21,796	3,612	18,156	2,157	923	67,426
1995	163,270	28,303	5,109	31,815	3,370	1,020	92,046
2000	239,535	37,102	8,663	59,473	5,306	1,003	125,951
2005	332,413	50,873	13,741	98,385	7,007	1,317	158,489
2007	368,605	54,174	15,579	110,167	7,795	1,484	176,973
2009	394,475	57,596	17,932	119,028	9,145	1,350	187,249
2011	455,070	61,564	20.539	128,515	10.575	1,928	229,701
1995(%)	(100)	(17.3)	(3.1)	(19.5)	(2.1)	(0.6)	(56.4)

자료 : 에너지 통계연보, 1997, p. 166, 2011, p.184

있는데, 비닐하우스 등의 시설농업이 상당히 증가하고 있기 때문인 것으로 추정된다.

9.2 전력설비 계통

화력, 수력, 원자력 발전소에서 생산된 전력이 소비자에게 공급되기 위해서는 여러 가지 경로와 설비를 거쳐야 한다. 즉, 발전, 송전, 배전 과정을 거쳐서 전력사용자에게 공급된다. 이러한 경로를 전력 설비계통이라고 부르는데, 이하에서는 발전, 송전, 배전 과정을 구분하여 설명하겠다. 최근에 Smart Grid 또는 Super-grid라는 명칭으로 전력 계통 합리화 정책이 한국, 미국 등에서 시도되고 있다. 스마트 그리드 사업은 기존 전력망에 정보통신기술을 접목하여 전력공급자와 소비자가 서로 실시간 생산-소비 정보를 교환하여 전력에너지를 효율적으로 공급/소비하는 전력망을 구축하는 사업이다. 한국에서는 2030년대에 전국전력망을 스마트 그리드로 체계화한다는 계획을 세우고 있다.

9.2.1 전력설비 계통

그림 9-2는 전력이 생산되어 소비되는 과정을 포괄적으로 나타내는 그림이다. 화력발전소에서 석탄을 연소하여 수증기를 발생시키고, 수증기는 발전용 터빈을 돌려서 터빈과 한축으로 연결된 발전기(generator)를 돌게 함으로서 전력이 생산된다. 터빈을 돌리고 남는 수증기는 냉각기(물을 회수한다는 뜻으로 복수기라고도 부른다)에서 물로 냉각된 후 수증기 보일러에 다시 공급된다. 발전기에서 생산된 전기는 전압이 낮기 때문에 원거리에 공급하기에는 송전손실이 크다. 따라서 송전을 위해서는 변압기를 이용하여 승압한다. 현재 한국에서는 송전용 전압으로 22, 66, 154 및 345 kV가 적용되고 있으나, 송전 전력손실을 더 낮추기 위해서는 765 kV로 승압된 후 송전하고 초고압선로도 일부 구간에 건설되어 있다. 이러한 승압조치는 변압기의 교체와 송전탑과 송전선의 교체가 이루어져야 한다.

345 kV 또는 765 kV로 송전된 전력은 소비지 가까이에 설치된 변전시설에서 1차 감압되어 23 kV 또는 138 kV로 공장이나 지하철, 전철 등에 공급된다. 지하철과 전철용 전력은 600 V의 직류전기가 필요하기 때문에 감압과 동시에 직류전환용 정류기에서 교류전기가 직류전기로 변환된다.

고전압이 필요치 않은 상업용 건물이나 제조업체를 위해서는 다시 2차적인 전압강하 과정을 거쳐야 하며, 주택용으로 공급되기 위해서는 주택 가까이의 전선주에 매달려 있

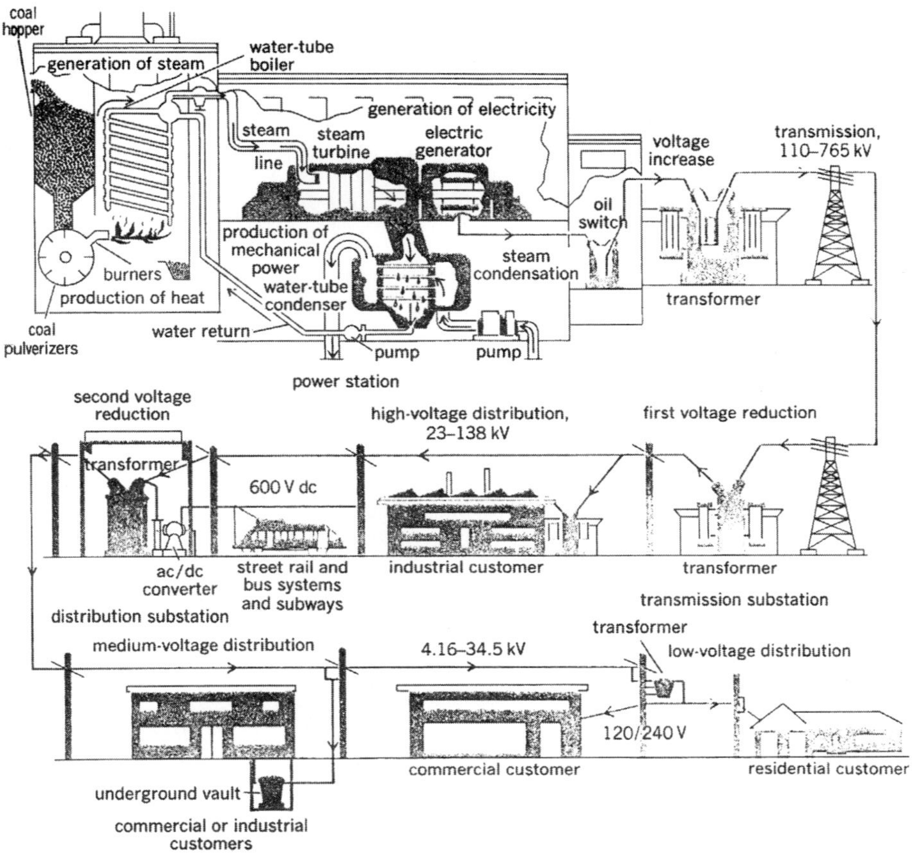

그림 9–2 전력 설비 계통도

는 소형 변압기에서 220 V로 감압된 후 각 가정에 배전된다. 한국의 가정용 전압이 110 V에서 220 V로 변경하기 시작한지는 이미 30년이 경과하여, 현재는 전국적으로 220V 배전이 완결된 상태이다. 독일과 프랑스 등 유럽 각국에서는 1960년대에 이미 220V 배전사업이 완결되었으나, 미국과 일본에서는 아직 110 V 배전시설을 사용하고 있다. 송배전설비에서 전력손실이 많기 때문에 이 손실을 줄이기 위해 소위 지능형 전력망(한국의 스마트 그리드 또는 미국의 슈퍼 그리드) 구축을 위해 각국이 노력하고 있다. 한국에서는 스마트 그리드를 위해 소비자들에게 실시간 전력량계(스마트 미터기)의 보급을 촉진하여 전력의 소비량과 요금을 실시간으로 검사하여, 전기절약 조치를 수행할 수 있게 한다. 또한 전력망이 구축되면, 각 가정에 설치된 태양전기, 풍력전기를 "한국전력공사"에 되돌려 판매할 수 있으며, 총괄적으로 전기에너지의 절약을 가능하게 한다.

9.2.2 발전설비

9.1절에서 설명한 바와 같이, 전기에너지는 석탄, 석유, 천연가스를 이용하는 화력발전, 원자 핵분열에너지를 이용하는 원자력 발전, 그리고 수력발전 등에서 생산된다. 원자력 발전에 대해서는 제7장에서 이미 설명하였고, 수력발전에 대해서는 제8장에서 설명하였으므로, 석탄, 석유, 천연가스를 이용하여 전력을 생산하는 화력발전에서의 특징적인 사항만을 다음에 고찰하겠다.

9.2.2.1 석탄화력 발전

한국에서 석탄(39%), 석유(3%), 천연가스(22%)를 이용한 화력발전소는 설비용량으로 전체설비의 64%를 차지하고 원자력발전소가 30%, 기타 6%이다. 화력발전 중 39% 포인트는 석탄화력 발전인데, 대부분 수입 유연탄을 사용하거나, 탄광지역에 인접한 석탄화력 발전소에서는 수입 유연탄과 국산 무연탄을 혼합 연소시킨다. 현재 우리나라에서 가동 중이거나 계획 중인 석탄화력 발전소의 위치는 그림 9-3과 같다.

석탄은 먼저 미분쇄하여 분탄으로 보일러에 투입되는데, 회격자식 연소장치는 대규모

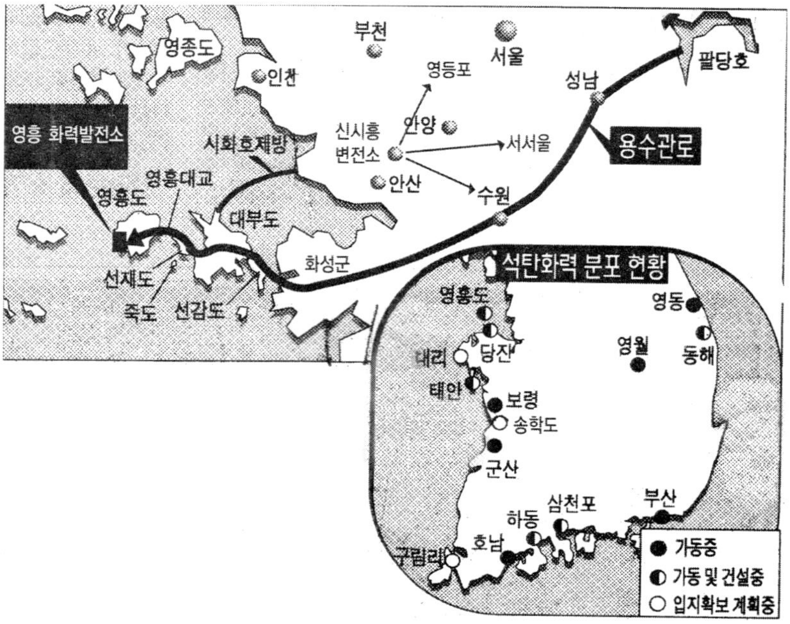

그림 9-3 한국의 화력발전소 입지상황과 수도권 발전/송전 현황(1990년대)

자료 : 한국전기신문

화력발전소에 부적합하므로 석탄유동층 연소장치나 미분탄분무 연소장치가 사용된다. 석탄화력 발전소에서는 회격자 하부로 배출되는 재성분도 많고, 비산재의 양도 많기 때문에 연소가스에 섞여 있는 비산재 대부분은 정전기집진장치로 집진된 후 매립하거나 재차 분리하여 레미콘 등에 혼합되어 재활용 자원으로 될 수 있다. 과거에는 비산재를 폐기물로 규정하였으나, 현재는 석탄 연소부산물로 정의해 두고, 재활용 자원으로 사용하도록 권장되고 있기 때문에 시멘트 원료 혼합, 레미콘 혼합에 쓰이거나 알루미나 구형입자(Cenosphere라고 해서 고가의 유용한 공업용 재료가 된다)가 분리되어 재활용되기도 한다. 비산재의 재활용률은 현재까지 10% 정도이고 나머지 90%는 폐기물로 매립되고 있는데, 화력발전소에서는 매립장 확보에 상당한 어려움을 겪고 있으므로, 재활용 기술의 개발이 시급한 형편이다.

석탄화력 발전소의 열효율을 높이는 기술로는 석탄가스화 복합발전 시스템이 개발, 실용화 되고 있다. 이 시스템은 미분쇄된 석탄을 취급하기 좋은 석탄-물 혼합슬러리로 만들어 고농도의 산소와 반응시켜서 석탄을 가스화한다. 가스화 반응은 다음과 같다.

$$H_2O + C + O_2 \rightarrow 2CO + H_2 + \text{발열}$$

이 반응에서 생성되는 가스들($CO + H_2$)을 집진장치와 탈황장치(석탄에는 S 성분이 3% 정도 들어 있다)에서 집진, 탈황한 후 연소시켜 1차적으로 가스터빈을 돌려서 발전하고, 아직도 상당히 고온상태인 가스로 고압증기를 만들어 수증기 터빈을 돌려 2차적으로 발전하게 된다. 이와 같이 2단계 전력생산 방법을 사용함으로써, 석탄에너지의 전력전환효율이 현재는 35~38% 정도이지만, 석탄가스화 복합발전 기술이 더욱 발달하게 되면, 2000년대 초반에는 열효율을 46% 정도로 올릴 수 있을 것이다. 그림 9-4은 석탄가스화 복합발전(Integrated Coal Gasification Combined Cycle) 시스템의 구성개요를 보여준다(제4장에서도 설명한 바가 있다).

즉, 복합발전이라 함은 스팀과 가스를 사용하여 스팀터빈발전과 가스터빈발전을 함께 하는 전력생산 기술이다. 이 발전 방식은 연료의 열효율을 높이는 중요한 방법이다. 한편, 열병합발전(Cogeneration) 방법은 전력생산 후 남는 스팀의 열량을 지역난방이나 산업용 스팀으로 사용할 때 적용되는 명칭이다.

9.2.2.2 LNG 및 석유 화력발전소

최근에는 석탄화력 발전소 이외에도 인천, 서산, 광양, 울산 등 공업지역에 LNG 또는 석유를 이용하는 화력발전소가 설치되어 있다. 천연가스가 산출되는 미국 등에서는 천연가스 화력발전이 SO_2 등의 대기오염 물질을 적게 배출할 뿐만 아니라, 기후온난화의

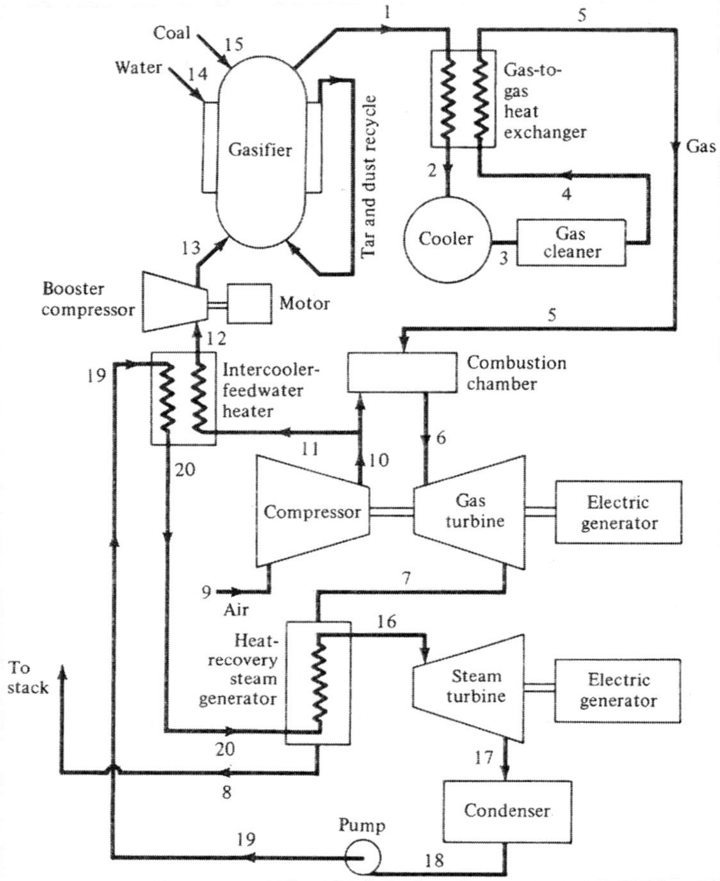

그림 9-4 석탄가스화 복합발전 시스템의 구성

자료 : M. M. El-Wakil, "Powerplaont Technology", McGraw Hill, 1984, p. 156

주원인 물질인 CO_2의 배출량도 훨씬 적으므로 상용화가 되어 있으며, 경제적으로도 유리한 화력발전 설비로 주목받고 있다. 그러나 우리나라에서는 LNG를 수입해오기 때문에 연료비가 상당히 비싼데도 불구하고, 대기오염물(SO_2) 배출량이 적다는 장점 때문에 인천, 서천, 여수 등지에 LNG 화력발전소가 가동 중이거나 계획 중에 있다. 천연가스 발전방법도 역시 복합 발전이 가능하다. 즉, 천연가스의 연소에 의한 고온의 연소가스로 가스터빈을 돌리고, 아울러 고온의 수증기를 생산하여 스팀터빈을 돌려서 발전하는 방법이다. 현재 LNG를 이용하는 단순 발전방식의 열효율은 35% 정도이나, 복합발전 방식을 채택하면 열효율이 50% 정도까지 도달할 수 있다.

표 9-7 화력발전소의 발전 방법별 열효율 비교

연료	발전방식	종합효율	실용화 시기	비고
석탄	미분탄화력발전	약 39%	1980년대 초기	FGD 부착/열효율 35~36%
	석탄가스화 복합발전	약 41%	1990년대 중기	1300℃ 조업/공냉가스터빈/습식가스정제
		약 46%	2000년대 초기	1400℃ 조업/공냉가스터빈
LNG	LNG 화력발전	약 35%	1980년대 후기	
	LNG 복합발전	약 47%	1980년대 후기	1300℃ 조업/공냉가스터빈
		약 50%	1990년대 후기	1400℃ 조업/공냉가스터빈

복합발전에서는 고온의 스팀도 생산하고, 연소가스는 터빈에 유입되기 전에 집진, 탈황과정(소량이지만)을 거쳐야 하기 때문에 연소온도가 1,300~1,400℃ 정도로 높게 유지되어야 하며, 공기냉각식 가스터빈이 사용되는 진보된 기술이 필요하다. 고온연소를 유지하기 위해서는 연소설비의 내화온도도 높아야 하므로 연소실의 축조 기술, 보일러관의 특수재질화 등 해결되어야 할 문제들이 아직도 많이 있다.

9.2.2.3 열효율과 전력 생산비용

표 9-7은 화력발전소의 발전방법별 열효율을 비교한 자료이다. 표의 자료에서 계산되는 열효율을 확인할 수 있다.

$$\text{표의 자료에서 계산되는 열효율 } \eta = 1 - \frac{T_2}{T_2} = 1 - \frac{\text{폐가스온도(℃)} + 273}{\text{조업온도(℃)} + 273} = 0.35 \sim 0.50$$

을 확인할 수 있다.

9.2.3 화력 발전소의 연료 소비량과 발전비용의 비교

그림 9-5는 각종 화력발전소와 원자력발전소의 1년간 연료소비량을 비교하는 그림이다. 100만kW의 발전용량을 가지는 발전소의 경우 유연탄 발전소는 220만 톤의 유연탄이 필요하고, 석유화력발전소는 150만 톤(중유로 환산하여 940만bbl), LNG 화력발전소의 경우에는 110만 톤의 LNG가 필요하다. 원자력 발전소의 경우는 26톤의 우라늄 연료가 소요된다.

그러나 각종 스팀터빈 화력(원자력 포함)발전소의 발전단가를 비교하기 위해서는 연간 연료소비량만으로 비교해서는 안 된다. 화력발전소와 원자력 발전소를 건설하는데 소요되는 비용을 감안해야 하는데, 각종 발전소의 시설은 사용하는 연료의 종류에 따라

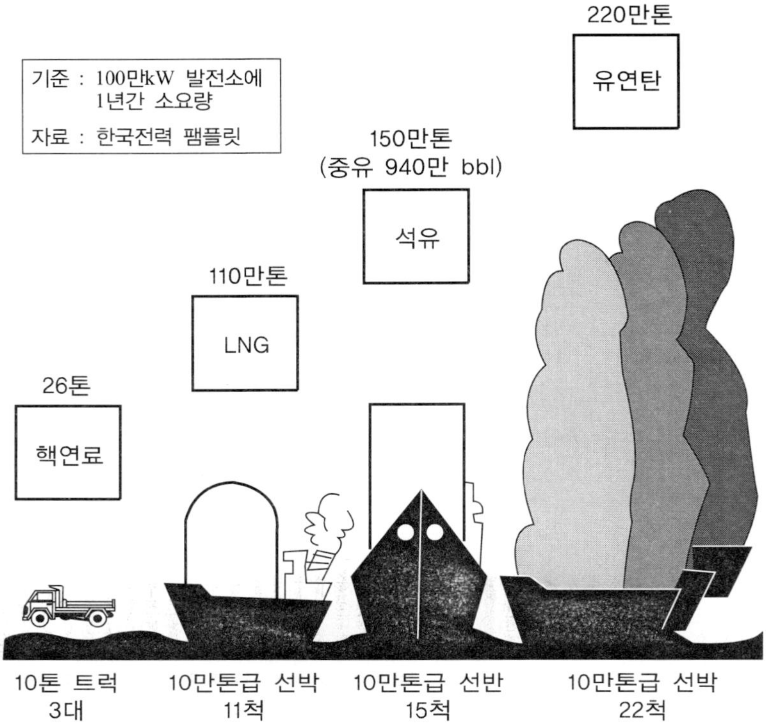

그림 9-5 화력 및 원자력발전소의 연료소비량 비교

서 달라질 뿐만 아니라, 그 발전시설의 사용가능한 기간도 포함되어야 하며(석탄화력 발전소의 내용 연수는 35년이다), 경제적 관점에서는 시설의 감가상각비(시설이 노후화되었을 때 새 시설을 다시 건설하는 비용을 매년 적립하는 금액)까지도 포함시켜야 한다(제7장 원자력 발전 그림 7-2 참조). 화력발전소의 시설과 건설기술이 상당히 진보되었고, 각종 화력발전용 연료비용도 변화하고 있기 때문에 발전단가를 발전방법에 따라서 비교 연구하는 일은 전력산업의 개황을 이해하는데 큰 도움이 된다.

9.2.4 화력 발전소의 건설과 환경오염 문제

원자력 발전비용이 비교적 저렴하나, 근래에 전 세계적으로 원자력 발전소의 건설을 반대하는 환경운동 단체의 활동이 매우 활발하기 때문에, 미국과 같이 석탄, 천연가스자원이 풍부한 국가에서는 지난 10년간 원자력 발전소의 건설이 거의 실행되고 있지 않았으며, 다만, 안전기술의 향상, 비용절감을 위한 발전설비의 개선 등에 관한 연구개발이 진행되고 있을 뿐이다.

그러나 한국과 같은 에너지 자원 빈곤국가에서는 원자력발전소의 건설사업을 계속 추진하지 않을 수 없으므로, 원자력 발전소의 건설과 증설계획이 매우 적극적으로 추진되고 있고, 한편으로는 화력발전소의 건설 계획도 병행하여 계속 추진되고 있는 상황이다. 원자력 발전의 경우에는 환경문제보다도 안전문제가 더 우선적으로 논의의 주 대상이 되고 있는데 비해, 화력발전소의 경우에는 환경오염 문제를 심각하게 생각하고 있다.

석탄화력발전소의 건설과 관련되는 환경오염 문제는 세 가지 측면에서 심각한 논란의 대상이 되고 있다.

첫째, 석탄연소에서 발생하는 회분(재)의 폐기 또는 재활용 문제인데, 비산재의 경우에는 재활용 사업(레미콘 혼합, 시멘트 원료화 등)에 대한 연구개발이 활발한 편이다. 그러나 회격자 하부로 배출되는 연소재는 매립지에서 처분되어야 하고, 이 경우에 매립지 확보의 어려움이 매우 심각한 상황이다. 석탄재 매립은 쓰레기 매립과 같은 2차적 쓰레기 침출수 문제 등은 없으나 매우 넓은 지역을 확보해야 하므로 인근 주민들의 격렬한 반대에 봉착하는 경우가 많이 있다.

둘째, 심각한 환경문제는 발전용 냉각수에 의한 주변 수질의 수온변화에 의한 환경영향 문제이다. 화력발전소에서 생산되는 수증기로 터빈을 돌려서 전력을 생산하고, 터빈에서 나오는 저온의 수증기를 냉각수로 냉각시켜 수증기 보일러에 다시 돌려보낸다. 이때 사용되는 냉각수는 대량으로 필요하기 때문에 대부분의 화력발전소 및 원자력 발전소는 바닷물이 풍부한 해변에 위치한다(한국에서는 하천수의 수량과 수질이 계절적으로 크게 변동하기 때문에 하천수를 대규모로 필요한 냉각수로 사용하기에는 부적당하다). 100만kW 시설용량의 스팀터빈 발전소에서는 대략 시간당 최대 14만 톤의 냉각수가 필요하고 냉각수가 사용된 후 배출될 때 온도는 사용 전 온도보다 보통 5~7℃ 정도 상승하기 때문에 5℃ 정도의 온도상승이 국지적인 해수온도를 1~2℃ 상승시키게 된다. 이러한 온도상승은 해변에 가까운 양식장의 수온을 1℃ 정도 상승시키게 되며, 양식어패류 성장에 영향을 줄 것이라는 어민들의 염려와 1℃ 정도의 상승이 어류생태계에 영향을 주지 않는다는 환경영향평가 결과와의 사이에 의견불일치가 존재하고 있다. 그러나 발전소의 설치로 말미암아 발생하는 인근지역 해수의 수온상승은 크게 심각한 것은 아닌 것으로 평가되는 것이 더 정확하다고 하겠다. 물론 수온 상승은 계절적으로 안개발생 빈도를 증가시키는 등 영향이 없다고 단언할 수는 없다.

셋째, 중요한 환경문제는 석탄화력발전소의 건설로 인한 대기환경오염 문제이다. 석탄에는 유황성분이 반드시 들어 있기 때문에 SO_x의 배출이 필연적이고, 1,300~1,400℃의 연소에서 NO_x의 발생이 있으며, 석탄은 석유나 천연가스에 비해 더 많은 양의 기후온난화 가스, CO_2를 배출한다. 화력발전소에서 SO_x와 NO_x의 대기중 배출을 억제하는 배기 가스 정화시설은 발전소의 건설비용을 증가시키는 주원인이 되고 있다.

최근에 한국의 수도권 지역 전력 수요를 충당하기 위한 장기계획으로 경기도 화성군의 영흥도에는 12기의 80만kW급 유연탄 화력발전소를 건설하는 계획이 수립되어 있으나,(그림 9-3의 윗부분) 지역주민의 반대, 인근 지역 자치단체들의 우려, 환경보존 운동 단체들의 반대 등 여러 가지 환경문제를 해결하는 조건을 두고, 이해 집단간에 협의가 진행 중이다. 다행히도 2013년 현재, 영흥 석탄 화력발전소는 4기가 완공되어 가동 중이고, 5, 6호기는 2014년에 가동을 시작한다.

9.3 전력의 효율적 사용

전기는 현대생활의 질적 수준을 가늠하는 에너지의 기본이다. 전기는 에너지 중에서 가장 취급하기 쉽고, 편리한 에너지 형태로서 인간의 문화, 산업 활동을 효율적으로 수행하게 한다. 전기가 사용된 지는 약 100여 년 정도밖에 안되지만, 인간생활을 여러 가지 측면에서 변모시켰다. 음식조리, 조명, 냉방, 냉장, 전동기, 의료기계, 컴퓨터, 대중교통, 통신 수단의 발달이 모두 전기에 의해서 가능하게 되었다.

9.3.1 발전설비 용량과 전력소비

한국에서 1996년에는 전력의 부족이 없으나, 2000년대 초기에는 전력공급 부족상황이 발생할 수 있다는 예측이 있었다. 그것은 전기에너지 수요는 증가하는 대신에 각종 발전소의 건설이 계획 단계에서부터 차질이 생기면서 전력에너지의 공급부족 현상이 닥쳐올 가능성이 있기 때문이다. 앞으로 10년간의 발전시설 확충이 원자력 분야에서 가능하도록 작성된 계획에 의해 진행될 때, 이러한 염려는 없어지겠으나 여러 가지 사정으로 원자력 발전사업이 계획대로 수행되지 못하면 전력공급 부족이 일어날 수 있다. 최근 잦은 원자력발전소들의 고장 등에 의해 소위 '블랙아웃(black-out)'이라는 대정전 사태를 우려하는 목소리가 많다. 실제로 2011년 9월 15일 전국에서 일어난 정전사태를 겪은 국민들은 더욱 걱정스럽게 생각한다.

전력 개발사업에는 엄청난 투자와 5~10년의 건설시간이 필요하기 때문에 그로 인한 재정적 부담은 전력요금의 상승을 초래하게 된다. 보통 100만kW 발전소의 건설비용은 10억$ 정도이고, 그 건설기간은 계획기간을 포함하여 8~10년이 걸리며, 원자력이나 화

표 9-8 한국의 전력산업 성장 추이

	단위	1985	1988	1991	1996	2001	2006	2011
발전 설비	MW	16,137	19,944	21,111	35,715	50,859	65,514	79,342
총 발전량	GWh	58,007	85,462	118,619	205,493	311,232	402,989	517,111
판매 전력량	GWh	50,732	74,318	104,374	182,470	258,993	348,719	455,070
최대 전력	MW	9,349	13,658	19,124	32,282	43,390	58,994	73,137
평균 전력	MW	6,622	10,784	13,541	23,394	32,657	43,514	56,723
부하량	%	70.8	71.6	70.8	72.5	75.2	73.8	77.6
이용률	%	43.5	52.3	63.8	67.2	64.0	66.9	73.9
수용가 수	10^3세대	6,931	8,703	10,053	13,329	15,733	17,625	19.815
1인당 전력 소비량	kWh	1,243	1,939	2,412	4,006	5,456	7,191	9,142

자료 : 한국전력공사 경영통계, 1997, 에너지통계연보, 2012

력이나 수력발전소를 건설하는 데는 환경영향문제와 안전문제에 관한 장시간의 심사기간도 포함되어야 한다. 따라서 전력회사나 정부기관은 필요한 발전용량을 확충하거나 전력수요를 감소시켜야겠다는 강한 압력을 느끼게 된다. 표 9-8은 한국의 전력산업의 개괄적 상황을 보여주는 과거와 현재의 자료이다. 과거 10년 동안에 발전설비, 총발전량 등 여러 가지 전력 산업지표의 수치들이 2~3배씩 급속히 성장하였다. 특히 국민 1인당 전력소비량은 10년 동안에 3.2배나 성장하였는데 비해 발전설비 용량은 같은 기간에 2.2배 증가하였다. 이러한 추세가 계속된다면 2020년경에는 다시 소비전력이 3배 이상 증가할 것이므로, 발전설비의 추가 건설계획도 차질없이 수행되어야 할 것이다.

전력공급 가능량은 전력설비 용량을 상한치로 하고, 최소 소비전력량을 하한치로 하는 범위에서 결정된다. 한 가정에서의 전력사용량이 계절적(월별) 차이가 있고, 밤·낮에 차이가 있듯이 한 국가의 전력소비량도 겨울철과 여름철에 따라 다르며 같은 계절에서도 밤·낮의 소비량에는 차이가 있다. 1일 주기의 전력소비량 변화를 최소화하기 위해서 공급자측에서는 양수발전 설비를 확보하거나 심야전력요금 할인제도 등을 이용하게 된다. 그러나 국가 전체의 전력 수급계획은 더 한층 중요한 의미를 가진다.

9.3.2 전력예비율

전력공급 측면에서 중요한 사항은 전력예비율이다. 흔히 여름철의 전력예비율은 매우 작아서, 때로는 전국적인 공급 부족현상이 생길 위험에 봉착하기도 한다. 2013년 여름에는 예비전력 부족으로 국지적으로 전력공급이 중단된 사례도 발생하였다. 다른 생활필수품은 공급부족이 일어나면 가격 상승현상이 생겨서 수요를 조절할 수가 있으나, 전력에서는 소비가 갑자기 증가하면 공급부족 현상이 일시적으로 생길 수 있고, 단 1회의 공급부족 현상은 마치 지진이 발생하듯이, 전국적인 전력공급체계- 발전, 송전-변압-배전시스템-의 마비가 일어날 수 있다.

전력 예비율은 전력수요 예측의 불확실성이나 발전설비의 보수공사 또는 갑작스런 고장으로 인하여 전력공급의 차질을 막기 위해서 최대 수요량을 넘는 여유설비(예비전력) 용량을 최대 전력수요량에 대한 백분율로 나타낸다. 전력예비율은 설비예비율과 공급예비율로 구분하여 설명할 수 있다. 설비예비율은 투자규모 및 발전사업의 경영효율을 판단하는 근거로 사용되는데, 설비예비율은 설비용량에서 최대수요량을 뺀 값을 최대수요량으로 나눈 백분율 값이다. 반면 공급예비율은 전력공급의 안정성을 판단하는데 이용된다. 공급예비율은 최대수요가 발생하는 시기에 발전소 고장, 성능저하, 가뭄에 의한 수력발전량 감소 등 일어날 수 있는 예측가능한 발전감소량을 고려한 전력공급 능력에서 최대수요량을 뺀 값을 최대수요량으로 나눈 백분율이다. 그림 9-6은 전력예비율의 두 가지를 설명하는 그림이다.

전력예비율이 최소로 되는 시기는 대개 여름철로서 우리나라에서는 8월에 나타난다. 그 이유는 여름철 오후시간에 가정용 냉방설비의 가동률이 높고, 같은 시간대에 산업체 전력도 최대 수요를 나타내기 때문이다. 따라서 전력예비율을 충분히 확보하기 위해서는 소비자와 공급자의 이해와 노력이 대단히 중요하다. 특히 소비자는 모든 수단을 동원하여 이 예비전력률을 확보하는데 협조해야 하며, 공급자는 홍보 등의 활동으로 사전예방에 노력해야 한다. 공급자가 전력예비율을 충분히 높게 유지하면 가장 좋겠지만, 전력

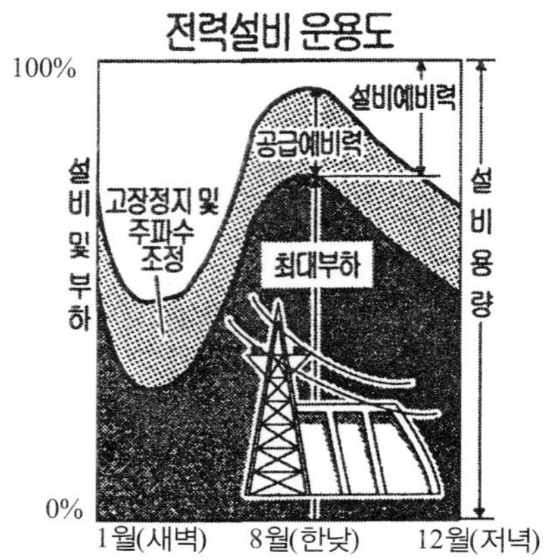

그림 9-6 전력예비율의 계절 변화와 1일 변화 개념

자료 : 서울신문, 1997. 6. 7. p. 8

예비율을 과다하게 높이 설정하는 경우에 전력설비의 투자가 과잉되므로 결국 전력비용의 상승을 초래하는 비경제적 운영이 될 수 있다. 한국에서는 한국전력공사가 적정한 전력예비율을 12%로 설정하고 있으나, 이 전력예비율 12%(예를 들면 3,000 MW)는 1,000 MW 원자력 발전소 2개 또는 3개(800 MW 석탄화력발전소 4개 정도)를 예비적으로 운전해야 한다는 계산이 된다. 이러한 설비과잉은 평상시 전력공급을 원활하게 할 수는 있으나, 과다한 전력 설비투자로 인한 경제적 부담으로 나타난다.

9.3.3 전력의 효율적 사용

1 kWh의 전력은 100 W짜리 전등 한 개를 10시간 켤 수 있는 에너지이다. 달리 비교하면 1 kWh는 1톤의 물건을 300 m 공중에 들어 올리는 에너지, 또는 알루미늄제 맥주깡통 6개를 만들 수 있는 금속 알루미늄을 녹이거나, 한 사람이 한 번 정도의 샤워를 할 수 있는 물을 데우는데 필요한 에너지에 해당한다. 사용자가 전력요금을 아끼기 위해서, 그리고 환경보호론자들의 압력을 감소시키기 위해 1 kWh의 전력으로 최대 효율로 동력을 뽑아내고, 조명을 더욱 밝히며, 더 많은 알루미늄을 녹이고 목욕물을 더 뜨겁게 데울 방법은 없을까를 논의하고 연구해야 한다. 이러한 전력사용 효율은 평균 30%인데 75%까지는 올릴 방법이 있다. 그러나 효율증대를 위해 비용이 얼마나 드는지, 그리고 얼마나 긴 기간이 걸릴 것인가가 의문으로 남는다.

에너지를 효율적으로 사용하기 위해서 에너지 강도(energy intensity)라는 용어를 사용한다. 에너지 강도라 함은 GNP 단위가치를 생산하는데 필요한 에너지량인데, 1973년 오일쇼크 이래로 에너지 강도는 28% 정도 강하하였다. 다른 에너지 소비분야와 마찬가지로 전력분야에서도 에너지 강도는 크게 낮아져서 생산성 향상에 크게 공헌한 결과가 되었다. 전력의 수요는 어느 나라에서든지 총에너지 수요 중에서 점점 큰 비중을 차지하고 있으며, 동시에 국민총생산(GNP)의 증가와 상대적으로 비례하는 경향이 있다. 그러나 전력수요가 경제성장과 똑같은 비율로 성장할지는 확실하지 않다.

한편, 전력소비의 시대적 변화 형태는 좀 달라지고 있다. 예를 들면, 캘리포니아주에서 1977~1986년 사이에 전기에너지 강도가 18% 정도 낮아졌으며 해가 거듭할수록 계속될 것으로 전망된다. 그럼에도 불구하고 미국의 사정은 한국이나 일본에 비하면 좀 나쁜 형편이다. 즉, 자동차공업, 철강, 제지공업 등에서 생산품 톤당 전력사용량은 일본, 한국 등에서는 낮아지고 있는데 비해 미국에서는 증가하고 있다. 그 이유는 미국의 산업체들이 연료절약형 전자식 제어기술을 다른 나라들보다 늦게 1970년대부터 채용하기 시작하였기 때문이다. 미국 이외의 선진국들도 전기에너지의 효율증대를 위한 노력을 많이 하고 있다. 스웨덴은 전력이 풍부한 나라인데도 불구하고 전력효율을 두 배로 증가시키는 방법을 구체화하고 있으며 덴마크나 독일도 이런 노력을 하고 있다.

대체적으로 전력효율을 높이는 전력은 대략 4가지 분야에서 추진되고 있는데 다음과 같이 요약할 수 있다.

1) 전력을 보다 생산성이 높게 사용하는 진보된 기술을 개발하는 것
2) 진보된 기술을 전력 소비자에게 공급하고 필요한 재정지원을 강구하는 것
3) 전력설비의 확장과 전력 공급업체의 기능을 재편성하는 일
4) 전력효율을 높임으로써 얻어지는 이익을 보상하는 새로운 법적조치를 강구하는 일

9.3.4 전동 장치용 전력의 절약

산업체에서 사용하는 대부분의 전동기와 가전제품에 부착된 전기모터의 전력 절약 가능성은 가장 유력한 분야로 지목되고 있다. 전동기는 산업용 전력의 65~70% 차지하고, 한 나라의 총전력 생산량의 반 이상을 소비할 뿐만 아니라, 이에 지출되는 전력비용은 GNP의 2%에 해당되는 것이 보통이다. 모터의 종류는 여러 가지가 있겠으나, 간단한 설명을 위해서는 대형, 소형으로 구분하는 것도 편리한 방법이다.

산업용 대형모터는 장치비용의 10~20%에 해당하는 연간전력비를 필요로 한다. 다른 표현을 빌리면, 그 장치비용은 그 장치의 사용기간 동안에 투입되는 비용의 1~3%에 불과하다. 따라서 모터 한 개의 수명이 다할 동안 모터효율을 1% 포인트만 올린다고 하더라도 모터의 출력마력수에 대한 비용절감은 엄청난 효과를 가져온다. 따라서 모터의 효율을 수% 포인트 증가시키면 모터의 전력 비용절감은 큰 금액이 될 수 있다. 보통 한 공장에 수백 개의 모터가 설치되어 있기 때문에 에너지 절감효과와 비용 절약효과를 모터효율의 개선으로 이룩할 수 있다.

대개의 모터는 다른 기계, 즉 펌프나 송풍팬 등에 축으로 연결되어서 전기에너지가 기계적 에너지로 바뀌어 사용된다. 그런데 펌프나 송풍기의 회전속도는 가변속도로 운전되기보다는 최대 속도로 회전하고 유량이나 송풍량은 밸브나 댐퍼를 부분적으로 개폐하여 조절한다. 이러한 유량조절 방법은 마치 자동차의 가속페달을 밟아서 연료를 공급하여 속도를 높인 후 브레이크를 밟아서 속도를 낮추는 것과 같은 효과로 에너지를 낭비하는 비효율적인 운전방법이다. 따라서 모터에 전자조절식 속도 조정장치를 부착하면 에너지 낭비를 막을 수 있다. 유량을 반으로 줄이기 위해 댐퍼나 밸브를 조절하기보다는 전자제어장치를 모터에 부착하면 전산업체에서 모터동력의 20%는 줄일 수 있으며, 모터의 전자조절장치 비용은 6개월 내지 3년, 평균적으로 1년 이내에 회수할 수 있다.

새로운 형태의 고효율 모터는 또 다른 중요한 기술적 진보에 의해 생산이 가능하다. 즉, 모터 설계를 더 잘할 뿐만 아니라, 종래의 모터에 사용하던 재료와는 다른 신소재 재료를 사용함으로써 모터 내 자장 에너지손실, 저항 에너지손실, 기계적 에너지손실 등을 10년 전에 비해 반으로 줄일 수 있다. 이러한 모터는 미국, 유럽, 일본에서 널리 사용되고 있는데 한국과 같은 개발도상국, 공산권 또는 저개발 국가에서는 아직 사용되고 있지 못하다. 그 이유는 모터의 초기 구입비용이 비싸기 때문이다. 많은 현장기술자들은 가변속 모터나 고효율 모터에 대해서만 생각하는 버릇이 있는데, 이들 모터의 성능도 중요하지만, 근본적으로는 전력의 잠재적 절약 가능성에 대해 더 깊이 생각해야 할 것이다. 아울러 모터의 규격 선정, 수선 보수비용 등을 절약하는데 관심을 쏟아서 총괄적인 전기에너지의 절약을 기대할 수 있을 것이다.

이와 같이 개량된 모터를 사용한다면 종래의 산업용 전력소비량을 반 정도 줄일 수 있고, 결과적으로는 한 나라에서 백만kW 발전용량의 발전소 한 개를 덜 짓는 효과를 기대해 볼 수도 있다. 물론 개량된 모터의 가격은 비싸겠지만 설치 후 1~2년 정도에 절약되는 비용으로 보상될 수 있다. 그림 9-7은 재래식 모터와 개량된 모터를 사용함으로써 기대할 수 있는 에너지 절약효과를 비교하여 나타낸 것이다. 동일한 유량의 유체를 수송하는데 필요한 에너지(31 에너지단위)를 얻기 위해서 재래식 모터에는 100의 에너지단위가 필요하고, 가변속 모터조절 장치를 사용하거나 효율이 높은 모터를 사용하고 동시에

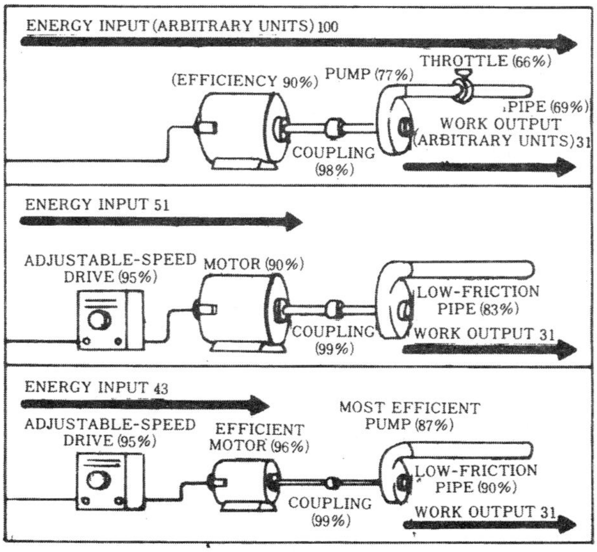

그림 9-7 모터와 펌프의 효율을 개선하는 방안

유체의 흐름저항이 작은 매끈한 내벽을 가진 수송관을 사용한다면 공급되는 에너지는 43 에너지 단위이면 충분하며, 결과적으로 같은 수송효과를 거둘 수 있게 된다.

냉장고나 에어컨디셔너에 소요되는 동력도 냉동매체를 압축순환시키는 압축기-모터 설비에 의한 것이므로 이 분야의 설계와 주변부품*의 설계를 개량함으로써 재래식 냉장고의 소비전력보다 80~90%나 적은 전력을 소비하는 냉방·냉장시설을 보급할 수 있다. 일반적으로 상품용 냉장고는 50%, TV는 75%, 문서복사기는 90%, 컴퓨터는 95%의 소비전력을 각종 설계의 개선으로 절약할 수 있고 거의 10년 전 모델에 비하면 이미 이러한 성과는 달성되어 있으며 앞으로도 더욱 절약될 가능성은 많다.

9.3.5 전력 절약을 위한 전략적 문제

전기에너지를 효율적으로 사용하는 모든 가능성을 모색하는 것은 음식을 알뜰하게 먹는 것에 비유가 된다. 음식을 알뜰하게 먹고 버리는 것이 없으면 설거지 비용도 적게 드는 이치와 같은 것이다.

전기를 싼 비용으로 절약하려면 새로운 절약기술도 이용해야겠지만, 그보다는 전기계통 전체의 공학적 관련성을 전반적으로 세심하게 재검토해야 한다. 이러한 일을 위해서는 현대의 모든 기술을 집약할 수 있는 새로운 정보전달 구조가 필요하게 된다. 전자제품을 제조하는 소수의 회사들은 조명이나 전동기의 효율을 높이기 위한 집약적 기술을 제품 속에 응용하여 고객들에게 서비스하고 있다. 이러한 서비스가 전 세계적으로 확산되면 새로운 전기제품에 의한 전기절약의 보상금액은 수십억 불이 될 것이다.

전력을 절약할 수 있는 가능성을 전력공급자 측면, 즉 발전소측에서 살펴보면, 전기절약의 전략은 계획단계, 설계단계, 재정계획, 그리고 발전소의 건설, 준공검사, 수리작업에까지 총체적으로 수립되어야 한다.

전기절약에 필요한 효율적인 기술은 시장수요가 적거나 시장공급 체계가 약하기 때문에 한꺼번에 적용되지 않는 경우가 가끔 있다. 만일 전기수용가가 효율이 좋은 가전제품을 원하는 경우가 있다면, 판매점에 요청하는 길밖에 없는데, 이때 판매점에서는 도매상에, 도매상에서는 제조업자에게 그러한 제품을 생산하라고 요구하는 과정을 거치게 된다. 만일 최종소비자가 효율 높은 전기기기에 대한 욕망을 행동으로 옮기지 않으면 이러한 일련의 경제활동은 일어나지 않고 결국 생산자는 고효율 전기기기의 생산을 외면하게 된다.

---

* 주변부품이라 함은 냉장고의 방열판 설계, 냉장고 내부구조, 냉동실의 구성재료 등을 의미한다.

따라서 시장수요를 창출하기 위해서는 한 나라의 에너지 계획 수립자가 먼저 소비자들이 원하는 에너지 형태를 파악하고 효율이 높은 전기기기를 선택하도록 하는 배려도 해야 한다. 에너지 문제가 심각하지 않을 때는 소비자의 전기기기 선택기준으로 안전성, 편리성, 외관, 경제성과 제품 신용 등을 고려하였으나, 이제는 에너지 효율에 관한 선택기준을 강조할 시기에 와 있다. 따라서 전기에너지의 효율적 사용에는 전기 소비자, 생산자, 그리고 이 두 부분을 연결하는 판매점 및 에너지 정책수립자 사이에서 절약의 중요성에 관한 공감대가 형성되어야 한다. 이러한 공감대 형성은 시장수요를 창출하고 시장공급체계를 확대하며 소비자에게는 절약에 의한 경제적 이익을 주고, 생산자는 새로운 절약기술의 개발에 더욱 적극적으로 참여하게 된다.

9.4 가정용 및 상업용 에너지

1980년대 이후부터 30여 년간 전력의 효율적 사용을 위한 기술의 혁신은 계속 진행되었다. 기술의 혁신은 재료분야, 전자공학, 컴퓨터 이용 설계 및 전기기기의 집중 생산기술의 개발로 나타났다.

미국 Rocky Mountain Institute의 추산에 의하면, 1980년대 5년간에 전력의 소비절약은 약 배로 증가하였고, 1 kWh의 전력을 절약하는데 필요한 평균비용은 2/3로 줄었다고 한다. 새로운 기술의 개발은 전력을 적게 사용하는 일도 포함하겠지만, 전력을 새로운 방법으로 사용하여 다른 에너지보다 유리한 영역을 개척하는 일도 포함된다.

예를 들면, 종전에 열을 이용하던 페인트 건조, 식품조리 등에서 자외선 표면처리, 마이크로 고주파 가열 및 건조(소위 요리용 전자레인지), 유도 가열 등의 방법으로 전기를 사용함으로써 종전에 막대한 열에너지 소비량을 절감할 수 있게 하는 것이다. 이러한 전기전자기술은 연료와 비용을 절약할 뿐만 아니라 전반적으로는 에너지 사용에 의한 환경오염을 감소시키게 된다. 이러한 새기술이 확산되면 2000년대에는 세계적으로 에너지 수요가 크게 증가하지 않을 것이라고 전문기관(예, Electric Power Research Institute, EPRI, 美)은 추산하였는데, 미국의 경우 현재 절약 수준인 24% 추정치보다 10년 뒤에는 44% 정도의 절약이 새기술에 의하여 가능할 것이라고 한다. 이러한 전력소비의 감소는 결과적으로 새로운 발전소의 건설을 불필요하게 할 것이므로 전력생산비용을 지금보다 반값 또는 0.75배로 싸게 할 수 있을 것으로 기대하고 있다.

물론 새기술에 의한 전력기기의 값은 종래의 기기에 비하면 비싸다. 따라서 전기 소비자들은 전보다 더 비싼 기기비용을 부담해야겠지만, 국가 전체나 전 세계적으로는 에너지비용이 절약될 것이고 이러한 전기기기의 대량보급은 제품가격을 낮추게 될 것이 확실하다. 보다 효율이 높은 에너지 경제체제로 옮겨 가는데 필요한 노력이 얼마나 큰 가, 그리고 거기에 따르는 위험성이 얼마나 있는가를 감안하면, 전력의 소비자와 공급자는 에너지 절약을 어떻게 합리적으로 달성할 것인가를 다 함께 연구해야 한다.

에너지를 절약하는 방법 중에는 우리가 즐기지 않는 방법도 있다. 예를 들면, 따뜻한 맥주를 마시거나, 찬물에 목욕을 하거나, 방안에 불을 어둡게 유지하는 것이다. 이런 방법은 에너지절약의 적극적인 방법이 아니고 소극적 방법이다. 이러한 소극적인 방법보다도 전력서비스의 질을 떨어뜨리지 않으면서 밝은 조명을 얻고, 생산라인의 조업을 신뢰성 있게 높은 수준으로 유지하면서 작업장이나 생활공간의 쾌적함을 즐길 수 있는 적극적인 전기 절약기술의 개발이 바람직하다.

전기의 소비를 크게 줄일 수 있는 분야가 몇 개 있는데, 예를 들면, 조명, 전동기, 식품 냉장 및 건물 냉방 등을 예로 들 수 있다. 각국의 전력소비 실태는 나라마다 좀 다르겠지만, 대개 총전력 생산량의 20%는 직접 조명용으로 쓰이고, 5%는 냉장고나 냉방기기용으로 사용된다. 보통의 사업용 건물에서는 전력의 40%를 조명용으로, 냉방용을 합하면 약 절반이상의 전력이 사용된다.

9.4.1 조명용 전력

인간은 조명이라는 "공간을 밝게 하는" 수단을 선사시대부터 사용해 왔다.* 조명(lighting)은 사물을 보기 위해 필수불가결하며, 어떤 공간에서나 불을 밝힘으로써 인간의 활동은 가능하고 야간에도 활동을 계속할 수 있다. 인간 활동을 위한 조명은 여러 가지 필수활동과 문화적 욕구에 의해 필요하게 된다. 심미적(aesthetic) 만족감을 주기 위해서는 환경을 더 극적으로 연출할 수 있고, 정서적인(emotional) 만족을 주기 위해서는 보안, 위엄, 무드 조성 등의 도움을 준다. 또한 조명은 정신적(mental) 건강에도 도움을 주어서 개인의 사생활 보호, 공포감으로부터의 해방에 도움이 되며, 신체적 건강(health)의 측면에서는 피로를 풀기도 하고, 눈의 보호, 두통의 감소/증대에 영향을 줄 수 있을 뿐만 아니라, 야간이나 어두운 공간에서 작업이나 운동에 안전성(safety)을 확보해 주기도 한다.

---

* 조명의 정도를 표시하는 방법과 정의는 다양하게 많은데 매우 전문적인 용어이므로 여기서는 간략하게 소개한다.
  Candela(cd) = $1.27 \times 1.27\ cm^2$에 수직으로 비치는 조명도
  Lumen(lm) = 1 cd의 조명도로서 지름이 일정한 구의 내부 표면 중 단위면적에 비춰는 조명량

전기에너지를 광에너지로 전환시키는 전등의 효율을 살펴보자. 보통 백열등의 효율은 4% 정도로서 나머지의 전기에너지는 열로 발산된다. 형광등의 효율은 20%, 최초로 상업화된 고광도램프(수은등, 나트륨등)의 효율은 32% 정도이다. 또 고체상태 레이저의 효율은 30% 정도이고, 가스레이저의 경우는 39% 정도라고 알려져 있다. 2000년대에 개발된 LED의 효율은 32%이다(수명은 형광등의 10배이고, 가격은 6배이다). 발광다이오드(Light-Emitting Diode)는 갈륨·비소 등이 도핑된 p-n 접합 반도체 소자(素子)인데, 두 극 사이에 0.6~2.2 V의 전압을 걸면 빛을 낸다. 빛의 색깔은 전압 차이(band-gap)에 의하여 결정된다. LED를 백열등과 비교하면 고효율, 긴 수명, 견고함, 소형, 빠른 스위칭 응답 기능이 장점이고 단점으로는 비싼 가격과 정교한 발열 분산기술이 필요한 점이다. LED는 광 스펙트럼을 좁힐 수 있으므로 항공기, 자동차, 교통신호, 광고판 등에 최근 그 사용량이 급격히 증가하고 있다.

최근에 개발된 가장 우수한 조명장치를 사용하면 전력의 80~90%를 최종 유효에너지, 즉 실제 조명에 사용할 수 있는데, 조명장치의 비용도 함께 고려하면, 약 55% 정도는 조명용 에너지 소비를 감축할 수 있다고 한다. 예를 들면, 형광등은 백열등보다 전력을 75~85% 적게 소비하면서 같은 조명 수준을 달성하는데, 그 수명은 10배 정도 더 길다.

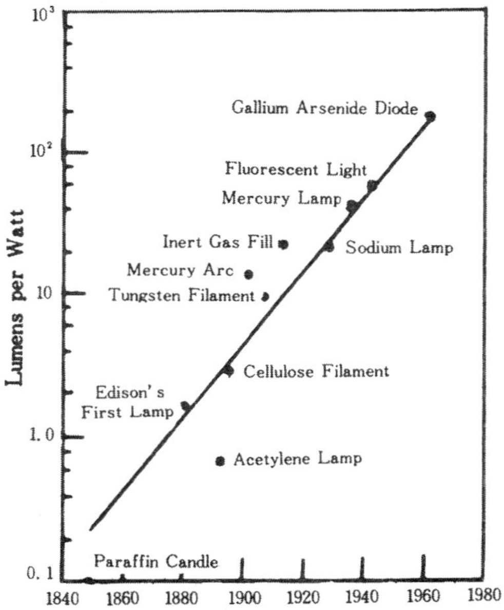

그림 9-8 조명장치의 개발 추세

자료 : C. Starr, "Current Issues in Energy", Pergamon, Oxford, 1979, p.86

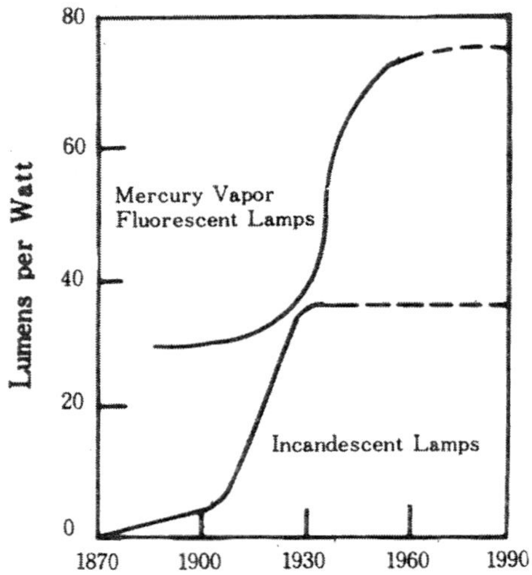

그림 9-9 조명 효율의 연도별 개선 추세

자료 : 그림 8-9와 동일

따라서 조명등의 구입비용에 대한 전등 교체비용과 전력요금을 함께 비교하면 값비싼 형광등의 비용은 훨씬 적게 든다는 계산이 확실히 얻어진다.

그림 9-8에는 각종 조명장치의 발명시기와 그 조도를 비교한 자료를 실었다. 또한 그림 9-9에는 형광등과 백열등의 조명도가 개선된 예를 시기별로 나타냈는데, 백열등이나 형광등의 조명효율은 그림에 나타난 조명도 이상으로는 더 개선될 여지가 없을 정도로 발달해버렸기 때문에 더 좋은 조명효율을 가진 새로운 조명용 전등의 개발이 필요하고, 성과도 나타나기 시작하였다.

효율이 높은 조명장치를 구입하는 것은 어렵지 않으나 주의가 필요하다. 흔히 조명장치는 밝지 못하거나, 잡음이 발생하거나 광색이 이상하거나 깜빡거리는 경우 등 미관상의 문제가 해결되지 못한 경우도 있다. 이러한 단점이 해결되어 있는 고급 조명장치는 사업용 건물에서 일하는 사람들의 작업능률을 올리는 것은 물론이고 전력비용을 절약하는데 크게 기여한다.

조명전력을 절약하는 다른 방법은 전등 주위의 반사판을 여러 가지 각도로 설치하거나 채광벽을 유리로 설치하거나, 편광유리를 전등 아래에 부착하거나, 창문 커튼 블라인드를 은빛으로 하거나, 실내에 사람이 있나 없나를 감지하는 광전센서에 전등스위치를 연결하거나, 방안 밝기에 따라서 점멸스위치가 연동되는 장치를 장치하거나, 소형 책상 전등 등을 설치하거나 실내가구와 벽, 천장, 바닥, 마감재료를 밝은 색으로 하고 광을

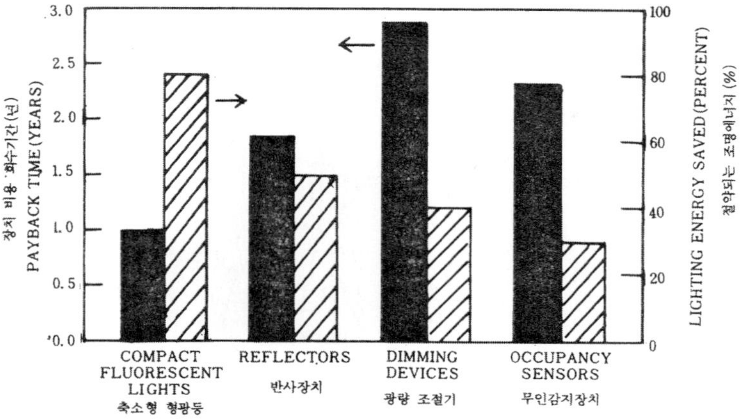

그림 9-10 조명효율을 증대시키는 여러가지 수단과 그 성과

자료 : Scientific American, Sept., 1990, p. 45.

반사하는 재료로 선택하는 등 조명에너지의 건축기술적 절약효과도 기대할 수 있다.

그림 9-10은 각종 조명장치와 부수적인 절약설비에 의해 에너지 비용을 절감할 수 있는 정도와 부수적인 에너지 절약설비의 설치비용이 에너지의 절약에 의해 상환, 회수될 수 있는 기간을 나타낸 것이다.

9.4.2 조명기구

현재 가정에서 가장 많이 사용되고 있는 대표적인 조명기구의 구조를 간략하게 설명하겠다. 그림 9-11은 백열등, 형광등 및 최근에 많이 사용되는 할로겐등 전구의 구조와 조명원리를 설명하는 그림이다.

백열등은 가장 오래된 전구임을 모두 잘 알고 있다. 백열등의 장점은 태양광선과 거의 동일한 파장의 광을 발산하는 점이다. 그러나 백열등의 광에너지 효율(전기에너지가 조명에너지로 바뀌는 효율)은 낮고, 열에너지로의 전환 효율이 높다. 또 한 가지 단점은 텅스텐 코일 필라멘트가 고온에서 계속 사용되면 텅스텐 금속이 고열 진공에서 증발되고, 증발된 텅스텐 증기가 전구의 유리 내부 표면에 금속입자로 침착되어 전구의 내면을 검게 하고, 마지막에는 필라멘트가 절단되어 수명을 다하게 된다.

1950년대에 General Electric에서 개발된 할로겐램프는 항공기 착륙용 조명등으로 사용되기 시작하여 현재는 가정용, 상업용으로 널리 사용되고 있다. 할로겐램프는 보통의 텅스텐 필라멘트 전구와 같은 구조인데, 전구 속에 채워져 있는 기체는 불활성 아르곤가스와 저능도의 할로겐 원소(요드나 브롬)이다. 텅스텐 필라멘트가 가열되면 빛을 발산함

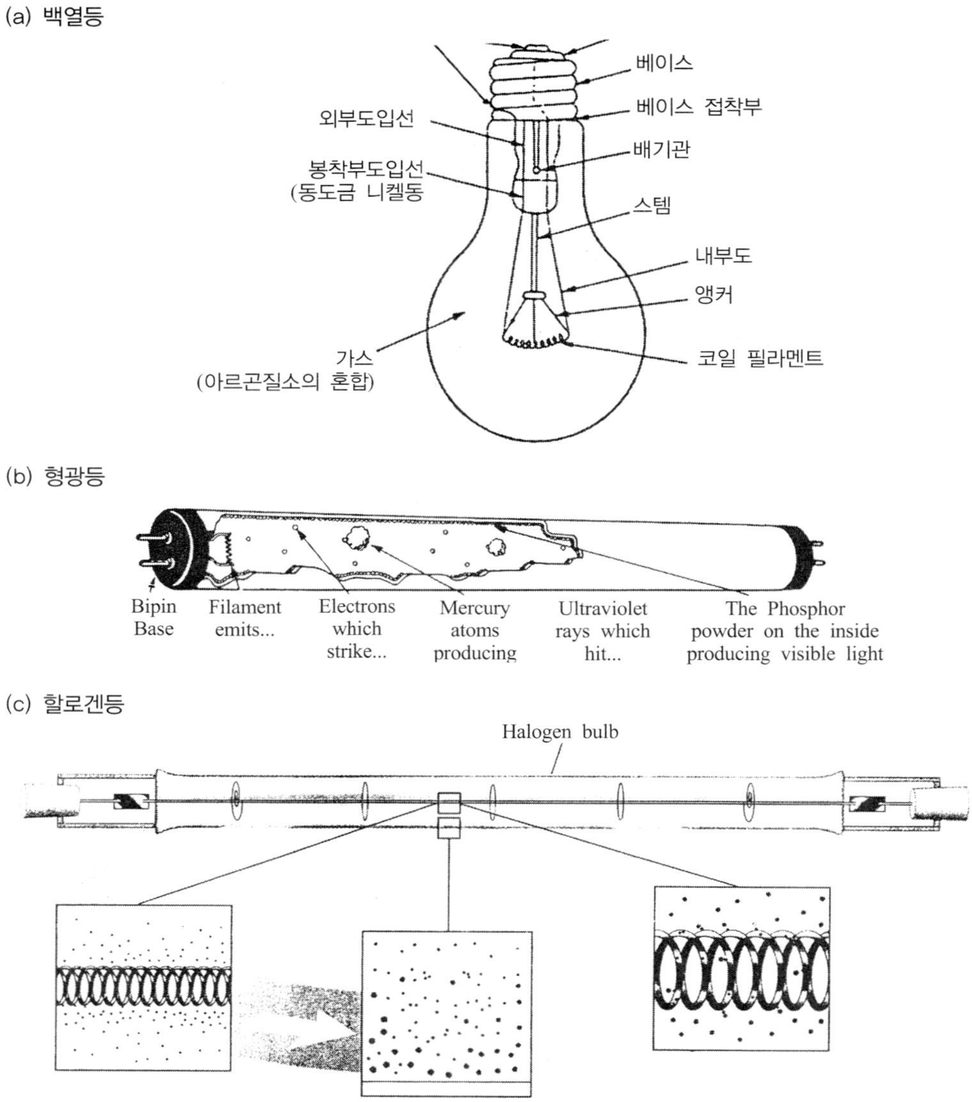

그림 9-11 백열등(a), 형광등(b) 및 할로겐등(c)의 구조와 원리

자료 : a) 이홍표, 박종찬, "전기공학개론", 광문각, 1997, p. 282, b) Peet, Pickett, Arnold, "Household Equipment",(재8판), 1979, p. 470, c) Scientific American, July, 1996, p. 92

과 동시에 고온의 텅스텐 증기가 발생한다. 이 증기는 전구 내벽의 유리부분에 있는 할로겐 기체와 반응하여 할로겐화 텅스텐 염의 기체가 된 후에, 다시 필라멘트쪽으로 이동한다. 이 할로겐화 텅스텐의 증기가 고온의 필라멘트에 도착하자마자 텅스텐 금속과 할

로겐 가스로 다시 분해하게 된다. 이러한 과정을 반복함으로써 텅스텐의 소모는 거의 없이 이론상으로는 영구적으로 사용할 수 있을 뿐만 아니라 발산되는 조명광은 매우 밝은 장점이 있다. 다만 할로겐램프는 발열량이 많은 단점이 있다. 결론적으로 말하면, 할로겐램프는 백열등의 개량제품이고 광 변환효율은 낮은 편이다.

형광등에도 역시 필라멘트가 있으나, 양극이 분리되어 있고 필라멘트의 양극은 방전에 의하여 전자를 발산한다. 발산된 전자는 형광등 내부에 낮은 농도로 채워져 있는 수은 기체의 원자에 충돌하여 자외선(사람의 눈에는 좋지 않다)을 발생시킨다. 이 자외선은 형광등 유리의 내부 표면에 도포되어 있는 인(phosphor)에 충돌하여 가시광선으로 바뀐 후에 밖으로 비쳐진다. 그러나 일부의 자외선은 가시광선으로 변환되지 않고 조명되기 때문에 형광등은 밝기는 하지만 독서를 할 때는 눈을 쉽게 피로하게 한다. 형광등의 수명은 백열등보다 더 길다.

위의 세 가지 조명등에 관한 최근 자료(표 9-9)는 흥미있는 내용을 보여준다. 조명효율이 5%로 공인되어 있는 백열등은 수명이 짧기 때문에 소비자가 부담하는 비용이 가장 비싸며, 발광 다이오드는 가장 경제적인 조명등임을 알 수 있다. 특히, 모든 형광등에는 수은이 들어 있기 때문에, 사용 후 폐기에 특별한 분리수거 폐기조치가 필요하다. 이들 세 가지 조명등의 시장경쟁은 각국 정부의 유도정책에도 불구하고, 당분간 계속 될 것이라고 국제사회의 전문가들은 전망하고 있다.

각종 전등에 사용되는 가스는 희가스들(rare gas: 즉 자연에 존재하는 양이 희귀할 정도로 적고, 화학적으로 불활성인 기체들)인데, 이 기체가 가지고 있는 전기적 특성 때문에 네온사인 전등을 만들 수가 있다. 네온등은 가스가 채워진 유리관이 전기의 도체로 작용하여 빛을 발산하고, 발산되는 빛의 색깔은 희가스의 단일성분 또는 혼합성분의 종

표 9-9 조명등의 경제성 비교*

lamp	LED	백열등	컴팩트 형광등
개당 가격($)	12.97	3.49	7.95
최대 조명 시간(hr)	25,000(10년)	1,500	6,000
효율(전력 → 조명) (%)	32%	5%	20%
1일 3시간 사용되는 조건에서 계산된 연간 비용($)	1.14	2.55	1.45
대표적 제조회사	Cree	Adv. Lighting Tech.	Osram Sylvania
비고 사항	9.5 W 전구로서 60 W 백열등 상당의 조명	일반 백열등보다 조명시간 2배	수은이 포함되어 있으므로 특수 폐기 요망

*자료 : Michael Grunwald, TIME, May 20, 2013, p. 12

표 9-10 네온사인 전등의 색깔과 재료와 충전기체의 압력[a]

Color	Gas	Pressure, mm.	Glass	Mercury
Deep red	Neon	10-18	Soft red	No
Red	Neon	10-18	Clear	No
Gold (yellow)	Helium	3-4	Noviol (amber)	No
Light green	Argon-neon mixture[b]	10-20	Uranium (green)	Yes
Dark green	Argon-neon mixture[b]	10-20	Noviol (amber)	Yes
Light blue	Argon-neon mixture[b]	10-20	Clear	Yes
Dark blue	Argon-neon mixture[b]	10-20	Purple	Yes
White	Helium	3-4	Clear	No

a) Gross, Rare Gases in Everyday Use, J. Chem. Educ., 18, 533 (1941)
b) To meet extreme winter conditions, an argon-neon-helium mixture is substituted.

류와 농도(기체압력, mmHg로 표시) 및 전등을 만드는 유리의 재질에 의해 결정된다. 표 9-10은 상업적으로 많이 사용되는 네온사인 전등의 색깔과 봉입기체, 가스충전 압력과 유리재질을 나타낸다. 네온 전관 속에는 형광등처럼 수은이 들어 있는 전등도 있고, 그렇지 않은 네온관도 있다. 네온전등의 또 다른 특징은 각종 희가스의 산업적 용도를 확대하는데 기여한 점이다.

조명기구로서 전등을 사용할 때 빛의 반사작용을 이용하여 조명 효율을 높일 수 있다. 전등 위에나 둘레에 씌우는 전등갓은 반사 조명 효율을 높이기 위한 수단이다. 그림 9-12는 각종 조명반사장치의 모양과 반사 조명광량을 대략적 %로 표시한 것이다. 이러한 전등갓의 사용은 조명 효율을 증가시킬 뿐만 아니라 조명 효과를 높여서 심미적으로나 건강 보건의 목적에서 매우 유익하다.

9.4.3 가전기기

현대생활에서 가정용 전기기기의 사용은 가정과 사무실에서 노동력을 대치하는데 중요한 역할을 하고 있다. 이러한 기기들의 전력소비량은 작지만, 사용 숫자가 전 세계적으로 수십억 개에 달하기 때문에 각종 가전기기의 한대 한대를 에너지절약형으로 설계하고 생산하는 일은 에너지 사용량의 절대치를 감소시키는데 중요하다. 또한 편리한 가전기기를 사용할 때라도 에너지를 낭비없이 사용하는 지혜를 발휘하는 것이 절전형 가전기기 자체의 성능과 함께 필요한 것이다.

표 9-11은 여러 가지 가전기기의 평균 동력소비량과 사용시간의 추산치를 실었다. 이러한 자료는 가전기기의 종류가 다양한 탓으로 각 개인이 소유하고 있는 기기의 성능에

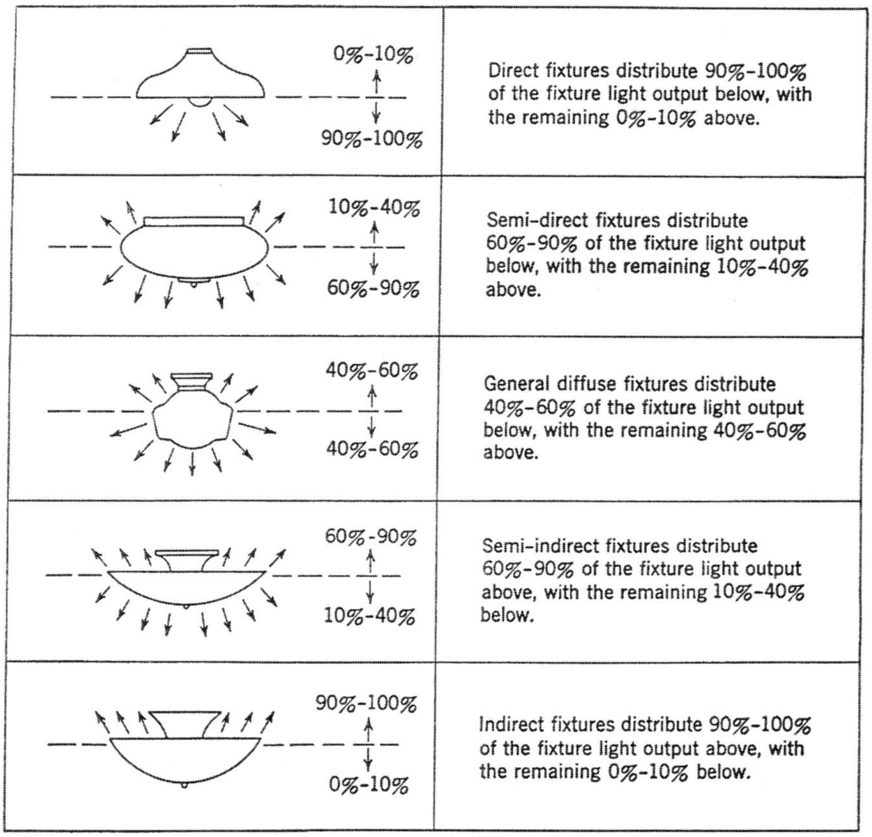

그림 9-12 각종 전등갓의 조명 반사 효과 비교

자료 : Peet외, "Household Equipment", Wiley, 1979, p. 465

일치하지 않으나, 주택이나 사무실 등의 건축설계에서는 유용한 자료로 쓰일 수 있다. 가정용 전력기기는 흔히 "가전제품"이라고 부르고 있는데, 전기제품이라고 하면 전력을 이용해서 만들어지는 물건들, 예를 들면, 전기화학 제품일 수도 있기 때문에 가능하면 가정용 전력기기 또는 기구라는 명칭을 사용해야 한다.

가정용 전력기기에는 앞에서 설명한 조명용 기구 이외에, 전력배전용 기기, 음식조리용 주방기기, 의류 손질용 전기기기, 건강보건용 전력기기, 주거생활용 전력기기 등으로 분류할 수 있다. 이하 각 절에서는 분류된 전력기기들 중 대표적으로 많이 사용되거나, 최근에 개발된 기기, 또는 사용원리가 잘 알려져 있지 않거나, 원리가 어려운 기기들을 쉽고 간단하게 설명하도록 하겠다.

표 9-11 각종 가정용 전기제품의 평균동력과 연간 에너지소비량 추산치

Appliance	Average power required(W)	Estimated electrical energy used per year(kWh)	Appliance	Average power required(W)	Estimated electrical energy used per year(kWh)
Air conditioner(Window, indoor, 5000 BTU/hr)	1565	1390	Humidifier	175	163
			Iron	1000	144
Blanket	177	147	Microwave oven	1450	190
Broiler	1436	100	Radio	71	86
Carving knife	92	8	Radio-phonograph	1110	110
Clock	2	17	Razor	14	2
Clothes dryer	4855	990	Refrigerator($12ft^3$)	240	730
Coffee maker	895	105	Refrigerator($12ft^3$)	320	1215
Deep-fat fryer	1450	83	Refrigerator-freezer($14ft^3$)	325	1135
Dishwasher	1200	363	Refrigerator-freezer ($14ft^3$, frostless)	615	1830
Egg cooker	516	14			
Fan(attic)	370	290	Roaster	1333	205
Fan(circulating)	88	43	Sewing machine	75	11
Fan(Window)	200	170	Stove	12200	1175
Floor polisher	305	15	Sun lamp	280	16
Food blender	385	15	Television		
Food freezer($15ft^3$)	340	1200	Black&white, vacuum tubes	160	350
Food freezer($15ft^3$, frostless)	440	1760	Black & white, solid state	55	120
Food mixer	127	13	Color, vacuum tubes	300	660
Food waste disposer	445	30	Color, solid state	200	440
Frying pan	1200	185	Toaster	1145	40
Grill(sandwich)	1160	33	Tooth brush	7	0.5
Hair dryer	380	14	Trash compactor	400	50
Heat lamp	250	13	Vacuum cleaner	630	46
Heater(portable)	1320	175	Vibrator	40	2
Heating pad	65	10	Waffle iron	1115	22
Hot plate	1260	90	Washing machine(automatic)	512	103

자료 : Electrical Energy Association, New York
*개인용 컴퓨터는 600~650W의 전기를 소비한다. 컴퓨터를 일없이 켜두는 것은 에너지를 크게 낭비하는 것이다.

9.4.3.1 옥내 배전 설비

전력 공급회사로부터 각 가정에 배전되는 첫 단계는 반드시 전력적산계(watt hour-meter)를 거치는 과정이다. 전력적산계는 사용된 전력량(Whr 또는 Wh)의 누계를 수치로 나타내서 월별 또는 격월별로 전력사용량을 점검하여 전력사용요금("전기세"라고 흔히 하나 "전기요금"이다. 이 요금에 세금이 별도로 부가되고 있기는 하다)을 전력공급회

사가 소비자(수용가)에 알려주는 기본 수치가 된다.

전략사용량을 매월 조사하러 다니는 전력계 검침원의 인건비를 절약하기 위하여 미국에서는 전력적산계(전기계량기)에 나타나는 수치를 원거리 컴퓨터를 이용하여 전력회사가 직접 읽을 수 있는 설비를 갖추고 있다. 한국에서도 이러한 자동 원격점검 체계의 도입이 장래에는 가능할 것으로 기대된다. 전기계량기를 통과한 전력은 소위 "두꺼비집"속에 들어 있는 퓨즈(fuse)를 통과한 다음 가옥 내 각 부분으로 다시 분배된다.

퓨즈의 기능은 옥내 전기회로에 과다한 전류가 흐르면(합선 또는 화재 등에 의해) 그 자체의 발생열로 금속제 퓨즈가 녹아내려서 회로를 차단하게 된다. 가끔 규정된 규격의 퓨즈 대신에 보통의 구리선으로 퓨즈를 대치하는 경우가 있는데, 대단히 위험하기 때문에 전기관련 법규에 의하여 금지사항으로 규정되어 있다.

근래에는 퓨즈를 사용하지 않는 전기 배선차단기(circuit breaker)가 많이 사용된다. 전기 배선차단기의 원리는 열팽창계수가 서로 다른 두 개의 금속접합체(bi-metal)가 과열상태에서 변형되는 성질을 이용한 것이다. 보통 30암페어의 전류에서 200%의 전류(60A)가 흐르면 2분 이내에 전기회로가 차단되도록 배선차단기는 설계, 제작된다. 전기회로 차단기 이외에 누전차단기도 있는데, 그 사용목적은 감전 또는 화재시 전기설비에 대한 손상을 방지하지 위한 기기이다.

보통 각 가정에는 전선을 벽이나 천장까지 끌어와서 콘센트를 설치하여 각종 전기기기의 플러그를 꽂을 수 있게 한다. 콘센트와 전기플러그를 사용할 때는 "문어발 연결(octopus connection)"을 피해야 한다. 한 개의 콘센트에 다수의 전기플러그를 꽂는 경우에는 과열로 인한 전기사고의 원인이 된다.

옥내 화재발생 감지장치로는 화재탐지기가 천장에 설치되는데, 이 화재탐지기는 화재로 인한 연기발생을 탐지하는 장치로서 방사능원소를 이용한 공기이온화식 화재탐지기와 연기입자의 광산란 효과를 이용한 광산란식 화재탐지기가 있다. 이들은 모두 전기경보기와 연결되어 있다.

9.4.3.2 주방용 전기기기

주방에서 음식을 장만하는데 사용되는 전기기기는 무척 많기 때문에 모두를 설명할 수 없다. 주방기기들은 가열용으로서 전기 프라이팬, 커피메이커(percolator), 토스트기 및 로스터, 전기오븐, 전기밥솥, 전자레인지(microwave oven) 등을 열거할 수 있고, 동력용 주방기기로는 믹서(mixer, grinder), 전기칼, 식기세척기, 냉장고와 냉동고, 쓰레기 분쇄기(waste disposer) 등을 예로 들 수 있다. 이 절에서는 주방기기 중 대표적인 전자레인지와 냉장 및 냉동장치에 대하여 설명하겠다. 냉장고의 원리는 냉방용 에어컨(air conditioner)의 원리와 동일하다. 먼저, 냉장의 원리를 설명하겠다(제2장에서도 설명하였다).

9.4.3.3 냉장고와 냉방장치

냉방용 에너지의 소비량은 전체 가정용 에너지 소요량 중에서 매우 작은 비중을 차지한다. 그것은 냉방장치의 가격이 비싸기 때문에 가정이나 사무실에 보급된 숫자도 적고, 또 냉방장치를 가동시킬 필요를 느끼는 기간도 1년 중 1~3개월의 짧은 기간이기 때문이다.

냉방 및 냉동 사이클은 열펌프 사이클이라고도 부르는데, 열역학적 역 카르노 사이클의 원리를 의미한다. 즉, 낮은 온도의 열원으로부터 높은 온도의 열씽크에 열을 전달하는 장치이다. 이 장치에는 반드시 냉매를 압축하는 압축기가 있어야 하고 이 압축기에는 바깥으로부터 일 에너지가 투입되어야 하는데, 이 일에너지는 전기에 의해 공급되거나(전기냉장고) 또는 열에 의해(흡수식 냉장고) 공급된다. 즉, 냉동 사이클에는 3종의 형식이 있다.

1) 증기압축 사이클, 2) 기체 사이클 3) 흡수 냉동 사이클 등이다. 그 중에서 증기 압축 사이클(제2장의 그림 2-9 참조)과 흡수 냉동 사이클이 많이 사용되는데 증기 압축 사이클이 가장 보편적으로 각 가정에 사용되는 보통의 냉장고이다. 흡수 냉동 사이클은 전력 공급이 없는 곳에서도 사용될 수 있는 냉장장치이다.

증기압축 사이클(가정용 냉장고)에서는 냉매로서 액체-증기의 혼합상태의 물질이 사용된다(옛날에는 프레온가스, 요즈음은 할론가스가 사용된다). 그 원리를 간단히 설명하면 냉매가 압축기에 들어가기 전에는 완전한 포화증기의 낮은 압력과 높은 온도의 상태에 있다. 이 포화증기가 압축기에서 단열가역적으로 압축되면 고온 고압의 과열증기가 되고 이 증기는 냉장고의 뒤쪽 방열판을 거치는 동안에 바깥의 고온측(실제로는 실내온도이지만, 냉장고 속 온도와 비교하면 고온이다)에 열을 버린다. 이때 외기의 온도는 방열판 내 고온 과열증기의 온도보다 낮기 때문에 열전달이 자연히 일어난다. 열을 잃은 방열판(응축기) 내 과열증기는 고압상태를 유지하면서 중간온도 정도의 포화액체가 된다. 이 포화액체가 팽창노즐(throttle valve)을 통과하면 기체의 Joule-Thompson 효과에 의하여 액체-기체혼합물이 되면서 그 온도가 급격히 내려간다.

이 저온의 액체/기체 혼합물인 냉매의 온도는 냉장고 속(증발기)의 온도보다도 낮기 때문에 냉장고 내 열이 냉매쪽으로 전달되며 액체상태의 냉매는 완전히 기화하여 포화증기상태의 냉매가 되어서 압축기로 다시 들어가게 된다. 이러한 과정을 되풀이함으로써 냉장고의 온도는 저온으로 유지되어 식품을 냉장하거나 냉동시킬 수가 있다.

에어컨디셔너의 원리도 마찬가지이다. 다만 대량의 실내공기를 순환시키는 송풍팬이 실내쪽에도 설치되어 있고, 실외쪽(컴프레서쪽)에도 열전달을 촉진하는 송풍기가 별도로 부착되어 있다. 에어컨디셔너의 방향을 여름과 겨울에 반대로 바꾸어 놓을 수 있다면, 겨울철 난방기(열펌프)로 사용될 수 있다. 이러한 냉·난방 겸용기가 현재 시판되고 있으며, 냉방기 단독보다는 당연히 비싸다.

이 냉동원리를 이용하여 공기 중 질소(79% 부피기준, 비점 −198.5℃)와 산소(21%, 비점 −183℃)를 함께 액화한 후 비점 차이를 이용한 저온증류에 의해 질소와 산소를 공업적으로 분리할 수 있다. 또한 이 원리는 CO_2 가스로부터 드라이아이스를 제조하는 데도 이용된다.

증기압축식 냉동 사이클에 사용되는 냉매 중에서 흔히 사용되는 것은 화재의 위험이 전혀 없는 프레온가스나 암모니아, 탄산가스 아황산가스 등 많은 종류가 있다. 화재의 위험이 있지만 CH_4, C_2H_6, C_2H_4 등이 이론상으로는 쓰일 수 있다. 그러나 대부분의 경우 염화불화탄화수소인 프레온가스가 많이 쓰인다. 상품명으로 불려지는 프레온가스의 종류는 구성원소인 C, F, Cl, H 등의 화학결합 형태에 따라서 여러 가지가 개발되어 있다.

그러나 프레온가스는 공기 중에 누출되면 연소 산화되지 않기 때문에 대기 중에 오래 남아 있고 고공의 오존층까지 확산되어서 오존의 강한 산화력에 의해 산화되기 때문에 오존층 파괴물질로 판명된 이후에 세계 각국은 프레온가스의 사용을 금지하고 있다. 1993년 이후에는 이의 사용이 금지되고 있으며, 프레온 냉매가스의 대체물질로서 Halon 냉매가스가 사용되고 있다. Halon 가스도, 프레온가스의 종류가 많듯이 그 종류가 여러 가지인데 간단한 예는 CH_2Cl_2이다. 즉, 프레온 C_2F_4 대신에 F 원소 두 개를 H 원소로 바꾸고 다른 두 개의 F를 Cl로 바꾼 물질이다.

저온을 획득하는 장치로써 서로 다른 두 개의 금속판에 전기를 가하면 온도차이가 발생하여 저온효과를 얻는 펠티에 효과(Peltier effect)를 이용하는 전기냉장고가 오래 전에 개발되어 있으나 가격이 비싸므로 널리 사용되지 않고 있다. 그러나 근래에 고급자동차의 내부에 소형 저온장치로 사용되는 예가 증가하고 있다. 또한 포도주 저장용 저온 캐비닛 형태로 시판되기도 한다.

9.4.3.4 마이크로파 오븐(전자레인지)

다음은 "전자레인지"에 대해 설명하겠다. 전자레인지의 정확한 용어는 microwave

oven(마이크로파 가열기)이다. 마이크로파 오븐은 가정에서, 식당에서, 비행기, 선박 등에서 짧은 시간에 음식을 조리하는데 사용된다. 먼저 마이크로파를 이해하기 위해서는 우리가 사용하는 전기의 주파수가 60 Hz(60 cycle이라고도 하며, Hz 단위를 사용). 즉, 1초 동안에 전류가 60회의 파장을 만들고 있다. 마이크로파는 1초 동안에 915,000,000 Hz의 파장을 만든다. 즉, 파장은 짧고 진동수는 매우 크다. 어떤 마이크로 파 오븐은 2,450,000,000 Hz로 운전되는 것도 있다. 이 사이클 숫자는 너무 크므로 1백만(1 mega)으로 줄여서 915 mega Hz(MHz) 또는 2,450 mega Hz(MHz)의 마이크로파 오븐이 시판되고 있는데, 주파수가 클수록(파장이 짧을수록), 물질 속에 쉽게 침투할 수가 있다(X-ray는 주파수가 10^{18} 정도이므로 몸 속 깊이 침투할 수 있다).

마이크로파 오븐에서 발생하는 마이크로파는 수분이 있는 음식물에 침투하면 물 분자들을 진동시키고 이 진동에 의해 물 분자들이 서로 마찰을 일으킨다. 이 마찰 현상으로 음식물 내부의 모든 부분에서 마찰열이 골고루 발생하므로, 음식물의 겉과 속이 거의 균일하게 가열되어 조리된다. 음식물이 매우 두꺼울 때는 마이크로파가 침투하는 효율이 낮아서 균일한 가열, 조리가 덜 되는 경우도 있다. 그러나 노출된 부분에서 발생된 마찰열이 더 깊은 부분까지 전달되므로 음식은 시간이 걸리더라도 조리가 진행된다.

마이크로파 오븐(전자레인지)의 구조 중에서 가장 중요한 기능을 하는 부품은 60 Hz의 전기를 915 MHz 또는 2,450 MHz로 변환시키는 마그네트론 관(magnetron tube)이다. 마그네트로 관은 일종의 진공관이며 전기에너지를 마이크로파로 변환시킨다(병원에서 사용되는 X-선 장치도 같은 원리의 진공관이다). 이 마이크로파는 오븐 내 터널(wave guide) 속을 지나서 교반기 부근에 오면 4면 8방으로 발산되어 직접 음식물에 쬐여지거나 벽채에 반사된 후 음식물에 쬐여진다.

그림 9-13은 마이크로파 오븐의 구조를 간단히 나타낸 것이다. 전자레인지를 이용하는 음식물 조리에 영향을 주는 인자들은 여러 가지가 있다. 열거하면 다음과 같다.

1) 음식물의 부피가 클수록 조리시간이 길어진다.
2) 차가운 음식(냉동음식)일수록 오래 걸린다.
3) 밀도가 큰(단단한) 음식일수록 오래 걸린다.
4) 음식물의 조리시간이 길수록 열이 깊게 전달된다.
5) 설탕성분과 지방성분이 많이 포함된 음식일수록 빨리 조리된다(쿠키, 케이크 등).
6) 마이크로파는 벽쪽에서 더 강하므로, 무더기로 쌓기보다는 유리접시 위에 넓게 펴되 벽쪽에는 많이, 중심부에는 얇게 쌓아둔다. 포개는 것은 비효율적이다.
7) 음식물의 가열은 표면부터 시작되기 때문에 조리시간을 단축하기 위해서는 음식

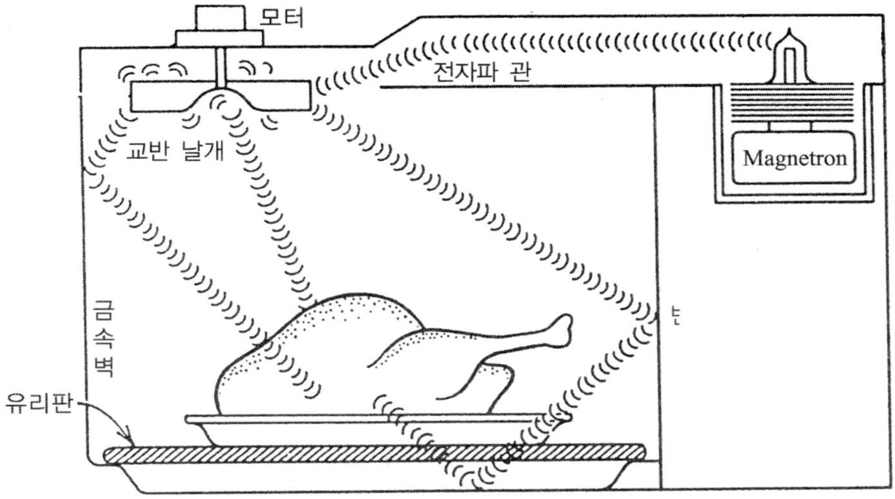

그림 9-13 마이크로웨이브 오븐(전자레인지)의 구조와 작동원리

자료 : Peet외, "Household Equipment", Wiley, 1979. p. 220

물의 두께가 얇아야 하고, 죽 같은 경우에 간간히 저어 주어도 좋다.

8) 음식물의 영양소와 맛은 다른 가열기에 의한 요리법보다 우수하다.
9) 조리할 음식을 플라스틱 필름으로 덮으면 열 발산이 억제되므로 더 빨리 조리된다. 그러나 요즈음 플라스틱 물질이 가열되면, 인체에 유해한 환경호르몬 물질이 발생한다는 학설이 유행하고 있으므로 추후의 정설을 지켜볼 일이다.
10) 알루미늄, 스테인리스 등의 금속그릇을 사용해서는 안 된다. 유리그릇과 도자기그릇은 좋으나, 도자기그릇에 금박(금속)무늬가 있으면 사용할 수 없다(마이크로파가 총 쏘는 소리를 내면서 반사하는 경우가 종종 발생한다).
11) 전자레인지가 운전 중일 때 손(피부 속에 물이 있다)을 넣으면 안 된다(대부분의 레인지는 문을 열면 스위치가 작동하여 전기가 꺼진다).

9.4.3.5 기타 가정용 전력기기와 에너지 절약

위에 설명한 주방용 전기기기들 이외에도 의류손질 전기기기로는 세탁기, 빨래건조기, 전기다리미, 전기재봉틀 등이 있다. 또 가옥 전체의 온도를 조절할 수 있는 냉방설비와 난방설비 등 전력사용 기기가 많이 보급되어 있으며, 전기담요, 전기패드 등도 사용에 주의가 필요한 가전제품들이다. 보건건강의 목적으로는 전기치솔, 구강(입안)세척기, 헤어드라이어, 곱슬머리 만들기, 이발기기, 전기면도기, 심지어 전기 구두솔도 보급되고 있을 정도이다.

문화생활을 위한 라디오, TV, 오디오 설비, 개인용 컴퓨터 등도 보급률이 상승되고 있으며, 이들 전기기기에 의한 에너지 소비량도 연간 막대한 양에 이르고 있다. 문화적 전기기기 중에서 전력소모가 가장 많은 TV에 관해 서술해 둘 필요가 있다. 최초의 TV는 Brown관의 흑백 TV인데, TV 방송은 1936년에 시작하였고, 1938년에 컬러 TV 방송이 시작되었다. 송출방식은 NTCS, PAL SECAM 등이 있는데 국가마다 다르다. 재현방식 브라운관 TV, 액정 TV, 플라스마 TV, 프로젝션 TV 중에서 LCD TV가 주류를 이루고 있으며, 해상도에 따라서 SD TV, HD TV, FullHD TV 등이 있는데, FHD TV로 고급화되어 가고 있다.

이러한 모든 가정용 전기기기들은 그 사용 원리를 잘 이해하고 사용하면 경제적이고 시간을 절약할 수 있으나, 전력을 낭비하는 습관에 젖은 상태로 사용할 때는 개인적으로는 돈을 허비할 뿐만 아니라 사회적으로나 국가적으로는 에너지 자원을 낭비하여 에너지 문제를 더 심각하게 만든다. 중요한 것은 에너지 절약이 부유한 계층일수록 더 어렵다는 사실인데, 부자들이 문화적 혜택을 낭비적으로 향유하는 경향이 있기 때문이다.

참고문헌

<단행본>

이홍표, 박종찬, “전기공학개론”, 광문각, 서울, 1997

Baumeister, T. and Avallone, Eugene A., “Marks’ Standard Handbook for Mechanical Engineers”, (11th ed.), McGraw-Hill, NewYork, 2007

Peet, L. J., M. S. Pickett, M. G. Arnold, “Household Equipment”(8th ed.), John-Wiley, NewYork, 1979.

CHAPTER 10

자원의 수송, 비축과 에너지의 저장

비행기로 석탄을 실어 온다구요?
아니오, 석탄으로 비행기를 띄울려고.....!

지하자원과 에너지 자원을 채굴한 후에 소비지까지 합리적으로 또 경제적으로 수송하는 과정에는 물량을 싣고 내리는 장비와 저장, 비축시설이 필요하다. 에너지 자원의 비축은 에너지의 수요와 공급이 계절적으로 변화하는데 단기적으로 대비하거나, 에너지 자원 채굴지역에서의 분쟁, 또는 수송과정에서 생길 수 있는 사고나 수송수단이 통과하는 지역에서 천재지변 또는 인위적인 수송불능 상태에 대비하여 에너지자원의 일정량 이상을 장기적으로 저장하는 조치이다. 이 장 앞부분에서는 에너지 자원의 수송과 비축에 관련되는 기술적, 경제적, 제약조건과 이 조건을 충족하는 합리적 수송방법과 정책에 대하여 설명한다.

그리고 이 장 뒷부분에서는 이미 채취되어서 사용 중인 에너지의 일시적 과잉량을 저장하거나 특수한 조건에서 에너지가 필요한 경우를 대비하여 유용한 에너지를 저장하는 기술과 그 원리를 설명한다. 이를 위해 일에너지, 열에너지, 전기에너지, 광에너지 및 화학에너지 등 5개 형태의 에너지 특성에 적합한 방법을 실예로서 설명한다.

10.1 에너지 자원의 수송과 비축

10.1.1 수송에 필요한 에너지

에너지를 수송하는 방법에 대하여 설명하기 전에, 먼저 일반적인 물자수송에 소요되는 에너지량을 이해함으로써 에너지 수송의 기술적 문제점과 경제적 효율을 더욱 합리적으로 이해할 수 있다.

물자수송에 필요한 에너지량의 표시법으로는 두 가지가 쓰인다. 하나는 에너지의 일정량을 소비하여 수송할 수 있는 물자의 무게와 이동거리를 비율로 나타내는 방법이고, 다른 한 가지는 그 역수로 표시하는 방법이다. 즉, 물자의 무게와 수송거리의 곱에 대한 소요 에너지량의 비율로 표시하는 방법이다.

이 두 가지 표시법은 어떤 수송수단을 선택할 때 에너지가 가장 적게 필요한 수단, 또는 에너지의 단위량당 수송할 수 있는 물량과 수송거리를 결정하는데 매우 유익한 자료가 된다. 표 10-1에는 승객 수송에 사용되는 교통기관 수단별 수송에너지를 표시하였다.

표 10-1 승객 수송에너지

수송 방법	최대 수송능력 (여객 수)*	운행 거리/연료량 (마일/갤런)+	승객×운행거리/연료 (승객×마일/갤런)+	에너지량/수송량 (Btu/승객×마일)
자전거	1	1,560	1,560	80
보행	1	470	470	260
도시간 버스	45	5	225	550
10량 연결 통근기차	800	0.2	160	775
지하철(10량 연결)	1,000	0.15	150	825
Volkswagen 승용차**	4	30	120	1,030
시내버스	35	3	105	1,180
도시간 기차(4량 연결)	200	0.4	80	1,550
오토바이	1	60	60	2,060
자동차++	4	12	48	2,580
747 jet 비행기	360	0.1	36	3,440
727 jet 비행기	90	0.4	36	3,440
707 jet 비행기	125	0.25	31	3,960
미국 초음속항공기	250	0.1	25	4,950
2인승 경비행기	2	12	24	5,160
회사용 업무비행기	8	2	16	7,740
불란서 콩코드 초음속기	110	0.12	13	9,400
스노모빌	1	12	12	10,300
대양횡단 여객선	2,000	0.005	10	12,400

* 이용하는 승객수가 적으면 수송의 상대적 효율은 달라짐.
+ 휘발유 1갤런당 운행거리로서 대략적 수치임.
** 장거리 도시간 운행하는 경우임.
++ 전형적인 대형 미국제 승용차의 경우임(도시운행과 장거리운행을 포함하는 평균적 수치)

표 10-2 화물수송 에너지

수송방법	수송량×거리/연료량 (ton-miles/gal)	에너지 소비량/수송량 · 거리 (BTU/ton-mile)	참고
송유관	275	450	한국 횡단 송유관
철도	185	670	증가시켜야 함
해운	182	680	내륙 수운, 운하
트럭	44	2,800	감소시켜야 함
비행기	3	42,000	비싸다

자료 : Sci. Am., "Energy", 1979, Sept., p. 213

이 표에서는 자가용 승용차, 대중교통용 버스나 기차, 비행기 등과 해양순항용 호화여객선의 수송물량 대비 에너지 소요량이 표시되어 있다.

표 10-2에는 화물수송 및 에너지 자원 수송용 각종 운송 수단들, 송유관, 유조 기차. 선박, 트럭 및 비행기에 의한 수송에너지 소요량을 표시하였다.

10.1.2 에너지 수송비용의 비교

석탄, 석유, 천연가스 등은 선박, 철도, 트럭 및 수송관을 이용하여 수송된다. 석유송유관을 이용하여 천연가스나 석유를 수송하는 방법은 수송비용이 가장 저렴할 뿐만 아니라 대량수송과 상시적 수송이 가능하다. 다만 송유관 설치공사에 드는 비용이 매우 높고, 장기간의 건설공사 기간이 필요하다. 철도나 소형 선박이나 트럭을 이용하는 경우는 대개 수백 km 미만의 단거리수송에 적합하고 수송물량도 크지 않다. 비행기로 석유를 실어 나르는 일은 일반적으로 비경제적이다. 그러나 공중급유기와 같은 군사용 목적의 수송기에서는 경제성 평가 이전에 전략적 목적이 우선이기 때문에 가능한 일이다.

석탄은 철도, 트럭, 해운 선박을 이용하는데 철도와 선박수송의 에너지소요량은 비슷하다. 그러나 트럭으로 석탄을 운반하는 일은 장거리 수송에서는 부적합하다. 석탄은 철도와 선박에 의한 수송이 경제적이다. 공장내부에서나 채탄장과 저장소사이의 수백 m의 거리에서는 컨베이어 벨트 수송이 가능하고, 특별한 경우에는 미분탄-물 혼합슬러리를 파이프라인을 통하여 수송하는 방법도 쓰인다.

그러나 전기에너지는 반드시 전선을 통해서만 수송(송전)이 가능하고 극히 작은 양의 전기에너지는 축전지 또는 건전지에 저장된 상태에서 수송될 수 있다. 반면, 열에너지는 수증기에 실려서 파이프라인으로 수송된다. 그러나 수증기는 장거리로 수송되면 열이 방산되어 에너지로서의 가치가 떨어지기 때문에 단일 공장에서나 여러 개의 공장이 밀집되어 있는 공업단지 내에서 짧은 거리에 수송될 수 있을 뿐이다.

그림 10-1은 각종 에너지 및 에너지 자원의 수송비용이 수송거리에 따라서 크게 변하는 경우와 거의 변하지 않는 경우를 통계자료로부터 작성하여 표시한 것이다.

이 자료를 종합하면 각종 에너지의 수송에 관계되는 특징과 기술개발이 필요한 부문을 비교해 볼 수 있으며 경제성도 함께 비교해 볼 수 있다. 그림 10-1에 포함된 자료를 활용하여 다음 각 절에서는 각종 에너지의 수송기술과 경제성 등을 고찰하겠다.

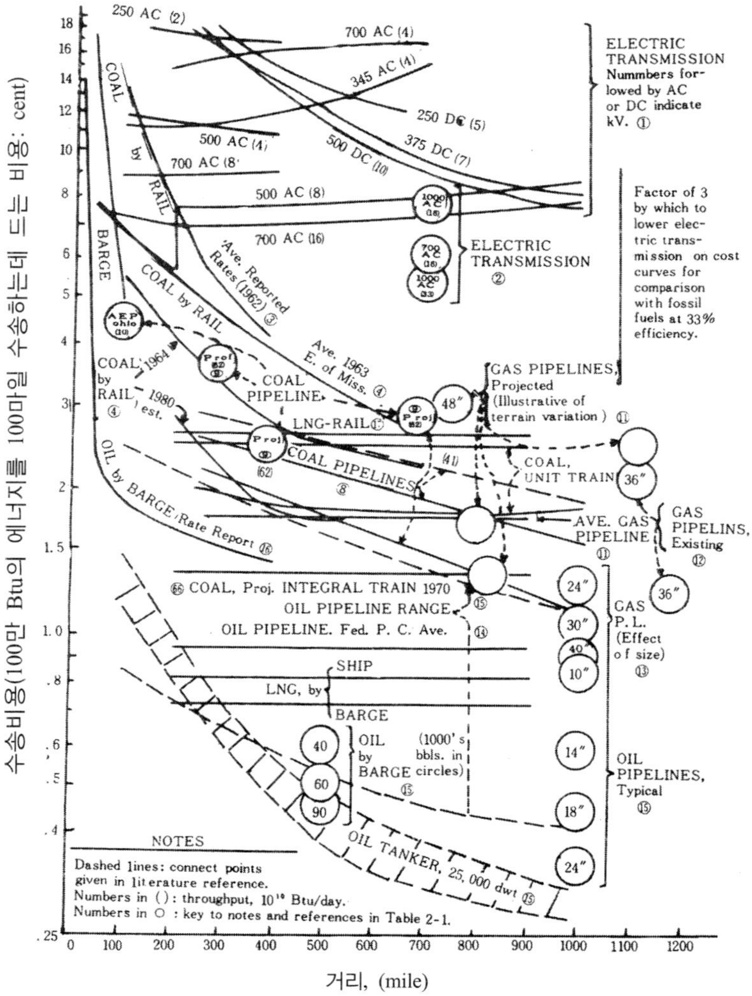

그림 10-1 수송거리의 함수로 나타낸 각종 에너지의 수송비용

자료 : Hottel, Howard, "New Energy Technology", M.I.T. Press, 1971. p. 46

10.1.3 석유와 천연가스의 수송

석유와 천연가스는 대부분 해양선박이나 육지 수송 파이프라인으로 수송된다. 적은 양은 철도 수송 및 단거리 자동차 수송으로도 경제적인 운반이 가능하다.

국내에서 석유 수송관(송유관)을 이용하여 석유제품을 수송하기 시작한 역사적 첫 실예는 경북 포항과 대구, 대전, 서울을 거쳐 경기도 의정부까지 연결하는 "한국종단 송유관(Trans-Korea Pipeline : TKP) 설비이다. TKP의 길이는 총 450 km이며 1970년에 완공되었다. 주한 미국군용 시설로 계획된 이 TKP의 공사기간은 2년, 건설비용은 당시 가격으로 1천4백6십만 불이 소요되었으며, 6개소의 중간저유소와 수송관 매설부지 등 160만평이 소요되었다. 이 송유관은 1992년 한국정부에 무상으로 이양되었다. 1996년 현재 TKP 이외에 전남 여천과 대전을 연결하는 석유제품 송유관과 서산 천안을 잇는 송유관이 설치되어 있는데, 총 길이는 905 km이다. 그림 10-2는 TKP를 포함한 전국송유관망

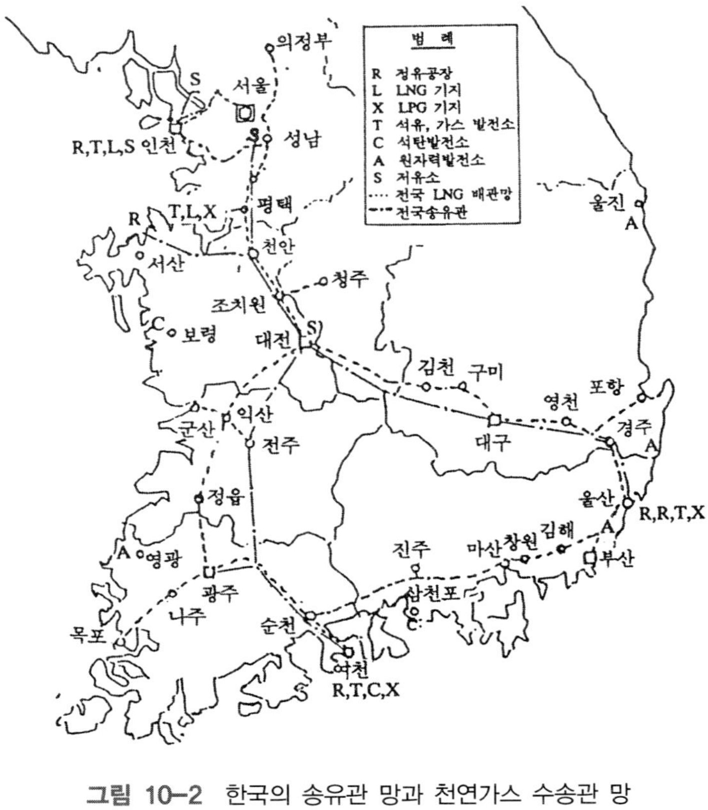

그림 10-2 한국의 송유관 망과 천연가스 수송관 망

자료 : 목영일 · 김태문, "21세기의 에너지", 한림원, 1996, p. 135

과 천연가스 수송관망을 표시한 지도이다.

천연가스의 경우 평택-서울 간에 설치된 도시가스용 수송관을 예로 들 수 있다. 또한 도시가스를 각 가정에 수송하는 예도 있다. 도시가스 파이프라인은 수송보다 연료의 안전한 분배방법의 측면에서 이해되어야 할 것이다.

전 세계적으로는 석유와 천연가스의 상당량이 송유관 또는 가스관으로 수송되고 있는데, 중동의 쿠웨이트, 이라크, 이란, 사우디아라비아 등에서 지중해까지 연결된 송유관, 구소련의 우랄지방에서 독일, 프랑스 등의 유럽각지에 연결된 천연가스 수송관이 그 예이다. 또한 우리나라가 구소련의 시베리아 천연가스 개발에 참여하면, 시베리아, 만주, 북한, 한국, 일본을 연결하는 송유관 또는 천연가스 수송관이 건설될 수도 있을 것이다. 한국과 시베리아를 잇는 횡단 송유관 또는 가스관 공사 계획은 2010년 현재로 협상단계에 있다. 그러나 구체적인 계획이 수립될 시점에서는 미묘한 국제 외교 정책적 문제들이 함께 해결되어야 할 것이다.

현재 미국의 알래스카 횡단 송유관은 직선거리 1,000 km 이상이고, 알래스카-캐나다-미국을 잇는 송유관 길이는 4,000 km 이상이나 된다. 1990년대 후반에 들어와서는 러시아, 아제르바이잔, 카자흐스탄으로 둘러싸인 카스피해 해저 유전의 석유원유를 흑해와 지중해까지 수송하는 석유수송관 공사 계획이 추진되었다. 이 계획은 여러 국가를 경유하는 건설공사이므로 각국의 경제적 혜택과 정치적 이해관계가 복잡하게 얽혀 있는 상황이다.

천연가스 수송관은 보통 지름 60 cm, 75 cm, 100 cm의 관을 사용한다. 수송거리가 100~150 km를 넘으면 수송비용의 차이는 거리의 영향을 별로 받지 않는다. 그러나 석유수송관과 마찬가지로 건설비용은 거리와 설치지역의 지형조건에 크게 영향을 받는다. 특히 천연가스 수송의 경우에는 천연가스의 발열량이 어떤 수준에 있는가에 따라서 수송비용에 큰 차이가 생길 수가 있다.

천연가스를 선박으로 수송할 때는 액화시킨 LNG 상태로 수송한다. LNG의 수송에서는 냉동시설을 탑재하는 등 특수기술로 건조된 LNG 전용선이 사용된다.

석유를 유조선으로 수송하는 경우는 송유관 수송보다 경제적이다. 특히 유조선의 규모가 클수록 배의 단위톤당 건조비용이 적게 필요하므로 10만 톤 이상의 슈퍼탱크가 건조되는 경향이 있다. 그러나 25만 톤 이상의 탱크에서는 톤당 건조비용의 차이가 거의 없을 뿐만 아니라 오히려 작은 항구의 부두에 정박을 못한다든지 좁은 해로, 얕은 해로에서 운항이 불가능한 경우에 봉착하는 단점이 있다.

10.1.4 석탄의 수송

석탄을 철도나 트럭으로 수송하는 경우에는 운행 상 어려움은 없으나 상차, 하차(짐을 싣고 내리는) 작업에 시간이 많이 소요되고 상·하차시 분진 발생 등의 단점이 있다. 특히 단거리 수송에서는 트럭을 사용하는 것이 경제적이고, 장거리 수송에서는 철도수송이 훨씬 경제적이다. 석탄을 슬러리 상태(단순히 수송목적으로 분말석탄에 물을 섞은 혼합물)로 수송하는 예는 미국이나 독일에서 실용화된 지 이미 오래인데(1958년), 수송비용은 철도수송의 비용과 거의 비슷하다. 그러나 COM(Coal-oil mixture : 미분탄과 석유를 섞은 슬러리), CWM(Coal-water mixture : 미분탄과 물을 섞은 슬러리)을 장거리의 소비지까지 파이프라인으로 수송하여 공장이나 화력발전소에서 연료로 사용할 수 있는 기술이 가능하다. 현재 COM이나 CWM 연료는 단거리(공장 내 또는 공장사이에서의) 수송에서는 파이프라인 수송이 실용화 되어 있다. 한국에 수입되는 미국, 캐나다, 호주산 석탄은 대형 석탄 운반선으로 수송된다.

10.1.5 전력의 수송

전력수송에 대해서는 이미 제9장의 송전, 배전 부분에서 기술적인 문제를 설명한 바 있으므로, 이 절에서는 경제적 관점에서 간략하게 설명하겠다. 전력수송은 다음과 같은 특징이 있다.

1) 일정한 전압의 전기를 수송할 때 수송용량이 크면 수송비용이 감소한다.
2) 전력부하율을 일정수준으로 유지하면, 경우에 따라 저전압송전으로 비용을 절감시킬 수 있다.
3) 초고압송전(초고압이란 용어는 345 kV 송전에 사용되었으나, 현재는 765 kV 송전을 초고압 송전이라고 부른다)은 단일 송전선에 의한 대량 송전에서만 비용절감을 기대할 수 있다.
4) 전력수송에서는 지역간 송전뿐만 아니라 지역 내 배전에서도 개선할 점이 있다. 즉, 도시 내 배전선로를 공기 중에 노출된 220 V로 설치하거나, 지중 매설용 케이블 전선*을 배선설비로 이용하는 방법 등이다.
5) 송전 및 배전 과정에서 전기저항에 의한 전력손실을 줄이는 방법으로 극저온 송전

* 케이블 전선은 공중 나선에 비해 매우 정교한 기술로 제작된다. 케이블 전선은 지중매설도 있으나 육지와 섬을 잇는 해저케이블 전선도 있다. 케이블 전선은 피복된 전선이고, 공중 나선은 피복되지 않은 구리 전선이다.

기술(cryogenic transmission techniques)이 연구되고 있다. 케이블 전선 속에는 기름(보통 왁스 형태) 절연체를 사용하는데, 만일 이 케이블을 액체질소(77 K) 액체수소(20 K), 액체 헬륨(4 K) 속에 채워둔다면, 금속전선의 상대적 전기저항치를 1/8, 1/500, 1/∞(초전도체)로 줄일 수 있으므로 송배전 손실을 크게 줄일 수 있다.

현재의 송전 에너지 손실률은 변전설비의 손실을 포함하여 약 3%이며, 배전 손실까지 합하면 송배전에 의한 총 손실량은 발전량의 5% 정도이다(1960년대에는 송배전 손실이 15% 정도였다).

전력의 수송비용은 다른 1차에너지의 수송비용과 비교할 때 매우 비싸다. 특히 교류전기는 송전손실이 직류전기에 비해 크기 때문에 교류전력 수송비용은 더욱 비싸다. 따라서 현대의 전력수송 기술의 개발은 고압의 직류전류 수송에 집중되고 있으나, 현실적으로 최종소비자에게 도착하면 직류 → 교류의 재전환이 필요하고, 이때 시설비용과 직/교류 전환 전력손실도 있으므로, 이것을 감소시키는 방법 등 여러 가지 어려운 문제가 해결되어야 한다.

10.1.6 에너지 수송비용의 총괄

앞 절에서 설명한 물자수송에 필요한 교통기관별 에너지소요량은 에너지/(톤×거리)

표 10-3 수송방법에 따라서 변하는 각종 에너지의 수송비용의 비교

에너지 종류	수송 방법	수송비용의 비교
석유	슈퍼탱커(초대형 유조선)	0.5
	탱커(유조선)	1
	파이프라인	2
	철도 탱크	4
	탱크로리(트럭용)	15~20
천연가스	LNG 탱커(극저온 액체)	4
	NG 파이프라인	5
석탄	화물선	5
	철도화차	6~10
	파이프라인(슬러리)	6
전력	500kV 교류 가공선	50
	500kV 직류 케이블	30

주 : 원유 1 kl 등가량, 100 km
자료 : 化學工業(日本化學工業社, 1973. 7.)

로 표시되어 있는데, 이 값이 적다고 해서 반드시 수송비용이 저렴하고 경제적이라는 뜻이 아님을 주의해야 한다. 석유수송관을 장거리에 걸쳐서 건설하는 일은 시간과 비용이 엄청나게 필요한 사업이다. 즉, 수송관 매설의 경우에 고정투자비용이 선박건조비용보다 상당히 많이 필요하기 때문이다. 따라서 물자수송용 에너지 소비량을 운영비용으로 삼고 물자수송수단의 확보에 필요한 고정투자비용을 합한 합계 비용이 최저가 되는 수송수단을 선택하는 경제적 최적화 기법이 필요하다. 표 10-3에서는 각종 에너지를 원유 1 kl의 발열량에 해당하는 에너지로 환산하여 이 등가(等價)량의 에너지자원 또는 에너지를 100 km 수송하는데 필요한 상대적 수송비용으로 표시한 자료이다. 석탄이나 천연가스의 수송수단을 선택하는 작업은 비교적 단순하다. 그러나 석유의 수송수단을 결정할 때는 수송수단에 따라서 수송비용의 차이가 크다.

10.1.7 에너지 자원의 비축

에너지 자원의 비축은 다음 절(10.2)에서 설명할 에너지 저장기술과는 다른 경제적 의미가 있다. 다음 절에서 서술할 에너지 저장은 기술적인 문제에 더 중점을 두고, 사용직전의 2차에너지를 저장하는 과학적 원리를 설명하겠다.

이 절에서 설명하는 에너지 자원의 비축은 기술적 문제도 있겠으나 경제적인 관점에서 자원을 저장하는 문제이다. 인간은 생활에 필요한 모든 자원을 장래에 대비하여 저장하는 습관이 있다. 가장 오래된 비축활동의 대상은 식량자원이다. 수확기에 수확한 식량을 비수확기와 농경기에 대비하여 비축하는 것이다. 마찬가지로 모든 자원은 비축의 대상이 되는데 경제적인 조건(경제상황), 계절에 따라서 변하는 수요공급의 불균형으로 인해 가격이 격심하게 변동하기 때문에 이러한 자원상품의 비축에는 경제적인 고려사항이 중요하게 된다. 그러나 자원 비축이 반드시 경제적인 이유에 의한 것만은 아니다. 전쟁 등 비상시 대비한 전략비축 또는 상시비축(strategic or complusory stock), 가격안정을 목적으로 하는 완충재고비축(buffer stock), 그리고 국제적 무역거래 혹은 국내적 경기순환에 대응하는 경기조정비축(commercial stock for cyclical fluctuation) 등이 있다.

에너지 자원 특히 석유자원의 비축은 국가마다 중요한 과제로 남아 있다. 그것은 석유수출국의 고의적인 수출금지, 생산중단, 국내 공급감소, 수출국 지역의 국제분쟁, 또는 해상수송로의 봉쇄 등 여러 가지의 상황이 발생할 수 있으므로, 이러한 상황에 대비하여 석유의 안정적 공급이 유지되도록 국가가 석유자원 비축정책을 실시하게 된다.

그러나 국가뿐만 아니라 각 가정이나 공장에서도 적절한 규모의 원자재나 에너지 자원을 비축하게 된다. 가정용 석유 보일러를 위해서 적당한 크기의 저장탱크가 있어야 하거나, 난방을 위해서 구공탄이 적당한 양만큼 저장되어야 한다. 이러한 저장량이나 비축량은 비축할 공간의 여유와 비축물자의 대금을 미리 지불해야 하는 경제적 능력 등을 고려하여 결정되듯이, 석유의 비축량도 금융 재정적 요인들에 의해 결정된다. 더욱이 석유가 우리나라에 도입되는 과정을 수송과정과 함께 고려하면 다음과 같은 구체적인 예를 들어 상황을 설명할 수 있다.

산유지에서 원유를 생산하여 저장하였다가 수출용 배에 선적되는 기간, 선박에 의해 수송되는 기간, 소비지에 도착 후 하역하는데 소요되는 시간, 정유회사에서 저장한 후 정유공정을 거치는 시간과 제품수송, 저장, 소비자에게 판매에 이르는 기간 등을 모두 합한 기간에 해당하는 양의 원유를 비축하는 것이 최소한도의 비축량이 될 것이다. 우리나라가 사우디아라비아에서 원유를 도입하여 위의 과정과 기간을 거치는 데는 약 40일이 소요된다. 따라서 우리나라의 석유비축량은 40일 동안의 국내수요에 상당하는 양이 적정량이라고 할 수 있다. 그러나 우리나라의 경제수준이 낮았던 1960년대에는 당시 소요량의 15일분 밖에 비축될 수 없었던 형편이었다. 2004년 이후 정부 비축 54일분, 민간기업 55일분 등 합계 109일 정도분을 비축하고 있다. 같은 시기에 미국의 석유비축일수는 128일, 일본 125일, 독일 112일 등으로 각국은 대략 4개월분을 적정 비축량으로 책정하고 있다.

현재 우리나라의 석유비축사업은 한국석유공사가 담당하고 있는데, 2013년 현재 전국에 9개의 비축기지가 건설되어 있고, 원유 146백만bbl(1일 평균 원유 도입량의 약 40일분에 해당)의 비축능력이 확보되어 있는 셈이다. 석유나 천연가스의 비축은 지상탱크, 노후 유조선을 이용하는 해양탱크, 해양 바지선(barge) 등을 이용하거나 지하 동굴(천연 또는 폐광산의 갱도)을 이용하는 일이 많다.

1991년 경남 거제시에 건설된 지하비축기지(U-2 기지로 명명되어 있다)의 저장용량은 1천2백만 bbl, 총공사비 1천4백억 원이고, 건설기간은 5년 8개월이었다. 이 시설은 해수면 기준으로 지하 30~60 m에 위치하여 총연장 3.7 km의 저장동굴, 배관, 입하, 출하시설 등을 갖추고 있다. 저장된 원유가 지층을 뚫고 나가는 누유현상을 막기 위해서는 동굴주변의 지하수 압력에 의존하는 특별한 기술이 채택되었다. 그러나 천연가스의 경우에는 지하동굴 이외의 저장방법을 사용할 때 냉각시설을 설치해야 하는 경제적 부담이 있으므로 대량 비축의 어려움이 더 크다. 특히, 천연가스를 LNG로 수입하는 한국에서는 입하부두에 저장시설과 기화시설을 건설해서 에너지의 합리적 비축/저장을 실행하고 있다.

석탄은 자연발화하기 쉬운 갈탄의 저장 이외에는 노천에 야적하는 방법이 쓰인다. 갈탄의 경우에는 자연발화를 방지하기 위한 환기구멍을 설치하여 야적하는 것이 보통이다. 그러나 코크스와 같은 특수연료는 사일로(silo) 등의 밀폐 저장용기를 사용하여 저장한다. 석탄은 노천에 야적되는 경우가 많으므로 바람이 불면 석탄 분진이 발생하여 비산하기 때문에 석탄 손실도 있고 주변의 대기환경 오염을 유발한다. 또한 비를 맞으면 석탄의 수분량이 증가하므로 석탄의 질이 저하되고, 물에 씻겨 유출되기 때문에 자원의 손실이 생긴다. 따라서 수십만 톤의 석탄을 야적하고 덮개를 씌우는 일도 소홀히 할 수 없다.

10.2 에너지의 저장

에너지를 그 자원 형태로 저장 또는 비축하는 것은 기술적으로 큰 어려움이 없으나 열, 일, 광, 전기, 화학에너지 등 5가지의 에너지를 그 어느 한 가지 형태로 저장하는 일은 과학기술적으로 쉽지 않다. 원래의 석유, 석탄, 천연가스, 우라늄 등의 (화학)물질 속에는 화학적 에너지가 잠재해 있다. 이 물질을 연소시켜 일, 열, 전기에너지로 사용하는데 사용 중 남는 에너지를 저장하거나, 별도의 장소나 시기에 사용할 수 있도록 저장하는 기술을 설명한다.

전기에너지는 콘덴서 등에서 아주 짧은 시간 동안 저장될 수 있으나, 장시간 저장하기 위해서는 전기에너지를 화학에너지로 바꾸지 않으면 안 된다. 장래에는 전기에너지를 그대로 저장하는 기술이 실용화될 가능성이 있는데, 바로 초전도(superconducting magnetic energy) 저장기술이다. 이 기술의 기본원리는 극저온(−270℃ 부근)에서 모든 물체의 전기저항은 0이라는 이론에서부터 출발한다. 그러나 −270℃에 도달하기도 어렵고 유지하기도 어렵기 때문에 초전도체 물질을 개발하여 이 초전도체의 대전류와 영구전류 특성을 이용하여 전기에너지를 저장해두는 기술이 개발되면 저장된 전기를 재사용하는 일은 매우 편리할 것이다.

그러나 이러한 기술의 개발에는 상당한 시간이 필요하다. 결론적으로 전기에너지 저장의 대부분은 화학에너지로 전환 후 안정한 화합물의 상태로 저장하되 필요한 경우에 맞추어 편리한 형태의 에너지, 예를 들면 전기에너지로 쉽게 또 효율이 높게 재전환하여 사용한다. 저장된 화학에너지는 전기에너지로 전환하는 이외에 열에너지로 또 광에너지로 전환하여 사용한다.

광에너지의 저장기술은 태양전지를 이용한 전환기술 밖에 없으나 뉴스를 하나 소개하겠다.*

"태양광선으로 광합성하는 식물처럼 태양광선에서 에너지를 흡수해 저장하는 분자가 미국연구팀에 의해 개발됐다고 한다. 미 미시간대와 일리노이대의 공동연구팀은 물리화학 학술지인 'Journal of Physical Chemisty' 최신호에 태양광선에서 에너지를 얻는 식물과 같은 구조를 가진 분자를 개발하는데 성공했다고 밝혔다. 미시간대 연구팀이 이끌고 있는 라울 코플먼 박사는 "이 분자의 개발로 인간의 유전물질을 조명할 수 있는 분자섬광과 태양전지, 컴퓨터칩 등의 연구가 급격히 진전될 것"이라고 전망했다. 또 그는 "이 분자는 일반 물질과 달리 태양광선을 분산시키는 것이 아니라 태양광선을 하나의 중심에 모으는 기능을 한다."며 "광합성을 하기 위해 태양광선을 잡아들이는 식물과 거의 같은 방법으로 태양광선을 잡아 중심에 저장한다."고 밝혔다. 코플먼 박사는 앞으로의 과제는 분자에 저장된 태양에너지를 방출하는 방법을 연구하는 것이라고 밝히고 이것이 실용단계에 이르면 몇 년 정도가 걸릴 것이라고 말했다. 코플먼 박사는 지금까지는 이 분자를 연구와 실험에 쓰기 위해 소량을 만들었으나 이를 산업용으로 쓸 만큼 대량생산하는 것이 가능할 것이라고 덧붙였다."

다음 절부터는 일에너지의 저장개념과 열에너지의 저장개념 등에 대하여 간단히 설명한 뒤에 화학에너지의 저장기술에 대하여 설명하겠다.

10.2.1 일에너지의 저장

일에너지의 저장은 동력장치 등에서 나타나는 현상으로 설명할 수 있다. 일반인들은 기계 속을 들여다보는 경우가 드물기 때문에 관찰하기 힘들다. 자전거나 자동차의 페달을 밟아서 속도를 올린 뒤에 페달 밟기를 중지하더라도 바퀴는 굴러서 차는 전진하게 된다. 이러한 에너지는 운동에너지의 형태로서 자전거바퀴에 작용하고 있다. 운동에너지는 다음 식과 같이 물체의 질량 m과 물체의 속도 v의 제곱의 곱에 비례한다.

$$\text{운동에너지} : KE = \frac{1}{2}mv^2$$

질량이 크거나 속도가 큰 움직이는 물체는 움직이는 동안에 일에너지를 저장하고 있다고 말할 수 있다. 이러한 운동에너지를 관성력이라고 부르는데, 이러한 원리를 이용한 장치 중에는 보통 자전거는 물론이고 최근에 개발된 바퀴의 질량을 크게 한 경기용 자전거(디스크 자전거), 모든 회전운동체에 붙어있는 플라이휠 등이 있다. 디스크 자전거, 모

* 화학세계, 37권 12호, 1997, p. 39와 매일경제신문(1997. 12. 3)

터나 자동차 엔진 속에 들어있는 플라이휠은 관성력을 이용하여 짧은 시간 동안에 에너지의 공급이 차단되더라도, 물체의 운동을 계속할 수 있게 한다. 속도가 높은 물체(자동차, 자전거 등)는 관성력도 크기 때문에 속도를 0으로 만드는 정지과정에도 에너지가 필요하다.

위치에너지를 높이는 방법도 에너지의 저장방법으로 쓰인다. 양수발전소에서는 밤시간에 잉여분의 전력으로 댐하류의 물을 저수지 상류쪽으로 옮기고, 전력소비가 최대로 필요한 낮시간에 발전소의 터빈을 돌려 전력을 생산한다.

일에너지를 저장하는 다른 한 가지는 기체를 압력에너지로 저장하는 방법이다. 압력에너지는 기체의 압력과 부피의 변화량의 곱으로 표시된다. 기체에 압력을 가하면 그 부피가 감소하고 동시에 열이 발생하여 온도가 올라가는 것이 보통이다(그렇지 아니한 기체도 있다). 열이 발생하는 이유는 기체분자들이 운동하고 있는 공간이 작아지기 때문에 기체 분자간 거리가 가까워지고, 거리가 가까워지기 때문에 분자간 충돌확률이 증가함으로써 열이 발생한다. 이 열을 외부에서 냉각수를 사용하여 제거시키면 일정량의 기체 속에는 압축에 가해진 일에너지와 발산된 열에너지의 차이에 해당되는 에너지가 저장된 셈이다. 이렇게 저장된 압축기체는 다시 팽창할 때 저장용기에서 분출되는 기체의 속도에 해당하는 운동에너지를 이용할 수가 있거나 자체의 팽창으로 에너지가 생산될 수 있다.

10.2.2 열에너지의 저장

열에너지의 저장은 현열(sensible heat : 단순한 온도차이에 의한 열량), 잠열(latent heat : 증발열 또는 용융열), 그리고 반응열(heat of reaction) 등 세 가지로 나누어 설명할 수 있다. 어느 경우에나 열저장 문제는 약간 어려운 과학기술적 과제이지만 유익한 기술이다.

열에너지는 어떤 물질을 가열하거나 녹이거나 증발시킴으로써 저장될 수가 있다. 물에 열을 가하여 수증기를 만들면 열이 H_2O에 저장되어 있다. 그러나 저장된 열은 열전달에 의해 쉽게 낮은 온도쪽으로 방출하므로 오랜 시간 저장할 수 없다. 물을 수증기로 만들거나 금속을 용융시키는 것은 소위 잠열(latent heat)을 저장하는 것이고, 물의 온도를 20℃에서 80℃로 올리는 것은 열에너지를 현열(sensible heat)로 저장하는 것이다. 현열저장의 효율은 그 물질의 비열(또는 열용량)의 크기에 비례한다.

일상생활에서 자주 쓰이는 현열 저장장치는 보온병, 보온도시락 등을 예로 들 수 있다. 시판되는 유리보온병은 98℃의 물을 넣어서 24시간 뒤에 67℃ 이상의 온도를 유지해야 한다고 규정되어 있다. 이 온도 이하로 식을 때는 보온병의 재질이나 구조상 문제가 있다고 판단해도 좋다. 보온병은 내부에 2중 유리로 된 진공유리병이 있고 바깥에는 모양이나 기계적 강도를 높이는 목적의 외벽으로 구성되어 있다. 이 진공보온병을 마호병(魔法瓶이라는 일본어 발음이고, 영어로는 Dewar bottle)이라고 한다. 보온병 이외에 냉각된 음식물을 보냉하는 아이스박스 등도 있다. 이러한 보온·보냉 장치들은 외부와의 열전달을 최소로 하는 재료로 만들어진 열저장 기구들이다. 실험실 등에서 냉각된 기체나 액화된 산소, 질소 등을 액체상태로 저장하는 장치도 진공보온병이다.

한편, 용융잠열이나 증발잠열을 이용하여 열을 저장하는 방법은 물질의 상변화(고체 → 액체, 액체 → 고체)를 이용하기 때문에 저장과정에서 온도 변화는 없다(그러나 현열에 의한 온도변화가 상변화의 전·후 과정에서 존재한다). 표 10-4에는 현열이나 잠열저장에 사용될 수 있는 물질과 그 물리적 성질들을 나타냈다. 이 표의 자료를 이용하여 열저장에 관한 일반적인 특징을 간추리면 다음과 같다.

표 10-4 열저장 물질의 현열저장 및 잠열저장 특성

현열저장	질량기준 비열 Btu/1b°F	밀도 1b/ft^3	부피기준 비열 Btu/ft^3°F (공극률 0%)	%공극률
물	1.00	62	62	-
쇠부스러기	0.12*	490	59	41
철광석(Magnetite : Fe_3O_4)	0.18*	320	57	40
Aluminum 부스러기	0.23*	170	39	27
콘크리트	0.27	140±	38	26
암석과 자갈	0.21	170±	36	25
벽돌	0.20	140	28	20
나트륨 금속(98℃ 이하)	0.23	59	14	-
잠열저장	**녹는점 °F**	**밀도 1b/cu.ft**	**용융열 (Btu/1b)**	**용융열 (Btu/cu.ft)**
$CaCl_2 \cdot 6H_2O$	84-102	102	75	7,900
$Na_2CO_3 \cdot 10H_2O$	90-97	90	115	10,400
Glauber's Salt($Na_2CO_3 \cdot 10H_2O$)	90	92	105	9,700
나트륨 금속	208	59	42	2,500
$FeCl_3$	580	181	114	20,600
NaOH	612	133	90	12,000
$LiNO_3$	482	149	158	23,500
$H_4P_2O_5$	131	94	92	8,700
LiH	1,260	51	1,800	92,000

* Over interval 77°F to 600°F

1) 물은 95℃ 정도까지 데우면 상당한 열량의 저장이 가능하다. 다만 식지 않도록 잘 보관하는 문제가 있으나, 열에너지를 보존하는 경제적인 방법이다.
2) 더운 공기를 자갈이나 분쇄된 암석층 속으로 통과시키면 상당한 현열저장이 가능하다. 그러나 같은 온도의 현열저장에서 자갈을 채운 부피는 1)항의 물부피보다 2.5배 정도가 더 커야 한다.
3) 철광석(예: magnetite) 등은 고온 현열저장(370℃)이 가능하고 자갈 등의 경우보다 유리한 특성이 있다.
4) 콘크리트는 철광석만큼 열저장 효율이 높지 않으나, 콘크리트 구조물 자체가 열저장 용기로 흔히 사용된다(콘크리트 건물 내부가 초봄에는 춥고, 초가을에 더운 예를 볼 수 있다).
5) 상온 부근에서 잠열저장에 적합한 물질은 발견되지 않고 있다. glauber 염($Na_2SO_4 \cdot 10H_2O$)이 36℃ 부근에서 상변화를 하는 현상을 이용하면 가역적인 열저장 물질로 쓰일 수가 있다. 일반적으로 금속염의 수화물은 모두 잠열 저장물질로 쓰일 가능성은 있으나, 상변화가 매우 느리기 때문에 실용적이지 못할 경우도 있다.
6) 고온잠열 저장물질로는 $FeCl_3$, $LiNO_3$ 및 $H_4P_2O_5$ 등이 유망하다. 이들 물질은 전력난방의 부하를 평준화하는데 효율적으로 사용될 수 있다.

열저장은 에너지 저장문제 중에서 가장 오래전부터 생각해오던 에너지 이용방법이었다. 그래서 상당히 많은 노력이 열저장 문제에 투입되었으나 큰 효과는 얻지 못하였다. 가정생활에서나 산업활동에서 열저장 방법은 꾸준히 연구되었고 상당한 에너지소비절약의 효과를 실제로 거두고 있다. 태양열 난방에서는 열저장 문제가 아주 심각하게 고려되어야 한다. 특히 태양열 집열 시간대와 난방열 소요시간대가 일치하는 일이 없으므로 그러하다. 따라서 태양열 집열 면적과 열저장용기의 부피를 결정하는 문제는 일종의 두 변수 최적화 기법에 속하는 일로써 과학적 그리고 경제학적 연구 대상이 되어 왔다.

10.2.3 화학에너지의 저장 : 건전지와 축전지

화학에너지의 저장은 전기에너지를 화학에너지로 변화시키는 기술인데 약 150년 전부터 사용되기 시작하였다. 초기에는 소위 전해질 수용액 내에서 전기를 발생시키는 볼타전지(volta cell)의 이론이 개발되었으며, 이 이론에 근거하여 납축전지 등과 같이 충전과 방전이 주기적으로 가능한 2차전지가 먼저 개발되었고, 그후에 휴대용으로 간편한 건전지가 개발되었다. 그 다음으로 충전과 방전을 되풀이할 수 있는 재충전 건전지(rechargeable dry battery)가 개발되었다. 그후 수소를 연료로 산소와 반응시켜서 물을 만들 때 전력이 생산되는 수소 연료전지가 개발되었다. 수소 연료전지는 물에 전기에너지를 가하여 전기분해하면 수소와 산소가 생긴다는 전기화학반응을 거꾸로 이용한 개념에서 출발하였다.

앞에서 설명한 일에너지는 화학에너지 형태로 직접 바꿀 수도 없고 저장할 수도 없다. 그러나 열에너지, 전기에너지, 복사에너지는 화학에너지로 바꾸면 변환 효율의 차이는 있지만 저장이 가능하다. 풍차를 돌려서 전력을 발생시켜 그 전기에너지로 물을 수소와 산소로 분해시키고, 이 수소와 산소를 저장해 두었다가 수소 연료전지를 이용하여 전기에너지를 다시 만들어 쓰는 것은 에너지 저장의 한 예이다. 그러나 태양전지 자체는 태양광 저장장치가 아니고 태양광을 전력으로 전환하는 장치이다. 다만 태양전지에는 어떤 형태의 전기에너지 저장장치(축전지)가 부속설비로 붙어 있을 경우에 태양에너지가 전기에너지로 바뀐 후 다시 화학에너지로 저장될 수 있다.

10.2.3.1 축전지 : 2차 전지

축전지(storage batteries)는 화학적으로 활성이 있는 용액 속에 두 개의 전극(+, −)을 담가서 전기화학적 반응을 일으키고 전력을 생산하는 장치이다.

축전지 또는 2차전지의 대표적인 예는 납축전지이다. 납축전지의 원리를 그림 10-3에 나타냈다. 납축전지는 전지(cell)이라는 용기 속에 묽은 황산(H_2SO_4) 수용액이 전기분해용 전해질로써 들어 있고, 음극전극은 금속 납(Pb), 양극전극은 이산화납(PbO_2)으로 구

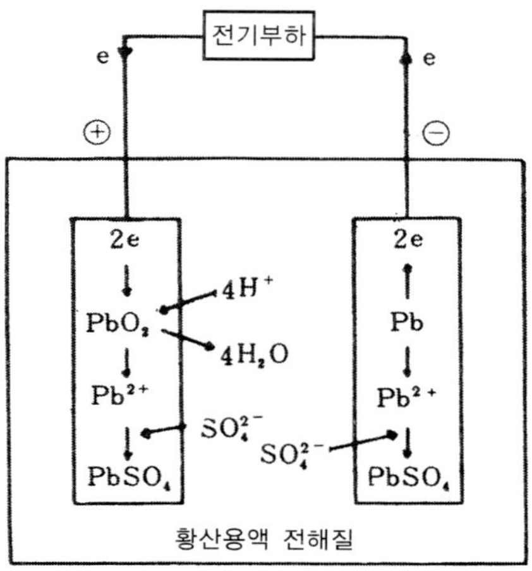

그림 10-3 납축전지의 방전과정

성되어 1조의 전기회로를 구성한다. 두 전극을 연결하면 음극의 Pb 금속에서 전자(e)가 전력부하쪽으로 흘러가고 Pb는 이온상태인 Pb^{2+}가 되며, 전해질 속의 SO_4^{2-}와 만나서 음극표면은 차츰 차츰 $PbSO_4$염의 고체로 덮인다.

동시에 양극의 PbO_2는 전자(e)를 받아서 O^{2-}를 발생시켜 전해질 속의 수소이온(H^+)과 결합하여 H_2O를 만들고 PbO_2는 Pb^{2+}가 된 후 역시 $PbSO_4$가 되어 고체막에 양금으로 덮이기 시작한다. 이때 전해질의 황산농도는 방전(전기가 발생하는 과정)이 진행되는 동안에 묽어진다. 양극에서 H_2O가 만들어지는 과정에서 불필요한 H_2 생성반응이 일어나기 때문에 축전지 속의 액상에는 수소가스가 항상 수증기와 함께 존재한다. 따라서 자동차용 납축전지의 뚜껑을 열 경우에는 수소가스의 폭발, 연소 등에 주의해야 하고, 이때 황산 전해질 용액이 동반하여 비산해 나오는 안전사고가 생길 수 있다. 수소가스가 많이 발생하는 경우에는 전해질 수용액의 황산농도가 낮아지므로 두 전극에서 $PbSO_4$의 석출이 불충분해지고 결론적으로 납축전지의 성능은 낮아진다. 성능이 낮아진 축전지(전류가 적게 발생하는 경우이다)는 충분히 충전하여야 다시 사용할 수 있다.

축전지를 오랫동안 좋은 성능으로 유지하기 위해서는 방전과 충전을 자주 반복해야 한다. 즉, 너무 알뜰하게 100% 방전시키거나, 충전을 너무 과하게 해두고 오랫동안 사용하지 않으면 두 전극의 표면의 활성상태가 불량해져서 역시 축전지의 성능이 저하된다. 납축전지는 무게가 무겁기 때문에 축전지의 단위무게당 전기에너지 생산량, 즉 비에너지량은 적다. 이러한 단점을 보완하기 위해서 경량의 축전지를 개발하려는 노력이 진행되고 있다. 그러나 특수한 사용조건이 요구되는 경우를 제외하고는 납축전지가 경제적이고, 재생 성능도 우수하기 때문에 아직도 보편적으로 사용되고 있다.

축전지는 바깥으로부터 전기를 받아서 전기에너지를 화학에너지로 가역적으로 변환시켜서 저장(충전)하고 방전하는 과정을 되풀이한다. 축전지의 두 전극사이, 즉 한 쌍의 전극사이에서 형성되는 전압은 화학적 성분에 의해서 결정되는 것이며, 전극의 크기나 축전지 자체의 크기로 결정되는 것이 아니다. 따라서 한 종류의 전지에서 높은 전압을 얻으려면 전극 쌍을 직렬로 여러 개 연결해야 한다. 축전지에서 전기를 빼쓰면 전압이 낮아지는데, 이 전압강하는 축전지 내의 전해질과 전극재료의 내부저항이 증가하기 때문이다.

각종 축전지의 전압변화를 방전율로 비교한 그림 10-4를 참조하면 납축전지는 기전력 전압이 약 2 Volt로 높아서 장점이기는 하나, 납재료의 밀도가 크기 때문에 축전기 전체의 무게가 무겁다. 니켈-아연, 은-아연, 니켈-카드뮴, 니켈-철을 두 전극으로 구성하는 다른 축전지들은 무게는 가벼우나 기전력전압이 2 Volt 이하이므로 전극 쌍의 직렬 묶음

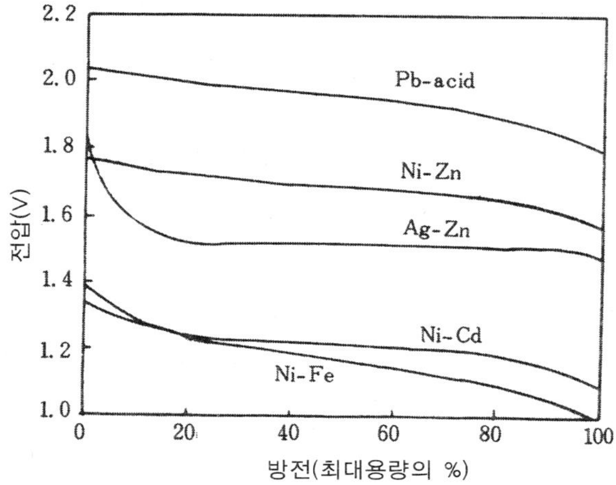

그림 10-4 각종 축전지의 방전전압 경시변화

이 더 많이 필요하다.

10.2.3.2 축전지의 성능과 특성

축전지의 특성을 표현하는 두 가지 중요한 용어가 있는데, 한 가지는 비에너지(specific energy 또는 에너지밀도 energy density)개념이고 다른 한 가지는 비동력(specific power 또는 동력밀도 power density)이다. 비에너지는 축전지 무게당 출력할 수 있는 총 에너지량(Wh/kg 축전지)이고, 비동력(W/kg 축전지)은 단위무게당 단위시간당 방출하는 에너지이다.

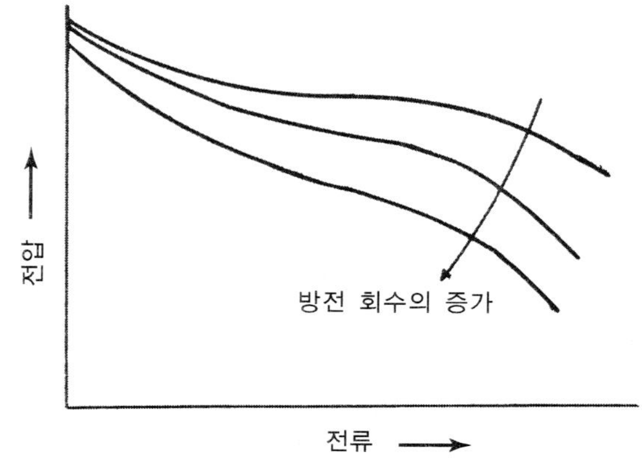

그림 10-5 납축전지에서 전압과 전류의 정성적 변화 현상

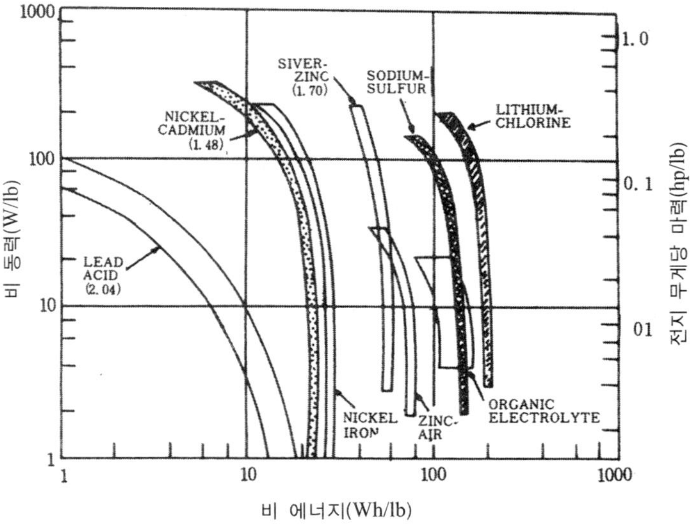

그림 10-6 각종축전지의 비동력과 비에너지 비교

자료 : Hottel, "New Energy Technology", MIT Press, Combrige, 1971. p. 91(괄호 내 숫자는 평형전압)

이 두 값은 내부저항에 영향을 받는데 한쪽이 감소하면 다른 쪽이 증가한다. 축전지의 특성은 수명(사용시간)과 비용으로도 비교될 수 있다. 축전지 수명은 충전-방전 주기의 횟수에 따라서 달라질 수가 있다. 그림 10-5에는 납축전지의 사용회수(충전과 방전회수)가 증가할수록 기전력 전압이 점차 낮아져서 축전지의 수명이 다해가는 현상을 나타냈다. 일반적으로 자동차용 납축전지의 수명은 5년 정도이다.

그림 10-6에는 새로 개발되거나 시장에 출하하고 있는 각종 전지의 출력성능을 비동력과 비에너지 값으로 비교한 자료이다.

납축전지는 자동차의 시동용으로 쓰이는데 안정되고 효율적인 축전지이다. 시동용 축전지는 비에너지가 30 Wh/kg이고 충전-방전을 200주기 정도 반복할 정도의 긴 수명을 가지고 있다. 견인용 축전지의 수명은 1,000주기 정도되지만 전기 저장용량, 즉 비에너지는 20 Wh/kg이다.

10.2.3.3 새로 개발된 기타 축전지

납축전지의 양극에 코발트 염을 사용하는 납-코발트 축전지의 비에너지는 36 Wh/kg 정도가 될 수 있다. Ni-Fe 축전지는 에디슨 전지(Edison cell)라고 부르는데 구조가 튼튼하고 3,000주기의 긴 수명을 가지고 있다. Ni-Cd 축전지는 수명이 길고(2,000주기), 비에너지량이 30~44 Wh/kg 정도이며, 비동력은 320 W/kg 이상인데, 제작설계를 개선하면 600~700 W/kg의 비동력이 가능할 것으로 추산되는 고성능전지가 될 수 있다. 그러나 카드뮴 금속의 세계적 공급량이 제한되어 있기 때문에 축전지의 가격이 비싸다. Ag-Zn 축전지의 성능은 우수한데 수명이 짧은(100~200주기) 단점이 있다.

비교적 새로운 축전지로는 탄산화 프로필렌(propylene carbonate)의 유기전해질에 리튬 음극과 구리 또는 니켈의 양극을 사용하는 유기전해질 축전지, 액체나트륨과 유황을 양극으로 쓰고 Na_2S_3를 고체전해질로 사용하는 Na-S 축전지, Zn-전해질-공기를 사용하는 Zn-Air 축전지, 용융염을 전해질로 사용하는 Li-Cl 축전지, Ni-Zn 축전지 등이 있다.

10.2.3.4 건전지(dry battery)

건전지의 원리는 2차전지와 동일하다. 다만 휴대에 간편하도록 전해질 용액이 극히 소량이며, 특수한 액체상태(반죽상태)로 되어 있어서 전자(e)의 이동은 가능하도록 되어 있다. 건전지 중에서 가장 많이 사용되는 종류는 망간건전지이다(그림 10-7(a)). 이 건전지의 기전력 전압은 약 1.4~1.7 Volt이고, 휴대용 회중전등, 경음용 벨, 휴대용 라디오, 녹음기, 카메라, 시계 등 이용범위가 넓다. 니켈-수소 건전지의 구조를 그림 10-7(b)에 함께 나타냈다. 이외에도 여러 가지 종류의 건전지가 시판되고 있거나 개발되고 있다.

한편, 1990년대 후반에는 "무공해 플라스틱 건전지"가 개발되었다고 한다. 미국의 Johns-Hopkins 대학의 T. Fönre 교수와 P. Surson 교수는 긴 사슬구조의 고분자로 이루어진 고분자 전지를 발명하였는데 기전력은 2.5 Volt이고 재충전이 가능하며, 신용카

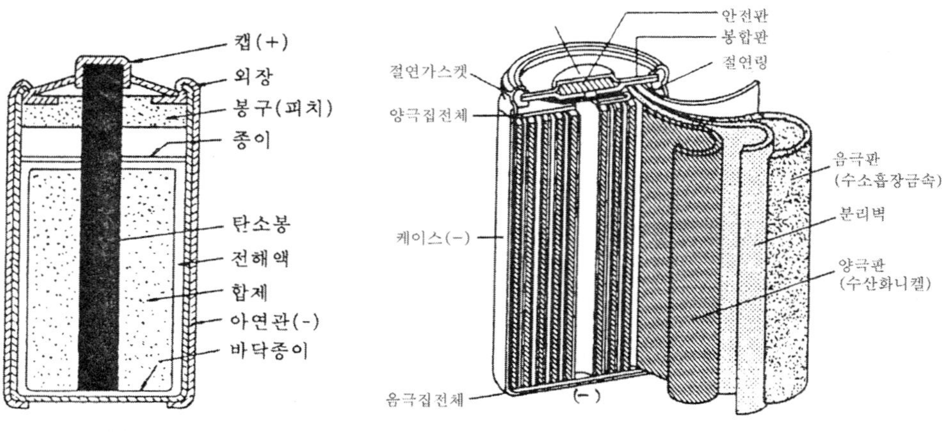

(a) (b)

그림 10-7 (a) 망간건전지와 (b) 니켈-수소건전지

드 두께 정도로 얇게 만들 수 있다고 한다. 특히 보통의 건전지는 니켈, 카드뮴, 망간, 등의 중금속을 사용함으로서 사용 후 폐기 때는 환경오염의 위험성이 있으나, 이 플라스틱 전지는 폐기 시 환경오염의 염려가 없다고 한다. 이러한 경량 전지는 우주과학, 군사 목적에도 유용할 뿐만 아니라 보청기 등에도 편리하게 사용될 것이라고 한다.

최근 IT 기기용 전력원이나 에너지 저장장치 및 전기자동차에 많이 사용되는 리튬이온전지는 세계 각국에서 대용량 고출력 2차전지로 각광을 받고 있다. 리튬이온전지는 전해액, 분리막, 양극(리튬 코발트산화물) 및 음극(탄소)으로 구성되어 있다. 양극의 리튬이온이 두 극사이의 전해액을 지나서 음극으로 이동하면서 전기가 발생한다. 가볍고 기전력이 크며 사용이 매우 편리하며, 자가방전에 의한 전력손실이 적은 장점이 있지만 (휴대폰 등에 사용) 성능의 저하가 빠르며, 온도에 민감하고 폭발(리튬은 불안정한 원소이기 때문에) 등의 안전문제에 따른 단점은 앞으로 개선되어야 할 문제점이다.

이외에도 근래의 많은 연구는 값이 싸고 저장성능이 높은 축전지를 개발하고 있다. 개발된 축전지 중에는 고온에서만 작동하는 경우가 있는데, 이러한 종류의 축전지는 극히 추운지역에서는 사용하기 어려운 점이 있기 때문에 성능이 우수함에도 불구하고 실용화가 어려울 것으로 예상된다.

10.2.3.5 연료전지(fuel cell)

앞에서 설명한 축전지나 건전지에서는 전기화학 반응에 참여하는 반응물질(전극물질 및 전해질)들이 용기 속에 함께 들어 있다. 연료전지에서는 전기를 만드는 원료(수소가스) 반응물질이 전지 바깥의 저장용기로부터 공급된다. 엄격히 말하면 연료전지는 에너지 전환장치이다. 그러나 저장된 수소에너지를 이용한다는 의미에서 수소 연료전지라는 명칭을 가지게 됐다.

연료전지를 정의하면 화학전지(galvanic cell)에 수소 연료와 산소를 연속적으로 공급하여 산화시킬 때 일어나는 전기화학적 반응을 이용하여 화학에너지를 전기에너지로 전환하는 장치이다. 연료전지의 시작은 수소 연료전지이다. 즉, 수소와 산소를 전해질 용액과 +, −극이 들어있는 연료전지 속에 도입하여 연소시키고 H_2O가 생성될 때 전기가 발생하는 개념에서 시작하였다. 이 수소연료 전지는 물을 전기분해할 때(전력이 소모될 때) 수소와 산소가 발생하는 전기분해 반응을 반대방향으로 이용한 것이라고 생각하면 이해하기 쉽다. 즉, 다음과 같은 전기화학 반응을 이해하면 된다(그림 10-8). 수소와 산소의 연소반응은 Ni 금속으로 만들어진 다공성 전극판 내에서 일어난다.

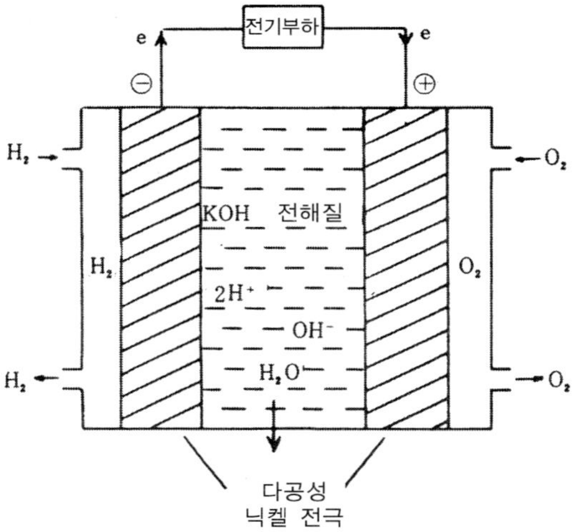

그림 10-8 수소-산소 연료전지

$$\text{물의 전기분해} : H_2O + \text{전해질} \xrightarrow{\text{전기소비}} H_2(\text{음극}) + O_2(\text{양극})$$

$$\text{수소 연료전지} : H_2O + \text{전해질} \xleftarrow[\text{전기생산}]{} H_2(\text{음극}) + O_2(\text{양극})$$

수소 연료전지는 수소가 깨끗하다면 환경오염물질을 전혀 생성하지 않고 전기에너지를 생산할 수 있는 장치이다. 연료반응물이 한쪽 전극에 공급되고, 다른 쪽에는 산소와 같은 산화제가 공급된다. 1839년에 W. R. Grove(영, 1811~96)에 의해서 발명된 연료전지는 수소와 산소를 사용하였는데 1 Volt의 전위차에서 1 mA/cm^2 전기를 얻었다. 그후 1959년 미국 Gemini 우주선에는 5 kW의 수소-산소 연료전지가 사용될 정도로 크게 발달하였다. 현재는 수소자원으로 CH_4, C_2H_6, C_3H_8 등을 개질하여 H_2를 생산, 사용하는 연구도 진행 중이다. 연료전지의 장점은 다음과 같다.

1) 현재의 화력발전소와 같은 열 → 기계 → 전기에너지로의 변환과정이 필요없이 화학에너지 → 전기에너지로 변환시키기 때문에 에너지 전환 효율이 50% 이상(이론적으로는 80%)으로 높다(참고로 건전지의 효율은 90%, 축전지의 효율은 72% 정도이다).
2) 송전선 등의 설비가 필요없이 전기에너지가 필요한 장소에 설치가 가능하다.
3) 소형전원으로도 실용화가 가능하고, 공해를 유발하지 않는 자동차용 동력원으로 사용될 수도 있으며 대형발전용으로도 가능하다.

표 10-5 각종 연료전지의 특성*

전해질	알칼리	인산염	용융 탄산염	고체 산화물	고분자
전하물질	OH^-	H^+	CO_3^{-2}	O^{-2}	H^+
운전온도(℃)	상온~100	170~220	~650	~1,000	50~300
연료	순수 수소	H_2	H_2, CO	H_2, CO, HC	H_2
기타 가능한 연료	-	천연가스, 나프타	천연가스, 석유, 석탄	NG, 석유, 석탄	수소
실용화 년대	수소에너지시대	1980년대	1990이후	1995	1980년대
발전효율(%)		40	45~60	50	Gemini 우주선에 실용
기술개발	시작	1세대	2세대	3세대	가격 비싸다

* 자료 : 강창순 외 5인 "現代産業社會와 에너지" 서울대학교 출판부, p.358, 1992.

현재까지 미국, 일본, 캐나다 등의 회사들로 구성된 가스에너지 전환연구 추진팀이 천연가스를 개질하여 수소 80%, 탄산가스 20%로 된 원료를 수소-산소 연료전지에 공급하여 전기에너지를 얻는 계획을 추진 중이다. 표 10-5는 현재 실용화되어 있거나, 개발 중에 있는 각종 연료전지의 대표적인 예를 표로 나타낸 것이다. 연료전지는 일반적으로 연료 또는 산화제(예 : O_2)의 종류, 사용되는 전해질의 성질, 운전온도 등에 따라서 분류할 수가 있으나, 가장 일반적인 분류법은 전해질의 종류에 따라서 분류하는 경우가 많다. 전해질의 종류에 따라서 분류하면 알칼리 연료전지, 인산염 연료전지, 용융탄산염 연료전지, 고체산화물 연료전지, 고분자 전해질 연료전지 등으로도 구분할 수 있다.

연료전지와 축전지의 일반적 차이를 비교하면 축전지의 기전력이 1.4~2.04 V로 높은데 비하여 연료전지의 경우로 1.0~1.56 V의 낮은 기전력을 가진다. 따라서 높은 전압이 요구될 때 연료전지의 직렬 연결수가 더 많아야 한다.

10.2.3.6 수소에너지

수소 연료전지의 원리는 물의 전기분해반응을 반대 방향으로 이용하는 개념임을 이미 설명하였다. 수소자원은 무한히 많은 물속에 들어 있을 뿐만 아니라 석유·천연가스 성분 속에도 들어 있다. 또한 수소를 연료로 사용하여 전력을 생산한다면, 화석연료에 의한 대기환경오염을 줄일 수 있고, 원자력 발전에서 생길 수도 있는 방사능 안전사고로부터도 자유로워질 수가 있다. 따라서 세계의 많은 과학자들이 수소자원을 경제적으로 획득하는 방법을 연구개발하고 있으며, 획득한 수소를 효율적으로 사용하는 방법에 대한 연구도 하고 있다. 수소자원을 획득하는 방법은 잉여전력을 이용하거나 태양광에서 얻은 전력으로 또는 다른 재생가능 에너지로부터 얻어지는 전력으로 물을 전기분해하여 수소를 생산할 수 있다.

획득된 수소는 기체상태로, 액체수소상태로 또는 금속에 흡착저장하는 기술(금속 수소 흡장기술이라고 한다)을 이용하여 저장할 수 있으며, 이 수소는 자동차, 비행기, 로켓의 동력용, 연료전지에 의한 발전용, 일반 난방용, 기타 공업용 환원 가스로도 사용될 수 있고, 에너지 변환용 열펌프의 운전이나 화학공업용 원료로 사용될 수 있다. 또한 현재 전 세계적으로 논란이 되고 있는 CO_2 가스에 의한 기후온난화 현상을 막는 기술로서도 지목되고 있다.

참고문헌

〈에너지자원의 수송〉

Beghi, G., "Energy Storage & Transportation : Prospects for New Technologies", 1981, Kluwer Academic Publishers.

Cookenboo, Leslie, Jr., "Crude Oil Pipe Lines & Competition in the Oil Industry & Costs of Operating Crude Oil Pipe Lines", Bruchey, Stuart, editor, 1979, Ayer Company Publishers.

〈열에너지 저장〉

Beckmann, G. & Gilli, P. V., "Thermal Energy Storage", Springer-Verlag, 1984.

Den Ouden, C., editor, "Thermal Storage of Solar Energy", Kluwer Academic Publishers, 1982.

Halt, John N., "Passive Annual Heat Storage : Improving the Design of Earth Shelters", Rocky Mountain Research Center, 1983.

Miller, Richard K. & Walker, Terri C., "Thermal Energy Storage Systems", Future Technology Surveys, 1989.

Rosenfeld, J. L. & Morton, J., "Long Term Energy Storage in Solar Systems", State Mutual Book & Periodical Service, 1984.

Tamir, A. ; Tamir, E. & Stephan, K., editors, "Heats of Phase Change of Pure Components & Mixtures : A Literature Guide", Elsevier Science, 1983.

CHAPTER 11

에너지와 산업

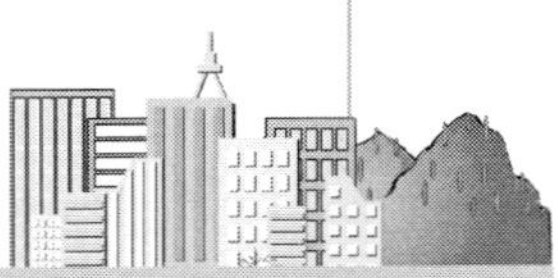

에너지의 절약 활동은,
곧, 에너지의 생산활동이다.

11.1 산업분야별 에너지 소비와 에너지 강도

에너지가 어떤 자원에서 공급되고 어떤 효율로 전환되는가를 앞에서 설명하였다. 이 장에서는 에너지가 각종 산업분야에서 어떻게 사용되는 것이 효율적이고 어떤 소비절약의 방법이 가능한가를 설명하겠다.

에너지 소비분야를 산업분야와 연관시켜서 구분하는데, 그 방법은 대개 가정용과 상업용, 산업용, 수송분야, 공공용 등 4개 분야로 구분할 수 있다. 표 11-1은 우리나라 1차 에너지 소비량을 분야별 통계로 나타낸 것이다.

표 11-1에서 보면 가정 및 상업용 소비, 산업용 에너지소비 및 수송용 소비량은 전체 에너지 소비량의 95% 이상을 차지하며, 수송용 에너지 소비량의 비율은 증가하는 추세

표 11-1 한국의 분야별 에너지 소비량 통계

단위 : 100만 TOE, (%)

분야	1983	1986	1991	1996	2001	2006	2011
1. 산업	18.3(45)	21.9(43)	42.9(51)	67.9(51)	85.2(55)	97.2(56)	126.9(62)
2. 가정 및 상업	15.4(37)	18.6(37)	21.9(26)	31.7(24)	32.9(22)	36.0(21)	37.5(18)
3. 수송	5.4(13)	7.7(15)	16.2(19)	29.8(22)	31.9(21)	36.5(21)	36.9(18)
4. 공공, 기타 부문	2.1(5)	2.4(5)	2.8(4)	2.7(3)	3.0(2)	3.8(2)	4.6(2)
최종 에너지 소비 총계	41.3(100)	50.5(100)	83.8(100)	132.0(100)	153.9(100)	173.6(100)	205.8(100)

자료 : 에너지 통계연보, 1997, p. 28, 2012, p.20.

를 나타내는 반면, 가정 및 상업용 에너지 소비량의 비율은 감소하는 추세를 볼 수 있다. 2000년대 이후에는 두 분야의 비율이 거의 비슷한 경향을 나타낸다. 산업용 에너지 소비량은 지속적으로 증가하는 추세이다. 아래의 절에서는 각 분야별로 에너지 소비를 줄일 수 있는 절약기술로는 어떤 것이 있고, 어떻게 줄일 수 있는가를 설명하겠다. 발전분야는 상당히 큰 에너지소비 분야인데 전력소비와 함께 이미 제10장에서 설명하였으므로 여기서는 취급하지 않는다.

11.1.1 에너지 강도(Energy Intensity)

에너지의 소비가 효율적으로 이루어지고 있는가를 평가하는 "에너지 강도"를 먼저 설명하겠다.* 에너지 강도는 경제적 활동성과(GNP, GDP 또는 물품 생산량)당 소비되는 에너지량으로 정의된다. 즉, 에너지 강도는 GNP 대비, GDP 대비, 제품 가격당 에너지 소비량, 또는 산업분야별 총생산량당 에너지소비량 등으로 다양하게 사용될 수 있다. 에너지 강도가 낮을수록 생산활동에서 에너지절약이 효율적으로 이루어지고 있다는 의미

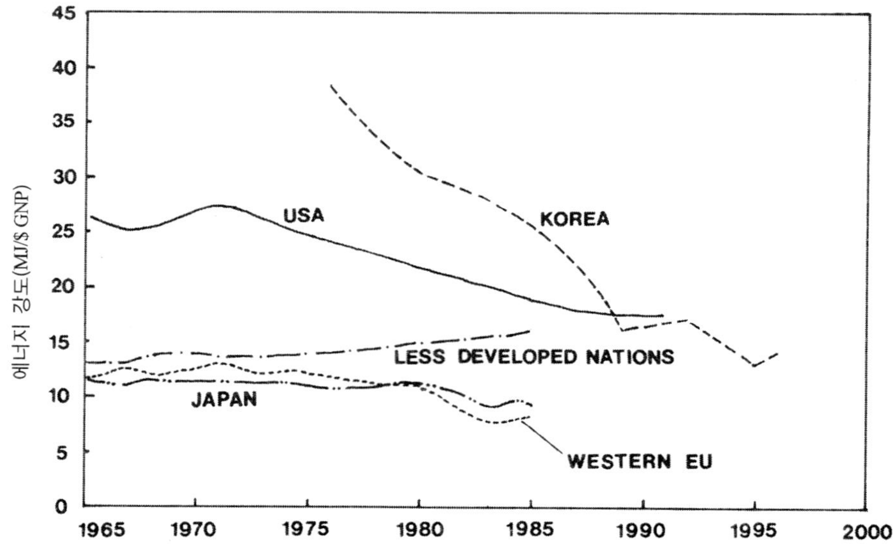

그림 11-1 각국의 GNP 대비 에너지강도(MJ/$)

자료 : http://www.ems.psu.edu/~radovic의 그림 위에 저자가 한국의 자료를 추가하여 작성하였다.

---

* 어떤 경제학 문헌에서는 energy intensity를 "에너지 탄력성 = $\frac{\text{에너지 소비증가율(\%)}}{\text{GDP 증가율(\%)}}$"로 정의한 경우도 있는데 에너지 강도의 뜻에는 부합하지 않는다.

이다. 그림 11-1은 세계 여러 지역 또는 국가의 에너지 강도를 연대별로 표시한 그래프이다. 이 자료는 해당 연도에서 각 국가가 이룩한 경제성장의 지표인 국민총생산(GNP) 금액($)에 대한 총에너지 소비량(MJ=106 Joule)을 계산하고 그래프화한 것이다.

이 그림에서 먼저 한국의 에너지강도(총에너지소비량 ÷ 국민총생산)에 대해 설명하겠다. 한국에서 에너지강도는 1990년대에 들어와서 상당히 낮은 수준에 도달하고 있으나 아직도 유럽이나 일본의 에너지 강도에 비하면 높은 수준에 있으므로, 한국의 산업계는 앞으로도 계속하여 에너지절약 활동에 관심을 기울이고 절약을 위한 연구와 투자도 계속하여야 한다. 이 그림에 표시되어 있지 않으나 1960~1980년까지 높은 에너지 강도를 보였고, 그 시대에 한국의 에너지 낭비가 얼마나 심각하였는가를 짐작할 수 있게 한다.

현재에도 미국은 에너지를 많이 소비하는 나라로 알려져 있다. 1970년대 석유위기 이후에 꾸준한 에너지 절약의 결과로 1990년대에는 GNP 대비 에너지 강도가 20 이하로 내려왔으나, 일본 및 서유럽 여러 나라의 에너지 강도에 비하면, 에너지 절약 노력은 계속되어야 한다. 일본과 서유럽 국가들의 에너지절약 활동은 그 나라 국민들의 물자 절약과 에너지 절약정신과 실천의 성과라고 하겠다.

저개발 국가들에서는 에너지강도가 증가하고 있는데, 이러한 상황은 경제개발에 대한 노력은 있으나 에너지 절약에 대한 노력이 병행되고 있지 않음을 엿볼 수 있게 한다. 실제로 중국의 현대적 경제성장은 매우 급속히 추진되고 있기 때문에 에너지 절약에 대한 관심은 상대적으로 저조한 것으로 생각된다. 중국의 이러한 추세는 1970년대 한국 사정과 비슷하다.

11.1.2 에너지 강도의 몇 가지 예

전 세계적으로 지난 20년간에 공산품의 생산량은 크게 증가하였으나, 총에너지의 소비량은 감소하고 있는 추세이다. 이러한 현상은 생산업체들이 생산성을 높게 유지하고 에너지절약을 위한 투자를 많이 한 결과이다. 이것은 제품의 소비자들 역시 에너지를 적게 소비하면서 생산된 값이 싼 공산품을 구매하고 있기 때문이다.

미국의 통계에 의하면 1971년부터 1986년 사이에 산업공정에서의 에너지강도(1톤의 강철 또는 1 kg의 폴리에틸렌을 생산하는데 필요한 에너지량)는 매년 1.5% 또는 2% 정도 낮아졌다고 한다(그중 직접 연료의 강도는 연 3%씩 감소했고, 전기에너지 강도의 감소율은 거의 일정하게 머물렀다). 이러한 에너지 효율의 개선 노력은 제조업 전체의 연간 성장률이 2%임에도 불구하고 총에너지사용량은 1%의 감소로 나타났다. 제조업 분야에서 사용되는 에너지의 절반은 철강이나 석유의 기초 원자재를 생산하는데 사용되었고,

표 11-2 독일의 제조업 분야별 에너지 강도 $\left(= \frac{\text{에너지 비용}}{\text{제품가격}} \times 100\%\right)$

제조업 분야	금속	요업	제지	화학(제약 제외)	식품	기계	자동차
에너지강도(2009)%	8.3	7.4	7.3	5.1	2.6	1.0	0.9

자료 : Chemanager(05/2012, p.13)의 그래프에서 새로 작성함(원천자료는 독일 통계청과 독일 화학산업협회(VCI)의 공동발표 자료임)

나머지 절반은 농업, 광업, 건설업, 그리고 중간제품과 최종소비재의 생산에 사용되었다.

표 11-2에는 2009년 독일의 주요 제조업 분야별 에너지 강도를 조사한 자료이다. 금속공업, 유리, 세라믹, 시멘트 등의 요업, 제지공업 분야의 에너지 강도는 높은 경향을 보이고 있다(표에서 상세히 분류되지 않았지만 요업 중 시멘트와 유리공업만의 강도는 훨씬 높다). 반면에 자동차를 포함한 기계공업에서는 에너지 강도가 낮은 편이며, 제약공업을 제외한 화학공업제품의 에너지 강도는 중간정도의 수준을 보인다.

산업체에서 에너지 사용을 지속적으로 줄일 수 있었던 이유는 간단하다. 실제로 모든 제조 공정에서 사용되는 에너지는 이론적인 공정에서 계산될 수 있는 열역학적 최저에너지 소요량보다 훨씬 많기 때문에 이 차이를 다소간 줄이는 것은 어려운 문제가 아니다(열역학적 법칙을 이용하면 물건을 들어 올린다든지, 혼합물을 성분별로 분리한다든지 화학반응을 일으키는데 필요한 최소한의 에너지량을 이론적으로 계산할 수가 있다).

그림 11-2는 석유 나프타 원료로부터 생산되는 에틸렌의 제조공정에서 에너지강도의

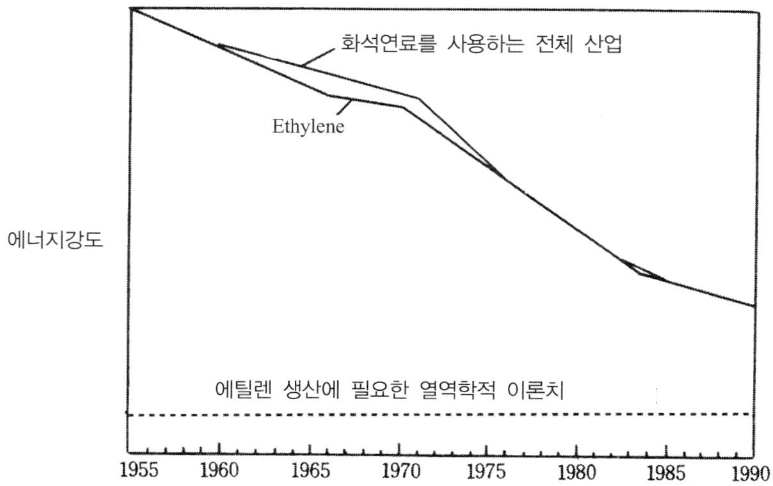

그림 11-2 산업에서 에너지강도의 감소경향 예(에틸렌 생산의 경우)

연대적 변화를 표시한다. 석유화학 공장을 설계하고 건설하는 회사들은 나프타로부터 에틸렌을 제조할 때 에틸렌 1 kg당 제품수율을 높이고 에너지 소요량을 낮추는 공학적 개선을 통하여 35년 동안에 에너지 소요를 2/3 가량 감소시켰다. 그러나 아직도 에틸렌 공정의 실제 에너지소모량은 열역학적으로 계산되는 이론에너지 소요량보다 훨씬 크다. 에틸렌 공정을 포함하여 전반적으로 미국산업계에서는 지난 30년간에 에너지강도가 50% 이상 감소되었다.

그러나 실제로 가동 중인 가장 효율이 높은 산업설비라고 하더라도, 예를 들면, 산소와 질소를 공기로부터 분리하는 공정에서나, 원유의 정제제품에서 에틸렌(폴리에틸렌 등 각종 석유화학제품의 원료의 한 가지)을 생산하는 데는 열역학적 최소에너지의 소요량보다 4~6배의 에너지가 더 소비된다. 제철산업에서는 강판에서 어떤 철재 성형품을 만드는 데 많은 에너지가 소비되는데도 불구하고 이러한 생산 과정에서의 이론적 에너지 소모량은 거의 0에 가깝다. 이러한 큰 차이가 에너지 소비를 줄일 수 있는 가능성을 제시한다. 시간이 걸릴지 모르지만 에너지 소비량의 감소는 가능하다. 현재, 과학자들이 주장하는 바를 인용하면 화석연료의 연소에 의하여 발생하는 CO_2의 양을 앞으로 20년 안에 현재수준의 80%로 낮춤으로써 에너지 소모량도 줄이고 지구온난화 과정도 피할 수 있게 된다고 한다.

11.1.3 에너지 절약의 전략

에너지를 효율적으로 사용하는 것만으로 에너지 소비를 줄일 수는 없다. 에너지 소비 절약과 관련되는 다른 활동, 즉 품질관리나 폐품과 스크랩(작업 찌꺼기)을 회수하여 재활용함으로써 에너지소비를 줄일 수 있다. 품질관리 기술에서 흠있는 제품의 양을 줄임으로써 흠있는 제품을 생산하는데 소비되는 에너지를 절약할 수 있고, 광물이나 기타 원료의 초기 처리공정에서 재순환 공정도 에너지를 절약하는 방법이다.

또한 생산비용의 최적화(cost optimization)는 에너지를 절약하는 수단이므로, 최적화 기법으로 에너지 설비의 대체 시기나 범위를 결정할 수 있다. 또한 생산공정을 기술적으로 개선함으로써 에너지를 절약할 수 있고 노동력과 원료도 절약할 수 있다. 새로운 공정개발이나 발명은 산업에너지의 소비절약에 큰 역할을 한다.

예를 들면, 1960년대 중반에 개발된 판유리 제조공정(용융된 주석 표면에서 유리판을 제조하는 공정)은 유리공업에서 달성한 에너지 절약의 대표적인 예이다. 또 강철 생산에서 평로(平爐) 대신에 산소전로(酸素轉爐)를 사용하여 산소를 직접 용융 금속탕 내에 불어넣어서 금속 속에 남아 있는 탄소성분을 태워버리는 기술은 전로용 열을 적정량 공급하는 동시에 불순물의 광재를 제거하기 쉽게 개선한 중요 발명이라고 할 수 있다. 또 전로에서 나오는 가스 속에 포함된 화학물질을 태워서 열을 회수하는 일본제철소의 신공법까지 포함시키면 강철용 전로에 소요되는 열에너지는 모두 전로작업 자체에서 발생하는 에너지로 충당될 수 있을 정도가 된다. 이러한 에너지 소비절약 기술은 산업설비의 개조, 신공정으로의 대체 등 에너지 소비절약을 위한 투자가 선행되어야 하며, 투자된 비용을 회수하는 데는 5년~10년의 장기간이 소요되므로 투자결정에 있어서 경영학적 판단이 매우 중요한 역할을 한다.

위에서 예를 든 에너지 절약 기술들은 산업분야마다 각각 특이한 창의성에 의해 발명된 것이다. 산업공정의 에너지 소비 최적화를 위해서는 그 공정을 세분화하고 각 세부공정에서 필요한 이론적 에너지 소요량을 계산함으로써 절약가능한 에너지량을 추산할 수 있으며, 이러한 추산치는 에너지절약의 목표 설정에서 중요한 지침이 된다. 한편 주택이

표 11-2 에너지의 총체적 절약방안들

분류		분야별 내용		
		산업	가정·상업	수송
에너지절약	I. 단순절약		• 소비 억제	• 소비 억제
	II. 에너지 이용 합리화 (협의의 에너지 절약)			
	1. 관리개선(소비적 에너지 손실 방지)	• 조업 관리 • 보수 관리	• 난방, 취사, 온수설비 등의 운전관리	• 차량 정비 • 경제속도 준수
	2. 부분별 효율화 (열효율의 부분적 향상)	• 폐열 회수 • 제조의 직접화 • 기기, 설비의 개선 • 제어, 계측의 고도화 • 부대설비 개선	• 연료사용설비의 보완, 개선 • 부분적 단열(지중단열, 이중창, 페어글라스) • 실온 제어장치 부착	• 차량의 노후부품 수리 또는 교체 • 차체 일부 개선
	3. 전체적 효율화 (열효율의 전체적 향상)	• 설비대체, 신형화, 대형화 • 절약형 설비, 기기 개발, 신제조법 개발 • 공정단순화, 표준화 • 최적 운용	• 단열설비 건축 • 노후설비 교체 • 에너지 저소비형 주택개발	• 엔진열효율 향상 • 차량 경량화 • 과밀지역 수송시스템 개선
	4. 구조적 변화	• 저에너지 및 고부가가치 산업구조 개편	• 주택 집단화	• 수송 모드 변화 • 대중교통 활용 유도 • 유통망 최적화

자료 : 강창순 외 5인, "현대산업사회와 에너지" 서울대학교출판부, 1992. p. 34

나 교통산업 분야에서는 한 가지 부품 또는 한 가지 에너지 절약기술이 개발되면 쉽게 확산되기 때문에 에너지 절약효과도 엄청나게 크다.

표 11-2는 에너지를 절약하는 활동의 구체적 사항을 산업, 가정, 수송분야에서 체계적으로 정리한 것이다. 에너지 절약의 가장 단순한 방법은 소비억제이다. 그러나 경제성장을 목표로 하는 국가나 사회는 이와 같은 소비억제 정책으로서 목적을 달성할 수 없으므로, 당연히 적극적인 에너지 절약방법, 즉, 에너지 이용의 합리화라는 방법을 찾아내게 된다. 에너지 이용의 합리화 방안은 다음과 같은 여러 가지 에너지절약 방안이 제안될 수 있겠다.

1) 낭비적인 에너지 손실을 방지하는 에너지 관리방법의 개선
2) 에너지 전환 효율을 부분적으로라도 향상시킬 수 있도록 설비의 일부분을 교체하는 방안
3) 공정전체의 열효율을 향상시키기 위한 에너지 설비의 전면적 대체, 대형화, 경량화
4) 산업구조의 개편을 통한 에너지 절약형 산업 또는 고부가 가치산업으로 전환
5) 주거지역에 집단 난방체제 도입
6) 교통망의 최적 루트 편성

11.2 산업부문의 에너지소비

산업부문이 매우 광범위하므로 먼저, 통상적인 산업분류법을 설명하면서 이 장에서 해당되는 부분을 거론하도록 하겠다.

표준산업분류법에 의하면 산업은 1차, 2차, 3차 산업으로 분류된다. 1차 산업은 자연의 자원을 채취하는 광업, 임업, 어업과 농업 및 축산업의 재배산업 또는 양축산업 및 토목과 건축을 포함하는 건설업 등이다. 2차 산업은 흔히 제조업으로 분류하는데 금속, 기계, 전기전자 분야와 에너지 산업(발전소)에 대해서는 이미 앞 장에서 설명하였으므로, 이들을 제외한 제조업 분야의 에너지 소비를 별도로 묶어 설명하겠다. 3차 서비스산업에 속하는 은행, 백화점, 교육기관, 행정기관 등의 분야는 가정용 전력분야에서 취급한 에너지 소비 형태와 비슷하므로 더 논의하지 않겠다. 다만 건축물에 관한 에너지소비 절약에 대하여 이 절에서 설명하겠다. 마지막 절에서는 교통운송 분야에서의 에너지 절약에 대해 설명하겠다.

11.2.1 1차 산업과 에너지소비

1차 산업에서의 에너지 소비는 제조업 등의 2차 산업이나 상업 등의 3차 산업에 비해 에너지 소요량은 많지 않다. 그러나 각종 1차 산업에서의 에너지 절감대책은 그 생산비용을 줄이는데 있어서 중요한 역할을 하게 된다. 또한 한국의 산업구조는 1980년대 이후 상당한 변화가 일어나고 있음을 감안할 필요가 있다. 1980~1990년대에 1차 산업의 비중은 농림수산업에서 13 → 8%로 감소했고, 광공업의 비중도 31 → 28%로 감소하고 있다. 따라서 1차 산업 전 분야에서 에너지 소비량도 감소 추세에 있으며, 전체 에너지 소비량 중 1차 산업의 소비비율은 상당히 낮은 편이다.

광업에서는 각종 채굴용 장비의 운전에 많은 에너지가 소요된다. 광산은 일반적으로 전력공급이 어려운 오지에 소재하므로 필요한 전력은 대부분의 경우, 자가발전에 의한 경우가 많다. 따라서 전력 생산용 석유류의 소비가 많다. 광산에서는 채굴장비의 운전뿐만 아니라 갱도 내 환기용 공기송풍기, 광산물과 장비의 수송설비 및 채광된 광산물의 분쇄, 분리 선광공정에서도 에너지가 소비된다. 광업에서 소비되는 이러한 에너지는 대부분 전력인데 각종 장비의 효율적 운전은 광산물 생산비용의 절감에 기여하게 된다.

어업에서의 에너지 소모는 어선 자체의 항해를 위한 동력에너지와 어업활동에 필요한 장비의 운전, 그리고 어획물의 보관을 위한 냉동설비에서 필요하다. 냉동설비의 열전달 효율을 높이는 설계와 효율적인 운전은 에너지 비용절약에 크게 기여하게 된다.

임업에서의 에너지 소모는 특수한 육묘과정을 제외하고는 자연의 태양에너지에 의한 식물의 광합성 작용을 이용하는 것이므로 성장한 나무를 벌채하고, 운반하는데 소요되는 에너지량이 필요하다.

그러나 농업에서의 에너지 소요는 매우 많기 때문에 중요한 의미를 갖고 있다. 특히 우리나라에서 지난 40년간에 크게 증가한 소위 비닐하우스 농업은 생산량의 증가와 더불어 에너지 소요량도 비례하여 증가하고 있으며 영농의 기계화에 의한 에너지 소비량도 증가하고 있다. 특기할 사항은 농업용 비료의 생산에 막대한 에너지가 필요할 뿐만 아니라 대부분의 요소비료는 석유 또는 천연가스를 원료로 사용하여 생산되기 때문에 현재의 농업이 석유 및 천연가스 에너지에 의존하는 비율은 옛날의 농업기술 수준에서의 에너지 소요량(인력 또는 축력)에 비교하면 엄청나게 증가하고 있다.

예를 들면, 미국에서 1945년의 농업 생산 중 옥수수 재배에 있어서 1 ha당 총에너지 투입량은 평균 2.312×10^9 cal이었고 옥수수 생산량은 평균 2.38톤이었다.* 따라서

---

* R. C. Fluck(ed.), "Energy in Farm Production", Elsevier, 1992.

옥수수 생산량 1톤당 0.971×10^9 cal가 소모되었다. 참고로 옥수수(白玉) 1톤의 발열량이 3.64×10^9 cal(즉, 옥수수 재배는 $\frac{3.64}{0.971} = 3.75$ 배의 에너지를 생산하는 농업활동이다) 임을 감안하면 농산물 생산에 필요한 에너지는 상대적으로 매우 많음을 알 수 있고, 따라서 농업분야에서 에너지를 효율적으로 사용하는 것도 매우 중요하다.

11.2.2 제조업과 에너지소비

한국의 산업구조는 1985년 이후 1992년까지의 단기간에 계속해서 농림수산업 및 광업 제조업 등의 1차 산업과 2차 산업의 비중이 감소하고 있고 서비스업인 3차 산업의 비중(56 → 65%)이 점차 커져 가고 있다. 이러한 산업구조의 변화는 필연적으로 에너지 소비량이 증가하게 된다. 또 한 가지 특징은 광공업 및 제조업 분야에서 경공업이 차지하는 비중은 같은 기간에 43 → 34%, 중화학공업이 차지하는 비중은 57 → 66%로 변하고 있으며, 중화학공업에서 에너지 소비도 큰 폭으로 증가하고 있는 추세이다. 현재 제조업에서는 생산량을 두 배로 늘리면서 에너지 비용을 포함한 비용을 약 20% 감소시키고 있다. 에너지의 절약은 생산성 향상이나 부산물의 품질을 개선함으로써 달성된다. 이러한 예는 강철생산이나 폴리에틸렌의 생산과정 등 별개의 산업분야에서 독립적으로 이루어지고 있다.

선진국의 각종 산업분야에서 사용하는 에너지는 전체 에너지의 소비량의 약 40%를 차지한다. 그중에서 가장 많은 에너지를 소비하는 분야는 제조업 분야이다. 일본의 경우에 산업분야별 에너지 소비량은 1980년 자료에 의하면 제조업 92.5%, 농업 및 임업 2.5%, 어업 3.6%, 광업 0.4%, 건설업 0.9%로 분포된다. 이러한 예는 선진산업국에서 에너지소비의 대부분이 제조업에서 이루어짐을 보여준다.

선진국의 경제가 자기나라 국민들의 기본적인 소비물자를 생산하고도 남는 잉여물자를 생산하고 있으므로 자연히 잉여분은 제품가격을 저하시키게 되고 결과적으로는 국민들은 더 많은 전자제품이나 가전기기를 구입하게 되며 후진국에서는 그 여파로 구매력이 증가한다. 그러나 냉장고나 자동차 대수는 소비자 수를 능가할 수 없는 제한이 있다. 한편으로는 에너지와 제품의 원료를 적게 소비하는 각종 새로운 제품들이 시장에 출하되어서 구식제품을 시장에서 몰아내고 있다.

예를 들면, 옛날에 쓰던 자동차용 두꺼운 강철판은 얇은 고강도 강철판으로 바꾸어서 공급되고 있으며, 머리카락만큼이나 가는 유리섬유가 굵은 전화용 구리전선을 대치하고 있다. 종이도 옛날 보다 더욱 얇아지면서도 질긴 것이 낮은 가격으로 생산되고 있다. 이

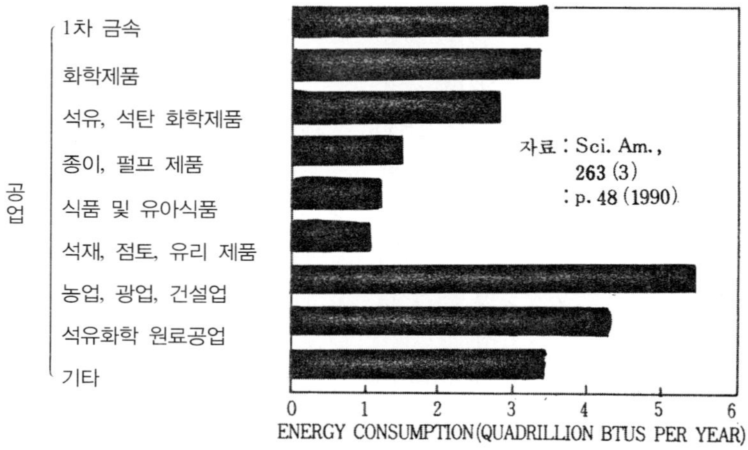

그림 11-3 미국에서 각 산업분야별 에너지소비량(1990)

러한 예는 유리, 강철, 시멘트, 비료, 염소가스 등의 생산 분야에서도 마찬가지로 에너지 절약과 동시에 생산비의 절감이 성취되고 있으며 자원의 절대적 소비량도 감소하고 있다.

그림 11-3은 미국(1990)의 각종 제조업 분야별 에너지 소비량을 비교하는 자료이다. 이 자료의 내용은 제조업 분야를 미세 분야로 나누는 한편, 농업, 광업, 건설업 등 통계는 함께 묶어 표시해두었다. 일반적으로 1차 금속제조업, 화학제품 제조업, 석유 및 화학공업은 에너지를 많이 소비하는 산업분야이고, 제지, 펄프, 식품, 유아식품, 도자기 유리 요업 제품 제조업의 에너지 소비는 적다. 시멘트를 포함하는 요업제품의 단위당 에너지 소비량은 많으나, 미국 내 생산량이 적으므로 이 분야의 에너지 소비량은 많지 않다. 반면에 기술 집약적인 화학공업, 석유공업에서는 생산량이 많기 때문에 에너지 소비량은 많음을 유의할 필요가 있다. 한국에서도 근래 30년간에 중화학공업이 상당한 수준으로 성장하고 있기 때문에 제조업 분야의 에너지 소비량은 전체 에너지 소비량의 50% 정도를 차지하고 있다.

11.2.3 제조업에서의 에너지 손실과 기술개발

만일 제조업 부문에서 에너지 소비를 줄인다면 산업용 에너지의 총소비량은 크게 감소하고, 총에너지 필요량도 감소할 것이다. 한국에서는 제조업 부문에서 에너지 소비량이 증가하고 있으므로, 이러한 에너지 소비량 중에서 손실되는 에너지량을 줄이지 않으면 제품의 국제경쟁력을 약화시킬 뿐만 아니라 국내 물가상승 요인의 효과도 나타내므

표 11-3 한국의 제조업 부문별 열에너지 손실

부문	금속	식품	제지	화공	섬유	평균
부문별 투입 에너지 중 손실량(%)	34.2	22.1	20.3	17.6	9.9	21.6

자료 : 1981년 한국에너지관리공단

로 이들 손실에너지를 줄이는 에너지 소비절약방법이 제조업 분야의 가장 큰 과제 중 하나라고 할 수 있다. 표 11-3은 1981년에 한국에너지관리공단이 전국적으로 조사한 우리나라 제조업 부문에서의 열에너지 손실량을 정밀진단한 결과이다(이 자료는 좀 오래된 것이므로 최근 자료를 조사할 필요가 있다).

표 11-4 산업분야별 에너지 소비절약 성과

분야	비용 절약에 기여한 개선사항	개발회사	종래 기술에 비교한 절약효과
암모니아 생산	촉매 표면의 기하학적 특성변경	M. W. Kellog(미)	암모니아 수율 6% 증가 에너지 절약 5%
압착성형	고무를 코팅한 공기백을 성형 단조기계에 이용	Smedberg Machine Co.	압축공기소비 50% 감소 전력소비 25% 절감
증류탑	되돌려 먹임 제어기술의 개발 feed-forward 제어기술의 적용	일반화됐음	5% 에너지 절감 5~15% 에너지 절감
폴리에틸렌	에틸렌의 저압 기상 중합법에 의한 폴리에틸렌 생산	Union Carbide (1970)	50% 에너지 절감
제지공업	펄프의 혼합정도를 측정하는 센서 개발		펄프의 질개선 효과 31% 수증기 소요량 감소 19%
에탄에서 에틸렌 생산	모터, 펄프, 압축기의 효율제고 등 각 생산단계에서의 개선	석유화학공업의 기본원료로서 중요함	에너지 절약 60%
직접 강철생산	분말광석, 석탄, 산소를 전로에 동시 분무 투입	POSCO의 FINEX 공법	에너지 25% 절약
알루미늄 광석 배소로	노동력과 자본투자 1$당 $1.20의 에너지 수요		노동력과 자본투자 1$당 $1.20 소비
O_2나 Cl_2 생산	노동력과 자본투자 1$당 에너지 수요 $0.25 절약	소금물 전기분해	노동력과 자본투자 1$당 $0.25 소비
냉동식품	노동력과 자본투자 1$당 에너지 비용 $0.05 절약		노동력과 자본투자 1$당 $0.05 소비
컴퓨터 제조	노동력과 자본투자 1$당 에너지 비용 $0.015 절약		노동력과 자본투자 1$당 $0.015 소비

산업체에서 열에너지의 손실은 주로 보일러나, 고온로에서의 에너지 손실에 의한 것이다. 이러한 손실을 10%만 줄이더라도 상당한 분량의 에너지를 절약할 수 있다. 그러나 실제로는 이런 에너지 절약이 매우 어렵다. 간단한 운전기술 개량으로는 1~2%의 에너지 절약은 가능하나, 10% 정도의 에너지 절약을 위해서는 설비의 대체를 위한 자본이 투자되어야 하는데 에너지 절약 설비의 투자회수 기간은 5~10년이다.

표 11-4에는 각종 제조업 분야에서 에너지 절약을 위한 투자사업의 내용과 방법 및 달성된 에너지 절약효과 등을 대표적인 몇 가지로 선택하여 표시하였다. 화학공업과 금속공업 및 전자제품공업 및 식품공업 등에서 획기적인 에너지 소비절약 기술이 실용화되고 있으며, 제품의 생산비용 절감에 크게 기여할 뿐만 아니라 에너지 절약에 크게 기여한 예들이다. 최근 현대 경제연구원의 연구결과에 의하면 1차에너지에서 2차에너지로 전환하는 과정에서 손실되는 에너지양을 1%만 줄여도 원전 1기를 대체하는 효과가 있는 것으로 보고하고 있다. 연평균 전환 손실 증가율(2000~2010년)은 5.6%에 이르고 있으며 한국과 산업구조가 비슷한 독일(26%)과 일본(29%)보다 높은 31% 수준이라고 보고되었다. 따라서 생활전반에서 발생할 수 있는 불필요한 전기화를 사전에 차단할 수 있도록 다양한 방법을 모색할 필요가 있으며, 전환 손실을 줄일 수 있는 신기술개발에 대한 투자를 확대해야 한다.

11.2.4 공업제품의 재활용

공업제품의 재활용은 에너지 절약에 있어서 절대적으로 큰 의미가 있다. 특히 종이, 플라스틱, 유리, 금속 등은 재생 활용이 필수적이다. 미국에서는 이들 제품의 40% 정도가 회수되어 재활용되고 있는데, 우리나라에서는 회수 재활용 비율이 25% 정도밖에 안 되는 것으로 추정된다. 이러한 회수 재생 가능한 물자의 회수도 에너지 절약의 관점에서 매우 중요하다. 그림 11-4는 각종 생산제품이 회수 재활용될 경우와 천연원료로부터 제조될 때 비용을 비교한 그림이다. 이 그림에서 보면 자원의 재활용은 에너지 절약에 있어서 참으로 중요한 역할을 한다는 사실을 인식하게 한다. 그러나 자원의 회수 재사용에서 어려운 점은 널리 분산된 제품 폐기물의 재회수 작업이다. 이 회수작업에 상당한 비용이 필요하게 된다. 그러나 공산품의 최종소비자들이 개인적으로 재활용의 사회적 이익을 인식하고 재활용에 필요한 분리수거의 습관을 생활화한다면, 대단한 에너지 절약의 성과를 기대할 수 있다. 폐품 회수 작업의 에피소드 하나를 소개하겠다. 1990년 중반 미국 미시간주의 슈퍼마켓에서 코카콜라 알루미늄 캔을 1개에 10￠로 회수하는 캠페인을 전개하여 캔 콜라(1개 1$)의 매출도 늘리고, 폐품 수집의 성과도 거두었다.

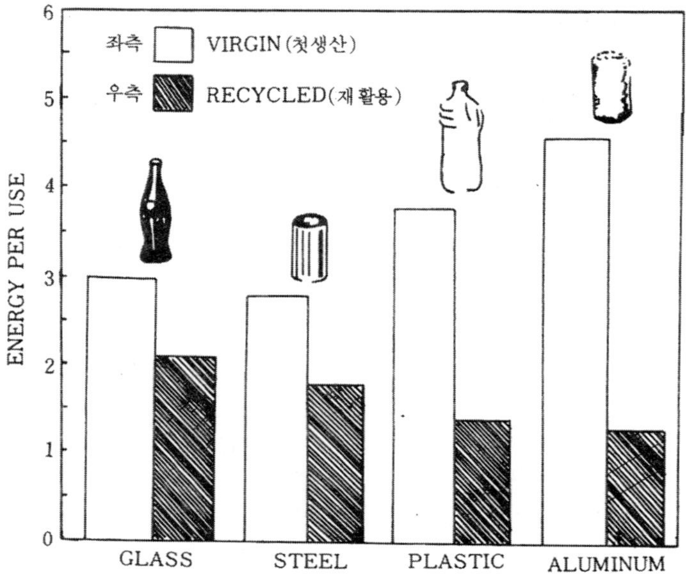

그림 11-4 각종 소비재의 재활용에 의한 에너지 절약

11.2.5 공업제품의 전력 원단위

공업제품의 생산에 소요되는 에너지는 가열용 열에너지, 모터 구동용 전력에너지가 주된 에너지이다. 전력 공급계획을 수립하는 측과 에너지 소비자 측 모두에게 제조업 생산품에 대한 전력 원단위를 조사하여 자료를 제공하는 것은 생산성 향상과 비용절감에서 모두 도움이 된다.

제품의 전력 원단위는 11.1절에서 설명한 에너지 강도와 비슷한 개념이다. 전력 원단위는 어떤 제품의 단위(개수, 톤수, *l*)당 소비전력량으로 정의되는데 생산 활동에서 에너지를 합리적으로 사용하는가를 비교하는 기준이 될 수 있다. 최근 한국전력(주)의 전력경제처가 조사한 자료(표 11-5)에 의하면 대체적으로 화학공업과 금속공업의 제품은 전력 원단위가 점차 감소하고 있다. 그 이유는 노후된 생산시설을 새것으로 교체하거나, 열전달 설비를 추가한 때문이다. 반대로 전력 원단위가 증가하고 있는 제품들의 경우에는 설비의 노후, 환경오염방지 시설의 설치 운전, 제품의 고급화 등에 기인하는 것으로 분석되고 있다.

전력 원단위의 정의와는 다르게 제품의 부가가치당 전력 원단위 개념도 사용된다. 이 부가가치 당 전력 원단위는 소비전력의 소비 형태 분석이나 전력공급회사의 전력 수요 예측 등에 도움이 되는 자료로 사용될 수 있다.

표 11-5 한국산 몇 가지 공업제품의 전력 원단위

단위 : kWh/ton, kl, case, 백만본

• 원단위가 증가한 품목

품 목	전력 원단위		증가율 (%)	원 인
	1993	1995		
제분	74	84	13.5	설비의 노후화
담배	467	523	12.0	신 제품개발로 설비의 조립시간 증가
인쇄용지	564	583	3.4	제품의 고급화, 공해방지시설 강화
소다회	188	216	14.9	설비의 노후화, 공해방지시설 강화
나프타 분해	262	385	46.9	제품의 고부가가치화, 공해방지시설 강화
요소비료	91	132	45.1	설비의 노후화
복합비료	44	57	29.5	설비의 노후화
판유리	80	90	12.5	제품의 고급화
전철	0.48	0.55	14.6	온·냉방시설 등 설비의 현대화 및 증차

• 원단위가 감소한 품목

품 목	전력 원단위		감소율 (%)	원 인
	1993	1995		
나이론	2,926	2,664	9.0	노후설비 교체
아크릴사	2,193	1,274	41.9	노후설비 교체
석유정제	11	7	36.4	동력구동에너지 증가, 스팀비율 증가
고밀도 폴리에틸렌	499	363	27.3	석유화학공정의 운전율 향상
정련 구리	1,217	696	42.8	예열설비의 개선

자료 : 한국전기 신문, 1997. 5. 12. p. 15.

11.3 건물과 에너지 소비

가정집과 상업용 건물(사무실, 백화점, 학교, 병원 등)에서 에너지 소비는 각국마다 약간의 차이는 있으나 총에너지 소비의 20% 이상(미국 36%, 일본 29%, 한국 15~22%)에 달한다. 건물에서 에너지 소비는 난방, 냉방, 온수, 요리, 조명 및 가전기기용 동력 등으로 구분할 수 있다.

표 11-6은 일본에서 1976년~1979년 사이에 가정용 에너지 소비추세를 설명하는 것이다. 이 표에서 용도별 에너지 소비량(%)은 난방용, 온수용 그리고 조리용과 조명용이 대부분을 차지하고 냉방용 에너지 소비량은 전체 가정용 에너지 수요량에서 작은 부분을 차지한다(냉방기기의 보급률이 낮았다). 또한 에너지 소비량 변화 추세는 용도별로 차이

표 11-6 일본의 가정용 에너지 소비량의 용도와 변화추세

용도별	총 가정용 에너지 소비량에 대한 비율(%)		에너지 소비량의 연간 변화율(%)	
	1976	1979	1976~1979	Future
난방용	39.7	29.7	-7.2	2.0
냉방용	2.0	1.5	-7.2	2.0
온수용	27.2	35.6	11.9	5.0
조리용	15.7	13.8	-1.6	-2.0
조명 및 기타 전력	15.4	19.4	11.2	5.0
총 계	100.0	100.0	2.3	3.1

Sources : 1976 shares are from Matsui, "Middle, Long-term Energy." p. 45 : 1979 shares are from Energy Conservation Research Center, "National Living Standards, p. 4. For assumptions governing future rates of change, see the text. Numbers are rounded.
자료 : J. A. Yager, "The Energy Balance in Northeast Asia", Brookings Institution, Washington C. C., 1984, p. 101, p. 161

가 있어서 냉난방용은 소비에너지의 연간 변화율이 감소하고 있고, 온수와 조명 및 가전기기용에서는 증가 추세를 보이고 있다.

이러한 자료는 1, 2차 오일쇼크 이후, 에너지 가격 인상에 의한 영향을 반영한다고 생각된다. 그런데 1980년 이후에는 에너지 가격의 안정과 태양열 이용의 증가 등으로 용도별 차이와 연도별 변화율은 달라지고 있다. 특히 1986년 이후의 석유 가격하락은 에너지 이용효율을 증대시키려는 노력을 정체시킬 가능성도 있어서 실제 가정용 및 상업용 건물의 에너지 소비량은 더욱 증대한 것으로 예상된다. 현재 각국에서는 각종 건물의 에너지 소비 감소를 위한 개선 노력이 행하여지고 있으나, 그 성과는 매우 느린 상태로 나타나기 때문에 일본이나 미국에서의 건물용 에너지 수요는 매년 3.1~3.3% 정도로 증가하고 있다.

2000년 이후에는 가정이나 상업용 건물에서 에너지절약기술이 대대적으로 적용되고 있다. 특히 태양광 전지판이나 태양열 온수기(1980년대부터 이미 큰 인기를 얻었다)가 지역에 따라서 보편화되고, 소규모 풍차발전도 눈에 띄게 증가하고 있다.

가정에서 사용하는 물 문제도 에너지 절약의 측면에서 상당한 관심사가 되고 있다. 상수도에 전적으로 의존하는 가정 및 상업용수의 절약은 에너지 절약과 직결된다. 특히 가정용 소규모 폐수처리장치가 활용되면 가정폐수의 재활용(화단용, 화장실용)을 통하여 대규모 도시폐수처리장의 축소 또는 소규모화가 가능하므로 에너지를 절감할 수 있을 것이다. 첨단적인 물 절약방안으로는 진공식 화장변기(비행기 내 화장실) 시스템이 적용될 수 있을 것이고, 초음파 기술로 옷을 세탁하면 에너지와 물을 크게 절약할 수 있

을 것이다. 이외에도 가정에서의 에너지 절약은 컴퓨터의 활용에 의한 통신, 실내온도조절, TV 등에서 가능하다. 특히 가옥이나 건물의 구조중 창문, 벽구조의 개선에 새로운 에너지 절약기술이 실용화될 것으로 기대된다.

이미 가정용 전력소비에 대해서는 앞장에서 설명하였으므로 주로 건물의 에너지 절약에 대하여 설명하겠다. 건물용 에너지의 절약은 자동차의 경우와 달리(자동차의 수명은 약 10~20년이고, 건물의 수명은 50~100년이다) 크게 개선될 전망이 없다. 그러나 건물용 에너지 수요량은 많기 때문에 경제적 관점에서 건물의 에너지 효율화는 계속되어야 한다. 일반적으로 건물의 수명은 길기 때문에 내용연수를 감안한 연간 건물용 고정비용의 몫은 적은 편이고, 총 건축비용을 10~20%의 증가시켜서 에너지 절약형 건물을 설계하고 건설한다면 에너지 비용으로 지출되는 연간 경상비용 절약으로 대략 5~10년 내에 건축비용 증가분을 회수할 수 있게 된다.

구체적인 예를 들면, 9 cm 두께의 벽으로 된 재래식 건축물의 연간 에너지 비용이 200$일 때 15 cm 두께의 벽으로 신축되는 건축물의 추가건설비는 300$가 소요되지만 난방비용은 연간 80$로 감소시킬 수 있다. 결과적으로 건축의 추가비용은 3년 이내에 에너지 절약비용으로 회수되는 셈이다. 따라서 건물 신축 후 3년째부터 신설건물의 난방비용은 재래식 건물의 경우보다 60%나 절약된다. 이러한 계산은 대단히 명확한 자료임에도 불구하고 대부분의 건축주들은 건물의 에너지 효율에 대해 크게 주의를 기울이지 않는 경향이 있다. 이 점에 대해, 특히 임대 건물 건축주들에게 강력한 권고가 필요하다. 표 11-7은 건물의 에너지 원단위를 주택별로 비교한 자료이다. 이 자료에 의하면 한국의 건물에서는 에너지 절약에 대한 배려가 아직도 미국이나 일본의 수준보다 낮음을 알 수 있다.

한국에서는 두 차례의 석유파동 이후 건축물의 단열 시공기술을 확대하려는 노력이 상당히 진행되었으나 단열소재의 개발과 난방 설비기술 등의 전반적인 기술수준이 일본이나 미국 등에 비해 낮은 상태에 있기 때문에 건물의 에너지 효율은 대단히 낮은 편이다. 장래에 있어서는 건물 설계과정에서 건물설비에 전산자동제어 시스템을 설치하는 문제, 냉난방 설비기술과 그 성능의 향상, 건축 환경문제의 개선, 열전달 이론의 응용을

표 11-7 건물의 에너지 손실량 비교(자료 출처 미상)

	한국	미국	일본
단독 주택	333	202	-
연립 아파트	240	170	-
상업용 건물	355	242	241

통한 단열기술 등을 적용하여 에너지 절약형 건물이 건축되어야 할 것이다. 이러한 노력을 기울이면 가정용 및 상업용 에너지 소비량을 연간 1% 정도는 낮출 수 있을 것이다.

건물의 난방 효율과 연료소모량은 여러 가지 요인에 의하여 영향을 받게 된다. 예를 들면 기후조건, 건물 내에서 원하는 목표 온도(바닥부근 : 10℃, 천장부근 : 29℃, 실내평균 24℃), 난방장치의 효율과 제어기술, 환기량의 정도, 그리고 단열기술 등이다. 그 중에서 건물의 단열기술이 가장 장기적으로 에너지를 절약하는 기술이다. 건물의 단열에 쓰이는 재료는 표 11-8과 같이 여러 종류로 분류할 수 있는데, 참고로 단열재료의 대표적인 열전도도 수치도 함께 표시하였다.

물질의 열전도도는 단위시간(sec)당, 단위두께(m)당, 단위온도(℃)당, 에너지(J) 전달량으로 정의된다. 즉, 열전도도 K=W/m·℃이다. 금속의 열전도도는 매우 높고, 다른

표 11-8 건축용 단열재의 대표적 열전도도(20℃)*

형태	물질	열전도도(W m^{-1}℃$^{-1}$)
섬유상 또는 다공성 광물질	아스베스트**	
	유리판	0.85
	유리섬유	0.04
	실리카	
섬유상 또는 다공성 천연 유기화합물	사탕수수대	
	머리털	0.035
	고무	
	나무	0.17
	코르크	0.04
다공성 유기 고분자 물질 (발포 성형제품)	폴리스타이렌	0.03
	폴리우레탄	0.035~0.04
열을 반사하는 금속	알루미늄 은박지	240
	구리판	390
기타 물질	공기	0.03
	물	0.6
	강철	48
	콘크리트	0.7~1.9
	발포 콘크리트	0.17
	벽돌	0.7
	시멘트 블록	0.17~0.34

* 참고자료 : Perry's Chem. Eng. Handbook, McGraw Hill

** 아스베스트는 폐암유발의 원인이 된다는 연구결과에 의하여 사용을 금지하는 국가의 수가 증가하고 있다.

여러 가지 건축 재료의 열전도도는 모두 낮은 값이다. 따라서 건축 재료 중에서 물을 흡수하는 성질을 가진 재료는 적당하지 않으며, 대신에 공기 등이 들어갈 공간이 있는 다공성 재료나 섬유상 재료는 건축 재료로써 매우 적합하다. 여러 가지 고분자 플라스틱 물질을 선택하여 건축 재료로 사용하는 이유는 공기의 낮은 열전도도를 이용한 것이지만, 내화성이 취약한 단점이 있다.

건축물의 벽재료에 한정하여 생각해 보면, 밀폐된 이중 벽사이에 얇은 공기층을 형성시키는 건축기술은 벽 내외부분의 열전달량을 줄이기 때문에 유익하다. 같은 두께의 벽을 단 한 개만 설치하는 경우와 2중벽 또는 3중벽을 설치하고 벽사이의 공간에 공기가 들어있는 경우에 열전달량은 1 : 0.5 : 0.3 정도로 감소하고, 그만큼 에너지 손실량은 적어진다. 더욱 이들 이중벽 사이에 다공성 발포재료를 채우는 것은 공기의 대류작용을 막기 때문에 단열효과는 더 높아진다.

그림 11-5는 건물의 벽체부분에 석고판-유리섬유-합판-건물용 외벽지-목재판의 5

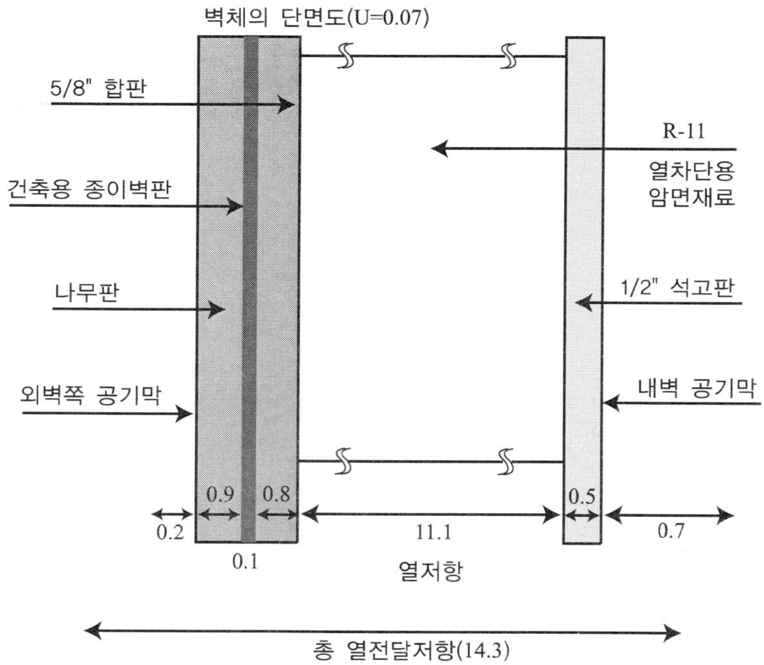

$$\text{총괄 열전달 계수} = U = \frac{1}{\text{열전달저항}} = \frac{1}{0.2+0.9+0.1+0.8+11.1+0.5+0.7} = \frac{1}{14.3} = 0.07$$

그림 11-5 전형적인 5중 구조 벽채의 열전달저항

자료 : Peet 등, "Household Equipment", John-Wiley, 1979, p. 496

가지 벽체재료를 사용하는 경우에 열전달 저항을 높여 겨울철에 실내로부터 외부로의 열손실을 줄일 수 있고, 여름철에는 외부로부터 실내로 들어오는 더운 열기를 차단할 수 있는 예를 보여준다. 5중 벽채는 벽돌-블록-종이 도배의 3중 벽채보다 에너지손실량을 반(1/2)으로 줄일 수 있다.

유리창의 경우에도, 단일 유리판으로 된 창문보다는 이중 유리판 사이에 공기를 두거나 진공으로 제작한 2중 유리 창문은 단열효과가 우수하다. 특히 진공상태의 2중 유리판은 투광도도 증가되기 때문에 가격은 비싸지만 단열효과와 채광효율이 크게 개선된 재료이다.

건물에 관련된 에너지 절약기술은 위에서 설명한 바와 같이 벽채를 통한 에너지 전달손실을 감소시키고, 창문의 재료와 구조를 더 합리적으로 선택하여 설계, 시공함으로써 에너지 손실을 크게 줄일 수 있다. 창문의 목적은 채광에 있으므로 큰 창을 만들어서 채광을 좋게 하더라도 열전달 에너지량이 너무 크면 에너지 손실이 많아지므로 에너지 손실량을 줄이기 위해서는 2중 유리창을 권장한다. 실내조명 에너지를 줄이기 위한 기타 채광기술도 건축구조의 개선을 통해서 가능하므로 건축설계의 전반적 과정에서 설계자, 시공자, 수요자의 에너지 절약에 대한 공동 관심을 강조할 필요가 있다.

11.4 교통기관용 에너지

현재 사용되고 있는 교통수단들은 기차, 자동차(승용차와 화물차, 버스), 이륜차, 항공기, 선박 등인데 모두 석유제품의 연료유가 사용된다. 옛날에는 석탄 등을 연소시켜 보일러에서 수증기를 생산하고 그 수증기로 왕복 피스톤 엔진을 돌려서 화물자동차나 선박을 운행하였다. 그러나 현재에는 대부분의 교통수단이 내연기관(휘발유 엔진, 디젤 엔진 및 터보 엔진 등)을 탑재하고 각종 석유제품을 연료로 사용하고 있다. 다만, 러시아, 중국, 북한 등의 도시에서는 전기선로를 이용하여 운행하는 트롤리버스(무궤도전차)가 운행되고 있다. 또 유럽의 몇 개 도시에서는 고정선로를 이용하는 로면 전차가 운행되는 도시도 많이 있다.

교통기관 중에서 가장 중요한 것은 자동차이다. 최초의 자동차는 1903년 Henry Ford가 생산한 1,700대의 A형(Model A) 승용차였다. 이후에 많은 승용차와 화물자동차(농업용 차량 포함)가 계속 생산되어서 현재에는 자동차가 교통기관의 대표적인 수단이 되었다. 그러나 교통수단으로는 자동차 이외에 선박, 항공기, 기차, 이륜차 등 석유를 사용하

표 11-9 한국의 수송용 석유제품류의 소비량과 자동차 등록 대수

(단위 : 천bbl)

	1987*	1990	1992	1994	1996
휘발유	9,062(13.8)	22,250	33,419	48,893	65,661(31.0)
등유	5,887(9.0)	156	236	219	297
경유	35,781(54.5)	52,974	65,137	76,741	92,797(43.6)
중유(Bunker-A, B, C)	8,115(12.4)	8,435	12,091	17,586	22,304(10.5)
제트유(JA-1, JP-4, AVI-G)	4,058(6.2)	6,046	8,484	11,602	14,519(6.8)
LPG(주로 부탄)	8,476(12.9)	11,284	12,831	15,350	17,166(8.1)
국내 총자동차 대수**	약 161만대	339만대	523만대	700만대	955만대
합계	65,646(100%)	101,145	132,198	170,391	212,744(100%)

자료 : 통상산업부, 에너지 경제연구원, "에너지 통계연보", p.86, 1997.
* 1987통계는 자료가 부정확하다.
** 같은 자료 p. 195(이륜차 제외)

는 내연기관 탑재 교통기관들이 많이 있다. 보통 승용차에는 휘발유 엔진이 사용되고, 일부의 승용차에서는 LPG와 천연가스(LNG)가 사용되기도 한다. 디젤 엔진을 탑재한 트럭, 버스, 기차에는 경유가 사용되며 중질유(Bunker-A, B, C)는 대형선박용 터빈 엔진에 사용되고 있다. 제트추진식과 터보 프로펠러식 항공기에서는 제트유가 사용되고 있다.

표 11-9에는 한 때 한국에서 소비된 수송용 석유제품의 종류와 소비량을 수록한 자료이다. 동시에 이 표에는 같은 기간에 국내에 등록되어 운행되었던 각종 자동차의 수도 표시하였다. 지난 10년 동안에 차량의 증가율은 연 평균 17% 정도였고, 같은 기간에 수송용 각종 석유류의 소비량 증가율은 연 평균 13% 정도였다.

11.4.1 수송용 석유제품

아래에서는 수송용 교통기관에 사용되는 석유류 제품들에 대해 설명하겠다.

11.4.1.1 휘발유

가솔린은 자동차 엔진의 성능개선에 맞추어서 여러 가지로 품질이 개량되었다. 한국에서 1987년 전까지 사용해오던 보통 휘발유에는 4에틸화납($Pb(C_2H_5)_4$)을 휘발유 1 l당 0.8 ml 이하로 첨가하여 엔진(전기스파크를 이용한 점화장치가 있는 자동차엔진) 내에서의 녹킹을 방지하고 옥탄가를 높였다. 그러나 보통휘발유에 첨가된 납성분은 연소 후에 대기중 배출됨으로써 환경오염물질로 규정되었고, 납성분의 규제에 의해 차츰 사용하지 않게 되었으며, 1993년부터 한국에서는 이 보통휘발유(유연휘발유, leaded gasoline)는 사용하지 않게 되었다. 그러나 미국 등에서는 아직도 옛 모델의 자동차를 위해 유연휘발

유가 판매되고 있으며, 세계 각국의 저개발국가에서도 판매되고 있다. 고급휘발유는 보통휘발유에 벤젠계의 방향족 탄화수소량을 더 많이 혼입하여 옥탄가를 높이고 연료의 단위량당 발열량을 높임으로써 연료/주행거리를 높일 수 있다.

1987년부터 우리나라에서 사용되기 시작한 무연휘발유(unleaded gasoline)는 4에틸화납 대신에 MTBE(methyl-tertiary butyl ether)를 소량 첨가하여 옥탄가를 높이고 동시에 배기가스 중 CO 및 탄화수소 배출량을 감소시키고 있다. 전 세계적으로 옥탄가 상승제로 MTBE를 많이 혼입사용하고 있으나, 미국에서는 메틸알코올을 휘발유에 첨가하여 옥탄가를 높이는 효과를 얻고 있다. 이들 두 물질은 모두 산소함유 연료이므로 배기가스 정화 목적으로 사용된다(표 11-10).

산소함유 물질 중 메틸알코올과 에틸알코올은 증발잠열이 크기 때문에 자동차엔진의 시동이 어려울 수가 있다. 알코올류에 비하면 MTBE는 산소함유 연료로서 자동차용 가솔린에 첨가하기에 적합한 물질로 인정되고 있으며 한국에서는 모든 휘발유에 MTBE가 첨가되고 있다. MTBE는 국내에서 생산되고 있다.

무연휘발유를 사용하는 이유는 도시에서 자동차 배기가스에 의한 대기오염을 줄이기 위함이다. 자동차에서 배출되는 대기오염물은 주로 미반응 연소된 CO, 탄화수소성분 및 NO_x 등이다. 소형자동차용 휘발유의 유황성분 함량을 엄격히 규제하기 때문에 휘발유속의 유황성분 함량은 500 ppm 이하로 유지된다. 유럽의 기준도 유황함량 500 ppm 이하인

표 11-10 가솔린에 혼합되는 산소함유물질의 물성

		메틸알코올	에틸알코올	MTBE	가솔린
비중 d_4^{20}		0.791	0.784	0.741	0.72~0.78
이론공연비(kg/kg)		6.4	9.0	11.7	약 15
저발열량(kcal/kg)		4,800	6,400	8,400	약 10,500
증발잠열(kcal/kg)		263	204	81	약 80
옥탄가	Research법	112	111	117	R91, P98*
	Motor법	91	92	102	R82, P88*
비점(℃)		64.7	78.4	55.3	10%점 50~55 90%점 160~165
화학구조		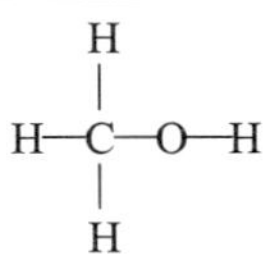	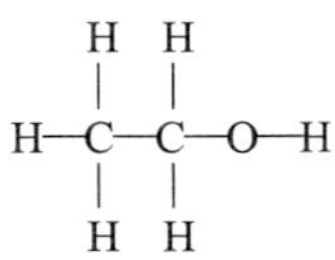	Methyl Tertiary Butyl Ether	각종 C_nH_{2n+2} 혼합물

* 가솔린 옥탄가에서 R은 "Regular", P는 "Premium"의 의미이다.
자료 : 한국화학공학회, "에너지공학", 교보문고, 1996, p. 215.

데, 2005년까지 30 ppm으로 낮추어야 한다는 유럽각국 정부의 제안에 대해 정유업계는 크게 반발하고 있다. 유황함량을 줄이면, SO_x의 배출은 무시할 수 있으나, CO 발생과 NO_x의 배출은 화학반응 평형의 원리에 의해 생성되는 물질이므로 막을 도리가 없다. 연료의 불완전연소에 의한 CO 발생을 억제하기 위해서는 엔진 내 연료-산소의 연소반응 온도를 높게 유지해야 하는데, 반대로 NO_x는 공기의 산소와 질소가 엔진 속의 고온에서 반응하여 생기는 물질이므로 엔진 내에서 상반되는 효과를 일으키는 물질이 생성되는 셈이다. 따라서 CO와 NO_x의 배출량을 줄이는 방법으로는 두 가지가 제안되고 있다.

1) 자동차 배기가스 통로에 촉매층(벌집모양의 백금 촉매장치)을 설치하여 $2CO + 2NO \rightarrow 2CO_2 + N_2$(이 반응의 화학방정식은 정확한 표기가 아니다)로 자동차 배기가스를 정화하는 방법이 있다. 이 방법은 자동차 엔진의 온도를 고온으로 유지하여 CO와 NO_x를 포함하는 배기가스의 온도를 높임으로써 촉매에 의한 NO_x 환원반응(N_2로의 전환반응)의 효율을 높이도록 한다.
2) 엔진에 주입되는 연료의 양을 진하게 하여(공기-연료비율을 종래의 값보다 높인다) 공기 중 산소-질소 반응을 억제하려는 연구가 진행 중인데 자동차에 백금 촉매장치를 부착하는 일을 피하고 엔진구조의 개선과 연료분사 및 엔진냉각 계통의 개량을 통해 자동차 배기가스에 의한 대기오염을 방지하려는 착상이다. 이 연구는 유럽지역에서 수행되고 있다. 한편으로는 공기-연료비율을 감소시켜서(lean burn) 엔진의 열효율을 높이고 환경오염을 줄이는 기술도 연구되고 있다. 석유가 비싸고 농산물의 발효에 의한 알코올의 생산량이 풍부한 브라질 등에서는 가솔린과 알코올을 혼합한 gasohol(gasoline과 alcohol의 합성어)연료가 자동차용으로 사용되기도 한다.

11.4.1.2 버스와 화물차용 경유(diesel oil)

버스를 포함한 화물자동차(소형승용차를 제외한 모든 차량이라고 할 수 있다)에서는 휘발유 대신에 경유(gas oil 또는 diesel oil)를 연료로 사용한다. 경유를 연료로 사용하는 디젤 엔진에서는 점화용 전기스파크 장치가 없고 공기와 연료유의 혼합 후 압축에 의해 자연 점화된다.

디젤 엔진 내에서 먼저 공기가 1/15~1/20 정도로 압축되면 20기압, 400℃ 이상의 온도에 도달하며, 여기에 100기압 정도의 고압으로 경유를 분사주입하면 엔진 내에서 폭발적인 점화가 일어난다. 보통 디젤 엔진에 사용되는 경유는 디젤(경)유라고도 부른다. 통상적으로 원유를 상압증류하면, 증류온도별로 여러 가지 유분(distillate), 즉 가스(주로

LPG), 직류가솔린, 조나프타, 조등유, 경질가스유(light gas oil), 중질가스유(heavy gas oil)가 분리되고, 증류탑의 아래쪽에서 잔사유(reduced crude), 즉 벙커-C유가 남는다. 통상의 석유제품(LPG, 휘발유, 나프타, 등유, 경유, 중유 등)은 이들 유분을 그대로 적절히 혼합하거나 화학적으로 처리(탈황 및 분자의 개질)한 후 적절한 비율로 혼합하여 제품화한다. 그런데, 화물자동차나 버스용 경(질)유의 수요가 늘어남에 따라서 정유공장에서는 잔사유(벙커-C)를 열분해(cracking 또는 유동층 촉매 열분해, 수소첨가 열분해)하여 추가로 경질유를 생산한다.

한편 잔사유에 중질가스유(HGO)를 적당한 양만큼 섞으면 벙커 A유, 경질잔사연료유(light residue fuel oil) 등의 각종 중유(heavy fuel oil)를 얻게 된다. 이들 중유는 보일러와 스팀 발생용으로 사용되는데 엔진의 회전수에 따라서 그 용도가 달라진다.

경유 속에 들어있는 유황분 함량은 1993년 이후 0.2% 이하로 규제되기 때문에 디젤 자동차 배기가스에는 SO_x의 대기오염물이 감소하였으나 아직도 배출되고 있는 상황이다(CO와 NO_x의 배출은 휘발유 엔진과 마찬가지이다). 더욱, 중유성분을 구성하는 탄화수소 분자 속에는 탄소수가 비교적 많기 때문에 불완전연소에 의한 탄화수소 및 탄소검댕의 배출이 디젤 엔진에서는 보편적으로 있는 일이다. 디젤 엔진 자동차에서 배출되는 매연은 도시의 대기오염에 큰 영향을 주고 있다.

11.4.1.3 선박용 중유

선박엔진은 대형이기 때문에 산업용 보일러 연료로 쓰이는 중유(fuel oil 또는 heavy oil)가 연료로 사용된다. 중유의 용도는 제조업 등에서 사용되는 보일러 수증기 생산용이 대부분이다. 선박용 수요는 산업용의 1/10 정도 밖에 안 된다. 선박용 중유 속에는 0.5%~3.5%의 유황분이 들어있고 연소 후 잔류탄소량도 4~8%(중량) 정도이므로 대기 환경오염에 영향을 줄 수 있으나 교통량이 적은 연안, 해양에서 주로 소비되기 때문에 항구에 정박 중일 때를 제외하면 별로 큰 문제가 되지 않는다.

11.4.1.4 항공기 연료

프로펠러 비행기의 엔진은 자동차용 가솔린엔진과 같은 것이다. 따라서 항공기의 연료는 자동차용과 공통적이다. 다만 운전조건이나 운전환경이 다르므로 사고의 위험을 막기 위해서는 엄격한 품질관리가 요구된다. 특징으로는 옥탄가가 100보다 높고 저온, 저압에서도 안전성이 요구된다. 한편 제트엔진을 탑재한 제트비행기에서나 제트엔진과 터보엔진을 조합, 장착한 터보제트 비행기에서는 여러 가지 연료, 즉 등유와 가솔린 등의 제트유가 구분되어 사용된다. 이러한 등유와 가솔린형 제트연료의 규격은 특히 엄격하여 증기압이 낮은 특징이 있거나 고인화점 연료가 별도로 생산된다.

11.4.1.5 LPG와 NG

LPG(Liquefied Petroleum Gas : 프로판과 부탄의 혼합물)는 한국에서 현재는 "자동차관리법"에 의하여 승합차(택시)와 화물차 및 장애자용 승용차에만 제한적으로 사용되고 있다. 그러나 1998년부터는 LPG를 특별히 허가된 일반승용차에도 사용할 수 있게 된다. 휘발유 자동차를 LPG 자동차로 바꾸는 일은 휘발유 탱크보다 부피가 큰 LPG 전용탱크와 압력조절기를 부착하고 엔진부에 특수기화기를 부착하면 된다. LPG가 사용되면 휘발유의 소비가 줄고 가격이 싼 LPG 소비량이 늘어나므로 전반적인 에너지 소비절약 효과를 거둘 수 있고, LPG가 휘발유보다 휘발성이 크기 때문에 동절기에도 시동성이 우수하고 옥탄가도 높으며 대기오염을 적게 일으키는 청정연료로써 환경오염도 상당히 줄일 수 있다. 이를 위해서는 국내의 LPG 보급소(충전소)를 확충하는 문제가 남아 있다. LPG는 정유공장에서 각종 유분을 증류한 다음에 부산물로 얻어지는 고휘발성분의 증류분으로써 이것을 다시 분리정제한 값싼 연료이다. 기술적으로는 휘발유엔진에는 프로판이나 부탄가스를 사용할 수 있으나 수급상의 이유로 택시에는 부탄 LPG를 주로 사용한다. 겨울에는 기화를 잘 시키기 위해서 프로판을 15% 섞은 LPG를 사용한다. 가정용 LPG는 프로판이 92~97%이다.

한편, 천연가스(CH_4)가 풍부한 미국 등에서는 승용차에 천연가스를 사용하는 연구개발이 활발하였고, 이미 소규모이지만 실용화가 이루어져 있다. 천연가스를 사용하는 경우에 연료가격은 싸지만, NG를 압축하더라도 저장용기를 작게 할 수 없는 제한점이 있으므로 휘발유의 경우보다 연료충전빈도가 높아진다. 그러나 더 중요한 점은 천연가스가 청정연료이므로 도시의 대기오염을 방지하는데 큰 효과가 있을 것이며, 미국에서는 앞으로 더욱 보편화될 가능성이 있다. 한국에서는 천연가스를 압축(compressed)한 CNG를 연료로 사용하는 도시형 버스가 부분적으로 운행되고 있다.

11.4.1.6 로켓 연료

전쟁무기로 주로 사용되는 로켓이 대중 수송기관은 아니지만 우주선을 발사하는 로켓 등은 수송용 목적의 로켓이다. 로켓의 연료는 액체연료도 있으나 고체연료(화약같은 것)가 사용되는 경우도 많다. 연소가스의 배출량과 큰 배출속도에 의해 추진되는 로켓에 필요한 산소는 대개 액체산소가 사용된다. 그러나 액체산소의 저장시간은 짧아야 하기 때문에 장기간 우주에 머물러 있는 인공위성 등에 부착된 방향조절용 소형로켓에서는 산화제-연료가 혼합된 특수연료가 사용된다.

11.4.2 자동차에서의 에너지 절약

전 세계적으로 5억대 정도의 자동차가 현재 운행 중에 있는데 그 숫자는 인구증가율보다 훨씬 크게 지속적으로 증가(현재 전 세계적으로 매년 4천만 대의 자동차가 생산되고 있다)하고 있다. 이 자동차들은 전 세계 석유소비량의 절반을 소비하고 있다. 자동차는 사람과 물자를 수송하는데 1970년 후 승용차의 증가율은 평균 4.7%, 화물차와 승합차의 증가율은 5.1%에 달한다. 이러한 추세가 계속된다면, 2030년경에는 10억대의 자동차가 도로 위를 달리게 된다. 이러한 급성장은 여러 가지 문제를 유발시킬 수 있을 것이다. 첫째는 자동차의 석유소비량이 석유생산량의 증가율을 앞지르게 될 것이고 석유가격의 인상은 소비자 시장을 혼란시킬 수도 있으며 장기적이거나 일시적으로도 소비국과 생산국가들 사이에는 정치적 경제적 다툼을 일으킬 수도 있다.

이러한 문제해결를 위해서는 소극적이지만 꼭 필요한 휘발유의 가격을 생산비보다 높게 책정하여 소비를 억제하는 정책이 도움이 될 수 있다. 실제로 세계 각국은 휘발유의 생산비용에 더하여 각종 세금을 판매가격의 25%(미국), 80%(노르웨이), 또는 65%(한국)까지 부과함으로써 유류의 소비억제를 유도하고 있다(제5장 휘발유 가격 그림 참조).

자동차의 증가는 도시 내에서 지역적 환경, 지구 전체의 환경에 영향을 끼치게 될 염려도 있다. 지역환경의 오염은 틀림없이 주민의 건강을 위협하게 될 것이다. 따라서 자동차 문명과 에너지문제와 석유자원의 문제는 함께 생각해야 하는 인류의 과제이기도 하다. 그러나 경제성장은 교통수단에 의한 수송산업에 절대적으로 의존하고 있기 때문에 자동차의 증가는 앞으로도 피할 수 없게 된다.

위의 여러 가지 문제를 해결하는 데는 다음과 같은 사항이 고려되어야 한다.

1) 자동차의 연료 효율을 높이는 문제
2) 보다 깨끗한(공해를 덜 유발시키는) 연료를 새로 개발
3) 도로망 체계를 재설계
4) 대중교통 수단을 권장
5) 주민들이 근무지에 가깝게 주거할 수 있도록 새롭게 주거 형태를 창안

물론 이러한 일을 수행하는 데는 어려움도 있고, 부작용도 있을 수 있으나 각국의 정책적 의지가 확실하면 불가능한 일도 아닐 것이다. 이들 문제 중에는 대표적으로 에너지와 직접 관련되는 자동차의 연료 효율을 높이는 문제를 설명하겠다.

11.4.2.1 자동차의 크기와 모양에 따른 연료 효율

디젤자동차든지, 가솔린자동차든지 간에 자동차의 엔진 구조를 개량하는 문제뿐만 아

니라 차체모양, 운전습관 등을 개선하면 에너지효율을 증대시킬 수 있다. 자동차의 크기, 즉 중량은 에너지소비를 증가시킨다. 자동차의 연료 효율은 1 l 또는 1 gallon의 연료로서 차가 움직이는 거리로서 표시된다. 이러한 효율표시법 이외에 주행거리/연료가격, 또는 연료량/주행거리 등으로도 연료의 경제성을 표시할 수 있으며, 현재 모든 차량에는 연비라는 용어로서 연료의 단위 부피당 주행거리(km/l)가 표시된다. 그러나 이러한 연비수치는 운전습관, 운전주행 상황(교통 흐름의 정체, 도로 조건) 등에 따라서 달라진다.

미국의 환경청(EPA)이 dynamometer 시험법에 의해 각종 자동차의 주행에 의한 연료경제성(miles per gallon)을 비교한 결과, 1975년 이후에 생산된 자동차는 그 이전의 차보다도 연료경제성이 높아졌다는 결과가 나왔다(그림 11-6). 또한 EPA는 자동차 제작회사로 하여금 연료경제성을 더욱 증가시키는 노력을 하도록 정책적인 조치를 취하고 있는데 1985년까지는 재래식 엔진의 이론적 최대 연료 경제성을 달성하도록 권장 또는 지침을 정해 놓고 있다.

자동차의 모양에 의한 연료경제성은 주행 중에 생기는 자동차와 공기사이의 마찰계수(Cd=drag coefficient of aerodynamics)에 따라서 영향을 받는다(그림 11-7). 1920년대의 앞이 뭉텅한 자동차와 1980년대의 유선형 차종사이에는 공기마찰 계수의 현격한 변화가 있었다. 공기역학적 저항에 의한 에너지 손실은 자동차속도가 40~50 mph(시속 64~72 km/h) 이상이 되면 증가하여 연료소모량이 증가한다. 차형의 유선형은 앞뒤 부분

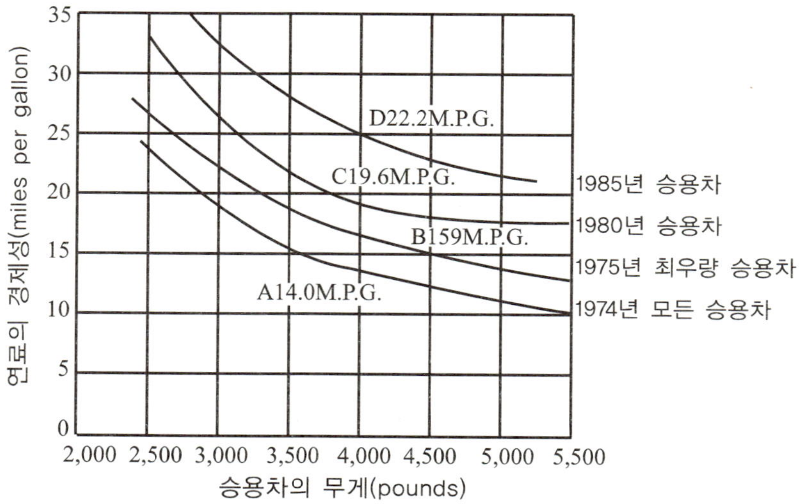

그림 11-6 자동차의 크기(무게)와 연료경제의 관계

자료 ; Scientific American, "Energy", W. H. Freeman & Co., San Francisco, 1979.

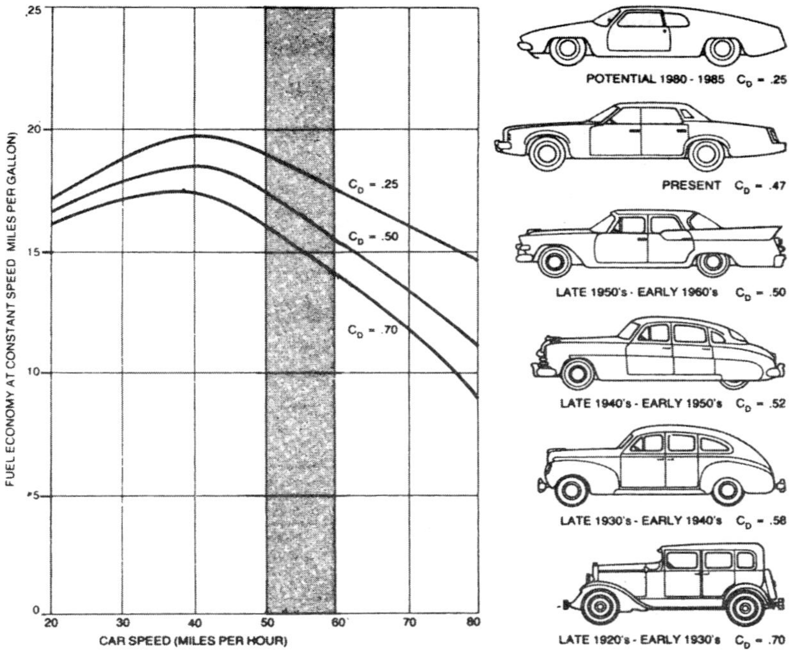

그림 11-7 자동차의 모양과 운행속도에 따라서 달라지는 유체역학적 저항계수 CD의 변화와 연료의 경제성

자료 : Scientific American, "Energy", W. H. Freeman & Co., San Francisco, 1979, p. 161.

의 차체경사를 완만하게 하고 동시에 차체 옆면도 완만한 곡선으로 설계함으로써 가능하다. 이러한 외형적 설계는 차체 내부에 설치되는 엔진, 동력전달장치 기타 각 부분요소의 경량화 소형화와 더불어 자동차 출력의 감소없이 주행효율을 높인다. 이러한 효율화는 자동차 공업과 연관되는 각종 산업의 기술수준 향상과 자동차 공학의 기술혁신에 의해서 이루어진다.

11.4.2.2 운전습관과 에너지 절약

운행 중인 자동차의 에너지 손실량을 자동차의 부위별로 조사한 자료(그림 11-8)에 의하면 매우 흥미있는 상식을 제공한다. 주행 중인 자동차를 정지시킬 때 브레이크를 밟음으로써 손실되는 에너지는 차체를 정지상태에서 가속하는데 필요한 에너지량과 거의 같다. 따라서 브레이크를 많이 쓰는 시가지 주행은 장거리 주행 때보다 에너지 소비량이 많다. 고속으로 장거리를 주행할 때는 에너지 소모량이 거의 차체의 모양에 따라 좌우되는 공기역학적 저항에 의한 에너지 손실에 맞먹는다. 한편 저속 장거리 주행에서는 자동

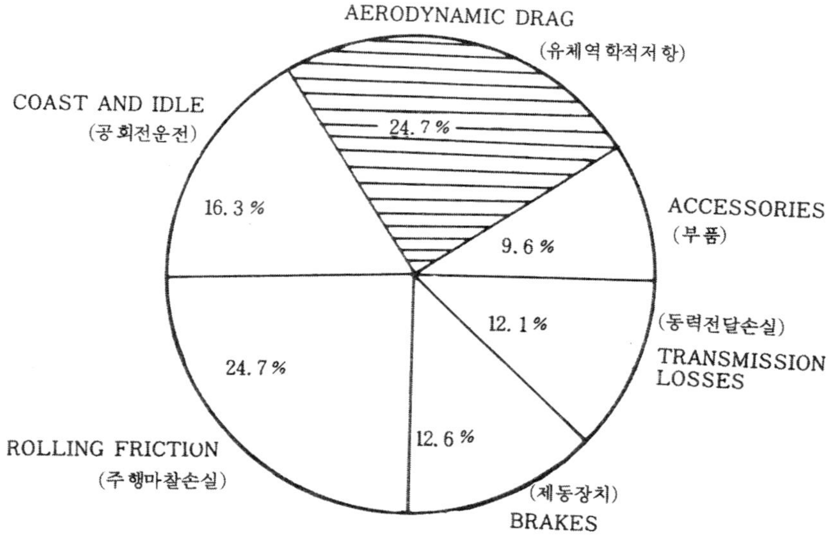

그림 11-8 1700 kg 자동차 주행시험 결과로 얻어진 운행중 에너지 소비 비율

차 출력의 대부분이 바퀴와 도로면 사이에 생기는 주행저항을 상쇄하는데 소비된다.

그 외 자동차에너지 손실은 차내의 각종 동력전달 장치사이에서 생기는 손실, 자동차 부품(전등, 라디오 등)의 조작에 필요한 에너지와 타력주행 및 엔진 아이들링(공회전) 등에 의한 에너지 손실이다. 또 한 가지 기온이 낮은 겨울철에 엔진 온도가 냉각된 상태에서 자동차를 주행할 때도 여름철에 충분히 예열된 상태와 비교하여 연료경제성이 1/4~1/5의 더 낮아지게 된다. 일반적으로 25℃ 정도의 기온에서 주행하는 자동차와 영하 10℃ 이하에서 주행하는 자동차의 연료경제성도 10~20%의 차이가 있다. 또한 자동차 엔진을 시동하고 적어도 7~8 km를 주행한 후에 연료경제성은 정상 주행치에 접근하게 된다.

자동차의 에너지를 절약하고 자동차의 이상여부를 쉽게 발견할 수 있는 방법으로 차계부를 작성하는 것은 매우 도움이 된다. 차계부는 가정에서 사용하는 가계부와 같은 것이다. 매일 매일의 운행일지를 차계부에 작성할 필요는 없으며(유럽에서는 주행기록부가 중고 자동차의 매매에 필수적인 서류), 주유소에서 주유할 때 주행거리(미터 표시수치), 주유기간 사이의 구간운행거리(km), 주유연료량(l), 유류대금 등을 기록하면 주행연비(km/l 또는 km/원)을 계산할 수 있다. 참고기록으로는 주유소 이름, 특별한 주행지역(장거리, 산길 등)을 표시하기도 하고, 자동차의 유지보수작업(엔진오일교환, 공기필터교환, 타이어교환, 배터리 점검 등)을 기록함으로써 차량의 수명도 연장하고 에너지

표 11-11 자동차 주행기록부의 실예

월 / 일	주행기록 (Km)	구간운행 (Km)	연료(ℓ)	유류대금	주행연비	참고기록
3/25	9320		17.034 ×998	17000		
4/4	9614		33.166 ×995	33.000		고급
4/13	9953		15.075 ×995	15.000		
4/15	10094		30.181 ×994	30.000		
4/22	10405		32.193 ×994	32.000		
4/24	10774		27.317 ×1047	28 600		
4/26			15.53 × 1047	10000		[illegible]
4/28	11399		31.187 × 994	31.000		
5/3	11587		19.154 992	19.000		고급
5/9	11840		28.091 × 992	28.800		
5/16	12151		30.244 ×1025	31.000		
5/22	12421		28.293 ×1025	29.000		
5/29	12721		30.254 1008	31.000		
6/5	13113		4.600 ×1087	5000		[illegible]
6/5	13147		34.450 1045	36.000	-	[illegible]
6/11	13535		34.040 1058	36.000		[illegible]
6/19	13887		33.432 1017	34000		

소비도 크게 줄일 수 있다. 외국에서는 차량구입시 자동차 매뉴얼과 함께 주행기록부를 자동차 제작회사가 공급하도록 제도화되어 있다. 표 11-11은 저자의 차계부의 일부분을 예시한 것이다.

11.4.3 전기 자동차(Electric Vehicles)

11.4.3.1 전기 자동차의 에너지 효율

자동차의 연료절약을 위해서 많은 노력이 경주되겠지만, 그 중에서도 가장 연료를 적게 사용하고 자동차의 출력을 높여서 자동차용 에너지 소비를 줄이는 한 가지 방안은 휘발유나 디젤유를 사용하지 않는 전기자동차를 개발하는 일이다. 물론 전기요금이 현재로서는 휘발유보다 비싸지만, 에너지 절약의 측면에서는 전기자동차가 장래의 에너지 문제를 해결하는데 큰 역할을 할 것으로 기대된다. 또한 전기자동차의 사용은 휘발유자동차에 소비되는 석유에 의한 도시대기오염의 50%를 줄일 수 있고 기후온난화가스 CO_2의 배출을 25% 이상 줄일 수 있는 효과도 얻을 수 있다.

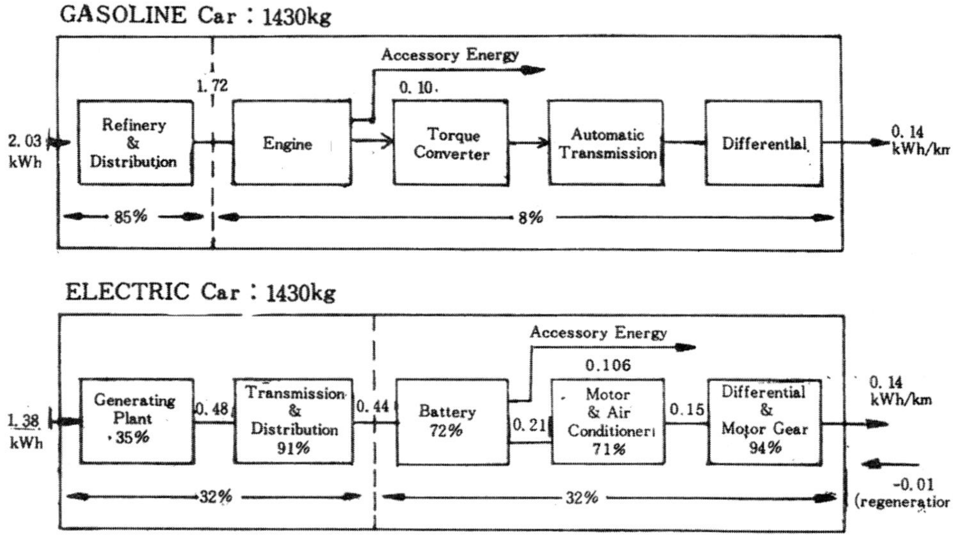

그림 11-9 휘발유 자동차와 전기자동차의 체계적 연료 효율 비교

그림 11-9는 무게가 동일하고 그 쓰임새(적재량, 운행속도 등)도 동일하다는 가정하에 휘발유 자동차와 전기자동차의 에너지 효율을 비교한 것이다. 휘발유는 원유에서 정유공장과 주유소를 거쳐서 자동차에 주입되기 직전까지 85% 정도가 보존된 후 1.72 kWh에 해당하는 에너지가 자동차엔진에 전달된다. 엔진에서 출력된 총에너지 중에서 8%(1.72 kWh × 0.08 = 0.14 kWh)만이 자동차의 주행에 사용되고 나머지 92%의 에너지는 엔진 내에서의 연소, 배기가스, 부품가동용 에너지, 토크 전환장치(캠과 클러치 판 등), 동력 전달장치, 디프렌샬 기어(差動齒車) 등에서 열 및 마찰에너지 손실(1.72 × 0.92 = 1.58 kWh)로 허비된다.

반면에 전기자동차를 본격적으로 개발한다면(실제로 소규모의 실용화된 자동차가 시판되고 있다), 위에서 기준으로 삼은 휘발유 자동차의 주행에너지(0.14 kWh/km)와 비교할 때 전기자동차의 절대적 연료의 소비량은 1.38 kWh이고, 전기자동차를 이용함으로써 2.03−1.38 = 0.65 kWh, 즉 32% 정도의 에너지를 절약할 수 있다. 따라서 전기자동차의 대중화는 아직도 개발해야 할 여러 가지 기술적 측면에서의 문제점 때문에 어렵겠지만, 가까운 장래에 자동차 시장에서 큰 비중을 차지할 것이다. 전기자동차에서는 태양광 집광을 이용한 태양전지 자동차(Solar Car) 개념도 포함된다.

11.4.3.2 전기 자동차의 원리

전기자동차는 배터리와 전기모터에 의하여 바퀴를 굴리는 자동차이다. 그러나 전기자동차(Electric Vehicle : EV)의 개념은 보다 넓어서 반드시 가정용 전력을 자동차 배터리에 저장하여 차를 굴리는 방법만이 아니다. 배터리 이외의 장치를 차에 실어서 전기에너지를 생산하고 저장하면서 운행하는 전기자동차도 구상할 수 있다. 어느 경우에나 효율이 높은 전기모터로 직접 바퀴를 굴리고, 차가 서행할 때는 "재생 브레이크"장치에서 에너지를 회수, 저장할 수 있으며, 차가 정지해있을 때는 전혀 에너지가 소비되지 않는다. 반면에, 휘발유 자동차에서는 기어, 클러치 등의 동력전달과정이 정지하더라도, 엔진은 항상 회전하고 있으므로, 에너지 손실도 있고, 대기환경오염도 발생시킨다.

"재생 브레이크"장치는 차가 서행할 때 모터가 발전기의 역할을 해서 여분의 에너지를 회수하여 충전한다. 따라서 전기자동차는 도시교통수단으로서는 매우 적합하다. 특히, 전기자동차용 모터는 브레이크에서 얻어지는 재생에너지의 90%를 배터리에 저장할 수 있으므로 내연기관 자동차보다 더 효율적이다.

전기자동차에서 가장 중요한 구조는 에너지저장 배터리, 동력제어장치 및 모터이다. 현재 모터의 효율은 최상의 수준에 도달해 있고, 동력제어장치의 기능도 소형 컴퓨터와 마이크로프로세서의 발달로 상당히 높은 수준에 도달해 있다. 다만 전기에너지의 저장장치, 즉 배터리를 더 가볍게 만들고 더 많은 에너지를 저장하고, 사용주기를 증가시키는 기술적인 문제들이 현재로서는 연구 개발의 대상이 되고 있다. 전기저장 배터리로서 수소 연료전지를 사용하는 방안, 소형가솔린 엔진과 바퀴구동용 모터와 납축전지를 함께 연결하는 "하이브리드(hybrid) 기술"도 연구대상이 되고 있으며, 실제로 하이브리드 자동차(휘발유-전기 혼용 자동차)는 고속도로에서의 장시간 주행에는 편리하다고 판단되고 있다.

1980년대에는 전기자동차에 납축전지를 장착할 계획이었으나, 무게가 무겁고(보통승용차 1대의 무게가 1300 kg일 때, 500 kg의 납축전지가 탑재된다), 부피가 큰 것이 단점이기는 하나 1회의 충전으로 150 km는 주행할 수 있다(EV의 대량 사용으로 인한 납축전지 폐기물 문제가 우려되는 측면도* 있다). 소형 휘발유엔진을 함께 설치하면 보통의 휘발유자동차(GPV : gasoline-powered vehicle)보다 에너지 절약 효과가 크다. 납축전 이외에 여러 가지 경량 축전지(Na-NiCl 전지, Na-S 전지, Ni-Cd 전지, 리튬이온전지 등)의 개발도 추진 중에 있다.† 그 중에서 리튬이온전지가 현재까지는 가장 효율 높은 전기

* L. B. Lave 등, Environmental Science & Technology/News, 30(9): 402A (1996)

† EPRI Journal, 1996 March/April, p. 8

자동차용 배터리로 지목되고 있다. 또한 EV 또는 배터리 동력자동차(BPV : battery-powered vehicle)의 에너지 저장장치로서 초경량 캐퍼시터(ultra capacitor)의 개발, 운동에너지 저장용 플라이휠의 개발도 필요하다. 이들 두 설비는 EV의 가속 때나 등판운행 때 매우 효과적인 기능을 발휘하게 된다. 또한 전체적으로는 EV의 총 무게를 줄이기 위한 플라스틱 자동차와 같은 차체의 경량화 기술도 계속 실용화되어야 한다.

이러한 전기자동차의 개발 및 실용화에 있어서 걸림돌은 EV의 생산가격이 현재로서는 비싸다는 점이다. GM 회사의 EV1호 모델은 가격이 대당 33,000$(최저 3만$, 최대 7만$ 수준)인데, 프랑스의 Peugeot 회사, 독일의 Mercedes-Benz 회사(Smart 또는 Swatch mobile), Ford 회사의 Glider 등이 초기 시험 모델이었다. 일본의 각 자동차 회사와 한국의 자동차 회사들도 전기자동차와 하이브리드 자동차의 개발, 저가생산에 매진하고 있다. 만일, 이들 EV의 연간 생산대수가 1만대가 되면 대당가격은 3만$, 10만대이면 2만5천$, 1백만대가 되면 2만4천$ 정도로 가격이 내려갈 것으로 전문가들은 전망하였으나, 2013년 현재 자동차 생산대수는 10년 전 예상치를 밑돌고 있는 상황으로서 전반적으로 전기자동차의 보급은 늦어지고 있다.*

전기자동차가 대중화되기 위해서는 자동차 생산회사의 연구 개발도 중요하겠으나, 각국 정부의 대기환경 오염방지 정책과 에너지 절약정책이 더욱 적극적으로 수행되어서 전기자동차의 보급이 확대되어야 하겠고, 동시에 자동차 사용자들의 환경보호 마인드도 향상되어야 할 것이다.

참고문헌

〈에너지 절약 총괄〉

이기성, "에너지 管理20年史", 서울 : 에너지관리공단, 1995.

Cho, Chun H., "Computer Based Energy Management Systems : Technology & Applications Monograph", Academic Press, 1984.

Hollander, Rene & Percy, Bernard, "Everyone's Guide to Saving Gas", 1979, Old Oaktree Motor Company.

Zackrison, Harry B., "Energy Conservation techiniques for engineers", Van Nostrand, 1984.

〈건물의 에너지 절약〉

한국에너지기술연구소, "建物에너지 節約硏究", 서울 : 1992.

대한주택공사, "에너지 절약시설의 품질 기준 설정 연구", 서울 : 1990.

한국건설기술연구소, "事務所用 建物의 에너지效率 向上에 關한 硏究", 인천 : 1986.

經濟企劃院, "住居 및 商業部門 에너지節約 워크숍 結果報告書", 서울 : 1982.

공업진흥청, "냉난방기기의 에너지절약 기술수준", 서울 ; 1981.

* D. Sperling, Scientific American, 1996, November, p. 36

Chiogioji, Oura, “Energy Conservation in Commercial & Residential Buildings”, Dekker, 1982.
Bruce D. Hunn.(ed) cambridge, Mass, “Fundamentals of building energy dynamics”, : MIT Press, 1996.
Leach, G., “Household Energy in South Asia”, Elsevier, 1987.

〈산업용에너지 절약〉

에너지管理公團, “에너지 節約 技術情報 가이드”, 서울 : 1991.
經濟展望談話會, “エネルギーと 産業構造”, 東京 : 1980.
朱炫, “韓國製造業의 에너지利用 效率性 分析 : 日本과의 比較를 中心으로”, 서울 : 産業硏究院, 1992.
Richard C. Fluck, C. Direlle Baird 共著 ; 洪志亨, “農業 에너지 工學”, 서울 : 大光文化社, 1996.
에너지관리공단·대한금속학회, “(‘95) 금속분야 에너지 절약 워크숍 : 제5과제 : 에너지절약과 수소저장 합금”, 서울 : 1995.
建設部, “下水處理場의 에너지 節約과 汚泥의 活用方案에 關한 硏究報告書”, 서울 : 1987.
韓國纖維工學會, 韓國纖維産業聯合會, “1984年度 夏季세미나. “섬유공업에서의 에너지”, 서울 ; 1984.
에너지 管理公團, “情密에너지 管理 診斷 報告書”, 서울 : 1982.
공업진흥청, “에너지절약형 단조기 및 가열로의 설계 및 시공기준”, 서울 : 1981.
이석건, “농업생산과 에너지”, 한국농공학회지, p. 3(1996, 12)
Brown, Harry L., editor, “Energy Analysis of One Hundred Eight Industrial Processes”, Fairmont Press, 1985.
Ewing, Andrew J., “Energy Environment in Agriculture”, South Asia Books, 1986.
IMR Corporation Staff, “Reducing Energy Costs in Small Businesses”, Prentice Hall, 1983.
Vietor Kaiser, “Industrial energy management : refining petrochemicals and gas processing techniques”, Paris : Editions Technip, 1993.
Kennedy, William J, Jr. & Turner, Wayne C., “Energy Management”, Prentice Hall, 1984.
Meunier, Maurice & Kops, Oscar, “Energy Efficiency in the Steel Industry with Emphasis on Developing Countries”, World Bank, The Publications Department, 1984.
Payne, Gordon A., “Managing Energy in Commerce & Industry”, Butterworth Publishers, 1984.
Payne, F. William, editor, “Advanced Technologies : Improving Industrial Efficiency”, Fairmont Press, 1985.
Schmidt, Philip S., “Electricity & Industrial Productivity : A Technical & Economic Perspective”, Pergamon Press, 1984.
Sirchis, J., “Energy efficiency in industry”, London ; 1988.
United Nations, “Strategy for Energy Use in the Iron & Steel Industry”, 1985.
“Thermal Recovery Processes”, Society of Petroleum Engineers, 1985.
Unklesbay, Nan, “Energy management in foodservice”, AVI Pub. Co, 1982.

〈전기 에너지 절약〉

Begamudre, R. D., “Electro-Mechanical Energy Conversion with Dynamics of Electric Machines”, Wiley, 1988.
Chase, Milton, “Electric Power : An Industry at a Crossroads”, Greenwood Publishing Group, 1988.
Nasar, Syed A., “Electric energy Conversion & Transmission”, Macmillan, 1985.
Tedmon, Craig S. Jr., editor, “Corrosion Problems in Energy Conversion & Generation”: Papers, Books on Demand.

〈교통에너지〉

American Society of Civil Engineers Staff, editor, “Transportation & energy”, American Society of Civil Engineers, 1978.

"Development of a Hydrogen Fueled Mass transit Vehicle", Public Technology, 1981.

"Microcomputer Tools for Transportation & Residential Energy Conservation : technical Report & Program Listings", 2 vols., Public Technology, 1982.

P. G. Howlett and P. J. Pudney, "Energy-efficient train control", London ; Moavenzadeh, F. & Geltner D., "Transportation, Energy & Economic Development : A Dilemma in the Developing World", Elsevier Science, 1984.

Money, Lloyd J., "Transportation Energy & the Future", Prentice Hall, 1984.

OECD Staff, "Energy Savings & Road Traffic Management", OECD, 1985.

Sperling, Daniel, editor, "Alternative Transportation Fuels : An environmental & Energy Solution", Greenwood Publishing Group, 1989.

CHAPTER 12

에너지와 사회

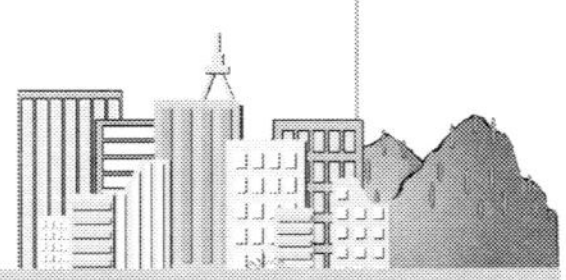

"Science is a method, not a body of knowledge". says Michael Shermer, Director of the Skeptics Society

12.1 에너지의 장래

여러 나라의 정부와 전문 연구기관에서는 세계의 장래 에너지 문제에 대한 해결방안을 발표해왔다. 특히 제2차 석유파동(1979) 직후에 세계 장기 에너지 수급 전망보고서가 여러 가지 발표되어* 2000년대 세계에너지 정세를 전망하고 에너지 수급 여건 변화의 개요와 해결방안을 제시하고 있다. 그러나 80년대에 들어와서 석유가격이 다시 안정되자 그러한 전망보고서의 예측은 빗나가고 말았다.

이러한 자료들은 세계 각국의 경제상황과 에너지 정책 및 에너지 관련기술 수준 등을 기초자료로 삼아서 작성된다. 경제상황과 에너지정책은 유가하락으로 인하여 갑자기 돌변하는 사태가 일어났고, 과학기술 분야에서는 연구비가 많이 감소하였으나 그 성과가 유효하게 남겨져 있는 경우도 있다.

에너지 문제는 다른 사회적 변수들로부터 종합적 영향을 받는 사회문제이다. 경제성장은 지하자원, 물자원, 공기자원 등의 자원을 사용해야만 가능하다. 다른 한편으로 경제성장은 환경오염을 유발하여 지하자원의 고갈과 지하자원 매장지역의 토양오염 등 환경문제를 유발하며, 물자원의 수질오염, 공기자원의 대기오염을 일으키게 된다. 이와 같이 자원고갈, 경제성장, 환경파괴의 삼각관계(그림 12-1)를 이해하면, 에너지 자원을 사

* WAES보고서는 1978년에 발표되어 "에너지의 장래"(삼성문화문고 108, 109)라는 제목으로 한글판이 번역되었다. 1982년에는 5~7개의 에너지전망자료가 발표되었다. 2000년대에도 유사한 보고서가 발표되었다.

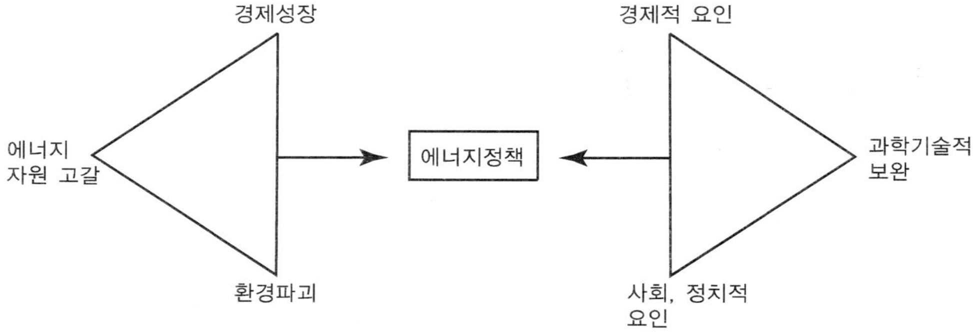

그림 12-1 에너지 정책의 결정 요인들

용함으로써 에너지 자원의 고갈이라는 대가를 지불하면서 경제성장이 달성되고, 경제성장은 환경오염을 유발하게 된다. 따라서 이 세 가지 요인을 종합하여 한 국가의 에너지 정책이 수립된다. 이러한 에너지 정책의 수단으로서는 경제적 문제, 사회적 문제, 정치외교적 문제 등의 사회현상에 대한 고려와 과학기술적 접근방법도 함께 고려되어야 한다.

솔직히 표현한다면, 에너지 문제도 마찬가지인데, 모든 세상살이의 미래를 예측한다는 것은 여러 가지로 어려운 여건들 때문에 거의 불가능하다. 그러나 30년 뒤에는 틀렸음이 판명될지언정, 이러한 전망 보고서의 작성 업무는 인류 모두의 미래를 위하여 필요하다. 이러한 전망보고서를 흔히들 시나리오라고 부른다.

에너지 시나리오를 작성하는데 있어서 고려하게 되는 변수들은 시나리오의 작가에 따라서 연극의 전개 과정이 달라지듯이 여러 가지가 있다. 그러나 에너지의 장래라는 관점을 벗어나지 않는 한, 여러 가지 사회적 변수들이 에너지 수요 공급의 전망보고서에 포함된다. WAES(The Workshop on Alternative Energy Strategies) 보고서에서는 다음과 같은 5개항의 변수들을 기초로 삼아서 작성된 예이다.

1) 세계적 에너지 가격의 등락에 대한 추정
2) 세계의 경제성장의 낙관적 추정과 비관적 추정의 한계
3) 각국의 대응정책(산유국과 대량 소비국의 대응정책)
4) 새로운 석유 매장량의 발견과 생산량을 제한하는 요인들
5) 석유에 대체될 에너지자원의 개발가능성

이 보고서의 내용 중에는 현 단계에서 이미 성취된 예측치도 있고, 미확정 상태에 있는 예측치도 있다. 그러나 이러한 전망보고서는 에너지 정책이나 경제상황 또는 기술의 연구개발에 필요한 선견 자료를 제공하는 매우 가치있는 에너지 지침서가 되고 있음은

부인할 수 없다. 에너지 시나리오를 결정하기 위해서는 과거의 자료들도 매우 중요하다. 그것은 장기간의 과거실적과 현재 상황을 분석하는 일이다.

특히 한국의 장래 에너지 정책은 국내의 경제성장, 환경오염방지, 국제적 자원 정책의 참조, 과학기술 수준의 발전 등을 고려하여 결정되며, 다른 나라들에서도 마찬가지이다.

12.1.1 과거의 재조명

에너지와 관련되는 문제들은 장기간에 걸친 역사적 흐름도 포함하고, 어느 시점에서의 단기 변동상황도 함께 고려해야 한다. 에너지 문제의 단기 변동상황은 같은 기간의 전/후에서 일어나는 국제적 환경에 의해서 크게 영향을 받는다. 예를 들면 석유가격이 1980~1990년대에 $20/bbl의 가격대에서 안정하게 형성되어 왔으나 1990년 8월 1일에 일어난 Iraq의 Kuwait 침략 작전으로 인하여 약 6개월간에 석유가격이 2배로 폭등한 시절이 있었다. 그림 12-2는 당시의 유가변동폭을 15일 간격으로 나타낸 자료이다.

이러한 자료를 참고하면, 국제정세가 에너지 가격에 얼마나 큰 영향을 미치게 되는가를 짐작하게 한다. 이러한 정세의 변동은 석유수출국기구(OPEC)의 수출물량 결정에도 영향을 주었고, 소비국가들에서는 단기간의 대책뿐만 아니라 정치적 정세변동을 예측해야 하는 숨가쁜 노력도 뒤따르고 석유의 실수요자인 산업체와 각 가정에도 충격을 주었다.

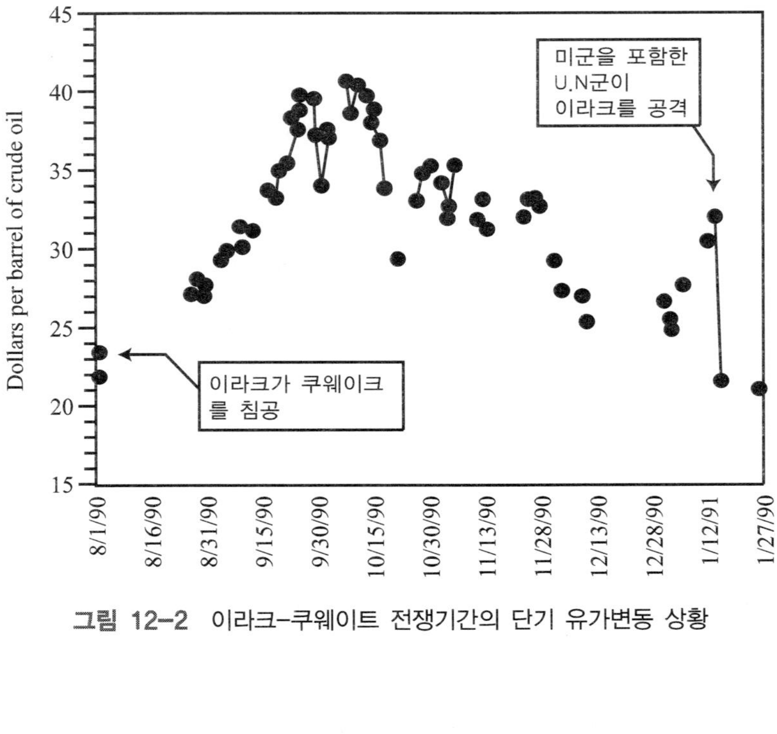

그림 12-2 이라크-쿠웨이트 전쟁기간의 단기 유가변동 상황

쿠웨이트 침략전쟁과 같은 단기간의 사건으로 인한 에너지 가격의 변동도 중요하겠으나, 거시적 관점에서 근래의 30년 동안에 석유에너지 가격의 변동에 영향을 준 사건들에 대해 살펴볼 필요성도 있다.

그림 12-3(a)에 나타낸 자료는 1970년부터 1990년 사이에서 에너지문제에 충격을 주었던 3가지 사건(1973년의 제1차 석유위기, 1979년의 제2차 석유위기, 1981년의 이라크의 이란침략전쟁 등)이 30년이라는 중기적인 시대상황의 변동과 그로 인한 에너지 가격 변동에 영향을 준 내용을 구체적으로 표현한다. 그림 12-3(b)는 미국에서 석유가 발견된 이후 50년 뒤에 자동차가 판매되기 시작한 시점부터 석유의 수요가 급격히 증가한 실정

(a)

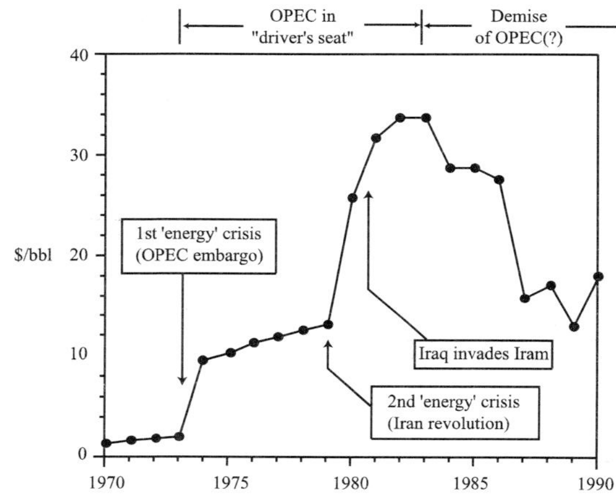

(b)

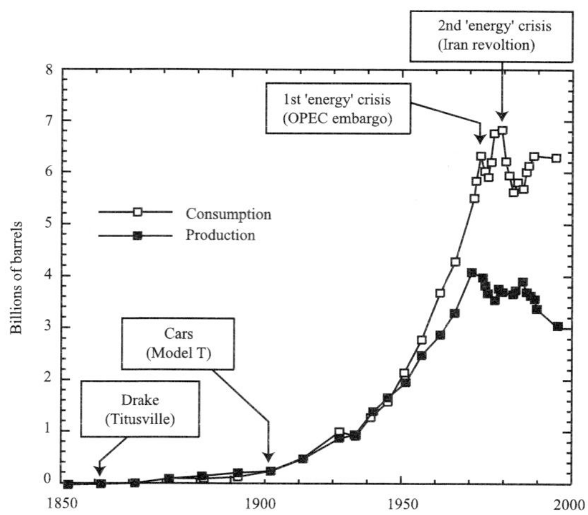

그림 12-3 (a) 미국에서 중기간의 에너지 가격변동, (b) 장기간의 에너지수요공급 체계의 변화상황

을 나타낸다. 이 그림은 1970년 이후 미국에서 석유의 수요와 공급의 격차가 심해짐으로서 미국이 에너지 수입국의 하나로 전환되는 과정을 나타내고 있다.

한국의 경우에는 1960년 이후에 석유의 사용이 증가하기 시작하였으나, 처음부터 외국으로부터의 수입에 전적으로 의존하는 몇 개의 국가 중 하나가 되었다. 한국과 같이 에너지 자원이 전혀 없는 국가는 오로지 외국 석유의 수입에 의존하게 되므로, 항상 국제정세에 신속하게 대응하는 국내에너지 정책을 수립할 필요가 있었다.

12.1.2 미래의 예측

현재 세계의 에너지를 대부분 공급하고 있는 에너지 자원은 석유이다. 석유가 발견된 이후에도 상당기간동안 석탄에너지가 주공급원이었으나, 석탄이 주공급원이 되기 전에는 나무가 에너지 공급의 주자원으로 역할을 해왔다(제3장 그림 3-14 참조). 2050년경 석유자원과 천연가스 자원이 고갈된다면, 인류는 어떤 에너지 자원에 의존하게 될 것인가는 매우 중요한 관심사가 되고 있다.

핵분열에 의한 원자력에너지가 주에너지원이 될 것인가? 아니면 태양광, 태양열, 풍력, 기타 재생가능 에너지원이 현재 사용하고 있는 석유와 천연가스의 소요량을 충당할 수 있을 것인가? 또는 핵융합기술이 실용화될 시기는 언제인가? 이러한 변화시기에서 재래식 에너지 자원(석탄, 석유)은 일찍 고갈되고, 새로운 에너지자원의 실용화가 늦어지면 그 중간의 과도기에서는 인류가 필요로 하는 에너지를 무엇으로 얼마나 충당할 수 있을 것인지가 우리 모두에게 걱정거리(dilemma)로 남게 된다.

이러한 딜레마는 과학기술의 개발에 의하여 이론상으로 해결이 가능하다고 하더라도, 이 과도기에 맞추어서 정치적 여건이나 경제적 여건이 충분히 성숙될 수 있을는지는 의문이다. 한편, 핵분열 원자력에너지에 대한 기술이 확고하게 개발되어 있다고 하더라도, 인간의 실수나 시스템의 결함으로 인해 우발적 사고가 일어날 가능성 때문에 원자력안전에 대한 신뢰는 국민들로부터 큰 저항에 부딪히고 있는 실정이다. 그러나 인류의 에너지 문제는 조만간 결단을 내려야 하는 시점에 점차 다가서고 있음이 틀림없다.

12.1.3 에너지 시나리오 한 토막

다음 영문은 에너지 문제의 심각성을 잘 나타내는 평범한 글인데*, 우리 인류의 에너지문제가 얼마나 심각하게 개인생활까지 영향을 주는가를 음미할 수 있게 한다.

* 대단히 미안한 일인데, 저자는 이글을 인용한 출처를 잃어버렸다. 1980년대의 미국 신문에서 scrap한 것으로 기억된다.

FUTURE ENERGY SCENARIOS

Nature is herself again. He and she walk the earth and feel the green summer between their toes. In winter they wrap their feet in skins and play in the snow. Evenings they sit in the opening of their cave and watch the naked little children throw pebbles at one another. How simple life is. How pleasant. How happy. "Just smell that air", he says. "I don't smell anything except you, dear", she replies softly. So they sit close together at the entrance to their cave watching the darkness move in. Then they listen to the grass as is slowly creeps up and over the asphalt.

"I'm off to school, mommy." "How many times must I tell you never to leave this apartment without your mask! Where's your fresh air tank? Keep just ignoring what I say and the Asphyxiation Man will get you. Then you'll be sorry you didn't listen to mommy." From the window she watched him walk through the brown mist to the subway. The boy turned to wave and in his excitement knocked the mask loose. She gasped. She could never reach him in time! But a guard noticed and quickly restored the mask. Thank goodness for the guards. She couldn't stand it if the boy, like his father, had to be put in the next "Package for the South", and dropped with the other defectives on the ice in Antarctica, so he couldn't infect others. She turned from the window to look thoughtfully at the superb conveniences of her ultra-modern home.

Oil, natural gas, and coal were gone. The farewell ceremonies were held to commemorate the going. Each was given a gold watch and some nice words. What next? Nuclear was still a herd of headaches, and fusion they said was fifty years off. There were small amounts of solar energy here and there, but they were only drops in an ocean of need. "Why didn't we do something sooner?" people wondered, "instead of talk, talk, talk." They were cold in winter, hot in summer. There was no energy to do the work, so grumbling they had to do a low of it themselves. This forced one muscle-sore philosopher to think. And he thought of the only answer. He made his suggestion to a Congressional Committee. The Senators were shocked, but they had to agree. It was regrettable but necessary. They must reluctantly reinstate the institution of slavery. A bipartisan group of prominent Americans was appointed by the President to designate who should be the slaves this time around.

"Mr. President, Mr. President, we just ran out of oil!" "Fine, flip the switch and turn on the sun." The switch was ready, so they flipped it, and so the sun took over from oil. They came again and said, "We hoped it wouldn't happen. It did. We just ran out of coal." "Fine, turn on the wind, turn on the tides, and while you're at it split some atoms and bring a bowl of fusion for breakfast." "As you wish, sir." And it was done, because they had looked ahead, imitated the squirrels, and for a long time busied themselves storing up energy to be prepared when the long winter came and the messengers arrived with the bad news about oil. When the bad news arrived, they were ready, and their civilization kept ticking instead of coming to a halt.

Won't it be interesting to see which scenario we allow to win.

12.2 에너지와 생태계

12.2.1 산업 생태계와 에너지

에너지는 생태계(eco-system 또는 ecological system)와 연관이 있다. 생태계는 식물생태계, 동물생태계, 인간생태계, 산업생태계 등 여러 가지로 분류할 수 있으나, 일반적으로 생태계는 주체활동과 주위환경의 연관성을 염두에 두고 그 상호작용 또는 상호연관성을 규정하는 시스템이다. 동식물계의 먹이사슬도 생태계의 현상에 대한 간단한 설명이라고 할 수 있다.

에너지와 생태계의 관계는 동식물의 생태계에 한정할 수 있으나 에너지가 경제문제와 연관되므로 산업생태계와 더 밀접하게 관계가 있다. 산업생태계는 어떤 경제활동이 독립적 또는 고립적으로 수행될 수 없으며, 반드시 산업 연관성의 관계 속에서 진행되는 경제적 활동에서 이루어지므로, 에너지 시스템과 산업생태계는 불가분의 관계에 있다.

동식물의 생물생태계에서도 모든 유기체는 태양광, 물, 지하자원(영양소)을 사용하면서 성장하고 사멸한다. 마찬가지로 산업생태계에서도 무제한의 자원을 사용하고 무한정한 폐기물을 배출하게 된다. 에너지를 사용하는 경제활동에서도 유한한 에너지 자원을 사용하고 그 결과로 환경오염을 일으키는 배출물을 한정적으로 배출하고 있다. 따라서 유한한 자원을 더 합리적으로 사용하기 위해서는 산업생태계의 개념이 경제활동에도 도입되어야 하겠고, 에너지 사용량이 많은 현대의 산업활동에서는 에너지 문제를 이러한 개념에서 취급해야 한다.

산업생태계에서는 모든 원료 자원과 에너지 자원을 합리적으로 사용하고 상호 연관성 있는 타 산업분야와도 협력적 상호보완을 해야만 자원 절약이 가능하게 된다. 모든 산업에서 생산되는 재료, 제품들이 생산되고, 소비자에게 전환되고, 사용된 후 폐기되는 과정이 모두 경제적 관점에서 고려되어야 한다. 이러한 생태학적 접근은 에너지의 합리적 사용과 에너지의 절약운동에서 중요하게 고려되어야 한다. 만일 자원이 부족해지면, 사회적 갈등과 마찰이 유발되어 사회전반에 걸쳐서 혼돈상태가 올 수 있으며, 결과적으로 산업생태계 전부가 취약한 구조로 변하게 되고, 문명의 진보나 문화의 발전은 정지 또는 정체될 수 있다.

산업생태계는 주로 원료-제품-재활용의 주기적 개념으로 산업과 경제성장에 영향을 주게 되겠으나, 다음 절에서 설명하는 환경보전의 측면에서도 함께 고려되어야 한다.

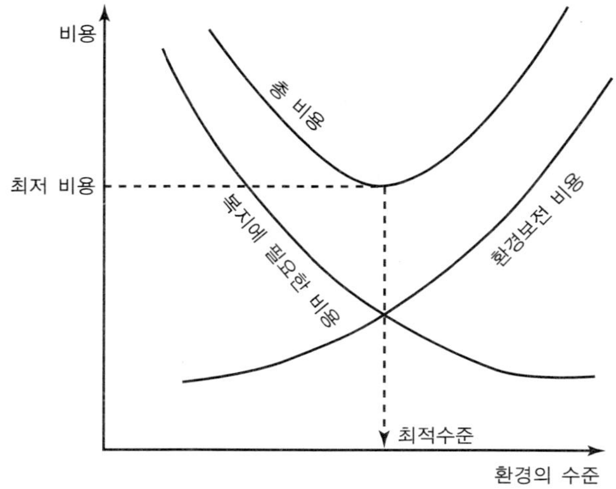

그림 12-4 환경의 최적 질적 수준과 최저비용의 관계

12.2.2 환경보전과 경제적 비용

환경보전은 산업활동에 의해 파생되는 자연환경의 훼손을 막고, 인류의 복지를 도모하는 활동이다. 이러한 활동에는 비용이 필요하다. 그런데 보전되어야 할 환경의 질적수준에 따라서 비용은 달라질 수 있다. 환경의 질을 높이기 위해서는 더 많은 비용이 필요한 반면, 환경의 질을 높게 유지함으로써 인간의 복지를 유지하는데 필요한 비용은 감소하게 된다. 이러한 관계를 그림 12-4로 설명하면, 다음과 같은 환경수준의 최적조건을 결정할 수 있다. 즉, 환경보전을 위하여 투입해야 할 비용이 증가함으로써 복지에 필요한 사회적 비용(의료비 등)은 감소하게 되므로 한 국가나 어느 사회의 환경기준은 총비용의 합계가 최저치가 되는 수준을 변수로 선택, 결정되어야 한다. 흔히 이러한 최적수준이 과소하게 책정되거나 과대하게 책정됨으로써 환경보전 활동이 원활하게 전개되지 못하는 예가 많다. 이러한 최적조건의 탐색은 환경비용, 환경정책, 환경기술 등 사회 전반적 수준을 고려하여 이루어진다.

12.3 에너지와 사회과학

12.3.1 에너지와 경제

일반적으로 경제규모의 확대에 따라서 에너지의 수요는 증대한다. 역으로는 에너지를

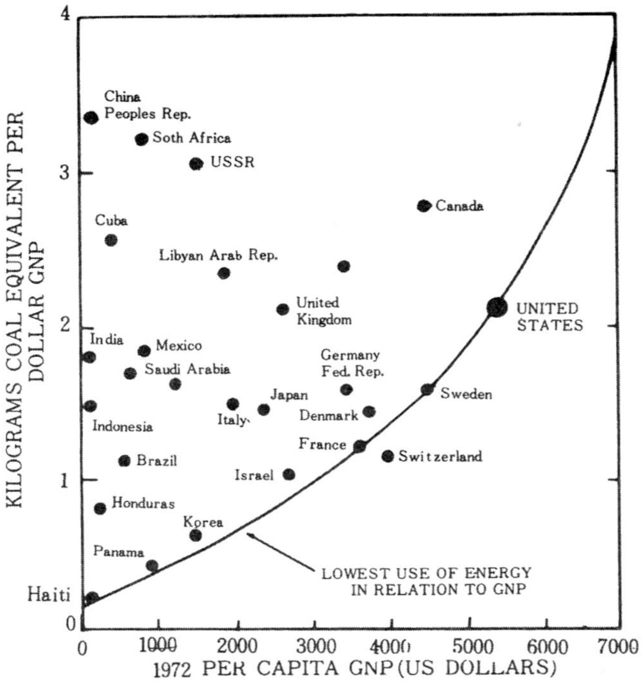

그림 12-5 세계 각국의 1인당 국민총생산과 에너지 강도의 비교

자료 ; C. Starr, "Current Issues in Energy", Pergamon, Oxford, 1979

많이 씀으로서 경제가 발달한다는 표현도 타당하다. 따라서 에너지의 장래는 경제성장 추계치의 일부분으로써 다루어지는 것이 보통이다. 이러한 관점을 뒷받침하는 자료는 세계 각국의 1인당 GNP와 GNP 단위가치($)를 생산하는데 투입되는 에너지 소비량의 관계(GNP 에너지 강도)로 나타난다. 그림 12-5에서는 에너지를 합리적으로 소비하면서 경제성장을 이룩하는 선진국들과 경제성장은 약하면서 에너지를 많이 소모하는 나라들과 GNP도 적고 에너지 소비량도 적은 나라들의 경제상황을 비교해볼 수 있다. 이 자료는 1979년의 자료인데, 한국을 포함한 여러 국가들은 에너지를 적게 사용하면서도 상당한 경제성장을 달성하고 있다. 중국을 포함한 구소련, 쿠바, 멕시코 등은 에너지 강도가 높은 나라들로 나타났다.

이러한 현상이 1996년에 와서는 완전히 다른 형태로 나타남을 그림 12-6에서 볼 수 있다. 그림 12-5의 자료는 20년 전에 작성된 것이고, 그림 12-6은 최근 자료로서 같은 기준에서 비교해보면 현재에는 큰 변화가 일어났음을 알 수 있다. 즉, 대부분의 선진국들이 1인당 국민총생산(per capita GNP)은 높으면서도 에너지 강도는 크게 낮아졌음을

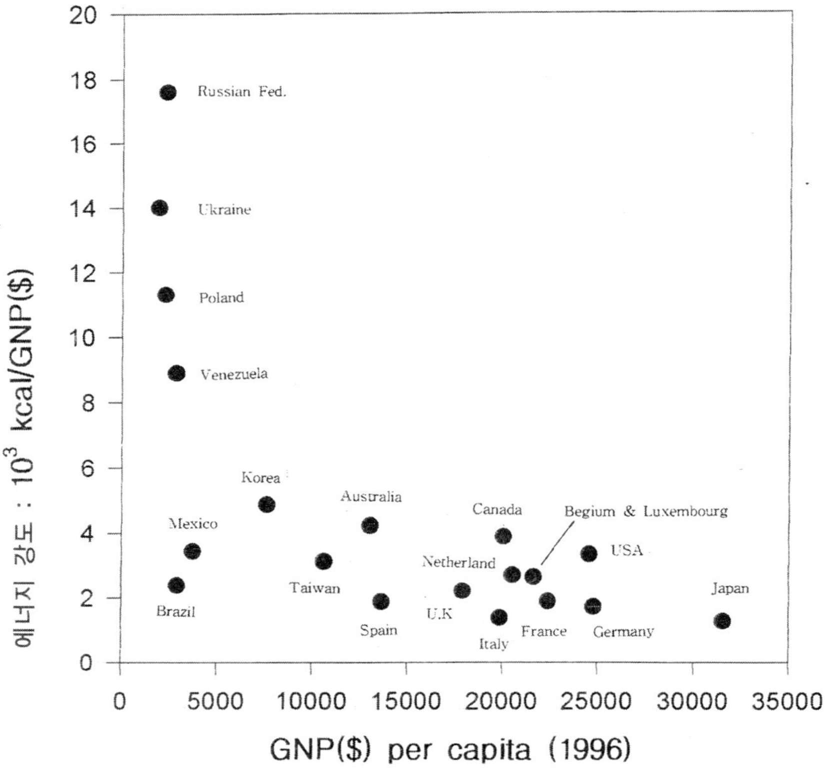

그림 12-6 세계 각국의 1인당 GNP와 에너지 강도의 비교

자료 : 1997 에너지 통계연보(p. 235)자료와 http://www.mightymall.com/sevenseas/facts.html 자료에서 저자가 다시 작성한 것임

볼 수가 있다. 즉, 선진국들에서는 에너지 사용량의 절대치는 많더라도 에너지 절약을 강력히 시행하고 있음을 알 수 있다. 특히, 일본은 전 세계에서 1인당 국민총생산액이 31,500$로 상당히 높으면서도 에너지 강도는 가장 낮은 나라임을 알 수 있는데, 실제로, 일본의 모든 국민들이 에너지 절약을 철저하게 실행하고 있고, 모든 건물이나 산업시설에서 에너지 절약을 위한 노력의 결과가 이 그림에 나타나고 있다.

한 국가의 경제성장은 양적 확대와 질적 개선으로 비교해볼 수 있다. 경제성장의 양적 확대는 생산부문에서 대형화, 중화학 공업화 등을 예로 들 수 있는데, 이러한 부분에서 양적 확대는 필연적으로 에너지 소요량의 절대치를 증가시킬 수밖에 없다. 따라서 대형 생산부문에서의 에너지 소비량을 줄이는 에너지 절약 노력은 타분야보다도 더 중요한 의미를 가진다.

다음으로 생산부문의 대형화는 유통부분(상업, 교통)의 대형화를 유발하고 원거리 유통체계가 필요하게 된다. 유통부문의 다음 단계인 소비부문에서는 소득증가와 소득분배의 균형이 유지된다는 조건에서 소비재의 증가와 에너지의 소비량이 많아진다. 결국 경제성장은 자원소비의 증가와 에너지 소비의 증가를 가져온다. 그러나 그림 12-6에서 보는 바와 같이 높은 경제성장을 이미 달성한 선진국들에서 단위 GNP 가격당 투입되는 에너지량인 에너지 강도가 현격하게 낮은 상황은 전적으로 에너지 절약에 의한 결과라고 할 수 있다.

에너지 소비의 절약방법 중에서 소극적인 방법으로는 가정에서의 전등끄기, 대중교통 이용하기, 산업시설에서 종사자들의 절약활동 등을 예로 들 수 있다. 그러나 에너지 소비절약을 위한 적극적인 방법은 에너지 절약시설의 도입, 설치를 위한 경제적 투자이다. 현존하는 가정, 상업, 교통, 생산시설에서 에너지를 절약하기 위해서는 에너지 절약형 설비의 신규 설치, 비효율적 구식 설비의 대체 등 경제적 부담은 증가하겠으나, 궁극적으로는 에너지 절약이 에너지 설비 투자를 줄인다는 사실을 이해하게 된다.

우리나라의 경제성장은 공업제품의 외국 수출에 주로 의존하고 있으며, 석탄, 석유, 천연가스, 우라늄 등의 에너지 자원은 거의 수입에 의존하는 상황임에도 불구하고 지난 30년간에 상당한 수준(세계 10위)의 경제규모를 달성하고 있다(1997년말 IMF 구제금융 사태가 발생했지만). 한국의 사정은 일본의 경제현황과 자원 여건과 매우 비슷하므로, 일본과 같은 경제개발정책을 본받을 만한 것인지도 모른다. 그러나 더 중요한 것은 일본의 각계각층에서 수행하고 있는 에너지 절약 노력을 본받지 않으면 안 된다. 에너지 절약은 교육을 받은 인력의 솔선수범에 의해 쉽게 가능하기 때문에 시설투자에 의한 에너지 절약도 중요하겠으나 개인의 소비 절약습관의 변환이 절실히 요망된다.

이러한 에너지 소비절약의 기본 배경을 확고히 다진 다음 한국경제에서 에너지 소요량과 공급량이 기타의 경제지표들에 의해 합리적으로 결정되는 에너지 시스템이 필요하다. 한 국가의 에너지시스템은 기타의 여러 가지 사회적 시스템(인구, 지리적 토지이용, 문화수준, 금융, 고용조건 등)과 상관성을 가지고 있다. 실제로 이러한 사회경제적 변동요인들이 에너지 문제에서 함께 다루어지고 있다.

12.3.2 에너지와 정치·외교

한 국가의 에너지정책은 그 나라의 경제정책과 다른 나라와의 국제관계에 의해 결정될 것은 분명하다. 석유수출국의 에너지 정책과 석유수입국의 정책은 다른 것이고, 또 정치체제의 차이에 의해서도 달라질 것이므로 공산주의 국가의 에너지정책과 자본주의 국가의 그것은 차이가 있다. 그러나 공산주의 체제는 1990년대에 들어와서 허물어졌기 때문에 주로 자본주의 체제에서 경제 정책과 정치체제하에서 에너지 문제를 고려하게 된다.

일반적으로 한 국가의 에너지정책은 경제정책의 큰 테두리 내에서 에너지와 경제의 상관분석, 제도와 에너지 여건의 감안, 수요의 추정과 관리, 공급정책 등을 포함하는 것이며, 이들 정책들은 더욱 세분화된 요인별 실태파악이나 추산에 의하여 결정된다. 일반적인 에너지 정책은 경제성장 정책과 환경보호 정책 사이에서 형성되겠으나, 국제적인 정치변동, 국제외교협약의 변천 등도 함께 고려된다. 에너지 정책은 에너지와 경제의 상관성 분석을 통한 제약요인들을 평가하고, 정책수행을 위한 제도와 여건조성 대책 등이 강구되며, 에너지의 수요와 공급정책도 포함된다.

우리나라의 1990년대 에너지 정책은 구체적으로 2000년대를 향한 에너지 기술 능력의 기반구축이라는데 역점을 두고, 종합에너지 기술개발 체제를 확립하면서 에너지 자원분야에서의 빈약성을 해외자원으로 연계하는 데에 역점을 두었던 것으로 평가된다.

한국의 에너지 정책의 변화를 과거의 실적으로부터 고찰해 보면, 몇 차례의 정책변화가 있었다. 1950년대에는 황폐한 산림을 보호하기 위해 석탄생산을 고취하였고, 결과적으로 1950~1960년대 에너지 정책은 석탄정책이라고 표현해도 좋을 것이다. 그러나 5·16 쿠데타 이후의 경제성장 정책에 부응할 수 있도록 에너지 정책은 석유를 외국에서 수입하는 석유정책이 관심을 끌기 시작한 뒤, 1970년대 후반까지는 주탄종유(主炭從油) 정책(석탄을 국가의 주 에너지자원으로 삼고 석유를 보조에너지자원으로 고려하는 정책)이 수행되었다. 그러다가 석유 값이 안정되기 시작한 1980년대에는 주유종탄(主油從炭) 정책으로 서서히 전환되기 시작하여 현재에 이르고 있다. 그러나 이러한 주유종탄 정책은 석유의 해외의존도를 높이는 결과를 초래하였는데, 이 결과는 경제성장을 이룩하는데 있어서 사실상 다른 선택의 여지가 없는 궁극적인 정책일 수밖에 별다른 도리가 없었다.

그러므로 현시점에서 한국의 에너지정책은 국제석유시장 정세의 변화에 따라서 급박하게 조정되어야 하는 국제정세의 종속변수라고 할 수밖에 없다. 대체적으로 국제 원유 가격의 상승과 하락이 한국내의 수요와 공급측면을 지배하고 있고, 대외부분에서의 무역에 의한 경제성과의 결과로 얻어지는 외화의 상당한 부분을 원유수입금액으로 지불하게 된다. 그러나 유가가 급등하는 경우에는 에너지 정책을 수정해야 하는 어려움이 있다. 국제원유 가격을 결정하는 석유수출국기구(OPEC) 참여 국가들의 산유정책은 우리나라의 에너지정책에 직접영향을 주는 요인이기도 하다.

특히 1990년대에 들어와서는 에너지의 과다한 사용으로 인하여 발생하는 지구온난화 가스(CO_2)의 대량배출을 규제하는 국제협약이 체결(1992년 6월)* 되었기 때문에 한국의 에너지 정책은 또 하나의 외부변수, 즉 국제환경 외교의 변수를 포함시켜서 수행해야 하는 어려움에 봉착하고 있다. 2010년 전후에는 원자력 에너지를 확장할 것인가 안 할 것인가를 두고 에너지 정책 수립에 그전보다 더 많은 어려운 상황이 대두하고 있음은 걱정되는 측면이다.

12.4 에너지와 과학기술

12.4.1 이학과 공학과 기술

에너지를 확보하는 구체적인 방법은 에너지관련 기술을 확보하는 것이다. 에너지 관련기술은 science, engineering 및 technology를 포함한다. Science는 과학보다는 이학이라고 번역하는 것이 타당할 것이다. 이학은 인간이 사물의 현상을 파악하는 궁금증을 푸는 영어의 Why로 시작하는 지식이다. engineering은 공학이라고 번역하는데, 음식을 만드는 cooking과 같은 의미로 비유할 수가 있다. 공학은 사물의 현상을 실제로 해결하는 방법(how)으로부터 출발하고 해결하는데 필요한 시간적 제약과 경제적 조건을 만족하는 범위 내에서 수행되는 자연과학의 한 분야이다. 자주 쓰이는 Technology는 기술 또는 기학(技學)이라고 번역할 수 있는데, 실용적인 이학, 즉 손재주를 포함하는 기술로서 상당히 넓은 범위에 사용되는 용어이다.

화학반응의 개념을 정립한 Le Chatelier(프랑스, 1850~1936)와 Haber(독일, 1868~1934) 및 Bosch(독일, 1874~1940)의 업적으로부터 이학과 기술의 대표적인 차이점을 설명할 수 있다. 전기의 법칙을 발견한 Faraday(영국, 1791~1867)의 기본 기술 분야의 업적과 Marconi(이탈리아, 1874~1937)의 기본 과학 분야의 업적도 용어의 차이를 비교하는데 쓰일 수 있다. 전기에너지의 이학적 성과는 Ampére(프랑스, 1775~1836) → Faraday → Maxwell(영국, 1831~ 1879) → Hertz(독일, 1857~1894) → Marconi → Edison(미국, 1847~1931) → Eckert(미국, 1919- : ENIAC 컴퓨터 발명) → 에서 IBM 및 Apple 컴퓨터의 출현에 이르기까지 실로 놀라운 과학기술의 성과를 이룩하였다.

이러한 과학기술의 발달은 전기에너지의 이용뿐만 아니라 동력장치의 개발, 연소기술

* 유엔환경개발회의(UNCED)의 기후변화협약

의 개발, 핵분열의 이론과 장치개발, 화석에너지자원의 탐사와 채굴 등 모든 분야에 큰 업적들을 남겼다.

그러나 이러한 기술의 발전은 전 세계적으로 균일하게 그리고 동시 다발적으로 전개된 것은 아니기 때문에 특정 기술이 개발된 국가 또는 지역과 그 기술을 빌려와서 그대로 사용하거나 수정하여 자기기술로 새로 개선한 독자 기술로 정착되는 경우도 있다. 기술의 자체개발 능력과 기술을 도입하는 형편인 국가들을 구별하여 기술선진국 및 기술하위국이라고 지칭할 수 있을 것이다.

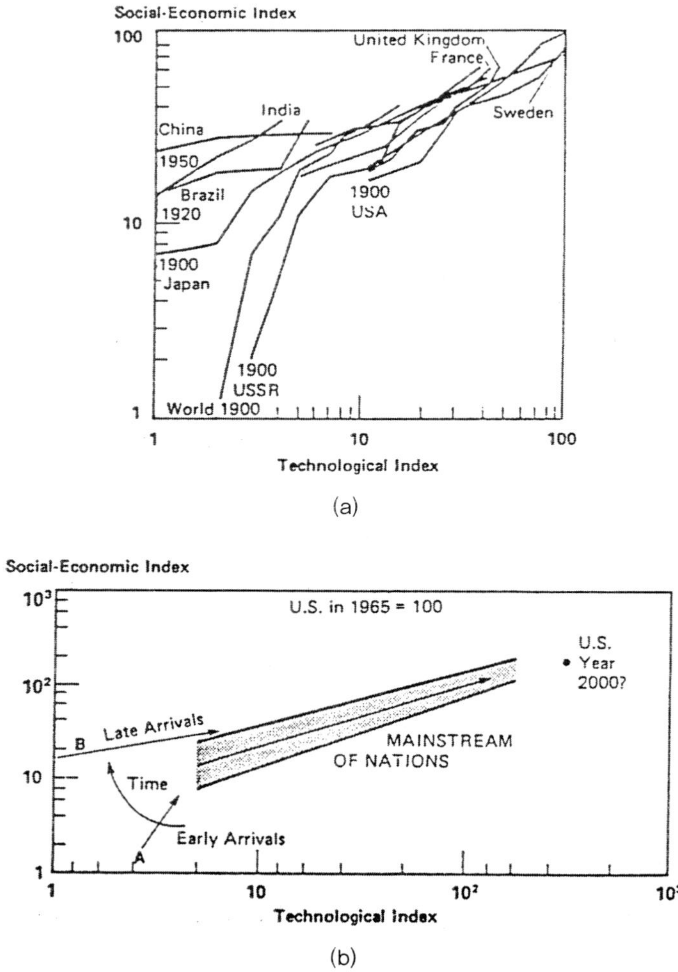

그림 12-7 20세기의 기술발전과 사회-경제 발전 형태

자료 : Starr, "Current Issues in Energy", 1979 p.92

그림 12-7(a)는 기술-사회-경제 분야에서 기술개발의 진보를 나타내는 그림이다. 대체적으로 1900년을 전후한 시기의 기술수준을 기준 기술지표(basic technological index)로 규정하고, 기술의 발달과정과 사회경제적 지표를 비교하면 국가별 또는 지역별 차이가 있었음을 알 수 있다. 지식과 정보의 교환이 활발해지면서 이러한 기술 격차는 한 방향으로 수렴하면서 발전하는 경향을 나타낸다(그림 12-8(b)). 어느 기술지표에 일찍 도착한 국가(A)들과 늦게 참여하는 국가들(B)사이에는 수십 년의 기술격차가 있었으나 21세기에 접어들면서 이러한 격차는 상당히 줄어들었으며, 기술수준과 사회경제 발달은 100년 전에 비하면 1천배 정도는 향상된 것으로 추정된다.

12.4.2 기술개발의 역사와 개발 기간

제2장에서는 여러 가지의 동력장치가 개발된 연대적 기록과 그 동력장치의 단위당 최대출력의 변화를 설명하였다. 인력과 동물의 에너지는 오랫동안(현재도 세계의 일부에서 사용되고 있다) 사용되어 왔으며, 수증기 기관의 발명에 의한 산업혁명 이후에 각종 동력장치는 꾸준히 개발되어 왔다. 다만 풍력 이용장치가 재래식 풍차에서 풍력발전기로 전환된 것은 획기적인 기술발전의 특별한 예라고 할 수 있겠다.

이러한 동력장치의 발달 특히, 수증기 터빈기술의 발달은 원자력 발전의 가능성을 확실하게 보장하는 계기가 되었다고도 할 수 있다. 동력장치의 개선을 위한 꾸준한 노력은 원자력 발전의 가능성과 시기적으로 적절하게 맞아 떨어진 예가 된다. 일반적으로 기술의 개발은 5단계를 거쳐서 진행되는데, 과학적 타당성, 공학적 타당성, 상업적 타당성이

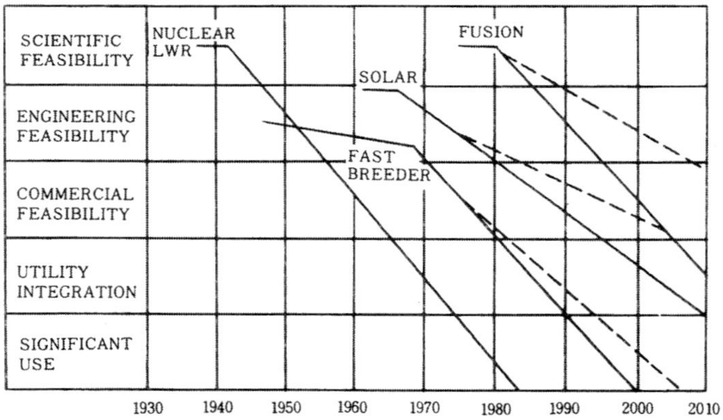

그림 12-8 미래의 에너지 선택을 결정할 기술개발의 단계적 진도

자료 : C. Starr, "Current Issues in Energy", Pergamon, Oxford, 1979, p. 68

증명된 이후에 주변설비와의 접합가능성이 보장되면 실용화가 이루어진다(그림 12-8). 이러한 단계적 기술발전에는 보통 30~40년 정도의 장기간이 소요되고 각 단계에서 투입된 누계 비용들이 상업화 단계 이후에 천천히 회수되기 시작한다.

원자력 발전소의 경수형 원자로는 이미 상당한 수가 사용되고 있으며, 고속증식로는 공학적 타당성 단계를 거치고 있는 중이라고 할 수 있다. 기술의 발전기간이 30~40년씩 소요되는 이유는 여러 가지 변수의 상호관계에 영향을 받기 때문이다. 예를 들면 원자력 발전에서는 기술의 불확실성, 공학적 시험결과의 확인 과정, 건설공사기간, 부수장비의 생산기술개발, 행정 및 법적조치 등의 준비, 국민들 사이에서의 개념확산, 그리고 발전소를 운영할 전력회사들의 경쟁력에 의한 이익확보 방안 등의 변수들이 총괄적 기술개발 기간에 영향을 미치게 된다.

그림 12-9는 일반적으로 한 가지 기술의 연구개발(Research and Development : R & D) 비용은 4단계의 개발업무가 추진되는 동안에 계속적으로 투입되고 이러한 투자금액의 누적합계는 실용화 이후에 회수되는 과정을 나타낸다. 연구개발투자 금액은 해당 기술에 따라서 규모가 달라지겠지만, 연구개발의 각 단계는 최단 10년 최장 40년이 걸린다. 예를 들면 페니실린 항생제의 실용화에는 8년, 나일론 합성섬유의 실용화에는 13년

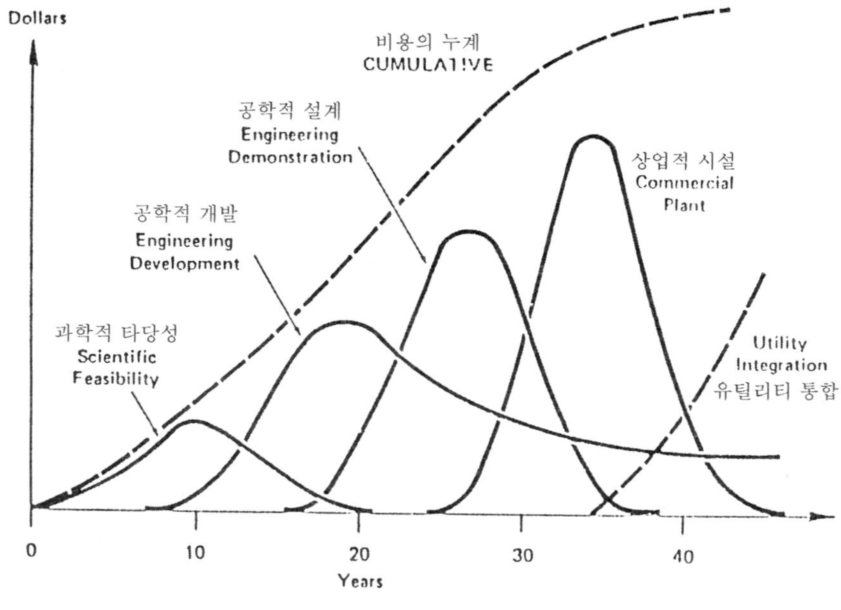

그림 12-9 일반적인 에너지 관련 기술의 연구개발 비용과 개발기간

자료 : C. Starr, "Current Issues in Energy", p. 46.

이 걸렸다. 원자력과 태양열의 실용화에는 40~50년의 연구개발 기간이 필요하였는데, 이 기간에 투자될 R&D 비용은 실용화 단계에서 회수되고 있다.

태양열을 이용한 전력생산 기술에 관한 연구개발은 이제 겨우 시작의 단계라고 할 수 있으며, 핵융합 발전기술은 아직도 기초과학적 타당성이 검토되고 있는 단계에 불과하다. 이러한 전력생산 기술의 연구개발 속도는 기존 에너지 자원의 수요공급과 가격에 따라서(그림 12-8 참조) 완만하거나(점선) 또는 약간 빨리 진행될 수 있는 것이다(실선) 이러한 연구개발 속도의 차이는 기술개발의 불확정성 또는 확률적 추산 오차에 의해 예상되는 차이인데, 이러한 불확정성은 기술개발 그 자체에도 있으나 경제적 요인이나 정책적 요인에 의해서도 생기게 된다. 그러나 경쟁이 치열한 전자산업 분야 등에서는 과학적 타당성 검토부터 상업시설의 가동까지 소요되는 연구개발 기간이 크게 단축되어서 동시병행적 양상을 띠어가고 있다. 다시 말하면 타당성 조사, 개발, 설계, 착공, 생산 과정이 3~5년 이내로 단축되는 추세인데, 에너지 산업계에서도 이러한 추세가 나타날 것으로 예상된다.

12.4.3 연구개발 비용

그림 12-10에는 미국연방정부가 1980~1990년 사이에 투입한 에너지관련 연구개발비

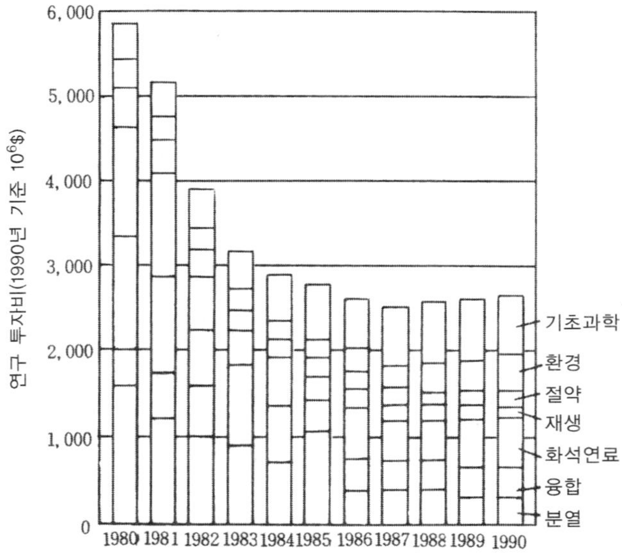

그림 12-10 미국연방정부 예산의 에너지 부문 연구투자비의 변화 추세(1980-90)

자료 : Scientific American, 263(3), p. 115(1990, April

용의 규모와 분야별 투자금액을 표시한 것이다.

연구개발에 투입된 연구비의 액수가 각 분야별로 급격히 감소되고 있음을 볼 수 있다. 이러한 통계를 보면, 연구개발 업무가 여러 가지 원인들, 즉 경제성장, 에너지가격의 안정, 국제 원유자원의 탐사성과 등에 의해 영향을 받은 것으로 판단된다.

미국 연방정부의 에너지관련 연구투자비는 1973년 제1차 오일쇼크이후 크게 증가하였으나 1979년 제2차 석유파동이후에 급격히 감소하고 몇 년 동안에 다시 약간씩 증가하는 추세였다. 특이사항은 에너지에 관련된 기초과학분야의 연구비가 10년 전보다 배 이상 증가하고 있고, 환경보전 부문에서도 증가하고 있는 것이다. 흥미있는 내용은 화석연료에 대한 연구비가 크게 줄었다가 다시 증가하고 있다는 사실이다. 이것은 석유 화석연료보다도 석탄 화석연료의 가스화, 액화 등에 많은 연구비를 투입하고 있다는 사실을 반영하는 것이다. 미국의 일부 비평가들은 이러한 에너지 연구 예산액이 1갤런 당 3센트의 휘발유 판매량에서 징수된 돈으로 충당된다는 사실과 한 해의 연구 예산액이 미국 국방비 예산의 1/100도 안 된다는 사실을 비난하고 있다. 그 비난의 근거는 전쟁이란 자주 일어나지 않는 것인데 비해 에너지 문제는 전 세계의 사활이 걸린 문제라는 심각성을 미국정부가 이해하지 못한다는 것이다. 그러나 반대의견으로는 국방이나 전쟁문제는 1회성 사건으로써 성공과 실패가 분명한 만큼 대비가 필요한 것이라고 주장된다. 한편으로 한국 에너지기술평가원의 통계자료에 따르면 2011년 한국내 에너지 연구비 총액은 7천3백억원 규모이며, 신재생에너지 부분에 2천5백억원 에너지자원 부분에 2천2백억원, 전력 원자력 부분에 2천억원 규모로 2011년 기준으로 15대 그린에너지 로드맵 분야의 투자 순서는 원자력 〉 태양광 〉 연료전지 〉 동력 〉 에너지건물 〉 전력 IT 〉 CCS 〉 에너지저장 〉 IGCC 〉 청정연료 〉 히트펌프 〉 소형 열병합 〉 초전도 〉 LED 조명 〉 그린카로 나타나서 그 당시의 사회적 요구를 반영하고 있다고 볼 수 있다.

12.4.4 에너지 관련 기술의 개발 동향

이 책을 마무리하면서 몇 가지의 에너지관련 기술의 개발동향을 설명하겠다.

에너지 전환장치를 개발함에 있어서 이론적으로는 학술의 진보도 중요하지만, 실제로 이러한 에너지 전환장치의 개발에서는 소위 “에너지용 재료”의 개발을 빼놓을 수 없다. 가장 쉬운 예로서 핵융합 발전이 성공하기 위해서는 약 6,000℃에 견딜 수 있는 핵융합로의 내벽 재료를 개발하는 것이다. 이 재료가 개발되지 않으면 현재의 핵융합이론은 실용화가 거의 불가능할 것으로 믿어진다.

현재 전 세계적으로는 약 5억대의 자동차가 사용되고 있는데 이들 자동차의 에너지

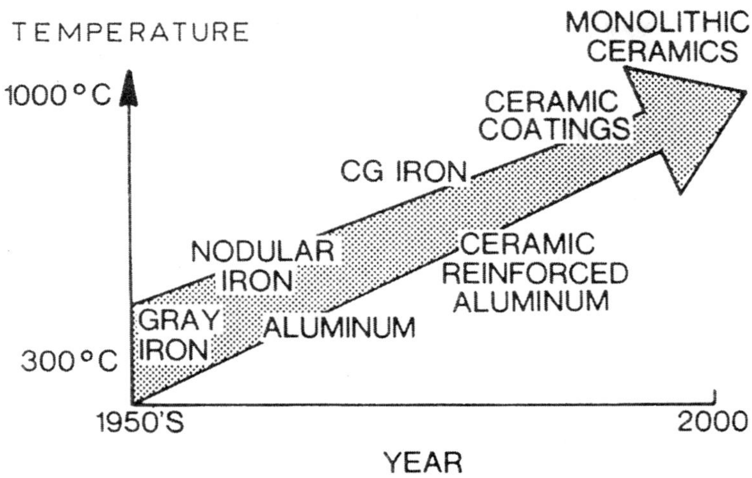

그림 12-11 자동차 엔진 재료의 발달(Millar, 1984)

자료 : Fluck, "Energy in Farm Productio," Elsevier, 1992, p. 137.

효율을 올리기 위해서는 고온 연소장치, 즉 고온용 엔진의 개발이 필수적이다. 이미 자동차 산업이 시작된 초기(1900년경)와 비교하면 상당히 좋은 내열재료의 엔진이 개발되어 있다. 그러나 엔진 효율을 높이는데 필수적인 목표 온도(예 : 1,000℃)에 견딜 수 있는 자동차엔진을 개발하기 위해서는 더 좋은 내열재료가 개발되어야 한다. 그림 12-11은 내열성 엔진 재료의 개발동향을 나타내는 그림이다. 1950년대에는 철 주물 엔진이 사용되었으나, 그후에 알루미늄엔진도 검토된 바 있고, 세라믹 보강 알루미늄 재료, 세라믹 피복엔진, 1,000℃ 정도에 견딜 수 있는 모노리틱 결정구조의 세라믹 엔진도 출현될 것으로 기대된다. 이러한 재료는 단지 고온에만 견디는 성질 이외에도 기계적 열응력이나 부식성 환경에서도 잘 견딜 수 있는 재료이어야만 된다.

산업의 발전은 전혀 새로운 과학적 현상의 발견에서 비롯되는데, 예를 들면 양자 물리학(quantum physics)과 트랜지스터의 발전은 마이크로프로세서(micro processor)의 개발을 가능하게 하였다. 이러한 미니컴퓨터는 센서(측정요소)에서 감지되는 복잡한 물리적 신호를 해석하여 화학성분의 정밀분석, 압력, 온도 등의 정밀측정을 가능하게 하고, 산업공정에서 자동제어기술이 가능하게 한다. 이러한 발전은 과거와 현재와 미래를 연결하는 사건의 고리들이다(그림 12-12).

그림 12-13에서 각종 에너지 관련 기술의 연구개발 및 실용화 상황을 역사적 발명사건들로서 설명하겠다.

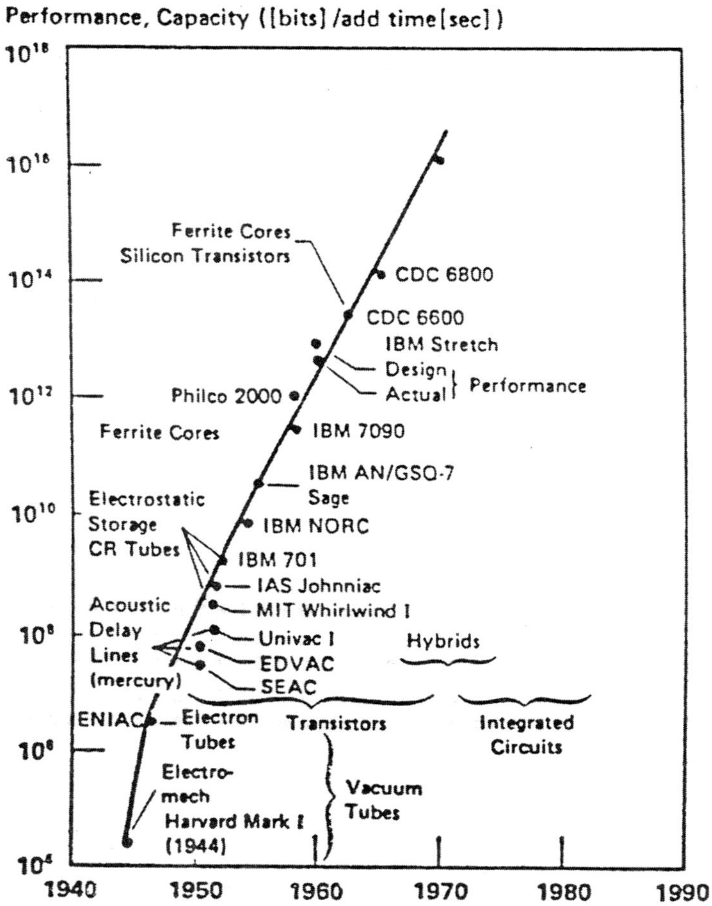

그림 12-12 컴퓨터 제작 기술의 발전 상황

자료 : C. Starr, "Current Issues in Energy", Pergamon, Oxford, 1979

전기전자 산업분야에서는 Edison의 전등 발명 이후 진공관 발명, 고체소자에 의한 컴퓨터, 비디오의 발명들이 획기적 사건 중 몇 가지 예이다. 조명분야에서는 백열등, 네온등, 수은등, 할로겐등, 소형 형광등, LED의 발명이 획기적이고, 산업분야에서는 전기분해에 의한 알루미늄 금속의 생산, 서보메커니즘(자동화 기술), 수치제어기기, CIM(컴퓨터 집합 생산기술) 등이 있다. 교통수송기술 분야에서는 전차(street car)에서부터 전철, 디젤기관차, 고속전철, 전기자동차, 자기부상열차 등이 역사적인 발명이라고 할 수 있다. 이러한 편리한 기기들은 에너지를 사용하는 장치인 동시에 에너지를 절약하는데 도움이 되는 장치들이다.

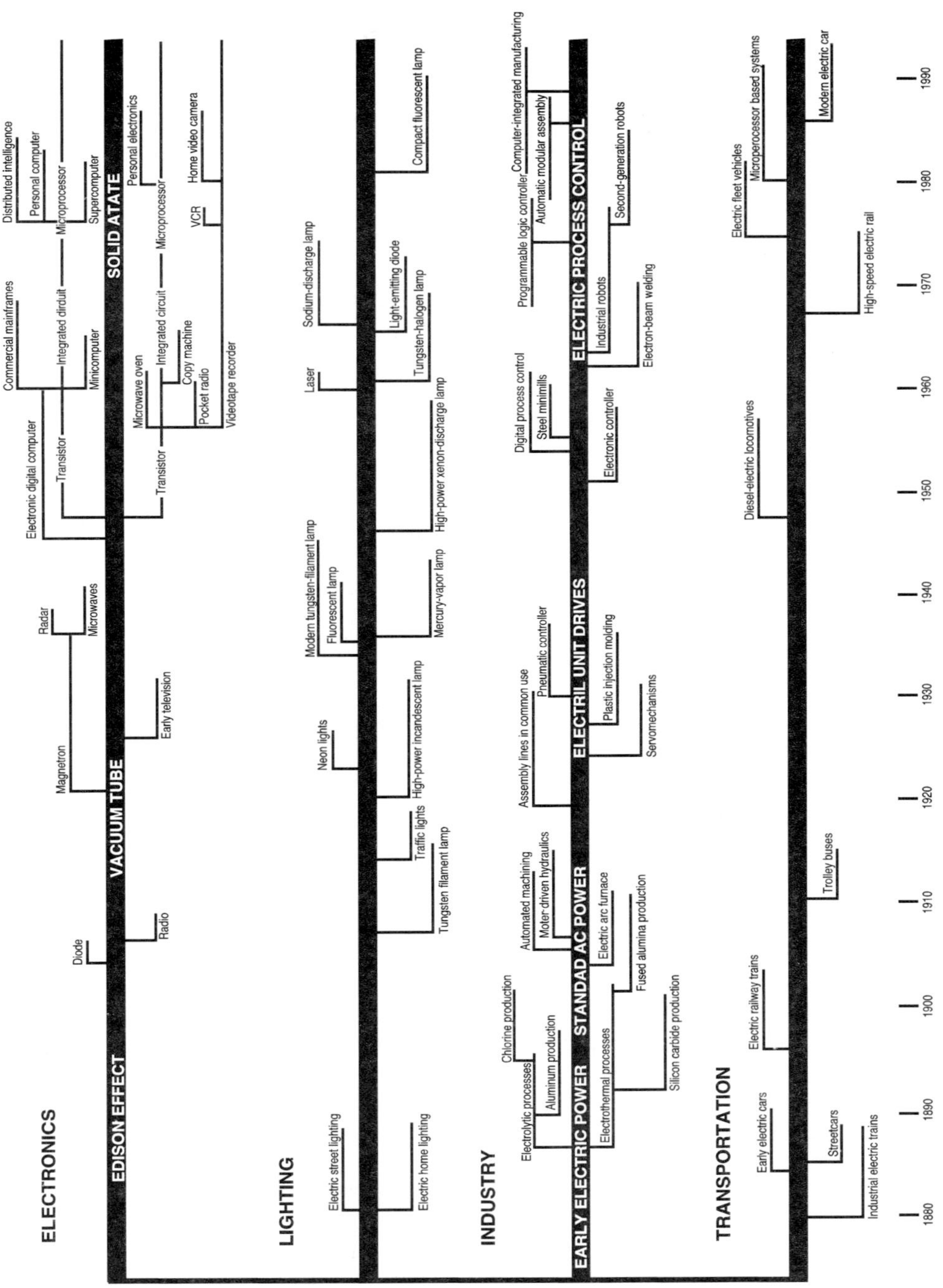

그림 12-13 연대별 각종 에너지 사용기술의 연구개발 역사

자료 : EPRI Journal, June/July, 1994

이와 같은 과학적 발견 또는 발명과 그것을 산업에 이용하는 일은 각 분야끼리 서로 긴밀한 연관이 있기 때문에 동시적으로 진행되는 것이 보통이다.

또한 교육도 매우 중요한 역할을 한다. 에너지 절약을 위한 기술개발도 역시 강력한 교육적 기반위에서만 가능하다. 대학에서의 교육도 중요하지만, 더욱 중요한 것은 초등학교와 중, 고등학교에서 실험과 이론을 통해 과학 교과목들을 잘 교육하여 모든 국민들이 과학 지식을 터득하고, 장래의 과학자와 기술자도 많이 배출될 수 있는 기틀을 마련해야 한다. 또 중요한 것은 산업체가 훈련된 과학기술자를 고용하여 에너지효율을 극대화하려는 의지를 가지고 있어야 한다. 기업은 경제활동을 통해서 이윤을 남기고, 그것을 새기술의 연구개발에 투자하고, 각 산업분야 내에서 기업간 경쟁에서 이겨내야 한다. 더 넓게는 산업분야별 경쟁에서도 한 분야는 다른 분야를 이겨내려는 노력을 하고 있다. 예를 들면, 강철산업이 알루미늄 금속산업과 엔지니어링 플라스틱 산업체와 더불어 자동차부품 분야에서 치열한 경쟁을 하고 있다. 아울러 공장조업 기술자, 산업설비 공급자, 엔지니어링 회사, 정부의 각 부처 등도 에너지 절약기술에 대한 장기적인 안목을 가지고 기술개발에 직간접으로 참여해야 한다.

이러한 각 분야의 노력이 비단 에너지에 대해서만 집중될 수 없고, 그렇게 되어서도 안 될 일이지만, 에너지 분야가 인류의 행복에 작든 크든 한 모퉁이의 역할을 담당하고 있다. 우리 인류 모두의 소망은 에너지에 관한 이해를 높여서 우리들의 후손들이 더욱 편안하고 더욱 유복한 삶을 누리는데 부족함이 없는 활기 넘치는 에너지 문명을 향유할 수 있기를 바라는 것이다.

참고문헌

〈에너지의 역사적 전개(전망)〉

大韓貿易振興公社, "에너지 問題의 將來 : OECD 諸國을 中心으로", 서울 : 1975.

M. A. Conant, "Access to Energy : 2000 and After", The Univ. Press of Kentucky, Lexington, 1979.

"Energy Supply to the Year Two Thousand : Global & National Studies, Workshop on Alternative energy Strategies(WAES) Second Technical Report", M I T Press, 1977.

한국과학기술원, "과학기술 예측 '87(1986-2005)연구보고", 1987.

Dennis Rooke, Ian Fells, and John Horlock, edited by, "Energy for the future", London : Royal Society ; 1995.

예긴, D., R. 스토모, "에너지의 오늘과 내일", 삼성미술문화재단, 1981.

〈에너지와 생태계 및 환경〉

Paul R. Kleindorfer, Howard C. Kunreuther, David S. Hong, edited by, "Energy, environment, and the economy : Asian Perspectives", Cheltenham, UK ; 1996.

Simoes, J. T., editor, "Energy, Environment & Development in Africa Series", Vol. 2 : "SADCC : Energy & Development to Year 2000", Holmes & Meier Publishers, 1984.

〈에너지 경제〉
張桀, "北韓의 에너지經濟, 서울 : 韓國開發硏究院, 1994.
A. B. Askin, "How Energy Affects the Economy", D. C. Health, Lexington, 1978.
Bundy, William P., editor, "The World Economic Crisis", Norton, W. W. & Company, 1975.
崔基鍊, "에너지 경제학", 비봉출판사, 1987.
Choucri, Nazli, "International Energy Futures : Petroleum Prices, Power & Payments", M I T Press, 1981.
Olav Hohmeyer, Richard L. Ottinger, eds, "Social costs of energy : Present Status and future trends", Berlin ; New York : Springer-Verlag, c 1994.
Siddayao, Corazon M., "Energy Demand & Economic Growth : Measurement & Conceptual Issues in Policy Analysis", Westview Press, 1986.

〈에너지 정책〉
조동성, "에너지 정책과 한국경제", 전영사, 1983.
Michael Grubb …[et al.], "Emerging energy technologies : impacts and policy implications", Dartmouth : The royal Institute of Interantional affairs, 1992.
Harf, James E. & Trout, B. Thomas, editors, "The Politics of Global Resources : Energy, Environment, Population & Food", Duke University Press, 1986.
P. S. Nivola, "The Politics of Energy Conservation", Brookings Institution, 1986.
Uslaner, Eric M., "Shale Barrel Politics : Energy & Legislative Leadership", Stanford University Press, 1989.

〈각국의 에너지와 국제외교〉
動力資源部, "世界 主要國의 에너지 政策", 서울 : 1981.
李愚賢, "美國의 에너지 政策 : 需給實態와 政策 展開", 서울 : 韓國産業經濟技術硏究院, 1982.
Ebinger, Charles K. & Morse, Ronald A., editors, "U. S. Japanese Energy Relations : Cooperation & Competition", Westview Press, 1984.
Melby, Eric D., "Oil & the International System : The Case of France, 1918-1969", Bruchey, Stuart, editor, Ayer Company Publishers, 1981.
朴正基, 崔基鍊, "21세기 동북아 에너지", 서울 : 문무출판사, 1997.
강석호 번역, "중국의 에너지 정책(I, II)", NICE(한국화학공학회 뉴스정보지) 26권 5호(p.543), 6호(p.719), 2008. (원전 : http://www.solar-pv.cn "光伏太阳能"(PV Solar Energy, 2008)
徐光晁, "우리나라 에너지 需給의 國際比較分析", 한국산업경제기술연구원, 1982.
Tata Energy Research Institute Staff, "India & Thailand : Social & Economic Effects of Petroleum Development", Jagannathan, C. R. Tingsabadh, Charit, International Labour Office, 1987.

〈에너지 기술개발〉
科學技術處, "에너지資源 및 素材關聯 國際協力活性化 方案 硏究", 과천 : 1991.
과학기술처, "에너지 변환용 열전재료 개발", 과천 : 1988.
Don E. Bray, edited by, "NDE for the energy industry, 1995 : presented at the Energy and Environmental Expo '95, the energy-Sources Technology Conference and Exhibition, Houston, Texas, January 29-February 1, 1995", sponsored by the Nondestructive Evaluation Division, ASME.
New York : American Society of Mechanical Engineers, c 1995.

찾아보기

[저자 약력]

강석호 姜錫浩 (嶺南大學校 化學工學部 名譽敎授; shkang@yu.ac.kr)

경북 김천에서 출생하여 김천중, 고등학교를 졸업하였다. 1961년 서울공대 화공과 공학사, 1967년 경북대 물리화학전공 이학석사, 1967/69 독일 Karlsruhe 공대 분체공학연구소 연수(1967/69), 1975년 영남대 화학학공전공 공학박사, 독일 Clausthal 공대 교환교수(1980/81) 일본 오사카부립대학 초빙교수(1990), 미국 Minnesota대학 / Kentucky대학 방문교수(1996/7), 2004년 영남대화공과교수 정년퇴임.

현재 한국분체산업연구소 소장, 한국공학한림원 명예회원, 한국화학공학회 정회원(미립자부문위원회 자문위원), 독일 DECHEMA 정회원, 일본분체공학회 정회원.

저서; "粉体工學"(희중당, 1987, 1995), "에너지와 산업사회"(영남대출판부, 1992, 1998), "집진기술의 이론과 응용"(영남대출판부, 2004, 공저), "분체의 입도측정법"(영남대출판부, 2012, 공저)외 90여 편의 논문 발표

이태진

1954년 경북 영천에서 출생하여 대구중, 경북고등을 졸업하였다. 1978년 서울공대 화학공학과를 졸업하고 1980년 한국과학기술원에서 공학석사, 1983년 촉매연구로 공학박사학위를 받았다. 1983년 한국과학기술연구원에서 선임연구원으로 에너지전환 관련 연구를 수행하였다. 1985년 영남대학교 화학공학과의 교수로 근무하면서, 교무처장과 학장 등의 다양한 보직활동뿐만 아니라 에너지관련 인재양성사업인 국가지정연구실사업, 누리사업, 선도산업인재양성센터 사업의 단장으로 활동하였다. 재임중 89/90년에는 미국 Delaware 대학교에서 방문교수로 에너지전환 연구를 수행하였다.

현재 영남대학교에서 '신재생에너지의 이해', '에너지와 녹색기술' 등의 교과목을 강의하고 있으며, BK플러스 사업단장직을 수행하고 있고, 지금까지 200여편의 논문을 발표한 바 있다.

정가 27,000원

에너지의 과학과 기술

2014년 4월 1일 초판 인쇄
2014년 4월 10일 초판 발행

저자와의 협의하에 인지생략

저　자 : 강 석 호 · 이 태 진
발행자 : 우 명 찬 · 송　준
발행처 : 홍릉과학출판사
주　소 : ㊫142-885 서울시 강북구 인수봉로 50길 10
등　록 : 1976년 10월 21일 제5-66호
전　화 : 999-2274~5, 903-7037
팩　스 : 905-6729
ISBN : 979-11-5600-303-8

hongpub@hongpub.co.kr
www.hongpub.co.kr